D1720141

Theoretische Physik
Band 2
Walter Greiner
Mechanik Teil 2

Walter Greiner
Theoretische Physik

Band 1: Mechanik, Teil 1
Band 2: Mechanik, Teil 2
Band 3: Elektrodynamik
Band 4: Quantenmechanik, Teil 1: Einführung
Band 5: Quantenmechanik, Teil 2: Symmetrien
Band 6: Relativistische Quantenmechanik, Wellengleichungen
Band 7: Quantenelektrodynamik
Band 8: Eichtheorie der schwachen Wechselwirkung
Band 9: Thermodynamik und Statistische Mechanik
Band 10: Quantenchromodynamik

Ergänzungsbände

Band 2 A: Hydrodynamik
Band 3 A: Spezielle Relativitätstheorie
Band 4 A: Quantentheorie, Spezielle Kapitel

In Vorbereitung:

Physik der Elementarteilchen, Theoretische Grundlagen
Modelle der Elementarteilchen
Kernmodelle
Quantenstatistik
Allgemeine Relativitätstheorie und Gravitation
Feldquantisierung

Theoretische Physik

Band 2

Walter Greiner

Mechanik
Teil 2

Ein Lehr- und Übungsbuch

Mit zahlreichen Abbildungen, Beispielen
und Aufgaben mit ausführlichen Lösungen

5., überarbeitete und erweiterte Auflage 1989

Verlag Harri Deutsch

Professor Dr. rer. nat. Walter Greiner ist Direktor des Instituts für Theoretische Physik der Universität Frankfurt am Main

CIP-Titelaufnahme der Deutschen Bibliothek

Theoretische Physik: e. Lehr- u. Übungsbuch. – Thun; Frankfurt am Main: Deutsch.
  Teilw. m. d. Erscheinungsorten Zürich, Frankfurt am Main, Thun. –
  Teilw. m. d. Erscheinungsorten Zürich, Frankfurt am Main

Bd. 2, Greiner, Walter: Mechanik.
Teil 2. – 5., überarb. u. erw. Aufl. — 1989

Greiner, Walter:
Mechanik / Walter Greiner. – Thun; Frankfurt am Main: Deutsch.

Teil 2. – 5., überarb. u. erw. Aufl. – 1989
  (Theoretische Physik; Bd. 2)
Mit zahlr. Abb., Beispielen u. Aufgaben mit ausführl. Lösungen
  ISBN 3-8171-1136-3

© Verlag Harri Deutsch, Thun, Frankfurt am Main, 1989
Alle Rechte vorbehalten
Satz: Formelsatz Steffenhagen
Herstellung: Fuldaer Verlagsanstalt
Printed in Germany

Vorwort

Mit dem Beginn der Ausbildung in theoretischer Physik im ersten Semester hat sich einiges gegenüber den traditionellen Kursvorlesungen in dieser Disziplin geändert. Vor allem ist eine viel größere Verflechtung der zu behandelnden Physik mit der notwendigen Mathematik geboten. Deshalb behandeln wir im ersten Semester die Vektorrechnung und -analysis, die Lösungen gewöhnlicher, linearer Differentialgleichungen, die Newtonsche Punktmechanik und die mathematisch einfache, spezielle Relativitätsmechanik. Viele sehr explizite Beispiele sollen die Begriffe und Methoden verdeutlichen und die Verbindung Physik-Mathematik vertiefen. Natürlich ist das erste Semester eigentlich eine Vorstufe zur theoretischen Physik. Dies wird schon merklich anders in dem hier vorliegenden Stoff des zweiten Studiensemesters, welches die theoretische Mechanik weiterführt und Systeme von Massenpunkten, schwingenden Saiten und Membranen, starre Körper, Kreiseltheorie und schließlich die formalen (analytischen) Aspekte der Mechanik (Lagrange-Hamiltonsche- und Jacobi-Hamiltonsche Formulierung) behandelt. Von der mathematischen Seite her liegt das Neue im Auftreten von partiellen Differentialgleichungen, der Fourierentwicklung und von Eigenwertproblemen. Dieses neue Handwerkszeug wird erläutert und an zahlreichen physikalischen Beispielen erprobt. In der Vorlesungspraxis findet diese Vertiefung des durchgenommenen Stoffes in den wöchentlichen dreistündigen Theoretika statt, in denen Gruppen von zehn bis fünfzehn Studenten unter der Anleitung eines Tutors die gestellten Aufgaben lösen.

Wie auch der vorhergehende Band Mechanik I, beruht dieses Buch auf einem Manuskript über Vorlesungen zur theoretischen Physik, wie sie an der Universität Frankfurt seit 1965 gehalten werden. Dieses Manuskript wurde erstmals von Dr. B. Fricke* mit den Studenten C. v. Charewski, H. Betz, H.J. Scheefer, W. Grosch, H. Müller, P. Bergmann, J. Rafelski**, J. v. Czarnecki, H.J. Lustig, H. Angermüller, W. Caspar, B. Müller**, J. Briechle, H. Peitz und H. Schwerin 1968/69 zusammengestellt. An der nach drei Jahren erfolgten Überarbeitung waren die Studenten W. Betz, H.R. Fiedler, P. Kurowski, H. Leber, A. Mahn, J. Reinhardt, D. Schebesta, M. Soffel, K.-E. Stiebing und J. Wagner beteiligt.

Ihnen allen, sowie den Damen M. Knolle, R. Lasarzig, B. Utschig und Herrn G. Terlecki, die bei der Anfertigung des Manuskriptes halfen, gilt hier unser besonderer Dank.

Frankfurt/Main, im Mai 1974   Walter Greiner, Herbert Diehl

---

* Jetzt Professor an der Gesamthochschule Kassel.
** Jetzt Professor an der Universität Frankfurt a. Main.

Vorwort zur 2. Auflage

Die Vorlesungen über Theoretische Physik haben viele Freunde gefunden, so daß eine Neuauflage notwendig wurde. Dies gab uns Gelegenheit, die zahlreichen Druck- und Flüchtigkeitsfehler der ersten Auflage zu eliminieren und gleichzeitig notwendig erscheinende didaktische und sachliche Verbesserungen vorzunehmen.

Besonders die Kapitel über Rotation starrer Körper, Kreiseltheorie, Lagrange-Gleichungen für nichtholonome Systeme und über die Behandlung von Reibungskräften im Lagrange-Formalismus (Dissipationsfunktion) wurden beträchtlich erweitert. Dies sind z. T. faszinierende und wichtige Themen, die später in der Quantentheorie und Atom-, Molekül- und Kernphysik in quantisierter Form wiederkehren. Auch eine Reihe neuer Übungsaufgaben und Beispiele wurden ausgetauscht bzw. neu aufgenommen. Wir hoffen, daß damit die Vorlesungen gewinnen.

Wie bei der ersten Auflage, bedanken wir uns auch diesmal besonders bei Frau M. Knolle, Frau R. Lasarzig, Frau B. Utschig und Herrn Dr. Horst Stock für ihre ständige Hilfe bei der Neubearbeitung.

Frankfurt/Main, im Mai 1977   Walter Greiner

Vorwort zur 3. Auflage

Wir freuen uns über die Beliebtheit der Vorlesungen zur Theoretischen Physik. Die erneute Auflage gab uns die Möglichkeit zur Überarbeitung und Ergänzung. Zahlreiche neue Beispiele und ausgearbeitete Aufgaben wurden aufgenommen. Sie sind durch Petit-Druck gekennzeichnet. Darüber hinaus haben wir biographische und geschichtliche Fußnoten eingeführt. Wir danken dem Verlag Harri Deutsch und dem Verlag F.A. Brockhaus (Brockhaus Enzyklopädie F.A. Brockhaus, Wiesbaden, gekennzeichnet durch BR) für die Erlaubnis, biographische Daten von Physikern und Mathematikern deren Lexika zu entnehmen. Die wissenschaftsgeschichtlichen Zusammenhänge wurden in Anlehnung an F. Hund (Einführung in die Theoretische Physik, VEB, Bibliographisches Institut Leipzig, 1951) verfaßt.

Diesmal bedanken wir uns besonders bei Frau Brigitte Utschig für die Gestaltung der Zeichnungen und bei Herrn Dipl.-Physiker Martin Seiwert für die Überwachung der Drucklegung.

Frankfurt am Main, Mai 1982   Walter Greiner

Vorwort zur 4. Auflage

Wiederum haben wir die Gelegenheit benutzt, Verbesserungen und Ergänzungen einzuarbeiten. Vor allem zur Hamilton-Jacobischen Theorie wurden zusätzliche Erläuterungen, Beispiele und ausgearbeitete Aufgaben eingefügt. Wir haben uns dabei an die Ausführungen von W. Weizel (Lehrbuch der Theoretischen Physik, Band 1) angelehnt.

Unser Dank gilt erneut Herrn Dr. Martin Seiwert für die Überwachung der Drucklegung und meinen Söhnen Martin und Carsten Greiner, die mir bei der Berichtigung behilflich waren.

Frankfurt am Main, im Mai 1985   Walter Greiner

Vorwort zur 5. Auflage

Erneut wurde die Gelegenheit genutzt, die Vorlesungen mit weiteren Aufgaben und Ergänzungen anzureichern sowie didaktische Verbesserungen anzubringen. Dabei ist diesmal Herrn Dipl.-Phys. R. Heuer und Herrn Dr. M. Rufa für ihre Hilfe bei der Ausarbeitung von neuen Aufgaben und besonders Herrn Dr. G. Plunien und meinem Sohn Herrn Dr. Martin Greiner für die Überwachung der Drucklegung zu danken.

Frankfurt am Main, im August 1989   Walter Greiner

Inhaltsverzeichnis

Aufgaben und Beispiele

I. Newtonsche Mechanik in bewegten Koordinatensystemen

1. Die Newtonschen Gleichungen in einem rotierenden Koordinatensystem

In allen gleichmäßig gegeneinander bewegten Systemen gelten in der klassischen Mechanik die Newtonschen Gesetze, wenn sie in einem gelten. Dies trifft aber nicht mehr zu, wenn ein System Beschleunigungen unterworfen wird. Die neuen Beziehungen erhält man, indem man die Bewegungsgleichungen in einem festen System aufstellt und in das beschleunigte System transformiert.

Zunächst betrachten wir die *Rotation* eines (x', y', z')-Koordinatensystems um den Ursprung des Inertialsystems (x, y, z), wobei die beiden Koordinatenursprünge zusammenfallen. Dabei sei das Inertialsystem mit L ("Laborsystem") und das rotierende System mit B ("bewegtes System") bezeichnet.

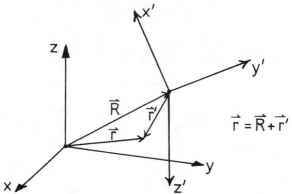

Relative Lage der beiden Koordinatensysteme x, y, z und x', y', z'.

Der Vektor $\vec{A}(t) = A_1' \vec{e_1}' + A_2' \vec{e_2}' + A_3' \vec{e_3}'$ soll sich im gestrichenen System zeitlich ändern; für einen in diesem System ruhenden Beobachter läßt sich das folgendermaßen darstellen:

$$\frac{d\vec{A}}{dt}\bigg|_B = \frac{dA_1'}{dt}\vec{e_1}' + \frac{dA_2'}{dt}\vec{e_2}' + \frac{dA_3'}{dt}\vec{e_3}'.$$

Dabei bedeutet der Index B, daß die Ableitung vom bewegten System aus berechnet wird. Im Inertialsystem (x, y, z) ist $\vec{A}$ ebenfalls zeitabhängig;

aufgrund der Rotation des gestrichenen Systems ändern sich hier auch noch die Einheitsvektoren $\vec{e_1}', \vec{e_2}', \vec{e_3}'$ mit der Zeit, d.h. bei der Ableitung des Vektors $\vec{A}$ vom Inertialsystem aus müssen auch noch die Einheitsvektoren differenziert werden:

$$\frac{d\vec{A}}{dt}\bigg|_L = \frac{dA'_1}{dt}\vec{e_1}' + \frac{dA'_2}{dt}\vec{e_2}' + \frac{dA'_3}{dt}\vec{e_3}' + A'_1\dot{\vec{e_1}}' + A'_2\dot{\vec{e_2}}' + A'_3\dot{\vec{e_3}}'$$

$$= \frac{d\vec{A}}{dt}\bigg|_B + A'_1\dot{\vec{e_1}}' + A'_2\dot{\vec{e_2}}' + A'_3\dot{\vec{e_3}}'.$$

Es gilt allgemein: $\frac{d}{dt}(\vec{e_\gamma}' \cdot \vec{e_\gamma}') = \vec{e_\gamma}' \cdot \dot{\vec{e_\gamma}}' + \dot{\vec{e_\gamma}}' \cdot \vec{e_\gamma}' = \frac{d}{dt}(1) = 0$.

Also ist $\vec{e_\gamma}' \cdot \dot{\vec{e_\gamma}}' = 0$. Die Ableitung eines Einheitsvektors $\dot{\vec{e_\gamma}}$ steht immer senkrecht auf dem Vektor selbst. Deshalb läßt sich die Ableitung eines Einheitsvektors als Linearkombination der beiden anderen schreiben:

$$\dot{\vec{e_1}}' = a_1\vec{e_2}' + a_2\vec{e_3}',$$

$$\dot{\vec{e_2}}' = a_3\vec{e_1}' + a_4\vec{e_3}',$$

$$\dot{\vec{e_3}}' = a_5\vec{e_1}' + a_6\vec{e_2}'.$$

Von diesen sechs Koeffizienten sind nur drei unabhängig. Um dies zu zeigen, differenzieren wir zunächst $\vec{e_1}' \cdot \vec{e_2}' = 0$, und erhalten:

$$\dot{\vec{e_1}}' \cdot \vec{e_2}' = -\dot{\vec{e_2}}' \cdot \vec{e_1}'.$$

Multipliziert man $\dot{\vec{e_1}}' = a_1\vec{e_2}' + a_2\vec{e_3}'$ mit $\vec{e_2}'$ und entsprechend $\dot{\vec{e_2}}' = a_3\vec{e_1}' + a_4\vec{e_3}'$ mit $\vec{e_1}'$, so erhält man:

$$\vec{e_2}' \cdot \dot{\vec{e_1}}' = a_1 \quad \text{und} \quad \vec{e_1}' \cdot \dot{\vec{e_2}}' = a_3,$$

damit folgt $a_3 = -a_1$.
Analog ergibt sich auch $a_6 = -a_4$ und $a_5 = -a_2$.
Die Ableitung des Vektors $\vec{A}$ im Inertialsystem läßt sich nun folgendermaßen schreiben:

$$\frac{d\vec{A}}{dt}\bigg|_L = \frac{d\vec{A}}{dt}\bigg|_B + A'_1(a_1\vec{e_2}' + a_2\vec{e_3}') + A'_2(-a_1\vec{e_1}' + a_4\vec{e_3}') +$$

$$+ A'_3(-a_2\vec{e_1}' - a_4\vec{e_2}')$$

$$= \frac{d\vec{A}}{dt}\bigg|_B + \vec{e_1}'(-a_1A'_2 - a_2A'_3) + \vec{e_2}'(a_1A'_1 - a_4A'_3) +$$

$$+ \vec{e_3}'(a_2A'_1 + a_4A'_2).$$

Aus der Rechenregel für das Kreuzprodukt

$$\vec{C} \times \vec{A} = \begin{vmatrix} \vec{e_1}' & \vec{e_2}' & \vec{e_3}' \\ C_1 & C_2 & C_3 \\ A_1' & A_2' & A_3' \end{vmatrix}$$

$$= \vec{e_1}'(C_2 A_3' - C_3 A_2') - \vec{e_2}'(C_1 A_3' - C_3 A_1') + \vec{e_3}'(C_1 A_2' - C_2 A_1')$$

folgt, wenn man $\vec{C} = (a_4, -a_2, a_1)$ setzt:

$$\left.\frac{d\vec{A}}{dt}\right|_{\mathrm{L}} = \left.\frac{d\vec{A}}{dt}\right|_{\mathrm{B}} + \vec{C} \times \vec{A}.$$

Es bleibt nun noch zu zeigen, welche physikalische Bedeutung dieser Vektor $\vec{C}$ hat. Dazu betrachten wir den speziellen Fall $\left.\frac{d\vec{A}}{dt}\right|_{\mathrm{B}} = 0$, d.h. die Ableitung des Vektors $\vec{A}$ im bewegten System verschwindet; $\vec{A}$ bewegt sich (rotiert) mit dem bewegten System mit. φ ist der Winkel zwischen der Rotationsachse (in unserem speziellen Fall die z-Achse) und A. Die Komponente parallel zur Winkelgeschwindigkeit $\vec{\omega}$ wird durch die Rotation nicht verändert.

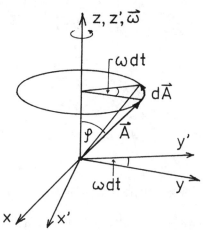

Änderung eines im sich drehenden System fest verankerten, aber beliebigen Vektors $\vec{A}$.

Die Änderungen von $\vec{A}$ im Laborsystem ist dann gegeben durch

$$dA = \omega\, dt\, A \sin\varphi, \qquad \text{bzw.} \qquad \left.\frac{dA}{dt}\right|_{\mathrm{L}} = \omega A \sin\varphi.$$

Dies kann man auch so schreiben:

$$\frac{d\vec{A}}{dt}\bigg|_{L} = \vec{\omega} \times \vec{A}.$$

Auch die Richtung von $(\vec{\omega} \times \vec{A})dt$ stimmt mit $d\vec{A}$ (siehe Zeichnung) überein. Da der Vektor $\vec{A}$ beliebig (aber fest) gewählt werden kann, muß der Vektor $\vec{C}$ mit der Winkelgeschwindigkeit $\vec{\omega}$, mit der das System B rotiert, identisch sein. Durch Einsetzen erhalten wir:

$$\frac{d\vec{A}}{dt}\bigg|_{L} = \frac{d\vec{A}}{dt}\bigg|_{B} + \vec{\omega} \times \vec{A}. \tag{1}$$

Diesen Sachverhalt können wir auch noch folgendermaßen einsehen (vgl. Figur):

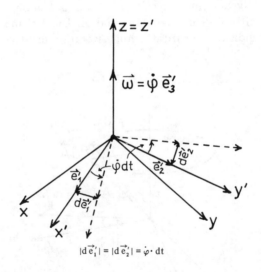

$|d\vec{e_1'}| = |d\vec{e_2'}| = \dot{\varphi} \cdot dt$

Fällt während eines Zeitintervalles dt die Drehachse des gestrichenen Systems mit einer der Koordinatenachsen des ungestrichenen Systems zusammen, etwa $\vec{\omega} = \dot{\varphi}\,\vec{e_3}$, so gilt

$$\dot{\vec{e_1}}' = \dot{\varphi}\,\vec{e_2}', \quad \dot{\vec{e_2}}' = -\dot{\varphi}\,\vec{e_1}',$$

d.h.

$$a_1 = \dot{\varphi}, \quad a_2 = a_4 = 0 \quad \text{und damit} \quad \vec{C} = \dot{\varphi}\,\vec{e_3}' = \vec{\omega}.$$

Im allgemeinen Fall $\vec{\omega} = \omega_1\vec{e}_1 + \omega_2\vec{e}_2 + \omega_3\vec{e}_3$ zerlegt man $\vec{\omega} = \sum \vec{\omega}_i$ mit $\vec{\omega}_i = \omega_i \vec{e}_i$ und erhält aufgrund der vorangegangenen Überlegung

$$\vec{C}_i = \vec{\omega}_i, \quad \text{d.h.} \quad \vec{C} = \sum \vec{C}_i = \sum \vec{\omega}_i = \vec{\omega}.$$

Einführung des Operators $\widehat{D}$

Zur kürzeren Schreibweise des Ausdrucks $\frac{\partial}{\partial t}F(x,\dots,t) = \frac{\partial F}{\partial t}$ führen wir den Operator $\widehat{D} = \frac{\partial}{\partial t}$ ein. Die Unterscheidung zwischen Inertialsystem und beschleunigtem System geschieht durch die Indizes L und B, also:

$$\widehat{D}_\mathrm{L} = \left.\frac{\partial}{\partial t}\right|_\mathrm{L} \quad \text{und} \quad \widehat{D}_\mathrm{B} = \left.\frac{\partial}{\partial t}\right|_\mathrm{B}.$$

Die Gleichung $\left.\frac{d\vec{A}}{dt}\right|_\mathrm{L} = \left.\frac{d\vec{A}}{dt}\right|_\mathrm{B} + \vec{\omega} \times \vec{A}$ vereinfacht sich dann zu

$$\widehat{D}_\mathrm{L}\vec{A} = \widehat{D}_\mathrm{B}\vec{A} + \vec{\omega} \times \vec{A}.$$

Läßt man den Vektor $\vec{A}$ fort, so spricht man von einer Operatorgleichung

$$\widehat{D}_\mathrm{L} = \widehat{D}_\mathrm{B} + \vec{\omega}\times,$$

die auf beliebige Vektoren wirken kann.

Beispiele:

1.1 Winkelgeschwindigkeitsvektor $\vec{\omega}$

$$\left.\frac{d\vec{\omega}}{dt}\right|_\mathrm{L} = \left.\frac{d\vec{\omega}}{dt}\right|_\mathrm{B} + \vec{\omega} \times \vec{\omega}.$$

Da $\vec{\omega} \times \vec{\omega} = 0$, folgt

$$\left.\frac{d\vec{\omega}}{dt}\right|_\mathrm{L} = \left.\frac{d\vec{\omega}}{dt}\right|_\mathrm{B}.$$

Diese beiden Ableitungen sind offensichtlich für alle Vektoren gleich, die senkrecht zur Rotationsebene stehen, da dann das Kreuzprodukt verschwindet.

1.2 Ortsvektor $\vec{r}$

$$\frac{d\vec{r}}{dt}\Big|_{\mathrm{L}} = \frac{d\vec{r}}{dt}\Big|_{\mathrm{B}} + \vec{\omega} \times \vec{r},$$

in Operatorschreibweise:

$$\widehat{D}_{\mathrm{L}}\vec{r} = \widehat{D}_{\mathrm{B}}\vec{r} + \vec{\omega} \times \vec{r},$$

wobei $\frac{d\vec{r}}{dt}\big|_{\mathrm{B}}$ als *scheinbare* Geschwindigkeit und $\frac{d\vec{r}}{dt}\big|_{\mathrm{B}} + \vec{\omega} \times \vec{r}$ als *wahre* Geschwindigkeit bezeichnet werden. Der Term $\vec{\omega} \times \vec{r}$ heißt *Rotationsgeschwindigkeit*.

Formulierung der Newtonschen Gleichung im rotierenden Koordinatensystem

Das Newtonsche Gesetz $m\ddot{\vec{r}} = \vec{F}$ gilt nur im Inertialsystem. In beschleunigten Systemen treten zusätzliche Terme auf. Zuerst betrachten wir wieder eine reine Rotation.

Für die Beschleunigung gilt:

$$\ddot{\vec{r}}_{\mathrm{L}} = \frac{d}{dt}(\dot{\vec{r}})_{\mathrm{L}} = \widehat{D}_{\mathrm{L}}(\widehat{D}_{\mathrm{L}}\vec{r}) = (\widehat{D}_{\mathrm{B}} + \vec{\omega}\times)(\widehat{D}_{\mathrm{B}}\vec{r} + \vec{\omega} \times \vec{r})$$

$$= \widehat{D}_{\mathrm{B}}^2\vec{r} + \widehat{D}_{\mathrm{B}}(\vec{\omega} \times \vec{r}) + \vec{\omega} \times \widehat{D}_{\mathrm{B}}\vec{r} + \vec{\omega} \times (\vec{\omega} \times \vec{r})$$

$$= \widehat{D}_{\mathrm{B}}^2\vec{r} + (\widehat{D}_{\mathrm{B}}\vec{\omega}) \times \vec{r} + 2\vec{\omega} \times \widehat{D}_{\mathrm{B}}\vec{r} + \vec{\omega} \times (\vec{\omega} \times \vec{r}).$$

Wir ersetzen den Operator durch den Differentialquotienten:

$$\frac{d^2\vec{r}}{dt^2}\Big|_{\mathrm{L}} = \frac{d^2\vec{r}}{dt^2}\Big|_{\mathrm{B}} + \frac{d\vec{\omega}}{dt}\Big|_{\mathrm{B}} \times \vec{r} + 2\vec{\omega} \times \frac{d\vec{r}}{dt}\Big|_{\mathrm{B}} + \vec{\omega} \times (\vec{\omega} \times \vec{r}). \qquad (2)$$

Dabei bezeichnet man die Ausdrücke $\frac{d\vec{\omega}}{dt}\big|_{\mathrm{B}} \times \vec{r}$ als *lineare Beschleunigung*, $2\vec{\omega} \times \frac{d\vec{r}}{dt}\big|_{\mathrm{B}}$ als *Coriolisbeschleunigung* und $\vec{\omega} \times (\vec{\omega} \times \vec{r})$ als *Zentripetalbeschleunigung*.

Durch Multiplikation mit der Masse m folgt die Kraft $\vec{F}$:

$$m\frac{d^2\vec{r}}{dt^2}\Big|_{\mathrm{B}} + m\frac{d\vec{\omega}}{dt}\Big|_{\mathrm{B}} \times \vec{r} + 2m\vec{\omega} \times \frac{d\vec{r}}{dt}\Big|_{\mathrm{B}} + m\vec{\omega} \times (\vec{\omega} \times \vec{r}) = \vec{F}.$$

Die Grundgleichung der Mechanik im rotierenden Koordinatensystem lautet also, wenn wir den Index B unterdrücken:

$$m\frac{d^2\vec{r}}{dt^2} = \vec{F} - m\frac{d\vec{\omega}}{dt} \times \vec{r} - 2m\vec{\omega} \times \vec{v} - m\vec{\omega} \times (\vec{\omega} \times \vec{r}). \tag{3}$$

Die zusätzlichen Terme auf der rechten Seite von Gleichung (3) sind *Scheinkräfte*, dynamischer Art, doch eigentlich von dem Beschleunigungsterm stammend. Für Experimente auf der Erde kann man die Zusatzterme oft vernachlässigen, da die Winkelgeschwindigkeit der Erde $\omega = 2\pi/T$ $(T = 24\,\mathrm{h})$ nur $7{,}27 \cdot 10^{-5}\ \mathrm{sec}^{-1}$ beträgt.

Die Newtonschen Gleichungen in beliebig gegeneinander bewegten Systemen

Jetzt geben wir die Bedingung auf, daß die Ursprünge der beiden Koordinatensysteme zusammenfallen. Die allgemeine Bewegung eines Koordinatensystems setzt sich zusammen aus einer Rotation des Systems und einer Translation des Ursprungs. Gibt $\vec{R}$ den Ursprung des gestrichenen Systems an, so gilt für den Ortsvektor im ungestrichenen System $\vec{r} = \vec{R} + \vec{r}'$.

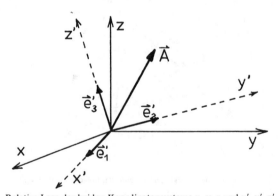

Relative Lage der beiden Koordinatensysteme x, y, z und x', y', z'.

Hierbei gilt für die Geschwindigkeit $\dot{\vec{r}} = \dot{\vec{R}} + \dot{\vec{r}}'$, und im Inertialsystem nach wie vor:

$$m\frac{d^2\vec{r}}{dt^2}\bigg|_{\mathrm{L}} = \vec{F}\big|_{\mathrm{L}} = \vec{F}.$$

Durch Einsetzen von $\vec{r}$ und anschließendes Differenzieren ergibt sich

$$m\frac{d^2\vec{r}'}{dt^2}\bigg|_{\mathrm{L}} + \frac{d^2\vec{R}}{dt^2}\bigg|_{\mathrm{L}} = \vec{F}.$$

Der Übergang zum beschleunigten System erfolgt wie vorher (Gleichung (3)), nur tritt hier noch das Zusatzglied $m\ddot{\vec{R}}$ auf:

$$m\frac{d^2\vec{r}'}{dt^2}\bigg|_{\mathrm{B}} = \vec{F} - m\frac{d^2\vec{R}}{dt^2}\bigg|_{\mathrm{L}} - m\frac{d\vec{\omega}}{dt}\bigg|_{\mathrm{B}} \times \vec{r}' - 2m\,\vec{\omega} \times v_{\mathrm{B}} - m\,\vec{\omega} \times (\vec{\omega} \times \vec{r}').\ (4)$$

2.   Der freie Fall auf der Erde

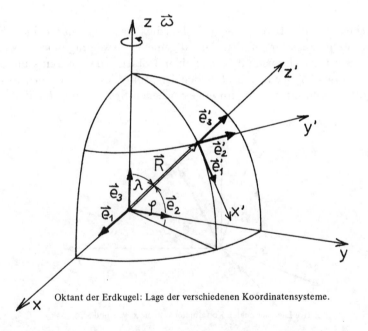

Oktant der Erdkugel: Lage der verschiedenen Koordinatensysteme.

Auf der Erde gilt die bereits abgeleitete Form der Grundgleichung der Mechanik, wenn wir die Rotation um die Sonne vernachlässigen und deshalb ein Koordinatensystem im Erdzentrum als Inertialsystem betrachten.

$$m\,\ddot{\vec{r}}'\big|_{\mathrm{B}} = \vec{F} - m\,\ddot{\vec{R}}\big|_{\mathrm{L}} - m\,\dot{\vec{\omega}} \times \vec{r}'\big|_{\mathrm{B}} - 2m\,\vec{\omega} \times \dot{\vec{r}}'\big|_{\mathrm{B}} - m\,\vec{\omega} \times (\vec{\omega} \times \vec{r}').\ \ (5)$$

Die Rotationsgeschwindigkeit $\vec{\omega}$ der Erde um ihre Achse kann als zeitlich konstant angesehen werden; deshalb ist $m\,\dot{\vec{\omega}} \times \vec{r}' = 0$.
Die Bewegung des Aufpunktes $\vec{R}$, also die Bewegung des Koordinatenursprungs des (x', y', z')-Systems muß noch auf das bewegte System umgerechnet werden; nach (2) gilt:

$$\ddot{\vec{R}}\big|_{\mathrm{L}} = \ddot{\vec{R}}\big|_{\mathrm{B}} + \dot{\vec{\omega}}\big|_{\mathrm{B}} \times \vec{R} + 2\vec{\omega} \times \dot{\vec{R}}\big|_{\mathrm{B}} + \vec{\omega} \times (\vec{\omega} \times \vec{R}).$$

Da $\vec{R}$ vom bewegten System aus eine zeitunabhängige Größe ist und da $\vec{\omega}$ konstant ist, lautet die Gleichung schließlich

$$\ddot{\vec{R}}\big|_{\mathrm{L}} = \vec{\omega} \times (\vec{\omega} \times \vec{R}).$$

Das ist die Zentripetalbeschleunigung, die ein sich auf der Erdoberfläche bewegender Körper aufgrund der Erdrotation erfährt. Für die Kraftgleichung (5) ergibt sich:

$$m\,\ddot{\vec{r}}' = \vec{F} - m\vec{\omega} \times (\vec{\omega} \times \vec{R}) - 2m\vec{\omega} \times \dot{\vec{r}}' - m\vec{\omega} \times (\vec{\omega} \times \vec{r}').$$

Beim freien Fall auf der Erde treten demnach im Gegensatz zum Inertialsystem Scheinkräfte auf, die den Körper in x'- und y'-Richtung ablenken.
Die Kraft $\vec{F}$ im Inertialsystem ist, wenn nur die Schwerkraft wirkt, $\vec{F} = -\gamma \frac{Mm}{r^3}\vec{r}$. Eingesetzt ergibt sich:

$$m\,\ddot{\vec{r}}' = -\gamma \frac{Mm}{r^3}\vec{r} - m\vec{\omega} \times (\vec{\omega} \times \vec{R}) - 2m\vec{\omega} \times \dot{\vec{r}}' - m\vec{\omega} \times (\vec{\omega} \times \vec{r}').$$

Wir führen nun den experimentell bestimmten Wert für die Gravitationsbeschleunigung $\vec{g}$ ein:

$$\vec{g} = -\gamma \frac{M}{R^3}\vec{R} - \vec{\omega} \times (\vec{\omega} \times \vec{R}).$$

Hierbei haben wir in der Gravitationskraft $-\gamma M \frac{\vec{r}}{r^3}$ den Radius $\vec{r} = \vec{R} + \vec{r}'$ eingesetzt und die Näherung $\vec{r} \approx \vec{R}$ beibehalten. Sie ist in der Nähe der Erdoberfläche recht vernünftig. Der zweite Term ist die von der Erdrotation herrührende Zentrifugalkraft, die zu einer Verringerung der Schwerkraft (als Funktion der geographischen Breite) führt. Sie ist in dem experimentellen Wert für $\vec{g}$ enthalten. Damit erhalten wir

$$m\,\ddot{\vec{r}}' = m\vec{g} - 2m\vec{\omega} \times \dot{\vec{r}}' - m\vec{\omega} \times (\vec{\omega} \times \vec{r}').$$

In der Nähe der Erdoberfläche (r' klein gegenüber R: $r' \ll R$) kann der letzte Term vernachlässigt werden, weil ω^2 auftritt und $|\omega|$ klein gegen 1/sec ist. Damit vereinfacht sich die Gleichung zu:

$$\ddot{\vec{r}}' = \vec{g} - 2(\vec{\omega} \times \dot{\vec{r}}'), \qquad \text{bzw.} \qquad \ddot{\vec{r}}' = -g\,\vec{e_3}' - 2(\vec{\omega} \times \dot{\vec{r}}'). \tag{6}$$

Zur Lösung der Vektorgleichung zerlegt man sie in ihre Komponenten. Zunächst rechnet man zweckmäßigerweise das Kreuzprodukt aus. Aus der Figur erhält man, wenn $\vec{e_1}, \vec{e_2}, \vec{e_3}$ die Einheitsvektoren des Inertialsystems und $\vec{e_1}', \vec{e_2}', \vec{e_3}'$ die Einheitsvektoren des bewegten Systems sind, die folgende Beziehung:

$$\vec{e_3} = (\vec{e_3} \cdot \vec{e_1}')\vec{e_1}' + (\vec{e_3} \cdot \vec{e_2}')\vec{e_2}' + (\vec{e_3} \cdot \vec{e_3}')\vec{e_3}',$$
$$= (-\sin\lambda)\,\vec{e_1}' + 0\,\vec{e_2}' + (\cos\lambda)\,\vec{e_3}'.$$

Wegen $\vec{\omega} = \omega\,\vec{e_3}$ erhält man daraus die Komponentendarstellung von $\vec{\omega}$ im bewegten System:

$$\vec{\omega} = -\omega\sin\lambda\,\vec{e_1}' + \omega\cos\lambda\,\vec{e_3}'.$$

Für das Kreuzprodukt ergibt sich damit

$$\vec{\omega} \times \dot{\vec{r}}' = (-\omega\dot{y}'\cos\lambda)\,\vec{e_1}' + (\dot{z}'\omega\sin\lambda + \dot{x}'\omega\cos\lambda)\,\vec{e_2}' - (\omega\dot{y}'\sin\lambda)\,\vec{e_3}'.$$

Man kann nun die Vektorgleichung (6) in die folgenden drei Komponentengleichungen zerlegen:

$$\ddot{x}' = 2\dot{y}'\omega\cos\lambda,$$
$$\ddot{y}' = -2\omega(\dot{z}'\sin\lambda + \dot{x}'\cos\lambda), \tag{7}$$
$$\ddot{z}' = -g + 2\omega\dot{y}'\sin\lambda.$$

Dies ist ein System von drei gekoppelten Differentialgleichungen mit $\vec{\omega}$ als Kopplungsparameter. Für $\omega = 0$ ergibt sich der freie Fall in einem Inertialsystem. Die Lösung eines solchen Systems ist auch auf analytischem Wege möglich. Es ist jedoch zweckmäßig, an diesem Beispiel verschiedene Näherungsmethoden kennenzulernen. Wir wollen diese zunächst behandeln und daran anschließend dann die exakte analytische Lösung erarbeiten und mit ihr die Näherungen vergleichen.

Zur Näherung bieten sich in diesem Fall die *Störungsrechnung* und die Methode der *sukzessiven Approximation* an. Beide Methoden wollen wir hier zeigen. Die Striche an den Koordinaten werden im folgenden weggelassen.

Methode der Störungsrechnung

Hierbei geht man von einem mathematisch einfacher zu behandelnden System aus und berücksichtigt bei der Rechnung infolge der Störung auftretende Kräfte, die klein gegen die übrigen Kräfte des Systems sind. Zunächst integrieren wir die Gleichungen (7):

$$\dot{x} = 2\omega y \cos \lambda + c_1,$$
$$\dot{y} = -2\omega(x \cos \lambda + z \sin \lambda) + c_2, \qquad (8)$$
$$\dot{z} = -gt + 2\omega y \sin \lambda + c_3.$$

Beim freien Fall auf der Erde wird der Körper aus der Höhe h zur Zeit $t = 0$ losgelassen, d.h. für unser Problem ergeben sich folgende Anfangsbedingungen:

$$z(0) = h, \qquad \dot{z}(0) = 0,$$
$$y(0) = 0, \qquad \dot{y}(0) = 0,$$
$$x(0) = 0, \qquad \dot{x}(0) = 0.$$

Damit bestimmen wir die Integrationskonstanten:

$$c_1 = 0, \quad c_2 = 2\omega h \sin \lambda, \quad c_3 = 0,$$

und erhalten

$$\dot{x} = 2\omega y \cos \lambda,$$
$$\dot{y} = -2\omega(x \cos \lambda + (z - h) \sin \lambda), \qquad (9)$$
$$\dot{z} = -gt + 2\omega y \sin \lambda.$$

Die zu ω proportionalen Glieder sind klein gegenüber dem Glied gt. Sie bilden die Störung. Die Abweichung y vom Ursprung des bewegten Systems ist eine Funktion von ω und t, d.h. es tritt in der ersten Näherung das Glied $y_1(\omega, t) \sim \omega$ auf. Setzen wir dies in die erste Differentialgleichung ein, so erscheint dort ein Ausdruck mit ω^2. Wegen der Konsistenz in ω können wir deshalb alle Glieder mit ω^2 vernachlässigen, d.h. wir erhalten in erster Ordnung in ω:

$$\dot{x}(t) = 0, \qquad \dot{z}(t) = -gt,$$

bzw. integriert mit den Anfangsbedingungen folgt:

$$x(t) = 0, \qquad z(t) = -\frac{g}{2}t^2 + h.$$

Wegen $x(t) = 0$ fällt aus der zweiten Differentialgleichung (9) in dieser Näherung das Glied $2\omega x \cos \lambda$ heraus; es bleibt:

$$\dot{y} = -2\omega(z - h)\sin\lambda.$$

Einsetzen von z liefert

$$\dot{y} = -2\omega\left(h - \frac{1}{2}gt^2 - h\right)\sin\lambda,$$
$$= \omega gt^2 \sin\lambda,$$

mit der Anfangsbedingung integriert folgt

$$y = \frac{\omega g \sin\lambda}{3}t^3.$$

Die Lösungen des Differentialgleichungssystems in der Näherung $\omega^n = 0$ mit $n \geq 2$ (d.h. konsistent bis zu linearen Gliedern in ω), lauten also

$$x(t) = 0,$$
$$y(t) = \frac{\omega g \sin\lambda}{3}t^3,$$
$$z(t) = h - \frac{g}{2}t^2.$$

Die Fallzeit T erhält man aus $z(t = T) = 0$,

$$T^2 = \frac{2h}{g}.$$

Damit hat man die *Ostablenkung* ($\vec{e}_2{}'$ zeigt nach Osten) als Funktion der Fallhöhe:

$$y(t = T) = y(h) = \frac{\omega g \sin\lambda \, 2h}{3g}\sqrt{\frac{2h}{g}} \cdot g,$$
$$= \frac{2\omega h \sin\lambda}{3}\sqrt{\frac{2h}{g}}.$$

Die Methode der sukzessiven Approximation

Geht man von dem bereits bekannten System (9) gekoppelter Differential-gleichungen aus, so lassen sich diese Gleichungen durch Integration in Inte-gralgleichungen überführen:

$$x(t) = 2\omega \cos\lambda \int\limits_0^t y(u)\,du + c_1,$$

$$y(t) = 2\omega h t \sin\lambda - 2\omega \cos\lambda \int\limits_0^t x(u)\,du - 2\omega \sin\lambda \int\limits_0^t z(u)\,du + c_2,$$

$$z(t) = -\frac{1}{2}gt^2 + 2\omega \sin\lambda \int\limits_0^t y(u)\,du + c_3.$$

Berücksichtigt man, daß die Anfangsbedingungen

$$
\begin{aligned}
x(0) &= 0, & \dot{x}(0) &= 0, \\
y(0) &= 0, & \dot{y}(0) &= 0, \\
z(0) &= h, & \dot{z}(0) &= 0,
\end{aligned}
$$

erfüllt sein müssen, so ergeben sich die Integrationskonstanten zu

$$c_1 = 0; \quad c_2 = 0; \quad c_3 = h.$$

Die Methode der Iteration besteht darin, daß für die unter dem Integral-zeichen stehenden Funktionen $x(u), y(u), z(u)$ willkürlich geeignete Anfangs-funktionen eingesetzt werden. Damit werden in erster Näherung $x(t)$, $y(t)$, $z(t)$ bestimmt und zur Ermittlung der zweiten Näherung als $x(u), y(u), z(u)$ rechts wieder eingesetzt usw. Im allgemeinen ergibt sich dann eine *sukzes-sive Approximation an die exakte Lösung*, wenn $\omega \cdot t = 2\pi\frac{t}{T}$ (wobei $T = 24$ Stunden) klein genug ist.
Setzt man im Beispiel $x(u), y(u), z(u)$ in der nullten Näherung gleich Null, so ergibt sich in der ersten Näherung

$$
\begin{aligned}
x^{(1)}(t) &= 0, \\
y^{(1)}(t) &= 2\omega h t \sin\lambda, \\
z^{(1)}(t) &= h - \frac{g}{2}t^2.
\end{aligned}
$$

Zur Überprüfung der Konsistenz dieser Lösungen bis zu Termen linear in ω genügt die Überprüfung der zweiten Näherung. Bei Konsistenz dürfen in ihr *keine* Verbesserungen auftreten, die ω linear enthalten:

$$x^{(2)}(t) = 2\omega \cos\lambda \int_0^t y^{(1)}(u)\,du = 2\omega \cos\lambda \int_0^t 2\omega h(\sin\lambda)u\,du$$

$$= 4\omega^2 h \cos\lambda \sin\lambda \frac{t^2}{2} = f(\omega^2) \approx 0.$$

Ebenso wie $x^{(1)}(t)$ ist auch $z^{(1)}(t)$ in 1. Ordnung in ω konsistent:

$$z^{(2)}(t) = h - \frac{1}{2}gt^2 + 2\omega \sin\lambda \int_0^t y^{(1)}(u)\,du$$

$$= h - \frac{g}{2}t^2 + 2\omega \sin\lambda \int_0^t 2\omega h(\sin\lambda)u\,du$$

$$= h - \frac{g}{2}t^2 + i(\omega^2).$$

Dagegen ist $y^{(1)}(t)$ nicht konsistent in ω, denn

$$y^{(2)}(t) = 2\omega h t \sin\lambda - 2\omega \cos\lambda \int_0^t x^{(1)}(u)\,du - 2\omega \sin\lambda \int_0^t z^{(1)}(u)\,du =$$

$$= 2\omega h \sin\lambda \cdot t - 2\omega h \sin\lambda \cdot t + g\omega \sin\lambda \frac{t^3}{3} = 2\omega h(\sin\lambda)t + k(\omega).$$

Wir erkennen, daß hier in diesem zweiten Schritt die Glieder linear in ω noch einmal massiv geändert wurden. Der im ersten Iterationsschritt erhaltene Term $2\omega h t \sin\lambda$ wird ganz weggehoben und schließlich durch $g\omega \sin\lambda \frac{t^3}{3}$ ersetzt. Eine Überprüfung von $y^{(3)}(t)$ zeigt, daß $y^{(2)}(t)$ konsistent bis zur 1. Ordnung in ω ist.

Genau wie bei der vorher besprochenen Methode der Störungsrechnung ergibt sich bis zur ersten Ordnung in ω die Lösung

$$x(t) = 0,$$

$$y(t) = \frac{g\omega \sin\lambda}{3}t^3,$$

$$z(t) = h - \frac{g}{2}t^2.$$

Wir haben natürlich längst gemerkt, daß die Methode der sukzessiven Approximation (Iteration) der Störungsrechnung äquivalent ist und im Grunde ihre begrifflich saubere Formulierung darstellt.

Exakte Lösung

Die Bewegungsgleichungen (7) können auch exakt gelöst werden. Dabei gehen wir wieder von

$$\ddot{x} = 2\omega \cos \lambda \, \dot{y}, \tag{7a}$$
$$\ddot{y} = -2\omega(\sin \lambda \, \dot{z} + \cos \lambda \, \dot{x}), \tag{7b}$$
$$\ddot{z} = -g + 2\omega \sin \lambda \, \dot{y}, \tag{7c}$$

aus. Integriert man (7a)–(7c) mit den obigen Anfangsbedingungen, so folgt

$$\dot{x} = 2\omega \cos \lambda \, y, \tag{9a}$$
$$\dot{y} = -2\omega(\sin \lambda \, z + \cos \lambda \, x) + 2\omega \sin \lambda \, h, \tag{9b}$$
$$\dot{z} = -gt + 2\omega \sin \lambda \, y. \tag{9c}$$

Einsetzen von (9a) und (9c) in (7b) ergibt:

$$\ddot{y} + 4\omega^2 y = 2\omega g \sin \lambda \, t \equiv ct. \tag{10}$$

Die allgemeine Lösung von (10) ist die allgemeine Lösung der homogenen Gleichung und *eine* spezielle Lösung der inhomogenen Gleichung, d.h.

$$y = \frac{c}{4\omega^2}t + A \sin 2\omega t + B \cos 2\omega t.$$

Aus den Anfangsbedingungen zur Zeit $t = 0$: $x = y = 0$, $z = h$, $\dot{x} = \dot{y} = \dot{z} = 0$ folgt $B = 0$ und $2\omega A = -\frac{c}{4\omega^2}$, d.h. $A = -\frac{c}{8\omega^3}$ und somit:

$$y = \frac{c}{4\omega^2}t - \frac{c}{8\omega^3}\sin 2\omega t = \frac{c}{4\omega^2}\left(t - \frac{\sin 2\omega t}{2\omega}\right),$$

d.h.

$$y = \frac{g \sin \lambda}{2\omega}\left(t - \frac{\sin 2\omega t}{2\omega}\right). \tag{11}$$

Einsetzen von (11) in (9a) ergibt

$$\dot{x} = g \sin \lambda \, \cos \lambda \left(t - \frac{\sin 2\omega t}{2\omega} \right).$$

Aus den Anfangsbedingungen folgt

$$x = g \sin \lambda \, \cos \lambda \left(\frac{t^2}{2} - \frac{1 - \cos 2\omega t}{4\omega^2} \right). \tag{12}$$

Gleichung (11) in (9c) eingesetzt ergibt

$$\dot{z} = -gt + 2\omega \sin \lambda \left\{ \frac{g \sin \lambda}{2\omega} \left(t - \frac{\sin 2\omega t}{2\omega} \right) \right\},$$

$$\dot{z} = -gt + g \sin^2 \lambda \left(t - \frac{\sin 2\omega t}{2\omega} \right),$$

und integriert mit den Anfangsbedingungen:

$$z = -\frac{g}{2} t^2 + g \sin^2 \lambda \left(\frac{t^2}{2} - \frac{1 - \cos 2\omega t}{4\omega^2} \right) + h. \tag{13}$$

Zusammengefaßt ist schließlich

$$x = g \sin \lambda \, \cos \lambda \left(\frac{t^2}{2} - \frac{1 - \cos 2\omega t}{4\omega^2} \right),$$

$$y = \frac{g \sin \lambda}{2\omega} \left(t - \frac{\sin 2\omega t}{2\omega} \right), \tag{14}$$

$$z = h - \frac{g}{2} t^2 + g \sin^2 \lambda \left(\frac{t^2}{2} - \frac{1 - \cos 2\omega t}{4\omega^2} \right).$$

Da $\omega t = 2\pi \frac{\text{Fallzeit}}{1\,\text{Tag}}$, also sehr klein ist ($\omega t \ll 1$), kann man (14) entwickeln:

$$x = \frac{gt^2}{6} \sin \lambda \, \cos \lambda \, (\omega t)^2,$$

$$y = \frac{gt^2}{3} \sin \lambda \, (\omega t), \tag{15}$$

$$z = h - \frac{gt^2}{2} \left(1 - \frac{\sin^2 \lambda}{3} (\omega t)^2 \right).$$

Berücksichtigt man nur Glieder erster Ordnung in ωt, so ist $(\omega t)^2 \approx 0$ und (15) wird zu:

$$x(t) = 0,$$

$$y(t) = \frac{g\omega t^3 \sin \lambda}{3}, \tag{16}$$

$$z(t) = h - \frac{g}{2}t^2.$$

Dies ist identisch mit den mit Hilfe der Störungsrechnung gewonnenen Ergebnissen. (14) ist jedoch *exakt*!

Die Ostablenkung einer fallenden Masse erscheint zunächst paradox, weil sich die Erde doch auch nach Osten dreht. Sie wird aber sofort anschaulich verständlich, wenn man bedenkt, daß die Masse in der Höhe h zur Zeit $t = 0$ im *Inertialsystem* eine größere Geschwindigkeitskomponente ostwärts (aufgrund der Erdrotation) besitzt als ein Beobachter auf der Erdoberfläche. Es ist diese "überschüssige" Geschwindigkeit gen Osten, die für den Beobachter auf der Erde den Stein nach Osten fallen läßt, und nicht $\perp$ nach unten. Beim Wurf nach oben ist es umgekehrt (siehe Aufgabe 2.2).

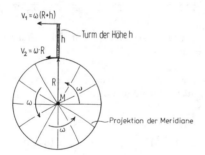

Schnitt durch die Erde am Äquator in Draufsicht (vom Nordpol aus). M ist der Erdmittelpunkt, ω die Winkelgeschwindigkeit.

2.1 Beispiel: Als Beispiel berechnen wir die Ostablenkung eines Körpers, der am Äquator aus einer Höhe von 400 m herunterfällt. Die Ostablenkung eines aus der Höhe h fallenden Körpers ist gegeben durch

$$y(h) = \frac{2\omega \sin \lambda\, h}{3} \sqrt{\frac{2h}{g}}.$$

Die Höhe $h = 400$ m und die Winkelgeschwindigkeit der Erde $\omega = 7,27 \cdot 10^{-5}$ rad sec^{-1} sind bekannt, ebenso die Erdbeschleunigung.
Die Werte in $y(h)$ eingesetzt:

$$y(h) = \frac{2 \cdot 7,27 \cdot 400 \text{ rad m}}{3 \cdot 10^5 \text{ sec}} \sqrt{\frac{2 \cdot 400 \text{ sec}^2}{9,81}},$$

wobei rad eine dimensionale Größe ist. Als Ergebnis ergibt sich

$$y(h) = 17,6 \text{ cm}.$$

Der Körper wird also um 17,6 cm nach Osten abgelenkt.

⎯⎯⎯⎯⎯⎯⎯⎯⎯⎯

2.2 Aufgabe: Ein Gegenstand wird mit der Anfangsgeschwindigkeit v_0 nach oben geworfen. Gesucht ist die Ostablenkung.

Lösung: Legen wir das Koordinatensystem in den Ausgangspunkt der Bewegung, so lauten die Anfangsbedingungen:

$$z(t = 0) = 0, \qquad \dot{z}(t = 0) = v_0,$$
$$y(t = 0) = 0, \qquad \dot{y}(t = 0) = 0,$$
$$x(t = 0) = 0, \qquad \dot{x}(t = 0) = 0.$$

Die Auslenkung nach Osten wird durch y, die nach Süden durch x angegeben und $z = 0$ bedeutet die Höhe h über der Erdoberfläche.
Für die Bewegung in y-Richtung wurde gezeigt (vgl. Gleichung (8)):

$$\frac{dy}{dt} = -2\omega(x \cos \lambda + z \sin \lambda) + C_2.$$

Wegen ihrer Kleinheit kann die Bewegung des Körpers in x-Richtung vernachlässigt werden, $x \approx 0$. Vernachlässigt man weiter die Wirkung der Ostablenkung auf z, so kommt man gleich zur Gleichung:

$$z = -\frac{g}{2}t^2 + v_0 t,$$

die bereits von der Behandlung des freien Falles ohne Berücksichtigung der Erdrotation bekannt ist. Einsetzen in obige Differentialgleichung ergibt:

$$\frac{dy}{dt} = 2\omega \left(\frac{g}{2} t^2 - v_0 t \right) \sin\lambda,$$

$$y(t) = 2\omega \left(\frac{g}{6} t^3 - \frac{v_0}{2} t^2 \right) \sin\lambda.$$

Am Umkehrpunkt (nach der Steigzeit $T = \frac{v_0}{g}$) beträgt die Ablenkung

$$y(T) = -\frac{2}{3}\omega \sin\lambda \, \frac{v_0^3}{g^2}.$$

Sie zeigt, wie erwartet, nach Westen.

2.3 Aufgabe: Ein Fluß der Breite D fließt auf der Nordhalbkugel bei der geographischen Breite φ nach Norden mit einer Strömungsgeschwindigkeit v_0. Wieviel liegt das rechte Flußufer höher als das linke? Rechnen Sie das Zahlenbeispiel $D = 2$ km, $v_0 = 5$ km/h und $\varphi = 45°$ durch.

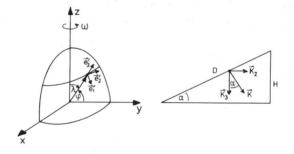

Lösung: Für die Erde gilt: $m\frac{d^2\vec{r}}{dt^2} = -mg\,\vec{e_3}' - 2m\,\omega \times \vec{v}$ mit

$$\vec{\omega} = -\omega \sin\lambda \, \vec{e_1}' + \omega \cos\lambda \, \vec{e_3}'.$$

Die Strömungsgeschwindigkeit ist $\vec{v} = -v_0 \, \vec{e_1}'$ und somit

$$\vec{\omega} \times \vec{v} = -\omega v_0 \sin\varphi \, \vec{e_2}'.$$

Für die Kraft ergibt sich dann $m\ddot{\vec{r}} = \vec{K} = -mg\,\vec{e_3}' + 2m\,\omega v_0 \sin\varphi \, \vec{e_2}' = K_3\,\vec{e_3}' + K_2\,\vec{e_2}'.$

$\vec{K}$ muß auf der Wasseroberfläche senkrecht stehen (vgl. Skizze). Mit dem Betrag der Kraft

$$K = \sqrt{4m^2\omega^2 v_0^2 \sin^2\varphi + m^2 g^2}$$

kann man nach der Skizze $H = D\sin\alpha$ und $\sin\alpha = K_2/K$ bestimmen. Es folgt somit für die gesuchte Höhe H:

$$H = D\frac{2\omega v_0 \sin\varphi}{\sqrt{4\omega^2 v_0^2 \sin^2\varphi + g^2}} \approx \frac{2D\omega v_0 \sin\varphi}{g}.$$

Für das Zahlenbeispiel ergibt sich eine Uferüberhöhung von $H \approx 2{,}9$ cm.

2.4 Aufgabe: Eine gleichförmige, sphärische Erde sei mit Wasser bedeckt. Die Oberfläche des Meeres nimmt die Form eines oblaten Sphäroids an, wenn die Erde mit der Winkelgeschwindigkeit ω rotiert.

Finden Sie einen Ausdruck, der die Differenz der Meerestiefe zwischen Pol und Äquator approximativ beschreibt.

Nehmen Sie an, daß die Oberfläche des Meeres eine Fläche konstanter potentieller Energie ist. Vernachlässigen Sie die Korrekturen zum Gravitationspotential aufgrund der Deformation.

Lösung:

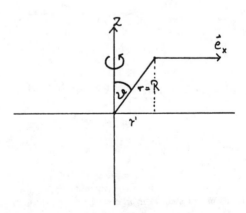

$$\vec{F}_{\text{eff}}(r) = -\frac{\gamma mM}{r^2}\,\vec{e}_r + m\,\omega^2 r \sin\vartheta\,\vec{e}_x; \qquad r' = r \cdot \sin\vartheta,$$

$$V\Big|_{r_1}^{r_2} = -\int_{r_1}^{r_2} \vec{F}_{\text{eff}}(r) \cdot d\vec{r}$$

$$= -\int_{r_1}^{r_2} \left(-\frac{\gamma mM}{r^2}\,\vec{e}_r + m\,\omega^2 r \sin\vartheta\,\vec{e}_x \right) dr \cdot \vec{e}_r$$

$$= -\frac{\gamma mM}{r}\Big|_{r_1}^{r_2} - \frac{m\,\omega^2 r^2 \sin^2\vartheta}{2}\Big|_{r_1}^{r_2}.$$

Wir definieren daher

$$V_{\text{eff}}(r) = -\frac{\gamma mM}{r} - \frac{m\,\omega^2 r^2}{2}\sin^2\vartheta. \qquad \underline{1}$$

Sei nun

$$r = R + \Delta r(\vartheta); \qquad \Delta r(\vartheta) \ll R.$$

Das Potential an der Oberfläche der rotierenden Kugel ist laut Aufgabenstellung konstant

$$V(r) = -\frac{\gamma mM}{R} + V_0.$$

Die Oberfläche der Erde ist der Aufgabenstellung nach eine Äquipotentialfläche (Fläche konstanter potentieller Energie). Daraus folgt direkt, daß die Anziehungskraft senkrecht auf diese Fläche wirkt; denn wegen der Konstanz des Potentials entlang der Oberfläche kann keine Kraft in Tangentialrichtung wirken.

$$V(r) = -\frac{\gamma mM}{R}\left(1 - \frac{\Delta r}{R}\right) - \frac{m}{2}\omega^2 R^2 \left(1 + 2 \cdot \frac{\Delta r}{R}\right)\sin^2\vartheta$$

$$\stackrel{!}{=} -\frac{\gamma mM}{R} + V_0.$$

Daraus folgt für V_0:

$$V_0 = \frac{\gamma mM}{R^2}\Delta r - \frac{m}{2}\omega^2 R^2 \sin^2\vartheta - m\,\omega^2 R\Delta r \sin^2\vartheta.$$

Wie man sich durch Einsetzen der gegebenen Werte überzeugen kann, ist der letzte Term zu vernachlässigen:

$$\frac{\gamma mM}{R^2} \gg m\,\omega^2 R\sin^2\vartheta.$$

Daraus folgt

$$\frac{\gamma mM}{R^2}\Delta r = V_0 + \frac{m}{2}\omega^2 R^2 \sin^2\vartheta,$$

oder explizit für die Differenz $\Delta r(\vartheta)$

$$\Delta r(\vartheta) = \frac{R^2}{\gamma m M}\left(V_0 + \frac{m}{2}\omega^2 R^2 \sin^2 \vartheta\right). \qquad \underline{2}$$

Die zweite Forderung für die Berechnung der Deformation ist die Erhaltung des Volumens; da $\Delta r \ll R$ angenommen werden kann, können wir diese Forderung als einfaches Oberflächenintegral schreiben

$$\int\limits_{\vartheta=0}^{\pi/2} \int\limits_{\varphi=0}^{2\pi} dF \cdot \Delta r(\vartheta) = 0, \qquad \underline{3}$$

also aufgrund der Rotationssymmetrie in φ

$$\int\limits_{0}^{\pi/2} \left(V_0 + \frac{m\,\omega^2 R^2 \sin^2 \vartheta}{2}\right) 2\pi R \cdot R \sin \vartheta\, d\vartheta = 0;$$

daraus folgt

$$\int\limits_{0}^{\pi/2} \left(V_0 \sin \vartheta + \frac{m\,\omega^2 R^2 \sin^3 \vartheta}{2}\right) d\vartheta = 0.$$

Mit $\int\limits_{0}^{\pi/2} \sin \vartheta\, d\vartheta = 1$ und $\int\limits_{0}^{\pi/2} \sin^3 \vartheta\, d\vartheta = \frac{2}{3}$ ergibt sich

$$V_0 + \frac{m}{3}\omega^2 R^2 = 0,$$

$$V_0 = -\frac{m}{3}\omega^2 R^2.$$

Setzen wir dieses Ergebnis in $\underline{2}$ ein, so erhalten wir

$$\Delta r(\vartheta) = \frac{R^4}{\gamma M}\frac{\omega^2}{2}\left(\sin^2 \vartheta - \frac{2}{3}\right).$$

Im letzten Schritt ist, $\frac{\gamma M}{R^2}$ durch g zu ersetzen; damit haben wir approximativ einen Ausdruck für die Differenz der Meerestiefe gefunden:

$$\Delta r(\vartheta) = \frac{\omega^2 R^2}{2g}\left(\sin^2 \vartheta - \frac{2}{3}\right). \qquad \underline{4}$$

Setzen wir noch die gegebenen Werte ein:

$$R = 6370\,\text{km}, \qquad g = 9,81\,\frac{\text{m}}{\text{s}^2}, \qquad \omega = \frac{2\pi}{T} = 7,2722 \cdot 10^{-5}\,\frac{1}{\text{s}},$$

so erhalten wir

$$d = \Delta r\left(\frac{\pi}{2}\right) - \Delta r(0) \approx 10,94\,\text{km}.$$

Will man den Einfluß der Deformation auf das Gravitationspotential berücksichtigen, benötigt man die sog. Kugelflächenfunktionen. Sie werden im Teil 3 der Vorlesungen (Elektrodynamik) ausführlich besprochen.

3. Das Foucaultsche Pendel

Foucault* gelang 1851 ein einfacher und überzeugender Beweis der Erdrotation: Ein Pendel versucht seine Schwingungsebene beizubehalten, unabhängig von jeder Drehung des Aufhängepunktes. Wird in einem Laboratorium dennoch eine solche Drehung beobachtet, so kann daraus nur die Rotation des Laboratoriums – also die Erdrotation – gefolgert werden.
Die Skizze zeigt die Anordnung des Pendels und legt zugleich die Achsen des Koordinatensystems fest.

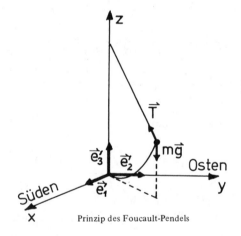

Prinzip des Foucault-Pendels

---

* *Foucault* [fuk'o], Jean Bernard Léon, französischer Physiker, * Paris 18.9.1819, † ebd. 11.2.1868. F. führte 1850 im Panthéon in Paris seinen bekannt gewordenen Pendelversuch zum Nachweis der Achsendrehung der Erde aus. Im gleichen Jahr lieferte er mit einem rotierenden Spiegel den für die Bestätigung der Wellentheorie des Lichtes wichtigen Nachweis, daß sich das Licht in Wasser langsamer als in Luft fortpflanzt. Er untersuchte die von D.F. Arago entdeckten Wirbelströme in Metallen (F.-Ströme) und führte gemeinsam mit A.H.L. Fizeau auch Untersuchungen über Licht- und Wärmestrahlen aus.

Zuerst leiten wir die Bewegungsgleichung des Foucaultschen Pendels her. Für den Massenpunkt gilt

$$\vec{F} = \vec{T} + m\vec{g}, \tag{1}$$

wobei $\vec{T}$ eine zunächst unbekannte Zugkraft im Pendelfaden ist. In der für bewegte Bezugssysteme gültigen Grundgleichung

$$m\ddot{\vec{r}} = \vec{F} - m\frac{d\vec{\omega}}{dt} \times \vec{r} - 2m\vec{\omega} \times \vec{v} - m\vec{\omega} \times (\vec{\omega} \times \vec{r}) \tag{2}$$

können die linearen Kräfte und die Zentripetalkräfte vernachlässigt werden, da für die Erde $d\omega/dt = 0$ ist und $t \cdot |\vec{\omega}| \ll 1$, $t^2\omega^2 \approx 0$, ($t \approx$ Schwingungszeit des Pendels) ist. Setzt man Gleichung (1) in die vereinfachte Gleichung (2) ein, so erhält man

$$m\ddot{\vec{r}} = \vec{T} + m\vec{g} - 2m\vec{\omega} \times \vec{v}. \tag{3}$$

Wie man an dieser Gleichung noch einmal deutlich sieht, macht sich die Erdrotation für den mitbewegten Beobachter im Auftreten einer Scheinkraft, der Corioliskraft, bemerkbar. Die Corioliskraft führt zur Drehung der Schwingungsebene des Pendels. Aus (3) läßt sich die Fadenspannung $\vec{T}$ bestimmen, wenn man beachtet, daß

$$\begin{aligned}\vec{T} &= (\vec{T} \cdot \vec{e_1}')\,\vec{e_1}' + (\vec{T} \cdot \vec{e_2}')\,\vec{e_2}' + (\vec{T} \cdot \vec{e_3}')\,\vec{e_3}' = T\frac{\vec{T}}{T} \\ &= T\frac{\{-x, -y, l-z\}}{\sqrt{x^2 + y^2 + (l-z)^2}} = T\frac{\{-x, -y, l-z\}}{l}\,. \end{aligned} \tag{4}$$

Die Ausführung der Skalarprodukte liefert also

$$\vec{T} = T\left(-\frac{x}{l}\vec{e_1}' - \frac{y}{l}\vec{e_2}' - \frac{l-z}{l}\vec{e_3}'\right). \tag{5}$$

Bevor man (5) in (3) einsetzt, empfiehlt es sich, (3) in die einzelnen Komponenten zu zerlegen. Dazu muß das Kreuzprodukt $\vec{\omega} \times \vec{v}$ ausgerechnet werden. Es ist

$$\vec{\omega} \times \vec{v} = \begin{vmatrix} \vec{e_1}' & \vec{e_2}' & \vec{e_3}' \\ -\omega\sin\lambda & 0 & \omega\cos\lambda \\ \dot{x} & \dot{y} & \dot{z} \end{vmatrix}$$

$$= -\omega\cos\lambda\,\dot{y}\,\vec{e_1}' + \omega(\cos\lambda\,\dot{x} + \sin\lambda\,\dot{z})\,\vec{e_2}' - \omega\sin\lambda\,\dot{y}\,\vec{e_3}'. \tag{6}$$

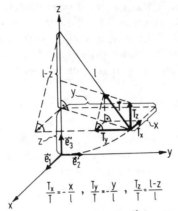

$$\frac{T_x}{T} = -\frac{x}{l} \;,\quad \frac{T_y}{T} = -\frac{y}{l} \;,\quad \frac{T_z}{T} = \frac{l-z}{l}$$

Zur Projektion der Fadenspannung $\vec{T}$ auf die Achsen $\vec{e}_i'$.

Setzt man (5) und (6) in die Gleichung (3) ein, so folgt wegen $m\vec{g} = -mg\,\vec{e}_3'$ ein gekoppeltes System von Differentialgleichungen:

$$m\ddot{x} = -\frac{x}{l}T + 2m\omega\cos\lambda\,\dot{y},$$

$$m\ddot{y} = -\frac{y}{l}T - 2m\omega(\cos\lambda\,\dot{x} + \sin\lambda\,\dot{z}),$$

$$m\ddot{z} = \frac{l-z}{l}T - mg + 2m\omega\sin\lambda\,\dot{y}. \tag{7}$$

Um aus dem System (7) die unbekannte Fadenspannung T eliminieren zu können, macht man die folgenden Näherungen:

Der Pendelfaden soll sehr lang sein; das Pendel aber nur mit kleinen Amplituden schwingen.

Daraus folgt, daß $x/l \ll 1$, $y/l \ll 1$ und erst recht $z/l \lll 1$, da sich der Massenpunkt nahezu in der x, y-Ebene bewegt. Daher setzt man zur Berechnung der Fadenspannung in guter Näherung

$$\frac{l-z}{l} = 1, \qquad m\ddot{z} = 0, \tag{8}$$

und erhält aus der dritten Gleichung (7)

$$T = mg - 2m\omega\sin\lambda\,\dot{y}. \tag{9}$$

Einsetzen von (9) und (7) ergibt, nach Division durch die Masse m:

$$\ddot{x} = -\frac{g}{l}x + \frac{2\omega\sin\lambda}{l}x\dot{y} + 2\omega\cos\lambda\,\dot{y},$$

$$\ddot{y} = -\frac{g}{l}y + \frac{2\omega\sin\lambda}{l}y\dot{y} - 2\omega\cos\lambda\,\dot{x}. \tag{10}$$

Gleichung (10) stellt ein System nichtlinearer Differentialgleichungen dar; nichtlinear deshalb, weil die gemischten Glieder $x\dot{y}$ und $y\dot{y}$ auftauchen. Da die Produkte der kleinen Zahlen ω, x und $\dot{y}$ (bzw. ω, y und $\dot{y}$) gegenüber den anderen Termen verschwindend klein sind, kann (10) den folgenden Gleichungen (11) als gleichwertig angesehen werden:

$$\ddot{x} = -\frac{g}{l}x + 2\omega\cos\lambda\,\dot{y}, \qquad \ddot{y} = -\frac{g}{l}y - 2\omega\cos\lambda\,\dot{x}. \tag{11}$$

Diese beiden linearen (aber gekoppelten) Differentialgleichungen beschreiben die Schwingungen eines Pendels unter dem Einfluß der Corioliskraft in guter Näherung. Im folgenden wird ein Lösungsverfahren für (11) beschrieben.

Lösung der Differentialgleichungen

Um (11) lösen zu können, führt man die Abkürzungen $g/l = k^2$ und $\omega\cos\lambda = \alpha$ ein, multipliziert $\ddot{y}$ mit der imaginären Einheit $i = \sqrt{-1}$ und erhält:

$$
\begin{aligned}
\ddot{x} &= -k^2 x - 2\alpha i^2\dot{y} \\
i\ddot{y} &= -k^2 iy - 2\alpha i\dot{x} \\
\hline
\ddot{x} + i\ddot{y} &= -k^2(x + iy) - 2\alpha i(\dot{x} + i\dot{y})
\end{aligned}
\tag{12}
$$

Die Abkürzung $u = x + iy$ ist naheliegend:

$$\ddot{u} = -k^2 u - 2\alpha i\dot{u} \quad \text{oder} \quad 0 = \ddot{u} + 2\alpha i\dot{u} + k^2 u. \tag{13}$$

Die Gleichung (13) wird durch den sich bei allen Schwingungsvorgängen bewährenden Ansatz

$$u = C \cdot e^{\gamma t} \tag{14}$$

gelöst, wobei γ durch Einsetzen der Ableitungen in (13) zu bestimmen ist:

$$C\gamma^2 e^{\gamma t} + 2\alpha i C\gamma\,e^{\gamma t} + k^2 C\,e^{\gamma t} = 0 \quad \text{oder} \quad \gamma^2 + 2i\alpha\gamma + k^2 = 0. \tag{15}$$

Die beiden Lösungen von (15) sind

$$\gamma_{1/2} = -i\alpha \pm ik\sqrt{1 + \alpha^2/k^2}. \tag{16}$$

Da $\alpha^2 = \omega^2\cos^2\lambda$ wegen ω^2/k^2 klein gegen 1 ist ($\omega^2/k^2 = T^2_{\text{Pendel}}/T^2_{\text{Erde}} \ll 1$, wobei T_{Pendel} die Schwingungszeit des Pendels und $T_{\text{Erde}} = 1$ Tag ist), folgt weiter

$$\gamma_{1/2} = -i\alpha \pm ik. \tag{17}$$

Die allgemeinste Lösung der Differentialgleichung (13) ist die Linearkombination der linear unabhängigen Lösungen

$$u = A \cdot e^{\gamma_1 t} + B \cdot e^{\gamma_2 t},$$

wobei A und B durch die Anfangsbedingungen festgelegt werden müssen und selbstverständlich komplex sind, d.h. in einen reellen und in einen imaginären Anteil zerlegt werden können:

$$u = (A_1 + iA_2)e^{-i(\alpha - k)t} + (B_1 + iB_2)e^{-i(\alpha + k)t}. \tag{19}$$

Die Eulersche Relation $e^{-i\varphi} = \cos\varphi - i\sin\varphi$ erlaubt die Aufspaltung von (19) in $u = x + iy$:

$$
\begin{aligned}
x + iy = {}& (A_1 + iA_2)(\cos[\alpha - k]t - i\sin[\alpha - k]t) \\
& + (B_1 + iB_2)(\cos[\alpha + k]t - i\sin[\alpha + k]t),
\end{aligned}
\tag{20}
$$

woraus nach Trennung von Real- und Imaginärteil folgt:

$$
\begin{aligned}
x &= A_1 \cos(\alpha - k)t + A_2 \sin(\alpha - k)t + B_1 \cos(\alpha + k)t + B_2 \sin(\alpha + k)t, \\
y &= -A_1 \sin(\alpha - k)t + A_2 \cos(\alpha - k)t - B_1 \sin(\alpha + k)t + B_2 \cos(\alpha + k)t.
\end{aligned}
\tag{21}
$$

Die Anfangsbedingungen seien:

$$
\begin{aligned}
x_0 &= 0, & \dot{x}_0 &= 0, \\
y_0 &= L, & \dot{y}_0 &= 0,
\end{aligned}
$$

d.h. das Pendel wird um die Strecke L nach Osten ausgelenkt und zur Zeit $t = 0$ ohne Anfangsgeschwindigkeit losgelassen. Setzt man $x_0 = 0$ in (21) ein, folgt

$$B_1 = -A_1.$$

Differenziert man (21) und setzt $\dot{x}_0 = 0$ ein, so folgt daraus

$$B_2 = A_2 \frac{k - \alpha}{k + \alpha}.$$

Wie bereits in (16) bemerkt, ist $\alpha \ll k$ und somit $B_2 \approx A_2$. Aus (21) erhält man jetzt

$$
\begin{aligned}
x &= A_1 \cos(\alpha - k)t + A_2 \sin(\alpha - k)t - A_1 \cos(\alpha + k)t + A_2 \sin(\alpha + k)t, \\
y &= -A_1 \sin(\alpha - k)t + A_2 \cos(\alpha - k)t + A_1 \sin(\alpha + k)t + A_2 \cos(\alpha + k)t.
\end{aligned}
\tag{22}
$$

Es sind noch die Anfangsbedingungen für y_0 und $\dot{y}_0$ einzuarbeiten. Aus $\dot{y}_0 = 0$ und (22) folgt:

$$-A_1(\alpha - k) + A_1(\alpha + k) = 0 \Rightarrow A_1 = 0.$$

Aus $y_0 = L$ und der Gleichung (22) ergibt sich

$$2A_2 = L \quad \Longrightarrow \quad A_2 = \frac{L}{2}.$$

Durch Einsetzen dieser Werte erhält man

$$x = \frac{L}{2} \sin(\alpha - k)t + \frac{L}{2} \sin(\alpha + k)t,$$

$$y = \frac{L}{2} \cos(\alpha - k)t + \frac{L}{2} \cos(\alpha + k)t.$$

Unter Beachtung der trigonometrischen Formeln

$$\sin(x \pm y) = \sin x \cos y \pm \cos x \sin y, \quad \cos(x \pm y) = \cos x \cos y \mp \sin x \sin y$$

folgt

$$x = L \sin \alpha t \cos kt, \qquad y = L \cos \alpha t \cos kt.$$

Die beiden Gleichungen lassen sich in einer Vektorgleichung zusammenfassen:

$$\vec{r} = L \cos kt (\sin(\alpha t) \, \vec{e}_1 + \cos(\alpha t) \, \vec{e}_2). \tag{23}$$

Diskussion der gefundenen Lösung

Der erste Faktor in (23) beschreibt die Bewegung eines Pendels, das mit der Amplitude L und Frequenz $k = \sqrt{g/l}$ schwingt. Der zweite Term ist ein Einheitsvektor $\vec{n}$, der mit der Frequenz $\alpha = \omega \cos \lambda$ rotiert und die Drehung der Schwingungsebene beschreibt:

$$\vec{r} = L \cos kt \, \vec{n}(t),$$
$$\vec{n}(t) = \sin \alpha t \, \vec{e}_1 + \cos \alpha t \, \vec{e}_2$$

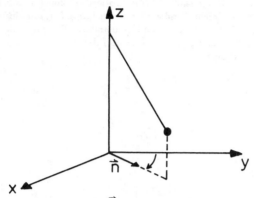

Der Einheitsvektor $\vec{n}(t)$ dreht sich in der x-y-Ebene.

(23) sagt zudem aus, in welcher Richtung sich die Schwingungsebene dreht. Für die nördliche Halbkugel ist $\cos\lambda > 0$ und nach kurzer Zeit $\sin\alpha t > 0$ und $\cos\alpha t > 0$, d.h. die Schwingungsebene dreht sich im Uhrzeigersinn. Ein Beobachter auf der Südhalbkugel wird für sein Pendel wegen $\cos\lambda < 0$ eine Drehung gegen den Uhrzeiger feststellen.

Am Äquator versagt der Versuch wegen $\cos\lambda = 0$; die Komponente $\omega_x = -\omega\sin\lambda$ ist dort zwar am größten, aber mit dem Foucaultpendel nicht nachweisbar.

Verfolgt man den Weg des Massenpunktes eines Foucaultpendels, so ergeben sich Rosettenbahnen. Hierbei ist interessant, daß der Verlauf der Bahnen wesentlich von den Anfangsbedingungen abhängt (vgl. Figur). Die linke Seite zeigt eine Rosettenbahn für ein Pendel, das beim Maximalausschlag losgelassen wurde, rechts das Pendel aus der Ruhelage herausgestoßen.

Rosettenbahnen des Foucault-Pendels.

Wegen der Annahme $\alpha \ll k$ in (16) beschreibt (23) keine der beiden Rosetten genau. In (23) schwingt das Pendel immer durch die Ruhelage, obwohl die gleichen Anfangsbedingungen wie in der linken Figur gewählt wurden.

3.1 Aufgabe: Ein vertikaler Stab AB rotiert mit konstanter Winkelgeschwindigkeit ω. Eine leichte, nicht dehnbare Kette der Länge l ist mit einem Ende am Punkt O des Stabes befestigt, während an ihrem anderen Ende die Masse m befestigt ist. Finden Sie die Spannung in der Kette und den Winkel zwischen Kette und Stab im Gleichgewichtszustand.

Lösung:

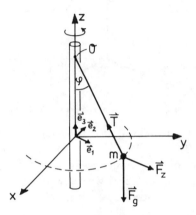

$\vec{e}_1, \vec{e}_2, \vec{e}_3$ sind die Einheitsvektoren eines mit dem Stab drehenden rechtwinkligen Koordinatensystems; $\vec{T}$ die Spannkraft der Kette, $\vec{F}_g$ ist das Gewicht der Masse m; $\vec{F}_z$ sei die Zentrifugalkraft.

Auf den Körper wirken drei Kräfte ein, nämlich

1. Die Schwerkraft (Gewicht): $\vec{F}_g = -mg\,\vec{e}_3$,
2. Die Zentrifugalkraft: $\vec{F}_z = -m\,\vec{\omega} \times (\vec{\omega} \times \vec{r})$,
3. die Spannkraft der Kette: $\vec{T} = -T\sin\varphi\,\vec{e}_1 + T\cos\varphi\,\vec{e}_3$.

Da die Winkelgeschwindigkeit nur eine Komponente in $\vec{e}_3$-Richtung besitzt, $\vec{\omega} = \omega\,\vec{e}_3$, und

$$\vec{r} = l(\sin\varphi\,\vec{e}_1 + (1 - \cos\varphi)\,\vec{e}_3)$$

ist, folgt für die Zentrifugalkraft

$$\vec{F}_z = -m(\vec{\omega} \times (\vec{\omega} \times \vec{r}))$$

der Ausdruck

$$\vec{F}_z = +m\,\omega^2 l\sin\varphi\,\vec{e}_1.$$

Wenn sich der Körper im Gleichgewicht befindet, ist die Resultierende der drei Kräfte Null:

$$0 = -mg\,\vec{e}_3 + m\,\omega^2 l\sin\varphi\,\vec{e}_1 - T\sin\varphi\,\vec{e}_1 + T\cos\varphi\,\vec{e}_3 = 0.$$

Ordnen wir nach Komponenten, so erhalten wir

$$0 = (m\,\omega^2 l \sin\varphi - T \sin\varphi)\,\vec{e}_1 + (T \cos\varphi - mg)\,\vec{e}_3\,.$$

Da ein Vektor nur dann verschwindet, wenn jede Komponente Null ist, können wir folgende Komponentengleichungen aufstellen:

$$m\,\omega^2 l \sin\varphi - T \sin\varphi = 0,\qquad\qquad \underline{1}$$

$$T \cos\varphi - mg = 0.\qquad\qquad \underline{2}$$

Eine Lösung von Gleichung $\underline{1}$ ist $\sin\varphi = 0$. Sie stellt einen Zustand labilen Gleichgewichts dar, der vorliegt, wenn der Körper auf der Achse AB rotiert. In diesem Fall verschwindet die zentrifugale Kraftkomponente. Zu einer zweiten Lösung des Systems gelangen wir, wenn wir $\sin\varphi \neq 0$ annehmen. Wir können dann die Gleichung $\underline{1}$ durch $\sin\varphi$ dividieren und erhalten T:

$$T = m\,\omega^2 l \qquad\qquad \underline{3}$$

und nach Elimination von T aus $\underline{2}$ den Winkel φ zwischen Kette und Stab:

$$\cos\varphi = \frac{g}{\omega^2 l}\,.$$

Da die Kette OP mit der Masse m in P den Mantel eines Kegels beschreibt, heißt diese Anordnung Kegelpendel.

3.2 Aufgabe: Die Schwingungsdauer eines Pendels der Länge l sei durch T gegeben. Wie wird diese Schwingungsdauer abgeändert, wenn das Pendel an der Decke eines Zuges aufgehängt wird, der mit der Geschwindigkeit v um eine Kurve mit dem Radius R fährt?

a) Vernachlässigen Sie dabei die Corioliskraft. Warum können Sie das machen?

b) Lösen Sie die Bewegungsgleichungen (mit Corioliskraft!) weitgehend exakt (analog Foucaultsches Pendel).

Lösung:

a) Die rücktreibende Kraft lautet

$$F_R = -mg \sin\varphi + \frac{mv^2}{R'} \cos\varphi\,.$$

Es ist $v(x) = \omega(R + x) = \omega(R + l \sin\varphi)$ und $R' = R + x$. Damit folgt

$$F_R = -mg \sin\varphi + m\,\omega^2 (R + l \sin\varphi) \cos\varphi\,.$$

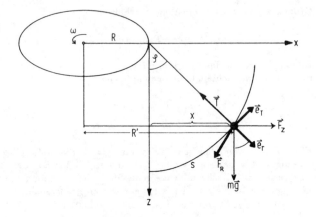

Die Differentialgleichung für die Bewegung lautet demnach:

$$m\,\ddot{s} = -mg\sin\varphi + m\,\omega^2\,(R + l\sin\varphi)\cos\varphi.$$

Da $s = l\varphi,\quad \ddot{s} = l\ddot{\varphi}$, folgt $l\ddot{\varphi} = -g\sin\varphi + \omega^2(R + l\sin\varphi)\cos\varphi$ oder

$$\ddot{\varphi} + \frac{g}{l}\sin\varphi - \omega^2\left(\frac{R}{l} + \sin\varphi\right)\cos\varphi = 0. \qquad \underline{1}$$

Für kleine Auslenkungen ist $\cos\varphi \approx 1$ und $\sin\varphi \approx \varphi$, d.h.

$$\ddot{\varphi} + \frac{g}{l}\varphi - \omega^2\left(\frac{R}{l} + \varphi\right) = 0$$

oder

$$\ddot{\varphi} + \left(\frac{g}{l} - \omega^2\right)\varphi - \omega^2\frac{R}{l} = 0. \qquad \underline{2}$$

Dabei wurde die Corioliskraft vernachlässigt, weil die Winkelgeschwindigkeit $\dot{\varphi}$ und damit $\dot{x}$ klein gegen die Rotationsgeschwindigkeit $v = \omega(R + x)$ ist, d.h. $\vec{\omega} \times \dot{\vec{x}} \cong 0$. Die Lösung der homogenen Differentialgleichung ist

$$\varphi_h = \sin\left(\sqrt{\frac{g}{l} - \omega^2}\ t\right).$$

Die partikuläre Lösung der inhomogenen DGL ist

$$\varphi_i = \frac{\omega^2\,(R/l)}{(g/l) - \omega^2}.$$

Die allgemeine Lösung von $\underline{1}$ ist daher

$$\varphi = \varphi_h + \varphi_i = \sin\left(\sqrt{\frac{g}{l} - \omega^2}\ t\right) + \frac{\omega^2\,(R/l)}{(g/l) - \omega^2}.$$

Die Schwingungsdauer ist somit

$$T = \frac{2\pi}{\sqrt{(g/l) - \omega^2}}.$$

Für $\omega = \sqrt{g/l}$ wird die Schwingungsdauer unendlich, weil die Zentrifugalkraft die Schwerkraft überwiegt. Diese Interpretation trifft den Kern der Sache, obwohl die Formel **2** nur für kleine Winkelgeschwindigkeiten gilt: Für große Winkelgeschwindigkeiten darf nämlich die Näherung kleiner Schwingungsamplituden x in Gleichung **1** nicht mehr gemacht werden, weil die Pendelmasse aufgrund der Fliehkraft nach außen, d.h. zu großen x-Werten gedrückt wird.

b) Die Bewegungsgleichungen lauten

$$m\,\ddot{\vec{r}} = \vec{F} - m\frac{d\vec{\omega}}{dt} \times \vec{r} - 2m\,\vec{\omega} \times \vec{v} - m\,\vec{\omega} \times (\vec{\omega} \times (\vec{r} + \vec{R})).$$

Mit

$$\vec{\omega} = -\omega\,\vec{e}_z, \quad \vec{R} = R\,\vec{e}_x, \quad -2m\,\vec{\omega} \times \vec{v} = 2m\,\omega(-\dot{y}, \dot{x}, 0)$$

und

$$-m\,\vec{\omega} \times (\vec{\omega} \times (\vec{r} + \vec{R})) = m\,\omega^2(R + x, y, 0)$$

ergibt sich daraus:

$$m\,\ddot{x} = -T_x - 2m\,\omega\dot{y} + m\,\omega^2(R+x) = -\frac{x}{l}T - 2m\,\omega\dot{y} + m\,\omega^2(R+x),$$

$$m\,\ddot{y} = -T_y + 2m\,\omega\dot{x} + m\,\omega^2 y \qquad = -\frac{y}{l}T + 2m\,\omega\dot{x} + m\,\omega^2 y,$$

$$m\,\ddot{z} = -T_z + mg \qquad\qquad\quad = -\frac{z}{l}T + mg. \qquad\qquad \underline{3}$$

Im folgenden wollen wir annehmen, daß es sich um ein Pendel großer Pendellänge handelt, so daß bei kleinen Ausschlägen ungefähr $z \approx l$ ($\dot{z} = \ddot{z} = 0$) gilt. Damit ergibt sich die Fadenspannung zu $T = mg$.

$$\ddot{x} = \left(\omega^2 - \frac{g}{l}\right)x - 2\omega\dot{y} + \omega^2 R,$$

$$\ddot{y} = \left(\omega^2 - \frac{g}{l}\right)y + 2\omega\dot{x}.$$

Für die Substitution $u = x + iy$ folgt dann weiter

$$\ddot{u} = \left(\omega^2 - \frac{g}{l}\right)u + 2i\omega\dot{u} + \omega^2 R. \qquad\qquad \underline{4}$$

Für die homogene Lösung der Differentialgleichung **4** erhält man mit dem Ansatz $u_{\text{hom}} = c\,e^{\gamma t}$ das charakteristische Polynom

$$\gamma^2 - \left(\omega^2 - \frac{g}{l}\right) - 2i\omega\gamma = 0.$$

Damit nimmt die homogene Lösung die Form

$$u_{\text{hom}} = c_1 \, e^{i(\omega + \sqrt{g/l})t} + c_2 \, e^{i(\omega - \sqrt{g/l})t}$$

an. Die partikuläre Lösung ergibt sich einfach zu

$$u_{\text{part}} = \frac{\omega^2 R}{(g/l) - \omega^2}.$$

Daraus folgt

$$u = u_{\text{hom}} + u_{\text{part}} = c_1 \, e^{i(\omega + \sqrt{g/l})t} + c_2 \, e^{i(\omega - \sqrt{g/l})t} + \frac{\omega^2 R}{(g/l) - \omega^2}. \qquad \underline{5a}$$

Mit den Anfangsbedingungen $x(0) = x_0$ und $y(0) = \dot{x}(0) = \dot{y}(0) = 0$ folgt für c_1 und c_2

$$c_1 = \frac{\sqrt{g/l} - \omega}{2\sqrt{g/l}} \left(x_0 + \frac{\omega^2 R}{\omega^2 - g/l} \right),$$

$$c_2 = \frac{\sqrt{g/l} + \omega}{2\sqrt{g/l}} \left(x_0 + \frac{\omega^2 R}{\omega^2 - g/l} \right). \qquad \underline{5b}$$

Durch Umschreiben der Lösung $\underline{5a}$ in Real- und Imaginärteil lassen sich die Lösungen für $x(t)$ und $y(t)$ identifizieren.

$$x = c_1 \cos\left(\omega + \sqrt{\frac{g}{l}}\right)t + c_2 \cos\left(\omega - \sqrt{\frac{g}{l}}\right)t + \frac{\omega^2 R}{g/l - \omega^2}$$

$$= \sqrt{\frac{l}{g}}\left(x_0 + \frac{\omega^2 R}{\omega^2 - g/l}\right)\left\{\sqrt{\frac{g}{l}}\cos\sqrt{\frac{g}{l}}t\cos\omega t + \omega\sin\sqrt{\frac{g}{l}}t\sin\omega t\right\} + \frac{\omega^2 R}{g/l - \omega^2}$$

$$= \left(x_0 + \frac{\omega^2 R}{\omega^2 - g/l}\right)\left\{\cos\sqrt{\frac{g}{l}}t\cos\omega t + \omega\sqrt{\frac{l}{g}}\sin\sqrt{\frac{g}{l}}t\sin\omega t\right\} + \frac{\omega^2 R}{g/l - \omega^2}, \qquad \underline{6a}$$

$$y = c_1 \sin\left(\omega + \sqrt{\frac{g}{l}}\right)t + c_2 \sin\left(\omega - \sqrt{\frac{g}{l}}\right)t$$

$$= \left(x_0 + \frac{\omega^2 R}{\omega^2 - g/l}\right)\left\{\sin\omega t\cos\sqrt{\frac{g}{l}}t - \omega\sqrt{\frac{l}{g}}\sin\sqrt{\frac{g}{l}}t\cos\omega t\right\}. \qquad \underline{6b}$$

Wegen $\omega \ll \sqrt{g/l}$ ist $\omega\sqrt{l/g} \ll 1$. Daraus folgt

$$x = x_0 \cos\sqrt{\frac{g}{l}}t\cos\omega t,$$

$$y = x_0 \cos\sqrt{\frac{g}{l}}t\sin\omega t.$$

Das beschreibt eine Drehung der Pendelebene mit der Frequenz ω (ähnlich wie beim Foucaultschen Pendel).

Die Schwingungsdauer T des Pendels kann man nun aus der folgenden Betrachtung gewinnen:

Für $t = 0$ ist die geschwungene Klammer von **6a** gleich 1; für $t = (\pi/2)\sqrt{l/g} + t'$, wobei $t' \ll (\pi/2)\sqrt{l/g}$ ist, wird die geschwungene Klammer das erste Mal gleich 0, was einem Viertel von T entspricht. Durch entwickeln der geschwungenen Klammer ergibt sich t' zu

$$t' = \frac{\pi}{2}\left(\frac{l}{g}\right)^{3/2}\omega^2,$$

$$T = 4\left(\frac{\pi}{2}\sqrt{\frac{l}{g}} + \frac{\pi}{2}\left(\frac{l}{g}\right)^{3/2}\omega^2\right)$$

$$= 2\pi\sqrt{\frac{l}{g}}\left(1 + \frac{\omega^2}{g/l}\right).$$

Im Gegensatz dazu ergibt sich aus Teil a)

$$T = \frac{2\pi}{\sqrt{g/l - \omega^2}} = 2\pi\sqrt{\frac{l}{g}}\left(1 + \frac{1}{2}\frac{\omega^2}{g/l}\right),$$

was den Schluß nahelegt, daß die Corioliskraft in dieser Betrachtung von vornherein wohl nicht zu vernachlässigen ist.

3.3 Aufgabe: Erklären Sie, nach welchen Himmelsrichtungen auf der nördlichen Halbkugel Winde aus Norden, Osten, Süden und Westen abgelenkt werden. Erklären Sie die Entstehung von Zyklonen.

Lösung:

Wir leiten die Bewegungsgleichung für ein Luftquantum P ab, das sich nahe der Erdoberfläche bewegt, wobei wir das X, Y, Z-System als Inertialsystem ansehen – also die Drehung der Erde um die Sonne nicht berücksichtigen. Außerdem nehmen wir an, daß die Luftmasse sich in einer gleichbleibenden Höhe bewegt, also keine Geschwindigkeitskomponente in z-Richtung auftritt ($\dot{z} = 0$). Die Zentrifugalbeschleunigung wird ebenfalls vernachlässigt.

Die Bewegungsgleichung des Teilchens ist unter den oben genannten Voraussetzungen durch die Differentialgleichung

$$\ddot{\vec{r}} = \vec{g} - 2(\omega \times \dot{\vec{r}}) = \vec{g} - 2(\vec{\omega}_\perp \times \dot{\vec{r}}) - 2(\vec{\omega}_\parallel \times \dot{\vec{r}})$$

definiert, in der $\vec{\omega} \times \dot{\vec{r}} = (\vec{\omega}_\perp + \vec{\omega}_\parallel) \times \dot{\vec{r}}$ ist. $\vec{\omega}_\parallel$ zeigt in die negative $\vec{e}_1$-Richtung.

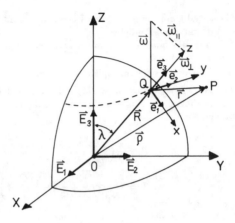

Definition der Koordinaten:

0 = Ursprung des Inertialsystems X, Y, Z; Q = Ursprung des bewegten Systems x, y, z; P = ein Punkt mit der Masse m; $\vec{\rho}$ = Ortsvektor im X, Y, Z-System; $\vec{r}$ = Ortsvektor im x, y, z-System.

Betrachten wir das dominante Glied $-2\vec{\omega}_\perp \times \dot{\vec{r}}$: Eine Luftmenge, die sich in x-Richtung (Süden) bewegt, wird in Richtung der negativen y-Achse beschleunigt und eine Bewegung in y-Richtung hat eine Beschleunigung in x-Richtung zur Folge. Die Ablenkung erfolgt aus der Bewegungsrichtung nach rechts. Ein Wind aus Westen wird demnach nach Süden abgelenkt, Nordwind nach Westen, Ostwind nach Norden und Südwind nach Osten.

Die Kraft $-2m\,\vec{\omega}_\parallel \times \vec{r}$ ist für Nord- bzw. Südwinde exakt Null. Für West- bzw. Ostwinde zeigt sie in $\vec{e}_3$-Richtung bzw. entgegengesetzt. Die Luftmassen werden entsprechend vom Boden weg bzw. auf den Boden zu gedrückt. Diese Kraftkomponente ist jedoch sehr klein gegenüber der Gravitationskraft mg, die auch in die negative $\vec{e}_3$-Richtung zeigt.

Wenn wir ein Luftquantum betrachten, das sich auf der Südhalbkugel bewegt, so ist $\lambda > \pi/2$ und $\cos\lambda$ negativ. Westwind wird hier also nach Norden, Nordwind nach Osten und Südwind nach Westen abgelenkt.

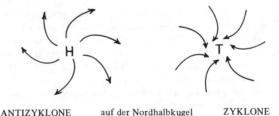

ANTIZYKLONE   auf der Nordhalbkugel   ZYKLONE

Strömt auf der Nordhalbkugel Luft aus einem Gebiet hohen Drucks in ein Tiefdruckgebiet, so bildet sich eine linksdrehende Zyklone im Tiefdruckgebiet, eine rechtsdrehende Antizyklone im Hochdruckgebiet.

3.4 Aufgabe: Eine Masse m wird im Innern eines mit konstanter Winkelgeschwindigkeit ω rotierenden Rohres (Relativbewegung), das unter dem Winkel α gegen die Drehachse geneigt ist, durch einen Faden mit konstanter Geschwindigkeit c nach innen gezogen.

a) Welche Kräfte wirken an der Masse?

b) Welche Arbeit leisten diese Kräfte, während sich die Masse von x_1 nach x_2 bewegt? (Bilden Sie die Energiebilanz!) Zahlenwerte: $m = 5$ kg, $\alpha = 45°$, $x_1 = 1$ m, $x_2 = 5$ m, $\omega = 2\,\text{sec}^{-1}$, $c = 5\,\frac{m}{\text{sec}}$, $g = 9.81\,\frac{m}{\text{sec}^2}$.

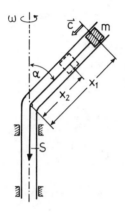
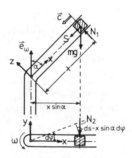

Lösung:

a) Die Masse m führt im Rohr eine Relativbewegung mit konstanter Geschwindigkeit $\vec{c} = c(-1,0,0)$ aus, so daß sich die resultierende Beschleunigung zusammensetzt aus der Führungsbeschleunigung $\vec{b}_f$ im Rohr, der Relativbeschleunigung $\vec{b}_r$ und der Coriolisbeschleunigung $\vec{b}_c$:

$$\vec{b} = \vec{b}_f + \vec{b}_r + \vec{b}_c.$$

Die Führungsbeschleunigung setzt sich dabei im allgemeinen aus einer Translationsbeschleunigung $\vec{b}_0$ des Fahrzeugs und aus den von einer Rotationsbewegung herrührenden Beschleunigungen $\vec{b}_t$ (Tangentialbeschleunigung) und $\vec{b}_n$ (Normalbeschleunigung) zusammen.

In der vorliegenden Aufgabe hat man eine Drehung um eine feste Achse $\vec{e}_\omega = (\cos\alpha, 0, \sin\alpha)$ mit konstanter Winkelgeschwindigkeit ω, so daß gilt $\vec{b}_0 = \vec{b}_t = 0$, und die Führungsbeschleunigung ist damit

$$\vec{b}_f = \vec{b}_0 + \vec{b}_t + \vec{b}_n = \vec{b}_n = x\sin\alpha\,\omega^2\,(-\sin\alpha; 0; \cos\alpha),$$

d.h. die Führungsbeschleunigung besteht offensichtlich allein aus der Zentripetalbeschleunigung $\vec{b}_n$.

Die Relativbeschleunigung $\vec{b}_r = 0$, da die Relativgeschwindigkeit eine Konstante ist und die Coriolisbeschleunigung $\vec{b}_c$, definiert als

$$\vec{b}_c = 2\omega\,\vec{e}_\omega \times \vec{c},$$

ist damit

$$\vec{b}_c = -2\omega c \sin\alpha\,(0,1,0).$$

Für die Gesamtbeschleunigung $\vec{b}$ gilt somit

$$\vec{b} = \vec{b}_f + \vec{b}_c = (-x\omega^2 \sin^2\alpha,\ -2\omega c \sin\alpha,\ x\omega^2 \sin\alpha \cos\alpha). \qquad \underline{1}$$

$\vec{b}$ ist die Folge der folgenden an der Masse m angreifenden Kräfte (Abb. 2):

$$\vec{S} = S(-1,0,0), \quad \vec{G} = mg(-\cos\alpha, 0, -\sin\alpha)$$
$$\vec{N}_1 = N_1(0,0,1), \quad \vec{N}_2 = N_2(0,-1,0).$$

Die resultierende Gesamtkraft ist somit

$$\vec{F} = (-S - mg\cos\alpha, -N_2, N_1 - mg\sin\alpha). \qquad \underline{2}$$

Mit der Newton'schen Gleichung

$$\vec{F} = m \cdot \vec{b} \qquad \underline{3}$$

kann man dann die unbekannten Größen S, N_1 und N_2 erhalten:
Aus Gleichungen $\underline{1}$, $\underline{2}$ und $\underline{3}$ folgt

$$(-S - mg\cos\alpha,\ -N_2,\ N_1 - mg\sin\alpha)$$
$$= m(-x\omega^2 \sin^2\alpha,\ -2\omega c \sin\alpha,\ x\omega^2 \sin\alpha \cos\alpha)$$

$$\Rightarrow \quad S = m(x\omega^2 \sin^2\alpha - g\cos\alpha)$$
$$N_1 = m(x\omega^2 \sin\alpha \cos\alpha + g\sin\alpha)$$
$$N_2 = 2\omega m c \sin\alpha.$$

Dabei wird S negativ, sobald $x < (g\cos\alpha)/(\omega^2 \sin\alpha)$; d.h. die Masse m müßte im Rohr noch zusätzlich abgebremst werden, wenn eine konstante Geschwindigkeit aufrechterhalten werden soll.

b) Während der Bewegung werden Arbeiten von der Fadenkraft $\vec{S}$, der Gewichtskraft $\vec{G}$ und der Corioliskraft $\vec{N}_2$ geleistet; $\vec{N}_1$ ist die Normalkraft.
Die Arbeit der Fadenkraft ist

$$A_s = \int\limits_{x_1}^{x_2} dA_s = -\int\limits_{x_1}^{x_2} S(x)\,dx = \frac{m}{2}\omega^2 \sin^2\alpha(x_1^2 - x_2^2) - mg\cos\alpha(x_1 - x_2). \qquad \underline{4}$$

Die Arbeit der Gewichtskraft lautet

$$A_G = \int_{x_1}^{x_2} dA_G = mg \cos\alpha(x_1 - x_2).$$

5

Die Arbeit der Corioliskraft, unter Berücksichtigung von $\frac{dx}{dt} = -c$, ist

$$A_{N_2} = \int dA_{N_2} = -\int N_2\, ds = -\int N_2 x \sin\alpha\, d\varphi$$

$$= -\int_{x_1}^{x_2} N_2 x \sin\alpha \frac{d\varphi}{dt}\frac{dt}{dx}\, dx$$

$$= -m\,\omega^2 \sin^2\alpha(x_1^2 - x_2^2).$$

Einsetzen der in der Aufgabenstellung gegebenen Zahlenwerte ergibt:

$$A_S = (3.75 - 17.34)\,\text{Nm} = -13,59\,\text{Nm}$$

$$A_G = 17.34\,\text{Nm} \qquad A_{N_2} = 7.5\,\text{Nm}.$$

Zur Kontrolle der Resultate macht man sich den Umstand zunutze, daß die Summe der Arbeiten der äußeren Kräfte gleich der Differenz der kinetischen Energien sein muß (Energiebilanz)

$$\Delta E = A_S + A_{N_2} + A_G,$$

wobei

$$\Delta E = \frac{m}{2}(c^2 + x_2^2 \sin^2\alpha\,\omega^2) - \frac{m}{2}(c^2 + x_1^2 \sin^2\alpha\,\omega^2)$$

$$= -\frac{m}{2}\omega^2 \sin^2\alpha(x_1^2 - x_2^2)$$

und nach Gleichungen 4, 5 und 6:

$$A_S + A_G + A_{N_2} = \frac{m}{2}\omega^2 \sin^2\alpha(x_1^2 - x_2^2) - mg\cos\alpha(x_1 - x_2)$$

$$- m\omega^2 \sin^2\alpha(x_1^2 - x_2^2) + mg\cos\alpha(x_1 - x_2)$$

$$= \frac{m}{2}\omega^2 \sin^2\alpha(x_1^2 - x_2^2).$$

II. Mechanik der Teilchensysteme

Bisher haben wir nur die Mechanik eines Massenpunktes betrachtet. Wir gehen jetzt dazu über, Systeme von Massenpunkten zu beschreiben. Ein Teilchensystem nennen wir *Kontinuum*, wenn es aus einer so großen Anzahl von Massenpunkten besteht, daß eine Beschreibung der individuellen Massenpunkte praktisch nicht durchführbar ist. Im Gegensatz dazu heißt ein Teilchensystem *diskret*, wenn es aus einer überschaubaren Anzahl von Massenpunkten besteht.

Eine Idealisierung eines Körpers (Kontinuum) ist der *starre Körper*. Der Begriff des starren Körpers beinhaltet, daß die Abstände zwischen den einzelnen Punkten des Körpers fest sind, so daß diese Punkte keine Bewegungen gegeneinander ausführen können.

Betrachtet man die Bewegung der Punkte eines Körpers gegeneinander, so spricht man von einem *deformierbaren Medium*.

4. Freiheitsgrade

Die Anzahl der Freiheitsgrade f eines Systems gibt die Zahl der Koordinaten an, die notwendig sind, um die Bewegung der Teilchen des Systems zu beschreiben. Ein im Raum frei beweglicher Massenpunkt hat die drei Freiheitsgrade der Translation: (x, y, z). Sind n Massenpunkte im Raum frei beweglich, so hat dieses System $3n$ Freiheitsgrade:

$$(x_i, y_i, z_i); \qquad i = 1, \ldots, n.$$

Freiheitsgrade eines starren Körpers

Gesucht ist die Anzahl der Freiheitsgrade eines starren Körpers, der sich frei bewegen kann. Um einen starren Körper im Raum beschreiben zu können, muß man von ihm drei nicht kollineare Punkte kennen. Man erhält so neun Koordinaten:

$$\vec{r}_1 = (x_1, y_1, z_1), \quad \vec{r}_2 = (x_2, y_2, z_2), \quad \vec{r}_3 = (x_3, y_3, z_3),$$

die jedoch voneinander abhängig sind. Da es sich nach Voraussetzung um einen starren Körper handelt, sind die Abstände je zweier Punkte konstant.

Man erhält:

$$(x_1 - x_2)^2 + (y_1 - y_2)^2 + (z_1 - z_2)^2 = C_1^2 = \text{const},$$
$$(x_1 - x_3)^2 + (y_1 - y_3)^2 + (z_1 - z_3)^2 = C_2^2 = \text{const},$$
$$(x_2 - x_3)^2 + (y_2 - y_3)^2 + (z_2 - z_3)^2 = C_3^2 = \text{const}.$$

Mit Hilfe dieser drei Gleichungen lassen sich drei Koordinaten eliminieren, so daß die verbleibenden sechs Koordinaten die sechs Freiheitsgrade ergeben. Es handelt sich hierbei um die drei *Freiheitsgrade der Translation* und die drei *Freiheitsgrade der Rotation;* die Bewegung eines starren Körpers kann man stets als *Translation eines willkürlichen seiner Punkte* relativ zu einem Inertialsystem und *Rotation des Körpers um diesen Punkt* auffassen (Theorem von Chasles).* Das ist in nachfolgender Figur veranschaulicht: $\triangle ABC \rightarrow \triangle A''B''C''$ und zwar durch Translation in $\triangle A'B'C'$ und durch Rotation um Punkt E' in $\triangle A''B''C''$.

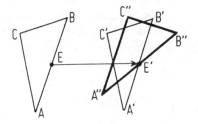

Zum Theorem von Chasles: Der Translationsvektor hängt von der Rotation ab und umgekehrt.

Wir betrachten jetzt den starren Körper, wenn ein Punkt im Raum festgehalten wird. Die Bewegung ist vollständig beschrieben, wenn wir die Koordinaten zweier Punkte

$$\vec{r}_i = (x_1, y_1, x_1) \qquad \text{und} \qquad \vec{r}_2 = (x_2, y_2, z_2)$$

kennen und den Befestigungspunkt in den Ursprung des Koordinatensystems legen. Da es sich um einen starren Körper handelt, gilt:

$$x_1^2 + y_1^2 + z_1^2 = \text{const}, \qquad x_2^2 + y_2^2 + z_2^2 = \text{const},$$
$$(x_1 - x_2)^2 + (y_1 - y_2)^2 + (z_1 - z_2)^2 = \text{const}.$$

---

* *Chasles,* Michael, französischer Mathematiker, geb. in Épernon 15.11.1793, gest. in Paris 18.12.1880, war Bankier in Chartres, 1841–51 Professor an der École Polytechnique, seit 1846 Professor an der Sorbonne in Paris. C. ist unabhängig von J. Steiner einer der Begründer der synthetischen Geometrie. Sein "Aperçu historique" übertraf bei weitem die älteren Darstellungen der Entwicklung der Geometrie und gab der geometrischen Forschung seiner Zeit neue Impulse.

Aus diesen drei Gleichungen lassen sich drei Koordinaten eliminieren, so daß die verbleibenden drei Koordinaten die *drei Freiheitsgrade der Rotation* beschreiben.

Bewegt sich ein Teilchen auf einer vorgegebenen Raumkurve, so ist die Anzahl der Freiheitsgrade $f = 1$. Die Kurve kann in der Parameterform

$$x = x(s), \quad y = y(s), \quad z = z(s)$$

Beispiel zur Parameterform: Raupe kriecht auf Grashalm.

geschrieben werden, d.h. durch Angabe des einen Parameterwertes s ist bei gegebener Kurve die Lage des Teilchens völlig bestimmt.

Ein deformierbares Medium oder eine Flüssigkeit hat eine unendliche Anzahl von Freiheitsgraden (Beispiele: schwingende Saite, biegbarer Stab, Flüssigkeitstropfen usw.).

5. Der Schwerpunkt

Definition: Ein System bestehe aus n Teilchen mit den Ortsvektoren $\vec{r}_\nu$ und den Massen m_ν für $\nu = (1, \ldots, n)$. Der Schwerpunkt dieses Systems ist definiert als Punkt S mit dem Ortsvektor $\vec{r}_s$:

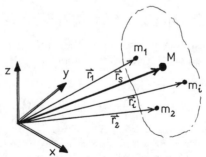

Zur Definition des Schwerpunktes.

$$\vec{r}_s = \frac{m_1\vec{r}_1 + m_2\vec{r}_2 + \cdots + m_n\vec{r}_n}{m_1 + m_2 + \cdots + m_n} = \frac{\sum_{\nu=1}^{n} m_\nu \vec{r}_\nu}{\sum_{\nu=1}^{n} m_\nu},$$

$$\vec{r}_s = \frac{1}{M} \sum_{\nu=1}^{n} m_\nu \vec{r}_\nu,$$

wobei $M = \sum_{\nu=1}^{n} m_\nu$ die Gesamtmasse des Systems und

$$M\vec{r}_s = \sum_{\nu=1}^{n} m_\nu \vec{r}_\nu$$

das Massenmoment ist. Für Systeme mit gleichmäßiger Massenverteilung über ein Volumen V mit der *Volumendichte* ϱ, geht die Summe $\sum_i m_i \vec{r}_i$ in ein Integral über und man erhält:

$$\vec{r}_s = \frac{\int\limits_V \vec{r}\varrho(\vec{r})\, dV}{\int\limits_V \varrho\, dV}.$$

Die einzelnen Komponenten ergeben sich zu

$$x_s = \frac{\sum m_\nu x_\nu}{M}, \qquad y_s = \frac{\sum m_\nu y_\nu}{M}, \qquad z_s = \frac{\sum m_\nu z_\nu}{M},$$

und bei kontinuierlicher Massenverteilung als

$$x_s = \frac{\int\limits_V \varrho x\, dV}{M}, \qquad y_s = \frac{\int\limits_V \varrho y\, dV}{M}, \qquad z_s = \frac{\int\limits_V \varrho z\, dV}{M}.$$

Wobei die Gesamtmasse mit

$$M = \sum m_\nu \qquad \text{bzw.} \qquad M = \int\limits_V \varrho\, dV$$

gegeben ist. Wir betrachten drei Massensysteme mit den Schwerpunkten $\vec{r}_1, \vec{r}_2, \vec{r}_3$ und ihren Gesamtmassen M_1, M_2, M_3. Das System 1 besteht aus der

Masse $M_1 = (m_{11} + m_{12} + m_{13} + \cdots)$ mit den Ortsvektoren $\vec{r}_{11}, \vec{r}_{12}, \vec{r}_{13}, \ldots,$ analog die Systeme 2 und 3. Dann ist nach Definiton der Schwerpunkt

des ersten Systems
$$\vec{r}_{s1} = \frac{\sum_i m_{1i}\,\vec{r}_{1i}}{\sum_i m_{1i}},$$

des zweiten Systems
$$\vec{r}_{s2} = \frac{\sum_i m_{2i}\,\vec{r}_{2i}}{\sum_i m_{2i}},$$

des dritten Systems
$$\vec{r}_{s3} = \frac{\sum_i m_{3i}\,\vec{r}_{3i}}{\sum_i m_{3i}}.$$

Für den Schwerpunkt des Gesamtsystems gilt aber die gleiche Beziehung:

$$\vec{r}_s = \frac{\sum_i m_{1i}\,\vec{r}_{1i} + \sum_i m_{2i}\,\vec{r}_{2i} + \sum_i m_{3i}\,\vec{r}_{3i}}{\sum_i m_{1i} + \sum_i m_{2i} + \sum_i m_{3i}}$$
$$= \frac{M_1 \vec{r}_{s1} + M_2 \vec{r}_{s2} + M_3 \vec{r}_{s3}}{M_1 + M_2 + M_3}.$$

Für zusammengesetzte Systeme können wir also die Schwerpunkte und Massen der Teilsysteme bestimmen und daraus den Schwerpunkt des gesamten Systems berechnen. Die Rechnung kann dadurch wesentlich erleichtert werden. Diese Tatsache wird auch als *Clustereigenschaft* des Schwerpunktes bezeichnet.

Der lineare Impuls eines Teilchensystems ist die Summe der Impulse der einzelnen Teilchen:

$$\vec{P} = \sum_{\nu=1}^{n} \vec{p}_\nu = \sum_{\nu=1}^{n} m_\nu \dot{\vec{r}}_\nu.$$

Führen wir den Schwerpunkt ein mit $M\vec{r}_s = \sum m_i \vec{r}_i$, so zeigt sich, daß $\vec{P} = M\dot{\vec{r}}_s$, d.h. der Gesamtimpuls eines Teilchensystems ist gleich dem Produkt aus der im Schwerpunkt vereinigten Gesamtmasse M mit ihrer Geschwindigkeit $\dot{\vec{r}}_s$. Dies bedeutet, daß wir die Translation eines Körpers durch die Bewegung des Schwerpunktes beschreiben können.

5.1 Aufgabe: Man finde die Koordinaten des Schwerpunktes für ein System von drei Massenpunkten.

$$m_1 = 1\,g, \quad m_2 = 3\,g, \quad m_2 = 10\,g,$$
$$\vec{r}_1 = (1, 5, 7)\,cm, \quad \vec{r}_2 = (-1, 2, 3)\,cm, \quad \vec{r}_3 = (0, 4, 5)\,cm.$$

Lösung: Für den Schwerpunkt ergibt sich

$$\vec{r}_s = \frac{1}{14}(1 - 3, \ \ 5 + 3 \cdot 2 + 10 \cdot 4, \ \ 7 + 3 \cdot 3 + 10 \cdot 5)\,cm$$

oder umgerechnet

$$\vec{r}_2 = \frac{1}{14}(-2, \ \ 51, \ \ 66) \ \ cm.$$

5.2 Aufgabe: Man finde den Schwerpunkt einer Pyramide mit der Kantenlänge a und homogener Massenverteilung.

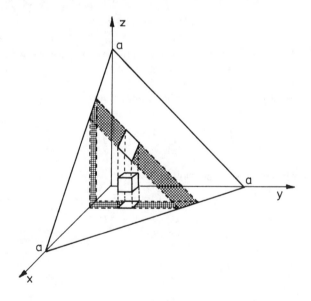

Lösung: Wegen der homogenen Massenverteilung ist die Massendichte $\varrho(\vec{r}) = \varrho_0 = $ const. Die Grundfläche der Pyramide werde durch die Gleichung

$$x + y + z = a$$

dargestellt. Die Koordinatenachsen seien die Kanten und der Ursprung die Spitze. Dann gilt

$$\vec{r}_s = \frac{\int\limits_V \varrho_0 \vec{r}\, dV}{\int\limits_V \varrho_0\, dV} = \frac{\int\limits_V \vec{r}\, dV}{\int\limits_V dV}, \qquad dV = dx\, dy\, dz.$$

Die Integrationsgrenzen sind aus der Zeichnung ersichtlich. Es wird integriert

über z längs der Säule von $z = 0$ bis $z = a - x - y$,
über y längs des Prismas von $y = 0$ bis $y = a - x$,
über x längs der Pyramide von $x = 0$ bis $x = a$:

$$\vec{r}_s = \frac{\int\limits_V \vec{r}\, dV}{\int\limits_V dV} = \frac{\int\limits_{x=0}^{a} \int\limits_{y=0}^{a-x} \int\limits_{z=0}^{a-x-y} \vec{r}\, dz\, dy\, dx}{\int\limits_{x=0}^{a} \int\limits_{y=0}^{a-x} \int\limits_{z=0}^{a-x-y} dz\, dx\, dy},$$

mit

$$\vec{r} = (x, y, z) \quad \Rightarrow \quad \int\limits_V \vec{r}\, dV = \int\limits_{x=0}^{a} \int\limits_{y=0}^{(a-x)} \left(xz, yz, \frac{1}{2}z^2\right)\Bigg|_{z=0}^{z=a-x-y} dy\, dx.$$

$$\int\limits_V \vec{r}\, dV = \int\limits_{0}^{a} \int\limits_{0}^{a-x} \left(x(a - x - y),\, y(a - x - y),\, \frac{1}{2}(a - x - y)^2\right) dy\, dx.$$

Entsprechende Integration über y und x führt auf

$$\int\limits_V \vec{r}\, dV = \frac{a^4}{24}(1, 1, 1); \qquad \int\limits_V dV = V = \frac{a^3}{6}.$$

Der Schwerpunkt liegt somit bei

$$\vec{r}_s = \frac{\int\limits_V \vec{r}\, dV}{\int\limits_V dV} = \frac{a}{4}(1, 1, 1).$$

5.3 Aufgabe: Bestimmen Sie den Schwerpunkt eines Halbkreises vom Radius a.

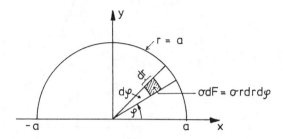

Lösung: Sei die *Flächendichte* $\sigma =$ const.*. Seien x_s und y_s die Koordinaten des Schwerpunktes. Wir benutzen zur Berechnung des Schwerpunktes Polarkoordinaten. Die Gleichung des Halbkreises lautet dann:

$$r = a, \qquad 0 \le \varphi \le \pi.$$

Aus Symmetriegründen ist $x_s = 0$ und für y_s gilt

$$y_s = \frac{\int\limits_F \sigma y \, dF}{\int\limits_F \sigma \, dF} = \frac{\int\limits_{\varphi=0}^{\pi} \int\limits_{r=0}^{a} (r \sin \varphi) r \, dr \, d\varphi}{F}.$$

Die Berechnung des Integrals ergibt

$$y_s = \frac{2a^3/3}{\pi a^2/2} = \frac{4a}{3\pi},$$

d.h. der Schwerpunkt liegt bei $\vec{r}_s = \left(0, \frac{4}{3}\frac{a}{\pi}\right)$.

5.4 Aufgabe: Bestimmen Sie den Schwerpunkt

a) eines homogenen Kreiskegels mit Basisradius a und Höhe h;

b) eines Kreiskegels wie in a), auf dessen Basis eine Halbkugel des Radius a aufgesetzt ist.

---

* Die Flächendichte ist definiert als $\sigma(\vec{r}) = \lim_{\triangle F \to 0} \frac{\triangle m(x,y,z)}{\triangle F}$

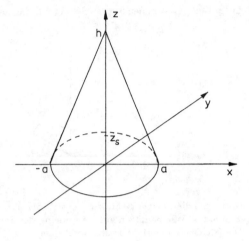

Lösung: a) Aus Symmetrie folgt, daß der Schwerpunkt auf der z-Achse liegt, d.h. $x_s = y_s = 0$.

Für die z-Komponente gilt:

$$z_s = \frac{\int\limits_k z\,dV}{\int\limits_k dV} = \frac{\int\limits_k z\,dV}{(1/3)\,\pi a^2 h}.$$

Zur Berechnung des Integrals benutzen wir Zylinderkoordinaten:

$$\int\limits_k z\,dV = \int\limits_{\varphi=0}^{2\pi} \int\limits_{\varrho=0}^{a} \int\limits_{z=0}^{h(1-\varrho/a)} z\varrho\,d\varrho\,d\varphi\,dz$$

$$= 2\pi \int\limits_{\varrho=0}^{a} \frac{1}{2}h^2 \left(1 - \frac{\varrho}{a}\right)^2 \varrho\,d\varrho$$

$$= \pi h^2 \left[\frac{1}{2}\varrho^2 - \frac{2\varrho^3}{3a} + \frac{\varrho^4}{4a^2}\right]_0^a = \pi\frac{a^2 h^2}{12},$$

$$z_s = \frac{\pi h^2 a^2 3}{12\pi a^2 h} = \frac{1}{4}h.$$

Demnach ist der Schwerpunkt eines Kreiskegels unabhängig vom Radius der Grundfläche.

b)

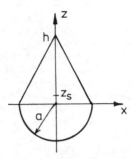

Der Schwerpunkt liegt wiederum aus Symmetriegründen auf der z-Achse.

Man hat dann:

$$z_s = \frac{\int\limits_{\text{Kegel}} z\, dV + \int\limits_{\text{Halbkugel}} z\, dV}{V_{\text{Kegel}} + V_{\text{Halbkugel}}} = \frac{\frac{1}{12}\pi h^2 a^2 + \int\limits_{\text{Halbkugel}} z\, dV}{(\pi/3)(h + 2a)a^2};$$

$$\int\limits_{\text{Halbkugel}} z\, dv = \int\limits_{\varphi=0}^{2\pi} \int\limits_{\varrho=0}^{a} \int\limits_{z=-\sqrt{a^2-\varrho^2}}^{0} \varrho z\, d\varphi\, d\varrho\, dz$$

$$= \pi \int\limits_{\varrho=0}^{a} (\varrho^2 - a^2)\varrho\, d\varrho$$

$$= \pi \left[\frac{\varrho^4}{4} - \frac{a^2 \varrho^2}{2} \right]_0^a$$

$$= -\frac{\pi a^4}{4}.$$

Der Schwerpunkt ist somit gegeben durch:

$$z_s = \frac{\frac{1}{12}\pi a^2 h^2 - \frac{1}{4}\pi a^4}{\frac{a^2 \pi}{3}(h + 2a)} = \frac{1}{4}\frac{h^2 - 3a^2}{h + 2a};$$

$$y_s = 0; \quad x_s = 0.$$

5.5 Aufgabe:

a) Zeigen Sie: Jede Lageänderung einer starren Scheibe in der Ebene läßt sich als reine Drehung um einen endlich oder unendlich weit entfernten Punkt darstellen.

(Hinweis: Man beachte, daß die Lage der Scheibe schon durch Angabe zweier Punkte A und B festgelegt ist).

b) Durch den Übergang zu "differentiellen" Lageänderungen zeigen Sie: Die ebene Bewegung einer starren Scheibe läßt sich in jedem Augenblick als eine reine Drehung um einen während der Bewegung veränderlichen Punkt, das sogenannte *Momentanzentrum,* beschreiben. Der geometrische Ort dieser Momentanzentren heißt Polbahn oder feste Polkurve.

c) Berechnen Sie die feste Polkurve $r(\varphi)$ für eine an zwei senkrechten Wänden abgleitende Leiter.

c) Berechnen Sie die feste Polkurve $r(\varphi)$ für einen Stab der Länge l der in der Abbildung dargestellten Führung verschiebbar ist.

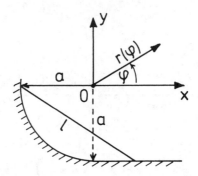

Lösung:

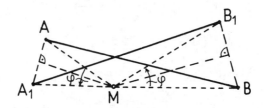

a) Zur Beschreibung der Bewegung der Scheibe diene die (beliebige) Gerade AB; sie gehe in die Gerade A_1B_1 über. Der Schnittpunkt M der Mittelsenkrechten auf AA_1 und BB_1 ist der gesuchte Drehpunkt.

Denn: Die Dreiecke ABM und A_1B_1M sind kongruent, so daß die Bewegung auch als Drehung des Dreiecks ABM, zu dem ja auch die Gerade AB gehört, von M um den Winkel φ angesehen werden kann.

b) Bei einer unendlich kleinen Drehung um $d\varphi$ gelten dieselben Überlegungen. Hier sind jedoch die einzelnen Drehpunkte veränderlich. Man hat sogenannte *Momentanzentren*. Bei einer differentiellen Drehung um ein Momentanzentrum M fallen für jeden Punkt das Wegelement $d\vec{r}$ sowie die Geschwindigkeit $\vec{v}$ in dieselbe Richtung und stehen auf den Verbindungslinien mit M senkrecht (siehe Abbildung).

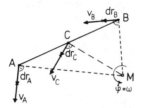

Der geometrische Ort der Momentanzentren heißt Polbahn.

c) Nach b) erhält man die folgende Abbildung:

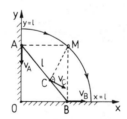

Die Strecke $l = AB$ bildet eine Diagonale des Vierecks $OBMA$; da die Diagonalen in einem Rechteck gleich sind, muß sich M auf einem Kreis mit dem Radius l bewegen.

d) Nach Aufgabe b) läßt sich die folgende Figur konstruieren:

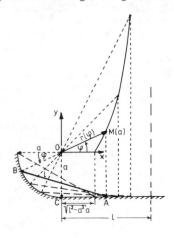

Man ersieht daraus:

$$\sin\alpha = \frac{a}{l}(1 - \sin\varphi) \quad \text{und} \quad \cos\alpha = \sqrt{1 - \frac{a^2}{l^2}(1 - \sin\varphi)^2},$$

$$\overline{AC} = l\cos\alpha - a\cos\varphi,$$

$$\overline{OM} = \frac{\overline{AC}}{\cos\varphi} = l\frac{\cos\alpha}{\cos\varphi} - a = l\sqrt{\frac{1 - (a^2/l^2)(1 - \sin\varphi)^2}{\cos^2\varphi}} - a.$$

Damit lautet die Gleichung der festen Polkurve $r(\varphi)$ in Polarkoordinaten:

$$r = r(\varphi) = \overline{OM} = -a + l\sqrt{\frac{1 - (a^2/l^2)(1 - \sin\varphi)^2}{\cos^2\varphi}}.$$

5.6 Beispiel zur Vertiefung: Streuung im Zentralfeld

1. Problemstellung

Das Zweikörperproblem tauchte erstmals in der neueren Physik beim Studium der Planetenbewegung auf. Doch macht die klassische Formulierung des Zweikörperproblems nicht nur Aussagen über den gebundenen Zustand, sondern ebenso gut über den ungebundenen Zustand (Streuzustand) eines Systems.

Das Studium der ungebundenen Zustände eines Systems hat in der modernen Physik eminente Bedeutung erlangt. Man erhält Aufschluß über die Wechselwirkung zweier Objekte miteinander, indem man sie aneinander streut und die Bahn der gestreuten Teilchen in Abhängigkeit von der Einschußenergie und den sonstigen Bahnparametern beobachtet. Die in dieser Hinsicht studierten Objekte sind in der Regel Moleküle, Atome, Atomkerne und Elementarteilchen. Streuvorgänge in diesen mikroskopischen Bereichen müssen quantenmechanisch beschrieben werden. Man kann aber mit den Mitteln der klassischen Mechanik Aussagen über Streuvorgänge machen, die durch eine quantenmechanische Rechnung bestätigt werden. Zudem kann man auf dem Boden der klassischen Mechanik gut die Beschreibungsmethoden von Streuphänomenen lernen.

Ein Streuexperiment hat den folgenden schematischen Aufbau

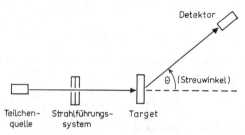

Abbildung 1: Schematischer Aufbau eines Streuexperimentes.

Wir betrachten einen homogenen Strahl einfallender Teilchen (Projektile) derselben Masse und Energie. Die Kraft auf ein Teilchen gehe für große Abstände vom Streuzentrum gegen Null. Dadurch ist gewährleistet, daß die Wechselwirkung einigermaßen lokalisiert ist. Die Anfangsgeschwindigkeit v_0 jedes Projektiles bezüglich des Kraftzentrums sei so groß, daß sich das System im ungebundenen Zustand befindet, d. h. für $t \to \infty$ soll auch der Abstand der beiden Streupartner beliebig groß werden. Bei abstoßendem Potential ist dies für jeden Wert von v_0 der Fall; nicht so bei anziehendem Potential.

Die Wechselwirkung eines Projektiles mit dem Targetteilchen äußert sich darin, daß nach dem Stoß die Flugrichtung eine andere ist als vor dem Stoß (der Gebrauch der Wörter "vor" und "nach" in diesem Zusammenhang setzt eine quasi endliche Reichweite des Wechselwirkungspotentials voraus).

2. Definition des Wirkungsquerschnittes

Was gemessen wird, sind Zählraten (Zahl der im als klein angenommenen Detektor nachgewiesenen Teilchen/sec.). Diese Zählraten werden zum einen von den physikalischen Gegebenheiten wie Art von Projektil und Target, Einschußenergie und Streurichtung und zum anderen von den besonderen experimentellen Umständen wie Detektorgröße, Abstand des Detektors vom Target, Zahl der Streuzentren oder Einfallsintensität abhängen. Um eine von den letzteren unabhängige Größe angeben zu können, definiert man den *differentiellen Wirkungsquerschnitt*

$$\frac{d\sigma}{d\Omega}(\vartheta,\varphi) := \frac{(\text{Zahl der nach } d\Omega \text{ gestreuten Teilchen})/\text{sec}}{d\Omega \cdot n \cdot I}.$$

<u>1</u>

Hier bedeutet n die Zahl der Streuzentren und I die Strahlintensität, die gegeben ist durch (Zahl der Projektile)/(sec $\cdot$ m^2). Die Streurichtung wird hier durch ϑ und φ dargestellt. ϑ ist dabei der Winkel zwischen asymptotischer Streu- und Einfallsrichtung; er heißt Streuwinkel. φ ist der Azimutwinkel. $d\Omega$ bezeichnet das Raumwinkelelement, das der Detektor einnimmt. Da wir angenommen haben, daß der Detektor klein ist, haben wir

$$d\Omega = \sin\vartheta\, d\vartheta\, d\varphi, \qquad\qquad \underline{2}$$

wobei $d\vartheta$ und $d\varphi$ die Größe des Detektors angeben. Es ist zu beachten, daß $\frac{d\sigma}{d\Omega}(\vartheta,\varphi)$ durch $\underline{1}$ definiert ist und nicht die Ableitung einer Größe σ nach Ω ist. Wie wir sehen, hat $\frac{d\sigma}{d\Omega}(\vartheta,\varphi)$ die Dimension einer Fläche. Die gebräuchliche Maßeinheit ist

$$1\,\mathrm{b} = 1\,\mathrm{Barn} = 100\,(\mathrm{fm})^2 = 10^{-28}\,\mathrm{m}^2. \qquad\qquad \underline{3}$$

Häufig – wir werden uns auf diesen Fall beschränken – wird der differentielle Wirkungsquerschnitt von dem Azimutwinkel φ unabhängig sein und man kann definieren:

$$\frac{d\sigma}{d\vartheta}(\vartheta) := 2\pi\sin\vartheta\,\frac{d\sigma}{d\Omega}(\vartheta,\varphi), \qquad\qquad \underline{4a}$$

oder in Worten (siehe Abbildung):

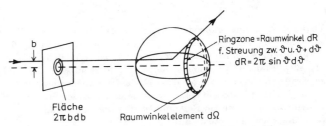

Ringzone = Raumwinkel dR
f. Streuung zw. ϑ u. $\vartheta + d\vartheta$
dR = $2\pi\sin\vartheta\, d\vartheta$

b

Fläche
$2\pi\, b\, db$ Raumwinkelelement $d\Omega$

Abbildung 2: Zur Definition des Wirkungsquerschnittes.

$$\frac{d\sigma}{d\vartheta}(\vartheta) = \frac{(\text{Zahl der nach } d\Omega \text{ gestreuten Teilchen})/\text{sec}}{d\vartheta \cdot n \cdot I}. \qquad\qquad \underline{4b}$$

Als letztes führen wir noch den totalen Wirkungsquerschnitt ein, definiert durch

$$\sigma_{\text{tot}} = \int d\Omega\,\frac{d\sigma}{d\Omega}(\vartheta,\varphi) = \int\limits_0^{2\pi} d\varphi \int\limits_0^{\pi} d\vartheta\,\sin\vartheta\,\frac{d\sigma}{d\Omega} = \int\limits_0^{\pi} d\vartheta\,\frac{d\sigma}{d\vartheta}(\vartheta). \qquad\qquad \underline{5a}$$

Er ist nur noch von den beteiligten Teilchenarten und etwa der Einschußenergie abhängig. In Worten ist

$$\sigma_{\text{tot}} = \frac{(\text{Zahl der gestreuten Teilchen})/\text{sec}}{n \cdot I}. \qquad\qquad \underline{5b}$$

Wie auch $d\sigma/d\Omega$ hat er die Dimension [Fläche]. Er ist gleich der Größe derjenigen (fiktiven) Fläche eines Streuzentrums, die die Projektile senkrecht durchsetzen müssen, wenn sie überhaupt abgelenkt werden sollen.

3. Einführung des Stoßparameters; sein Zusammenhang mit dem Streuwinkel; Formel für den differentiellen Wirkungsquerschnitt.

Es ist klar, daß der Streuwinkel ϑ bei fester Energie nur vom Stoßparameter b abhängen kann, da damit Anfangsort und - geschwindigkeit des Projektiles festliegen. Der *Stoßparameter* ist dabei definiert als der senkrechte Abstand der asymptotischen Einfallsrichtung des Projektiles von der Anfangsposition des Streuers. Es ist also für $E = $ const.

$$\vartheta = \vartheta(b). \qquad\qquad \underline{6a}$$

Infolge der Determiniertheit aller Bewegungsabläufe in der klassischen Mechanik ist dieser Zusammenhang eindeutig. (Diese Aussage gilt nicht mehr in der Quantenmechanik). Also

$$b = b(\vartheta), \qquad\qquad \underline{6b}$$

was bedeutet, daß man durch die Beobachtung irgendeines Teilchens unter einem bestimmten Streuwinkel ϑ in eindeutiger Weise schließen kann auf den Wert des Stoßparameters b beim Einlaufen dieses Teilchens. Diese Tatsache erlaubte es, die folgende Betrachtung anzustellen. Die Zahl dN der Projektile, die pro Sekunde bei Werten b' des Stoßparameters mit

$$b \leq b' \leq b + db$$

auf ein Streuzentrum zulaufen, beträgt

$$dN = I \cdot 2\pi b\, db \qquad \text{oder} \qquad dN = I \cdot 2\pi b\left|\frac{db}{d\vartheta}\right| d\vartheta.$$

Das Betragszeichen steht, weil die Zahl dN definitionsgemäß nicht negativ werden kann. Genau diese Zahl von Teilchen ist es, die in das Raumwinkelelement

$$dR = 2\pi \sin\vartheta\, d\vartheta$$

gestreut werden.
Wird das nun in (4b) eingesetzt, so bekommen wir

$$\frac{d\sigma}{d\vartheta}(\vartheta) = 2\pi b\left|\frac{db}{d\vartheta}\right| \qquad\qquad \underline{7a}$$

und für den differentiellen Wirkungsquerschnitt

$$\frac{d\sigma}{d\Omega}(\vartheta) = \frac{b(\vartheta)}{\sin\vartheta}\left|\frac{db}{d\vartheta}\right|. \qquad\qquad \underline{7b}$$

Dies ist gerade der gesuchte Zusammenhang. Die Funktion $b(\vartheta)$ ist durch das im speziellen Fall herrschende Kraftgesetz bestimmt. So sieht man ein, daß die Kenntnis des differentiellen Wirkungsquerschnitts Rückschlüsse auf das Wechselwirkungspotential zwischen Projektil und Targetteilchen zuläßt.

Im allgemeinen wird natürlich der Streuwinkel nicht nur vom Stoßparameter sondern auch von der Einschußenergie abhängen. Infolgedessen wird auch der differentielle Wirkungsquerschnitt energieabhängig. So ist es möglich, bei Beobachtung der gestreuten Teilchen unter festem Streuwinkel den differentiellen Wirkungsquerschnitt in Abhängigkeit von der Energie der Projektile zu messen.

4. Übergang auf das Schwerpunktsystem; Transformation des differentiellen Wirkungsquerschnittes vom Schwerpunkt- auf das Laborsystem

Die Überlegungen des letzten Abschnittes sind zu einem gewissen Grade vom zugrundeliegenden Bezugssystem unabhängig. Gehen wir nämlich vom Laborsystem S zu einem anderen System S' über, das sich mit einer konstanten Geschwindigkeit $\vec{V}$ parallel zur Strahlachse bewegt, so ändert sich zwar der Streuwinkel und auch der differentielle Wirkungsquerschnitt $\underline{4b}$, an der Ableitung des letzten Abschnittes ändert sich aber nichts, so daß also der Zusammenhang $\underline{7}$ weiterhin bestehen bleibt.

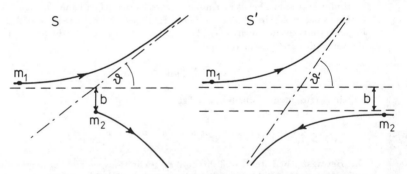

Abbildung 3: Streuung im Laborsystem (S) und im Schwerpunktssystem (S').

Dies hat insofern praktische Bedeutung, als Wirkungsquerschnitte stets im Laborsystem S, in dem das Target ruht, gemessen werden, sich die Berechnung von $b(\vartheta')$ aber häufig im Schwerpunktsystem S' einfacher gestaltet. Wir werden daher jetzt einen Zusammenhang zwischen diesen beiden Wirkungsquerschnitten ableiten. Im folgenden sollen sich die gestrichenen bzw. ungestrichenen Größen stets auf diese beiden Systeme beziehen.

Zunächst untersuchen wir die Beziehung zwischen den Streuwinkeln ϑ und ϑ'. Dazu sei $\vec{v}_1^{\,f}$ bzw. $\vec{v}_1^{\,'f}$ die asymptotische Endgeschwindigkeit (f = final) des Projektiles der Masse m_1 im System S bzw. S' und $\vec{V}$ die Relativgeschwindigkeit der beiden Systeme.

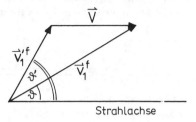

Strahlachse

Wie man sofort der Abbildung entnimmt, ist

$$\tan\vartheta = \frac{v_1'^f \sin\vartheta'}{v_1'^f \cos\vartheta' + V} = \frac{\sin\vartheta'}{\cos\vartheta' + V/v_1'^f},$$

wobei V für den Betrag von $\vec{V}$ steht und analog für $v_1'^f$. Außerdem gilt

$$m_1 v_1^i = (m_1 + m_2)V,$$

wo v_1^i die Anfangsgeschwindigkeit des Projektiles im Laborsystem ist ($i =$ initial) und

$$v_1^i = V + v_1'^i.$$

Wegen $m_1 v_1'^i = m_2 v_2'^i$ und $m_1 v_1'^f = m_2 v_2'^f$ ist für elastische Streuung ($E_{\mathrm{kin}}'^i = E_{\mathrm{kin}}'^f$) $v_1'^i = v_1'^f$ und daher

$$\frac{V}{v_1'^f} = \frac{m_1}{m_2}.$$

Es ist also

$$\tan\vartheta = \frac{\sin\vartheta'}{\cos\vartheta' + m_1/m_2}. \qquad \underline{8}$$

Dadurch ist die Funktion $\vartheta'(\vartheta)$ gegeben; wir wollen sie nicht explizit angeben. Wenn ein Projektil in S in den Ring dR' mit dem "Radius" ϑ und der Breite $d\vartheta$ gestreut wird (siehe Abbildung 2), so wird es in S' in einem Ring dR' mit dem "Radius" $\vartheta'(\vartheta)$ und der Breite $d\vartheta' = \frac{d\vartheta'}{d\vartheta}d\vartheta$ gestreut. Die Zahl der nach dR in S und nach dR' in S' gestreuten Teilchen ist daher gleich groß und mit Gleichung $\underline{4b}$ gilt

$$\frac{d\sigma}{d\vartheta}(\vartheta)\cdot d\vartheta = \frac{d\sigma'}{d\vartheta'}(\vartheta')\cdot d\vartheta' = \frac{d\sigma'}{d\vartheta'}(\vartheta')\frac{d\vartheta'}{d\vartheta}d\vartheta,$$

also

$$\frac{d\sigma}{d\vartheta}(\vartheta) = \frac{d\sigma'}{d\vartheta'}(\vartheta')\frac{d\vartheta'}{d\vartheta} \qquad \underline{9a}$$

oder

$$\frac{d\sigma}{d\Omega}(\vartheta) = \frac{d\sigma'}{d\Omega'}(\vartheta')\frac{\sin\vartheta'}{\sin\vartheta}\frac{d\vartheta'}{d\vartheta}. \qquad \underline{9b}$$

Das ist schon der gesuchte Zusammenhang.

Der Unterschied zwischen den Streuwinkeln bzw. den Wirkungsquerschnitten wird offenbar durch das Massenverhältnis von Projektil- und Targetteilchen bestimmt (siehe Gl. 8).

5.7 Aufgabe: Der Rutherford'sche Streuquerschnitt

Ein Teilchen der Masse m bewegt sich aus dem Unendlichen mit Stoßparameter b auf ein Kraftzentrum zu, wobei die Zentralkraft umgekehrt proportional zum Quadrat der Entfernung ist:

$$F = kr^{-2}.$$

a) Berechnen Sie den Streuwinkel in Abhängigkeit von b und Anfangsenergie des Teilchens

b) Wie lauten differentieller und totaler Wirkungsquerschnitt?

Lösung: a) Aus der Diskussion des Keplerproblems wissen wir, daß das zugrundeliegende Kraftgesetz die Form

$$F = -\frac{k}{r^2} \qquad \underline{1}$$

hat. Das Minuszeichen bedeutet, daß die Kraft anziehend ist. Die Bahngleichung lautet (s. Mechanik I):

$$\frac{1}{r} = \frac{mk}{l^2}\left(1 + \sqrt{1 + \frac{2El^2}{mk^2}}\cos(\theta - \theta')\right) \qquad \underline{2}$$

(E = Anfangsenergie, l = Drehimpuls, m = Masse des Teilchens, θ' = Integrationskonstante). Mit der üblichen Abkürzung

$$\varepsilon = \sqrt{1 + \frac{2El^2}{mk^2}} \qquad \underline{3}$$

kann man für Gl. 2 schreiben:

$$\frac{1}{r} = \frac{mk}{l^2}(1 + \varepsilon\cos(\theta - \theta')). \qquad \underline{4}$$

Die Bahn wird durch ε charakterisiert:

$$\varepsilon > 1, \quad E > 0: \qquad \text{Hyperbel,}$$
$$\varepsilon = 1, \quad E = 0: \qquad \text{Parabel,}$$
$$\varepsilon < 1, \quad E < 0: \qquad \text{Ellipse,}$$
$$\varepsilon = 0, \quad E = -\frac{mk^2}{2l^2}: \qquad \text{Kreis.} \qquad \underline{5}$$

In der vorliegenden Aufgabe lautet das Kraftgesetz:

$$F = \frac{k}{r^2}$$

und ist abstoßend. Um das Problem zu veranschaulichen, betrachten wir die Streuung geladener Teilchen durch ein Coulombfeld (etwa Atomkerne an Atomkernen, Protonen an Kernen oder Elektronen an Elektronen, usw.). Das streuende Kraftzentrum wird durch eine festgehaltene Ladung $-Ze$ erzeugt und wirkt auf das Teilchen mit der Ladung $-Z'e$. Für die Kraft gilt dann

$$F = \frac{ZZ'e^2}{r^2}.$$ 7

Setzen wir nun $k = -ZZ'e^2$, so können wir die Gleichungen für ein anziehendes Potential direkt übernehmen. Die Bahngleichung 4 lautet nun

$$\frac{1}{r} = -\frac{mZZ'e^2}{l^2}(1 + \varepsilon \cos\theta).$$ 8

Die Koordinaten wurden dabei so gedreht, daß $\theta' = 0$ ist. Für ε (Gl. 3) folgt

$$\varepsilon = \sqrt{1 + \frac{2El^2}{m(ZZ'e^2)^2}} = \sqrt{1 + \left(\frac{2Eb}{(ZZ'e^2)^2}\right)^2}.$$ 9

Dabei wurde der Zusammenhang

$$l = bv_\infty = b\sqrt{2mE}, \quad E = \frac{1}{2}mv_\infty^2$$ 10

zwischen Drehimpuls (l) und Stoßparameter (b) verwendet.
Da $\varepsilon > 1$ stellt Gl. 8 eine Hyperbel dar (s. Gl. 5). Wegen des Minuszeichens sind die Werte von θ für die Bahn auf solche Werte beschränkt, für die

$$\cos\theta < -\frac{1}{\varepsilon}$$ 11

gilt (s. Abb. 1). Man beachte, daß das Kraftzentrum für abstoßende Kräfte im *äußeren* Brennpunkt liegt (s. Abb. 2).

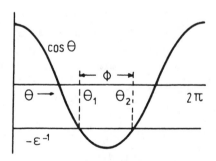

Abb. 1: Bereich von θ für abstoßende Coulombstreuung

Die Änderung von θ, die auftritt, wenn das Teilchen aus dem Unendlichen kommt, gestreut wird, und wieder nach dem Unendlichen geht, ist gleich dem Winkel ϕ zwischen den Asymptoten, der wiederum Supplement zum Streuwinkel θ ist (s. Abb. 2).

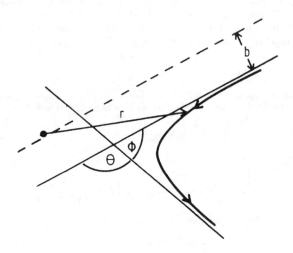

Abb. 2: Veranschaulichung der Hyperbelbahn eines vom Kraftzentrum abgestoßenen Teilchens. Das Kraftzentrum liegt im äußeren Brennpunkt.

Aus Abb. 1 und Gl. 11 folgt

$$\cos\left(\frac{\pi}{2} - \frac{\theta}{2}\right) = \sin\frac{\theta}{2} = \cos\frac{\phi}{2} = \frac{1}{\varepsilon}. \qquad \underline{12}$$

Die Beziehung $\cos(\phi/2) = 1/\varepsilon$ können wir wie folgt beweisen: Die beiden Grenzwinkel θ_1 und θ_2 genügen, jeder einzeln, der Bedingung

$$\cos\theta_1 = -\frac{1}{\varepsilon},$$

$$\cos\theta_2 = -\frac{1}{\varepsilon}. \qquad \underline{13}$$

Daraus folgt (siehe Abb. 3):

$$\sin\theta_1 = -\sin\theta_2,$$

$$\cos\frac{\theta_1}{2} = -\cos\frac{\theta_2}{2}. \qquad \underline{14}$$

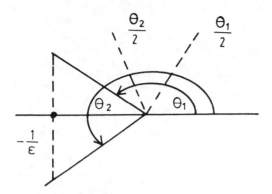

Abb. 3: Die Grenzwinkel θ_1 und θ_2 haben beide den gleichen Cosinus.

Die erste dieser Gleichungen kann umgeschrieben werden zu

$$2\cos\frac{\theta_1}{2}\sin\frac{\theta_1}{2} = \sin\theta_1 = -\sin\theta_2 = -2\cos\frac{\theta_2}{2}\sin\frac{\theta_2}{2}, \qquad \underline{15}$$

und daher ist

$$\sin\frac{\theta_1}{2} = \sin\frac{\theta_2}{2}.$$

Gesucht ist $\cos\frac{\phi}{2} = \cos\left(\frac{\theta_2-\theta_1}{2}\right), \phi = \theta_2 - \theta_1$:

$$\cos\frac{\phi}{2} = \cos\left(\frac{\theta_2}{2} - \frac{\theta_1}{2}\right) = \cos\frac{\theta_2}{2}\cos\frac{\theta_1}{2} + \sin\frac{\theta_2}{2}\sin\frac{\theta_1}{2}$$
$$= -\cos^2\left(\frac{\theta_1}{2}\right) + \sin^2\left(\frac{\theta_1}{2}\right). \qquad \underline{17}$$

Aus $\cos\theta_1 = -1/\varepsilon$ folgt dann:

$$-\frac{1}{\varepsilon} = \cos\theta_1 = \cos^2\left(\frac{\theta_1}{2}\right) - \sin^2\left(\frac{\theta_1}{2}\right) \qquad \underline{18}$$
$$\Rightarrow \quad \sin^2\left(\frac{\theta_1}{2}\right) = \cos^2\left(\frac{\theta_1}{2}\right) + \frac{1}{\varepsilon}. \qquad \underline{19}$$

Einsetzen in Gl. $\underline{17}$ liefert

$$\cos\frac{\phi}{2} = -\cos^2\left(\frac{\theta_1}{2}\right) + \cos^2\left(\frac{\theta_1}{2}\right) + \frac{1}{\varepsilon} = \frac{1}{\varepsilon}. \qquad \underline{20}$$

Damit ergibt sich

$$\frac{1}{\sin^2(\theta/2)} = 1 + \left(\frac{2Eb}{ZZ'e^2}\right)^2$$

$$\Leftrightarrow \quad \frac{1}{\sin^2(\theta/2)} - 1 = \frac{1 - \sin^2(\theta/2)}{\sin^2(\theta/2)} = \cot^2\left(\frac{\theta}{2}\right) = \left(\frac{2Eb}{ZZ'e^2}\right)^2$$

$$\Rightarrow \quad \theta = \operatorname{arccot}\left(\frac{2Eb}{ZZ'e^2}\right). \tag{21}$$

b) Aus Gl. 10 und 12 folgt

$$b = \frac{ZZ'e^2}{2E}\cot\left(\frac{\theta}{2}\right)$$

$$\Rightarrow \quad \frac{db}{d\theta} = -\frac{ZZ'e^2}{4E}\frac{1}{\sin^2(\theta/2)}. \tag{22}$$

Der differentielle Wirkungsquerschnitt als Funktion von θ ist gegeben durch

$$\frac{d\sigma}{d\Omega} = -\frac{b}{\sin\theta}\frac{db}{d\theta}. \tag{23}$$

Damit erhält man

$$\frac{d\sigma}{d\Omega} = \frac{(ZZ'e^2)^2}{4E\sin\theta\,2E} \cdot \frac{1}{\sin^2(\theta/2)}\cot\left(\frac{\theta}{2}\right)$$

$$= \frac{1}{2}\left(\frac{ZZ'e^2}{2E}\right)^2 \frac{\cot(\theta/2)}{\sin\theta\sin^2(\theta/2)}, \tag{24}$$

und mit der Identität

$$\sin\theta = 2\sin\left(\frac{\theta}{2}\right)\cos\left(\frac{\theta}{2}\right) \tag{25}$$

folgt dann

$$\frac{d\sigma}{d\Omega} = \frac{1}{4}\left(\frac{ZZ'e^2}{2E}\right)^2 \frac{1}{\sin^4(\theta/2)}. \tag{26}$$

Dies ist die bekannte *Rutherford'sche Streuformel*. Der totale Wirkungsquerschnitt berechnet sich gemäß

$$\sigma_{\text{total}} = \int \frac{d\sigma}{d\Omega}(\Omega)\,d\Omega = 2\pi \int\limits_0^\pi \frac{d\sigma}{d\Omega}(\theta)\sin\theta\,d\theta. \tag{27}$$

Durch Einsetzen von $\frac{d\sigma}{d\Omega}(\theta)$ aus Gl. 26 überzeugt man sich sofort, daß der Ausdruck wegen der starken Singularität bei $\theta = 0$ divergiert. Dies liegt an der Langreichweitigkeit der Coulombkraft. Verwendet man Potentiale, die schneller als $1/r$ abfallen, so verschwindet diese Singularität.

5.8 Aufgabe: Ein Teilchen wird an einem spährischen Potentialtopf mit Radius a und Tiefe U_0 gestreut:

$$U = 0 \qquad (r > a),$$
$$U = -U_0 \qquad (r \le a).$$

Berechnen Sie den differentiellen und den totalen Wirkungsquerschnitt.

Hinweis: Benutzen Sie das Brechungsgesetz für Teilchen an scharfen Oberflächen, das sich aus folgender Überlegung ergibt:
Die Geschwindigkeit des Teilchens vor der Streuung an einer scharfen Potentialwand sei $v_1 = v_\infty$ und die nach der Streuung v_2. Dann gilt auf Grund der Impulserhaltung senkrecht zum Einfallslot ("Transversalimpulserhaltung")

$$v_\infty \sin\alpha = v_2 \sin\beta \qquad \underline{1}$$

$$\Rightarrow \quad \frac{\sin\alpha}{\sin\beta} = \frac{v_2}{v_\infty}. \qquad \underline{2}$$

Aus dem Energiesatz folgt:

$$E = T + U = \frac{1}{2}mv_\infty^2 + U_1 = \frac{1}{2}mv_2^2 + U_2. \qquad \underline{3}$$

Auflösen nach v_2 ergibt

$$v_2 = \sqrt{v_\infty^2 + \frac{2}{m}(U_1 - U_2)} = \sqrt{v_\infty^2 + \frac{2}{m}U_0}. \qquad \underline{4}$$

Einsetzen in Gl. $\underline{2}$ liefert schließlich

$$n = \frac{\sin\alpha}{\sin\beta} = \frac{\sqrt{v_\infty^2 + (2/m)U_0}}{v_\infty} = \sqrt{1 + \frac{2U_0}{mv_\infty^2}}. \qquad \underline{5}$$

Lösung: Die geradlinige Bahn des Teilchens wird beim Eintritt in das Feld und ebenso beim Austritt gebrochen. Es gilt die Beziehung

$$\frac{\sin\alpha}{\sin\beta} = n, \qquad \underline{6}$$

wobei nach $\underline{5}$

$$n = \sqrt{1 + \frac{2U_0}{mv_\infty^2}}.$$

Der Ablenkwinkel ist (siehe Abbildung)

$$\chi = 2(\alpha - \beta)$$

$$\Rightarrow \quad \frac{\sin\beta}{\sin\alpha} = \frac{\sin(\alpha - \chi/2)}{\sin\alpha}$$

$$= \frac{\sin\alpha\cos(\chi/2) - \cos\alpha\sin(\chi/2)}{\sin\alpha}$$

$$= \cos\frac{\chi}{2} - \cot\alpha\sin\frac{\chi}{2} = \frac{1}{n}. \qquad \underline{7}$$

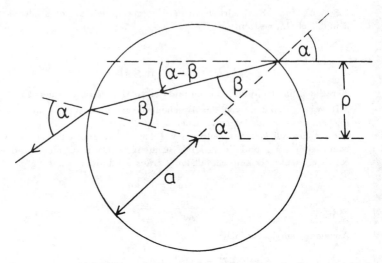

Im Innen- und Außenraum des sphärischen Potentialtopfes bewegt sich das Teilchen geradlinig. Beim Durchgang durch die Oberfläche wird es gebrochen.

Aus der Abbildung folgt weiter

$$a \sin \alpha = \varrho, \qquad \underline{8}$$

Wegen $\sin^2 \alpha + \cos^2 \alpha = 1$ folgt:

$$\cos \alpha = \sqrt{1 - \left(\frac{\varrho}{a}\right)^2}. \qquad \underline{9}$$

Nun können wir α aus Gl. $\underline{8}$ eliminieren:

$$\frac{\cos(\chi/2) - 1/n}{\sin(\chi/2)} = \cot \alpha = \frac{\cos \alpha}{\sin \alpha} = \frac{a \cos \alpha}{\varrho} \qquad \underline{10}$$

$$\Rightarrow \quad \varrho = a \frac{\sqrt{1 - (\varrho/a)^2} \sin(\chi/2)}{(\cos(\chi/2) - 1/n)},$$

$$\varrho^2 = \frac{a^2 \sin^2(\chi/2) - \varrho^2 \sin^2(\chi/2)}{(\cos(\chi/2) - 1/n)^2}$$

$$= \frac{a^2 \sin^2(\chi/2)}{(\cos(\chi/2) - 1/n)^2 + \sin^2(\chi/2)} = \frac{a^2 \sin^2(\chi/2)}{1 - (2/n)\cos(\chi/2) + 1/n^2}$$

$$\Rightarrow \quad \varrho^2 = a^2 \frac{n^2 \sin^2(\chi/2)}{n^2 - 2n\cos(\chi/2) + 1}. \qquad \underline{11}$$

Um den Wirkungsquerschnitt zu erhalten, differenzieren wir

$$\varrho = a \frac{n\sin(\chi/2)}{(n^2 - 2n\cos(\chi/2) + 1)^{1/2}} \qquad \underline{12}$$

nach χ.

$$\Rightarrow \quad \frac{d\varrho}{d\chi} = \frac{\frac{an}{2}\cos(\chi/2)}{(n^2 - 2n\cos(\chi/2) + 1)^{1/2}} - \frac{1}{2}\frac{an\sin(\chi/2) \cdot n\sin(\chi/2)}{(n^2 - 2n\cos(\chi/2) + 1)^{3/2}}$$

$$= \frac{\frac{an}{2}\cos\frac{\chi}{2}\left(n^2 + 1 - 2n\cos\frac{\chi}{2}\right) - \frac{1}{2}an^2\sin^2\frac{\chi}{2}}{\left(n^2 + 1 - 2n\cos\frac{\chi}{2}\right)^{3/2}}$$

$$= \frac{\frac{a}{2}n^3\cos\frac{\chi}{2} + \frac{an}{2}\cos\frac{\chi}{2} - an^2\cos^2\frac{\chi}{2} - \frac{1}{2}an^2\sin^2\frac{\chi}{2}}{\left(n^2 + 1 - 2n\cos\frac{\chi}{2}\right)^{3/2}}$$

$$= \frac{an}{2}\frac{n^2\cos\frac{\chi}{2} + \cos\frac{\chi}{2} - n - n\cos^2\frac{\chi}{2}}{\left(n^2 + 1 - 2n\cos\frac{\chi}{2}\right)^{3/2}}$$

$$= \frac{an}{2}\frac{\left(n\cos\frac{\chi}{2} - 1\right)\left(n - \cos\frac{\chi}{2}\right)}{\left(n^2 + 1 - 2n\cos\frac{\chi}{2}\right)^{3/2}} \qquad \underline{13}$$

$$\Rightarrow \quad \sigma(\chi) = \frac{\frac{d\sigma}{d\Omega}}{\sin\chi}\left|\frac{d\varrho}{d\chi}\right|$$

$$= \frac{a^2 n^2}{2}\frac{\sin(\chi/2)}{\sin\chi}\frac{|(n\cos(\chi/2) - 1)(n - \cos(\chi/2))|}{(n^2 + 1 - 2n\cos(\chi/2))^2}$$

$$= \frac{a^2 n^2}{4}\frac{1}{\cos(\chi/2)}\frac{|(n\cos(\chi/2) - 1)(n - \cos(\chi/2))|}{(n^2 + 1 - 2n\cos(\chi/2))^2}. \qquad \underline{14}$$

Dabei haben wir

$$\sin\chi = 2\cos\frac{\chi}{2}\sin\frac{\chi}{2} \qquad \underline{15}$$

ausgenutzt. Der Winkel χ nimmt die Werte von Null (für $\varrho = 0$) bis zum Wert χ_{max} (für $\varrho = a$) an, der sich aus der Gleichung

$$\cos\frac{\chi_{max}}{2} = \frac{1}{n} \qquad \underline{16}$$

bestimmt. Der totale Wirkungsquerschnitt, den man durch Integration von $\frac{d\sigma}{d\Omega}(\chi)$ über alle Winkel innerhalb des Kegels $\chi < \chi_{\max}$ erhält, ist natürlich gleich dem geometrischen Querschnitt πa^2.

Wir wollen noch zeigen, daß tatsächlich der totale Wirkungsquerschnitt für die Streuung an der sphärischen Potentialmulde gleich dem geometrischen Querschnitt πa^2 ist. Anschaulich ist dies verständlich, da ja für $r > a \quad U = 0$ gilt, also keine Streuung stattfindet.

Wir gehen von Gleichung $\underline{14}$ aus:

$$\frac{d\sigma}{d\Omega}(\chi) = \frac{\varrho}{\sin\chi}\left|\frac{d\varrho}{d\chi}\right| = \frac{a^2 n^2}{4}\frac{1}{\cos(\chi/2)}\frac{[n\cos(\chi/2)-1][n-\cos(\chi/2)]}{[n^2+1-2n\cos(\chi/2)]^2} \qquad \underline{15}$$

und integrieren über alle Winkel χ von 0 bis $\chi_{\max}$: $(d\Omega = 2\pi\sin\chi\,d\chi)$

$$\sigma_{\text{tot}} = \int\limits_0^{\chi_{\max}} \frac{d\sigma}{d\Omega}(\chi)\,d\Omega = \pi a^2 \int\limits_0^{\chi_{\max}} n^2 \sin\frac{\chi}{2}\frac{[n\cos(\chi/2)-1][n-\cos(\chi/2)]}{[n^2+1-2n\cos(\chi/2)]^2}\,d\chi$$

$$= \pi a^2 \int\limits_0^{\chi_{\max}} \frac{n^2}{(1+n^2-2n\cos(\chi/2))^2} \times$$

$$\left\{ \underbrace{(n^2+1)\cos\frac{\chi}{2}\sin\frac{\chi}{2}}_{\text{I}} - \underbrace{n\cos^2\frac{\chi}{2}\sin\frac{\chi}{2}}_{\text{II}} - \underbrace{n\sin\frac{\chi}{2}}_{\text{III}} \right\}\,d\chi. \qquad \underline{16}$$

Teil III läßt sich sofort integrieren, I und II formen wir durch partielle Integration um:

$$\sigma_{\text{tot}} = \left[\pi a^2\left(n^2+1-2n\cos\frac{\chi}{2}\right)^{-1} n^2\right]\Bigg|_0^{\chi_{\max}}$$

$$- \pi a^2 n(n^2+1)\left[\frac{\cos(\chi/2)}{(1+n^2-2n\cos(\chi/2))}\right]\Bigg|_0^{\chi_{\max}}$$

$$- \pi a^2 n(n^2+1)\int\limits_0^{\chi_{\max}} \frac{(1/2)\sin(\chi/2)}{(1+n^2-2n\cos(\chi/2))}\,d\chi$$

$$+ n^2\pi a^2\left[\frac{\cos^2(\chi/2)}{(1+n^2-2n\cos(\chi/2))}\right]\Bigg|_0^{\chi_{\max}}$$

$$- \pi a^2 n^2 \int\limits_0^{\chi_{\max}} \frac{-\cos(\chi/2)\sin(\chi/2)}{(1+n^2-2n\cos(\chi/2))}\,d\chi. \qquad \underline{17}$$

Im letzten Integral machen wir die Substitution

$$y := \cos\frac{\chi}{2}$$

$$dy = -\frac{1}{2}\sin\frac{\chi}{2}\,d\chi \qquad \underline{18}$$

und erhalten:

$$\sigma_{\text{tot}} = \pi a^2 \left[\left\{ \frac{n^2(1+\cos^2(\chi/2)) - n(n^2+1)\cos(\chi/2)}{(1+n^2-2n\cos(\chi/2))} \right\}_0^{\chi_{\max}} \right.$$

$$-\frac{n(n^2+1)}{2} \int\limits_0^{\chi_{\max}} \frac{\sin(\chi/2)}{(1+n^2-2n\cos(\chi/2))}\,d\chi$$

$$\left. - 2n^2 \int\limits_1^{\cos(\chi_{\max}/2)} \frac{y}{(1+n^2-2ny)}\,dy \right]$$

$$= \pi a^2 \left[\left\{ \frac{n^2(1+\cos^2(\chi/2)) - n(n^2+1)\cos(\chi/2)}{(1+n^2-2n\cos(\chi/2))} \right\} \Big|_0^{\chi_{\max}} \right.$$

$$- \left\{ \left(\frac{n^2+1}{2}\right) \ln\left(1+n^2-2n\cos\frac{\chi}{2}\right) \right\} \Big|_0^{\chi_{\max}}$$

$$\left. + \left\{ ny + \left(\frac{n^2+1}{2}\right) \ln(1+n^2-2ny) \right\} \Big|_1^{\cos(\chi_{\max}/2)} \right]$$

und schließlich mit $\chi_{\max} = 2\arccos(1/n)$:

$$\sigma_{\text{tot}} =$$

$$= \pi a^2 \left\{ \underbrace{\frac{n^2(1+1/n^2) - n(n^2+1)(1/n)}{(1+n^2-2)}}_{=0} - \frac{n^2(1+1) - n(n^2+1)\cdot 1}{(1+n^2-2n)} + 1 - n \right\}$$

$$= \pi a^2 \left\{ \frac{n - 2n^2 + n^3 - n^3 + 2n^2 - n + n^2 - 2n + 1}{(n-1)^2} \right\} = \pi a^2. \qquad \underline{20}$$

5.9 Aufgabe: Ein Wasserstoffatom bewegt sich entlang der x-Achse mit einer Geschwindigkeit $v_H = 1,78 \cdot 10^2\,\text{ms}^{-1}$. Es reagiert mit einem Chloratom, das sich senkrecht zur x-Achse mit $v_{Cl} = 3,2 \cdot 10^1\,\text{ms}^{-1}$ bewegt.

Berechnen Sie Winkel und Geschwindigkeit des HCl-Moleküls.

Atomgewichte: $H = 1,00797$, $Cl = 35,453$.

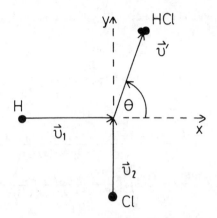

Lösung: Wir benutzen die Impulserhaltung. Die Anfangsimpulse sind

$$\vec{P}_1 = m_1 v_1 \vec{e}_x, \quad m_1 = A_1 \cdot 1\,\text{amu},$$
$$\vec{P}_2 = m_2 v_2 \vec{e}_y, \quad m_2 = A_2 \cdot 1\,\text{amu}. \tag{1}$$

Dabei bedeuten A_1, A_2 die Atomgewichte und 1 amu ("atomic mass unit") $= 1/12$ m (^{12}C). Es muß nun

$$\vec{P}\,' = \vec{P} = (m_1 v_1, m_2 v_2) \quad \text{mit} \quad \vec{P}\,' = (m_1 + m_2)\vec{v}\,' \tag{2}$$

sein; daraus resultiert

$$\vec{v}\,' = \frac{1}{m_1 + m_2}(m_1 v_1, m_2 v_2) = \frac{m_1 m_2}{m_1 + m_2}\left(\frac{v_1}{m_2}, \frac{v_2}{m_1}\right) = \mu\left(\frac{v_1}{m_2}, \frac{v_2}{m_1}\right). \tag{3}$$

Hierbei ist μ die reduzierte Masse. Sie berechnet sich zu

$$\mu = \frac{m_1 m_2}{m_1 + m_2} = 0.9801\,\text{amu}. \tag{4}$$

Damit erhält man

$$\vec{v}\,' = (4.9208; 31.1154)\,\text{ms}^{-1},$$
$$\Rightarrow \quad v\,' = 31.502\,\text{ms}^{-1}. \tag{5}$$

Der Winkel θ ergibt sich aus $\tan\theta = v'_y/v'_x$ zu $\theta = 81.013°$.

6. Mechanische Grundgrößen von Massenpunktsystemen

Der lineare Impuls

Betrachten wir ein System von Massenpunkten, so gilt für die Gesamtkraft auf das ν-te Teilchen:

$$\vec{F}_\nu + \sum_\lambda \vec{f}_{\nu\lambda} = \dot{\vec{p}}_\nu. \tag{1}$$

Die Kraft $\vec{f}_{\nu\lambda}$ ist die Kraft des Teilchens λ auf das Teilchen ν; $\vec{F}_\nu$ ist die von außerhalb des Systems auf das Teilchen ν wirkende Kraft; $\sum_\lambda \vec{f}_{\nu\lambda}$ ist die resultierende innere Kraft aller anderen Teilchen auf das Teilchen ν.
Die resultierende Kraft auf das System erhält man durch Summation der Einzelkräfte:

$$\sum_\nu \dot{\vec{p}}_\nu = \sum_\nu \vec{F}_\nu + \sum_\nu \sum_\lambda \vec{f}_{\nu\lambda} = \dot{\vec{P}}.$$

Da Kraft gleich $(-)$Gegenkraft ist (hier kommt das dritte Newton'sche Axiom zum Tragen), folgt $\vec{f}_{\nu\lambda} + \vec{f}_{\lambda\nu} = 0$, so daß sich die Summanden der obigen Doppelsumme paarweise herausheben. Man erhält somit für die Gesamtkraft, die auf das System wirkt:

$$\dot{\vec{P}} = \vec{F} = \sum_\nu \vec{F}_\nu.$$

Wirkt keine äußere Kraft auf das System, so ist

$$\vec{F} = \dot{\vec{P}} = 0, \qquad \text{d.h.} \quad \vec{P} = \text{const.}$$

Der Gesamtimpuls $\vec{P} = \sum_\nu \vec{p}_\nu$ des Teilchensystems bleibt also erhalten, wenn die Summe der äußeren Kräfte, die auf das System einwirken, verschwindet.

Drehimpuls

Beim Drehimpuls liegen ähnliche Verhältnisse vor, wenn man für die inneren Kräfte Zentralkräfte voraussetzt.
Der Drehimpuls des ν-ten Teilchens in Bezug auf den Koordinatenursprung lautet

$$\vec{l}_\nu = \vec{r}_\nu \times \vec{p}_\nu.$$

Der Drehimpuls eines Einzelteilchens ist in Bezug auf das Zentrum im Koordinatenursprung definiert. Dasselbe gilt für den Gesamtdrehimpuls.

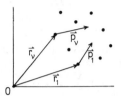

Der Drehimpuls des Systems ist dann die Summe aller Einzeldrehimpulse

$$\vec{L} = \sum_\nu \vec{l}_\nu.$$

Analog erhält man für das Drehmoment, das auf das ν-te Teilchen wirkt

$$\vec{d}_\nu = \vec{r}_\nu \times \vec{F}_\nu$$

und für das Gesamtdrehmoment

$$\vec{D} = \sum_\nu \vec{d}_\nu.$$

Die inneren Kräfte $\vec{f}_{\nu\lambda}$ üben kein Drehmoment aus, da wir für sie Zentralkräfte vorausgesetzt haben. Das sehen wir so:
Für die Kraft auf das ν-te Teilchen gilt gemäß (1)

$$\vec{F}_\nu + \sum_\lambda \vec{f}_{\nu\lambda} = \frac{d}{dt}\vec{p}_\nu.$$

Multiplizieren wir die Gleichung von links vektoriell mit $\vec{r}_\nu$, so erhalten wir

$$\vec{r}_\nu \times \vec{F}_\nu + \sum_\lambda \vec{r}_\nu \times \vec{f}_{\nu\lambda} = \vec{r}_\nu \times \frac{d}{dt}\vec{p}_\nu = \frac{d}{dt}(\vec{r}_\nu \times \vec{p}_\nu) = \dot{\vec{l}}_\nu.$$

Die Differentiation kann vorgezogen werden, da $\dot{\vec{r}}_\nu \times \vec{p}_\nu = 0$. Summation über ν ergibt:

$$\underbrace{\sum_\nu \vec{r}_\nu \times \vec{F}_\nu}_{\vec{D}} + \underbrace{\sum_\lambda \sum_\nu \vec{r}_\nu \times \vec{f}_{\nu\lambda}}_{0} = \dot{\vec{L}},$$

$$\vec{D} = \dot{\vec{L}} = \sum \dot{\vec{l}}_\nu.$$

$\sum_\nu \sum_\lambda \vec{r}_\nu \times \vec{f}_{\nu\lambda} = 0$, da sich die Summanden der Doppelsumme paarweise herausheben. Es gilt:

$$\vec{r}_\nu \times \vec{f}_{\nu\lambda} + \vec{r}_\lambda \times \vec{f}_{\lambda\nu} = (\vec{r}_\nu - \vec{r}_\lambda) \times \vec{f}_{\nu\lambda};$$

da bei Zentralkräften $(\vec{r}_\nu - \vec{r}_\lambda)$ parallel zu $\vec{f}_{\nu\lambda}$ ist, verschwindet das Kreuzprodukt.

Man erhält als Gesamtdrehmoment auf ein System die Summe der äußeren Drehmomente

$$\vec{D} = \dot{\vec{L}}.$$

Für $\vec{D} = 0$ folgt $\vec{L} = $ const. Wirken keine äußeren Drehmomente auf ein System, so bleibt der Gesamtdrehimpuls erhalten.

6.1 Beispiel zur Erhaltung des Drehimpulses eines Vielkörpersystems: Die Abplattung einer Galaxie

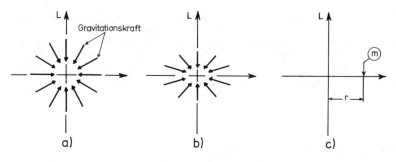

Die Entstehung einer Galaxie aus einer Gaswolke mit Drehimpuls $\vec{L}$. (a) Das Gas zieht sich aufgrund der wechselseitigen Gravitationsanziehung seiner Konstituenten zusammen. (b) Das Gas kontrahiert schneller entlang der Richtung des Drehimpulses $\vec{L}$ als in der Ebene senkrecht zu $\vec{L}$, da der Drehimpuls erhalten bleiben muß. So entsteht die Abplattung. (c) Die Galaxie im Gleichgewicht. In der Ebene senkrecht zu $\vec{L}$ ist die Gravitationskraft im Gleichgewicht mit der aus der Rotationsbewegung stammenden Zentrifugalkraft.

– 72 –

6.2 Beispiel zur Drehimpulserhaltung eines Vielkörperproblems: Die Pirouette.

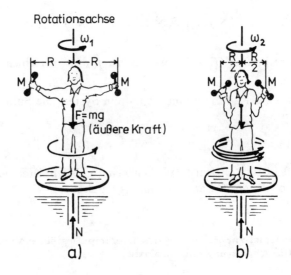

Demonstration der Drehimpulserhaltung in Abwesenheit externer Drehmomente. Eine Person steht auf einer Plattform, die um eine senkrechte Achse rotiert.

(a) Die Person hält zwei Gewichte in ihren Händen und wird in gleichförmige Kreisbewegung mit der Geschwindigkeit ω versetzt. Die Arme sind ausgestreckt, so daß der Drehimpuls groß ist. (b) Wenn die Person ihre Arme an den Körper zieht, nimmt das Trägheitsmoment (vgl. Kapitel 11) ab. Da der Drehimpuls erhalten bleibt, steigt die Winkelgeschwindigkeit ω signifikant an. Eisläufer nutzen diesen Effekt bei der Pirouette aus.

Der Energiesatz des Vielkörperproblems

Sei $\vec{f}_{\nu\lambda}$ die Kraft des λ-ten Teilchens auf das ν-te Teilchen, dann gilt nach Gleichung (1):

$$\vec{F}_\nu + \sum_\lambda \vec{f}_{\nu\lambda} = \frac{d}{dt}(m_\nu \dot{\vec{r}}_\nu).$$

Multipliziert man die Gleichung skalar mit $\dot{\vec{r}}_\nu$ unter Beachtung von

$$\dot{\vec{r}}_\nu \cdot \frac{d}{dt}(m_\nu \dot{\vec{r}}_\nu) = \frac{d}{dt}\left(\frac{1}{2} m_\nu \dot{\vec{r}}_\nu^2\right),$$

so ergibt sich:

$$\vec{F}_\nu \cdot \dot{\vec{r}}_\nu + \sum_\lambda \vec{f}_{\nu\lambda} \cdot \dot{\vec{r}}_\nu = \frac{d}{dt}\left(\frac{1}{2}m_\nu \dot{\vec{r}}_\nu^2\right).$$

$\frac{1}{2}m_\nu \dot{\vec{r}}_\nu^2$ ist jedoch die kinetische Energie T_ν des ν-ten Teilchens. Durch Summation über ν folgt

$$\sum_\nu \vec{F}_\nu \cdot \dot{\vec{r}}_\nu + \sum_\lambda \sum_\nu \vec{f}_{\nu\lambda} \cdot \dot{\vec{r}}_\nu = \sum_\nu \frac{d}{dt}\left(\frac{1}{2}m_\nu \dot{\vec{r}}_\nu^2\right) = \sum_\nu \dot{T}_\nu = \frac{d}{dt}\sum_\nu T_\nu.$$

$\sum_\nu \dot{T}_\nu$ ist nichts anderes als die zeitliche Ableitung der gesamten kinetischen Energie des Systems. Integriert man von t_1 bis t_2 unter Beachtung von

$$\dot{\vec{r}}_\nu \, dt = d\vec{r}_\nu,$$

so folgt:

$$T(t_2) - T(t_1) = \underbrace{\sum_\nu \int_{t_1}^{t_2} \vec{F}_\nu \cdot d\vec{r}_\nu}_{A_a} + \underbrace{\sum_{\nu\lambda} \int_{t_1}^{t_2} \vec{f}_{\nu\lambda} \cdot d\vec{r}_\nu}_{A_i}. \qquad (2)$$

Hierbei ist T die gesamte kinetische Energie, A_a die gegen äußere Kräfte und A_i die gegen innere Kräfte in dem Zeitintervall $t_2 - t_1$ geleistete Arbeit. Wenn wir annehmen, daß die Kräfte aus einem Potential ableitbar sind, können wir die geleistete innere und äußere Arbeit durch Potentialdifferenzen ausdrücken.
Für die äußere Arbeit gilt:

$$A_a = \sum_\nu \int \vec{F}_\nu \cdot d\vec{r}_\nu = -\sum_\nu \int \vec{\nabla}_\nu V^a \cdot d\vec{r}_\nu = -\sum_\nu \int_{t_1}^{t_2} dV_\nu^a$$

$$= -\sum_\nu \left(V_\nu^a(t_2) - V_\nu^a(t_1)\right),$$

$$A_a = V^a(t_1) - V^a(t_2).$$

V_ν^a ist das Potential des Teilchens ν in einem äußeren Feld. Bei Summation über alle Teilchen ergibt sich das totale äußere Potential $V^a = \sum_\nu V_\nu^a$.
Die zwischen zwei Teilchen λ und ν wirkende Kraft soll eine Zentralkraft sein.
Für das "innere" Potential setzen wir

$$V_{\lambda\nu}^i(\vec{r}_{\lambda\nu}) = V_{\lambda\nu}^i(r_{\lambda\nu}) = V_{\nu\lambda}^i(r_{\nu\lambda}).$$

Das gegenseitige Potential hängt nur vom Betrag des Abstandes ab, welcher lautet:

$$r_{\nu\lambda} = |\vec{r}_\nu - \vec{r}_\lambda| = \sqrt{(x_\nu - x_\lambda)^2 + (y_\nu - y_\lambda)^2 + (z_\nu - z_\lambda)^2}.$$

Damit ist das Prinzip von Aktion und Reaktion erfüllt, denn daraus folgt automatisch, daß die Kraft $\vec{f}_{\nu\lambda}$ entgegengesetzt gleich groß der Gegenkraft $\vec{f}_{\lambda\nu}$ ist:

$$\vec{f}_{\nu\lambda} = -\vec{\nabla}_\nu V_{\nu\lambda}^i = +\vec{\nabla}_\lambda V_{\nu\lambda}^i = -\vec{f}_{\lambda\nu}.$$

Der Index ν am Gradienten gibt an, daß die Gradientenbildung nach den Komponenten des Teilchens ν vorgenommen wird. Es ist also

$$\vec{\nabla}_\nu = \left\{ \frac{\partial}{\partial x_\nu}, \frac{\partial}{\partial y_\nu}, \frac{\partial}{\partial z_\nu} \right\}, \qquad \vec{\nabla}_\lambda = \left\{ \frac{\partial}{\partial x_\lambda}, \frac{\partial}{\partial y_\lambda}, \frac{\partial}{\partial z_\lambda} \right\}.$$

Für die innere Arbeit können wir damit schreiben:

$$A_i = \sum_{\nu,\lambda} \int \vec{f}_{\nu\lambda} \cdot d\vec{r}_\nu = \frac{1}{2} \left(\sum_{\nu,\lambda} \int \vec{f}_{\nu\lambda} \cdot d\vec{r}_\nu + \sum_{\lambda,\nu} \int \vec{f}_{\lambda\nu} \cdot d\vec{r}_\lambda \right)$$

$$= \frac{1}{2} \sum_{\nu,\lambda} \int \vec{f}_{\nu\lambda} \cdot (d\vec{r}_\nu - d\vec{r}_\lambda).$$

Wir ersetzen jetzt die Differenz der Ortsvektoren durch den Vektor $\vec{r}_{\nu\lambda} = \vec{r}_\nu - \vec{r}_\lambda$ und führen den Operator $\vec{\nabla}_{\nu\lambda}$ ein, der den Gradienten bezüglich dieser Differenz bildet. Es ergibt sich

$$A_i = -\frac{1}{2} \sum_{\nu,\lambda} \int \vec{\nabla}_{\nu\lambda} V_{\nu\lambda}^i \cdot d\vec{r}_{\nu\lambda} = -\frac{1}{2} \sum_{\nu,\lambda} \int dV_{\nu\lambda}^i = -\frac{1}{2} \sum_{\nu,\lambda} \left(V_{\nu\lambda}^i(t_2) - V_{\nu\lambda}^i(t_1) \right).$$

Hierbei bedeutet

$$\vec{\nabla}_{\nu\lambda} = \left\{ \frac{\partial}{\partial(x_\nu - x_\lambda)}, \frac{\partial}{\partial(y_\nu - y_\lambda)}, \frac{\partial}{\partial(z_\nu - z_\lambda)} \right\}.$$

Die innere Arbeit ist also die Differenz der inneren potentiellen Energie. Sie ist von Bedeutung bei deformierbaren Medien (Deformationsenergie).
Für starre Körper, bei denen die Differenzbeträge (die Abstände) $|\vec{r}_\nu - \vec{r}_\lambda|$ unveränderlich sind, ist die innere Arbeit Null. Änderungen $d\vec{r}_{\nu\lambda}$ können nur senkrecht zu $\vec{r}_\nu - \vec{r}_\lambda$ und damit senkrecht zur Kraftrichtung erfolgen, d. h. die Skalarprodukte $\vec{f}_{\nu\lambda} \cdot d\vec{r}_{\nu\lambda}$ verschwinden.

Setzen wir für die gesamte potentielle Energie

$$V = \sum_\nu V_\nu^a + \frac{1}{2} \sum_{\nu,\lambda} V_{\nu\lambda}^i,$$

so ergibt sich für Gleichung (2):

$$T(t_2) - T(t_1) = V(t_1) - V(t_2)$$

oder

$$V(t_1) + T(t_1) = V(t_2) + T(t_2); \tag{3}$$

die Summe von potentieller und kinetischer Energie bleibt für das Gesamt-system erhalten. Da durch Wechselwirkung der Teilchen Energie übertragen werden kann (z. B. Stöße zwischen Gasmolekülen), muß die Energieerhaltung nicht für das einzelne Teilchen gelten; sehr wohl aber für alle Teilchen zusam-men, d. h. für das Gesamtsystem.

Transformation auf Schwerpunktskoordinaten

Bei der Untersuchung der Bewegung von Teilchensystemen sieht man oft von der gemeinsamen Translation des Systems im Raume ab, da nur die Bewegungen der Teilchen relativ zum Schwerpunkt des Systems von Interesse sind. Man transformiert daher die teilchenbeschreibenden Größen in ein System, dessen Ursprung der Schwerpunkt ist.

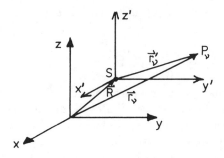

Gemäß der Zeichnung ist der Ursprung des gestrichenen Koordinatensystems der Schwerpunkt, mit Großbuchstaben werden Ort, Geschwindigkeit und Masse $\vec{R}$, $\vec{V}$ und M des Schwerpunkts angegeben. Es gilt

$$\vec{r}_\nu = \vec{R} + \vec{r}_\nu', \qquad \dot{\vec{r}}_\nu = \vec{V} + \vec{v}_\nu' = \dot{\vec{R}} + \dot{\vec{r}}_\nu'.$$

Nach der Definition des Schwerpunktes ist

$$M \cdot \vec{R} = \sum_\nu m_\nu \vec{r}_\nu = \sum_\nu m_\nu (\vec{R} + \vec{r}_\nu'),$$

$$M \cdot \vec{R} = M \cdot \vec{R} + \sum_\nu m_\nu \vec{r}_\nu',$$

wobei M die gesamte Masse des Systems $M = \sum_\nu m_\nu$ ist.
Aus der letzten Gleichung folgt:

$$\sum_\nu m_\nu \vec{r}_\nu' = 0. \tag{4}$$

Die Summe der Massenmomente bezüglich des Schwerpunktes verschwindet demnach. Wirkt eine konstante äußere Kraft wie z. B. die Schwerkraft $\vec{F}_\nu = m\vec{g}$, dann folgt auch

$$\vec{D} = \sum_\nu \vec{r}_\nu' \times \vec{F}_\nu = \left(\sum_\nu m_\nu \vec{r}_\nu' \right) \times \vec{g} = 0.$$

Ein Körper im Erdfeld ist demnach im Gleichgewicht, wenn er im Schwerpunkt unterstützt wird.
Differenzieren der Gleichung (4) nach der Zeit ergibt:

$$\sum_\nu m_\nu \vec{v}_\nu' = 0, \tag{5}$$

d. h. im Schwerpunktsystem verschwindet die Summe der Impulse. Diese Aussage wird in der relativistischen Physik oft als Definiton des "Center of momentum"-System verwendet. Dort ist es nämlich nicht möglich, den Begriff des Schwerpunktes, wie wir ihn hier kennengelernt haben, konsistent einzuführen. Lediglich das "Center of momentum"-System kann relativistisch konsistent formuliert werden.

Die äquivalente Transformation des Drehimpulses ergibt:

$$\vec{L} = \sum_\nu m_\nu (\vec{r}_\nu \times \vec{v}_\nu) = \sum_\nu m_\nu (\vec{R} + \vec{r}_\nu') \times (\vec{V} + \vec{v}_\nu'),$$

$$\vec{L} = \sum_\nu m_\nu (\vec{R} \times \vec{V}) + \sum_\nu m_\nu (\vec{R} \times \vec{v}_\nu') + \sum_\nu m_\nu (\vec{r}_\nu' \times \vec{V}) + \sum_\nu m_\nu (\vec{r}_\nu' \times \vec{v}_\nu').$$

Durch geschicktes Klammern erhält man

$$\vec{L} = M(\vec{R} \times \vec{V}) + \vec{R} \times \left(\sum_\nu m_\nu \vec{v}_\nu' \right) + \left(\sum_\nu m_\nu \vec{r}_\nu' \right) \times \vec{V} + \sum_\nu m_\nu (\vec{r}_\nu' \times \vec{v}_\nu')$$

und sieht, daß die beiden mittleren Terme wegen der Definition (4) der Schwerpunktskoordinaten verschwinden. Somit ist

$$\vec{L} = M(\vec{R} \times \vec{V}) + \sum_\nu m_\nu (\vec{r}_\nu' \times \vec{v}_\nu') = \vec{L}_s + \sum_\nu \vec{l}_\nu'. \tag{6}$$

Der Drehimpuls $\vec{L}$ ist demnach zerlegbar in den Drehimpuls des Schwerpunktes $\vec{L}$, mit der Schwerpunktmasse M und die Summe der Drehimpulse der einzelnen Teilchen um den Schwerpunkt.
Für das Drehmoment gilt als Ableitung des Drehimpulses das gleiche:

$$\vec{D} = \vec{D}_s + \sum_\nu \vec{d}_\nu'.$$

Transformation der kinetischen Energie

Es ist

$$T = \frac{1}{2} \sum_\nu m_\nu \vec{v}_\nu^2 = \frac{1}{2} \sum_\nu m_\nu \vec{V}^2 + \vec{V} \cdot \sum_\nu m_\nu \vec{v}_\nu' + \frac{1}{2} \sum_\nu m_\nu \vec{v}_\nu'^2.$$

Wegen $\sum m_\nu \vec{v}_\nu' = 0$ verschwindet der mittlere Term wieder und es folgt

$$T = \frac{1}{2} M \vec{V}^2 + \frac{1}{2} \sum_\nu m_\nu \vec{v}_\nu'^2 = T_s + T'. \tag{7}$$

Die totale kinetische Energie T setzt sich also zusammen aus der kinetischen Energie eines gedachten Teilchens der Masse M mit dem Ortsvektor $\vec{R}(t)$ (des Schwerpunktes) und der kinetischen Energie der einzelnen Teilchen relativ zum Schwerpunkt. Mischglieder, etwa der Form $\vec{V} \cdot \vec{v}_\nu'$, kommen nicht vor!

Das ist die bemerkenswerte Eigenschaft der Schwerpunktskoordianten; darin liegt ihre große Bedeutung begründet.

6.3 Aufgabe: Reduzierte Masse

Zeigen Sie, daß die kinetische Energie zweier Teilchen mit den Massen m_1, m_2 in die Energie des Schwerpunktes und die kinetische Energie der Relativbewegung aufspaltet.

Lösung:

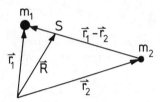

Schwerpunkts- und Relativkoordinaten zweier Massen.

Die gesamte kinetische Energie ist

$$T = \frac{1}{2}m_1\vec{v}_1^2 + \frac{1}{2}m_2\vec{v}_2^2. \qquad \underline{1}$$

Der Schwerpunkt ist definiert durch

$$\vec{R} = \frac{m_1\vec{r}_1 + m_2\vec{r}_2}{m_1 + m_2},$$

die Schwerpunktsgeschwindigkeit ist

$$\dot{\vec{R}} = \frac{1}{m_1 + m_2}(m_1\vec{v}_1 + m_2\vec{v}_2). \qquad \underline{2}$$

Die Geschwindigkeit der Relativbewegung bezeichnen wir mit $\vec{v}$, es gilt:

$$\vec{v} = \vec{v}_1 - \vec{v}_2. \qquad \underline{3}$$

Wir drücken jetzt die Teilchengeschwindigkeit durch Schwerpunkts- und Relativgeschwindigkeit aus.
Setzen wir $\vec{v}_2$ aus $\underline{3}$ in Gleichung $\underline{2}$ ein, so wird

$$(m_1 + m_2)\dot{\vec{R}} = m_1\vec{v}_1 + m_2\vec{v}_1 - m_2\vec{v}.$$

Daraus folgt

$$\vec{v}_1 = \dot{\vec{R}} + \frac{m_2}{m_1 + m_2}\vec{v}.$$

Analog erhalten wir

$$\vec{v}_2 = \dot{\vec{R}} - \frac{m_1}{m_1 + m_2} \vec{v}.$$

Setzen wir die beiden Teilchengeschwindigkeiten in Gleichung $\underline{1}$ ein, so erhalten wir

$$T = \frac{1}{2} m_1 \left(\dot{\vec{R}} + \frac{m_2}{m_1 + m_2} \vec{v} \right)^2 + \frac{1}{2} m_2 \left(\dot{\vec{R}} - \frac{m_1}{m_1 + m_2} \vec{v} \right)^2$$

oder

$$T = \frac{1}{2} M \dot{\vec{R}}^2 + \frac{1}{2} \frac{m_1 m_2^2 \vec{v}^2}{(m_1 + m_2)^2} + \frac{1}{2} \frac{m_2 m_1^2 \vec{v}^2}{(m_1 + m_2)^2},$$

$$T = \frac{1}{2} M \dot{\vec{R}}^2 + \frac{1}{2} \mu v^2.$$

Die gemischten Terme heben sich heraus. Die mit der Schwerpunktsbewegung verbundene Massse ist die Gesamtmasse $M = m_1 + m_2$, die mit der Relativbewegung verbundene Masse ist die reduzierte Masse

$$\mu = \frac{m_1 m_2}{m_1 + m_2}.$$

Die reduzierte Masse wird oft auch in der Form

$$\frac{1}{\mu} = \frac{1}{m_1} + \frac{1}{m_2}$$

geschrieben.

Es ist bemerkenswert, daß die kinetische Energie für zwei Körper in die kinetische Energie des Schwerpunktes und der Relativbewegung zerfällt. Es gibt keine Mischglieder, etwa von der Form $\dot{\vec{R}} \cdot \vec{v}$, was die Lösung des Zweikörperproblems beträchtlich vereinfacht (vgl. nächstes Kapitel).

6.4 Aufgabe: Zwei Körper der Massen m_1 und m_2 bewegen sich relativ zueinander unter dem Einfluß ihrer wechselseitigen Gravitation. Es seien $\vec{r}_1$ und $\vec{r}_2$ ihre Ortsvektoren in einem raumfesten Koordinatensystem und $\vec{r} = \vec{r}_1 - \vec{r}_2$.

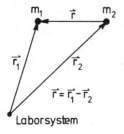

Finden Sie die Bewegungsgleichungen für $\vec{r}_1$, $\vec{r}_2$ und $\vec{r}$ im Schwerpunktsystem. Wie sehen die Bahnkurven im raumfesten System und im Schwerpunktsystem aus?

Lösung: Das Newton'sche Gravitationsgesetz liefert unmittelbar

$$\ddot{\vec{r}}_1 = -\frac{Gm_2\vec{r}}{r^3}, \qquad \ddot{\vec{r}}_2 = \frac{Gm_1\vec{r}}{r^3}.$$

Mit der Relativkoordinate $\vec{r} = \vec{r}_1 - \vec{r}_2$ folgt:

$$\ddot{\vec{r}}_1 = -\frac{Gm_2(\vec{r}_1 - \vec{r}_2)}{r^3} \qquad \text{und} \qquad \ddot{\vec{r}}_2 = \frac{Gm_1(\vec{r}_1 - \vec{r}_2)}{r^3}.$$

Im Schwerpunktsystem gilt: $m_1\vec{r}_1 = -m_2\vec{r}_2$

$$\Rightarrow \qquad \ddot{\vec{r}}_1 = \frac{-G(m_1 + m_2)\vec{r}_1}{r^3} \qquad \text{und} \qquad \ddot{\vec{r}}_2 = \frac{-G(m_1 + m_2)\vec{r}_2}{r^3}.$$

Subtraktion liefert:

$$\ddot{\vec{r}} = \ddot{\vec{r}}_1 - \ddot{\vec{r}}_2 = -\frac{G(m_1 + m_2)\vec{r}}{r^3}.$$

Da

$$r_1 = \frac{m_2}{m_1 + m_2}r \qquad \text{und} \qquad r_2 = \frac{m_1}{m_1 + m_2}r,$$

folgt

$$\ddot{\vec{r}}_1 = \frac{-Gm_2^3\vec{r}_1}{(m_1 + m_2)^2 r_1^3} \qquad \text{und} \qquad \ddot{\vec{r}}_2 = \frac{-Gm_1^3\vec{r}_2}{(m_1 + m_2)^2 r_2^3}.$$

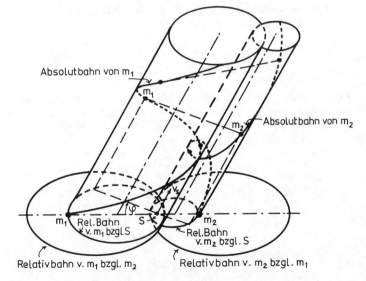

Absolutbahn von m_1

Absolutbahn von m_2

Rel.Bahn v. m_1 bzgl.S

Rel.Bahn v. m_2 bzgl. S

Relativbahn v. m_1 bzgl. m_2

Relativbahn v. m_2 bzgl. m_1

Bezüglich des Schwerpunktes gilt also das Newton'sche Gravitationsgesetz, allerdings mit veränderten Massenfaktoren. Das bedeutet: Die Bahnen sind nach wie vor Kegelschnitte (Relativbahn bzgl. S). Durch die überlagerte Translation des Schwerpunktes ergeben sich Spiralbahnen im Raum.

6.5. Aufgabe: Die Atwood'sche Fallmaschine.

Zwei Massen ($m_1 = 2$ kg und $m_2 = 4$ kg) sind durch ein masseloses Seil (ohne zu rutschen) über eine reibungsfreie Scheibe der Masse $M = 2$ kg und dem Radius $R = 0.4$ m untereinander verbunden. (Atwood's Maschine). Berechnen Sie die Beschleunigung der Masse $m_2 = 4$ kg, wenn sich das System unter dem Einfluß der Schwerkraft bewegt.

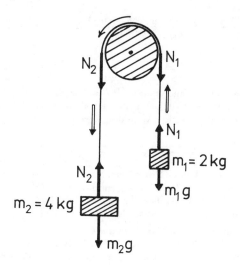

Lösung: Aus den gegebenen Massen $m_1 = 2$ kg, $m_2 = 4$ kg und den Spannungskräften an den Seilenden $\vec{N}_1$ und $\vec{N}_2$ folgt:

$$m_1 a_1 = N_1 - m_1 g, \qquad m_2 a_2 = m_2 g - N_2 \qquad \qquad \underline{1}$$

und für die Drehmomente, die auf die Scheibe wirken:

$$D_1 + D_2 = -N_1 R + N_2 R = R(N_2 - N_1) = \dot{\omega}\,\theta_s, \qquad \qquad \underline{2}$$

da die Scheibe beschleunigt wird. θ_s ist das Trägheitsmoment der Scheibe. Daraus folgt, daß $N_2 \neq N_1$. Für die Beschleunigungen gilt

$$a_1 = a_2 = \dot{\omega} R, \qquad \qquad \underline{3}$$

weil das Seil straff ist und nicht rutscht.

Das Trägheitsmoment der Scheibe $\theta_s = MR^2/2$ (siehe das spätere Beispiel 11.7) eingsetzt in Gleichung $\underline{2}$ und Verwendung von Gleichung $\underline{3}$ ergibt für die Beschleunigung

$$a = \frac{N_1}{m_1} - g = g - \frac{N_2}{m_2} = \dot{\omega}R = \frac{R^2}{MR^2/2}(N_2 - N_1). \qquad \underline{4}$$

Einsetzen von Gleichung $\underline{1}$ und Ausführen der algebraischen Schritte liefert

$$a = \frac{2}{M}(N_2 - N_1) = \frac{g(m_2 - m_1) - m_2 a_2 - m_1 a_1}{M/2}$$

und da $a = a_1 = a_2$

$$0 = \frac{aM/2 - g(m_2 - m_1) + a(m_2 + m_1)}{M/2} = \frac{a(m_1 + m_2 + M/2) - g(m_2 - m_1)}{M/2}.$$

$$\Rightarrow \qquad a = \frac{g(m_2 - m_1)}{m_1 + m_2 + M/2}.$$

Die Atwood'sche Fallmaschine dient zur überschaubaren und leicht kontrollierbaren Demonstration der Fallgesetze. Je nach dem Unterschied der Massen $(m_2 - m_1)$ kann die Beschleunigung a verändert werden.

6.6 Aufgabe: Unser Sonnensystem in der Milchstraße

Unser Sonnensystem befindet sich rund $r_0 \approx 5 \cdot 10^{20}$ m vom Milchstraßenzentrum entfernt und seine Umlaufgeschwindigkeit bezüglich des galaktischen Zentrums ist $v_0 \approx 3 \cdot 10^5$ m/sec. Schematisch ist dies in folgender Abbildung dargestellt.

a)   Bestimmen Sie die Masse unserer Galaxis.

b)   Diskutieren Sie die Hypothese, daß die Bewegung unseres Sonnensystems eine Konsequenz der Kontraktion unserer Milchstraße ist (siehe Abbildung) und verifizieren Sie dann Gleichung $\underline{3}$.

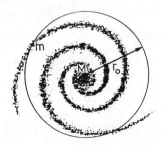

Lösung: a) Befindet sich ein Massenpunkt auf einer Kreisbahn, ist nach Newton die Kraft pro Einheitsmasse gleich der Beschleunigung. Da sich unsere Sonne (Masse m) an der Peripherie unserer Milchstraße befindet, kann die zum Zentrum gerichtete attraktive Kraft angenähert dargestellt werden durch

$$F = G\frac{mM}{r_0^2}, \qquad \underline{1}$$

wobei m die Sonnenmasse, M die Masse der Milchstraße sind. Die Beschleunigung ist zum Zentrum gerichtet

$$a = \frac{v_0^2}{r_0} = \frac{F}{m}, \qquad \underline{2}$$

woraus folgt

$$\frac{v_0^2}{r_0} = \frac{GM}{r_0^2} \quad \text{bzw.} \quad r_0 = \frac{GM}{v_0^2}. \qquad \underline{3}$$

Mit den Zahlenwerten aus der Aufgabenstellung erhält man aus Gleichung $\underline{3}$ für die Masse unserer Milchstraße

$$M = \frac{r_0 v_0^2}{G} \approx \frac{5 \cdot 10^{20} \cdot 9 \cdot 10^{10}}{6.7 \cdot 10^{-11}} = 6.7 \cdot 10^{41}\,\text{kg}.$$

(Die Gravitationskonstante $G = 6.7 \cdot 10^{-11}$ [m sec^2 kg^{-1}]).
Dies bedeutet, daß die Masse der Milchstraße

$$M \approx 3 \cdot 10^{11}\,\text{m},$$

wobei m die Sonnenmasse ist.

b) Sind r, v die Anfangswerte für Abstand und Geschwindigkeit unserer Sonne, gilt für die vorhandenen Energien

$$V_{\text{pot}} = -\frac{GMm}{r} \quad \text{und} \quad T_{\text{kin}} = \frac{1}{2}mv^2, \qquad \underline{4}$$

wobei M die Masse unserer Milchstraße und G die Gravitationskonstante sind.
Bewegt sich die Sonne nun mit kleiner werdendem Radius ums Zentrum der Milchstraße, bleibt der Drehimpuls um das Zentrum konstant; die Umlaufgeschwindigkeit jedoch wächst an. Somit läßt sich die kinetische Energie T_{kin} als Funktion des Radius angeben

$$T = \frac{1}{2}m\frac{l^2}{m^2 r^2} = \frac{1}{2}\frac{l^2}{m}\frac{1}{r^2}, \qquad \underline{5}$$

wobei $l = (mr^2)\omega = mvr = \text{const}$ verwendet wurde.
Die Annahme ist nun, daß beim augenblicklichen Abstand r der Anstieg in der kinetischen Energie ΔT_{kin} durch den Abfall in der potentiellen Energie ausgeglichen wird, falls sich r um Δr verkleinert. Differentiation von Gleichung $\underline{4}$ und $\underline{5}$ bezüglich r ergibt:

$$\Delta T_{\text{kin}} = \left(\frac{dT_{\text{kin}}}{dr}\right)\Delta r = -\frac{l^2}{m}\frac{1}{r^3}\Delta r, \qquad \Delta T_{\text{kin}} > 0, \qquad \text{wenn} \quad \Delta r < 0,$$

$$\Delta V_{\text{pot}} = \left(\frac{dV_{\text{pot}}}{dr}\right)\Delta r = \frac{GMm}{r^2}\Delta r, \qquad \Delta V_{\text{pot}} < 0, \qquad \text{wenn} \quad \Delta r < 0.$$

Im Gleichgewicht gilt aber $\Delta T_{\text{kin}} + \Delta V_{\text{pot}} = 0$ und Ersetzen von l durch $l = m v_0 r_0$ ergibt

$$\frac{m^2 v_0^2 r_0^2}{m r_0^3} = G \frac{Mm}{r_0^2} \quad \text{bzw} \quad r_0 v_0^2 = MG. \qquad \underline{6}$$

Gleichung $\underline{6}$ aber entspricht wieder genau dem Resultat aus Aufgabe a).

III. Schwingende Systeme

7. Schwingungen gekoppelter Massenpunkte

Als erstes und einfachstes System schwingender Massenpunkte betrachten wir die freie Schwingung zweier Massenpunkte, die, wie in der Skizze gezeigt, mit Federn gleicher Federkonstante an zwei Wänden befestigt sind.

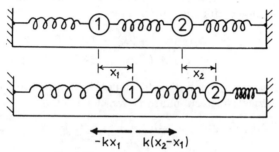

Durch Federn gekoppelte Massenpunkte.

Die beiden Massenpunkte sollen gleiche Masse haben, die Auslenkung aus ihrer Ruhelage bezeichnen wir mit x_1 bzw. x_2. Wir betrachten nur Schwingungen entlang der Verbindungslinie der Massenpunkte.
Bei Auslenkung aus der Ruhelage wirkt auf die Masse 1 die Kraft $-kx_1$ von der an der Wand befestigten Feder und die Kraft $+k(x_2 - x_1)$ durch die die beiden Massenpunkte verbindende Feder. Für den Massenpunkt 1 gilt somit die Bewegungsgleichung:

$$m\ddot{x}_1 = -kx_1 + k(x_2 - x_1). \tag{1a}$$

Analog gilt für den Massenpunkt 2:

$$m\ddot{x}_2 = -kx_2 - k(x_2 - x_1). \tag{1b}$$

Zuerst wollen wir die möglichen Frequenzen bestimmen, mit denen die beiden Teilchen gemeinsam schwingen können. *Diese für alle Teilchen gleichen, gemeinsamen Frequenzen heißen Eigenfrequenzen.* Die zugehörigen Schwingungszustände heißen Eigen- oder Normalschwingungen. Diese Definitionen verallgemeinern sich entsprechend auf ein N-Teilchensystem. Wir machen dazu den *Ansatz*

$$x_1 = A_1 \cos \omega t, \qquad x_2 = A_2 \cos \omega t, \tag{2}$$

d. h., beide Teilchen sollen mit der gleichen Frequenz ω schwingen. Die spezielle Art des Ansatzes, ob Sinus-, Cosinusfunktion oder eine Überlagerung von beiden, ist dabei unwesentlich, wir würden immer die gleiche Bedingungsgleichung für die Frequenz erhalten, wie man sich aus dem Gang der folgenden Rechnung leicht klar machen kann.

Das Einsetzen des Ansatzes in die Bewegungsgleichung liefert zwei lineare homogene Gleichungen für die Amplituden:

$$\begin{aligned} A_1(-m\omega^2 + 2k) - A_2 k &= 0, \\ -A_1 k + A_2(-m\omega^2 + 2k) &= 0. \end{aligned} \tag{3}$$

Das Gleichungssystem hat nur nichttriviale Lösungen für die Amplituden, wenn die Koeffizientendeterminante D verschwindet

$$D = \begin{vmatrix} -m\omega^2 + 2k & -k \\ -k & -m\omega^2 + 2k \end{vmatrix} = (-m\omega^2 + 2k)^2 - k^2 = 0.$$

Wir erhalten so eine Bestimmungsgleichung für die Frequenzen:

$$\omega^4 - 4\frac{k}{m}\omega^2 + 3\frac{k^2}{m^2} = 0.$$

Die positiven Lösungen der Gleichung sind die Frequenzen

$$\omega_1 = \sqrt{\frac{3k}{m}} \quad \text{und} \quad \omega_2 = \sqrt{\frac{k}{m}}.$$

Diese Frequenzen nennt man *Eigenfrequenzen* des Systems; die dazugehörigen Schwingungen heißen *Eigenschwingungen* oder *Normalschwingungen*.

Um eine Vorstellung von der Art der Normalschwingungen zu bekommen, setzen wir die Eigenfrequenz in das System (3) ein.

Es ergibt sich für die Amplituden:

$$A_1 = -A_2 \qquad \text{für} \quad \omega_1 = \sqrt{\frac{3k}{m}}$$

und

$$A_1 = A_2 \qquad \text{für} \quad \omega_2 = \sqrt{\frac{k}{m}}.$$

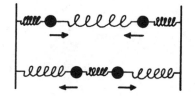 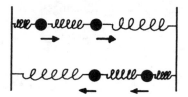

ω_1 : gegenphasige Schwingung ω_2 : gleichphasige Schwingung

$$\omega_1 > \omega_2$$

Die beiden Massenpunkte schwingen mit der geringeren Frequenz ω_2 miteinander und mit der höheren Frequenz ω_1 gegeneinander. Die beiden Schwingungsmoden sind noch einmal in der Skizze veranschaulicht.

Die Zahl der Normalschwingungen ist gleich der Anzahl der zur vollständigen Beschreibung des Systems notwendigen Koordinaten (Freiheitsgrade). Das folgt daraus, daß bei N Freiheitsgraden N Gleichungen der Art (2) und N Bewegungsgleichungen der Art (1) auftreten. Dies führt dann auf eine Determinante N'ten Grades für ω^2 und daher im Allgemeinen auf N Normalfrequenzen. Da wir uns in dem Beispiel auf die Schwingungen entlang der x-Achse beschränkt haben, genügen die beiden Koordinaten x_1 und x_2 zur Beschreibung, und wir erhalten die beiden Eigenschwingungen mit den Frequenzen ω_1, ω_2.

Die Normalschwingungen bedeuten in unserem Beispiel gleichphasige oder gegenphasige (= gleichphasig mit unterschiedlichen Amplitudenvorzeichen) Schwingungen der Massenpunkte. Die hier auftretenden gleichgroßen Amplituden sind auf die Gleichheit der Massen ($m_1 = m_2$) zurückzuführen. Die allgemeine Bewegung der Massenpunkte besteht in einer Überlagerung der Normalschwingungen mit verschiedener Phase und Amplitude.

Die Differentialgleichungen (1) sind linear. Die allgemeine Form der Schwingung ist daher die Superposition der Normalschwingungen. Sie lautet:

$$\begin{aligned}
x_1(t) &= C_1 \cos(\omega_1 t + \varphi_1) + C_2 \cos(\omega_2 t + \varphi_2), \\
x_2(t) &= -C_1 \cos(\omega_1 t + \varphi_1) + C_2 \cos(\omega_2 t + \varphi_2).
\end{aligned} \qquad (4)$$

Hierbei wurde schon das Ergebnis verwendet, das bei reiner ω_1-Schwingung x_1 und x_2 entgegensetzt-gleiche und für reine ω_2-Schwingungen gleiche Amplituden haben. So ist sicher gestellt, daß die Spezialfälle der reinen Normalschwingungen mit $C_2 = 0$, $C_1 \neq 0$ und $C_1 = 0$, $C_2 \neq 0$ im Ansatz (4) enthalten sind. Gleichung (4) ist der allgemeinste Ansatz, denn er enthält 4 freie Konstanten, so daß beliebige Anfangswerte für $x_1(0)$, $x_2(0)$, $\dot{x}_1(0)$, $\dot{x}_2(0)$ eingearbeitet werden können.

Die Anfangsbedingungen sind zum Beispiel:

$$x_1(0) = 0, \quad x_2(0) = a, \quad \dot{x}_1(0) = \dot{x}_2(0) = 0.$$

Zur Bestimmung der vier freien Konstanten C_1, C_2, φ_1, φ_2 werden die Gleichungen (4) und ihre Ableitungen eingesetzt:

$$x_1(0) = \quad C_1 \cos\varphi_1 + C_2 \cos\varphi_2 = 0, \tag{5}$$

$$x_2(0) = -C_1 \cos\varphi_1 + C_2 \cos\varphi_2 = a, \tag{6}$$

$$\dot{x}_1(0) = -C_1\omega_1 \sin\varphi_1 - C_2\omega_2 \sin\varphi_2 = 0, \tag{7}$$

$$\dot{x}_2(0) = \quad C_1\omega_1 \sin\varphi_1 - C_2\omega_2 \sin\varphi_2 = 0. \tag{8}$$

Addition von (7) und (8) liefert:

$$C_2 \sin\varphi_2 = 0,$$

Subtraktion von (7) und (8):

$$C_1 \sin\varphi_1 = 0.$$

Aus Addition und Subtraktion von (5) und (6) folgt:

$$2C_2 \cos\varphi_2 = a \quad \text{und} \quad 2C_1 \cos\varphi_1 = -a.$$

Damit ergibt sich:

$$\varphi_1 = \varphi_2 = 0, \quad C_1 = -\frac{a}{2}, \quad C_2 = \frac{a}{2}.$$

Die Gesamtlösung lautet somit:

$$x_1(t) = \frac{a}{2}(-\cos\omega_1 t + \cos\omega_2 t) = a \sin\left(\frac{\omega_1 - \omega_2}{2}\right)t \sin\left(\frac{\omega_1 + \omega_2}{2}\right)t,$$

$$x_2(t) = \frac{a}{2}(\cos\omega_1 t + \cos\omega_2 t) = a \cos\left(\frac{\omega_1 - \omega_2}{2}\right)t \cos\left(\frac{\omega_1 + \omega_2}{2}\right)t.$$

Wie es sein muß, ist für $t = 0$: $x_1(0) = 0$, $x_2(0) = a$. Die zweite Masse zupft an der ersten und bringt sie alsbald zum Schwingen. Es entstehen *Schwebungen* (vgl. Beispiel 7.2).

7.1 Aufgabe: Zwei gleiche Massen bewegen sich reibungsfrei auf einer Platte. Wie in der Skizze angedeutet, sind sie mit zwei Federn untereinander und mit der Wand verbunden. Die beiden Federkonstanten sind gleich, die Bewegung soll auf eine Gerade beschränkt sein (eindimensionale Bewegung).

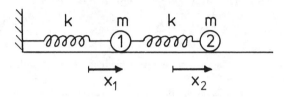

Gesucht wird:

a) die Bewegungsgleichungen,
b) die Normalfrequenzen,
c) die Amplitudenverhältnisse der Normalschwingungen und die allgemeine Lösung.

Lösung: a) Sind x_1 und x_2 die Auslenkungen aus den Ruhelagen, so lauten die Bewegungsgleichungen:

$$m\ddot{x}_1 = -kx_1 + k(x_2 - x_1), \qquad \underline{1}$$

$$m\ddot{x}_2 = -k(x_2 - x_1). \qquad \underline{2}$$

b) Zur Bestimmung der Normalfrequenzen machen wir den Ansatz:

$$x_1 = A_1 \cos\omega t, \qquad x_2 = A_2 \cos\omega t$$

und erhalten damit aus $\underline{1}$ und $\underline{2}$ die Gleichungen

$$(2k - m\omega^2)A_1 - kA_2 = 0,$$
$$-kA_1 + (k - m\omega^2)A_2 = 0. \qquad \underline{3}$$

Aus der Forderung nach nichttrivialen Lösungen des Gleichungssystems folgt das Verschwinden der Koeffizientendeterminante

$$D = \begin{vmatrix} 2k - m\omega^2 & -k \\ -k & k - m\omega^2 \end{vmatrix} = 0.$$

Damit folgt die Bestimmungsgleichung für die Eigenfrequenzen:

$$\omega^4 - 3\frac{k}{m}\omega^2 + \frac{k^2}{m^2} = 0$$

mit den positiven Lösungen:

$$\omega_1 = \frac{\sqrt{5} + 1}{2}\sqrt{\frac{k}{m}} \quad \text{und} \quad \omega_2 = \frac{\sqrt{5} - 1}{2}\sqrt{\frac{k}{m}}, \qquad \omega_1 > \omega_2.$$

c) Einsetzen der Eigenfrequenzen in $\underline{3}$ zeigt, daß zur höheren Frequenz ω_1 die gegenphasige und zur geringeren Frequenz ω_2 die gleichphasige Normalschwingung gehört:

$$\text{mit} \quad \omega_1^2 = \frac{1}{2}(3+\sqrt{5})\frac{k}{m} \qquad \text{folgt aus} \underline{3}: \quad A_2 = -\frac{\sqrt{5}-1}{2}A_1,$$

$$\text{mit} \quad \omega_2^2 = \frac{1}{2}(3-\sqrt{5})\frac{k}{m} \qquad \text{folgt aus} \underline{3}: \quad A_2 = \frac{\sqrt{5}+1}{2}A_1.$$

Da die beiden Massenpunkte unterschiedlich befestigt sind, ergeben sich Amplituden verschiedener Größe.

Die allgemeine Lösung ergibt sich als Überlagerung der Normalschwingungen unter Berücksichtigung der berechneten Amplitudenverhältnisse:

$$x_1(t) = C_1 \cos(\omega_1 t + \varphi_1) + C_2 \cos(\omega_2 t + \varphi_2),$$

$$x_2(t) = -\frac{\sqrt{5}-1}{2}C_1 \cos(\omega_1 t + \varphi_1) + \frac{\sqrt{5}+1}{2}C_2 \cos(\omega_2 t + \varphi_2).$$

Die vier freien Konstanten werden im konkreten Fall aus den Anfangsbedingungen bestimmt.

7.2 Beispiel: Gekoppelte Pendel

Zwei Pendel von gleicher Masse und Länge sind über eine Spiralfeder miteinander gekoppelt. Sie sollen in einer Ebene schwingen. Die Kopplung soll schwach sein (d.h. die beiden Eigenschwingungen sind nicht sehr verschieden). Gesucht ist die Bewegung für kleine Amplituden.

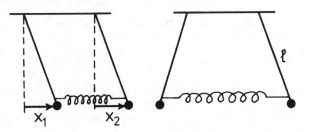

Lösung: Die Anfangsbedingungen sind:

$$x_1(0) = 0, \qquad x_2(0) = A, \qquad \dot{x}_1(0) = \dot{x}_2(0) = 0.$$

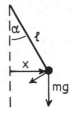

Wir gehen von der Schwingungsgleichung des einfachen Pendels aus:

$$ml\ddot{\alpha} = -mg\sin\alpha.$$

Für kleine Amplituden setzen wir $\sin\alpha = \alpha = \frac{x}{l}$ und erhalten

$$m\ddot{x} = -m\frac{g}{l}x.$$

Bei den gekoppelten Pendeln kommt noch die von der Feder ausgeübte Kraft $\mp k(x_1 - x_2)$ hinzu; das ergibt die Gleichungen:

$$\ddot{x}_1 = -\frac{g}{l}x_1 - \frac{k}{m}(x_1 - x_2),$$
$$\ddot{x}_2 = -\frac{g}{l}x_2 + \frac{k}{m}(x_1 - x_2).$$

<u>1</u>

Dieses gekoppelte System von Differentialgleichungen können wir einfach entkoppeln durch die Einführung der Koordinaten

$$u_1 = x_1 - x_2 \quad \text{und} \quad u_2 = x_1 + x_2.$$

Subtraktion bzw. Addition der Gleichungen <u>1</u> ergeben:

$$\ddot{u}_1 = -\frac{g}{l}u_1 - 2\frac{k}{m}u_1 = -\left(\frac{g}{l} + 2\frac{k}{m}\right)u_1,$$
$$\ddot{u}_2 = -\frac{g}{l}u_2.$$

Diese beiden Gleichungen sind sofort zu lösen:

$$u_1 = A_1\cos\omega_1 t + B_1\sin\omega_1 t,$$
$$u_2 = A_2\cos\omega_2 t + B_2\sin\omega_2 t,$$

<u>2</u>

wobei $\omega_1 = \sqrt{g/l + 2(k/m)}$, $\omega_2 = \sqrt{\frac{g}{l}}$ die Eigenfrequenzen der beiden Schwingungen sind. Die Koordinaten u_1, u_2 nennt man *Normalkoordinaten*. Die Einführung von Normalkoordinaten wird oft verwendet, um ein gekoppeltes Differentialgleichungssystem zu entkoppeln. Die Koordinate $u_1 = x_1 - x_2$ beschreibt die gegenphasige und $u_2 = x_1 + x_2$ die gleichphasige Normalschwingung. Die gleichphasige Normalschwingung verläuft so, als ob keine Kopplung vorhanden wäre. Der Einfachheit halber arbeiten wir die Anfangsbedingungen in das System 2 ein. Für die Normalkoordinaten gilt dann

$$u_1(0) = -A, \qquad u_2(0) = A, \qquad \dot{u}_1(0) = \dot{u}_2(0) = 0.$$

Einsetzen in 2 ergibt:

$$A_1 = -A, \qquad A_2 = A, \qquad B_1 = B_2 = 0,$$

und somit

$$u_1 = -A \cos \omega_1 t, \qquad u_2 = A \cos \omega_2 t.$$

Gehen wir zurück auf die Koordinaten x_1 und x_2:

$$x_1 = \frac{1}{2}(u_1 + u_2) = \frac{A}{2}(-\cos \omega_1 t + \cos \omega_2 t),$$

$$x_2 = \frac{1}{2}(u_2 - u_1) = \frac{A}{2}(\cos \omega_1 t + \cos \omega_2 t).$$

Mit einer Umformung der Winkelfunktionen folgt:

$$x_1 = A \sin \frac{\omega_1 - \omega_2}{2} t \, \sin \frac{\omega_1 + \omega_2}{2} t$$

$$x_2 = A \cos \frac{\omega_1 - \omega_2}{2} t \, \cos \frac{\omega_1 + \omega_2}{2} t.$$

Wir haben vorausgesetzt, daß die Kopplung der beiden Pendel gering ist, d. h.

$$\omega_2 = \sqrt{\frac{g}{l}} \approx \omega_1 = \sqrt{\frac{g}{l} + 2\frac{k}{m}},$$

so daß die Frequenz $\omega_1 - \omega_2$ klein ist. Die Schwingungen $x_1(t)$ und $x_2(t)$ können dann so aufgefaßt werden, daß der Amplitudenfaktor des (mit der Frequenz $\omega_1 + \omega_2$ schwingenden) Pendels mit der Frequenz $\omega_1 - \omega_2$ langsam moduliert wird. Diesen Vorgang nennt man *Schwebung*. In der Skizze ist dieser Vorgang noch einmal veranschaulicht. Mit der Frequenz der Amplitudenmodulation $\omega_1 - \omega_2$ tauschen die beiden Pendel ihre Energie aus. Wenn das eine Pendel seine maximale Amplitude (Energie) besitzt, steht das andere still. Dieser vollständige Energieübertrag tritt nur bei völlig gleichen Pendeln auf. Sind die beiden Pendel etwas verschieden in Masse oder Länge, so wird die Energieübertragung unvollständig; die Pendel verändern ihre Amplitude ohne jedoch zum Stillstand zu kommen.

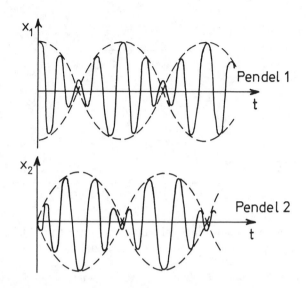

Die schwingende Kette*

Als ein weiteres schwingendes Massensystem soll die schwingende Kette betrachtet werden. Die "Kette" ist ein masseloser Faden, der mit N Massenpunkten besetzt ist. Die Massenpunkte haben alle die Masse m und sitzen in gleichen Abständen a auf dem Faden. Die Punkte 0 und $N + 1$ an den Enden des Fadens sind fest eingespannt und nehmen nicht an der Schwingung teil. Die Auslenkung aus der Ruhelage in y-Richtung sei relativ klein, so daß die geringfügige Auslenkung in x-Richtung vernachlässigbar ist. Die gesamte Fadenspannung T kommt nur von dem Einspannen der Endpunkte und ist über den ganzen Faden konstant.

Greift man das ν-te Teilchen heraus, so rühren die Kräfte, die auf dieses Teilchen wirken, von der Auslenkung des $(\nu - 1)$ten und $(\nu + 1)$ten Teilchens her. Die rücktreibenden Kräfte berechnen sich gemäß der Zeichnung zu:

$$\vec{F}_{\nu-1} = -(T \cdot \sin\alpha)\vec{e}_2,$$
$$\vec{F}_{\nu+1} = -(T \cdot \sin\beta)\vec{e}_2.$$

---

* Es wird angeraten, vor dem Studium dieses Abschnittes das Kapitel 8 (Die schwingende Saite) durchzuarbeiten. Die hier auftretenden neuen Begriffe sind dann leichter verständlich und die mathematischen Ansätze werden in ihrer physikalischen Motivation durchschaubarer.

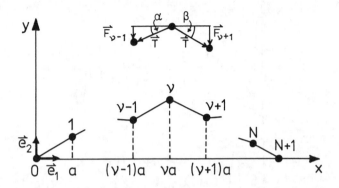

Da nach Voraussetzung die Auslenkung in y-Richtung klein ist, sind α und β kleine Winkel, so daß in guter Näherung gilt:

$$\sin\alpha = \tan\alpha \quad \text{und} \quad \sin\beta = \tan\beta.$$

Aus der Skizze ergibt sich, daß

$$\tan\alpha = \frac{y_\nu - y_{\nu-1}}{a} \quad \text{und} \quad \tan\beta = \frac{y_\nu - y_{\nu+1}}{a}.$$

Damit folgt für die Kräfte

$$\vec{F}_{\nu-1} = -T\left(\frac{y_\nu - y_{\nu-1}}{a}\right)\vec{e}_2,$$

$$\vec{F}_{\nu+1} = -T\left(\frac{y_\nu - y_{\nu+1}}{a}\right)\vec{e}_2.$$

Die gesamte rücktreibende Kraft ist die Summe $\vec{F}_{\nu-1} + \vec{F}_{\nu+1}$, d. h. wir erhalten die Bewegungsgleichung für das Teilchen:

$$m\frac{d^2 y_\nu}{dt^2}\vec{e}_2 = -T\left(\frac{y_\nu - y_{\nu-1}}{a}\right)\vec{e}_2 - T\left(\frac{y_\nu - y_{\nu+1}}{a}\right)\vec{e}_2$$

oder

$$\frac{d^2 y_\nu}{dt^2} = \frac{T}{ma}(y_{\nu-1} - 2y_\nu + y_{\nu+1}). \tag{9}$$

Da der Index ν von $\nu = 1$ bis $\nu = N$ läuft, erhält man ein System von N gekoppelten Differentialgleichungen. Berücksichtigt man nun, daß die

Endpunkte eingespannt sind, indem man für die Indizes $\nu = 0$ und $\nu = N+1$ setzt:

$$y_0 = 0 \quad \text{und} \quad y_{N+1} = 0 \quad \text{(Randbedingung)},$$

so erhält man aus der Differentialgleichung (9) mit den Indizes $\nu = 1$ und $\nu = N$ die Differentialgleichung für das erste und letzte schwingungsfähige Teilchen:

$$m\frac{d^2 y_1}{dt^2} = \frac{T}{a}(-2y_1 + y_2),$$
$$m\frac{d^2 y_N}{dt^2} = \frac{T}{a}(y_{N-1} - 2y_N). \tag{10}$$

Es werden jetzt die Eigenfrequenzen des Teilchensystems gesucht, d. h. die Frequenzen, mit denen alle Teilchen gemeinsam schwingen. Um eine Bestimmungsgleichung für die Eigenfrequenz ω_n zu erhalten, gehen wir mit dem Ansatz

$$y_\nu = A_\nu \cos \omega t \tag{11}$$

in Gleichung (9). Es ergibt sich

$$-m\omega^2 \cdot A_\nu \cdot \cos \omega t = \frac{T}{a}(A_{\nu-1} - 2A_\nu + A_{\nu+1}) \cos \omega t$$

bzw. nach Umformen:

$$-A_{\nu-1} + \left(2 - \frac{ma\omega^2}{T}\right)A_\nu - A_{\nu+1} = 0, \qquad \nu = 2, \ldots, N-1. \tag{12a}$$

Ebenso bekommen wir durch Einsetzen von (11) in (10) die Gleichungen für das erste und letzte schwingende Teilchen:

$$\left(2 - \frac{ma\omega^2}{T}\right)A_1 - A_2 = 0,$$
$$-A_{N-1} + \left(2 - \frac{ma\omega^2}{T}\right)A_N = 0. \tag{12b}$$

Mit der Abkürzung

$$\frac{2T - ma\omega^2}{T} = c$$

können die Gleichungen (12a) und (12b) folgendermaßen umgeschrieben werden:

$$cA_1 - A_2 \qquad\qquad = 0,$$
$$-A_1 + cA_2 - A_3 \qquad = 0,$$
$$-A_2 + cA_3 - A_4 \qquad = 0,$$
$$\vdots \qquad\qquad\qquad \vdots$$
$$-A_{N-1} + cA_N = 0$$

Es handelt sich um ein System von homogenen, linearen Gleichungen für die A_ν. Für jede nichttriviale Lösung des Gleichungssystems ($A_\nu \neq 0$) muß die Koeffizientendeterminante den Wert Null besitzen. Diese Determinante hat die Form:

$$D_N = \begin{vmatrix} c & -1 & 0 & 0 & 0 & \ldots & 0 & 0 & 0 \\ -1 & c & -1 & 0 & 0 & \ldots & 0 & 0 & 0 \\ 0 & -1 & c & -1 & 0 & \ddots & 0 & 0 & 0 \\ \vdots & \vdots & \vdots & \vdots & \vdots & \ddots & \vdots & \vdots & \vdots \\ 0 & 0 & 0 & 0 & 0 & \ldots & -1 & c & -1 \\ 0 & 0 & 0 & 0 & 0 & \ldots & 0 & -1 & c \end{vmatrix}.$$

Sie besitzt N Zeilen und N Spalten.

Die Eigenfrequenzen erhalten wir als Lösung der Gleichung

$$D_N = 0.$$

Entwickeln wir nun D_N nach der ersten Zeile, so erhalten wir:

$$D_N = c \cdot \begin{vmatrix} c & -1 & 0 & \ldots & 0 & 0 & 0 \\ -1 & c & -1 & \ldots & 0 & 0 & 0 \\ 0 & -1 & c & \ldots & 0 & 0 & 0 \\ 0 & 0 & -1 & \ldots & 0 & 0 & 0 \\ \vdots & \vdots & \vdots & \ddots & \vdots & \vdots & \vdots \\ 0 & 0 & 0 & \ldots & -1 & 0 & 0 \\ 0 & 0 & 0 & \ldots & c & -1 & 0 \\ 0 & 0 & 0 & \ldots & -1 & c & -1 \\ 0 & 0 & 0 & \ldots & 0 & -1 & c \end{vmatrix} + \begin{vmatrix} -1 & -1 & 0 & 0 & \ldots & 0 & 0 \\ 0 & c & -1 & 0 & \ldots & 0 & 0 \\ 0 & -1 & -c & -1 & \ldots & 0 & 0 \\ 0 & 0 & -1 & c & \ldots & 0 & 0 \\ \vdots & \vdots & \vdots & \vdots & \ddots & \vdots & \vdots \\ 0 & 0 & 0 & 0 & \ldots & -1 & 0 \\ 0 & 0 & 0 & 0 & \ldots & c & -1 \\ 0 & 0 & 0 & 0 & \ldots & -1 & c \end{vmatrix}$$

Die linke Determinante hat genau die gleiche Form wie D_N, ist aber um eine Ordnung niedriger ($N-1$ Zeilen, $N-1$ Spalten). Sie wäre die Koeffizientendeterminante für ein gleichartiges System mit einem Massenpunkt weniger, also D_{N-1}. Die rechte Determinante entwickeln wir noch einmal, und zwar nach der ersten Spalte und erhalten daraus:

$$D_N = c\,D_{N-1} + (-1) \cdot \begin{vmatrix} c & -1 & 0 & \ldots & 0 & 0 \\ -1 & c & -1 & \ldots & 0 & 0 \\ 0 & -1 & c & \ldots & 0 & 0 \\ \vdots & \vdots & \vdots & \ddots & \vdots & \vdots \\ 0 & 0 & 0 & \ldots & -1 & 0 \\ 0 & 0 & 0 & \ldots & c & -1 \\ 0 & 0 & 0 & \ldots & -1 & c \end{vmatrix}.$$

Die letzte Determinante ist aber genau D_{N-2}. Demnach gilt die Determinantenrekursionsgleichung:

$$D_N = cD_{N-1} - D_{N-2}. \tag{13}$$

Ferner ist

$$D_1 = |c| = c \quad \text{und} \quad D_2 = \begin{vmatrix} c & -1 \\ -1 & c \end{vmatrix} = c^2 - 1. \tag{14}$$

Setzt man in (13) $N = 2$, so erkennen wir, daß (13) in Verbindung mit (14) nur erfüllt wird, wenn wir formal

$$D_0 = 1$$

setzen.

Unser Problem ist nun die Lösung der Determinantengleichung (13). Wir machen den Ansatz:

$$D_N = p^N,$$

wobei die Konstante p bestimmt werden muß. Einsetzen in (13) liefert:

$$p^N = cp^{N-1} - p^{N-2},$$

bzw. nach Division durch p^{N-2},

$$p^2 - cp + 1 = 0 \quad \text{oder} \quad p = \frac{c \pm \sqrt{c^2 - 4}}{2}.$$

Die mathematische Möglichkeit $p^{N-2} = 0$, die zu $p \equiv 0$ führt, erfüllt die Randbedingung $D_0 = 1$ nicht und entfällt daher. Substituieren wir $c = 2\cos\Theta$, so bekommen wir für p:

$$p = \cos\Theta \pm \sqrt{\cos^2\Theta - 1} = \cos\Theta \pm i\sin\Theta = e^{\pm i\Theta}.$$

Die Lösungen der Gleichung (13) sind dann:

$$D_N = p^N = (e^{i\Theta})^N = e^{iN\Theta} = \cos N\Theta + i \sin N\Theta$$

und

$$D_N = (e^{-i\Theta})^N = e^{-iN\Theta} = \cos N\Theta - i \sin N\Theta.$$

Wegen der Homogenität und Linearität des Gleichungssystems (13) ergibt sich als allgemeine Lösung eine Linearkombination von $\cos N\Theta$ und $\sin N\Theta$:

$$D_N = G \cos N\Theta + H \sin N\Theta. \tag{15}$$

Da $D_0 = 1$ und $D_1 = c = 2\cos\Theta$ (s.o.), bestimmen sich G und H zu:

$$G = 1, \qquad H = \cot\Theta,$$

so daß

$$D_N = \cos N\Theta + \frac{\sin N\Theta \cos\Theta}{\sin\Theta} = \frac{\sin(N+1)\Theta}{\sin\Theta}$$

ist, weil $\sin\Theta\cos N\Theta + \sin N\Theta\cos\Theta = \sin(N+1)\Theta$.
Für jede nichttriviale Lösung des Gleichungssystems muß $D_N = 0$ gelten, d.h. D_N muß für alle N verschwinden; es folgt

$$\sin((N+1)\Theta) = 0,$$

bzw.

$$\Theta = \Theta_n = \frac{n\pi}{N+1}, \qquad n = 1, \ldots, N.$$

$n = 0$ scheidet aus, weil es auf die Lösung $\Theta_0 = 0$ und damit auf $D_N = N + 1 \neq 0$ und damit auf keine Lösung der Gleichung $D_N = 0$ führt. Daher folgt für c

$$c = 2 - \frac{\omega^2 ma}{T} = 2\cos\frac{n\pi}{N+1},$$

und ω berechnet sich aus

$$\omega^2 = \omega_{(n)}^2 = \frac{2T}{ma}\left(1 - \cos\frac{n\pi}{N+1}\right)$$

zu

$$\omega_{(n)} = \sqrt{\frac{2T}{ma}}\sqrt{1 - \cos\frac{n\pi}{N+1}}.$$

Dies sind die *Eigenfrequenzen des Systems;* die Grundfrequenz ergibt sich für $n = 1$ als die niedrigste Eigenfrequenz.

Setzt man in Gleichung (12a) und (12b) für ω bzw. c den oben gefundenen Ausdruck ein, so erhält man für die Amplituden der Normalschwingung:

$$-A_{\nu-1}^{(n)} + 2A_\nu^{(n)} \cos \frac{n\pi}{N+1} - A_{\nu+1}^{(n)} = 0;$$

$$2A_1^{(n)} \cos \frac{n\pi}{N+1} = A_2^{(n)}, \qquad (16)$$

$$2A_N^{(n)} \cos \frac{n\pi}{N+1} = A_{N-1}^{(n)}$$

wo die A_ν von n abhängen $(A_\nu = A_\nu^{(n)})$. Dieses Gleichungssystem für die A_ν ist dasselbe wie für die Determinanten D_N (Gleichung (13)) mit demselben Koeffizienten $c = 2\cos n\pi/(N+1) = 2\cos\Theta$. Die allgemeine Lösung für die A_ν erhält man daher entsprechend zu Gleichung (15) mit zunächst beliebigen Koeffizienten $E^{(n)}$ als:

$$A_\nu^{(n)} = E_1^{(n)} \cos \nu\Theta_n + E_2^{(n)} \sin \nu\Theta_n,$$

oder ausführlich

$$A_\nu^{(n)} = E_1^{(n)} \cos \frac{n\pi\nu}{N+1} + E_2^{(n)} \sin \frac{n\pi\nu}{N+1}. \qquad (17)$$

Da die Punkte $\nu = 0$ und $\nu = N + 1$ fest eingespannt sind, gilt für alle Eigenschwingungen $n : y_0 = y_{N+1} = 0$, bzw.

$$A_0^{(n)} = A_{N+1}^{(n)} = 0 \qquad \text{(Randbedingung)}.$$

Damit bekommt man für $\nu = 0$ in (17):

$$E_1^{(n)} = 0, \qquad \text{d.h.} \qquad A_\nu^{(n)} = E_2^{(n)} \sin \frac{n\pi\nu}{N+1}.$$

Setzt man an Stelle von Gleichung (11) $y_\nu = B_\nu \sin \omega t$ in Gleichung (9) ein, so bestimmt man B_ν nach dem gleichen Verfahren wie A_ν und erhält

$$B_\nu^{(n)} = E_4^{(n)} \sin \frac{n\pi\nu}{N+1}, \qquad (E_3^{(n)} = 0),$$

so daß die Lösungen für die y_ν

$$y_\nu^{(n)} = E_2^{(n)} \sin \frac{n\pi\nu}{N+1} \cos \omega_{(n)} t$$

und

$$y_\nu^{(n)} = E_4^{(n)} \sin \frac{n\pi\nu}{N+1} \sin \omega_{(n)} t$$

lauten. Da die Summe dieser Einzellösungen die allgemeine Lösung ergeben, bekommt man:

$$y_\nu^{(n)} = \sum_{n=1}^{N} \sin \frac{n\pi\nu}{N+1} \left(E_4^{(n)} \sin \omega_{(n)} t + E_2^{(n)} \cos \omega_{(n)} t \right)$$

$$= \sum_{n=1}^{N} \sin \frac{n\pi\nu}{N+1} (a_n \sin \omega_{(n)} t + b_n \cos \omega_{(n)} t),$$

wobei die Konstanten $E_2^{(n)}$ und $E_4^{(n)}$ in a_n bzw. b_n umbenannt wurden. Sie werden aus den Anfangsbedingungen bestimmt.

Aus dem Grenzübergang für $N \to \infty$ und $a \to 0$ muß sich die Gleichung der schwingenden Saite ergeben (kontinuierliche Massenverteilung):

$$\sin \frac{n\pi\nu}{N+1} = \sin \frac{n\pi a\nu}{(N+1)a}$$

$$= \sin \frac{\pi n(a\nu)}{l+a} \qquad (x = a\varphi \quad \text{nimmt nur}$$
$$\text{diskrete Werte an})$$

$$\lim_{\substack{N \to \infty \\ a \to 0}} \left(\sin \frac{\pi n x}{l+a} \right) = \sin \frac{\pi n x}{l} \qquad (x \quad \text{kontinuierlich}) \, .$$

Aus $\omega_{(n)}^2$ wird (Entwicklung des Kosinus in eine Taylorreihe):

$$\omega_{(n)}^2 = \frac{2T}{ma} \left(1 - 1 + \frac{1}{2} \left(\frac{n\pi}{N+1} \right)^2 - \cdots \right) \approx \frac{T(n\pi)^2}{(m/a)(N+1)^2 a^2}$$

und mit $\sigma = \frac{m}{a} =$ Massenbelegung der Saite

$$\lim_{\substack{N \to \infty \\ a \to 0}} \left(\frac{T(n\pi)^2}{\sigma(N+1)^2 a^2} \right) = \frac{T(n\pi)^2}{\sigma l^2} \, ,$$

d. h.

$$\omega_{(n)} = \sqrt{\frac{T}{\sigma}} \frac{n\pi}{l} \, .$$

Damit hat man als Grenzfall

$$y_n(x) = \sin \left(\frac{n\pi x}{l} \right) \left[a_n \sin \left(\sqrt{\frac{T}{\sigma}} \cdot \frac{n\pi}{l} t \right) + b_n \cos \left(\sqrt{\frac{T}{\sigma}} \frac{n\pi}{l} t \right) \right].$$

Dies ist die Gleichung für die n'te Eigenschwingung der schwingenden Saite (mit l als Saitenlänge). Sie wird im nächsten Kapitel noch einmal auf andere Weise abgeleitet und ausführlicher diskutiert.

7.3 Aufgabe: Bei der Lösung der Determinantengleichung (13) haben wir mit der Vereinbarung $c = 2\cos\Theta$ eine mathematische Einschränkung für c vollzogen. Zeigen Sie, daß für die Fälle

a) $\qquad\qquad\qquad |c| = 2$

b) $\qquad\qquad\qquad c < -2$

die Eigenwertgleichung $D_N = 0$ nicht zu erfüllen ist. Klären Sie, daß damit die spezielle Wahl der Konstanten c gerechtfertigt ist.

Lösung: a)

$$D_n = cD_{n-1} - D_{n-2}, \qquad D_1 = c = \pm 2, \qquad D_0 = 1. \qquad\qquad \underline{1}$$

Wir behaupten und zeigen durch Induktion:

$$|D_n| \geq |D_{n-1}|. \qquad\qquad \underline{2}$$

Induktionsanfang: $n = 2$, $|D_0| = 1$, $|D_1| = 2$, $|D_2| = 3$.
Induktionsschluß von $n - 1$, $n - 2$ auf n:

$$|D_n|^2 = 4|D_{n-1}|^2 \pm 4|D_{n-1}||D_{n-2}| + |D_{n-2}|^2$$
$$\geq 4|D_{n-1}|^2 + |D_{n-2}|^2 - 4|D_{n-1}||D_{n-2}|$$

$$\Rightarrow \quad |D_n|^2 - |D_{n-1}|^2 \geq 3|D_{n-1}|^2 + |D_{n-2}|^2 - 4|D_{n-1}||D_{n-2}|.$$

Nach Induktionsvoraussetzung ist

$$|D_{n-1}| = |D_{n-2}| + \varepsilon \quad \text{mit} \quad \varepsilon \geq 0.$$

Damit folgt

$$|D_n|^2 - |D_{n-1}|^2 \geq 4|D_{n-2}|^2 + 6\varepsilon|D_{n-2}| + 3\varepsilon^2 - 4\varepsilon|D_{n-2}| - 4|D_{n-2}|^2$$
$$\geq 2\varepsilon|D_{n-2}|$$
$$\geq 0$$

$$\Rightarrow \quad |D_n| \geq |D_{n-1}|. \qquad\qquad \underline{3}$$

Da nun $|D_n|$ in n monoton wächst und $|D_1| = 2 > 0$, ist auch $|D_N| > 0$. Daher kann $D_N = 0$ nicht erfüllt werden.

$\omega = 0$ und $\omega = \sqrt{\frac{2T}{ma}}$ sind keine Eigenfrequenzen der schwingenden Kette.

b) Ebenfalls erhalten wir durch Einsetzen des Ansatzes $D_n = Ap^n$, $p \neq 0$ die Lösung der Rekursionsformel $D_n = cD_{n-1} - D_{n-2}$, $D_1 = c$, $D_0 = 1$:

$$\left. \begin{array}{l} p_1 = \dfrac{1}{2}\left(c + (c^2 - 4)^{1/2}\right) < 0 \\[3mm] p_2 = \dfrac{1}{2}\left(c - (c^2 - 4)^{1/2}\right) < 0 \end{array} \right\} \quad 0 > p_1 > p_2 . \tag{\underline{4}}$$

Die allgemeine Lösung zur Einarbeitung der Randbedingungen $D_0 = 1$, $D_1 = c$ lautet

$$D_n = A_1 p_1^n + A_2 p_2^n . \tag{\underline{5}}$$

Mit $D_0 = 1$, $D_1 = c$ folgt

$$A_1 + A_2 = 1 .$$

$$\frac{A_1}{2}\left(c + (c^2 - 4)^{\frac{1}{2}}\right) + \frac{A_2}{2}\left(c - (c^2 - 4)^{\frac{1}{2}}\right) = c$$

$$\Leftrightarrow \qquad \begin{array}{l} A_1 = \dfrac{c + (c^2 - 4)^{1/2}}{2(c^2 - 4)^{1/2}} , \\[4mm] A_2 = \dfrac{-c + (c^2 - 4)^{1/2}}{2(c^2 - 4)^{1/2}} . \end{array} \tag{\underline{6}}$$

Damit wird

$$\begin{aligned} D_n &= \frac{1}{2}\frac{c + (c^2 - 4)^{1/2}}{(c^2 - 4)^{1/2}}p_1^n + \frac{1}{2}\frac{(c^2 - 4)^{1/2} - c}{(c^2 - 4)^{1/2}}p_2^n \\[2mm] &= \frac{1}{(c^2 - 4)^{1/2}}\left(p_1^{n+1} - p_2^{n+1}\right) . \end{aligned} \tag{\underline{7}}$$

Zur Bestimmung der physikalisch möglichen Schwingungsmoden hatten wir $D_N = 0$ gefordert:

$$D_N = 0 \quad \Rightarrow \quad \left(\frac{p_2}{p_1}\right)^{N+1} = 1 . \tag{\underline{8}}$$

Nun ist aber $0 > p_1 > p_2$, also $(p_2/p_1)^{N+1} > 1$.

Für den Fall $c < -2$ existieren also auch keine Eigenfrequenzen.

Diese zusätzlichen Untersuchungen lassen sich folgendermaßen zusammenfassen:

Die möglichen Eigenfrequenzen der schwingenden Kette liegen zwischen 0 und $\sqrt{2T/ma}$:

$$0 < |\omega| < \sqrt{\frac{2T}{ma}} . \tag{\underline{9}}$$

7.4 Aufgabe: Zwei Massenpunkte (gleiche Masse m) liegen auf einer reibungsfreien horizontalen Ebene und sind untereinander und mit zwei festen Punkten A
und B mittels Federn (Federspannung T, Länge l) befestigt.

a)   Stellen Sie die Bewegungsgleichung auf.

b)   Finden Sie die Normalschwingungen und -frequenzen und beschreiben Sie die
Bewegungen.

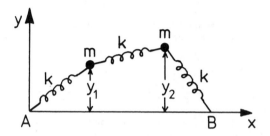

Lösung: a) Für die schwingende Kette mit n Massenpunkten, die alle den
Abstand l haben, wurden die Bewegungsgleichungen

$$\frac{d^2 y_N}{dt^2} = \frac{T}{ml}(y_{N-1} - 2y_N + y_{N+1}), \qquad (N = 1, \dots, n)$$

aufgestellt. Für den ersten und zweiten Massenpunkt folgt

$$\ddot{y}_1 = k(y_0 - 2y_1 + y_2) = k(y_2 - 2y_1),$$
$$\ddot{y}_2 = k(y_1 - 2y_2 + y_3) = k(y_1 - 2y_2) \qquad \underline{1}$$

mit $k = T/ml$; die Kette ist an den Punkten A und B eingespannt, d.h.
$y_0 = y_3 = 0$.

b) Lösungsansatz: $y_1 = A_1 \cos \omega t$, $y_2 = A_2 \cos \omega t$ ($\omega =$ Eigenfrequenz). Einsetzen
in $\underline{1}$ ergibt

$$(2k - \omega^2)A_1 - kA_2 = 0,$$
$$(2k - \omega^2)A_2 - kA_1 = 0. \qquad \underline{2}$$

Um die nichttriviale Lösung zu erhalten, muß die Koeffizientendeterminante verschwinden, d.h.

$$D = \begin{vmatrix} 2k - \omega^2 & -k \\ -k & 2k - \omega^2 \end{vmatrix} = 0$$

d.h. $\omega^4 + 3k^2 - 4k\omega^2 = 0$, woraus $\omega_1^2 = 3k$, $\omega_2^2 = k$ folgt.
Einsetzen in $\underline{2}$ ergibt: $A_1 = A_2$ für ω_2 und $A_1 = -A_2$ für ω_1.

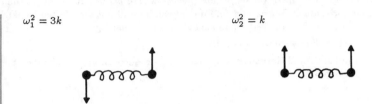

$\omega_1^2 = 3k$ $\qquad\qquad\qquad\qquad$ $\omega_2^2 = k$

Das ist eine gegenphasige und eine gleichphasige Schwingung. Man erkennt, daß die mit höherer Frequenz gegenphasig ist und einen "Knoten", die mit niedriger Frequenz gleichphasig ist und einen "Schwingungsbauch" besitzt.

7.5 Aufgabe: Auf einer an den Endpunkten befestigten Saite sind äquidistant drei Massenpunkte befestigt.

a) Bestimmen Sie Eigenfrequenzen dieses Systems, wenn die Spannung T der Saite als konstant angesehen werden kann (das gilt für kleine Auslenkungen).
b) Diskutieren Sie die Eigenschwingungen des Systems.
   Hinweis: Beachten Sie die späteren Aufgaben 8.1 und 8.2.

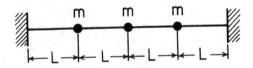

Lösung: a) Für die Bewegungsgleichungen des Systems erhält man sofort

$$m_1\ddot{x}_1 + \left(\frac{2T}{L}\right)x_1 - \left(\frac{T}{L}\right)x_2 = 0,$$

$$m_2\ddot{x}_2 + \left(\frac{2T}{L}\right)x_2 - \left(\frac{T}{L}\right)x_3 - \left(\frac{T}{L}\right)x_1 = 0, \qquad\qquad \underline{1}$$

$$m_3\ddot{x}_3 + \left(\frac{2T}{L}\right)x_3 - \left(\frac{T}{L}\right)x_2 = 0.$$

Unter der Annahme periodischer Oszillationen, d.h. Lösungsansätzen der Form

$$x_1 = A\sin(\omega t + \psi) \qquad \ddot{x}_1 = -\omega^2 A\sin(\omega t + \psi),$$

$$x_2 = B\sin(\omega t + \psi) \qquad \ddot{x}_2 = -\omega^2 B\sin(\omega t + \psi),$$

$$x_3 = C\sin(\omega t + \psi) \qquad \ddot{x}_3 = -\omega^2 C\sin(\omega t + \psi),$$

erhält man nach Einsetzen in Gleichung $\underline{1}$

$$\left(\frac{2T}{L} - \omega^2 m\right)A - \left(\frac{T}{L}\right)B = 0,$$

$$-\left(\frac{T}{L}\right)A + \left(\frac{2T}{L} - \omega^2 m\right)B - \left(\frac{T}{L}\right)C = 0, \qquad \underline{2}$$

$$-\left(\frac{T}{L}\right)B + \left(\frac{2T}{L} - \omega^2 m\right)C = 0.$$

Analog Aufgabe 8.2 erhält man die Bestimmungsgleichung für die Frequenzen des Systems aus der Entwicklung der Koeffizientendeterminante zu:

$$\left(\frac{Lm}{T}\right)^3 \omega^6 - 6\left(\frac{Lm}{T}\right)^2 \omega^4 + \frac{10\,Lm}{T}\omega^2 - 4 = 0,$$

bzw.

$$\left(\frac{Lm}{T}\right)^3 \Omega^3 - 6\left(\frac{Lm}{T}\right)^2 \Omega^2 + \frac{10\,Lm}{T}\Omega - 4 = 0 \qquad \underline{3}$$

mit $\Omega \,\widehat{=}\, \omega^2$. Diese kubische Gleichung mit den Koeffizienten

$$a = \left(\frac{Lm}{T}\right)^3, \qquad b = -6\left(\frac{Lm}{T}\right)^2, \qquad c = \frac{10\,Lm}{T}, \qquad d = -4$$

läßt sich nach der Cardanischen Methode lösen.
Mit den Substitionen

$$y = \Omega + \frac{b}{3a}, \quad 3p = -\frac{1}{3}\frac{b^2}{a^2} + \frac{c}{a} = -2\frac{T^2}{L^2 m^2}, \quad 2q = \frac{2}{27}\frac{b^3}{a^3} - \frac{1}{3}\frac{bc}{a^2} + \frac{d}{a} = 0$$

folgt: $q^2 + p^3 < 0$, d.h. es gibt drei reelle Lösungen, die sich unter Verwendung der Hilfsgrößen

$$\cos\varphi = -\frac{q}{\sqrt{-p^3}} = 0, \quad y_1 = -2\sqrt{-p}\cos\left(\frac{\varphi}{3} - \frac{\pi}{3}\right) = -\sqrt{2}\frac{T}{Lm},$$

$$y_2 = -2\sqrt{-p}\cos\left(\frac{\varphi}{3} + \frac{\pi}{3}\right) = 0,$$

$$y_3 = 2\sqrt{-p}\cos\frac{\varphi}{3} = \sqrt{2}\frac{T}{Lm}$$

berechnen lassen zu:

$$\omega_1 = \sqrt{0.6\frac{T}{Lm}}, \qquad \omega_2 = \sqrt{\frac{2T}{Lm}}, \qquad \omega_3 = \sqrt{3.4\frac{T}{Lm}}.$$

b) Aus der ersten und dritten Gleichung von $\underline{2}$ erhält man für die Amplitudenverhältnisse

$$\frac{B}{A} = \frac{B}{C} = 2 - \frac{mL\omega^2}{T} \qquad \underline{4}$$

Diskussion der Moden:

1. $\omega = \omega_1 = (0.6\,T/Lm)^{1/2}$ eingesetzt in $\underline{4} \Rightarrow B_1/A_1 = B_1/C_1 = 1.4$ bzw. $B_1 = 1.4A_1 = 1.4C_1$.

Alle drei Massen werden in dieselbe Richtung ausgelenkt, wobei die 1. und 3. Masse die gleiche Amplitude haben und die 2. Masse eine größere Amplitude besitzt.

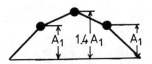

2. $\omega = \omega_2 = (2\,T/Lm)^{1/2}$ eingesetzt in $\underline{4} \Rightarrow B_2/A_2 = B_2/C_2 = 0$ bzw. $A_2 = -C_2$ aus der 2. Gleichung von $\underline{2}$. Die mittlere Masse ruht, während die 1. und 3. Masse in entgegengesetzter Richtung mit gleicher Amplitude ausgelenkt werden.

3. $\omega = \omega_3 = (3.4\,T/Lm)^{1/2}$ eingesetzt in $\underline{4} \Rightarrow B_3/A_3 = B_3/C_3 = -1.4$ d. h. $A_3 = C_3 = -1.4B_3$. Die erste und letzte Masse sind in die gleiche Richtung ausgelenkt, während die mittlere mit unterschiedlicher Amplitude in entgegengesetzter Richtung schwingt.

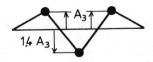

Das hier diskutierte System besitzt drei Schwingungsmoden, mit 0, 1 und 2 Knoten. Beim Übergang zu einem System mit n Massenpunkten erhöht sich auch die Anzahl der Moden, sowie die Zahl möglicher Knoten $(n-1)$. Ein System mit $n \to \infty$ nennt man dann eine "schwingende Saite".

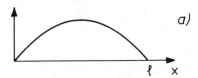

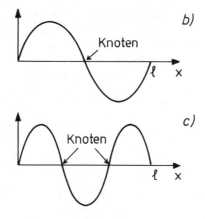

Ein Vergleich der Figuren zeigt deutlich die Approximation des Systems der Schwingenden Saite durch das System der drei Massenpunkte.

7.6 Aufgabe: Diskutieren Sie die Eigenschwingungen eines dreiatomigen Moleküls. Im Gleichgewichtszustand des Moleküls haben die beiden Atome der Masse m den gleichen Abstand zum Atom der Masse M. Der Einfachheit halber betrachte man nur Schwingungen längs der Molekülachse, die die 3 Atome verbindet, wobei das wirklich komplizierte zwischenatomare Potential durch zwei Federn (Federkonstante k) angenähert wird.

a) Stellen Sie die Bewegungsgleichung auf.

b) Berechnen Sie die Eigenfrequenzen und diskutieren Sie die Eigenschwingungen des Systems.

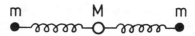

Lösung: a) Seien x_1, x_2, x_3 die Auslenkungen der Atome aus den Gleichgewichtslagen zur Zeit t, so folgt aus den Newton'schen Gleichungen, sowie dem Hooke'schen Gesetz:

$$m\ddot{x}_1 = -k(x_1 - x_2),$$
$$M\ddot{x}_2 = -k(x_2 - x_3) - k(x_2 - x_1) = k(x_3 + x_1 - 2x_2), \qquad \underline{1}$$
$$m\ddot{x}_3 = -k(x_3 - x_2).$$

b) Setzt man den Lösungsansatz $x_1 = a_1 \cos \omega t$, $x_2 = a_2 \cos \omega t$ und $x_3 = a_3 \cos \omega t$ in die Gleichung $\underline{1}$ ein, erhält man

$$
\begin{aligned}
(m\omega^2 - k)a_1 + ka_2 &= 0, \\
ka_1 + (M\omega^2 - 2k)a_2 + ka_3 &= 0, \\
ka_2 + (m\omega^2 - k)a_3 &= 0.
\end{aligned}
\qquad \underline{2}
$$

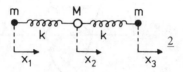

Die Eigenfrequenzen dieses Systems erhält man durch Nullsetzen der Koeffizientendeterminante

$$
\begin{vmatrix}
m\omega^2 - k & k & 0 \\
k & M\omega^2 - 2k & k \\
0 & k & m\omega^2 - k
\end{vmatrix} = 0
\qquad \underline{3}
$$

zu:

$$
(m\omega^2 - k)[\omega^4 mM - \omega^2(kM + 2\,km)] = 0,
\qquad \underline{4}
$$

bzw.

$$
\omega^2(m\omega^2 - k)[\omega^2 mM - k(M + 2m)] = 0.
$$

Durch Faktorisieren von Gleichung $\underline{4}$ nach ω erhält man für die Eigenschwingungen des Systems:

$$
\omega_1 = 0, \qquad \omega_2 = \sqrt{\frac{k}{m}}, \qquad \omega_3 = \sqrt{\frac{k}{m}\left(1 + \frac{2m}{M}\right)}.
$$

Diskussion der Schwingsmoden:

1. $\omega = \omega_1 = 0$ in $\underline{2}$ eingesetzt ergibt: $a_1 = a_2 = a_3$. Der Eigenfrequenz $\omega_1 = 0$ entspricht keine Schwingungsbewegung, sondern nur eine gleichförmige Translationsbewegung des Moleküls als Ganzes: $\bullet\!\to \circ\!\to \bullet\!\to$.

2. $\omega = \omega_2 = (k/m)^{1/2}$ in $\underline{2}$ eingesetzt: $a_1 = -a_3$, $a_2 = 0$; d.h. das Zentralatom ruht, während die Außenatome gegeneinander schwingen: $\leftarrow\!\bullet \; \circ \; \bullet\!\to$.

3. $\omega = \omega_3 = \left(\frac{k}{m}\left\{1 + \frac{2m}{M}\right\}\right)^{1/2}$ in $\underline{2}$ $\Rightarrow$ $a_1 = a_3$, $a_2 = -2m/M\,a_1$, d.h. die beiden äußeren Atome schwingen in Phase, während das Zentralatom gegenphasig mit einer anderen Amplitude schwingt: $\bullet\!\to \leftarrow\!\circ\bullet\!\to$.

8. Die schwingende Saite

Eine Saite der Länge l wird an beiden Enden eingespannt. Dadurch treten Kräfte T auf, die zeitlich konstant und ortsunabhängig sind. Die Spannung der Saite wirkt bei einer Auslenkung aus der Ruhelage rücktreibend. Ein Saitenelement Δs erfährt an der Stelle x die Kraft

$$F_y(x) = -T \sin \Theta(x)$$

in y-Richtung. An der Stelle $x + \Delta x$ wirkt in y-Richtung die Kraft

$$F_y(x + \Delta x) = T \sin \Theta(x + \Delta x).$$

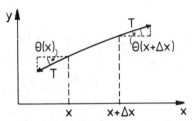

Zum Verständnis der Saitenspannung T.

In y-Richtung wirkt auf das Saitenelement Δs die Gesamtkraft

$$F_y = T \sin \Theta(x + \Delta x) - T \sin \Theta(x). \tag{1}$$

Dementsprechend wirkt auf das Saitenelement Δs in x-Richtung die Kraft

$$F_x = T \cos \Theta(x + \Delta x) - T \cos \Theta(x).$$

Es wird in erster Näherung angenommen, daß die Auslenkung in x-Richtung Null sei. Eine Auslenkung der Saite in y-Richtung hat nur eine sehr kleine Bewegung in x-Richtung zur Folge. Diese Auslenkung ist in Bezug auf die Auslenkung in y-Richtung vernachlässigbar klein, d. h.

$$F_x = 0.$$

Da wir die Auslenkung in x-Richtung vernachlässigen, ist die einzige Beschleunigungskomponente des Saitenelementes durch $\partial^2 y / dt^2$ gegeben. Da seine Masse $m = \sigma\Delta s$ beträgt, wobei σ die Liniendichte darstellt, ergibt sich mit der Gleichung (1) die Bewegungsgleichung:

$$F_y = \sigma\Delta s\frac{\partial^2 y}{\partial t^2} = T\sin\Theta(x+\Delta x) - T\sin\Theta(x). \tag{2}$$

Beide Seiten werden durch Δx dividiert:

$$\frac{\sigma\Delta s\partial^2 y}{\Delta x\partial t^2} = \frac{T\sin\Theta(x+\Delta x) - T\sin\Theta(x)}{\Delta x}. \tag{3}$$

Setzen wir in die linke Seite der Gleichung (3) für

$$\Delta s = \sqrt{\Delta x^2 + \Delta y^2}$$

ein, so ist

$$\frac{\sigma\sqrt{\Delta x^2 + \Delta y^2}}{\Delta x}\frac{\partial^2 y}{\partial t^2} = \sigma\sqrt{1 + \left(\frac{\Delta y}{\Delta x}\right)^2}\frac{\partial^2 y}{\partial t^2},$$

$$= \frac{T\sin\Theta(x+\Delta x) - T\sin\Theta(x)}{\Delta x}. \tag{4}$$

Bildet man auf beiden Seiten der Gleichung (4) den Grenzwert für Δx, $\Delta y \to 0$, so ergibt sich

$$\sigma\sqrt{1 + \left(\frac{\partial y}{\partial x}\right)^2}\frac{\partial^2 y}{\partial t^2} = T\frac{\partial}{\partial x}(\sin\theta). \tag{5}$$

Für $\sin\Theta$ gilt die Beziehung $\sin\Theta = \tan\Theta/\sqrt{1 + \tan^2\Theta}$. Da $\tan\Theta = \partial y/\partial x$ (Steigung der Kurve) ist, folgt

$$\sin\Theta = \frac{\partial y/\partial x}{\sqrt{1 + (\partial y/\partial x)^2}}. \tag{6}$$

Mit der Beziehung (6) kann die Gleichung (5) folgendermaßen umgeformt werden:

$$\sigma\sqrt{1 + \left(\frac{\partial y}{\partial x}\right)^2}\frac{\partial^2 y}{\partial t^2} = T\frac{\partial}{\partial x}\left(\frac{\partial y/\partial x}{\sqrt{1 + (\partial y/\partial x)^2}}\right). \tag{7}$$

Um die Gleichung zu vereinfachen, betrachten wir wieder nur kleine Auslenkungen der Saite in y-Richtung. Damit ist dann $\partial y/\partial x \ll 1$ und auch $(\partial y/\partial x)^2$ kann vernachlässigt werden.

Somit erhalten wir

$$\sigma \frac{\partial^2 y}{\partial t^2} = T \frac{\partial}{\partial x}\left(\frac{\partial y}{\partial x}\right) \tag{8}$$

oder

$$\sigma \frac{\partial^2 y}{\partial t^2} = T \frac{\partial^2 y}{\partial x^2}. \tag{9}$$

Wir setzen $c^2 = T/\sigma$ (c hat die Dimension einer Geschwindigkeit).
Die gesuchte Differentialgleichung (auch *Wellengleichung* genannt) lautet
dann

$$\frac{\partial^2 y}{\partial t^2} = c^2 \frac{\partial^2 y}{\partial x^2} \quad \text{oder} \quad \left(\frac{\partial^2}{\partial x^2} - \frac{1}{c^2}\frac{\partial^2}{\partial t^2}\right) y(x) = 0. \tag{10}$$

Lösung der Wellengleichung

Die Lösung der Wellengleichung (10) erfolgt unter der Vorgabe von bestimmten Randbedingungen und Anfangsbedingungen. Die *Randbedingungen* geben an, daß die Saite an den Enden $x = 0$ und $x = l$ fest eingespannt ist, d. h.

$$y(0,t) = 0, \qquad y(l,t) = 0. \qquad \text{(Randbedingungen)}$$

Die *Anfangsbedingungen* geben den Zustand der Saite zum Zeitpunkt $t = 0$ (Anfangsanregung) an.
Die Anregung erfolgt durch eine Auslenkung der Form $f(x)$:

$$y(x,0) = f(x), \qquad \text{(1. Anfangsbedingung)}$$

und die Geschwindigkeit der Saite sei gleich Null:

$$\frac{\partial}{\partial t}y(x,t)\Big|_{t=0} = 0. \qquad \text{(2. Anfangsbedingung)}$$

Zur Lösung der partiellen Differentialgleichung (DGL) machen wir den Produktansatz $y(x,t) = X(x) \cdot T(t)$. Ein solcher Ansatz liegt nahe, weil wir Eigenschwingungen suchen wollen. Diese sind ja so definiert, daß alle Massenpunkte (also jedes Saitenelement an beliebiger Stelle x) mit derselben Frequenz schwingen. Mit dem Ansatz $y(x,t) = X(x)T(t)$ wird gerade das zeitliche Verhalten von dem räumlichen entkoppelt. Wir wollen also versuchen, die partielle Differentialgleichung in eine Funktion des Ortes $X(x)$

und eine der Zeit $T(t)$ aufzuspalten. Einsetzen von $y(x,t) = X(x) \cdot T(t)$ in die Differentialgleichung (10) ergibt:

$$X(x)\ddot{T}(t) = c^2 X''(x) T(t),$$

wobei $\partial^2 T/\partial t^2 = \ddot{T}$ und $\partial^2 X/\partial x^2 = X''$ oder $\ddot{T}(t)/T(t) = c^2 X''(x)/X(x)$ ist.

Da die eine Seite nur von x abhängig ist, die andere von t abhängt, während x und t voneinander unabhängig sind, ist nur eine Lösung möglich: beide Seiten sind konstant. Die Konstante wird mit $-\omega^2$ bezeichnet.

$$\frac{\ddot{T}}{T} = -\omega^2 \qquad \text{oder} \qquad \ddot{T} + \omega^2 T = 0,$$

bzw. (11)

$$\frac{X''}{X} = -\frac{\omega^2}{c^2} \qquad \text{oder} \qquad X'' + \frac{\omega^2}{c^2} X = 0.$$

Die Lösungen der Differentialgleichungen (ungedämpfte harmonische Schwingungen) haben die Form:

$$T(t) = A \sin \omega t + B \cos \omega t,$$
$$X(x) = C \sin \frac{\omega}{c} x + D \cos \frac{\omega}{c} x.$$

Die allgemeine Lösung lautet dann

$$y(x,t) = (A \sin \omega t + B \cos \omega t) \cdot \left(C \sin \frac{\omega}{c} x + D \cos \frac{\omega}{c} x \right). \qquad (12)$$

Die Konstanten A, B, C und D werden aus den Rand- und Anfangsbedingungen bestimmt.

Aus den Randbedingungen folgt für (11):

$$y(0,t) = 0 = D(A \sin \omega t + B \cos \omega t).$$

Da der Klammerausdruck von Null verschieden ist, muß $D = 0$ sein. Dann vereinfacht sich (12) zu

$$y(x,t) = C \sin \frac{\omega}{c} x (A \sin \omega t + B \cos \omega t).$$

Mit der zweiten Randbedingung bekommen wir

$$y(l,t) = 0 = C\sin\frac{\omega}{c}l\,(A\sin\omega t + B\cos\omega t)$$

$$\Rightarrow \quad 0 = C\sin\frac{\omega}{c}l.$$

Diese Gleichung wird erfüllt, wenn entweder gilt:

a) $\quad C = 0,\qquad$ das bedeutet, daß die gesamte Saite nicht ausgelenkt ist,

oder

b) $\quad\sin\frac{\omega}{c}l = 0.\qquad$ Der Sinus ist Null, falls $\frac{\omega}{c}l = n\pi$, d. h.

$\qquad\qquad\qquad$ wenn $\omega = \frac{n\pi c}{l}$, wobei $n = 1, 2, 3, \ldots$

$\qquad\qquad\qquad$ ($n = 0$ würde Fall a) ergeben).

Aus den Randbedingungen erhalten wir somit die *Eigenfrequenzen* $\omega_n = n\pi c/l$ *der Saite*. Da die Saite ein kontinuierliches System ist, ergeben sich *unendlich viele Eigenfrequenzen*. Die Lösung zu einer Eigenfrequenz, die Normalschwingung, wurde mit dem Index n versehen. Die Gleichung (11) wird zu

$$y_n(x,t) = C\cdot\sin\frac{n\pi}{l}x\left(A_n\sin\frac{n\pi c}{l}t + B_n\cos\frac{n\pi c}{l}t\right),$$

$$y_n(x,t) = \sin\frac{n\pi}{l}x\left(a_n\sin\frac{n\pi c}{l}t + b_n\cos\frac{n\pi c}{l}t\right),$$

wobei $C\cdot A_n = a_n$ und $C\cdot B_n = b_n$ gesetzt wurde.

Aus den Anfangsbedingungen ergibt sich

$$\frac{\partial}{\partial t}y_n(x,t)\bigg|_{t=0} = 0 = \frac{n\pi c}{l}\sin\frac{n\pi}{l}x\left(a_n\cos\frac{n\pi c}{l}t - b_n\sin\frac{n\pi c}{l}t\right)\bigg|_{t=0}.$$

Dann ist

$$a_n\cdot\frac{n\pi c}{l}\cdot\sin\frac{n\pi}{l}x = 0$$

für alle x nur erfüllt, wenn $a_n = 0$ ist.

Die Lösung der Differentialgleichung lautet also

$$y_n(x,t) = b_n\cdot\sin\frac{n\pi}{l}x\cos\frac{n\pi c}{l}t. \tag{13}$$

Der Parameter n beschreibt die Anregungszustände eines Systems, in diesem Fall die der schwingenden Saite.

Einen solchen diskreten Parameter n nennt man in der Quanten-Physik eine Quantenzahl.

Zwischenbemerkung: Hätten wir in Gleichung (11) die Separationskonstante negativ gewählt, also $+\omega^2$ an Stelle von $-\omega^2$, so wären wir zur Lösung

$$y(x,t) = (Ae^{\omega t} + Be^{-\omega t})\left(Ce^{\frac{\omega}{c}x} + De^{-\frac{\omega}{c}x}\right)$$

gelangt. Die Randbedingungen $y(0,t) = y(l,t) = 0$ hätten zu den Bedingungen

$$C + D = 0; \qquad Ce^{\frac{\omega}{c}l} + De^{-\frac{\omega}{c}l} = 0$$

mit den Lösungen $C = D = 0$ geführt. Die Saite wäre immer in Ruhe geblieben. Das wollen wir aber nicht.

Da die eindimensionale Wellengleichung eine lineare Differentialgleichung ist, kann man die allgemeinste Lösung nach dem Superpositionsprinzip durch Überlagerung (Addition) der speziellen Lösungen erhalten:

$$y(x,t) = \sum_{n=1}^{\infty} b_n \sin\frac{n\pi x}{l}\cos\frac{n\pi c}{l}t = \sum_{n=1}^{\infty} b_n \sin k_n x \cos\omega_n t.$$

Die Koeffizienten b_n lassen sich mit Hilfe der Überlegungen zur Fourierreihe (vgl. nächstes Kapitel) aus der vorgegebenen Anfangskurve berechnen:

$$y(x,0) \equiv f(x) = \sum_{n=1}^{\infty} b_n \sin\frac{n\pi x}{l}.$$

Die Bestimmung der Fourierkoffizienten b_n wird im nächsten Kapitel gezeigt. Es ergibt sich dann folgende allgemeine Lösung der Differentialgleichung:

$$y(x,t) = \sum_{n=1}^{\infty}\left(\frac{2}{l}\int_0^l f(x')\sin\frac{n\pi x'}{l}dx'\right)\sin\frac{n\pi x}{l}\cos\frac{n\pi ct}{l}. \tag{14}$$

Normalschwingungen

Normalschwingungen werden durch die folgende Gleichung beschrieben:

$$y_n(x, t) = C_n \sin(k_n x) \cos(\omega_n t). \tag{15}$$

Zu einer festen Zeit t hängt der räumliche Verlauf (Ortsabhängigkeit) der Normalschwingung vom Ausdruck $\sin(n\pi x/l)$ ab (für $n > 1$ hat $\sin(n\pi x/l)$ genau $n-1$ Nullstellen). Alle Massenpunkte (jedes x) schwingen mit derselben Frequenz ω_n.

An einer bestimmten Stelle x wird die Zeitabhängigkeit der Normalschwingung durch den Ausdruck $\cos(n\pi c/l)t$ wiedergegeben. Die *Wellenzahl* k_n wird definiert als

$$k_n \equiv \frac{\omega_n}{c} = \frac{n\pi}{l} = \frac{2\pi}{\lambda_n}, \tag{16}$$

wobei $\lambda_n = 2l/n$ die *Wellenlänge* ist.
Die *Kreisfrequenz* ist wie folgt definiert:

$$\omega_n \equiv \frac{n\pi c}{l} = 2\pi\nu_n. \tag{17}$$

Lösen wir die Gleichung (17) nach ν_n auf, so erhalten wir für die *Frequenz*

$$\nu_n = \frac{nc}{2l}, \tag{18}$$

d. h. die Frequenzen werden mit wachsendem Index n größer. Nach Definition ist

$$c = \sqrt{\frac{T}{\sigma}}; \tag{19}$$

c kann als *"Schall"-Geschwindigkeit* in der Saite gedeutet werden. T ist die in der Saite herrschende Spannung, σ die Massendichte. Aus den Gleichungen (18) und (19) folgt

$$\nu_n = \frac{n}{2l}\sqrt{\frac{T}{\sigma}}, \tag{20}$$

d. h. die Frequenz ist um so kleiner, je länger und je dicker eine Saite ist. Die Frequenz wächst mit der Fadenspannung T. Dies stimmt vollkommen mit der Erfahrung überein, daß lange, dicke Saiten tiefer klingen als kurze dünne. Beim Erhöhen der Saitenspannung steigt die Frequenz. Diese Eigenschaft wird beim Stimmen einer Geige ausgenutzt.

Multiplizieren wir die Wellenlänge mit der Frequenz, so ergibt sich eine Konstante c, die die Dimension einer Geschwindigkeit hat:

$$\lambda_n \nu_n = \frac{2l}{n}\frac{nc}{2l} = c \qquad \text{(Dispersionsgesetz)}. \qquad (21)$$

c ist die Geschwindigkeit (Phasengeschwindigkeit), mit der sich die Welle in einem Medium ausbreitet. Das sehen wir so: Wird eine anfängliche Störung $y(x,0) = f(x)$, wie etwa in der nächsten Figur, vorgegeben, so ist auch $f(x - ct)$ eine Lösung der Wellengleichung (10), weil mit $z = x - ct$

$$\frac{\partial f}{\partial t} = \frac{\partial f}{\partial z}\frac{\partial z}{\partial t} = -c\,\frac{\partial f}{\partial z} \qquad \frac{\partial^2 f}{\partial t^2} = -c\,\frac{\partial^2 f}{\partial z^2}\frac{\partial z}{\partial t} = c^2\,\frac{\partial^2 f}{\partial z^2}$$

und

$$\frac{\partial f}{\partial x} = \frac{\partial f}{\partial z}, \qquad \frac{\partial^2 f}{\partial x^2} = \frac{\partial^2 f}{\partial z^2}$$

folgt. Damit ergibt sich

$$\frac{1}{c^2}\frac{\partial^2}{\partial t^2}f(x - ct) = \frac{c^2}{c^2}\frac{\partial^2 f}{\partial z^2} = \frac{\partial^2 f}{\partial z^2} = \frac{\partial^2 f(x - ct)}{\partial x^2}.$$

$f(x - ct)$ erfüllt also die Wellengleichung (10).

Das Maximum der Störung $f(x)$ liege bei x_0. Nach der Zeit t liegt es bei

$$x - ct = x_0.$$

Es wandert also mit der Geschwindigkeit

$$\frac{dx}{dt} = c$$

auf der Saite entlang. Wir können sagen: Die Störung $f(x)$ breitet sich mit der Geschwindigkeit

$$\frac{dx}{dt} = c$$

auf der Saite aus. Die Ausbreitungsgeschwindigkeit kleiner Störungen nennen wir Schallgeschwindigkeit. Man kann sich ähnlich wie oben leicht überlegen, daß auch $f(x + ct)$ eine Lösung der Wellengleichung darstellt und eine nach links (negative x-Richtung) laufende Störung repräsentiert. Es handelt sich

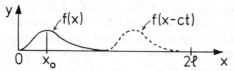

Die Ausbreitung einer Störung f(x) entlang einer langen Saite. Nach der Zeit t ist die Störung um ct fortgewandert; sie wird dann durch f(x − ct) beschrieben.

hierbei um *laufende* Wellen, während wir es bei der fest eingespannten Saite mit *stehenden* Wellen zu tun haben.

Wird eine Saite mit einer beliebigen Normalfrequenz angeregt, so gibt es Stellen der Saite, die sich zu jeder Zeit in Ruhe befinden (*Knoten*).

Man kann Wellenlänge, Anzahl der Knoten und das Aussehen einiger Normalschwingungen in Abhängigkeit vom Index n darstellen (siehe die folgende Tabelle und Figur).

n	Wellen-länge	Anzahl der Knoten	Figur
1	$2l$	0	(a)
2	l	1	(b)
3	$\frac{2}{3}l$	2	(c)
⋮	⋮	⋮	
n	$\frac{2}{n}l$	$n-1$	

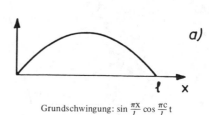

Grundschwingung: $\sin \frac{\pi x}{l} \cos \frac{\pi c}{l} t$

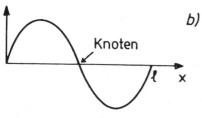

1. Oberschwingung: $\sin \frac{2\pi x}{l} \cos \frac{2\pi ct}{l}$

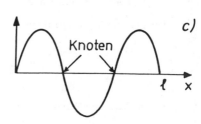

2. Oberschwingung: $\sin \frac{3\pi x}{l} \cos \frac{3\pi c}{l} t$

Veranschaulichung der niedrigsten Normalschwingungen einer Saite.

8.1 Aufgabe: Betrachten Sie eine Saite der Dichte ϱ, die zwischen zwei Punkten eingespannt ist, und die zu kleinen Schwingungen angeregt wird.

a) Berechnen Sie allgemein die kinetische und potentielle Energie der Saite.

b) Berechnen Sie speziell für Wellen der Form

$$y = C\cos\left(\frac{\omega(x - ct)}{c}\right)$$

und $T_0 = 500\,\text{N}$, $C = 0.01\,\text{m}$, $\lambda = 0.1\,\text{m}$ die kinetische und potentielle Energie.

Lösung: a) Der Teil $\overline{PQ}$ der Saite hat die Masse $\sigma\Delta x$ und die Geschwindigkeit $\partial y/\partial t$. Seine kinetische Energie ist dann:

$$\Delta T = \frac{1}{2}\sigma\Delta x\left(\frac{\partial y}{\partial t}\right)^2. \qquad\qquad \underline{1}$$

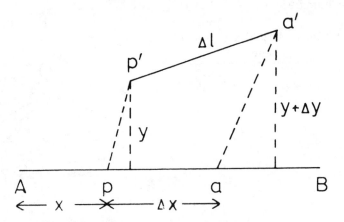

Auslenkung und Verzerrung (Dehnung–Stauchung) des Seitenstücks Δx.

Die gesamte kinetische Energie der Saite zwischen $x = a$ und b ist:

$$T = \frac{1}{2}\sigma\int\limits_a^b\left(\frac{\partial y}{\partial t}\right)^2 dx. \qquad\qquad \underline{2}$$

Die Arbeit, die nötig ist, um die Saite von Δx nach Δl auszudehnen ist

$$dP = T_0(\Delta l - \Delta x), \qquad \frac{\Delta l}{\Delta x} \sim 1. \qquad\qquad \underline{3}$$

Für kleine Auslenkungen gilt:

$$\Delta l = (\Delta x^2 + \Delta y^2)^{1/2} = \Delta x\left[1 + \left(\frac{\partial y}{\partial x}\right)^2\right]^{1/2} \simeq \Delta x\left[1 + \frac{1}{2}\left(\frac{\partial y}{\partial x}\right)^2\right]. \qquad \underline{4}$$

Die potentielle Energie für den Bereich $x = a$ bis $x = b$ ist dann:

$$P = \frac{1}{2}T_0 \int_a^b \left(\frac{\partial y}{\partial x}\right)^2 dx. \qquad \underline{5}$$

Für eine Welle $y = F(x - ct)$, die in einer Richtung fortschreitet, gilt:

$$T = P = \frac{1}{2}T_0 \int_a^b \left[F'(x - ct)\right]^2 dx, \qquad c^2 = \frac{T_0}{\sigma}. \qquad \underline{6}$$

Kinetische und potentielle Energie sind also gleich. Wenn a, b feste Punkte sind, variiert T und P mit der Zeit. Erlauben wir aber, daß sich a und b mit der Lichtgeschwindigkeit c fortbewegen können, so daß

$$a = A + ct \qquad \text{und} \qquad b = B + ct \qquad \underline{7}$$

gilt, dann sind P und T konstant:

$$T = P = \frac{1}{2}T_0 \int_A^B (F'(x))^2 \, dx. \qquad \underline{8}$$

b)

$$\frac{\partial y}{\partial t} = C \sin\left(\frac{\omega}{c}x - \omega t\right)\omega$$

$$\Rightarrow \quad \left(\frac{\partial y}{\partial t}\right)^2 = C^2 \sin^2\left(\frac{\omega}{c}x - \omega t\right)\omega^2 \qquad \underline{9}$$

Einsetzen in Gl. $\underline{2}$ liefert $(A = 0, B = \lambda)$:

$$T = \frac{1}{2}\frac{T_0}{c^2}C^2\omega^2 \int_0^\lambda \sin^2\left(\frac{\omega}{c}x - \omega t\right)dx = \frac{1}{2}\frac{T_0}{c^2}C^2\omega^2 \cdot I. \qquad \underline{10}$$

Mit der Substitution $z = \frac{\omega}{c}x - \omega t$ folgt für das Integral I:

$$I = \frac{c}{\omega} \int_{-\omega t}^{\frac{\omega}{c}\lambda - \omega t} \sin^2 z \, dz = \frac{c}{\omega} \int_0^{\frac{\omega}{c}\lambda} \sin^2 z \, dz = \frac{c}{\omega} \int_0^{2\pi} \sin^2 z \, dz \qquad \underline{11}$$

$$= \frac{c}{\omega}\left[\frac{1}{2}z - \frac{1}{4}\sin(2z)\right]_0^{2\pi} = \frac{c}{\omega}\pi$$

$$\Rightarrow \quad T = \frac{1}{2}\frac{T_0}{c^2}C^2\omega^2\frac{c}{\omega}\pi = \frac{\pi^2 C^2 T_0}{\lambda}, \qquad \lambda = 2\pi\frac{c}{\omega}. \qquad \underline{12}$$

Für die potentielle Energie erhält man natürlich den gleichen Ausdruck. Einsetzen der Zahlenwerte liefert:

$$T = P = (0.01)^2 \cdot \pi^2 \frac{500\,\text{N}}{0.1\,\text{m}}\,\text{m}^2 \simeq 5\,\text{Nm}.$$

8.2 Aufgabe: Berechnen Sie die Eigenfrequenzen des in der Abbildung dargestellten Systems dreier ungleicher Massen, die äquidistant an einer eingespannten Saite befestigt sind.
(Hinweis: Für kleine Auslenkungen soll sich die Spannung T der Saite nicht ändern!)

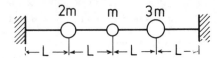

Lösung: Aus obenstehender Abbildung entnehmen wir für die Bewegungsgleichungen:

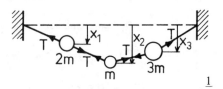

$$2m\ddot{x}_1 = T\left[\frac{(x_2 - x_1)}{L}\right] - T\left[\frac{x_1}{L}\right],$$

$$m\ddot{x}_2 = -T\left[\frac{(x_2 - x_1)}{L}\right] - T\left[\frac{(x_2 - x_3)}{L}\right],$$

$$3m\ddot{x}_3 = T\left[\frac{(x_2 - x_3)}{L}\right] - T\left[\frac{x_3}{L}\right].$$

Wir suchen die Eigenschwingungen. Alle Massenpunkte müssen dann mit derselben Frequenz schwingen. Deshalb machen wir die Lösungsansätze

$$x_1 = A\sin(\omega t + \psi), \qquad \ddot{x}_1 = -\omega^2 A\sin(\omega t + \psi)$$

$$x_2 = B\sin(\omega t + \psi), \qquad \ddot{x}_2 = -\omega^2 B\sin(\omega t + \psi)$$

$$x_3 = C\sin(\omega t + \psi), \qquad \ddot{x}_3 = -\omega^2 C\sin(\omega t + \psi).$$

Damit erhält man nach Einsetzen in Gleichung $\underline{1}$:

$$\left(\frac{2T}{L} - 2m\omega^2\right)A - \left(\frac{T}{L}\right)B = 0$$

$$-\left(\frac{T}{L}\right)A + \left(\frac{2T}{L} - m\omega^2\right)B - \left(\frac{T}{L}\right)C = 0 \qquad\qquad \underline{2}$$

$$-\left(\frac{T}{L}\right)B + 2\left(\frac{T}{L} - 3m\omega^2\right)C = 0.$$

Zur Ermittlung der Eigenfrequenzen des Systems, d. h. zur Lösung von Gleichung $\underline{2}$, muß die Koeffizientendeterminante verschwinden:

$$\begin{vmatrix} \left(2\frac{T}{L} - 2m\omega^2\right) & -\frac{T}{L} & 0 \\[2mm] -\frac{T}{L} & \left(2\frac{T}{L} - m\omega^2\right) & -\frac{T}{L} \\[2mm] 0 & -\frac{T}{L} & \left(2\frac{T}{L} - 3m\omega^2\right) \end{vmatrix} = 0.$$

Entwicklung der Determinante führt zu:

$$0 = 6\,\mathrm{m}^3\omega^6 - \left(\frac{22Tm^2}{L}\right)\omega^4 + \left(\frac{19T^2m}{L^2}\right)\omega^2 - 4T^3/L^3,$$

bzw.

$$0 = 6\,\mathrm{m}^3\Omega^3 + \left(\frac{-22Tm^2}{L}\right)\Omega^2 + \frac{19T^2m}{L^2}\Omega + \left(\frac{-4T^3}{L^3}\right), \qquad\qquad \underline{3}$$

wobei $\Omega = \omega^2$ substituiert wurde. Diese führt auf die kubische Gleichung

$$a\,\Omega^3 + b\,\Omega^2 + c\,\Omega + d = 0,$$

wobei

$$a = 6\,\mathrm{m}^3, \quad b = \frac{-22Tm^3}{L}, \quad c = \frac{19T^2m}{L^2} \quad \text{und} \quad d = \frac{-4T^3}{L^3}.$$

Sie läßt sich überführen in die Darstellung (Reduktion der kubischen Gleichung)

$$y^3 + 3py + 2q = 0, \qquad\qquad \underline{4}$$

wobei

$$y = \Omega + \frac{b}{3a} = \Omega - \frac{11}{9}\frac{T}{Lm}$$

und

$$3p = -\frac{1}{3}\frac{b^2}{a^2} + \frac{c}{a}, \quad \text{sowie} \quad 2q = \frac{2}{27}\frac{b^3}{a^3} - \frac{1}{3}\frac{bc}{a^2} + \frac{d}{a}.$$

Einsetzen führt auf

$$3p = -\frac{71}{54}\frac{T^2}{L^2m^2}, \quad 2q = -\frac{653}{1458}\frac{T^3}{L^3m^3}.$$

Daraus folgt:

$$q^2 + p^3 < 0,$$

d. h. es existieren 3 reelle Lösungen der kubischen Gleichung $\underline{4}$.

Für den Fall $q^2 + p^3 \leq 0$ lassen sich die Lösungen y_1, y_2, y_3 unter Verwendung von tabellierten Hilfsgrößen berechnen (vgl. Mathematische Ergänzung 8.4). Eine direkte Anwendung der Cardan'schen Formel würde zu komplexen Ausdrücken für die reellen Lösungswurzeln führen, so daß die oben angegebene Methode bequem ist.

Nach Einsetzen erhält man in unserem Fall für die Hilfsgrößen:

$$\cos \varphi = \frac{-q}{\sqrt{-p^3}}, \qquad y_1 = 2\sqrt{-p} \cos \frac{\varphi}{3},$$

$$y_2 = -2\sqrt{-p} \cos \left(\frac{\varphi}{3} + \frac{\pi}{3} \right),$$

$$y_3 = -2\sqrt{-p} \cos \left(\frac{\varphi}{3} - \frac{\pi}{3} \right),$$

und für die Eigenfrequenzen des Systems schließlich:

$$\omega_1 = 0.563\sqrt{\frac{T}{Lm}}, \qquad \omega_2 = 0.916\sqrt{\frac{T}{Lm}}, \qquad \omega_3 = 1.585\sqrt{\frac{T}{Lm}}.$$

8.3 Aufgabe: Bestimmen Sie die Eigenfrequenzen des in der Abbildung dargestellten Systems dreier gleicher Massen, die zwischen Federn mit der Federkonstante k aufgehängt sind.

Hinweis: Betrachten Sie das Lösungsverfahren der vorherigen Aufgabe 8.2 und die mathematische Ergänzung 8.4.

Lösung: Aus der folgenden Figur entnehmen wir für die Bewegungsgleichungen

$$m\ddot{x}_1 = -kx_1 - k(x_1 - x_2) - k(x_1 - x_3),$$

$$m\ddot{x}_2 = -kx_2 - k(x_2 - x_1) - k(x_2 - x_3), \qquad \underline{1}$$

$$m\ddot{x}_3 = -kx_3 - k(x_3 - x_1) - k(x_3 - x_2),$$

bzw.

$$m\ddot{x}_1 + 3kx_1 - kx_2 - kx_3 = 0,$$

$$m\ddot{x}_2 + 3kx_2 - kx_3 - kx_1 = 0, \qquad \underline{2}$$

$$m\ddot{x}_3 + 3kx_3 - kx_1 - kx_2 = 0.$$

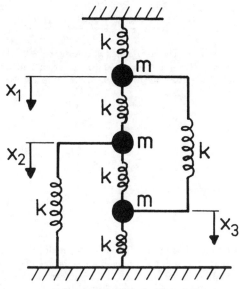

Schwingende gekoppelte Massen.

Wir suchen die Eigenschwingungen. Alle Massenpunkte müssen mit derselben Frequenz schwingen. Daher machen wir den Ansatz:

$$x_1 = A\cos(\omega t + \psi), \qquad \ddot{x}_1 = -\omega^2 A\cos(\omega t + \psi),$$
$$\ddot{x}_2 = B\cos(\omega t + \psi), \qquad \ddot{x}_2 = -\omega^2 B\cos(\omega t + \psi),$$
$$x_3 = C\cos(\omega t + \psi), \qquad \ddot{x}_3 = -\omega^2 C\cos(\omega t + \psi),$$

und wir erhalten nach Einsetzen in Gleichung $\underline{2}$:

$$(3k - m\omega^2)A - kB - kC = 0,$$
$$-kA + (3k - m\omega^2)B - kC = 0, \qquad\qquad \underline{3}$$
$$-kA - kB + (3k - m\omega^2)C = 0.$$

Damit eine nichttriviale Lösung von Gleichung $\underline{3}$ existiert, muß die Koeffizienten-determinante verschwinden:

$$\begin{vmatrix} (3k - m\omega^2) & -k & -k \\ -k & (3k - m\omega^2) & -k \\ -k & -k & (3k - m\omega^2) \end{vmatrix} = 0.$$

Entwicklung der Determinante führt auf

$$0 = \omega^6 - \frac{9k}{m}\omega^4 + \frac{24k^2}{m^2}\omega^2 - \frac{16k^3}{m^3},$$

bzw.

$$0 = \Omega^3 - \frac{9k}{m}\Omega^2 + \frac{24k^2}{m^2}\Omega - \frac{16k^3}{m^3},$$

wobei $\Omega = \omega^2$ substituiert wurde (vgl. Aufgabe 8.2). Die allgemeine kubische Gleichung $a\Omega^3 + b\Omega^2 + c\Omega + d = 0$ (in unserem Fall ist $a = 1$, $b = -9k/m$, $c = 24k^2/m^2$, $d = -16k^3/m^3$) kann nach 8.4 reduziert werden auf

$$y^3 + 3py + 2q = 0,$$

wobei

$$y = \Omega + \frac{6}{3a}, \qquad 3p = -\frac{1}{3}\frac{b^2}{a^2} + \frac{c}{a}, \qquad 2q = \frac{2}{27}\frac{b^3}{a^3} - \frac{1}{3}\frac{bc}{a^2} + \frac{d}{a}.$$

Einsetzen führt zu:

$$3p = -3\frac{k^2}{m^2}, \qquad 2q = 2\frac{k^3}{m^3} \qquad \Rightarrow \qquad q^2 + p^3 = 0,$$

d. h. es existieren 3 Lösungen (die reellen Wurzeln) von denen zwei untereinander übereinstimmen. Das hier zu behandelnde schwingende System ist damit *entartet*. Analog Aufgabe 8.2 lassen sich die Lösungen unter Verwendung tabellierter Hilfsgrößen berechnen, und man erhält für die Hilfsgrößen:

$$\cos\varphi = \frac{-q}{\sqrt{-p^3}}, \qquad y_1 = 2\sqrt{-p}\cos\frac{\varphi}{3},$$

$$y_2 = -2\sqrt{-p}\cos\left(\frac{\varphi}{3} + \frac{\pi}{3}\right),$$

$$y_3 = -2\sqrt{-p}\cos\left(\frac{\varphi}{3} - \frac{\pi}{3}\right),$$

und für die Eigenfrequenz des Systems nach Einsetzen:

$$\omega_3 = \sqrt{\frac{k}{m}}, \qquad \omega_1 = \omega_2 = 2\sqrt{\frac{k}{m}}.$$

8.4 Beispiel zur Vertiefung: Die Cardanische Formel (mathematische Ergänzung)[*]

Immer wieder begegnen wir in der theoretischen Physik der Aufgabe, eine kubische Gleichung zu lösen. Das haben wir gerade in 8.2 und 8.3 gesehen. Wir wollen uns über dieses Problem jetzt allgemein Klarheit verschaffen.

---

[*] Wir folgen den Ausführungen von E. v. Hanxleben und R. Hentze, Lehrbuch der Mathematik, Friedrich Vieweg & Sohn 1952, Braunschweig-Berlin-Stuttgart.

Reduktion der allgemeinen kubischen Gleichung

Soll die allgemeine kubische Gleichung

$$x^3 + ax^2 + bx + c = 0, \qquad \underline{1}$$

in der die Koeffizienten a, b und c ungleich Null sind, aufgelöst werden, so ist es zuvor notwendig, das quadratische Glied der Gleichung zu beseitigen, d. h. die Gleichung zu *reduzieren*. Ersetzt man die Unbekannte x durch $y + \lambda$, wo y und λ neue, unbekannte Größen sind, so geht Gleichung $\underline{1}$ über in:

$$(y^3 + 3y^2\lambda + 3y\lambda^2 + \lambda^3) + (ay^2 + 2ay\lambda + a\lambda^2) + (by + b\lambda) + c = 0,$$

$$y^3 + (3\lambda + a)y^2 + (3\lambda^2 + 2a\lambda + b)y + (\lambda^3 + a\lambda^2 + b\lambda + c) = 0. \qquad \underline{2}$$

Da wir eine Unbekannte x durch zwei Unbekannte y und λ ersetzt haben, so können wir über die eine der beiden Unbekannten frei verfügen. Diese benutzen wir dazu, um das quadratische Glied der Gleichung verschwinden zu lassen. Wir erreichen dies dadurch, daß wir den Faktor von y^2, das ist $3\lambda + a$, gleich Null, d. h. $\lambda = -a/3$ setzen.

Durch Einsetzen dieses Wertes geht Gleichung $\underline{2}$ über in:

$$y^3 + \left(-\frac{a^2}{3} + b\right)y + \left(\frac{2a^3}{27} - \frac{ab}{3} + c\right) = 0. \qquad \underline{3}$$

Setzen wir die durch die bekannten Koeffizienten a, b und c der kubischen Gleichung bestimmten Ausdrücke

$$-\frac{a^2}{3} + b = p \qquad \text{und} \qquad \frac{2a^3}{27} - \frac{ab}{3} + c = q, \qquad \underline{4}$$

so nimmt die kubische Gleichung die Form an

$$y^3 + py + q = 0 \qquad \text{(reduzierte kubische Gleichung)}. \qquad \underline{5}$$

Ergebnis: Um die in der Normalform gegebene kubische Gleichung zu reduzieren, setzt man $x = y - a/3$. Aus Gleichung $\underline{1}$ folgt dann Gleichung $\underline{5}$.

Beispiel: $x^3 - 9x^2 + 33x - 65 = 0$.

1. Lösung: Setzen Sie $x = y - (-3) = y + 3$.

$$(y + 3)^3 - 9(y + 3)^2 + 33(y + 3) - 65 = 0$$

$$(y^3 + 9y^2 + 27y + 27) - 9(y^2 + 6y + 9) + 33(y + 3) - 65 = 0$$

$$y^3 + 6y - 20 = 0.$$

2. Lösung: Setzen Sie die aus Gleichung $\underline{4}$ errechneten Werte in Gleichung $\underline{5}$ ein.

Sonderfall: Fehlt in der allgemeinen kubischen Gleichung das lineare Glied ($b = 0$), ist also die kubische Gleichung in der Form:

$$x^3 + ax^2 + c = 0 \qquad\qquad \underline{6}$$

gegeben, so läßt sich die Reduktion auch durch Einsetzen von

$$x = \frac{c}{y} \qquad\qquad \underline{7}$$

durchführen.
Aus den Gleichungen $\underline{6}$ und $\underline{7}$ ergibt sich die reduzierte Gleichung:

$$\frac{c^3}{y^3} + a\frac{c^2}{y^2} + c = 0 \quad \text{bzw.} \quad y^3 + acy + c^2 = 0. \qquad \underline{8}$$

Lösung der reduzierten kubischen Gleichung
Setzt man in der reduzierten kubischen Gleichung

$$y^3 + py + q = 0,$$
$$y = u + v, \qquad\qquad \underline{9}$$

so erhält man:

$$u^3 + 3u^2v + 3uv^2 + v^3 + p(u + v) + q = 0,$$
$$(u^3 + v^3 + q) + 3uv(u + v) + p(u + v) = 0,$$
$$(u^3 + v^3 + q) + (3uv + p)(u + v) = 0. \qquad \underline{10}$$

Da über eine der Unbekannten u bzw. v frei verfügt werden kann (Begründung?), wählen wir diese zweckmäßig so, daß der Koeffizient von $(u + v)$ gleich Null wird. Wir setzen also:

$$3uv + p = 0, \quad \text{d. h.} \quad uv = -\frac{p}{3}. \qquad \underline{11}$$

Dann vereinfacht sich Gleichung $\underline{10}$ zu:

$$u^3 + v^3 + q = 0 \quad \text{oder} \quad u^3 + v^3 = -q. \qquad \underline{12}$$

Durch die Gleichung $\underline{11}$ und $\underline{12}$ sind u und v bestimmt. Die Größen u und v lassen sich nicht mehr beliebig wählen. Erhebt man Gleichung $\underline{12}$ in die zweite, Gleichung $\underline{11}$ in die dritte Potenz, so erhält man

$$u^6 + 2u^3v^3 + v^6 = q^2,$$
$$4u^3v^3 = -4\left(\frac{p}{3}\right)^3.$$

Die Subtraktion der beiden Gleichungen ergibt

$$(u^3 - v^3)^2 = q^2 + 4\left(\frac{p}{3}\right)^3,$$

$$u^3 - v^3 = \pm\sqrt{q^2 + 4\left(\frac{p}{3}\right)^3}. \qquad \underline{13}$$

Durch Addition bzw. Subtraktion der Gleichung $\underline{12}$ und $\underline{13}$ erhält man:

$$u^3 = \frac{1}{2}\left[-q \pm \sqrt{q^2 + 4\left(\frac{p}{3}\right)^3}\right] \quad \text{und} \quad v^3 = \frac{1}{2}\left[-q \mp \sqrt{q^2 + 4\left(\frac{p}{3}\right)^3}\right],$$

$$u = \sqrt[3]{-\frac{q}{2} \pm \sqrt{\left(\frac{q}{2}\right)^2 + \left(\frac{p}{3}\right)^3}} \quad \text{und} \quad v = \sqrt[3]{-\frac{q}{2} \mp \sqrt{\left(\frac{q}{2}\right)^2 + \left(\frac{p}{3}\right)^3}}. \qquad \underline{14}$$

Setzt man:

$$\sqrt[3]{-\frac{q}{2} + \sqrt{\left(\frac{q}{2}\right)^2 + \left(\frac{p}{3}\right)^3}} = m \quad \text{und} \quad \sqrt[3]{-\frac{q}{2} - \sqrt{\left(\frac{q}{2}\right)^2 + \left(\frac{p}{3}\right)^3}} = n,$$

so erhält man:

$$u_1 = m, \qquad u_2 = m\varepsilon_2, \qquad u_3 = m\varepsilon_3,$$

$$v_1 = n, \qquad v_2 = n\varepsilon_2, \qquad v_3 = n\varepsilon_3.$$

Hierbei sind ε_i die Einheitswurzeln der kubischen Gleichung $x^3 = 1$, die, wie man sofort sieht,

$$\varepsilon_1 = 1, \qquad \varepsilon_2 = \frac{1}{2} + i\frac{\sqrt{3}}{2}, \qquad \varepsilon_3 = -\frac{1}{2} - i\frac{\sqrt{3}}{2}$$

lauten.

Da nun $y = u+v$ ist, können eigentlich neun Werte für y gebildet werden (warum?). Weil aber die Größen u und v die Bestimmungsgleichung $\underline{11}$ befriedigen sollen, so beschränkt sich die Anzahl der zwischen u und v möglichen Verbindungen auf drei, nämlich:

$$y_1 = u_1 + v_1, \qquad y_2 = u_2 + v_3, \qquad y_3 = u_3 + v_2,$$

also

$$y_1 = m + n = \sqrt[3]{-\frac{q}{2} + \sqrt{\left(\frac{q}{2}\right)^2 + \left(\frac{p}{3}\right)^3}} + \sqrt[3]{-\frac{q}{2} - \sqrt{\left(\frac{q}{2}\right)^2 + \left(\frac{p}{3}\right)^3}},$$

$$y_2 = m\varepsilon_2 + n\varepsilon_3 = -\frac{m+n}{2} + \frac{m-n}{2}i\sqrt{3}, \qquad \underline{15}$$

$$y_3 = m\varepsilon_3 + n\varepsilon_2 = -\frac{m+n}{2} - \frac{m-n}{2}i\sqrt{3}.$$

Die reelle Wurzel der kubischen Gleichung, d. h. die Wurzel

$$y_1 = \sqrt[3]{-\frac{q}{2} + \sqrt{\left(\frac{q}{2}\right)^2 + \left(\frac{p}{3}\right)^3}} + \sqrt[3]{-\frac{q}{2} - \sqrt{\left(\frac{q}{2}\right)^2 + \left(\frac{p}{3}\right)^3}}$$

ist unter dem Namen *"Cardanische Formel"* bekannt. Sie wurde benannt nach dem Italiener *Hieronimo Cardano* (1501–1576)*, dem fälschlicherweise die Entdeckung dieser Lösungsformel zugeschrieben wurde. In Wahrheit stammt die Formel von dem Bologneser Mathematikprofessor *Scipione del Ferro* (1465–1526)**, dem das Auffinden dieses genialen Lösungsweges vorbehalten blieb.

Beispiel: $y^3 - 15y - 126 = 0$.
Hier ist:

$$p = -15; \quad q = -126;$$
$$\frac{p}{3} = -5; \quad \frac{q}{2} = -63.$$

---

* Hieronimo *Cardano*, italienischer Physiker, Mathematiker und Astrologe, geb. 24. Sept. 1501 in Pavia, gest. 20. Sept. 1576 in Rom. C. war der uneheliche Sohn Fazio (Bonifacius) Cardanos, eines Freundes Leonardo da Vincis. Er studierte an den Universitäten von Pavia und Padua und erlangte 1526 den medizinischen Abschluß. 1532 zog er nach Mailand, wo er in großer Armut lebte, bis er einen Lehrauftrag im Fach Mathematik erhielt. 1539 arbeitete er an einer Hochschule für Physik, dessen Direktor er kurze Zeit später wurde. 1543 nahm er eine Professorenstelle im Fach Medizin in Pavia an.
Als Mathematiker war Cardano die hervorstehendste Persönlichkeit seiner Zeit. 1539 veröffentlichte er zwei Bücher über arithmetische Methoden. Zu dieser Zeit wurde die Entdeckung einer Lösungsmethode der kubischen Gleichung bekannt, Nicolo Tartaglia, ein venezianischer Mathematiker, war in ihrem Besitz. C. versuchte vergeblich, eine Abdruckgenehmigung von ihm zu erhalten, aber Tartaglia überließ ihm die Methode nach dem Versprechen, diese geheimzuhalten. 1545 erschien C.'s Buch "Artis magnae sive de regulis algebraicis", eines der Eckpfeiler der Geschichte der Algebra. Das Buch erhielt neben vielen anderen neuen Fakten auch die Methode der Lösung kubischer Gleichungen. Die Veröffentlichung zog einen schweren Streit mit Tartaglia nach sich.
** *Ferro, Scipione* del, geb. 1465(?), gest. 1526 Bologna(?). – Von seinem Leben weiß man nur, daß er von 1496 bis 1526 an der Universität Bologna lehrte. Um 1500 entdeckte er die Methode der Auflösung der Gleichung dritten Grades, veröffentlichte sie jedoch nicht. Neu fand die Lösung 1535 Tartaglia.

Durch Einsetzen in die Cardanische Formel erhält man:

$$y_1 = \sqrt[3]{63 + \sqrt{63^2 - 5^3}} + \sqrt[3]{63 - \sqrt{63^2 - 5^3}}$$

$$= \sqrt[3]{63 + \sqrt{3844}} + \sqrt[3]{63 - \sqrt{3844}}$$

$$= \sqrt[3]{63 + 62} + \sqrt[3]{63 - 62}$$

$$= \sqrt[3]{125} + \sqrt[3]{1} \qquad (= m + n)$$

$$= 6,$$

$$y_2 = -\frac{5+1}{2} + \frac{5-1}{2} i\sqrt{3} = -3 + 2i\sqrt{3},$$

$$y_3 = -\frac{5+1}{2} - \frac{5-1}{2} i\sqrt{3} = -3 - 2i\sqrt{3}.$$

Überprüfen Sie die Gültigkeit der Wurzeln durch Einsetzen!

Erörterung der Cardanischen Formel

Die in der Cardanischen Formel auftretende Quadratwurzel gibt nur dann einen reellen Wert, wenn der Radikand $(q/2)^2 + (p/3)^3 \geq 0$ ist. Ist der Radikand negativ, so ergeben die drei Werte für y komplexe Zahlen. Wir betrachten die möglichen Fälle:

		$\sqrt{\left(\frac{q}{2}\right)^2 + \left(\frac{p}{3}\right)^3}$	Form der Wurzeln
1.	$p > 0$	reell	ein reeller Wert, zwei konjugiert komplexe Werte
2.	$p < 0$ und zwar:		
a)	$\left\|\left(\frac{p}{3}\right)^3\right\| < \left(\frac{q}{2}\right)^2$	reell	wie in 1.
b)	$\left\|\left(\frac{p}{3}\right)^3\right\| = \left(\frac{q}{2}\right)^2$	$= 0$	drei reelle Werte, davon eine Doppelwurzel
c)	$\left\|\left(\frac{p}{3}\right)^3\right\| > \left(\frac{q}{2}\right)^2$	imaginär	alle drei Wurzeln der Form nach imaginär

Der Fall 2c) erregte schon das besondere Interesse der Mathematiker des Mittelalters. Da jede kubische Gleichung mindestens eine reelle Wurzel besitzt, sie aber diese mit Hilfe der Cardanischen Formel nicht zu finden vermochten, so nannten sie diesen Fall den "casus irreducibilis"*. Der erste, dem die Lösung dieses zunächst als unlösbar angesehenen Falles gelang, war der französische Staatsmann und Mathematiker Vieta (1540–1603)**. Er zeigte unter Zuhilfenahme der Trigonometrie, daß auch dieser Fall lösbar ist und daß gerade in diesem Fall die Lösung der Gleichung drei reelle Wurzeln liefert.

Trigonometrische Lösung des irreduziblen Falles   Man geht, da in diesem Fall p negativ ist, von der reduzierten kubischen Gleichung

$$y^3 - py + q = 0 \qquad \underline{16}$$

aus, wobei nunmehr p als absolute Zahlengröße festzuhalten ist. Nach trigonometrischen Formeln ist

$$\cos 3\alpha = \cos(2\alpha + \alpha) = \cos 2\alpha \cos \alpha - \sin 2\alpha \sin \alpha$$
$$= (\cos^2 \alpha - \sin^2 \alpha) \cos \alpha - 2\sin^2 \alpha \cos \alpha$$
$$= \cos^3 \alpha - \sin^2 \alpha \cos \alpha - 2\sin^2 \alpha \cos \alpha$$
$$= \cos^3 \alpha - (1 - \cos^2 \alpha) \cos \alpha - 2(1 - \cos^2 \alpha) \cos \alpha$$
$$= \cos^3 \alpha - \cos \alpha + \cos^3 \alpha - 2\cos \alpha + 2\cos^3 \alpha$$
$$= 4\cos^3 \alpha - 3\cos \alpha,$$

also

$$\cos^3 \alpha - \frac{3}{4} \cos \alpha - \frac{1}{4} \cos 3\alpha = 0. \qquad \underline{17}$$

Betrachtet man $\cos \alpha$ als Unbekannte, so stimmt Gleichung $\underline{17}$ der Form nach mit der gegebenen Gleichung $\underline{16}$ überein. Da sich aber der Zahlenwert des Kosinus nur zwischen den Grenzen -1 und $+1$ bewegt, während y, je nach den Werten von p und q, beliebige Zahlenwerte annehmen kann, darf man so nicht ohne weiteres $\cos \alpha = y$ setzen. Multipliziert man aber Gleichung $\underline{17}$ mit einem zunächst unbestimmten positiven Faktor ϱ^3, so erhält man

$$\varrho^3 \cos^3 \alpha - \frac{3}{4}\varrho^2 \cdot \varrho \cos \alpha - \frac{1}{4}\varrho^3 \cos 3\alpha = 0. \qquad \underline{18}$$

Setzt man jetzt $\varrho \cdot \cos \alpha = y$, $p = \frac{3}{4}\varrho^2$ und $q = -\frac{1}{4}\varrho^3 \cos 3\alpha$, so geht Gleichung $\underline{18}$ in $\underline{16}$ über.

---

* casus irreducibilis (lat.) = der nicht zurückführbare Fall.
** *Vieta, Francois,* französösischer Mathematiker, geb. Fontenay-le-Comte 1540, gest. Paris 13.12.1603, Advokat und Parlamentsrat in der Bretagne. Er erwarb sich in der Gleichungslehre und Algebra größte Verdienste durch die Einführung und systematische Verwendung von Buchstabenbezeichnungen. Für das rechtwinklige sphärische Dreieck stellte er die meist nach Neper benannten Regeln auf und wies in seinem Canon mathematicus, einer Tafel der Winkelfunktionen (1571), nachdrücklich auf die Vorzüge der dezimalen Schreibweise hin. [BR]

Hieraus ergibt sich

$$\varrho = 2 \cdot \sqrt{\frac{p}{3}} \qquad \underline{19}$$

und

$$\cos 3\alpha = -\frac{4q}{\varrho^3} = \frac{-4q}{8 \cdot (p/3)\sqrt{p/3}} = -\frac{q/2}{\sqrt{(p/3)^3}}. \qquad \underline{20}$$

Gleichung $\underline{20}$ ist, da der Kosinus eine periodische Funktion ist, vieldeutig. Es ist:

$$3\alpha = \varphi + k \cdot 360°, \qquad \text{wobei} \qquad k = 0, 1, 2, 3, \ldots \text{ ist.} \qquad \underline{21}$$

Daraus folgt für α:

$$\alpha_1 = \frac{\varphi}{3}, \qquad \alpha_2 = \frac{\varphi}{3} + 120°, \qquad \alpha_3 = \frac{\varphi}{3} + 240°.$$

Vergleichen Sie diese Überlegung mit dem Kreisteilungsproblem! Welche Werte ergeben sich für α, wenn $k = 3, 4, \ldots$ ist?
Für y erhält man:

$$y_1 = 2\sqrt{\frac{p}{3}} \cos \frac{\varphi}{3}, \quad y_2 = 2\sqrt{\frac{p}{3}} \cos \left(\frac{\varphi}{3} + 120° \right), \quad y_3 = 2\sqrt{\frac{p}{3}} \cos \left(\frac{\varphi}{3} + 240° \right).$$

Nun ist

$$\cos \left(\frac{\varphi}{3} + 120° \right) = -\cos \left(60° - \frac{\varphi}{3} \right)$$

und

$$\cos \left(\frac{\varphi}{3} + 240° \right) = -\cos \left(60° + \frac{\varphi}{3} \right),$$

so daß sich als Wurzeln der kubischen Gleichungen ergeben:

$$y_1 = 2 \sqrt{\frac{p}{3}} \cos \frac{\varphi}{3},$$

$$y_2 = -2 \sqrt{\frac{p}{3}} \cos \left(60° - \frac{\varphi}{3} \right), \qquad \underline{22}$$

$$y_3 = -2 \sqrt{\frac{p}{3}} \cos \left(60° + \frac{\varphi}{3} \right).$$

Anmerkung: Man kann die Formeln des casus irreducibilis auch mit Hilfe des Moivreschen Lehrsatzes ableiten.

Beispiel: Berechnen Sie die Wurzeln der Gleichung

$$y^3 - 981y - 11\,340 = 0.$$

Lösung: Da $p < 0$ und

$$\left| \left(\frac{p}{3}\right)^3 \right| = 327^3, \qquad \log \left| \left(\frac{p}{3}\right)^3 \right| \cdot \log 327 = 7,5435$$

$$\left(\frac{q}{2}\right)^2 = 5670^2, \qquad \log \left(\frac{q}{2}\right)^2 = 2 \cdot \log 5670 = 7,5072$$

ist, so folgt aus dem Vergleich der Logarithmen, daß $(p/3)^3 > (q/2)^2$ ist. Die Bedingung des casus irreducibilis ist also erfüllt.
Nach Gleichung <u>20</u> ist

$$\cos 3\alpha = +\frac{5670}{\sqrt{327^3}},$$

$$\log \cos 3\alpha = 3,7536 - 3,7718 = 9,9818 - 10,$$

$$\varphi = 3\alpha \approx 16°30, \qquad \text{also} \qquad \frac{\varphi}{3} = \alpha = 5°30'.$$

Aus Gleichung <u>22</u> ergibt sich $y_1 = 36$, $y_2 = -21$, $y_3 = -15$.
Überprüfen Sie die Wurzelwerte durch Einsetzen!

9. Fourierreihen[*]

Beim Problem der schwingenden Saite wurde beim Einarbeiten der Anfangsbedingungen eine trigonometrische Reihe einer vorgegebenen Funktion $f(x)$ gleichgesetzt. Die Entwicklungskoeffizienten der Reihe waren zu bestimmen. Zur Lösung des Problems müßte die Funktion $f(x)$ ebenfalls durch eine trigonometrische Reihe dargestellt werden. Diese trigonometrischen Reihen heißen Fourierreihen. Die Bedingungen, unter denen es möglich ist, eine Funktion in eine Fourierreihe zu entwickeln, sind in den folgenden Punkten zusammengefaßt:

---

[*] *Fourier*, Jean Baptiste Joseph, geb. 21.3.1768 Auxerre als Sohn eines Schneiders, gest. 16.5.1830 Paris. – F. besuchte die heimatliche École Militaire; wegen seiner Herkunft wurde ihm aber der Eintritt in eine Offizierslaufbahn verweigert. F. entschloß sich, dem geistlichen Stand beizutreten, legte jedoch kein Gelübde ab, da die Revolution von 1789 ausbrach. F. widmete sich erst einer Lehrtätigkeit in Auxerre, griff jedoch bald in die Politik ein und wurde mehrfach verhaftet. 1795 wurde er zum Studium nach Paris an die École Normale geschickt, wurde bald Mitglied des Lehrkörpers der neugegründeten École Polytechnique und 1798 Direktor des Institut d'Égypte in Kairo. Erst 1801 kehrte er nach

1) $f(x)$ ist im Intervall $a \le x < a + 2l$ definiert;
2) $f(x)$ und $f'(x)$ sind stückweise stetig auf $a \le x < a + 2l$;
3) $f(x)$ besitzt eine endliche Anzahl von Unstetigkeiten, die endliche Sprungstellen sind;
4) $f(x)$ hat die Periode $2l$, d.h. $f(x + 2l) = f(x)$.

Diese Bedingungen (Dirichlet Bedingungen) sind hinreichend, um $f(x)$ in einer Fourierreihe darzustellen:

$$f(x) = \frac{a_0}{2} + \sum_{n=1}^{\infty} \left(a_n \cos \frac{n\pi x}{l} + b_n \sin \frac{n\pi x}{l} \right).$$

Die Fourierkoeffizienten a_n, b_n und a_0 werden folgendermaßen bestimmt:

$$a_n = \frac{1}{l} \int_a^{a+2l} f(x) \cos \frac{n\pi x}{l} \, dx,$$

$$b_n = \frac{1}{l} \int_a^{a+2l} f(x) \sin \frac{n\pi x}{l} \, dx, \tag{1}$$

$$a_0 = \frac{1}{l} \int_a^{a+2l} f(x) \, dx.$$

Paris zurück und wurde von Napoleon zum Präfekten des Departments Isère ernannt. Während seiner Amtstätigkeit von 1802 bis 1815 veranlaßte er die Trockenlegung der malariaverseuchten Sümpfe von Bourgoin. Nach dem Sturz Napoleons wurde F. von den Bourbonen aller seiner Ämter enthoben; 1817 mußte jedoch der König der Wahl F.s in die Akademie der Wissenschaften zustimmen, deren ständiger Sekretär F. 1822 wurde. – F.s bedeutendste mathemat. Leistung ist seine Behandlung des Funktionsbegriffs. Das Problem der schwingenden Saite, das schon D'Alembert, Euler und Lagrange bearbeitet hatten, war 1755 durch D. Bernoulli durch eine trigonometr. Reihe gelöst worden. Die sich anschließende Frage, ob eine "beliebige" Funktion durch eine solche Reihe dargestellt werden kann, wurde 1807/12 von F. bejaht. Die Frage nach den Bedingungen für diese Darstellbarkeit konnte erst sein Freund Dirichlet beantworten. – Bekannt wurde F. vor allem durch seine "Théorie analytique de la chaleur" (1822), die vorwiegend der Diskussion der Gleichung der Wärmefortpflanzung mit Hilfe von F.-Reihen gewidmet ist. Das Werk bildet den Ausgangspunkt der Bearbeitung partieller Differentialgleichungen mit Randbedingungen durch trigonometr. Reihen. Bedeutende Beiträge lieferte F. auch zur Theorie der Gleichungslösung und zur Wahrscheinlichkeitsrechnung.

Zum Beweis dieser Formeln benötigt man die sogenannte Orthogonalitätsrelationen der trigonometrischen Funktionen:

$$\int\limits_0^{2l} \cos\frac{n\pi x}{l} \cos\frac{m\pi x}{l}\, dx = l\,\delta_{nm},$$

$$\int\limits_0^{2l} \sin\frac{n\pi x}{l} \sin\frac{m\pi x}{l}\, dx = l\,\delta_{nm}, \tag{2}$$

$$\int\limits_0^{2l} \sin\frac{n\pi x}{l} \cos\frac{m\pi x}{l}\, dx = 0.$$

Die erste Relation läßt sich mit Hilfe des Theorems

$$\cos A \cos B = \frac{1}{2}\Big(\cos(A+B)+\cos(A-B)\Big)$$

beweisen:

$$\int\limits_0^{2l} \cos\frac{n\pi x}{l} \cos\frac{m\pi x}{l}\, dx = \frac{1}{2}\int\limits_0^{2l}\left(\cos\frac{(n+m)\pi x}{l}+\cos\frac{(n-m)\pi x}{l}\right) dx = 0,$$

falls $n \neq m$. Das Integral der Kosinusfunktion über eine ganze Periode verschwindet. Für $m = n$ ist

$$\int\limits_0^{2l} \cos\frac{n\pi x}{l} \cos\frac{m\pi x}{L}\, dx = \frac{1}{2}\int\limits_0^{2l}\left(1+\cos\frac{2n\pi x}{l}\right) dx = l.$$

Die anderen Relationen können analog bewiesen werden.

Mit Hilfe der Orthogonalitätsrelationen kann man die Formel (1) zur Berechnung der Fourierkoeffizienten beweisen.

Zur Bestimmung der a_n multipliziert man die Gleichung

$$f(x) = \frac{a_0}{2} + \sum_{n=1}^{\infty} a_n \cos\frac{n\pi x}{l} + \sum_{n=1}^{\infty} b_n \sin\frac{n\pi x}{l}$$

mit $\cos(m\pi x/l)$ und integriert dann über das Intervall 0 bis $2l$:

$$\int\limits_0^{2l} f(x)\cos\frac{m\pi x}{l}\,dx = \frac{a_0}{2}\int\limits_0^{2l}\cos\frac{m\pi x}{l}\,dx + \sum_{n=1}^{\infty} a_n\int\limits_0^{2l}\cos\frac{n\pi x}{l}\cos\frac{m\pi x}{l}\,dx$$

$$+ \sum_{n=1}^{\infty} b_n\int\limits_0^{2l}\sin\frac{n\pi x}{l}\cos\frac{m\pi x}{l}\,dx$$

$$= \sum_{n=1}^{\infty} a_n l\delta_{nm} = la_m$$

und deshalb

$$a_m = \frac{1}{l}\int\limits_0^{2l} f(x)\cos\frac{m\pi x}{l}\,dx,$$

wie es die Gleichungen (1) angeben.

Die analoge Relation für die b_m läßt sich durch Multiplikation der Ausgangsgleichung mit $\sin(m\pi x/l)$ und Integration von 0 bis $2l$ bestätigen; ähnliches gilt für die Bestimmungen von a_0.

Funktionen, für die gilt

$$f(x) = f(-x)$$

heißen *gerade Funktionen*, solche mit

$$f(x) = -f(-x)$$

heißen *ungerade Funktionen*. So ist z. B. $f(x) = \cos x$ eine gerade und $f(x) = \sin x$ eine ungerade Funktion.

$$\frac{a_0}{2} + \sum_{n=1}^{\infty} a_n\cos\frac{n\pi x}{l}$$

ist offensichtlich der gerade,

$$\sum_{n=1}^{\infty} b_n\sin\frac{n\pi x}{l}$$

der ungerade Anteil der Reihenentwicklung.

Deshalb sind für gerade Funktionen alle $b_n = 0$, für ungerade Funktionen a_0 und alle a_n gleich Null.

Jede Funktion läßt sich in einen geraden und einen ungeraden Anteil aufspalten.

9.1 Beispiel: Einarbeitung der Anfangsbedingungen für die schwingende Saite mit Hilfe der Fourier-Entwicklung

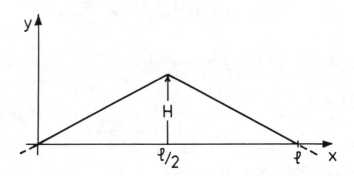

Eine Saite ist an beiden Enden eingespannt. In der Mitte wird sie um die Strecke H aus der Gleichgewichtslage ausgelenkt und losgelassen. Aus der Zeichnung erkennen wir, daß die Anfangsauslenkung durch

$$y(x,0) = f(x) = \begin{cases} 2\dfrac{Hx}{l} & 0 \le x \le \dfrac{l}{2} \\[2mm] \dfrac{2H(l-x)}{l} & \dfrac{l}{2} \le x \le l \end{cases}$$

gegeben ist.

Daraus erhalten wir, wenn wir $f(x)$ als ungerade Funktion annehmen (gestrichelte Linie):

$$b_n = \frac{2}{l} \int\limits_0^l f(x) \sin \frac{n\pi x}{l}\, dx$$

$$= \frac{2}{l} \left(\int\limits_0^{l/2} \frac{2Hx}{l} \sin \frac{n\pi x}{l}\, dx + \int\limits_{l/2}^l \frac{2H}{l}(l-x) \sin \frac{n\pi x}{l}\, dx \right).$$

$$\int\limits_0^{l/2} \frac{2Hx}{l} \sin \frac{n\pi x}{l}\, dx = \frac{2H}{l} \left[-x\frac{l}{n\pi} \cos \frac{n\pi x}{l} + \frac{l^2}{n^2\pi^2} \sin \frac{n\pi x}{l} \right]_0^{l/2}$$

$$= \frac{2lH}{n^2\pi^2} \sin \frac{n\pi}{2} - \frac{Hl}{n\pi} \cos \frac{n\pi}{2}.$$

$$\int_{l/2}^{l} \frac{2H}{l}(l-x)\sin\frac{n\pi x}{l}\,dx = \frac{2H}{l}\left(\int_{l/2}^{l} l\sin\frac{n\pi x}{l}\,dx - \int_{l/2}^{l} x\sin\frac{n\pi x}{l}\,dx\right)$$

$$= \frac{2H}{l}\left[-\frac{l^2}{n\pi}\cos\frac{n\pi x}{l} + \frac{xl}{n\pi}\cos\frac{n\pi x}{l} - \frac{l^2}{n^2\pi^2}\sin\frac{n\pi x}{l}\right]_{l/2}^{l}$$

$$= \frac{2lH}{n^2\pi^2}\sin\frac{n\pi}{2} + \frac{Hl}{n\pi}\cos\frac{n\pi}{2}.$$

$$b_n = \frac{2}{l}\left(\frac{2lH}{n^2\pi^2}\sin\frac{n\pi}{2} + \frac{2lH}{n^2\pi^2}\sin\frac{n\pi}{2}\right)$$

$$= \frac{8H}{n^2\pi^2}\sin\frac{n\pi}{2}.$$

Setzen wir die Lösung des Fourierkoeffizienten b_n in die allgemeine Lösung der Differentialgleichung (14) von Kapitel 8 ein, so erhalten wir die Gleichung, die die Schwingungen einer Saite beschreibt:

$$y(x,t) = \sum_{n=1}^{\infty}\left(\frac{8H}{n^2\pi^2}\sin\frac{n\pi}{2}\right)\sin\frac{n\pi x}{l}\cos\frac{n\pi ct}{l}$$

$$= \frac{8H}{\pi^2}\left(\frac{1}{1^2}\sin\frac{\pi x}{l}\cos\frac{\pi ct}{l} - \frac{1}{3^2}\sin\frac{3\pi x}{l}\cos\frac{3\pi ct}{l}\right.$$

$$\left. + \frac{1}{5^2}\sin\frac{5\pi x}{l}\cos\frac{5\pi ct}{l} - \cdots\right).$$

Durch das Anzupfen der Saite in der Mitte wird also im wesentlichen die Grundschwingung (niedrigste Eigenschwingung) $\sin(\pi x/l)\cos(\pi ct/l)$ angeregt. Einige Oberschwingungen sind mit geringer Amplitude beigemischt. Offensichtlich entspricht die Anfangsauslenkung weitgehend der Grundschwingung. Will man Oberschwingungen rein anregen, so muß die Anfangsauslenkung entsprechend der gewünschten Oberschwingung gewählt werden (vgl. Figuren S. 117 f.).

9.2 Aufgabe: Finden Sie die Fourierreihe der Funktion

$$f(x) = 4x, \quad 0 \le x \le 10, \quad \text{Periode:} \quad 2l = 10, \quad l = 5.$$

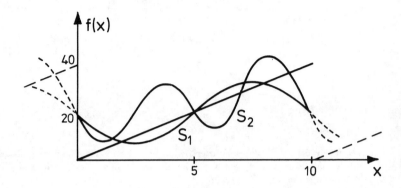

Lösung: Die Fourierkoeffizienten ergeben sich zu

$$a_0 = \frac{1}{5} \int\limits_0^{10} 4x \, dx = \frac{2}{5} x^2 \Big|_0^{10} = 40,$$

$$a_n = \frac{1}{5} \int\limits_0^{10} 4x \cos \frac{n\pi x}{5} \, dx = \frac{4x}{n\pi} \sin \frac{n\pi x}{5} \Big|_0^{10} - \frac{4}{n\pi} \int\limits_0^{10} \sin \frac{n\pi x}{5} \, dx$$

$$= 0 + \frac{20}{n^2 \pi^2} \cos \frac{n\pi x}{5} \Big|_0^{10} = 0,$$

$$b_n = \frac{4}{5} \int\limits_0^{10} x \sin \frac{n\pi x}{5} \, dx = -\frac{4x}{n\pi} \cos \frac{n\pi x}{5} \Big|_0^{10} + \frac{4}{n\pi} \int\limits_0^{10} \cos \frac{n\pi x}{5} \, dx$$

$$= -\frac{40}{n\pi} + \frac{20}{n^2 \pi^2} \sin \frac{n\pi x}{5} \Big|_0^{10} = -\frac{40}{n\pi}.$$

Damit lautet die Fourierreihe:

$$f(x) = 20 - \frac{40}{\pi} \sum_{n=1}^{\infty} \frac{1}{n} \sin \frac{n\pi x}{5}.$$

Die ersten Teilsummen S_n dieser Reihe sind in der Figur eingezeichnet. Der Vergleich mit der Ausgangskurve $f(x)$ gibt einen Eindruck von der Konvergenz dieser Fourierreihe.

9.3 Aufgabe: Finden Sie die transversale Auslenkung einer vibrierenden Saite der Länge l mit fixierten Endpunkten, wenn die Saite anfänglich in ihrer Ruhelage ist und ihr eine Geschwindigkeitsverteilung $g(x)$ gegeben wird.

Lösung: Gesucht ist die Lösung des Randwertproblems

$$\frac{\partial^2 y}{\partial t^2} = c^2 \frac{\partial^2 y}{\partial x^2}, \qquad\qquad \underline{1}$$

wobei $y = y(x,t)$ ist, mit

$$y(0,t) = 0, \qquad y(l,t) = 0,$$

$$y(x,0) = 0, \qquad \left.\frac{\partial}{\partial t} y(x,t)\right|_{t=0} = g(x). \qquad\qquad \underline{2}$$

Es wird der Separationsansatz $y = X(x) \cdot T(t)$ gemacht. Setzt man den Separationsansatz in $\underline{1}$ ein, so erhält man:

$$X \cdot \ddot{T} = c^2 X'' T \qquad \text{oder} \qquad \frac{X''}{X}(x) = \frac{\ddot{T}}{c^2 T}(t). \qquad\qquad \underline{3}$$

Da die linke Seite der Gleichung $\underline{3}$ nur von x, die rechte Seite nur von t abhängt und x und t voneinander unabhängig sind, wird die Gleichung nur erfüllt, wenn beide Seiten konstant sind. Die Konstante wird $-\lambda^2$ genannt.

$$\frac{X''}{X} = -\lambda^2 \qquad \text{und} \qquad \frac{\ddot{T}}{c^2 T} = -\lambda^2,$$

oder umgeformt

$$X'' + \lambda^2 X = 0 \qquad \text{und} \qquad \ddot{T} + \lambda^2 c^2 T = 0. \qquad\qquad \underline{4}$$

Diese beiden Gleichungen haben die Lösungen

$$X = A_1 \cos \lambda x + B_1 \sin \lambda x, \qquad T = A_2 \cos \lambda c t + B_2 \sin \lambda c t.$$

Da $y = X \cdot T$, gilt

$$y(x,t) = (A_1 \cos \lambda x + B_1 \sin \lambda x)(A_2 \cos \lambda c t + B_2 \sin \lambda c t). \qquad\qquad \underline{5}$$

Aus der Bedingung $y(0,t) = 0$ folgt, daß $A_1(A_2 \cos \lambda c t + B_2 \sin \lambda c t) = 0$. Diese Bedingung wird durch $A_1 = 0$ erfüllt. Dann ist

$$y(x,t) = B_1 \sin \lambda x (A_2 \cos \lambda c t + B_2 \sin \lambda c t).$$

Nun wird

$$B_1 A_2 = a, \qquad B_1 B_2 = b$$

gesetzt und es folgt

$$y(x,t) = \sin \lambda x (a \cos \lambda c t + b \sin \lambda c t). \qquad\qquad \underline{6}$$

Aus der Bedingung $y(l, t) = 0$ folgt, daß $\sin \lambda l = 0$ ist. Dies ist der Fall, wenn

$$\lambda l = n\pi \qquad \text{oder} \qquad \lambda = \frac{n\pi}{l} \qquad\qquad \underline{7}$$

ist. Dabei ist $n = 1, 2, 3, \ldots$. Der zunächst möglich erscheinende Wert $n = 0$ führt auf $y(x, t) \equiv 0$ und muß ausgeschlossen werden. Die Beziehung $\underline{7}$ wird in $\underline{6}$ eingesetzt. Die Normalschwingung wird mit dem Index n versehen:

$$y_n(x, t) = \sin \frac{n\pi x}{l} \left(a_n \cos \frac{n\pi ct}{l} + b_n \sin \frac{n\pi ct}{l} \right). \qquad\qquad \underline{8}$$

Wegen $y(x, 0) = 0$ sind alle $a_n = 0$ und es gilt:

$$y_n(x, t) = b_n \sin \frac{n\pi x}{l} \sin \frac{n\pi ct}{l}. \qquad\qquad \underline{9}$$

Durch Differentialtion von $\underline{9}$ erhalten wir:

$$\frac{\partial y_n}{\partial t} = b_n \frac{n\pi c}{l} \sin \frac{n\pi x}{l} \cos \frac{n\pi ct}{l}. \qquad\qquad \underline{10}$$

Für lineare Differentialgleichungen gilt das Superpositionsprinzip, so daß für die gesamte Lösung gilt:

$$\frac{\partial y}{\partial t} = \sum_{n=1}^{\infty} \frac{n\pi c b_n}{l} \sin \frac{n\pi x}{l} \cos \frac{n\pi ct}{l}. \qquad\qquad \underline{11}$$

Wegen

$$\left. \frac{\partial}{\partial t} y(x, t) \right|_{t=0} = g(x),$$

folgt

$$g(x) = \sum_{n=1}^{\infty} \frac{n\pi c b_n}{l} \sin \frac{n\pi x}{l}. \qquad\qquad \underline{12}$$

Die Fourierkoeffizienten ergeben sich dann durch

$$\frac{n\pi c b_n}{l} = \frac{2}{l} \int_0^l g(x) \sin \frac{n\pi x}{l} \, dx \qquad\qquad \underline{13}$$

oder

$$b_n = \frac{2}{n\pi c} \int_0^l g(x) \sin \frac{n\pi x}{l} \, dx. \qquad\qquad \underline{14}$$

Durch Einsetzen von $\underline{14}$ in $\underline{9}$ erhalten wir dann die endgültige Lösung für $y(x, t)$:

$$y(x, t) = \sum_{n=1}^{\infty} \left(\frac{2}{n\pi c} \int_0^l g(x') \sin \frac{n\pi x'}{l} \, dx' \right) \sin \frac{n\pi x}{l} \sin \frac{n\pi ct}{l}. \qquad\qquad \underline{15}$$

9.4 Aufgabe: Gegeben sei die Funktion

$$f(x) = \begin{cases} 0 & \text{für} \quad -5 < x < 0 \\ 3 & \text{für} \quad 0 < x < 5 \end{cases}, \qquad \text{Periode: } 2l = 10$$

a) Skizzieren Sie die Funktion.

b) Bestimmen Sie ihre Fourierreihe.

Lösung:

a)

$$f(x) = \begin{cases} 0, & \text{für} \quad -5 < x < 0 \\ 3, & \text{für} \quad 0 < x < 5 \end{cases}, \qquad \text{Periode: } 2l = 10$$

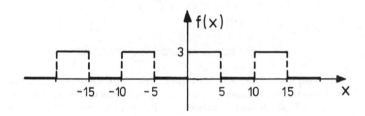

b) Periode $2l = 10$ und $l = 5$. Wir wählen das Intervall a bis $a + 2l$ als -5 bis 5, d. h. $a = -5$.

$$a_n = \frac{1}{l} \int\limits_{a}^{a+2l} f(x) \cos \frac{n\pi x}{l} \, dx = \frac{1}{5} \int\limits_{-5}^{5} f(x) \cos \frac{n\pi x}{l} \, dx$$

$$= \frac{1}{5} \left\{ \int\limits_{-5}^{0} (0) \cos \frac{n\pi x}{5} \, dx + \int\limits_{0}^{5} 3 \cos \frac{n\pi x}{5} dx \right\} = \frac{3}{5} \int\limits_{0}^{5} \cos \frac{n\pi x}{5} \, dx$$

$$= \frac{3}{5} \left\{ \frac{5}{n\pi} \sin \frac{n\pi x}{5} \right\} \Big|_{0}^{5} = 0 \quad \text{für} \quad n \neq 0.$$

Für $n = 0$ ist $a_n = a_0 = \frac{3}{5} \int\limits_{0}^{5} \cos \frac{0\pi x}{5} \, dx = \frac{3}{5} \int\limits_{0}^{5} dx = 3.$

Weiterhin ist

$$b_n = \frac{1}{l} \int\limits_a^{a+2l} f(x) \sin \frac{n\pi x}{l} \, dx = \frac{1}{5} \int\limits_{-5}^{5} f(x) \sin \frac{n\pi x}{l} \, dx$$

$$= \frac{1}{5} \left\{ \int\limits_{-5}^{0} (0) \sin \frac{n\pi x}{5} \, dx + \int\limits_{0}^{5} 3 \sin \frac{n\pi x}{5} \, dx \right\} = \frac{3}{5} \int\limits_{0}^{5} \sin \frac{n\pi x}{5} \, dx$$

$$= \frac{3}{5} \left(-\frac{5}{n\pi} \cos \frac{n\pi x}{5} \right) \Big|_{0}^{5} = \frac{3}{n\pi} (1 - \cos n\pi).$$

Damit ist

$$f(x) = \frac{3}{2} + \sum_{n=1}^{\infty} \frac{3}{n\pi} (1 - \cos n\pi) \sin \left(\frac{n\pi x}{5} \right)$$

d. h.

$$f(x) = \frac{3}{2} + \frac{6}{\pi} \left(\sin \frac{\pi x}{5} + \frac{1}{3} \sin \frac{3\pi x}{5} + \frac{1}{5} \sin \frac{5\pi x}{5} + \cdots \right).$$

9.5 Aufgabe: Zur Eindeutigkeit des Tautochronenproblems:
Auf welcher Trajektorie muß sich die Masse eines mathematischen Pendels bewegen, damit die Schwingungsdauer des Pendels vom Ausschlag unabhängig wird?

Lösung: Wie schon früher (Bd. 1 der Vorlesungen, Aufgabe 24.4), betrachten wir folgende Figur:

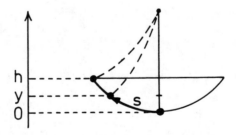

Aus dem Energiesatz folgt

$$\frac{m}{2} \dot{s}^2(y) + gmy = mgh, \qquad\qquad \underline{1}$$

bzw.

$$\dot{s}(y) = \sqrt{2g(h - y)}. \qquad\qquad \underline{2}$$

Durch Trennen der Variablen kann man daraus die Schwingungsdauer berechnen:

$$\frac{1}{4}T = \int_0^{T/4} dt = \int_0^{s(h)} \frac{ds}{\sqrt{2g(h-y)}} = \int_0^{h} \frac{(ds/dy)\,dy}{\sqrt{2g(h-y)}}. \qquad \underline{3}$$

Indem wir auf die Variable $u = y/h$ umsteigen, wird aus $\underline{3}$

$$\frac{T}{4} = \int_0^1 \frac{(ds/dy)\sqrt{h}\,du}{\sqrt{2g(1-u)}}. \qquad \underline{4}$$

Wir verlangen nun, daß T von der maximalen Höhe h unabhängig sein soll:

$$\frac{dT}{dh} = 0 \quad \text{für alle} \quad h. \qquad \underline{5}$$

Damit erhalten wir aus $\underline{4}$ ($s' \equiv ds/dy$):

$$\frac{d}{dh}\int_0^1 \frac{s'\sqrt{h}\,du}{\sqrt{2g(1-u)}} = \int_0^1 \frac{du}{\sqrt{2g(1-u)}}\left(\frac{1}{2}h^{-1/2}s' + \sqrt{h}\frac{ds'}{dh}\right) = 0 \quad \text{(für alle h)}. \qquad \underline{6}$$

Mit der Bedingung, daß wir die dimensionslose Variable $u = y/h$ konstant halten, können wir die Ableitung nach h in eine Ableitung nach y umschreiben:

$$\frac{ds'}{dh} = \frac{u\,ds'}{d(uh)} = u\frac{ds'}{dy} = us'' \qquad \underline{7}$$

und können somit $\underline{6}$ umformen zu

$$\int_0^1 \frac{du}{\sqrt{8g(1-u)}}(s' + 2ys'')\frac{1}{\sqrt{h}} = 0 \quad \text{(für alle h)}. \qquad \underline{8}$$

Eine beliebige periodische Funktion $f(u)$ mit $\int_0^1 f(u)du = 0$ kann man allgemein in eine Fourierreihe entwickeln:

$$f(u) = \sum_{m=1}^{\infty}\left[a_m\sin(2\pi mu) + b_m\cos 2\pi mu\right]. \qquad \underline{9}$$

Deshalb folgt aus $\underline{8}$

$$s'' + \frac{1}{2y}s' = \frac{\sqrt{8gh(1-u)}}{2y}\sum_{m=1}^{\infty}(a_m\sin 2\pi mu + b_m\cos 2\pi mu)$$

$$= \frac{\sqrt{8g(h-y)}}{2y}\sum_{m=1}^{\infty}\left(a_m\sin\left(2\pi m\frac{y}{h}\right) + b_m\cos\left(2\pi m\frac{y}{h}\right)\right). \qquad \underline{10}$$

Dies soll jedoch für alle Werte von h gelten. Die linke Seite von 10 enthält h nicht; deshalb muß die rechte Seite von h unabhängig sein. Das gilt nur für $a_m = b_m = 0$ (für alle m), wie nun bewiesen werden soll.

Damit die rechte Seite von 10 von h unabhängig wird, muß gelten

$$\sum_{m=1}^{\infty} \left[a_m \sin\left(2\pi m \frac{y}{h}\right) + b_m \cos\left(2\pi m \frac{y}{h}\right) \right] = \frac{\text{const}(y/h)h^{1/2}}{\sqrt{8g(1-y/h)}} , \qquad 11$$

bzw.

$$\sum_{m=1}^{\infty} [a_m \sin 2\pi m u + b_m \cos 2\pi m u] = \frac{u}{\sqrt{1-u}} \frac{h^{1/2}}{\sqrt{8g}} C. \qquad 12$$

Indem wir 12 von 0 bis 1 integrieren, erhalten wir

$$0 = \frac{h^{1/2}}{\sqrt{8g}} C \int_0^1 \frac{u}{\sqrt{1-u}} du = \frac{4}{3} \frac{h^{1/2}}{\sqrt{8g}} C, \qquad 13$$

also $C = 0$. (Dies drückt die Tatsache aus, daß sich $u/\sqrt{1-u}$ nicht in eine Fourierreihe à la 12 entwickeln läßt).

Setzen wir dieses Ergebnis $C = 0$ wieder in 11 ein, so haben wir gleich $a_m = b_m = 0 \; \forall m$, und somit aus 10

$$s'' + \frac{s'}{2y} = 0. \qquad 14$$

Daraus erhält man sofort durch einmaliges Integrieren

$$\frac{s''}{s'} = -\frac{1}{2y} \quad \Rightarrow \quad s' \equiv \frac{ds}{dy} = \widetilde{C} e^{-(1/2)\ln y} = \frac{\widetilde{C}}{\sqrt{y}}. \qquad 15$$

Üblicherweise bezeichnet man die Konstante mit

$$\widetilde{C} = \sqrt{\frac{l}{2}} \qquad 16$$

so daß wir

$$\frac{ds}{dy} = \sqrt{\frac{l}{2}} \frac{1}{\sqrt{y}} \qquad 17$$

zu lösen haben. Dies ist die Differentialgleichung für eine Zykloide (siehe Aufgabe 24.4, Bd. 1).

10. Die schwingende Membran

Mit der schwingenden Membran wollen wir ein zweidimensionales schwingendes System betrachten. Wir werden sehen, daß wir in vielem eine einfache Übertragung der Methoden vornehmen können, die wir bei der schwingenden Saite benutzt haben.
Die Membran ist eine Haut ohne Eigenelastizität. Das Einspannen der Membran am Rande führt zu einer Spannkraft, die bei einer Auslenkung der Membran rücktreibend wirkt.
Die Spannung der Membran ist somit örtlich und zeitlich konstant. Wir betrachten nur Schwingungen von so kleiner Amplitude, daß Auslenkungen in der Membranebene vernachlässigbar sind.

Herleitung der Differentialgleichung

Wir führen folgende Bezeichnungen ein: ϱ ist die Flächendichte der Membran, die Spannung der Membran ist T (Kraft pro Längenelement). Das Koordinatensystem legen wir so, daß die Membran in der (x, y)-Ebene liegt. Die dazu senkrechten Auslenkungen bezeichnen wir mit $u = u(x, y, t)$.
Um die Bewegungsgleichung aufzustellen, denken wir uns einen Schnitt der Länge Δx durch die Membran parallel zur x-Achse. Die Kraft, die an dem Membranelement $\Delta x \Delta y$ in x-Richtung wirkt, ist das Produkt aus der Spannung und der Länge des Schnittes: $F_x = T\Delta y$. Analog gilt für die y-Komponente: $F_y = T\Delta x$.
An dem Flächenelement $\Delta x \Delta y$ greift die Summe der beiden Kräfte an. Bei einer Auslenkung wirkt die u-Komponente dieser Summe auf die Membran. Aus der Skizze lesen wir ab:

$$F_u = T\Delta x(\sin\varphi(y + \Delta y) - \sin\varphi(y)) + T\Delta y(\sin\vartheta(x + \Delta x) - \sin\vartheta(x)). \quad (1)$$

Da wir uns auf kleine Auslenkungen und Winkel beschränken, kann der Sinus durch den Tangens ersetzt werden. Für den Tangens setzen wir dann den Differentialquotienten ein, z. B.

$$\tan\varphi(x, y + \Delta y) = \frac{\partial u}{\partial y}(x, y + \Delta y),$$

d. h. die partielle Ableitung nach y an der Stelle $y + \Delta y$.
Dann geht Gleichung (1) in die Form über:

$$F_u = T\Delta x\left(\frac{\partial u}{\partial y}(x, y + \Delta y) - \frac{\partial u}{\partial y}(x, y)\right) + T\Delta y\left(\frac{\partial u}{\partial x}(x + \Delta x, y) - \frac{\partial u}{\partial x}(x, y)\right).$$

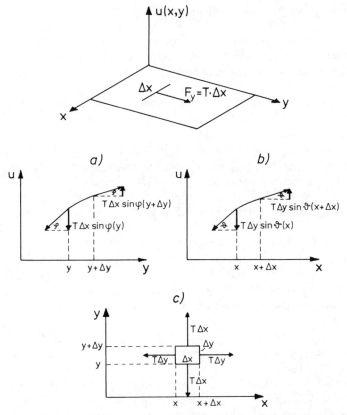

Die schwingende Membran in Perspektive (a), verschiedene Schnitte durch dieselbe (b) und in Draufsicht (c).

Ziehen wir das Produkt $T\Delta x\Delta y$ heraus, so folgt:

$$F_u = T\Delta x\Delta y\left(\frac{\frac{\partial u}{\partial y}(x, y+\Delta y) - \frac{\partial u}{\partial y}(x, y)}{\Delta y} + \frac{\frac{\partial u}{\partial x}(x+\Delta x, y) - \frac{\partial u}{\partial x}(x, y)}{\Delta x}\right).$$

Wir ersetzen die Fläche $\Delta x\Delta y$ unseres Membranelementes durch $\Delta m/\sigma$, wobei Δm seine Masse und $\sigma = \Delta m/\Delta x\Delta y$ die Massendichte pro Fläche ist. Wenn wir jetzt zu Differentialen übergehen, $\Delta x, \Delta y \to 0$, so ergibt sich

$$\lim_{\Delta x \to 0} \frac{\frac{\partial u}{\partial x}(x+\Delta x, y) - \frac{\partial u}{\partial x}(x, y)}{\Delta x} = \frac{\partial^2 u}{\partial x^2}(x, y),$$

oder

$$F_u = T\frac{\Delta m}{\sigma}\left(\frac{\partial^2 u}{\partial x^2} + \frac{\partial^2 u}{\partial y^2}\right).$$

Mit dieser Kraft erhalten wir die Bewegungsgleichung

$$\Delta m \frac{\partial^2 u}{\partial t^2} = T \frac{\Delta m}{\sigma} \left(\frac{\partial^2 u}{\partial x^2} + \frac{\partial^2 u}{\partial y^2} \right).$$

Mit der Abkürzung $T/\sigma = c^2$ und dem Laplaceoperator ergibt sich:

$$\Delta u = \frac{1}{c^2} \frac{\partial^2 u}{\partial t^2} = 0. \tag{2}$$

Diese Form der Wellengleichung ist von der Dimension des schwingenden Mediums unabhängig. Setzen wir z. B. den dreidimensionalen Laplaceoperator ein und setzen $u = u(x,y,z,t)$, so gilt Gleichung (2) auch für Schallschwingungen (u gibt dann die Dichteänderung der Luft an). c ist – wie bei der schwingenden Saite – die Ausbreitungsgeschwindigkeit von kleinen Störungen (Schallgeschwindigkeit).

Lösung der Differentialgleichung: Rechteckige Membran

Die zweidimensionale Wellengleichung (2) soll nun am Beispiel der *rechteckigen Membran* gelöst werden.
Vorgegeben werden die *Randbedingungen,* die bedeuten, daß die Membran dort nicht schwingen kann: $u(0,y,t) = u(a,y,t) = u(x,0,t) = u(x,b,t) = 0.$

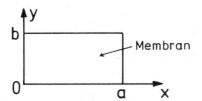

Veranschaulichung einer rechteckigen Membran.

Zur Lösung machen wir wieder den Produktansatz

$$u(x,y,t) = V(x,y) \cdot T(t),$$

mit dem wir zuerst einmal die Ortsvariablen von der Zeit trennen. Alle Punkte x,y (Massenpunkte) haben dann dasselbe zeitliche Verhalten. Das ist typisch für Eigenschwingungen. Durch Einsetzen in die Wellengleichung erhalten wir nach Variablen geordnet:

$$\frac{\ddot{T}(t)}{T(t)} = c^2 \frac{\Delta V(x,y)}{V(x,y)}.$$

Hier liegt die Identität einer Funktion *nur* des Ortes mit einer Funktion, die *nur* von der Zeit abhängt, vor. Diese Identität ist nur dann immer gültig, wenn beide Funktionen Konstanten sind, also in Bezug auf Ort und Zeit unveränderlich sind. Die Konstante, der diese Funktionen gleich sind, bezeichnen wir mit $-\omega^2$, den Quotienten ω^2/c^2 mit k^2. Es gilt dann:

$$\frac{\ddot{T}}{T} = -\omega^2, \tag{3}$$

$$\frac{\Delta V(x,y)}{V(x,y)} = -k^2. \tag{4}$$

Die allgemeine Lösung von (3) können wir sofort angeben:

$$T(t) = A\sin(\omega t + \delta).$$

Hätten wir eine positive Separationskonstante, d. h. $+\omega^2$ in Gleichung (3) gewählt, wäre die Lösung $T(t) = e^{\pm \omega t}$ gewesen. Das heißt, sie wäre mit der Zeit entweder explodiert ($e^{+\omega t}$) oder abgeklungen ($e^{-\omega t}$). Die negative Separationskonstante in Gleichung (3) sichert offensichtlich harmonische Lösungen.

Um die beiden Ortsvariablen zu trennen, machen wir den weiteren Separationsansatz:

$$V(x,y) = X(x) \cdot Y(y).$$

Eingesetzt in (4) erhalten wir

$$Y\frac{\partial^2 X}{\partial x^2} + X\frac{\partial^2 Y}{\partial y^2} + k^2 XY = 0.$$

Daraus folgt nach Division mit $X(x)Y(y)$

$$\frac{1}{X(x)}\frac{\partial^2 X(x)}{\partial x^2} + \frac{1}{Y(y)}\frac{\partial^2 Y(y)}{\partial y^2} + k^2 = 0, \qquad k^2 = \frac{\omega^2}{c^2}.$$

Auch hier gilt wieder: Eine Funktion von x ist nur dann einer Funktion von y gleich, wenn beide Konstanten sind.
Wir spalten die Konstante k^2 auf in

$$k^2 = k_x^2 + k_y^2$$

und erhalten somit

$$\frac{1}{X}\frac{\partial^2 X}{\partial x^2} = -k_x^2, \qquad \frac{1}{Y}\frac{\partial^2 Y}{\partial y^2} = -k_y^2.$$

Es gilt also:

$$\frac{\partial^2 X}{\partial x^2} + k_x^2 X = 0, \qquad \text{Lösung:} \quad X(x) = A_1 \sin(k_x x + \delta_1),$$

$$\frac{\partial^2 Y}{\partial y^2} + k_y^2 Y = 0, \qquad \text{Lösung:} \quad Y(y) = A_2 \sin(k_y y + \delta_2).^*$$

Durch Multiplikation der Teillösungen und Zusammenfassen der Konstanten erhalten wir die vollständige Lösung der zweidimensionalen Wellengleichung:

$$u(x,y,t) = B \sin(k_x x + \delta_1) \sin(k_y y + \delta_2) \sin(\omega t + \delta)$$

Einarbeitung der Randbedingungen

Mit den vorgegebenen Randbedingungen für u erhalten wir:

$$u(0,y,t) = B \sin\delta_1 \sin(k_y y + \delta_2) \sin(\omega t + \delta) = 0,$$
$$u(x,0,t) = B \sin(k_x x + \delta_1) \sin\delta_2 \sin(\omega t + \delta) = 0.$$

Beide Gleichungen sind nur dann für alle Werte der Variablen x, y, t erfüllt, wenn gilt:

$$\sin\delta_1 = \sin\delta_2 = 0,$$

was z. B. für $\delta_1 = \delta_2 = 0$ richtig ist.
Daraus ergibt sich für die anderen Randbedingungen:

$$u(a,y,t) = B \sin(k_x a) \sin(k_y y) \sin(\omega t + \delta) = 0,$$
$$u(x,b,t) = B \sin(k_x x) \sin(k_x b) \sin(\omega t + \delta) = 0.$$

Aus gleichen Überlegungen wie oben folgt

$$\sin(k_x a) = \sin(k_y b) = 0,$$

---

* Eine der beiden Separationskonstanten k_x^2 bzw. k_y^2 könnte im Prinzip negativ gewählt werden derart, daß z. B. $k_x^2 - k_y^2 = k^2$. In diesem Fall erhielten wir $Y = Ae^{k_y \cdot y} + Be^{-k_y \cdot y}$ und die Randbedingungen $u(x,0,t) = u(x,b,t) = 0$ ließen sich nur mit $A = B = 0$ erfüllen.

woraus resultiert:

$$k_x a = n_x \pi, \quad k_y b = n_y \pi, \quad \text{mit} \quad n_x, n_y = 1, 2, \ldots$$

Die Werte $n_x = n_y = 0$ müssen ausgeschlossen werden, weil sie – wie bei der schwingenden Saite – $u(x, y, t) = 0$ liefern. Es gilt nun

$$k^2 = k_x^2 + k_y^2 = n_x^2 \left(\frac{\pi}{a}\right)^2 + n_y^2 \left(\frac{\pi}{b}\right)^2$$

und wegen $\omega = k \cdot c$ folgt für die Eigenfrequenz

$$\omega_{n_x n_y} = c\pi \sqrt{\frac{n_x^2}{a^2} + \frac{n_y^2}{b^2}}.$$

Eigenfrequenzen

Demnach betragen die Eigenfrequenzen der rechteckigen Membran

$$\omega_{n_x n_y} = c\pi \sqrt{\frac{n_x^2}{a^2} + \frac{n_y^2}{b^2}},$$

wobei die tiefste Frequenz der *Grundton* ist:

$$\omega_{11} = c\pi \sqrt{\frac{1}{a^2} + \frac{1}{b^2}}.$$

Bei der Saite gilt $\omega_n = n\omega_1$, die Obertöne sind ganzzahlige Vielfache der Grundfrequenz. Dies gilt im zweidimensionalen Fall nicht mehr. Im Gegensatz zum *harmonischen Frequenzspektrum* ($\omega_n = n\omega_1$) der Saite, hat die Membran ein *anharmonisches Spektrum* ($\omega_n \neq n\omega_1$).

Entartung

Nehmen im Spezialfall der quadratischen Membran die Seiten gleiche Länge an, gilt also: $a = b$, so folgt daraus:

$$\omega_{n_x n_y} = \frac{\sqrt{n_x^2 + n_y^2}}{\sqrt{2}} \omega_{11}, \qquad \omega_{11} = \frac{c\pi\sqrt{2}}{a}.$$

Die Tabelle der Verhältnisse $\omega_{n_x n_y}/\omega_{11}$ für einige Werte der Quantenzahlen n_x, n_y einer quadratischen Membran zeigt, daß es für verschiedene Paare

n_y \ n_x	1	2	3	4
1	1,00	1,58	2,24	2,92
2	1,58	2,00	2,55	3,16
3	2,24	2,55	3,00	3,54
4	2,92	3,16	3,54	4,00

Das Verhältnis $\dfrac{\omega_{n_x n_y}}{\omega_{11}}$ als Funktion von n_x und n_y.

von "Quantenzahlen" dieselben Eigenwerte gibt, daß also verschiedene Eigenschwingungen mit derselben Frequenz möglich sind. *Solche Zustände nennt man entartet.* Bei der quadratischen Membran, die ja symmetrisch ist in Bezug auf die Bedeutung der x- bzw. y-Koordinate, sind alle zur Hauptdiagonalen der Tabelle symmetrisch angeordnete Zustände $n_x n_y$ entartet. Die Entartung wird sofort aufgehoben, wenn $a \neq b$. Ganz allgemein gilt, daß *Entartungen nur in Systemen mit bestimmten Symmetrien zu finden sind.* Weiter erkennen wir, daß die quadratische Membran einen Anteil harmonischer Oberschwingungen enthält (Diagonalelemente der Tabelle).

Knotenlinien

An den Stellen, an denen der ortsabhängige Teil der Wellenbewegung Null wird, befindet sich bei der Saite ein Knoten bei der Membran entsprechend eine *Knotenlinie.*
Der ortsabhängige Teil lautet:

$$\sin \frac{n_x \pi x}{a} \cdot \sin \frac{n_y \pi_y}{b}.$$

Für $n_x = 2$ und $n_y = 1$ gilt also z. B.

$$\sin \frac{2\pi x}{a} \cdot \sin \frac{\pi y}{b} = 0$$

als Bedingung für eine Knotenlinie.
Außer auf den Rändern ist diese Bedingung noch für die Gerade $x = a/2$ erfüllt, die also eine Knotenlinie für $(n_x, n_y) = (2, 1)$ darstellt. Knotenlinien sind also alle Geraden der Form:

$$x = \frac{ma}{n_x}; \quad y = \frac{nb}{n_y} \quad (m = 1, 2, \dots,), m < n_x \quad (n = 1, 2, \dots,), n < n_y$$

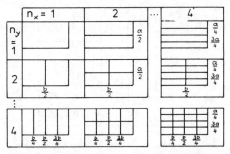

Tabelle von Knotenlinien einiger Eigenschwingungen

Allgemeine Lösung (Einarbeitung der Anfangsbedingungen)

Die allgemeine Lösung der Wellengleichung für die rechteckige Membran ergibt sich, da es sich um eine lineare Differentialgleichung handelt, als Summe der speziellen Lösungen (Superpositionsprinzip):

$$u(x,y,t) = \sum_{n_x=1}^{\infty} \sum_{n_y=1}^{\infty} c_{n_x n_y} \sin\frac{n_x \pi x}{a} \sin\frac{n_y \pi y}{b} \sin(\omega_{n_x n_y} t + \delta_{n_x n_y}).$$

Wir können nun die $c_{n_x n_y}$ und die $\delta_{n_x n_y}$ aus den Anfangsbedingungen bestimmen. Sie lauten:

$$u(x,y,t=0) = u_0(x,y),$$
$$\dot{u}(x,y,t=0) = v_0(x,y).$$

Für $t = 0$ lautet die allgemeine Lösung und ihre zeitliche Ableitung:

$$u_0(x,y) = \sum_{n_x,n_y=1}^{\infty} c_{n_x n_y} \sin\delta_{n_x n_y} \cdot \sin\frac{n_x \pi x}{a} \cdot \sin\frac{n_y \pi y}{b},$$

$$v_0(x,y) = \sum_{n_x,n_y=1}^{\infty} \omega_{n_x n_y} c_{n_x n_y} \cos\delta_{n_x n_y} \cdot \sin\frac{n_x \pi x}{a} \cdot \sin\frac{n_y \pi y}{b}.$$

Wir definieren die Konstanten um:

$$A_{n_x n_y} = c_{n_x n_y} \sin\delta_{n_x n_y}, \tag{5}$$

$$B_{n_x n_y} = \omega_{n_x n_y} c_{n_x n_y} \cos\delta_{n_x n_y}. \tag{6}$$

Dann gehen obige Gleichungen über in

$$u_0(x,y) = \sum_{n_x,n_y=1}^{\infty} A_{n_x n_y} \sin\frac{n_x \pi x}{a} \sin\frac{n_y \pi y}{b}, \tag{7}$$

$$v_0(x,y) = \sum_{n_x,n_y=1}^{\infty} B_{n_x n_y} \sin\frac{n_x \pi x}{a} \sin\frac{n_y \pi y}{b}. \tag{8}$$

Die Koeffizienten $A_{n_x n_y}$ und $B_{n_x n_y}$ lassen sich mit Hilfe von Orthogonalitäts-relationen bestimmen. Diese lauten:

$$\int_0^a \sin \frac{\overline{n}_x \pi x}{a} \sin \frac{n_x \pi x}{a} \, dx = \frac{a}{2} \delta_{\overline{n}_x n_x},$$

$$\int_0^b \sin \frac{\overline{n}_y \pi y}{b} \sin \frac{n_y \pi y}{b} \, dy = \frac{b}{2} \delta_{\overline{n}_y n_y}.$$

Wir multiplizieren (7) mit $\sin(\overline{n}_x \pi x/a)$ und integrieren von 0 bis a über x. Dann wird mit $\sin(\overline{n}_y \pi y/b)$ multipliziert und y von 0 bis b integriert:

$$\int_0^a \int_0^b u_0(x,y) \sin \frac{\overline{n}_x \pi x}{a} \sin \frac{\overline{n}_y \pi y}{b} \, dx \, dy$$

$$= \sum_{n_x, n_y}^\infty A_{n_x n_y} \int_0^a \sin \frac{n_x \pi x}{a} \sin \frac{\overline{n}_x \pi x}{a} \, dx \int_0^b \sin \frac{\overline{n}_y \pi y}{b} \sin \frac{n_y \pi y}{b} \, dy$$

$$= \sum_{n_x, n_y}^\infty A_{n_x n_y} \delta_{\overline{n}_x n_x} \frac{a}{2} \delta_{\overline{n}_y n_y} \frac{b}{2} = \frac{ab}{4} A_{\overline{n}_x \overline{n}_y}.$$

Wir erhalten also:

$$A_{n_x n_y} = \frac{4}{ab} \int_0^a \int_0^b u_0(x,y) \sin \frac{n_x \pi x}{a} \sin \frac{n_y \pi y}{b} \, dx \, dy,$$

$$B_{n_x n_y} = \frac{4}{ab} \int_0^a \int_0^b v_0(x,y) \sin \frac{n_x \pi x}{a} \sin \frac{n_y \pi y}{b} \, dx \, dy.$$

Aus (5) und (6) lassen sich jetzt unter Kenntnis der $A_{n_x n_y}, B_{n_x n_y}$ die $c_{n_x n_y}$ und $\delta_{n_x n_y}$ bestimmen.

Überlagerung von Knotenlinienbildern

Bei entarteten Schwingungen der Membran können auch Knotenlinien auf-treten, die durch Überlagerung der Knotenlinienbilder der *entarteten* Nor-malschwingungen entstehen.

Wir betrachten als Beispiel die Ortsabhängigkeit der entarteten Normalschwingungen der quadratischen Membran

$$u_{12} = \sin\frac{\pi x}{a}\sin\frac{2\pi y}{a}\sin\omega_{12}t \quad \text{und} \quad u_{21} = \sin\frac{2\pi x}{a}\sin\frac{\pi y}{a}\sin\omega_{21}t.$$

Für die Überlagerung der beiden Normalschwingungen schreiben wir

$$u = u_{12} + Cu_{21}.$$

Die Konstante C gibt die spezielle Art der Überlagerung an. Die Gleichung der Knotenlinie erhalten wir aus $u = 0$. Der gemeinsame Zahlenfaktor $\sin\omega_{12}t = \sin\omega_{21}t$ faktorisiert offensichtlich ab. Für den speziellen Fall $C = \pm 1$ ergibt sich dann:

$$\sin\frac{\pi x}{a}\sin\frac{2\pi y}{a} \pm \sin\frac{2\pi x}{a}\sin\frac{\pi y}{a} = 0$$

oder umgeformt

$$\sin\frac{\pi x}{a}\sin\frac{\pi y}{a}\left(\cos\frac{\pi y}{a} \pm \cos\frac{\pi x}{a}\right) = 0.$$

Setzen wir die Klammer Null, so folgen die Gleichungen der beiden Knotenlinien:

$$y = x \quad \text{für} \quad C = -1 \quad \text{und} \quad y = a - x \quad \text{für} \quad C = +1.$$

In der Skizze sind die Knotenlinien veranschaulicht:

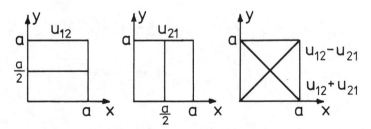

Knotenlinien für entartete Eigenschwingungen.

Wir lernen daraus, daß durch Überlagerung geeigneter Normalschwingungen neue Schwingungen mit neuartigen Knotenlinien konstruiert werden können. Man kann solche speziellen Superpositionen von Normalschwingungen anregen, indem man z. B. Drähte entlang der Knotenlinien (rechtes Bild) spannt, so daß die Trommel entlang dieser Linien beim Schlagen in Ruhe bleibt.

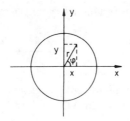

Kreisförmige Membran (Trommel)

Die kreisförmige Membran

Im Fall der kreisförmigen Membran geht man günstiger von der Darstellung in kartesischen Koordinaten über zu der in Polarkoordinaten, d. h. von $u = f(x, y, t)$ zu $u = \psi(r, \varphi, t)$.
Für diese Umrechnung gilt:

$$x = r \cos \varphi, \qquad y = r \sin \varphi,$$
$$\tan \varphi = \frac{y}{x}, \qquad r = \sqrt{x^2 + y^2}.$$

Für die Umrechnung des Laplaceoperators brauchen wir auch die Ableitungen:

$$\frac{\partial r}{\partial x} = \frac{x}{r} = \cos \varphi, \qquad \frac{\partial r}{\partial y} = \frac{y}{r} = \sin \varphi.$$

Durch Differentiation des Tangens erhalten wir

$$\frac{\partial \tan \varphi}{\partial x} = \frac{\partial \tan \varphi}{\partial \varphi} \frac{\partial \varphi}{\partial x} = \frac{1}{\cos^2 \varphi} \frac{\partial \varphi}{\partial x} = -\frac{y}{x^2}.$$

Wenn wir für x und y ihre Polarstellung einsetzen, folgt $\partial \varphi / \partial x = -(\sin \varphi)/r$. Entsprechende Differentiation von $\tan \varphi$ nach y liefert $\partial \varphi / \partial y = (\cos \varphi)/r$. Um die zweidimensionale Schwingungsgleichung in Polarkoordinaten zu erhalten, rechnen wir zunächst den Laplaceoperator $\Delta(x, y)$ auf Polarkoordinaten $\Delta(r, \varphi)$ um. Dabei fassen wir die Differentialquotienten als Operatoren auf.
Wir führen die Berechnung für die x-Komponente vor, die Umrechnung der y-Komponente erfolgt analog. Nach der Kettenregel gilt:

$$\frac{\partial}{\partial x} = \frac{\partial}{\partial r} \frac{\partial r}{\partial x} + \frac{\partial}{\partial \varphi} \frac{\partial \varphi}{\partial x}.$$

Nach Einsetzen der oben gefundenen Ergebnisse folgt

$$\frac{\partial}{\partial x} = \cos\varphi\frac{\partial}{\partial r} - \frac{\sin\varphi}{r}\frac{\partial}{\partial\varphi}.$$

Wir quadrieren dieses Ergebnis unter Berücksichtigung, daß die Summanden als Operatoren aufeinander wirken. (Das Quadrat eines Operators bedeutet zweimalige Anwendung).

$$\frac{\partial^2}{\partial x^2} = \left(\cos\varphi\frac{\partial}{\partial r} - \sin\varphi\frac{1}{r}\frac{\partial}{\partial\varphi} \right)\left(\cos\varphi\frac{\partial}{\partial r} - \sin\varphi\frac{1}{r}\frac{\partial}{\partial\varphi} \right).$$

Durch Ausmultiplizieren ergeben sich zunächst die vier Terme:

$$\frac{\partial^2}{\partial x^2} = \left(\cos\varphi\frac{\partial}{\partial r} \cdot \cos\varphi\frac{\partial}{\partial r} \right) + \left(\frac{\sin\varphi}{r}\frac{\partial}{\partial\varphi} \cdot \frac{\sin\varphi}{r}\frac{\partial}{\partial\varphi} \right)$$
$$- \left(\cos\varphi\frac{\partial}{\partial r} \cdot \frac{\sin\varphi}{r}\frac{\partial}{\partial\varphi} \right) - \left(\frac{\sin\varphi}{r}\frac{\partial}{\partial\varphi} \cdot \cos\varphi\frac{\partial}{\partial r} \right).$$

Wir behandeln nun die einzelnen Terme nach der Produktregel:

$$\cos\varphi\left(\frac{\partial}{\partial r} \cdot \cos\varphi\frac{\partial}{\partial r} \right) = \cos^2\varphi\frac{\partial^2}{\partial r^2},$$

$$\frac{\sin\varphi}{r}\left(\frac{\partial}{\partial\varphi} \cdot \frac{\sin\varphi}{r}\frac{\partial}{\partial\varphi} \right) = \frac{\sin\varphi\cos\varphi}{r^2}\frac{\partial}{\partial\varphi} + \frac{\sin^2\varphi}{r^2}\frac{\partial^2}{\partial\varphi^2},$$

$$\cos\varphi\left(\frac{\partial}{\partial r} \cdot \frac{\sin\varphi}{r}\frac{\partial}{\partial\varphi} \right) = -\frac{\cos\varphi\sin\varphi}{r^2}\frac{\partial}{\partial\varphi} + \frac{\cos\varphi\sin\varphi}{r}\frac{\partial}{\partial r}\frac{\partial}{\partial\varphi},$$

$$\frac{\sin\varphi}{r}\left(\frac{\partial}{\partial\varphi} \cdot \cos\varphi\frac{\partial}{\partial r} \right) = -\frac{\sin^2\varphi}{r}\frac{\partial}{\partial r} + \frac{\sin\varphi\cos\varphi}{r}\frac{\partial}{\partial\varphi}\frac{\partial}{\partial r}.$$

Daraus erhält man

$$\frac{\partial^2}{\partial x^2} = \cos^2\varphi\frac{\partial^2}{\partial r^2} + \frac{\sin^2\varphi}{r^2}\left(r\frac{\partial}{\partial r} + \frac{\partial^2}{\partial\varphi^2} \right) + \frac{2\sin\varphi\cos\varphi}{r^2}\left(\frac{\partial}{\partial\varphi} - r\frac{\partial}{\partial\varphi}\frac{\partial}{\partial r} \right).$$

Analog zu oben ergibt sich für die y- Komponente

$$\frac{\partial^2}{\partial y^2} = \sin^2\varphi\frac{\partial^2}{\partial r^2} + \frac{\cos^2\varphi}{r^2}\left(r\frac{\partial}{\partial r} + \frac{\partial^2}{\partial\varphi^2} \right) - \frac{2\sin\varphi\cos\varphi}{r^2}\left(\frac{\partial}{\partial\varphi} - r\frac{\partial}{\partial\varphi}\frac{\partial}{\partial r} \right).$$

Durch Addition beider Ausdrücke erhalten wir den Laplaceoperator in Polarkoordinaten:

$$\frac{\partial^2}{\partial x^2} + \frac{\partial^2}{\partial y^2} = \Delta = \frac{\partial^2}{\partial r^2} + \frac{1}{r}\frac{\partial}{\partial r} + \frac{1}{r^2}\frac{\partial^2}{\partial \varphi^2}.$$

Die Schwingungsgleichung nimmt dann folgende Form an:

$$\frac{\partial^2 u(r,\varphi,t)}{\partial r^2} + \frac{1}{r}\frac{\partial u(r,\varphi,t)}{\partial r} + \frac{1}{r^2}\frac{\partial^2 u(r,\varphi,t)}{\partial \varphi^2} = \frac{1}{c^2}\frac{\partial^2 u(r,\varphi,t)}{\partial t^2}.$$

Die Lösung der Bewegungsgleichung erfolgt wieder durch Trennung der Variablen. Wir machen einen Produktansatz zur Trennung von Orts- und Zeitfunktionen.

$$u(r,\varphi,t) = V(r,\varphi)\cdot T(t).$$

Durch Einsetzen in die Wellengleichung erhalten wir

$$T(t)\left(\frac{\partial^2 V}{\partial r^2} + \frac{1}{r}\frac{\partial V}{\partial r} + \frac{1}{r^2}\frac{\partial^2 V}{\partial \varphi^2}\right) = \frac{1}{c^2}V\frac{\partial^2 T}{\partial t^2}.$$

Wir dividieren beide Seiten durch $V(r,\varphi)\cdot T(t)$:

$$\frac{\frac{\partial^2 V}{\partial r^2} + \frac{1}{r}\frac{\partial V}{\partial r} + \frac{1}{r^2}\frac{\partial^2 V}{\partial \varphi^2}}{V(r,\varphi)} = \frac{1}{c^2}\frac{\ddot{T}(t)}{T(t)}.$$

Als Separationskonstante wählen wir

$$\frac{1}{c^2}\frac{\ddot{T}}{T} = -k^2,$$

und führen noch die Kreisfrequenz ω ein durch

$$\omega = ck.$$

Daraus ergibt sich

$$\ddot{T} + \omega^2 T = 0,$$

mit der Lösung

$$T(t) = C\sin(\omega t + \delta).$$

Durch Einsetzen der Konstanten $-k^2$ erhält die Bewegungsgleichung folgendes Aussehen:

$$\frac{\partial^2 V}{\partial r^2} + \frac{1}{r}\frac{\partial V}{\partial r} + \frac{1}{r^2}\frac{\partial^2 V}{\partial \varphi^2} + k^2 V = 0.$$

Mit einem zweiten Produktansatz trennen wir Radius- und Winkelfunktionen:

$$V(r, \varphi) = R(r) \cdot \phi(\varphi).$$

Damit erhalten wir:

$$\frac{\frac{d^2 R}{dr^2} + \frac{1}{r}\frac{dR}{dr}}{R(r)} + \frac{\frac{1}{r^2}\frac{d^2\phi}{d\varphi^2}}{\phi(\varphi)} + k^2 = 0.$$

Wir trennen die Variablen durch multiplizieren mit r^2:

$$\frac{r^2(d^2 R/dr^2) + r(dR/dr)}{R(r)} + k^2 r^2 + \frac{d^2\phi/d\varphi^2}{\phi(\varphi)} = 0.$$

Auch hier gilt, daß die Gleichung nur dann immer gültig ist, wenn beide Funktionen Konstanten sind; wir wählen also:

$$\frac{1}{\phi}\frac{d^2\phi}{d\varphi^2} = -\sigma,$$

woraus man als Lösung für $\phi(\varphi)$ erhält:

$$\phi(\varphi) = A e^{i\sqrt{\sigma}\varphi} + B e^{-i\sqrt{\sigma}\varphi}$$
$$= C\sin(m\varphi + \delta), \quad \text{mit} \quad m = \pm\sqrt{\sigma}, \quad m = 0, 1, 2, 3, \dots.$$

m darf nur ganzzahlige Werte annehmen, um die Periodizität der Lösung zu erreichen. Beim Winkel $2\pi + \varphi$ muß die Lösung die gleiche sein wie beim Winkel φ. Dieser Sachverhalt wird oft mit dem Schlagwort *"periodische Randbedingung"* beschrieben.

Nun können wir ohne Einschränkung des Problems nur positive m zulassen, da durch negative m lediglich der Drehsinn des Winkels umgekehrt wird. Dadurch erhält die Bewegungsgleichung für die Radialfunktion R folgendes Aussehen:

$$r^2 \frac{d^2 R}{dr^2} + r\frac{dR}{dr} + k^2 r^2 R - \sigma R = 0,$$

oder

$$\frac{d^2 R}{dr^2} + \frac{1}{r}\frac{dR}{dr} + \left(k^2 - \frac{m^2}{r^2}\right) R = 0.$$

Wir substituieren $z = kr$, $dr = dz/k$. Dann erhalten wir

$$k^2 \frac{d^2 R}{dz^2} + \frac{k^2}{z}\frac{dR}{dz} + \left(k^2 - \frac{m^2 k^2}{z^2}\right) R = 0,$$

$$\frac{d^2 R}{dz^2} + \frac{1}{z}\frac{dR}{dz} + \left(1 - \frac{m^2}{z^2}\right) R = 0.$$

In dieser Form heißt die Gleichung *Besselsche Differentialgleichung*. Diese Differentialgleichung und ihre Lösungen erscheinen in vielen Problemen der mathematischen Physik.

Lösung der Besselschen Differentialgleichung[*]

Die Auflösung unserer Differentialgleichung

$$\frac{d^2g(z)}{dz^2} + \frac{1}{z}\frac{dg(z)}{dz} + \left(1 - \frac{m^2}{z^2}\right)g(z) = 0$$

gelingt nicht mit Hilfe von Integration. Auch Ansätze mit elementaren Funktionen führen nicht zum Ziel. Wir versuchen es daher mit der allgemeinsten Potenzreihenentwicklung:

$$g(z) = z^\mu \left(\sum_{n=0}^{\infty} a_n z^n\right).$$

Die Abspaltung eines Potenzfaktors ist nicht notwendig, wird sich aber als sehr zweckmäßig erweisen.

Da im Mittelpunkt unserer Membran die Schwingung immer endlich bleibt, darf $g(z)$ bei $z = 0$ keine Singularität aufweisen. Da aber für $z \to 0$

$$g(z) \approx a_0 z^\mu$$

ist, muß aus diesen physikalischen Gründen $\mu \geq 0$ sein. Um eine weitergehende Aussage zu erhalten, betrachten wir für zunächst beliebige μ das asymptotische Verhalten der Besselschen Differentialgleichung für $z \to 0$. Wir können dann wie schon oben

$$g(z) \approx a_0 z^\mu$$

setzen und erhalten durch Einsetzen:

$$\mu(\mu-1)z^{\mu-2} + \mu z^{\mu-2} + z^\mu - m^2 z^{\mu-2} = (\mu(\mu-1) + \mu + z^2 - m^2)z^{\mu-2}$$
$$\approx (\mu^2 - m^2)z^{\mu-2} = 0,$$

---

[*] *Bessel*, Friedrich Wilhelm, geb. 22.7.1784 Minden, gest. 17.3.1846 Königsberg (Kaliningrad). – B. war erst Handelslehrling in Bremen, bis 1809 Gehilfe an der Sternwarte in Lilienthal und danach Professor der Astronomie in Königsberg und Direktor der dortigen Sternwarte. Als Mathematiker trat B. besonders hervor durch Untersuchungen über Differentialgleichungen und B.sche Funktionen.

da für $z \to 0$ auch $z^2 \to 0$ gilt.
Wir haben also die Bedingung

$$\mu^2 - m^2 = 0.$$

Aus den oben genannten Gründen, die rein physikalischer Natur sind, ergibt sich daraus

$$\mu = m.$$

Die Konstante m selbst aber ist ganzzahlig. Dazu erinnern wir uns an die Winkelabhängigkeit der Gesamtlösung, nämlich

$$f(\varphi) = \sin(m\varphi + \delta).$$

Da wir bei einem vollen Umlauf wieder an dieselbe Stelle der Membran zurückkommen, muß die Lösungsfunktion die Periode 2π besitzen. Dies ist aber nur dann der Fall, wenn m eine ganze Zahl ist!
Wir wollen jetzt versuchen, die Koeffizienten unseres Ansatzes

$$g_m(z) = z^m(a_0 + a_1 z + a_2 z^2 \ldots), \qquad m = 0, 1, 2, \ldots,$$

zu bestimmen. Dazu setzen wir den Ansatz in die Besselsche Differentialgleichung ein, die einzelnen Terme dieser Gleichungen haben dann die folgende Gestalt:

$$\frac{d^2 g}{dz^2} = z^{m-2}(a_0 m(m-1) + a_1(m+1)mz + a_2(m+2)(m+1)z^2$$
$$+ a_3(m+3)(m+2)z^3 + \cdots),$$

$$\frac{1}{z}\frac{dg}{dz} = z^{m-2}(a_0 m + a_1(m+1)z + a_2(m+2)z^2 + a_3(m+3)z^3 + \cdots),$$

$$g(z) = z^{m-2}(a_0 z^2 + a_1 z^3 + \cdots),$$

$$-\frac{m^2}{z^2}g(z) = z^{m-2}(-a_0 m^2 - a_1 m^2 z - a_2 m^2 z^2 - a_3 m^2 z^3 - \ldots).$$

Die Summe der Koeffizienten zu jeder Potenz von z muß verschwinden, d. h. $a_0(m(m-1) + m - m^2) = 0$. Da die Klammer verschwindet, kann a_0 beliebig sein.
Für a_1 ergibt sich

$$a_1(m(m+1) + (m+1) - m^2) = 0,$$
$$a_1(2m+1) = 0, \qquad \text{d. h.} \quad a_1 = 0.$$

Aus dem Koeffizienten von z^m folgt

$$a_2((m+2)(m+1)+(m+2)-m^2)+a_0=0,$$

oder

$$a_2(4m+4)=-a_0.$$

Weiter erhalten wir

$$a_3((m+3)(m+2)+(m+3)-m^2)+a_1=0,$$
$$a_3(6m+9)=-a_1, \qquad \text{d.h.} \quad a_3=0.$$

Allgemein ergibt sich die Bedingungsgleichung

$$a_{p+2}((m+p+2)(m+p+1)+(m+p+2)-m^2)+a_p=0,$$
$$a_{p+2}((m+p+2)^2-m^2)=-a_p,$$
$$a_{p+2}=\frac{-a_p}{(m+p+2)^2-m^2}=\frac{-a_p}{(p+2)(2m+p+2)}.$$

Diese Beziehung (Rekursionsformel) gibt uns die Möglichkeit, den Koeffizienten a_{p+2} aus dem vorhergehenden a_p zu bestimmen. Wegen $a_1=0$ folgt, daß alle a_{2n-1} verschwinden, d.h. in der Reihenentwicklung der Lösungsfunktion tauchen nur gerade Exponenten auf. Für diese erhält man mit $a_0 \neq 0$:

$$a_{2n}=\frac{-a_{2n-2}}{2n(2m+2n)}=\frac{-a_{2n-2}}{2n2(m+n)}.$$

In einem nächsten Schritt ersetzen wir a_{2n-2} durch a_{2n-4} und erhalten

$$a_{2n}=\frac{+a_{2n-4}}{2n(2n-2)(2m+2n)(2m+2n-2)}$$
$$=\frac{a_{2n-4}}{2^2n(n-1)2^2(m+n)(m+n-1)}.$$

Fahren wir fort, so können wir a_{2n} auf a_0 zurückführen. Es ergibt sich:

$$a_{2n}=\frac{(-)^n a_0}{2^n n(n-1)\cdots 1\, 2^n(m+n)(m+n-1)\cdots(m+1)}$$
$$=\frac{(-1)^n a_0}{2^{2n}n!\,(m+n)!/m!}.$$

Damit erhalten wir folgende Lösungsfunktionen:

$$g_m(z) = a_0 z^m m! \sum_{n=0}^{\infty} \frac{(-1)^n}{n!\,(m+n)!} \frac{z^{2n}}{2^{2n}}.$$

Wählen wir hier speziell $a_0 \cdot m! = 2^{-m}$, so erhalten wir die *Besselfunktionen:*

$$J_m(z) = \left(\frac{z}{2}\right)^m \sum_{n=0}^{\infty} \frac{(-1)^n}{n!\,(m+n)!} \left(\frac{z}{2}\right)^{2n}$$

$$= \sum_{n=0}^{\infty} \frac{(-1)^n}{n!\,(m+n)!} \left(\frac{z}{2}\right)^{2n+m}.$$

Der Verlauf der ersten Besselfunktionen ist in der Figur gegeben. Wir sehen, daß für große Argumente die Besselfunktionen einen ähnlichen Verlauf wie die trigonometrischen Funktionen Sinus oder Cosinus nehmen.

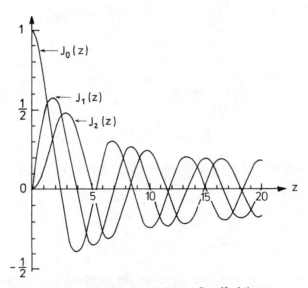

Graphische Darstellung der niedrigsten Besselfunktionen.

Nun können wir sofort die Lösungen unserer Differentialgleichung hinschreiben:

$$V_m(r,\varphi) = c_m J_m(kr) \sin(m\varphi + \delta).$$

Die Membran kann an ihrem Rand $r = a$ nicht schwingen, d.h. die Randbedingung lautet

$$V(a, \varphi) = 0 \qquad \text{für alle} \quad \varphi.$$

Daraus erhalten wir die Bedingung

$$J_m(k \cdot a) = 0,$$

aus der sich die Eigenfrequenzen bestimmen lassen. Dazu müssen wir die Nullstellen der Besselfunktion finden:

$$J_0(z) = 1 - \frac{z^2}{4} + \frac{z^4}{64} - + \cdots = 0,$$

$$J_1(z) = \frac{z}{2} - \frac{z^3}{16} + \frac{z^5}{384} - + \cdots = 0, \quad \text{usw..}$$

Diese Nullstellen lassen sich – außer den trivialen für $z = 0$ – im allgemeinen nicht exakt bestimmen; sie müssen mit numerischen Methoden ermittelt werden. Bezeichnen wir die n-te Nullstelle der Funktion $J_m(z)$ mit $z_n^{(m)}$, so ergibt sich folgende Tabelle für die Werte der ersten $z_n^{(m)}$:

n \ m	0	1	2	3	4	5
1	2.41	3.83	5.14	6.38	7.59	8.77
2	5.52	7.02	8.42	9.76	11.06	12.34
3	8.65	10.17	11.62	13.02	14.37	15.70
4	11.79	13.32	14.80	16.22	17.62	18.98
5	14.93	16.47	17.96	19.41	20.83	22.22
6	18.07	19.62	21.12	22.51	24.02	25.43
7	21.21	22.76	24.27	25.75	27.20	28.63
8	24.35	25.90	27.42	28.91	30.37	31.81
9	27.49	29.05	30.57	32.07	33.51	34.99

Tabelle 1: Nullstellen der Besselfunktionen

Brauchbare Näherungslösungen lassen sich auch erhalten, indem man die Asymptotik der Besselfunktionen für $z \to \infty$ betrachtet. Dann ist nämlich

$$J_m(z) \longrightarrow \sqrt{\frac{2}{mz}} \cos\left(z - \frac{m\pi}{2} - \frac{\pi}{4}\right).$$

Auf einen Beweis verzichten wir hier. Ein Blick auf den Kurvenverlauf der Besselfunktionen zeigt die enge Analogie mit der Cosinusfunktion für große Agrumente.

Hieraus lassen sich Nullstellen gewinnen:

$$\cos\left(\bar{z}_n^{(m)} - \frac{m\pi}{2} - \frac{\pi}{4}\right) = 0$$

$$\Rightarrow \quad \bar{z}_n^{(m)} - \frac{m\pi}{2} - \frac{\pi}{4} = n\pi - \frac{\pi}{2},$$

$$\bar{z}_n^{(m)} = n\pi + \frac{m\pi}{2} - \frac{\pi}{4} = (4n + 2m - 1)\frac{\pi}{4}.$$

Ein Vergleich dieser Werte mit den exakten aus Tabelle 1 zeigt, daß man besonders für n groß gegen m gute Werte als Näherung erhält:

	$m = 0$ $z_n^{(0)}$	$\bar{z}_n^{(0)}$	$m = 5$ $z_n^{(5)}$	$\bar{z}_n^{(5)}$
$n = 1$	2.41	2.36	8.77	10.21
$n = 2$	5.52	5.49	12.34	13.35
...	... ...	...	... ...	...
$n = 9$	27.49	27.49	34.99	35.34

Tabelle 2: Vergleich der exakten Nullstellen der Besselfunktionen mit den aus der asymptotischen Näherung gewonnenen.

Mit den exakten Lösungen $z_n^{(m)}$ ergibt sich die Randbedingung

$$k_n^{(m)} \cdot a = z_n^{(m)} \qquad k_n^{(m)} = \frac{1}{a} \cdot z_n^{(m)}.$$

Für die Eigenfrequenzen finden wir

$$\omega_n^{(m)} = k_n^{(m)} \cdot c = \frac{c}{a} \cdot z_n^{(m)} = \omega_0 \cdot z_n^{(m)}.$$

Unsere Tabelle 1 gibt also gleichzeitig die Werte für das Verhältnis $\omega_n^{(m)}/\omega_0$ an. Tragen wir alle diese Eigenfrequenzen auf einem Strahl auf, so ergibt sich folgendes Bild:

Lineare Darstellung der Eigenfrequenzen der runden Membran.

Die Abstände zwischen den einzelnen Eigenfrequenzen sind völlig regellos. Wir haben es also mit extrem anharmonischen Oberschwingungen zu tun. Dies ist auch der Grund, warum sich Trommeln nur schlecht als Musikinstrumente eignen!

Die allgemeine Lösung der Schwingungsgleichung ist die Überlagerung der Normalschwingungen und lautet nun:

$$u(r, \varphi, t) = \sum_{m,n} c_n^{(m)} J_m(k_n^{(m)} r) \cdot \sin(m\varphi + \delta_m) \cdot \sin(\omega_n^{(m)} t + \delta_n^{(m)}).$$

Die $c_n^{(m)}$ lassen sich dabei in Analogie zur Fourier-Analyse so finden, daß sich $u(r, \varphi, t)$ jeder vorgegebenen Anfangsbedingung $u(r, \varphi, 0)$ oder $\dot{u}(r, \varphi, 0)$ anpassen läßt.

Schließlich wollen wir uns noch einen Überblick über die Knotenlinien der schwingenden Membran verschaffen. In diesen Linien muß

$$u_{m,n}(r, \varphi) = c_n^{(m)} J_m(k_n^{(m)} r) \cdot \sin(m\varphi + \delta_m) = 0$$

sein. Dann erhalten wir Knotenlinien, wenn entweder gilt:

$$J_m(k_n^{(m)} r) = 0;$$

das ist der Fall für

$$r = \frac{z_i^{(m)}}{k_n^{(m)}}, \qquad i = 1, 2, \ldots, n - 1,$$

oder wenn gilt:

$$\sin(m\varphi + \delta_m) = 0,$$

also für Winkel

$$\varphi = \frac{\nu\pi - \delta_m}{m}, \qquad \nu = 1, 2, \ldots, m.$$

Für die ersten Knotenlinien erhalten wir folgende Bilder (mit $\delta_m = 0$):

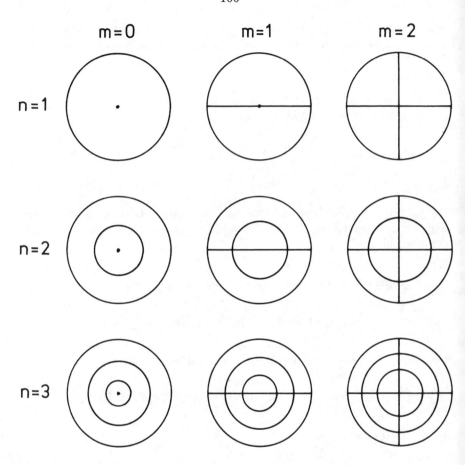

Knotenlinien der kreisförmigen Membran.

10.1 Beispiel zur Vertiefung: Die longitudinale Kette – Die Poincaré'sche Wiederkehrzeit

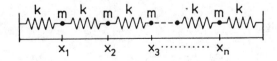

Die Bewegungsgleichungen für ein System mit n schwingenden Massenpunkten, welche durch $n + 1$ Federn gleicher Federkonstanten k verbunden sind, lauten:

$$
\begin{aligned}
m\ddot{x}_1 &= -kx_1 + k(x_2 - x_1) \\
m\ddot{x}_2 &= -k(x_2 - x_1) + k(x_3 - x_2) \\
m\ddot{x}_3 &= -k(x_3 - x_2) + k(x_4 - x_3) \\
&\vdots \\
m\ddot{x}_{n-1} &= -k(x_{n-1} - x_{n-2}) + k(x_n - x_{n-1}) \\
m\ddot{x}_n &= -k(x_n - x_{n-1}) - kx_n.
\end{aligned}
\tag{1}
$$

Das kann mit $\vec{r} = \begin{pmatrix} x_1 \\ x_2 \\ \vdots \\ x_n \end{pmatrix}$ kurz und bündig

$$
m\ddot{\vec{r}} = \widehat{C}k\vec{r}
\tag{2}
$$

geschrieben werden, wobei

$$
\widehat{C} = \begin{pmatrix}
-2 & 1 & & & & \\
1 & -2 & 1 & & & \\
& 1 & -2 & 1 & & \\
& & & \ddots & & \\
& & & 1 & -2 & 1 \\
& & & & 1 & -2
\end{pmatrix}
\quad \text{und} \quad
\vec{r} = \begin{pmatrix} x_1 \\ x_2 \\ \vdots \\ x_n \end{pmatrix}.
\tag{3}
$$

Mit dem Ansatz $\vec{r} = \vec{a}\cos\omega t$, $\vec{a} = \begin{pmatrix} a_1 \\ a_2 \\ \vdots \\ a_n \end{pmatrix}$ suchen wir die Normalmoden:

$$
\underbrace{(k\widehat{C} + m\omega^2)}_{=\widehat{\mathbb{D}}_n(\omega)} \vec{a}\cos\omega t = 0,
$$

$$
\widehat{\mathbb{D}}_n(\omega) = \begin{pmatrix}
m\omega^2 - 2k & k & \\
k & m\omega^2 - 2k & k \\
& & \ddots
\end{pmatrix}
\tag{4}
$$

Bei nichttrivialen Lösungen für $\vec{a}$ verschwindet die Determinante $D_n(\omega)$ der Matrix $\widehat{\mathbb{D}}_n(\omega)$. Weiterhin machen wir auch für die Koeffizienten $\vec{a}$ einen Ansatz mit zu bestimmender Phase δ und γ.

$$
\vec{a} =: (a_j = \sin(j\gamma - \delta), \quad j = 1, \ldots, n).
\tag{5}
$$

Die Auswertung der j-ten Zeile ergibt:

$$
ka_{j-1} + (m\omega^2 - 2k)a_j + ka_{j+1} = 0,
$$

$$
k\sin((j-1)\gamma - \delta) + (m\omega^2 - 2k)\sin(j\gamma - \delta) + k\sin((j+1)\gamma - \delta) = 0
$$

$$
\Rightarrow \quad k\cos\gamma + (m\omega^2 - 2k) + k\cos\gamma = 0
$$

$$\Leftrightarrow \quad \omega^2 = 2\frac{k}{m}(1 - \cos\gamma), \qquad \omega = 2\sqrt{\frac{k}{m}}\sin\frac{\gamma}{2}. \qquad \underline{6}$$

Wir wissen, daß das charakteristische Polynom n Nullstellen hat:

$$\omega_i = 2\sqrt{\frac{k}{m}}\sin\frac{\gamma_i}{2}, \qquad i = 1, 2, \ldots, n. \qquad \underline{7}$$

Die Randbedingungen $a_0 = a_{n+1} = 0$ müssen erfüllt werden. Die erste fordert, daß

$$\sin\delta = 0, \quad \text{also} \quad \delta = l\pi, \ l\varepsilon\mathbb{Z} \quad \text{und daher o.B.d.A.} \ l = 0. \qquad \underline{8}$$

Weiterhin folgt aus der zweiten Randbedingung

$$\sin((n+1)\gamma_i) = 0 \quad \Rightarrow \quad \gamma_i = \frac{i\pi}{n+1}, \quad \text{für alle} \ i \in \{1, n\}. \qquad \underline{9}$$

Fassen wir das Ergebnis für die i-ten Eigenmoden zusammen:

$$\vec{r}_i(t) = \left(\sin\left(j\frac{i\pi}{n+1}\right) \cdot \cos\omega_i t, \qquad j = 1, 2, \ldots, n \right) \qquad \underline{10}$$

mit

$$\omega_i = 2\sqrt{\frac{k}{m}}\sin\frac{i\pi}{2n+2}. \qquad \underline{11}$$

Die allgemeine Lösung von $\underline{1}$ ist eine Superposition der verschiedenen Eigenmoden, also ein Vektor $\vec{r}(t)$ mit den Komponenten $x_j(t)$:

$$x_j(t) = \sum_{i=1}^{n}(c_i \cdot \cos\omega_i t + b_i \sin\omega_i t) \cdot \sin\left(j \cdot \frac{i\pi}{n+1}\right), \quad \text{für} \quad j = 1, 2, \ldots, n. \qquad \underline{12}$$

Die Koeffizienten $\sin\left(j\frac{i\pi}{n+1}\right)$ sind gemäß $\underline{5}, \underline{8}$ und $\underline{11}$ die Komponenten des Eigenvektors zur i-ten Mode und da $\widehat{\mathbb{D}}(\omega)$ symmetrisch ist, stellen letztere eine orthogonale Basis im R^n dar.

$$\sum_{j=1}^{n}\sin\left(j\frac{i\pi}{n+1}\right)\sin\left(j\frac{l\pi}{n+1}\right) = \frac{n+1}{2}\delta_{il}. \qquad \underline{13}$$

Diese Beziehung rechnen wir in der folgenden Aufgabe 10.2 explizit nach. Wir definieren die *orthonormalen Eigenmoden* $\vec{a}_i$:

$$\vec{a}_i = \sqrt{\frac{2}{n+1}}\left\{ \sin\left(j\frac{i\pi}{n+1}\right), \qquad j = 1, 2, \ldots, n, \right\}, \qquad \underline{14}$$

oder ausführlich

$$\vec{a}_i = \sqrt{\frac{2}{n+1}}\left\{ \sin\frac{\pi i}{n+1}, \sin\frac{2\pi i}{n+1}, \ldots, \sin\frac{n\pi i}{n+1} \right\}.$$

Die allgemeine Lösung kann dann

$$\vec{r}(t) = \sum_{i=1}^{n} (c_i \cos \omega_i t + b_i \sin \omega_i t) \vec{a}_i \qquad \underline{15}$$

geschrieben werden. Es erhebt sich nun folgende interessante Frage: Sei das System aus n Massenpunkten (Freiheitsgraden) zur Zeit t_0 bei $\vec{r}(t_0) = \vec{r}_0$ mit der Geschwindigkeit $\dot{\vec{r}}(t_0) = \dot{\vec{r}}_0$. Das System bewegt sich aus dieser Konfiguration fort, doch kann es nach einer gewissen Zeit τ der Ausgangskonfiguration wieder nahe kommen; ja möglicherweise gar in genau die Anfangskonfiguration zurückkehren. Wir nennen diese Zeit τ die *Poincaré'sche Wiederkehrzeit*. Zur Frage der Poincaré'schen Wiederkehrzeit schaut man sich die Differenz des aktuellen zeitabhängigen Zustandsvektors im Phasenraum $(\vec{r}(t), \dot{\vec{r}}(t))$ zum Startvektor $(\vec{r}_0, \dot{\vec{r}}|_{t=0})$ an:

$$\varepsilon(t) =: \sqrt{||\vec{r}(t) - \vec{r}_0||^2 + ||\dot{\vec{r}}(t) - \dot{\vec{r}}|_{t=0}||_\Omega^2}. \qquad \underline{16}$$

Mit dem Index Ω bei dem 2. Skalarprodukt für die Geschwindigkeiten ist eine diagonale Gewichtsmatrix Ω angedeutet, die man zweckmäßigerweise in diese Norm miteinbezieht:

$$\Omega = \begin{pmatrix} \frac{1}{\omega_1^2} & & & \\ & \frac{1}{\omega_2^2} & & \\ & & \ddots & \\ & & & \frac{1}{\omega_n^2} \end{pmatrix} ; \qquad \underline{17}$$

ω_i sind die Eigenfrequenzen. Auf diese Weise werden die durch die Differentiation von $\vec{r}$ in $\underline{15}$ erhaltenen Faktoren ω_i herausdividiert. So wird sicher gestellt, daß beide Terme unter der Wurzel in $\underline{16}$ dieselbe Dimension besitzen. O.B.d.A. formulieren wir mit $\underline{15}$ folgende Anfangswertaufgabe:

$$\vec{r}(0) = \vec{r}_0 = \sum_{i=1}^{n} c_i \vec{a}_i \,,$$

$$\dot{\vec{r}}(0) = \dot{\vec{r}}_0 = 0 = \sum_{i=1}^{n} b_i \vec{a}_i \omega_i \qquad \Rightarrow \qquad b_i = 0 \quad \text{für alle } i.$$

Für diese Wahl sieht der Abstand $\varepsilon(t)$ im Phasenraum, gegeben durch Gleichung $\underline{16}$, wie folgt aus:

$$\varepsilon(t) = \sqrt{\vec{r}_0 \cdot \vec{r}_0 - 2\vec{r}_0 \cdot \sum_i c_i \cos \omega_i t \, \vec{a}_i + \sum_i c_i^2 \cos^2 \omega_i t + \sum_i c_i^2 \sin^2 \omega_i t}. \qquad \underline{18}$$

Wegen $\vec{r}_0 = \sum_i c_i \vec{a}_i$ wird daraus

$$\varepsilon(t) = \sqrt{\sum_{i=1}^{n} c_i^2 (1 - 2\cos\omega_i t + \underbrace{\cos^2 \omega_i t + \sin^2 \omega_i t}_{=1})}$$

$$= 2\sqrt{\sum_{i=1}^{n} c_i^2 \sin^2 \frac{\omega_i t}{2}}. \qquad \underline{19}$$

Man kann sich leicht klarmachen, daß dieser Ausdruck nach $t = 0$ nur dann wieder verschwindet, wenn die Eigenfrequenzen ω_i ein rationales Verhältnis zueinander haben. Im allgemeinen Fall ist $\varepsilon(t)$ nur *bedingt-periodisch*. Dieser Begriff wird weiter unten präziser erklärt. Zunächst betrachten wir den rein periodischen Fall. Die Periode wird dann durch die niedrigste unter den bei einem rationalen Verhältnis stehenden Frequenzen

$$\omega_i = 2\sqrt{\frac{k}{m}} \sin \frac{i\pi}{2n+2} \qquad \underline{20}$$

bestimmt. Nennen wir sie $\widetilde{\omega} = q \cdot \omega_1 \quad (q \in \mathbb{Z}_+)$

$$\widetilde{\omega} = 2q\sqrt{\frac{k}{m}} \sin \frac{\pi}{2n+2} \approx 2q\sqrt{\frac{k}{m}} \frac{\pi}{2n+2}. \qquad \underline{21}$$

Die letzte Näherung gilt für $n \gg 1$ (viele Massenpunkte). Dieser Frequenz entspricht die Zeit

$$\tau = \frac{2\pi}{q\omega_1} = 2\sqrt{\frac{m}{k}} \cdot \frac{n+1}{q}. \qquad \underline{22}$$

Es ist die *Poincaré'sche Wiederkehrzeit,* denn nach dieser Zeit wird $\varepsilon(t)$ wieder Null, d.h. die Ausgangskonfiguration im Phasenraum wird nach der Zeit τ wieder angenommen. Für sehr viele Massenpunkte ($n \to \infty$) strebt

$$\tau \to \infty \quad \text{für} \quad n \to \infty. \qquad \underline{23}$$

Das ist ein wichtiges und physikalisch plausibles Ergebnis: Nachdem eine Ausgangskonfiguration präpariert wurde, entwickelt sich das System im Laufe der Zeit von dieser fort. Irgendwann, eben nach der Poincaré'schen Wiederkehrzeit, kommt der Bewegungszustand des Systems in den Ausgangszustand zurück (oder im allgemeinen Fall diesem sehr nahe). Im Fall so vieler Freiheitsgrade läuft aber das System "auf und davon" und die Wiederkehrzeit wird ∞ groß. Wird z.B. eine der n über Federn gekoppelten Massen, z.B. die erste, angestoßen (das entspricht der Vorgabe von $\vec{r}_0$ und $\dot{\vec{r}}_0$), so wird sich die Energie dieser Bewegung mehr und mehr auf die anderen Massen verteilen. Nach der Poincaré-Zeit τ wird aber die erste Masse alle Energie wieder zurückerhalten haben. Lediglich im Fall ∞ vieler gekoppelter Massen wird das nicht mehr eintreten, weil $\tau \to \infty$. Das ist für das statistische Verhalten von Teilchensystemen von großer Bedeutung.

Zur Ergänzung: Periodische Systeme mit mehreren Freiheitsgraden –
Bedingt periodische Systeme
Unter einem periodischen System mit mehreren Freiheitsgraden wollen wir ein
System verstehen, für welches entsprechend Gleichung 18 die zur Beschreibung
herangezogenen orthogonalen Koordinaten periodische Funktionen sind:

$$\vec{r}_i = \vec{a}_i \cos \omega_i t. \qquad \underline{24}$$

Die Größen $\tau_i = 2\pi/\omega_i$ sind die zu den Koordinaten x_i gehörigen Periodendauern.
In Analogie zu 12 bzw. 15 entwickeln wir den allgemeinen Konfigurationsvektor
$\vec{r}(t)$ in eine Fourier-Reihe

$$\vec{r}(t) = \sum_i (c_i \cos \omega_i t + b_i \sin \omega_i t)\vec{a}_i. \qquad \underline{25}$$

Hinsichtlich der Zeit t stellt nun die Fourier-Reihe 25 im allgemeinen keine periodische Funktion mehr dar, obwohl jeder einzelne Term periodisch ist. Nur für solche
Freiheitsgrade, deren zugehörige Frequenzen $\omega_1, \omega_2, \ldots$ in einem rationalen Zahl-
verhältnis zueinander stehen, ist die Periodizität gesichert. Deshalb spricht man
bei Systemen mit mehreren Freiheitsgraden von *bedingt-periodischen Systemen*.
Die Anzahl der Frequenzen, die in einem rationalen Zahlenverhältnis zueinander
stehen, bestimmt den *Entartungsgrad des Systems*. Bestehen keine solchen Relationen, so ist das System *nicht entartet*. Sind alle Frequenzen miteinander rational
verknüpft, so heißt das System *völlig entartet*. In diesem Fall haben wir es mit
einer *periodischen Zeitfunktion* zu tun.
Das früher behandelte Kepler-Problem ist ein Beispiel für ein System mit 2 Freiheitsgraden (r, φ), das entartet ist, also nur eine Frequenz aufweist. Durch An-
bringung einer Störung, z. B. eines quadrupolartigen Potentials mit der typischen
$1/r^3$-Abhängigkeit, läßt sich die Entartung aufheben, wodurch eine Art Rosetten-
bewegung entsteht.
Als Beispiel für eine bedingt-periodische Bewegung führen wir den anisotropen
linearen harmonischen Oszillator an, bei dem es sich um einen Massenpunkt
handelt, dessen Federkonstanten in den verschiedenen kartesischen Richtungen
verschieden sind. Die Bahnkurve des Massenpunktes ist eine *Lissajous-Figur,* die
sich nicht schließt und im Laufe der Zeit den durch die Amplituden gegebenen
Quader dicht überdeckt. Erst im Falle der Entartung kommt es zu Periodizitäten
der Bewegung.
Wir haben bei der Diskussion der Poincaré'schen Wiederkehrzeit eine periodische
Bewegung angenommen. Im Fall einer bedingt periodischen Bewegung liegen die
Verhältnisse – wie nicht anders zu erwarten – ganz analog. Dort ist es nur so, daß
nach der Poincaré'schen Wiederkehrzeit τ die Konfigurationsvektoren $\vec{r}(t)$, $\dot{\vec{r}}(t)$
der Ausgangskonfiguration $\vec{r}_0$, $\dot{\vec{r}}_0$ sehr nahe kommen. Die Ausgangskonfiguration
wird also nicht mehr angenommen, aber nach der Zeit τ "fast" wieder erreicht. Wir
verweisen zur weiteren Diskussion auf die Literatur.

10.2 Aufgabe: Zeigen Sie die Orthogonalitätsbeziehung für die Eigenmoden

$$\sum_{i=1}^{n} \sin\left(j\,\frac{i\pi}{n+1}\right) \sin\left(j\,\frac{l\pi}{n+1}\right) = \left(\frac{n+1}{2}\right)\delta_{il},$$

die in Gleichung 13 des letzten Beispiels explizit benutzt werden.

Lösung: Der Nachweis für die Orthogonalität der Eigenvektoren:

$$d_{il} = \sum_{j=1}^{n} \sin\left(i\,\frac{\pi}{n+1}j\right) \sin\left(l\,\frac{\pi}{n+1}j\right)$$

$$= \frac{1}{2}\sum_{j=1}^{n}\left\{\cos\frac{(k-l)\pi}{n+1}j - \cos\frac{(k+l)\pi}{n+1}\right\}.$$

Vor den weiteren Ausführungen ist es nützlich, die Summe der folgenden Reihe zu berechnen:

$$\sum_{k=1}^{n}\cos kx = \frac{\sin(xn/2)\cos x(n+1)/2}{\sin x/2} = \frac{\cos(xn/2)\sin x(n+1)/2}{\sin x/2} - 1. \qquad \underline{2}$$

Man kommt leicht auf dieses Ergebnis, wenn man den Cosinus mit Hilfe von Exponentialfunktionen schreibt und dann die Summe als geometrische Reihe auswertet.
Der Fall $k = l$ ergibt

$$d_{kk} = \frac{1}{2}\left(n - \sum_{j=1}^{n}\cos\frac{2k\pi}{n+1}j\right) = \frac{1}{2}\left(n+1 - \frac{\cos\frac{kn\pi}{n+1}\sin k\pi}{\sin\frac{k\pi}{n+1}}\right) = \frac{1}{2}(n+1), \qquad \underline{3}$$

weil $\sin k\pi = 0$ ist, für alle k.
Im Fall $k \neq l$ werten wir die Summen in beiden Alternativen, angeboten in $\underline{2}$, aus:

$$d_{kl} = \frac{1}{2}\left\{\frac{\cos\frac{(k-l)\pi n}{(n+1)2}\sin\frac{(k-l)\pi}{2}}{\sin\frac{(k-l)\pi}{2(n+1)}} - \frac{\cos\frac{(k+l)\pi n}{(n+1)2}\sin\frac{(k+l)\pi}{2}}{\sin\frac{(k+l)\pi}{2(n+1)}}\right\}, \qquad \underline{4}$$

$$d_{kl} = \frac{1}{2}\left\{\frac{\sin\frac{(k-l)\pi n}{(n+1)2}\cos\frac{(k-l)\pi}{2}}{\sin\frac{(k-l)\pi}{2(n+1)}} - \frac{\sin\frac{(k+l)\pi n}{2(n+1)}\cos\frac{(k+l)\pi}{2}}{\sin\frac{(k+l)\pi}{2(n+1)}}\right\}. \qquad \underline{5}$$

Das Verschwinden von d_{kl} ($k \neq l$) sieht man für gerade $k - l$, und damit auch $k + l$, unmittelbar in $\underline{4}$ ein und für $k - l$ und $k + l$ ungerade ist es in $\underline{5}$ zu sehen.

Zur Ergänzung: Alles schon mal dagewesen – ein physikalisches Theorem?

Gegen Ende des 19. Jahrhunderts griffen zahlreiche Physiker in eine Diskussion ein, die sich mit der Hypothese beschäftigte, daß sich der Lauf der Welt in ewigen Kreisen wiederholt. Hauptsächlich wurde dieses Interesse durch die Arbeiten von Henri Poincaré (1854–1912) angeregt. Auch einen Philosophen wie Friedrich Nietzsche (1844–1900) verführte dieses Theorem zu einem kurzen Gastspiel in der Physik. Die ersten noch ungereimten Gedankenspielereien und Spekulationen, die in diese Richtung gingen, kamen aus noch fast unwissenschaftlich zu nennenden Versuchen, das Phänomen Wärme zu erklären. Der Lord of Verulam (1561–1626), Francis Bacon, hatte schon die Wärme als eine Form der Bewegung erkannt, aber keine quantitative Theorie aufbauen können, mangels systematischer Untersuchungen hatte er die Wärmeentwicklung in Misthaufen in seine Betrachtung einbezogen. Das Thema zog immer mehr Akteure aus den Bereichen der Physik, Metaphysik, Philosophie, Politik und Theologie in ihren Bann. Aus Poincaré's Arbeiten in dieser Zeit wollen wir hier zwei Zitate wiedergeben. Henri Poincaré im Jahre 1893 in der "Revue für Metaphysik und Moral": "Jedermann kennt die mechanistische Weltauffassung, die so viele gute Leute verführt hat, und die verschiedenen Formen, in denen sie auftritt. Einige stellen sich die materielle Welt als aus Atomen zusammengesetzt vor, die sich aufgrund ihrer Trägheit auf Geraden bewegen und ihre Geschwindigkeit nur ändern, wenn zwei Atome zusammenstoßen. Andere nehmen an, daß die Atome eine Anziehung oder Abstoßung aufeinander ausüben, die von ihrem Abstand abhängt. Die folgenden Überlegungen werden für beide Standpunkte zutreffen.

Es würde vielleicht angebracht sein, hier die metaphysischen Schwierigkeiten zu diskutieren, mit denen diese Auffassungen zu tun haben, ich besitze aber dazu nicht die erforderliche Sachkenntnis. Ich will mich daher hier mit den Hindernissen befassen, denen die Mechanisten begegnet sind, als sie ihr System mit den experimentellen Tatsachen in Einklang bringen wollten, und mit den Anstrengungen, die sie unternommen haben, um diese Hindernisse zu überwinden oder sie zu umgehen.

Nach der mechanistischen Hypothese müssen alle Erscheinungen umkehrbar sein; die Sterne beispielsweise könnten ihre Bahnen auch im umgekehrten Sinne durchlaufen, ohne die Newtonschen Gesetze zu verletzen. Reversibilität ist eine Folge aller mechanistischen Hypothesen."

"Ein leicht zu beweisender Satz sagt uns, daß eine beschränkte Welt, die nur von den Gesetzen der Mechanik beherrscht wird, immer wieder durch einen Zustand gehen wird, der sehr nahe bei ihrem Anfangszustand liegt. Andererseits strebt das Weltall den angenommenen experimentellen Gesetzen infolge einem gewissen Endzustand zu, von dem es nie abgehen wird. In diesem Endzustand, der eine Art von Tod darstellt, werden alle Körper bei derselben Temperatur in Ruhe sein." Die so hervorgerufenen Zweifel, die die sich entwickelnde Theorie der Wärme auf Grund einer nicht reversiblen Bewegung atomistischer Teilchen begleiteten, sind bis heute noch nicht klar beseitigt worden.

Ein klassisches Anschauungsbeispiel zum Poincaré'schen "Wiederkehreinwand" ist der zuerst abgeteilte Behälter, gefüllt in der einen Hälfte mit Gas, in dem sich nach dem Herausnehmen der Trennwand das Gas gleichmäßig verteilt. So teilt uns die Erfahrung auf jeden Fall diesen physikalischen Ablauf mit und eine Umkehrung dieses "irreversiblen Vorganges" beobachtet man in der Praxis nie. Poincaré dachte aber gar nicht an eine Umkehrung, sondern an den Zufall, der die Teilchen aus der Hälfte heraus führte. Dieser sollte sie nach "angemessener" Zeit auch wieder zurückführen in diese Ausgangshälfte.

1955 beschäftigten sich Fermi, John Pasta und Ulan mit einem Problem, das unserem Beispiel 10.1 gleicht bis auf die zusätzliche Mitnahme eines nichtlinearen Kopplungsterms. Ihr Interesse konzentrierte sich darauf mit Hilfe der ersten Computer solche wiederkehrende Abläufe zu finden, wie wir sie bei unserem rein linearen Problem suchten. Zu ihrer Überraschung fanden sie ein fast perfektes Sichwiedereinfinden der Anfangsbedingungen nach unterschiedlich großer Zahl von Oszillationen. Die Untersuchungen und Betrachtungen solcher Eigenschaften von nichtlinearen Wellengleichungen dauern bis heute an und haben Eingang bis in die Elementarteilchentheorie gefunden (Solitonen).

IV. Mechanik der starren Körper

11. Rotation um eine feste Achse

Wie wir bereits in Kapitel 4 gesehen haben, hat ein starrer Körper sechs Freiheitsgrade; drei der Translation und drei der Rotation. Die allgemeinste Bewegung eines starren Körpers läßt sich in die Translation eines Körperpunktes und die Rotation um eine Achse durch diesen Punkt zerlegen (Satz von Chasles). Im allgemeinen Fall wird die Rotationsachse natürlich auch ihre Richtung verändern. Hier wird auch die Bedeutung der sechs Freiheitsgrade noch einmal klar: Die drei Translationsfreiheitsgrade geben die Koordinaten des einen Körperpunktes an, zwei der Rotationsfreiheitsgrade bestimmen die Richtung der Rotationsachse und der dritte den Drehwinkel um diese Achse. Wird ein Punkt des starren Körpers festgehalten, so entspricht jede Auslenkung einer Drehung des Körpers um eine Achse durch diesen Fixpunkt (Satz von Euler). Es gibt also eine Achse (durch den Fixpunkt) derart, daß das Ergebnis mehrerer hintereinander durchgeführter Drehungen durch eine *einzige* Drehung um diese Achse ersetzt werden kann.

Bei einem ausgedehnten Körper ist das Verschwinden der Summe aller angreifenden Kräfte als Gleichgewichtsbedingung nicht mehr ausreichend. Zwei entgegengesetzt gleiche Kräfte $-\vec{F}$ und $\vec{F}$, die an zwei Punkten eines Körpers mit dem Abstandsvektor $\vec{l}$ angreifen, bezeichnet man als *Kräftepaar*. Ein Kräftepaar bewirkt unabhängig vom Bezugspunkt das Drehmoment

$$\vec{D} = \vec{l} \times \vec{F}.$$

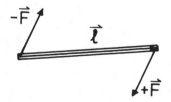

Ein Kräftepaar bewirkt ein Drehmoment.

Während das Drehmoment auf einen Massenpunkt immer auf einen festen Punkt bezogen ist, ist das Drehmoment des Kräftepaares völlig frei und im Raum verschiebbar.

Die an einem starren Körper angreifenden Kräfte können immer durch eine an einem beliebigen Punkt angreifende Gesamtkraft und ein Kräftepaar ersetzt werden. Dies läßt sich leicht am Beispiel einer Kraft zeigen.

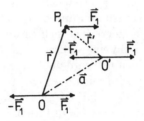

Die Kräfte am starren Körper sind einer Gesamtkraft und einem Kräftepaar äquivalent.

Im Punkt P_1 greift die Kraft $\vec{F}_1$ an. Wir ändern nichts, wenn wir in $0'$ die Kräfte $-\vec{F}_1$ und $\vec{F}_1$ wirken lassen. Die in P_1 angreifende Kraft $\vec{F}_1$ und die in $0'$ angreifende Kraft $-\vec{F}_1$ werden zum Kräftepaar zusammengefaßt, übrig bleibt die Kraft $\vec{F}_1$ in $0'$.

Greifen mehrere Kräfte an, so fassen wir sie zur Resultierenden zusammen: $\vec{F} = \sum_i \vec{F}_i$.

Das Drehmoment ist dann gegeben durch $\vec{D} = \sum_i \vec{r}_i' \times \vec{F}_i$.

Ein ausgedehnter Körper ist genau dann im Gleichgewicht, wenn Gesamtkraft und Gesamtdrehmoment verschwinden:

$$\sum_i \vec{F}_i = 0$$

und

$$\sum_i \vec{r}_i' \times \vec{F}_i = 0.$$

(Gleichgewichtsbedingung im Punkt $0'$).

Bei der Berechnung der Gleichgewichtsbedingung ist der Punkt, von dem die Vektoren $\vec{r}_i$ ausgehen (Bezugspunkt der Momente), beliebig. In der Tat folgt für den Punkt 0 (siehe Figur)

$$\sum_i \vec{F}_i = 0$$

und

$$\sum_i \vec{r}_i \times \vec{F}_i = \sum_i (\vec{a} + \vec{r}_i{}') \times \vec{F}_i = \vec{a} \times \sum_i \vec{F}_i + \sum_i \vec{r}_i{}' \times \vec{F}_i = 0,$$

also auch wieder die Bedingung, daß die Summe aller Kräfte und die aller Drehomente verschwinden müssen.

Das Trägheitsmoment (elementare Betrachtung)

Ein starrer Körper dreht sich um eine räumlich fixierte Rotationsachse z. Ersetzen wir in der kinetischen Energie die Geschwindigkeit durch die Winkelgeschwindigkeit $v_i = \omega \cdot r_i$, so ergibt sich:

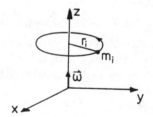

Rotation um die feste z-Achse mit der Winkelgeschwindigkeit $\vec{\omega}$.

$$T = \sum_i \frac{1}{2} m_i v_i^2 = \frac{1}{2} \omega^2 \sum_i m_i r_i^2 = \frac{1}{2} \Theta \omega^2.$$

Analog folgt für den Drehimpuls in z-Richtung:

$$L_z = \sum_i m_i r_i v_i = \omega \sum_i m_i r_i^2 = \Theta \omega.$$

Hierbei ist r_i der Abstand des i-ten Massenelementes von der z- Achse. Die in beiden Beziehungen auftretende Summe bezeichnet man als das *Trägheitsmoment* bezüglich der Rotationsachse. Es ist

$$\Theta = \sum_i m_i r_i^2.$$

Zur Berechnung der Trägheitsmomente ausgedehnter kontinuierlicher Systeme gehen wir von der Summe zum Integral über, d. h.

$$\Theta = \int\limits_{\text{Körper}} r^2 \, dm = \int\limits_{\text{Körper}} r^2 \varrho \, dV,$$

wenn ϱ die Dichte angibt.

Bei einem räumlich ausgedehnten, nicht axialsymmetrischen starren Körper, der um die z-Achse rotiert, können auch Komponenten des Drehimpulses senkrecht zur z-Achse auftreten:

$$\vec{L} = \sum_\nu m_\nu \vec{r}_\nu \times \vec{v}_\nu = \sum_\nu m_\nu \vec{r}_\nu \times (\vec{\omega} \times \vec{r}_\nu)$$

$$= \sum_\nu m_\nu \omega (x_\nu, y_\nu, z_\nu) \times (-y_\nu, x_\nu, 0)$$

$$= \omega \sum_\nu (-x_\nu z_\nu, -y_\nu z_\nu, x_\nu^2 + y_\nu^2) m_\nu.$$

Da der Körper so gelagert ist, daß die Drehachse konstant festgehalten wird, treten in den Lagern Drehmomente (Lagermomente) $\vec{D} = \dot{\vec{L}}$ auf. Sie können durch "Auswuchten" zum Verschwinden gebracht werden. Beim "Auswuchten" werden zusätzliche Massen so angebracht, daß die *Deviationsmomente*

$$- \sum_\nu x_\nu z_\nu m_\nu , \qquad \text{bzw.} \qquad - \sum_\nu y_\nu z_\nu m_\nu$$

verschwinden.

11.1 Beispiel: Wir bestimmen das Trägheitsmoment eines homogenen Kreiszylinders der Dichte ϱ um seine Symmetrieachse. Dem Problem angepaßt, benutzen wir Zylinderkoordinaten. Das Volumenelement ist dann $dV = r \, dr \, d\varphi \, dz$ und $dm = \varrho \, dV$. Das Trägheitsmoment um die z-Achse lautet dann

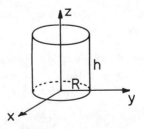

Ein homogener Zylinder rotiert um seine Achse.

$$\Theta = \int\limits_{\text{Zylinder}} r^2 \, dm = \varrho \int\limits_0^{2\pi} d\varphi \int\limits_0^h dz \int\limits_0^R r^3 \, dr;$$

die Integration über Winkel und z-Koordinate ergibt

$$\Theta = 2\pi h\varrho \int\limits_0^R r^3 \, dr.$$

Integration über den Radius bringt:

$$\Theta = \frac{\pi}{2} h\varrho R^4 = \varrho\pi R^2 h \frac{R^2}{2} = \frac{1}{2} MR^2.$$

Satz von Steiner*

Ist das Trägheitsmoment Θ_s für eine Achse durch den Schwerpunkt S eines starren Körpers bekannt, dann erhält man das Trägheitsmoment Θ für eine beliebige *parallele* Achse mit dem Abstand b vom Schwerpunkt durch die Beziehung

$$\Theta = \Theta_s + Mb^2.$$

Ist AB die Achse durch den Schwerpunkt und $A'B'$ die dazu parallele mit dem Einheitsvektor $\vec{e}$ entlang der Achse, so läßt sich das folgendermaßen zeigen:

$$\Theta_{AB} = \sum_\nu m_\nu (\vec{r}_\nu \times \vec{e})^2, \qquad \Theta_{A'B'} = \sum_\nu m_\nu (\vec{r}_\nu' \times \vec{e})^2.$$

---

* *Steiner*, Jakob, geb. 18.3.1796 Utzenstorf, gest. 1.4.1863 Bern. – S. war Sohn eines Bauern und wuchs ohne Schulbildung auf. Erst durch Pestalozzi in Yverdon wurde ihm erstes Wissen vermittelt. S. studierte anschließend in Heidelberg, war dann als Lehrer der Mathematik in Berlin tätig, ehe er 1834 außerordentl. Professor an der dortigen Universität wurde. – S. gilt als der Neubegründer der synthetischen Geometrie, die er systematisch aufbaute. Er befaßte sich mit geometrischen Konstruktion und isoperimetrischen Problemen. Eine Eigentümlichkeit seines Werkes ist das fast vollständige Vermeiden von analytischen und algebraischen Methoden bei geometrischen Untersuchungen.

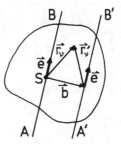

Zum Steiner'schen Satz.

Der Zusammenhang zwischen $\vec{r}_\nu$ und $\vec{r}'_\nu$ ist durch die Skizze gegeben. Offensichtlich ist $\vec{r}'_\nu = -\vec{b} + \vec{r}_\nu$ und daher

$$
\begin{aligned}
\Theta_{A'B'} &= \sum_\nu m_\nu ((-\vec{b} + \vec{r}_\nu) \times \vec{e})^2 \\
&= \sum_\nu m_\nu [(-\vec{b} \times \vec{e}) + (\vec{r}_\nu \times \vec{e})]^2 \\
&= \sum_\nu m_\nu (-\vec{b} \times \vec{e})^2 + 2 \sum_\nu m_\nu (-\vec{b} \times \vec{e}) \cdot (\vec{r}_\nu \times \vec{e}) + \sum_\nu m_\nu (\vec{r}_\nu \times \vec{e})^2 \\
&= Mb^2 + \Theta_{AB}.
\end{aligned}
$$

Der mittlere Term verschwindet, weil

$$
2(-\vec{b} \times \vec{e}) \cdot \left(\sum_\nu m_\nu \vec{r}_\nu \right) \times \vec{e} = 0,
$$

denn S ist der Schwerpunkt und daher $\sum_\nu m_\nu \vec{r}_\nu = 0$.

Sind bei einer *ebenen* Massenverteilung die Trägheitsmomente Θ_{xx}, Θ_{yy} in der x-y-Ebene bekannt, so gilt für das Trägheitsmoment Θ_{zz} bezüglich der z-Achse

$$
\Theta_{zz} = \Theta_{xx} + \Theta_{yy}.
$$

Ist nämlich $r_\nu = \sqrt{x_\nu^2 + y_\nu^2}$ der Abstand des Massenelementes von der z-Achse, so gilt

$$
\Theta_{zz} = \sum_\nu m_\nu r_\nu^2 = \sum_\nu m_\nu x_\nu^2 + \sum_\nu m_\nu y_\nu^2,
$$

d. h.

$$
\Theta_{zz} = \Theta_{yy} + \Theta_{xx}.
$$

11.2 Beispiel: Wir betrachten das Trägheitsmoment einer dünnen rechteckigen Scheibe der Dichte ϱ. Für die Berechnung des Trägheitsmomentes um die x-Achse nehmen wir als Massenelement $dm = \varrho a \, dy$. Es ergibt sich dann:

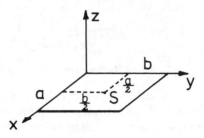

Eine rechteckige, ebene Massenverteilung.

$$\Theta_{xx} = \int\limits_0^b y^2 a \varrho \, dy = a \varrho \frac{b^3}{3} = \frac{1}{3} M b^2.$$

Das Moment um die y-Achse folgt analog

$$\Theta_{yy} = \frac{1}{3} M a^2.$$

Aus $\Theta_{zz} = \Theta_{xx} + \Theta_{yy}$ erhalten wir dann

$$\Theta_{zz} = \frac{1}{3} M(a^2 + b^2).$$

Das Trägheitsmoment um eine senkrechte Achse durch den Schwerpunkt bekommen wir nach dem Satz von Steiner aus dem Trägheitsmoment um die z-Achse:

$$\Theta_{zz} = \Theta_s + M \left(\sqrt{\left(\frac{a}{2}\right)^2 + \left(\frac{b}{2}\right)^2} \right)^2 = \Theta_s + M \frac{a^2 + b^2}{4},$$

$$\Theta_s = \Theta_{zz} - \frac{M}{4}(a^2 + b^2) = M(a^2 + b^2)\left(\frac{1}{3} - \frac{1}{4}\right),$$

$$\Theta_s = \frac{M}{12}(a^2 + b^2).$$

Das physikalische Pendel

Ein beliebiger starrer Körper mit dem Schwerpunkt S ist an einer Achse durch den Punkt P drehbar aufgehängt. Der Abstandsvektor $\overrightarrow{PS}$ ist $\vec{r}$. Weiterhin

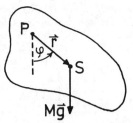

Ein Körper der Masse M ist im Punkt P aufgehängt.

ist Θ_0 das Trägheitsmoment des Körpers um eine horizontale Achse durch P, M die Gesamtmasse. Wird der Körper nun im Gravitationsfeld aus seiner Ruhelage ausgelenkt, so führt er Pendelbewegungen aus. Bei einer Auslenkung wirkt das Drehmoment

$$\vec{D} = \sum_\nu \vec{r}_\nu \times m_\nu \vec{g} = \sum_\nu m_\nu \vec{r}_\nu \times \vec{g} = M\vec{r} \times \vec{g} = -aMg\sin\varphi\,\vec{k},$$

wobei $\vec{k}$ ein Einheitsvektor ist, der in der Figur aus dem Blatt herauszeigt und $|\vec{r}| = a$. Die Winkelgeschwindigkeit ist dann

$$\vec{\omega} = +\vec{k}\frac{d\varphi}{dt}.$$

aus der Beziehung $\vec{D} = \dot{\vec{L}} = \Theta_0\dot{\vec{\omega}}$ erhalten wir damit

$$-aMg\sin\varphi = \Theta_0\frac{d^2\varphi}{dt^2} \qquad \text{oder} \qquad \frac{d^2\varphi}{dt^2} + \frac{aMg}{\Theta_0}\sin\varphi = 0.$$

Für kleine Auslenkungen ersetzen wir $\sin\varphi$ durch φ; mit der Abkürzung $\Omega = \sqrt{aMg/\Theta_0}$ ergibt sich dann die Differentialgleichung

$$\frac{d^2\varphi}{dt^2} + \Omega^2\varphi = 0,$$

mit der Lösung

$$\varphi = A\sin(\Omega t + \delta).$$

So erhält man auch die Schwingungsdauer des physikalischen Pendels:

$$T = \frac{2\pi}{\Omega} = 2\pi\sqrt{\frac{\Theta_0}{Mag}}.$$

Da für das Fadenpendel (mathematisches Pendel) $T = 2\pi\sqrt{l/g}$ gilt, folgt, daß die beiden Schwingungsdauern gleich sind, wenn das Fadenpendel die Länge $l = \Theta_0/Ma$ hat.
Ersetzen wir das Trägheitsmoment Θ_0 durch das Trägheitsmoment Θ_s um den Schwerpunkt, so gilt nach dem Satz von Steiner:

$$T = T(a) = 2\pi\sqrt{\frac{\Theta_s + Ma^2}{Mag}} = 2\pi\sqrt{\frac{\Theta_s}{Mag} + \frac{a}{g}}.$$

Hieraus folgt, daß die Schwingungsdauer minimal wird, wenn die Schwingungsachse den Abstand $a = \sqrt{\Theta_s/M}$ vom Schwerpunkt hat. Aus dieser Beziehung läßt sich experimentell das Trägheitsmoment Θ_s bestimmen.

11.3 Aufgabe: Gesucht ist das Trägheitsmoment einer Kugel um eine Achse durch ihren Mittelpunkt. Der Radius der Kugel ist a, die homogene Dichte ist ϱ.

Lösung: Wir benutzen Zylinderkoordinaten (r, φ, z). Die z-Achse ist die Rotationsachse. Dann gilt für das entsprechende Trägheitsmoment

$$\Theta = \varrho \int\limits_{\text{Kugel}} r^2 \, dV.$$

Der Mittelpunkt der Kugel liegt bei $z = 0$. Die Gleichung der Kugeloberfläche lautet dann

$$x^2 + y^2 + z^2 = a^2 \qquad \text{oder} \qquad r^2 + z^2 = a^2.$$

Schreiben wir die Integrationsgrenze aus:

$$\Theta = \varrho \int\limits_0^{2\pi} d\varphi \int\limits_{-a}^{a} dz \int\limits_0^{\sqrt{a^2 - z^2}} r^3 \, dr$$

oder

$$\Theta = 2\pi\varrho \int\limits_{-a}^{a} \left[\frac{1}{4}r^4\right]_0^{\sqrt{a^2 - z^2}} dz = \frac{\pi}{2}\varrho \int\limits_{-a}^{a} (a^2 - z^2)^2 \, dz.$$

Die Integration über z ergibt

$$\Theta = \pi a^5 \varrho \frac{8}{15} = \frac{4}{3}\pi a^3 \varrho \frac{2}{5}a^2.$$

Da die Gesamtmasse der Kugel durch $M = \frac{4}{3}\pi a^3 \varrho$ gegeben ist, folgt:

$$\Theta = \frac{2}{5}Ma^2.$$

11.4 Aufgabe: Berechnen Sie das Trägheitsmoment eines homogenen mit Masse erfüllten Würfels um eine seiner Kanten.

Lösung: Sei ϱ die Dichte, s die Kantenlänge des Würfels. Dann ergibt sich ein Massenelement zu:

$$dm = \varrho\,dV = \varrho\,dx\,dy\,dz.$$

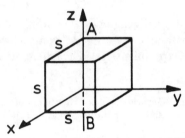

Zur Berechnung des Trägheitsmomentes eines Würfels.

Das Trägheitsmoment um AB berechnet sich nun zu:

$$\Theta_{AB} = \varrho \int\limits_0^s \int\limits_0^s \int\limits_0^s (x^2 + y^2)\,dx\,dy\,dz = \frac{2}{3}\varrho s^5 = \frac{2}{3}Ms^2.$$

11.5 Aufgabe: Ein Würfel der Kantenlänge s und der Masse M hängt vertikal von einer seiner Kanten herab. Finden Sie die Periode für kleine Schwingungen um die Gleichgewichtslage. Wie groß ist die Länge des äquivalenten Fadenpendels?

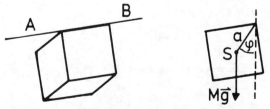

Veranschaulichung der Drehachsen des aufgehängten Würfels.

Lösung: Das Trägheitsmoment des Würfels um AB war

$$\Theta_{AB} = \frac{2}{3} M s^2.$$

Der Schwerpunkt liegt in der Mitte des Würfels, d. h. es gilt für den Abstand a des Schwerpunktes S von der Achse AB:

$$a = \frac{1}{2} s \sqrt{2}.$$

Die Bewegungsgleichung des physikalischen Pendels war nun für kleine Ausschlagwinkel:

$$\ddot{\varphi} + \frac{Mga}{\Theta_{AB}} \varphi = 0,$$

mit der Kreisfrequenz

$$\omega = \sqrt{\frac{Mga}{\Theta_{AB}}}$$

und der Schwingungsdauer

$$T = \frac{2\pi}{\omega} = 2\pi \sqrt{\frac{\Theta_{AB}}{Mga}} = 2\pi \sqrt{\frac{2Ms^2 \cdot 2}{3Mgs\sqrt{2}}} = 2\pi \sqrt[4]{2} \sqrt{\frac{2s}{3g}}.$$

Die Länge des äquivalenten Fadenpendels berechnet sich durch:

$$T = T' = 2\pi \sqrt{\frac{l}{g}},$$

womit gerade die Äquivalenz der Pendel definiert wird. Durch Einsetzen von T ergibt sich

$$2\pi \sqrt[4]{2} \sqrt{\frac{2}{3} \frac{s}{g}} = 2\pi \sqrt{\frac{l}{g}}$$

oder aufgelöst

$$l = \frac{2}{3} \sqrt{2} s.$$

Diese äquivalente Länge des Fadenpendels heißt auch reduzierte Pendellänge.

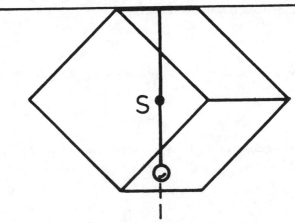

Physikalisches Pendel und reduzierte Pendellänge.

11.6 Beispiel: Abrollen eines Zylinders; Rollenpendel

Wir betrachten einen Zylinder, der mit waagrecht gelegener Achse auf einer schiefen Ebene abrollen kann. Das System hat einen Freiheitsgrad, so daß wir mit einer Energiebetrachtung auskommen. Die Geschwindigkeit jedes Punktes des Zylinders denken wir uns zusammengesetzt aus der Geschwindigkeit $\vec{v}_1$ infolge der fortschreitenden Bewegung und der Geschwindigkeit $\vec{v}_{2\nu}$ infolge der Drehbewegung. Für die Bewegungsenergie gilt dann

$$\sum \frac{m_\nu}{2} \vec{v}_\nu^2 = \frac{1}{2} \vec{v}_1^2 \sum m_\nu + \sum \frac{m_\nu}{2} \vec{v}_{2\nu}^2 + \vec{v}_1 \cdot \sum m_\nu \vec{v}_{2\nu}. \qquad \underline{1}$$

Bei symmetrischer Massenverteilung fällt das letzte Glied weg, und wir haben

$$T = \frac{M}{2} v_1^2 + \frac{I}{2} \dot{\varphi}^2, \qquad \underline{2}$$

die Bewegungsenergie ist additiv aus Translations- und Rotationsenergie zusammengesetzt. Da die Zwangskräfte keinen Beitrag zur Energie geben, gilt für den Zylinder (mit symmetrischer Massenverteilung) auf der schiefen Ebene:

$$\frac{M}{2} \dot{s}^2 + \frac{I}{2} \dot{\varphi}^2 - Mgs \sin \alpha = E. \qquad \underline{4}$$

(s mißt den längs der schiefen Ebene zurückgelegten Weg). "Abrollen" ohne Gleiten bedeutet, daß die Achse sich immer ebensoviel weiterbewegt, als der Drehbewegung des Zylindermantels entspricht:

$$\dot{s} = R\dot{\varphi},$$

wobei R der Zylinderradius ist. Wir erhalten so die Gleichung

$$\frac{1}{2}\left(M + \frac{I}{R^2}\right)\dot{s}^2 - Mgs\sin\alpha = E,$$

$$\ddot{s} = \frac{1}{1 + I/MR^2} g\sin\alpha. \qquad \underline{4}$$

Die Beschleunigung des abrollenden Zylinders ist gegenüber einem abgleitenden Massenpunkt verringert.
Ist die Gesamtmasse des Zylinders (genähert) auf der Achse vereinigt, so ist

$$\frac{I}{MR^2} = 0, \qquad \ddot{s} = g\sin\alpha,$$

und die Beschleunigung ist dieselbe wie beim gleitenden Massenpunkt. Beim homogenen Zylinder ist

$$\frac{I}{MR^2} = \frac{1}{2}, \qquad \ddot{s} = \frac{2}{3}g\sin\alpha.$$

Beim Hohlzylinder, der alle Masse auf der Mantelfläche hat, ist

$$\frac{I}{MR^2} = 1, \qquad \ddot{s} = \frac{1}{2}g\sin\alpha;$$

die Beschleunigung ist nur noch halb so groß wie beim gleitenden Massenpunkt. Setzen wir auf den Zylinder eine Kreisscheibe gleicher Achse, die über die Unterlage hinausgreift (wie ein Radkreuz über die Schiene), so kann $I/MR^2 > 1$ sein, die Beschleunigung also noch geringer.
Die Betrachtung der Kräftebilanz hilft uns dieses Problem noch einmal aus einem anderen Blickwinkel zu beleuchten.
Im Punkt S wirkt die Schwerkraft und übt ein Drehmoment bezüglich des Punktes A (vgl. Abbildung) aus

$$D_A = |\vec{D}_A| = R \cdot Mg\sin\alpha, \qquad \underline{5}$$

während die Zwangskräfte kein Drehmoment bewirken. Die Winkelbeschleunigung am Punkt A ist somit

$$\ddot{\varphi} = \dot{\omega} = \frac{D_A}{I_A} = \frac{RMg\sin\alpha}{(3/2)MR^2} = \frac{2}{3}\frac{g}{R}\sin\alpha. \qquad \underline{6}$$

Das Trägheitsmoment I_A eines Zylinders erhält man leicht mit Hilfe des Steiner'schen Satzes. Da das Trägheitsmoment bzgl. des Schwerpunkts $I_s = MR^2/2$, folgt sofort

$$I_A = I_s + MR^2 = \frac{3}{2}MR^2.$$

Wenn der Zylinder rollt, ohne zu gleiten, erhält man für die Linearbeschleunigung des Schwerpunkts

$$|a_s| = |\dot{\vec{\omega}} \times \vec{r}_A| = \dot{\omega}R = \frac{2}{3}g\sin\alpha. \qquad \underline{7}$$

Der Zylinder hat dabei nur 2/3 der Beschleunigung, die er hätte, wenn er gleiten würde.
Man erhält Gleichung 7 aus einfachen Überlegungen:
Da die instantane Geschwindigkeit des Kontaktpunktes A Null ist, kann man A als instantan ruhend ansehen. Das heißt aber, daß der starre Körper instantan eine Rotation an dem Berührungspunkt A ausführt, mit einer Winkelgeschwindigkeit ω. Die Geschwindigkeit eines beliebigen Punktes des Körpers ist dann aber gegeben durch (siehe Abbildung)

$$\vec{v} = \vec{\omega} \times \vec{r}_A.$$

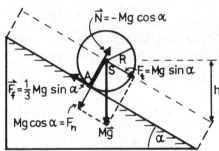

Rollender Zylinder auf schiefer Ebene.

Neben der Schwerkraft wirkt noch die Reaktionskraft $\vec{N}$ – zum Ausgleich der Normalkomponente von $M\vec{g}$ –

$$|\vec{N}| = |Mg\cos\alpha|, \qquad\qquad \underline{8}$$

und die Reibungskraft F_t. Die letztere berechnet sich aus der Bilanz

$$Mg\sin\alpha + F_f = Ma_s \qquad\qquad \underline{9}$$

und mit Gleichung 7:

$$-F_f = Mg\sin\alpha - \frac{2}{3}Mg\sin\alpha = \frac{1}{3}Mg\sin\alpha. \qquad\qquad \underline{10}$$

Die Reibungskraft ist damit entgegengesetzt gerichtet zur Bewegungsrichtung. Die Bedingung für eine Rollbewegung des Zylinders ist

$$|F_f| \leq \mu N, \qquad\qquad \underline{11}$$

wobei μ der Reibungskoeffizient ist.
Es gilt also, da

$$N = Mg\cos\alpha \qquad \text{und} \qquad |F_f| = \frac{1}{3}Mg\sin\alpha$$

$$|F_f| \leq \mu Mg \cos\alpha, \qquad \text{bzw.} \qquad \frac{1}{3}Mg\sin\alpha \leq \mu Mg\cos\alpha. \qquad \underline{12}$$

Das bedeutet: Nur solange $\tan\alpha \leq 3\mu$ gibt es reine Rollbewegung.

Einen Zylinder mit unsymmetrischer Massenverteilung, der unter dem Einfluß der Schwere auf waagrechter Unterlage rollend schwingen kann, nennen wir ein *Rollpendel*. Er stellt ein System mit einem Freiheitsgrad dar; die Stellung des Rollpendels kann durch den Drehwinkel φ oder die Koordinate x der Zylinderachse (senkrecht zu ihr gemessen, vgl. Figur) angegeben werden. "Abrollen" bedeutet, daß

$$\dot{x} = R\dot{\varphi} \qquad \underline{13}$$

ist.

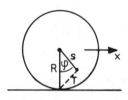

Rollpendel

Da nur ein Freiheitsgrad vorliegt, kommen wir mit dem Energiesatz aus. Die Bewegung ist aus einer fortschreitenden und einer Drehbewegung zusammengesetzt. Bei Anwendung von $\underline{1}$ haben wir die unsymmetrische Massenverteilung zu beachten. Der Ausdruck $\sum m_\nu \vec{v}_{2\nu}$ kann als von der Drehbewegung herrührender Impuls nämlich berechnet werden, indem man die Gesamtmasse M im um s von der Achse entfernten Schwerpunkt vereinigt denkt: $|s\dot{\varphi}|$ ist dann die Geschwindigkeit $|\vec{v}_{2\nu}|$ dieser Masse bei der Drehbewegung und $\pi - \varphi$ der Winkel zwischen $\vec{v}_1$ und $\vec{v}_{2\nu}$. Nach $\underline{1}$ ist dann

$$T = \frac{M}{2}\dot{x}^2 + \frac{I}{2}\dot{\varphi}^2 - \dot{x} \cdot Ms\dot{\varphi}\cos\varphi,$$

wo I das Trägheitsmoment um die Zylinderachse ist, und mit der Rollbedingung $\underline{13}$ folgt:

$$T = \frac{1}{2}(MR^2 + I - 2MRs\cos\varphi)\dot{\varphi}^2. \qquad \underline{14}$$

Diesen Ausdruck können wir auch noch anders auffassen. Ist I_s das Trägheitsmoment um eine durch den Schwerpunkt gehende, zur Zylinderachse parallele Gerade, so ist nach dem Steinerschen Satz

$$I = I_s + Ms^2.$$

Die Gleichung $\underline{14}$ geht also in

$$T = \frac{1}{2}[M(R^2 + s^2 - 2Rs\cos\varphi) + I_s]\dot{\varphi}^2$$

oder

$$T = \frac{1}{2}(Mr^2 + I_s)\dot{\varphi}^2$$

über, wo r der Abstand des Schwerpunktes von der Berührungsgeraden des Zylinders mit der Unterlage ist. Nach dem Steinerschen Satz ist

$$I_u = Mr^2 + I_s$$

das Trägheitsmoment um die mit der Zeit wechselnde Unterstützungsgerade, und es bekommt 14 die Form:

$$T = \frac{I_u}{2}\dot{\varphi}^2 .$$

Kürzen wir jetzt 14 ab durch

$$T = \frac{1}{2}(B - 2MRs\cos\varphi)\dot{\varphi}^2$$

und fügen wir die potentielle Energie

$$U = Mgs(1 - \cos\varphi)$$

hinzu, so erhalten wir den Energiesatz:

$$\frac{1}{2}(B - 2MRs\cos\varphi)\dot{\varphi}^2 + Mgs(1 - \cos\varphi) = E. \qquad \underline{15}$$

Die Gleichung ist von der des physikalischen Pendels (vgl. Abschnitt über physikal. Pendel) verschieden. Für kleine Winkel φ erhalten wir

$$I_u\dot{\varphi}^2 + Mgs\varphi^2 = Mgs\alpha^2, \qquad \underline{16}$$

wobei wir die willkürliche Konstante E durch die willkürliche Konstante α ersetzt haben. Die Gleichung 16 wird gelöst durch

$$\varphi = \alpha\cos(\omega t + \delta) \qquad \underline{17}$$

mit

$$\omega^2 = \frac{Mgs}{I_u} = \frac{Mgs}{MR^2 + I - 2MRs}. \qquad \underline{18}$$

Im Grenzfall der symmetrischen Massenverteilung ($s = 0$) wird $\omega = 0$. Rückt der Schwerpunkt auf die Zylinderfläche ($s \to R$), so wird

$$\omega^2 = \frac{MgR}{I_s}.$$

Ist dabei die Masse auf einen engeren Bereich begrenzt, so wird ω sehr groß. Denken wir uns durch eine geeignete Vorrichtung einen Teil der Masse außerhalb des rollenden Zylinders angebracht (vgl. Figur) und s groß gegen R, so geht [vgl. 18] die Schwingung in die eines physikalischen Pendels über.

Übergang vom Rollpendel zum physikalischen Pendel

11.7 Beispiel: Trägheitsmomente einiger starrer Körper um ausgewählte Achsen.

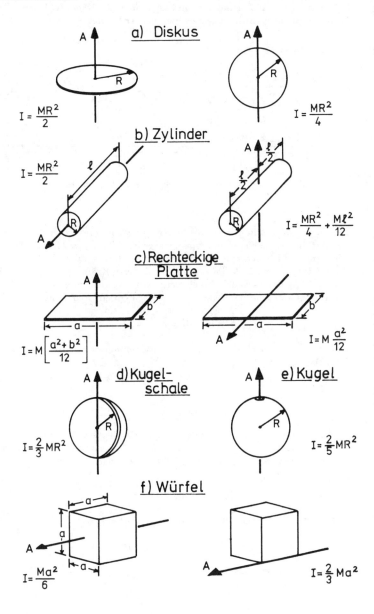

a) Diskus

$I = \dfrac{MR^2}{2}$

$I = \dfrac{MR^2}{4}$

b) Zylinder

$I = \dfrac{MR^2}{2}$

$I = \dfrac{MR^2}{4} + \dfrac{M\ell^2}{12}$

c) Rechteckige Platte

$I = M\left[\dfrac{a^2 + b^2}{12}\right]$

$I = M\dfrac{a^2}{12}$

d) Kugelschale

$I = \dfrac{2}{3} MR^2$

e) Kugel

$I = \dfrac{2}{5} MR^2$

f) Würfel

$I = \dfrac{Ma^2}{6}$

$I = \dfrac{2}{3} Ma^2$

11.8 Aufgabe: Ein Würfel mit der Seitenlänge $2a$ und der Masse M rutscht mit konstanter Geschwindigkeit v_0 auf einer reibungsfreien Platte. Am Ende der Fläche stößt er an ein Hindernis und kippt über die Kante (s. Figur). Bestimmen Sie die Minimalgeschwindigkeit v_0, bei der der Würfel noch von der Platte fällt!

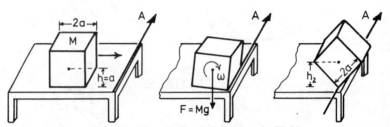

Veranschaulichung des über die Kante kippenden Würfels.

Lösung: Zu bestimmen ist die Geschwindigkeit v_0, die den Würfel in die Lage versetzt über seine Kante zu kippen, wie es in Fig. c dargestellt ist. Wenn er an das Hindernis am Plattenrand anstößt, wird er in Rotation um die Achse A versetzt. Zum Zeitpunkt der Kollision wirken alle äußeren Kräfte entlang dieser Achse und der Drehimpuls des Würfels bleibt erhalten. Vor dem Stoß an das Hindernis hat der Würfel aufgrund der Translationsbewegung den Drehimpuls

$$L = |\vec{r} \times \vec{p}| = p \cdot a = M v_0 a. \qquad \underline{1}$$

Direkt nach der Kollision erscheint der Drehimpuls als Rotationsbewegung des Würfels

$$L = \Theta_A \omega_0 = M v_0 a$$

bzw.

$$\omega_0 = \frac{M v_0 a}{\Theta_A}. \qquad \underline{2}$$

Wenn der Würfel abzuheben beginnt, bewirkt die Gravitationskraft ein Drehmoment um die Achse A, die dem Prozeß des Abhebens wieder entgegenwirkt. Für die kinetische Energie des Würfels direkt nach dem Stoß ergibt sich – bei gegebenem ω_0:

$$T_0 = \frac{1}{2} \Theta_A \omega_0^2 = \frac{1}{2} \frac{M^2 v_0^2 a^2}{\Theta_A}. \qquad \underline{3}$$

Die potentielle Energiedifferenz zwischen Position a und Position c ist dabei

$$\Delta V = M(h_2 - h_1)g = M(\sqrt{2}a - a)g = Mag(\sqrt{2} - 1), \qquad \underline{4}$$

und aus dem Energieerhaltungssatz folgt direkt

$$Mag(\sqrt{2} - 1) = \frac{1}{2} \frac{M^2 v_0^2 a^2}{\Theta_A}. \qquad \underline{5}$$

Das Trägheitsmoment des Würfels Θ_A berechnet sich leicht zu

$$\Theta_A = \varrho \int_V r^2\, dV = \varrho \int_0^{2a} \int_0^{2a} \int_0^{2a} (x^2 + y^2)\, dx\, dy\, dz = \frac{8}{3} M a^2. \qquad \underline{6}$$

Aus Gleichung $\underline{5}$ folgt dann

$$ag(\sqrt{2} - 1) = \frac{1}{2} \frac{M a^2}{(8/3)M a^2} v_0^2$$

und daraus

$$v_0 = \sqrt{ag\frac{16}{3}(\sqrt{2} - 1)}. \qquad \underline{7}$$

Das ist das korrekte Resultat. Wir betonen das, weil man leicht durch die folgende *falsche Überlegung* zu einem anderen Ergebnis kommen könnte: Die kinetische Energie ist $\frac{1}{2} M v_0^2$ und daher folgt aus der Energieerhaltung zusammen mit $\underline{4}$

$$\frac{1}{2} M v_0^2 = M a g(\sqrt{2} - 1).$$

Dies führt auf

$$v_0 = \sqrt{2ag(\sqrt{2} - 1)}, \qquad \underline{8}$$

also einen um den Faktor $\sqrt{3/8}$ kleineren Wert gegenüber dem richtigen Resultat $\underline{7}$. Das Ergebnis $\underline{8}$ ist falsch, weil der Würfel beim Stoß aufgrund seiner Inelastizität einen Teil seiner kinetischen Energie verliert. Das richtige Ergebnis $\underline{7}$ basiert auf der Erhaltung des Drehimpulses, die "stärker" ist als die Erhaltung der Energie.

11.9 Aufgabe: Ein dünner Stab der Länge l und der Masse M liegt auf einer reibungsfreien Platte (die x-y-Ebene in der Abbildung). Ein Hockeypuck der Masse m und der Geschwindigkeit v stößt den Stab elastisch unter 90° im Abstand d vom Schwerpunkt. Nach dem Stoß sei der Puck in Ruhe.

a) Bestimmen Sie die Bewegung des Stabes.

b) Berechnen Sie das Verhältnis m/M unter Berücksichtigung der Tatsache, daß der Puck ruht.

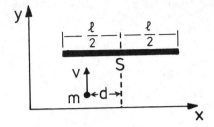

Ein Hockeypuck trifft Stab auf reibungsfreier Platte.

Lösung: a) Da der Stoß elastisch ist, gilt Impuls- und Energieerhaltung, wobei sich die Impulserhaltung auf linearen und Drehimpuls bezieht. Durch den Stoß mit dem Puck wird dem Stab eine Translationsbewegung und eine Rotationsbewegung erteilt werden. Aus der Erhaltung des linearen Impulses folgt dann sofort

$$P_s = M v_s = m v \qquad \underline{1}$$

und für die Geschwindigkeit des Schwerpunktes

$$v_s = \frac{mv}{M}. \qquad \underline{2}$$

In gleicher Weise folgt aus der Erhaltung des Drehimpulses

$$L_s = \Theta_s \omega = m\, v d = D \qquad \underline{3}$$

und für die Winkelgeschwindigkeit des Stabes bzgl. des Schwerpunkts

$$\omega = \frac{mvd}{Ml^2/12}, \qquad \underline{4}$$

wobei

$$\Theta_s = \int\limits_0^{l/2} \varrho r^2 \, dV = \frac{1}{12} M l^2.$$

Der Schwerpunkt des Stabes bewegt sich also gleichförmig mit v_s entlang der y-Achse, während der Stab mit der Winkelgeschwindigkeit ω um den Schwerpunkt rotiert. Die Figur veranschaulicht einige Stadien der Bewegung.

b) Mit Hilfe des Energieerhaltungssatzes läßt sich die kinetische Energie des Stabes bestimmen.

Vor dem Stoß ist die kinetische Energie des Pucks

$$T = \frac{1}{2} m v^2, \qquad \underline{5}$$

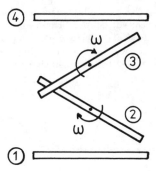

Veranschaulichung der Bewegung des Stabes.

während die kinetische Energie nach dem Stoß sich aus zwei Anteilen zusammensetzt:

$$T_t = \frac{1}{2}Mv_s^2 \qquad \text{``Translationsenergie des Schwerpunkts''}$$

und

$$T_r = \frac{1}{2}\Theta_s\omega^2 \qquad \text{``Rotationsenergie um den Schwerpunkt''}.$$

Da sich die potentielle Energie nicht ändert, folgt sofort

$$T = \frac{1}{2}mv^2 = T_t + T_r = \frac{1}{2}(Mv_s^2 + \Theta_s\omega^2),$$

bzw.

$$mv^2 = Mv_s^2 + \frac{Ml^2}{12}\omega^2. \qquad \underline{6}$$

Gleichungen $\underline{2}$ und $\underline{4}$ eingesetzt in Gleichung $\underline{6}$ ergibt schließlich:

$$mv^2 = \frac{m^2v^2}{M} + \frac{m^2v^2 d^2 (12)^2}{M^2 l^4}\frac{Ml^2}{12},$$

$$1 = \frac{m}{M} + 12\frac{m}{M}\frac{d^2}{l^2},$$

bzw.

$$\frac{m}{M} = \frac{1}{1 + 12(d/l)^2}$$

für das Massenverhältnis. Stößt der Puck den Stab im Schwerpunkt, $d = 0$, tritt keine Rotation auf. Um den Stoß elastisch zu bewirken, muß hierbei jedoch gelten $m = M$.

Stößt der Puck den Stab im Punkt $d = l/2$, ist der Stoß nur dann elastisch, wenn $M = 4m$. In diesem Fall ist die Rotationsgeschwindigkeit $\omega = 6mv/Ml = 6v_s/l$.

11.10 Aufgabe: Eine Billardkugel der Masse M und Radius R wird von einem Kö gestoßen, so daß der Schwerpunkt der Kugel die Geschwindigkeit v_0 erhält. Ebenso geht die Richtung des Impulses durch den Schwerpunkt. Der Reibungskoeffizient zwischen Tisch und Kugel ist μ. Wie weit bewegt sich die Kugel bis die anfängliche Gleitbewegung in eine reine Rollbewegung übergeht?

Lösung:

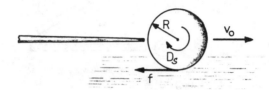

Ein Kö stößt Billardkugel.

Da die Impulsrichtung durch den Schwerpunkt geht, ist der Drehimpuls bezüglich des Schwerpunktes zur Zeit $t = 0$ Null. Die Reibungskraft $\vec{f}$ ist der Bewegungsrichtung entgegengerichtet (siehe Abbildung) und bewirkt ein Drehmoment um den Schwerpunkt

$$D_s = f \cdot R = \mu M g R. \qquad \underline{1}$$

Daraus folgt eine Winkelbeschleunigung für den Ball, so daß

$$\dot{\omega} = \frac{\mu M g R}{\Theta_s} = \frac{\mu M g R}{(2/5) M R^2} = \frac{5}{2} \frac{\mu g}{R}. \qquad \underline{2}$$

Zusätzlich bewirkt die Reibungskraft eine Abbremsung des Schwerpunkts, d.h.

$$M a_s = -f \qquad \text{bzw.} \qquad a_s = -\frac{f}{M} = -\frac{\mu g M}{M}. \qquad \underline{3}$$

a_s ist die Schwerpunktsbeschleunigung.

Für die Rotationsgeschwindigkeit der Kugel erhält man aus Gleichung $\underline{2}$ – nach Integration –

$$\omega = \int_0^t \dot{\omega}\, dt = \frac{5}{2} \frac{\mu g}{R} t. \qquad \underline{4}$$

Die lineare Geschwindigkeit des Schwerpunkts folgt aus Gleichung $\underline{3}$ – ebenfalls nach Integration – zu

$$v_s = \int a_s\, dt = v_0 - \mu g t. \qquad \underline{5}$$

Die Billardkugel beginnt genau dann zu rollen, wenn $v_s = \omega R$, bzw.

$$\frac{5}{2} \mu \frac{g}{R} t R = v_0 - g \mu t \qquad \underline{6}$$

oder, genau dann wenn:

$$v_0 = \frac{7}{2}\mu g t \quad \text{und} \quad t = \frac{2}{7}\frac{v_0}{\mu g}. \qquad \underline{7}$$

Den bis zum Rollbeginn zurückgelegten Weg erhält man durch Integration von Gleichung $\underline{5}$ zu

$$s = \int\limits_0^t v_s\, dt = v_0 t - \frac{\mu g t^2}{2} \qquad \underline{8}$$

und mit t aus Gleichung $\underline{7}$ schließlich zu:

$$s = \frac{2}{7}\frac{v_0^2}{\mu g} - \frac{v_0^2}{2\mu g}\left(\frac{2}{7}\right)^2 = \frac{12}{49}\frac{v_0^2}{\mu g}. \qquad \underline{9}$$

Wird die Kugel beispielsweise im Abstand h über dem Schwerpunkt getroffen, kommt zusätzlich zur linearen Bewegung noch eine Rotationsbewegung hinzu, deren Winkelgeschwindigkeit ist:

$$\omega = \frac{M v_0 h}{\Theta} = \frac{5}{2}\frac{v_0 h}{R^2}. \qquad \underline{10}$$

D. h. wenn $h = \frac{2}{5}R$, setzt sofort die Rollbewegung der Kugel ein. Für $h < (2/5)R$ wird $\omega < v_0/R$ und für $h > (2/5)R$ entsprechend $\omega > v_0/R$, wobei im 2. Fall die Reibungskraft vorwärts zeigt.

Nachfolgende Abbildung zeigt die Änderung von v_s und ωR als Funktion der Zeit für $h = 0$. Wenn $v_s = \omega R$, setzt die Rollbewegung ein, die Reibung verschwindet und ab da bleiben v_s und ω konstant.

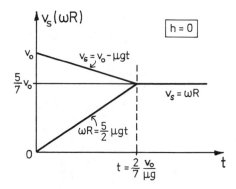

11.11 Aufgabe: Zur Bewegung mit Zwangskräften:
Ein Stab der Länge $2l$ und der Masse M ist im Punkt A befestigt, so daß er nur in der senkrechten Ebene rotieren kann (Abbildung). Im Schwerpunkt greift die äußere Kraft $\vec{F}$ an. Berechnen Sie die Reaktionskraft $\vec{F}_r$ im Befestigungspunkt A!

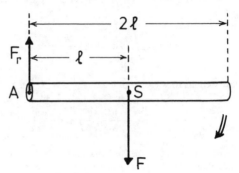

Der Stab rotiert um den Punkt A.

Lösung: Zur Bestimmung von $\vec{F}_r$ berechnet man das durch $\vec{F}_r$ bewirkte Drehmoment D_A bezüglich des Schwerpunktes des Stabes.
Für das Drehmoment bezüglich des Fixpunktes A erhält man

$$D_A = -Fl = \Theta_A \dot{\omega}, \qquad\qquad \underline{1}$$

weil die Zwangskräfte nicht zu D_A beitragen. Die Winkelbeschleunigung des Stabes $\dot{\omega}$ folgt dann aus $\underline{1}$:

$$\dot{\omega} = \frac{D_A}{\Theta_A} = -\frac{Fl}{\Theta_A}, \qquad\qquad \underline{2}$$

wobei Θ_A das Trägheitsmoment des Stabes bezüglich A ist.
Da man das Trägheitsmoment Θ_s bezüglich des Schwerpunkts S leicht berechnen kann zu

$$\Theta_s = \int\limits_{-l}^{l} \varrho r^2 \, dV = \frac{1}{3} M l^2, \qquad\qquad \underline{3}$$

erhält man mittels des Satzes von Steiner für Θ_A sofort

$$\Theta_A = \Theta_s + M l^2 = \frac{1}{3} M l^2 + M l^2 = \frac{4}{3} M l^2. \qquad\qquad \underline{4}$$

Gleichung $\underline{4}$ eingesetzt in Gleichung $\underline{2}$ führt auf

$$\dot{\omega} = -\frac{Fl}{\Theta_A} = -\frac{3}{4} \frac{F}{Ml}. \qquad\qquad \underline{5}$$

Da Gleichung $\underline{5}$ richtig sein muß, unabhängig vom Punkt, von dem aus man das Drehmoment berechnet, kann man aus der Kenntnis des Drehmomentes bezüglich des Schwerpunktes S

$$D_s = -F_r l \qquad \underline{6}$$

und damit der Winkelbeschleunigung

$$\dot{\omega} = \frac{D_s}{\Theta_s} = -\frac{3F_r l}{M l^2} = -\frac{3F_r}{M l} \qquad \underline{7}$$

die Reaktionskraft F_r aus einem Vergleich der Gleichungen $\underline{5}$ und $\underline{7}$ berechnen:

$$-\frac{3}{4}\frac{F}{Ml} = -\frac{3F_r}{Ml} \qquad \Rightarrow \qquad F_r = \frac{1}{4}F.$$

11.12 Aufgabe:

a) Bestimmen Sie das Trägheitsmoment eines dünnen homogenen Stabes der Länge L bezüglich einer zum Stab senkrechten Achse.

b) Ein homogener Stab der Länge L und der Masse m wird an seinen Enden von identischen Federn (Federkonstante k) unterstützt. Der Stab wird am einen Ende um eine kleine Auslenkung a bewegt und losgelassen.
Lösen Sie die Bewegungsgleichung und bestimmen Sie die Normalfrequenzen und -schwingungen. Skizzieren Sie die Normalschwingungen.

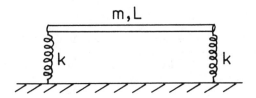

Balken wird von zwei gleichen Federn unterstützt.

Lösung:

a)

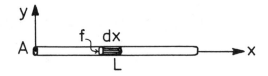

Zerlegt man den Stab in kleine Segmente der Länge dx mit dem Querschnitt f, ergeben sich Elementarvolumina $dV = f\,dx$. Sei ϱ die konstante Dichte des Stabes, dann ist

$$\Theta_A = \int\limits_0^L \varrho x^2 (f\,dx) = \varrho f \int\limits_0^L x^2\,dx = \frac{1}{3}\varrho f L^3\,.$$

Da $m = \varrho f L$ die Gesamtmasse des Stabes ist, folgt

$$\Theta_A = \frac{1}{3}mL^2\,.$$

Das Trägheitsmoment um eine Achse durch den Schwerpunkt berechnet sich nach dem Satz von Steiner zu

$$\Theta_A = \Theta_s + m\left(\frac{L}{2}\right)^2 \quad \Rightarrow \quad \Theta_s = \frac{1}{12}mL^2\,.$$

b)

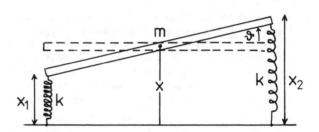

Sei b die Länge der Feder vor der Bewegung (an sich ist b nicht die natürliche Länge der Feder wegen der Existenz des Gravitationsfeldes) und x_1, x_2, x seien die Längen der ersten und zweiten Feder, sowie die Höhe des Schwerpunktes des Stabes zur Zeit t. Da der Stab starr ist, gilt $x_1 + x_2 = 2x$. Das 2. Newtonsche Gesetz führt zu

$$m\ddot{x} = -k(x_1 - b) - k(x_2 - b)$$

oder

$$m\ddot{x} = -k(x_1 + x_2) + 2kb\,.$$

Wegen der Zwangsbedingung folgt dann

$$m\ddot{x} = -2kx + 2kb \quad \Rightarrow \quad \ddot{x} = -\frac{2k}{m}(x - b)\,. \qquad \underline{1}$$

Wir nehmen an, daß nur kleine Auslenkungen ausgeführt werden, $\sin\vartheta \approx \vartheta$. Dann ist:

$$x_2 = x + \frac{L}{2}\vartheta\,, \qquad x_1 = x - \frac{L}{2}\vartheta\,.$$

Das Drehmoment ergibt sich zu

$$\Theta\ddot{\vartheta} = -\frac{k}{2}L(x_2 - x_1) = -\frac{1}{2}kL^2\,\vartheta, \qquad \text{da} \quad x_2 - x_1 = L\vartheta.$$

Aus a) $\Theta = \frac{1}{12}mL^2$ folgern wir

$$\ddot{\vartheta} = -\frac{6k}{m}\,. \hspace{3cm} \underline{2}$$

Die Lösungen von $\underline{1}$ und $\underline{2}$ sind

$$x = A\cos(\omega_1 t + B) + b$$

und

$$\vartheta = C\cos(\omega_2 t + D)$$

mit

$$\omega_1 = \sqrt{\frac{2k}{m}} \qquad \text{und} \qquad \omega_2 = \sqrt{\frac{6k}{m}}.$$

Die Anfangsbedingungen zur Zeit $t = 0$ sind

$$x = b - \frac{a}{2}, \qquad \vartheta = \frac{a}{L}, \qquad \dot{x} = 0, \qquad \dot{\vartheta} = 0.$$

Damit folgt:

$$
\begin{aligned}
B = D &= 0, \\
A &= -\frac{a}{2}, \\
C &= \frac{a}{L},
\end{aligned}
\qquad
\left\{
\begin{aligned}
b - \tfrac{a}{2} &= A\cos(B) + b, \\
0 &= -A\omega_1 \sin(B), \\
\tfrac{a}{L} &= C\cos(D), \\
0 &= -C\omega_2 \sin(D),
\end{aligned}
\right.
$$

und damit

$$x = b - \frac{a}{2}\cos\sqrt{\frac{2k}{m}}t, \qquad \vartheta = \frac{a}{L}\cos\sqrt{\frac{6k}{m}}t.$$

Die Normalmoden sind:

$$X_1 = x_1 + x_2 = 2b - a\cos\sqrt{\frac{2k}{m}}t,$$

$$X_2 = x_1 - x_2 = a\cos\sqrt{\frac{6k}{m}}t.$$

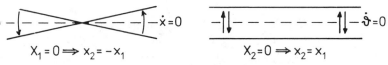

Veranschaulichung der Normalschwingungen.

12. Rotation um einen Punkt

Die allgemeine Bewegung eines starren Körpers kann beschrieben werden als eine Translation und eine Rotation um einen Punkt des Körpers. Das ist gerade der Inhalt des Theorems von Chasles, welches wir Eingangs des 4. Kapitels besprachen. Wird der Ursprung des körperfesten Koordinatensystems in den Schwerpunkt des Körpers gelegt, so läßt sich in allen praktischen Fällen eine Trennung der Schwerpunktsbewegung und der Rotationsbewegung erreichen (vgl. Kapitel 6, Gleichungen (6.4) – (6.7)).
Aus diesem Grund ist die Rotation eines starren Körpers um einen festen Punkt von besonderer Bedeutung.

Der Trägheitstensor

Betrachten wir zuerst den Drehimpuls eines starren Körpers, der mit der Winkelgeschwindigkeit $\vec{\omega}$ um den Fixpunkt 0 rotiert (s. Figur):

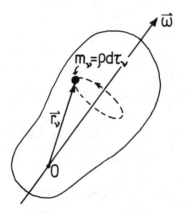

Ein starrer Körper rotiert mit $\vec{\omega}$
um den Fixpunkt 0.

$$\vec{L} = \sum_{\nu} m_{\nu}(\vec{r}_{\nu} \times \vec{v}_{\nu}) = \sum_{\nu} m_{\nu}(\vec{r}_{\nu} \times (\vec{\omega} \times \vec{r}_{\nu}))$$
$$= \sum_{\nu} m_{\nu}(\vec{\omega}\, r_{\nu}^2 - \vec{r}_{\nu}(\vec{r}_{\nu} \cdot \vec{\omega}));$$

letzteres gilt nach der Entwicklungsregel. Wir zerlegen $\vec{r}_\nu$ und $\vec{\omega}$ in Komponenten und setzen ein

$$\vec{L} = \sum_\nu m_\nu ((x_\nu^2 + y_\nu^2 + z_\nu^2)(\omega_x, \omega_y, \omega_z) - (x_\nu \omega_x + y_\nu \omega_y + z_\nu \omega_z)(x_\nu, y_\nu, z_\nu)).$$

Durch Ordnen nach Komponenten folgt

$$\vec{L} = \sum_\nu m_\nu \Bigg(((x_\nu^2 + y_\nu^2 + z_\nu^2)\omega_x - x_\nu^2 \omega_x - x_\nu y_\nu \omega_y - x_\nu z_\nu \omega_z)\vec{e}_x$$
$$+ ((x_\nu^2 + y_\nu^2 + z_\nu^2)\omega_y - y_\nu^2 \omega_y - x_\nu y_\nu \omega_x - z_\nu y_\nu \omega_z)\vec{e}_y$$
$$+ ((x_\nu^2 + y_\nu^2 + z_\nu^2)\omega_z - z_\nu^2 \omega_z - x_\nu z_\nu \omega_x - y_\nu z_\nu \omega_y)\vec{e}_z \Bigg).$$

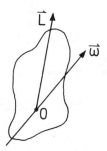

Der Drehimpuls ist im allgemeinen nicht parallel zur Winkelgeschwindigkeit $\vec{\omega}$.

Die Komponenten des Drehimpulses ergeben sich also zu

$$L_x = \left(\sum_\nu m_\nu (y_\nu^2 + z_\nu^2) \right)\omega_x + \left(-\sum_\nu m_\nu x_\nu y_\nu \right)\omega_y + \left(-\sum_\nu m_\nu x_\nu z_\nu \right)\omega_z,$$

$$L_y = \left(-\sum_\nu m_\nu x_\nu y_\nu \right)\omega_x + \left(\sum_\nu m_\nu (x_\nu^2 + z_\nu^2) \right)\omega_y + \left(-\sum_\nu m_\nu y_\nu z_\nu \right)\omega_z,$$

$$L_z = \left(-\sum_\nu m_\nu x_\nu z_\nu \right)\omega_x + \left(-\sum_\nu m_\nu y_\nu z_\nu \right)\omega_y + \left(\sum_\nu m_\nu (x_\nu^2 + z_\nu^2) \right)\omega_z.$$

Für die einzelnen Summen führt man Abkürzungen ein und schreibt

$$L_x = \Theta_{xx}\omega_x + \Theta_{xy}\omega_y + \Theta_{xz}\omega_z,$$
$$L_y = \Theta_{yx}\omega_x + \Theta_{yy}\omega_y + \Theta_{yz}\omega_z,$$
$$L_z = \Theta_{zx}\omega_x + \Theta_{zy}\omega_y + \Theta_{zz}\omega_z,$$

oder

$$L_\mu = \sum_\nu \Theta_{\mu\nu}\omega_\nu,$$

bzw. vektoriell (Matrixschreibweise) geschrieben:

$$\vec{L} = \widehat{\Theta} \cdot \vec{\omega}.$$

Die Größen $\Theta_{\mu\nu}$ sind die Elemente des *Trägheitstensors* $\widehat{\Theta}$, der sich als 3×3-Matrix schreiben läßt:

$$\widehat{\Theta} = \begin{pmatrix} \Theta_{xx} & \Theta_{xy} & \Theta_{xz} \\ \Theta_{yx} & \Theta_{yy} & \Theta_{yz} \\ \Theta_{zx} & \Theta_{zy} & \Theta_{zz} \end{pmatrix}.$$

Die Elemente in der Hauptdiagonalen bezeichnet man als *Trägheitsmomente*, die übrigen als *Deviationsmomente*. Die Matrix ist *symmetrisch*, d. h. es gilt $\Theta_{\nu\mu} = \Theta_{\mu\nu}$.
Der Trägheitstensor besitzt also 6 voneinander unabhängige Komponenten.
Ist die Masse kontinuierlich verteilt, so geht man von der Summation bei der Berechnung der Matrixelemente zur Integration über. So ist z. B.

$$\Theta_{xy} = -\int_V \varrho(\vec{r})xy\,dV,$$

$$\Theta_{xx} = \int_V \varrho(\vec{r})(y^2 + z^2)\,dV,$$

wenn $\varrho(\vec{r})$ die ortsabhängige Dichte ist.

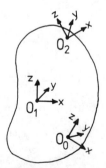

Mögliche Rotationspunkte und Koordinatensysteme des starren Körpers

In jedem Punkt 0_0, 0_1, 0_2 ... ist der Trägheitstensor $\Theta_{\mu\nu}$ verschieden. In einem festen Punkt 0 hängt $\Theta_{\mu\nu}$ außerdem vom Koordinatensystem ab. Wie aus ihrer Definition hervorgeht, sind die $\Theta_{\mu\nu}$ Konstanten, wenn ein *körperfestes* Koordinatensystem gewählt wird. Der Trägheitstensor ist jedoch von der Lage des Koordinatensystems relativ zum Körper abhängig und wird sich bei der Verschiebung des Ursprungs oder einer Änderung der Orientierung der Achsen verändern. Unter dem Trägheitstensor versteht man gewöhnlich den Tensor in einem Koordinatensystem, das seinen Ursprung im Schwerpunkt (Schwerpunktsystem) hat. Die entsprechenden Hauptträgheitsmomente (siehe etwas später) sind entsprechend die Trägheitsmomente.

Kinetische Energie eines rotierenden starren Körpers

Ganz allgemein ist die kinetische Energie eines Systems von Massenpunkten

$$T = \frac{1}{2} \sum_\nu m_\nu v_\nu^2.$$

Wir zerlegen die Bewegung eines starren Körpers in die Translation eines Punktes und die Rotation um diesen Punkt, so gilt $\vec{v}_\nu = \vec{V} + \vec{\omega} \times \vec{r}_\nu$ und wir erhalten:

$$T = \frac{1}{2} \sum_\nu m_\nu (\vec{V} + \vec{\omega} \times \vec{r}_\nu)^2$$

$$= \frac{1}{2} M V^2 + \vec{V} \cdot \left(\vec{\omega} \times \sum_\nu m_\nu \vec{r}_\nu \right) + \frac{1}{2} \sum_\nu m_\nu (\vec{\omega} \times \vec{r}_\nu)^2.$$

Bei dem ersten und dem letzten Term handelt es sich um reine Translationsbzw. Rotationsenergie. Der gemischte Term kann auf zwei verschiedene Arten zum Verschwinden gebracht werden.
Ist ein Punkt festgehalten, und legen wir in ihn den Ursprung des körpereigenen Koordinatensystems, so ist $\vec{V} = 0$. Andernfalls wird der Ursprung in den Schwerpunkt gelegt, so daß

$$\sum_\nu m_\nu \vec{r}_\nu = 0.$$

Der Drehpunkt ist in diesem Fall der Schwerpunkt. Wir betrachten nun die reine Rotationsenergie

$$T = \frac{1}{2} \sum_\nu m_\nu (\vec{\omega} \times \vec{r}_\nu) \cdot (\vec{\omega} \times \vec{r}_\nu) = \frac{1}{2} \sum_\nu m_\nu \vec{\omega} \cdot (\vec{r}_\nu \times (\vec{\omega} \times \vec{r}_\nu))$$

$$= \frac{1}{2} \vec{\omega} \cdot \sum_\nu m_\nu (\vec{r}_\nu \times \vec{v}_\nu) = \frac{1}{2} \vec{\omega} \cdot \sum_\nu \vec{r}_\nu \times \vec{p}_\nu = \frac{1}{2} \vec{\omega} \cdot \sum_\nu \vec{l}_\nu.$$

Also ist

$$T = \frac{1}{2}\vec{\omega} \cdot \vec{L}.$$

Wir können den Drehimpuls $L_\mu = \sum_\nu \Theta_{\mu\nu}\omega_\nu$ $(\mu, \nu = 1, 2, 3)$ substituieren:

$$T = \frac{1}{2}\vec{\omega} \cdot \vec{L} = \frac{1}{2}\sum_\mu \omega_\mu \sum_\nu \Theta_{\mu\nu}\omega_\nu = \frac{1}{2}\sum_{\mu,\nu} \Theta_{\mu\nu}\omega_\mu\omega_\nu. \tag{1a}$$

Ausgeschrieben lautet die Summe wegen $\Theta_{\mu\nu} = \Theta_{\nu\mu}$:

$$T = \frac{1}{2}(\Theta_{xx}\omega_x^2 + \Theta_{yy}\omega_y^2 + \Theta_{zz}\omega_z^2 + 2\Theta_{xy}\omega_x\omega_y + 2\Theta_{xz}\omega_x\omega_z + 2\Theta_{yz}\omega_y\omega_z). \tag{1b}$$

Benutzt man die Tensorschreibweise, so lautet die Rotationsenergie

$$T = \frac{1}{2}\vec{\omega}^T \cdot \widehat{\Theta} \cdot \vec{\omega}. \tag{1c}$$

Der Vektor $\vec{\omega}$ muß rechts des Tensors $\widehat{\Theta}$ als Spaltenvektor und links als Zeilenvektor angegeben werden:

$$T = \frac{1}{2}(\omega_x, \omega_y, \omega_z)\widehat{\Theta} \begin{pmatrix} \omega_x \\ \omega_y \\ \omega_z \end{pmatrix}. \tag{1d}$$

Die Hauptträgheitsachsen

Die Elemente des Trägheitstensors hängen von der Lage des Ursprungs und der Orientierung des (körperfesten) Koordinatensystems ab. Es ist nun möglich, bei festem Ursprung das Koordinatensystem so zu orientieren, daß die Deviationsmomente verschwinden. Ein solches spezielles Koordinatensystem nennen wir Hauptachsensystem. Der Trägheitstensor besitzt dann bezüglich dieses Achsensystems Diagonalform:

$$\widehat{\Theta} = \begin{pmatrix} \Theta_1 & 0 & 0 \\ 0 & \Theta_2 & 0 \\ 0 & 0 & \Theta_3 \end{pmatrix} \quad \text{oder} \quad \Theta_{\mu\nu} = \Theta_\mu \delta_{\mu\nu}. \tag{2}$$

Für Drehimpulse und Rotationsenergie gelten im *Hauptachsensystem* die besonders einfachen Beziehungen (ω_ν sind die Komponenten der Winkelgeschwindigkeit $\vec{\omega}$ bezogen auf die Hauptachsen):

$$L_\mu = \sum_\nu \Theta_{\mu\nu}\omega_\nu = \sum_\nu \Theta_\mu \delta_{\mu\nu}\omega_\nu = \Theta_\mu \omega_\mu, \tag{3}$$

$$T = \frac{1}{2}\vec{\omega}\cdot\vec{L} = \frac{1}{2}\sum_\mu \omega_\mu L_\mu = \frac{1}{2}\sum_\mu \Theta_\mu \omega_\mu^2, \tag{3a}$$

oder ausgeschrieben

$$T = \frac{1}{2}(\Theta_1 \omega_1^2 + \Theta_2 \omega_2^2 + \Theta_3 \omega_3^2). \tag{3b}$$

Im allgemeinen sind wegen der tensoriellen Beziehung $\vec{L} = \widehat{\Theta}\vec{\omega}$ Drehimpuls und Winkelgeschwindigkeit verschieden gerichtet.
Rotiert der Körper um eine der Hauptträgheitsachsen, z. B. um die μ-te Achse, $\vec{\omega} = \omega\vec{e}_\mu$, so sind (weil in diesem Beispiel $\vec{\omega} = \omega\vec{e}_\mu$ ist) nach (3) Drehimpuls $\vec{L}$ und Winkelgeschwindigkeit $\vec{\omega}$ gleichgerichtet. Der Vektor $\vec{\omega}$ hat dann nur eine Komponente, z. B. $\vec{\omega} = (0,\omega_2,0)$, falls die Rotation um die zweite Hauptachse stattfindet. Dasselbe gilt dann auch für den Drehimpuls: $\vec{L} = (0,L_2,0)$. Diese Eigenschaft der Parallelität von Drehimpuls und Winkelgeschwindigkeit ermöglicht es, die Hauptachsen zu bestimmen. Wir fragen uns nämlich, *wie wir $\vec{\omega} = \{\omega_1,\omega_2,\omega_3\}$ wählen müssen (um welche Achse der Körper rotieren muß), damit Drehimpuls $\vec{L} = \widehat{\Theta}\vec{\omega}$ und Winkelgeschwindigkeit einander parallel sind, also $\vec{L} = \Theta\vec{\omega}$ wird, wobei Θ ein Skalar ist.*

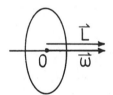

Spezieller Fall: Falls $\vec{\omega}\parallel$ zu einer Hauptachse, dann ist $\vec{L}\parallel\vec{\omega}$.

Die aus der Verknüpfung der Beziehungen $\vec{L} = \widehat{\Theta}\vec{\omega}$ ($\widehat{\Theta}$ ist ein Tensor) und $\vec{L} = \Theta\vec{\omega}$ (Θ ist ein Skalar) entstehende Gleichung

$$\vec{L} = \widehat{\Theta}\cdot\vec{\omega} = \Theta\vec{\omega} \tag{4}$$

ist eine Eigenwertgleichung.

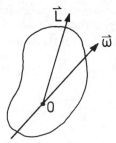

Allgemeiner Fall: Der Drehimpuls $\vec{L}$ ist nicht parallel zur Drehgeschwindigkeit $\vec{\omega}$.

In dieser Gleichung sind der Skalar Θ und die zugehörigen Komponenten ω_x, ω_y, ω_z, d. h. die Drehachse unbekannt. Sie sagt physikalisch aus, daß Drehimpuls $\vec{L}$ und Drehgeschwindigkeit $\vec{\omega}$ einander parallel sind. Das ist für bestimmte Richtungen $\vec{\omega}$ der Fall, die – wie schon gesagt – bestimmt werden müssen.

Alle Θ, die Gleichung (4) erfüllen, nennt man *Eigenwerte* des Tensors $\widehat{\Theta}$, die entsprechenden $\vec{\omega}$ sind *Eigenvektoren.*

Gleichung (4) ist eine verkürzte Schreibweise für das Gleichungssystem:

$$\Theta_{xx}\omega_x + \Theta_{xy}\omega_y + \Theta_{xz}\omega_z = \Theta\omega_x,$$
$$\Theta_{yx}\omega_x + \Theta_{yy}\omega_y + \Theta_{yz}\omega_z = \Theta\omega_y, \qquad (5)$$
$$\Theta_{zx}\omega_x + \Theta_{zy}\omega_y + \Theta_{zz}\omega_z = \Theta\omega_z,$$

oder

$$(\Theta_{xx} - \Theta)\omega_x + \Theta_{xy}\omega_y + \Theta_{xz}\omega_z = 0,$$
$$\Theta_{yx}\omega_x + (\Theta_{yy} - \Theta)\omega_y + \Theta_{yz}\omega_z = 0, \qquad (6)$$
$$\Theta_{zx}\omega_x + \Theta_{zy}\omega_y + (\Theta_{zz} - \Theta)\omega_z = 0.$$

Dieses System homogener linearer Gleichungen besitzt nichttriviale Lösungen, wenn seine Koeffizientendeterminante verschwindet:

$$\begin{vmatrix} \Theta_{xx} - \Theta & \Theta_{xy} & \Theta_{xz} \\ \Theta_{yx} & \Theta_{yy} - \Theta & \Theta_{yz} \\ \Theta_{zx} & \Theta_{zy} & \Theta_{zz} - \Theta \end{vmatrix} = 0. \qquad (7)$$

Die Entwicklung der Determinante führt auf eine Gleichung dritten Grades, die *charakteristische Gleichung.* Ihre drei Wurzeln sind die gesuchten Hauptträgheitsmomente (Eigenwerte) Θ_1, Θ_2 und Θ_3.

Durch Einsetzen von z. B. Θ_i in das Gleichungssystem (4) läßt sich das Verhältnis $\omega_x^{(i)} : \omega_y^{(i)} : \omega_z^{(i)}$ der Komponenten des Vektors $\vec{\omega}^{(i)}$ berechnen. Dadurch ist die Richtung der i'ten Hauptachse bestimmt. Da sich für *jede mögliche* Lage des körperfesten Koordinatensystems ein Trägheitstensor finden läßt, existiert auch in jedem Punkt des Körpers ein Hauptachsensystem. Die Richtungen dieser Achsen werden jedoch gewöhnlich nicht übereinstimmen.

Existenz und Orthogonalität der Hauptachsen

Prinzipiell wäre es möglich, daß die kubische Gleichung (7) zwei komplexe Lösungen besitzt. Wir haben daher zu beweisen, daß tatsächlich allgemein ein System reeller, orthogonaler Hauptachsen existiert.

Um eine abgekürzte Summationsschreibweise verwenden zu können, numerieren wir die Koordinaten ($x = 1$, $y = 2$, $z = 3$) und bezeichnen sie mit lateinischen Buchstaben. Griechische Buchstaben sind Indizes für die drei verschiedenen *Eigenwerte*. Wir multiplizieren die Eigenwertgleichung (4) für Θ_λ mit dem Komplexkonjugierten von $\omega_i^{(\mu)}$ und summieren über i.

Die Gleichung selbst lautet für die Komponente i:

$$\sum_k \Theta_{ik}\omega_k^{(\lambda)} = L_i^{(\lambda)} = \Theta_\lambda \omega_i^{(\lambda)}. \tag{8}$$

Daraus ergibt sich:

$$\sum_{i,k} \Theta_{ik}\omega_k^{(\lambda)}\omega_i^{(\mu)*} = \Theta_\lambda \sum_i \omega_i^{(\lambda)}\omega_i^{(\mu)*} = \Theta_\lambda \vec{\omega}^{(\lambda)} \cdot \vec{\omega}^{(\mu)*}. \tag{9}$$

Ebenso bilden wir das Komplexkonjugierte der (8) entsprechenden Gleichung für Θ_μ, multiplizieren mit $\omega_k^{(\lambda)}$ und summieren über k:

$$\sum_i \Theta_{ki}\omega_i^{(\mu)} = \Theta_\mu\omega_k^{(\mu)}, \qquad \sum_i \Theta_{ki}^*\omega_i^{(\mu)*} = \Theta_\mu^*\omega_k^{(\mu)*}, \tag{10}$$

$$\sum_{ik} \Theta_{ki}^*\omega_i^{(\mu)*}\omega_k^{(\lambda)} = \Theta_\mu^* \sum_k \omega_k^{(\mu)*}\omega_k^{(\lambda)} = \Theta_\mu^* \vec{\omega}^{(\mu)*} \cdot \vec{\omega}^{(\lambda)}. \tag{11}$$

Nun benutzen wir die Eigenschaft des Trägheitstensors, *reell* und *symmetrisch* zu sein. Es gilt $\Theta_{ik} = \Theta_{ki} = \Theta_{ki}^*$ und die linken Seiten der Gleichungen (9) und (11) sind einander gleich. Wir subtrahieren Gleichung (11) von Gleichung (9):

$$(\Theta_\lambda - \Theta_\mu^*)\vec{\omega}^{(\lambda)} \cdot \vec{\omega}^{(\mu)*} = 0. \tag{12}$$

Diese Gleichung erlaubt zwei Schlüsse:

1. Setzt man $\lambda = \mu$, dann folgt für die Eigenwerte aus

$$(\Theta_\lambda - \Theta_\lambda^*)\vec{\omega}^{(\lambda)} \cdot \vec{\omega}^{(\lambda)*} = 0 \tag{13}$$

die Beziehung $\Theta_\lambda = \Theta_\lambda^*$, denn das Skalarprodukt zweier komplex konjugierter Größen ist positiv definit.

Damit ist bewiesen, daß Θ_λ reell ist. Jeder beliebige Körper besitzt also immer drei reelle Hauptträgheitsmomente und daher auch drei reelle Hauptachsen $\vec{\omega}^{(\lambda)}$. Das ist natürlich von vornherein physikalisch klar, weil ja die Hauptträgheitsmomente nichts weiter als die Trägheitsmomente um die Hauptachsen sind und daher immer reell sind.

2. Jetzt betrachten wir den Fall $\lambda \neq \mu$:
    Da alle Θ_ν und damit auch alle ω_ν reell sind, lautet (12):

$$(\Theta_\lambda - \Theta_\mu)\vec{\omega}^{(\lambda)} \cdot \vec{\omega}^{(\mu)} = 0. \tag{14}$$

a) Ist $\Theta_\lambda \neq \Theta_\mu$, so folgt $\vec{\omega}^{(\lambda)} \cdot \vec{\omega}^{(\mu)} = 0$, also sind $\vec{\omega}^{(\lambda)}$ und $\vec{\omega}^{(\mu)}$ *orthogonal.*

b) Gilt z. B. $\Theta_1 = \Theta_2 = \Theta$, sind also zwei der drei Eigenwerte gleich, so sind mit $\vec{\omega}^{(1)}$ und $\vec{\omega}^{(2)}$ auch alle Linearkombinationen dieser beiden Vektoren Eigenvektoren:

$$\hat{\Theta} \cdot \vec{\omega}^{(1)} = \Theta\vec{\omega}^{(1)}, \hat{\Theta} \cdot \vec{\omega}^{(2)} = \Theta\vec{\omega}^{(2)}$$

$$\Rightarrow \quad \hat{\Theta} \cdot (\alpha\vec{\omega}^{(1)} + \beta\vec{\omega}^{(2)}) = \Theta(\alpha\vec{\omega}^{(1)} + \beta\vec{\omega}^{(2)}).$$

Wir können daher willkürlich zwei orthogonale Vektoren aus der so aufgespannten Ebene herausgreifen und als Hauptachsenrichtungen betrachten. Die dritte Hauptachse ist durch (14) senkrecht zu den beiden anderen festgelegt. Wenn zwei Hauptträgheitsmomente in Bezug auf den Schwerpunkt als Drehpunkt gleich sind, sprechen wir vom *symmetrischen Kreisel.*

c) Wenn alle drei Trägheitsmomente gleich sind ($\Theta_1 = \Theta_2 = \Theta_3$), dann ist jeder beliebige orthogonale Achsensatz ein Hauptachsensystem. Wir sprechen, falls dies in Bezug auf den Schwerpunkt gilt, vom *Kugelkreisel.*

Besitzt der Körper Rotations*symmetrie,* so tritt Fall b) ein und die Rotationsachse ist Hauptachse. Auch bei anderen Arten von Symmetrie fallen Symmetrieachse und Hauptachse zusammen.

12.1 Beispiel: Wir berechnen Trägheitstensor und Hauptträgheitsachsen eines massebelegten Quadrats für einen Eckpunkt des Quadrats. Wie die Skizze zeigt, legen wir das Quadrat in die x-y-Ebene des Koordinatensystems.

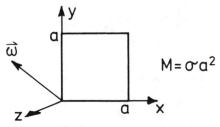

Die Winkelgeschwindigkeit $\vec{\omega}$ ist beliebig; geht jedoch durch den Koordinatenursprung.

Die Komponente des Trägheitstensors erhalten wir mit $z = 0$ durch Integration über die Fläche:

$$\Theta_{xx} = \sigma \int\limits_{y=0}^{a} \int\limits_{x=0}^{a} y^2 \, dx \, dy = \frac{1}{3} M a^2,$$

$$\Theta_{yy} = \sigma \int\limits_{y=0}^{a} \int\limits_{x=0}^{a} x^2 \, dx \, dy = \frac{1}{3} M a^2,$$

$$\Theta_{zz} = \sigma \int\limits_{y=0}^{a} \int\limits_{x=0}^{a} (x^2 + y^2) \, dx \, dy = \frac{2}{3} M a^2.$$

Ebenso:

$$\Theta_{xy} = \Theta_{yx} = -\sigma \int\limits_{y=0}^{a} \int\limits_{x=0}^{a} xy \, dx \, dy = -\frac{1}{4} M a^2.$$

Die übrigen Deviationsmomente enthalten den Faktor z im Integranden und verschwinden daher:

$$\Theta_{yz} = \Theta_{zy} = \Theta_{xz} = \Theta_{zx} = 0.$$

Die Platte hat damit in dem gewählten Koordinatensystem folgenden Trägheitstensor:

$$\widehat{\Theta} = \begin{pmatrix} \frac{1}{3} M a^2 & -\frac{1}{4} M a^2 & 0 \\ -\frac{1}{4} M a^2 & \frac{1}{3} M a^2 & 0 \\ 0 & 0 & \frac{2}{3} M a^2 \end{pmatrix}.$$

Jetzt berechnen wir die Hauptachsenrichtungen.

In Übereinstimmung mit dem beschriebenen Verfahren bestimmen wir zuerst die Eigenwerte des Trägheitstensors. Wir führen die Abkürzung $\Theta_0 = Ma^2$ ein. Damit erhalten wir die Determinante:

$$
\begin{vmatrix}
\frac{1}{3}\Theta_0 - \Theta & -\frac{1}{4}\Theta_0 & 0 \\
-\frac{1}{4}\Theta_0 & \frac{1}{3}\Theta_0 - \Theta & 0 \\
0 & 0 & \frac{2}{3}\Theta_0 - \Theta
\end{vmatrix} = 0
$$

oder

$$
\left(\Theta^2 - \frac{2}{3}\Theta_0\Theta + \frac{7}{144}\Theta_0^2\right)\left(\frac{2}{3}\Theta_0 - \Theta\right) = 0.
$$

Die Wurzeln dieser charakteristischen Gleichung

$$
\Theta_1 = \frac{1}{12}\Theta_0, \qquad \Theta_2 = \frac{7}{12}\Theta_0, \qquad \Theta_3 = \frac{2}{3}\Theta_0
$$

sind die Hauptträgheitsmomente in Bezug auf den Ursprung des Koordinatensystems.

Für das Hauptträgheitsmoment Θ_ν ergibt sich die Achsenrichtung $\vec{\omega}^{(\nu)}$ aus der Eigenwertgleichung: $\hat{\Theta}\vec{\omega}^{(\nu)} = \Theta_\nu\vec{\omega}^{(\nu)}$.

Ausgeschrieben folgt für $\nu = 1$:

$$
\begin{pmatrix}
\frac{1}{3}\Theta_0 & -\frac{1}{4}\Theta_0 & 0 \\
-\frac{1}{4}\Theta_0 & \frac{1}{3}\Theta_0 & 0 \\
0 & 0 & \frac{2}{3}\Theta_0
\end{pmatrix}
\begin{pmatrix}
\omega_x^{(1)} \\
\omega_y^{(1)} \\
\omega_z^{(1)}
\end{pmatrix} = \frac{1}{12}\Theta_0
\begin{pmatrix}
\omega_x^{(1)} \\
\omega_y^{(1)} \\
\omega_z^{(1)}
\end{pmatrix}.
$$

Durch Ausmultiplizieren erhalten wir eine Vektorgleichung; aufgeteilt in die drei Komponenten ergeben sich die drei Gleichungen:

$$
\frac{1}{3}\Theta_0\omega_x^{(1)} - \frac{1}{4}\Theta_0\omega_y^{(1)} = \frac{1}{12}\Theta_0\omega_x^{(1)},
$$

$$
-\frac{1}{4}\Theta_0\omega_x^{(1)} + \frac{1}{3}\Theta_0\omega_y^{(1)} = \frac{1}{12}\Theta_0\omega_y^{(1)},
$$

$$
\frac{2}{3}\Theta_0\omega_z^{(1)} = \frac{1}{12}\Theta_0\omega_z^{(1)}.
$$

Daraus folgt dann

$$
\omega_y^{(1)} = \omega_x^{(1)}, \qquad \omega_z^{(1)} = 0
$$

und somit die *Richtung* der ersten Hauptachse:

$$
\vec{e}_1' = \frac{\vec{\omega}^{(1)}}{|\omega^{(1)}|} = \frac{1}{\sqrt{2}}\begin{pmatrix} 1 \\ 1 \\ 0 \end{pmatrix}.
$$

Analog erhalten wir für die beiden anderen Richtungen:

$$
\vec{e}_2' = \frac{\vec{\omega}^{(2)}}{|\omega^{(2)}|} = \frac{1}{\sqrt{2}}\begin{pmatrix} -1 \\ 1 \\ 0 \end{pmatrix} \quad \text{und} \quad \vec{e}_3' = \frac{\vec{\omega}^{(3)}}{|\omega^{(3)}|} = \begin{pmatrix} 0 \\ 0 \\ 1 \end{pmatrix}.
$$

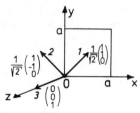

Veranschaulichung der Hauptachsen bei Rotationen um den Punkt 0.

Man sieht sofort, daß die Hauptachsen orthogonal zueinander sind, wie es nach der allgemeinen Theorie sein muß. Bei der Rotation im Punkt 0 um eine der Hauptachsen ist zwar der Drehimpuls $\vec{L} \parallel$ zu $\vec{\omega}$, aber im allgemeinen bewegt sich dabei auch der Schwerpunkt. Eine solche Bewegung kann nur unter dem Einfluß einer Kraft erzwungen werden. Sie ist also nicht frei. Kräftefreie Rotationen (kurz freie Rotation genannt) erfolgen nur um den Schwerpunkt. Die Hauptachsen- bzw. Hauptträgheitsmomente um den Schwerpunkt sind die Hauptträgheitsmomente bzw. Hauptachsen des Körpers. In unserem Beispiel stimmen die Richtungen der Hauptachsen mit denen im Punkt 0 überein.

Transformation des Trägheitstensors

Wir untersuchen, wie sich die Elemente des Tensors $\hat{\Theta}$ bei Drehung des Koordinatensystems verhalten. Die Transformation eines Vektors bei Drehung des Koordinatensystems wird beschrieben durch (vgl. Bd. 1 der Vorlesungen, Kap. 30)

$$\vec{x}' = \hat{A}\vec{x}$$

oder

$$x_i' = \sum_j a_{ij} x_j, \tag{15}$$

bzw. für die Basisvektoren

$$\vec{e}_i' = \sum_j a_{ij} \vec{e}_j, \tag{15a}$$

wobei die Komponenten a_{ij} der Drehmatrix $\hat{A}$ die Richtungskosinus zwischen gedrehten und alten Achsen sind. Die Umkehrung dieser Transformation lautet

$$\vec{x} = \hat{A}^{-1}\vec{x}' \qquad \text{oder} \qquad x_i = \sum_j a_{ji} x_j'. \tag{16}$$

Die inverse Drehmatrix $(a^{-1})_{ij} = (a_{ji})$ wird einfach durch Vertauschung von Zeilen und Spalten (Transposition) gebildet, weil die Drehung eine orthogonale Transformation ist, bei der gilt

$$\sum_j a_{ij} a_{kj} = \delta_{ik}, \qquad \text{bzw.} \qquad \sum_i a_{ij} a_{ik} = \delta_{jk}. \qquad (17)$$

Wir fordern für den Trägheitstensor, daß eine Vektorgleichung der Form

$$L_k = \sum_l \Theta_{kl}\, \omega_l \qquad (18)$$

auch im gedrehten System besteht:

$$L_i' = \sum_j \Theta_{ij}'\omega_j'. \qquad (19)$$

Damit können wir das Transformationsverhalten des Tensors aus dem Verhalten der Vektoren bestimmen. Für die Vektoren $\vec{L}$ und $\vec{\omega}$ gilt die Transformationsgleichung (16). Ersetzen wir L_k und ω_l in Gleichung (18) durch die gestrichenen Größen, so ergibt sich:

$$\sum_l \Theta_{kl}\left(\sum_j a_{jl}\omega_j'\right) = \sum_j a_{jk} L_j'.$$

Multiplikation mit a_{ik} und Summation über k liefert:

$$\sum_j \left(\sum_{k,l} a_{ik} a_{jl}\Theta_{kl}\right)\omega_j' = \sum_j \left(\sum_k a_{jk} a_{ik}\right)L_j' = \sum_j \delta_{ij} L_j' = L_i'. \qquad (20)$$

Für die Komponenten von $\widehat{\Theta}'$ folgt durch Vergleich mit (19)

$$\Theta_{ij}' = \sum_{k,l} a_{ik} a_{jl}\Theta_{kl}. \qquad (21)$$

Diese Transformationsbeziehung ist der Grund für die Bezeichnung von $\widehat{\Theta}$ als "Tensor". Allgemein definiert man als *Tensor m-ter Stufe* jede Größe, die sich bei orthogonalen Transformationen entsprechend der sinngemäß erweiterten Gleichung (21) (Summation über m Indizes) verhält, also z. B. ein Tensor dritter Stufe

$$A_{ijk}' = \sum_{i',j',k'} a_{ii'} a_{jj'} a_{kk'} A_{i'j'k'}.$$

$\widehat{\Theta}$ ist ein Tensor 2-ter Stufe, ein Vektor kann wegen (15) als Tensor 1-ter Stufe betrachtet werden, ein Skalar entsprechend als Tensor 0-ter Stufe. Für den Trägheitstensor läßt sich (21) übersichtlicher in Matrizenschreibweise darstellen:

$$\widehat{\Theta}' = \widehat{A}\,\widehat{\Theta}\,\widehat{A}^{-1}. \tag{22}$$

Das ist eine *Ähnlichkeitstransformation.*

Die Matrizen $\widehat{A}$ $(\widehat{A}^{-1})$ reduzieren sich auf Zeilenvektoren (Spaltenvektoren), wenn wir nur das Trägheitsmoment Θ'_{ii} um eine gegebene Achse $\vec{e}'_i$ aus dem Trägheitstensor Θ_{kl} im Koordinatensystem $\vec{e}_k$ bestimmen wollen. Das gesuchte Trägheitsmoment ist Θ'_{ii} und nach (21)

$$\Theta'_{ii} = \sum_{j,l} a_{ij}\,a_{il}\,\Theta_{jl}.$$

Nun ist nach (15a) $\vec{e}'_i = \{a_{i1}, a_{i2}, a_{i3}\}$ der Vektor $\vec{e}'_i$ in der Basis $\vec{e}_j$. Daher kann man offensichtlich das Trägheitsmoment um die Drehachse $\vec{e}'_i = \vec{n} = (n_1, n_2, n_3)$ schreiben:

$$\begin{aligned}
\widehat{\Theta}_{\vec{n}} &= \sum_{j,l} a_{ij}\Theta_{jl}a_{il} = \sum_{j,l} a_{ij}\Theta_{jl}(a^T)_{li} = \sum_{j,l} n_j\Theta_{jl}(n^T)_l \\
&= (n_1, n_2, n_3)\widehat{\Theta}\begin{pmatrix} n_1 \\ n_2 \\ n_3 \end{pmatrix} = \vec{n}\cdot\widehat{\Theta}\cdot\vec{n}^T \\
&= \sum_{i,j} \Theta_{ij}n_i n_j.
\end{aligned} \tag{23}$$

Diese Beziehung werden wir im Anschluß an die spätere Gleichung (30) noch anschaulicher ableiten. Sie erlaubt das Trägheitsmoment um eine beliebige Drehachse $\vec{n}$ schnell auszurechnen.

Der Trägheitstensor im Hauptachsensystem

Werden die drei Hauptachsenrichtungen $\vec{e}'_i = \vec{\omega}^{(i)}$ als Koordinatenachsen gewählt, so ist

$$\vec{e}'_i = \omega_1^{(i)}\vec{e}_1 + \omega_2^{(i)}\vec{e}_2 + \omega_3^{(i)}\vec{e}_3 = \sum_j \omega_j^{(i)}\vec{e}_j.$$

Ein Vergleich mit Gleichung (15a) zeigt, daß in diesem Fall

$$a_{ij} = \omega_j^{(i)}$$

ist. Daher lautet der Trägheitstensor im Hauptachsensystem gemäß Gleichung (21)

$$\Theta'_{ij} = \sum_{k,l} a_{ik} a_{jl} \Theta_{kl} = \sum_{k,l} \omega_k^{(i)} \omega_l^{(j)} \Theta_{kl} = \sum_k \omega_k^{(i)} \left(\sum_l \Theta_{kl} \omega_l^{(j)} \right). \qquad (24)$$

Da $\vec{\omega}^{(j)}$ Eigenvektor der Matrix $\widehat{\Theta}$ mit dem Eigenwert Θ_j ist, gilt gemäß (4)

$$\widehat{\Theta} \vec{\omega}^{(j)} = \Theta_j \vec{\omega}^{(j)} \qquad (25)$$

oder ausführlich

$$\sum_l \Theta_{kl} \omega_l^{(j)} = \Theta_j \omega_k^{(j)}.$$

Daher geht Gleichung (24) über in

$$\Theta'_{ij} = \sum_k \omega_k^{(i)} \Theta_j \omega_k^{(j)} = \Theta_j \sum_k \omega_k^{(i)} \omega_k^{(j)} = \Theta_j \vec{\omega}^{(i)} \cdot \vec{\omega}^{(j)}$$
$$= \Theta_j \delta_{ij}. \qquad (26)$$

Dabei haben wir die Orthonormalität (14) der Hauptachsenvektoren $\vec{\omega}^{(i)}$ benutzt. Die $\vec{\omega}^{(i)}$ wurden als normiert angenommen, was wegen der Linearität der Eigenwertgleichung (25) in $\vec{\omega}$ ohne weiteres möglich ist. Gleichung (26) drückt die interessante und wichtige Tatsache aus, daß der Trägheitstensor in seiner Eigendarstellung (d. h. im Koordinatensystem mit den Hauptachsen $\vec{\omega}^{(i)}$ als Koordinatenachsen) diagonal ist und zwar genau von der Form (2). Dies war zwar zu erwarten. Es ist aber befriedigend zu sehen, wie alles konsistent zusammen paßt.

Das Trägheitsellipsoid

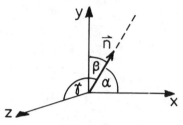

$\vec{n}$ charakterisiert die Rotationsachse.

Wir geben eine Rotationsachse durch den Einheitsvektor $\vec{n}$ mit den Richtungscosinus $\vec{n} = (\cos\alpha, \cos\beta, \cos\gamma)$ vor. Das Trägheitsmoment Θ um diese Achse ergibt sich dann gemäß (23)

$$\Theta = (\cos\alpha, \cos\beta, \cos\gamma) \begin{pmatrix} \Theta_{xx} & \Theta_{xy} & \Theta_{xz} \\ \Theta_{xy} & \Theta_{yy} & \Theta_{yz} \\ \Theta_{xz} & \Theta_{yz} & \Theta_{zz} \end{pmatrix} \begin{pmatrix} \cos\alpha \\ \cos\beta \\ \cos\gamma \end{pmatrix}.$$

Ausmultipliziert erhalten wir

$$\Theta = \Theta_{xx} \cos^2\alpha + \Theta_{yy} \cos^2\beta + \Theta_{zz} \cos^2\gamma$$
$$+ 2\Theta_{xy} \cos\alpha\cos\beta + 2\Theta_{xz} \cos\alpha\cos\gamma + 2\Theta_{yz} \cos\beta\cos\gamma. \quad (27)$$

Definieren wir einen Vektor $\vec{\varrho} = \vec{n}/\sqrt{\Theta}$ so können wir die Gleichung umformen zu

$$\Theta_{xx}\varrho_x^2 + \Theta_{yy}\varrho_y^2 + \Theta_{zz}\varrho_z^2$$
$$+ 2\Theta_{xy}\varrho_x\varrho_y + 2\Theta_{xz}\varrho_x\varrho_z + 2\Theta_{yz}\varrho_y\varrho_z = 1. \quad (28)$$

Diese Gleichung stellt in den Koordinaten $(\varrho_x, \varrho_y, \varrho_z)$ ein Ellipsoid, das sogenannte *Trägheitsellipsoid* dar.

Der Abstand ϱ vom Drehpunkt 0 in Richtung $\vec{n}$ zum Trägheitsellipsoid ist gleich $\varrho = 1/\sqrt{\Theta}$. Das erlaubt das Trägheitsmoment sofort anzugeben, falls das Trägheitsellipsoid bekannt ist. Jedes Ellipsoid kann nun durch eine Drehung des Koordinatensystems in seine Normalform übergeführt werden, d.h. die gemischten Glieder können zum Verschwinden gebracht werden. Wir erhalten dann die Form des Trägheitsellipsoids

$$\Theta_1\varrho_1^2 + \Theta_2\varrho_2^2 + \Theta_3\varrho_3^2 = 1. \quad (29)$$

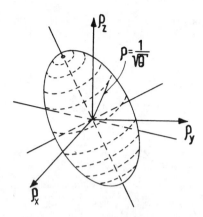

Veranschaulichung des Trägheitsellipsoids.

Diese Transformation des Trägheitsellipsoids entspricht offensichtlich der Hauptachsentransformation des Trägheitstensors. Ein Vergleich von (28) und (29) mit (1b) und (3a) macht das deutlich. Die Hauptträgheitsmomente sind durch die Quadrate der reziproken Achsenlängen des Ellipsoids gegeben. Bei zwei gleichen Hauptträgheitsmomenten ist das Trägheitsellipsoid ein Rotationsellipsoid, bei drei gleichen eine Kugel.

Zum Trägheitsellipsoid gibt es auch einen physikalischen Zugang, den wir jetzt vorstellen: Sei $\vec{n} = \{\cos\alpha, \cos\beta, \cos\gamma\}$ ein Einheitsvektor in Richtung der Winkelgeschwindigkeit $\vec{\omega}$, so daß

$$\vec{\omega} = \omega\vec{n} = \omega\{\cos\alpha, \cos\beta, \cos\gamma\} = \omega\{n_1, n_2, n_3\} = \{\omega_1, \omega_2, \omega_3\}.$$

Dann erhalten wir für die kinetische Rotationsenergie nach (1)

$$\begin{aligned}
T_{\text{rot}} &= \frac{1}{2}\sum_{ik}\Theta_{ik}\omega_i\omega_k \\
&= \frac{1}{2}\omega^2(\Theta_{11}\cos^2\alpha + \Theta_{22}\cos^2\beta + \Theta_{33}\cos^2\gamma \\
&\quad + 2\Theta_{12}\cos\alpha\cos\beta + 2\Theta_{13}\cos\alpha\cos\gamma + 2\Theta_{23}\cos\beta\cos\gamma) \\
&= \frac{1}{2}\Theta_{\vec{n}}\,\omega^2.
\end{aligned}$$

Dabei bezeichnet $\Theta_{\vec{n}}$ das Trägheitsmoment um die Achse $\vec{n}$. Demnach ist das Trägheitsmoment um eine Achse der Richtung $\vec{n}$ gegeben durch

$$\begin{aligned}
\Theta_{\vec{n}} &= \Theta_{11}\cos^2\alpha + \Theta_{22}\cos^2\beta + \Theta_{33}\cos^2\gamma \\
&\quad + 2\Theta_{12}\cos\alpha\cos\beta + 2\Theta_{13}\cos\alpha\cos\gamma + 2\Theta_{23}\cos\beta\cos\gamma.
\end{aligned}$$

Das stimmt mit dem uns schon bekannten Resultat (27) überein. Mit den Koordinaten $\vec{\varrho} = \vec{n}/\sqrt{\Theta_{\vec{n}}} = (\varrho_1, \varrho_2, \varrho_3)$ erhalten wir somit das Trägheitsellipsoid

$$\Theta_{11}\varrho_1^2 + \Theta_{22}\varrho_2^2 + \Theta_{33}\varrho_2^2 + 2\Theta_{12}\varrho_1\varrho_2 + 2\Theta_{13}\varrho_1\varrho_3 + 2\Theta_{23}\varrho_2\varrho_3 = 1. \tag{30}$$

Der Radius des Ellipsoid in der Richtung $\vec{n}$ ist $\varrho_n = 1/\sqrt{\Theta_{\vec{n}}}$.
Schließlich gibt es noch einen 3. Zugang zum Trägheitsellipsoid: Entsprechend der Figur ist das Trägheitsmoment um die Achse $\vec{n}$ durch

$$\Theta = \sum_{\nu} m_{\nu} d_{\nu}^2 = \sum_{\nu} m_{\nu} |\vec{r}_{\nu} \times \vec{n}|^2 \tag{31}$$

gegeben.

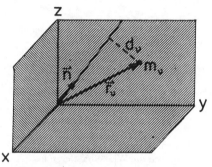

Der starre Körper rotiert um die Achse $\vec{n}$. d_ν ist der Abstand der Masse m_ν von der Rotationsachse.

Wir rechnen nach:

$$\vec{r}_{\nu} \times \vec{n} = \begin{vmatrix} \vec{e}_1 & \vec{e}_2 & \vec{e}_3 \\ x_{\nu} & y_{\nu} & z_{\nu} \\ \cos\alpha & \cos\beta & \cos\gamma \end{vmatrix}$$

$$= (y_{\nu}\cos\gamma - z_{\nu}\cos\beta)\vec{e}_1 + (z_{\nu}\cos\alpha - x_{\nu}\cos\gamma)\vec{e}_2$$
$$+ (x_{\nu}\cos\beta - y_{\nu}\cos\alpha)\vec{e}_3$$

und

$$d_{\nu}^2 = |\vec{r}_{\nu} \times \vec{n}|^2$$
$$= (y_{\nu}\cos\gamma - z_{\nu}\cos\beta)^2 + (z_{\nu}\cos\alpha - x_{\nu}\cos\gamma)^2 + (x_{\nu}\cos\beta - y_{\nu}\cos\alpha)^2$$
$$= (y_{\nu}^2 + z_{\nu}^2)\cos^2\alpha + (x_{\nu}^2 + z_{\nu}^2)\cos^2\beta + (x_{\nu}^2 + y_{\nu}^2)\cos^2\gamma$$
$$- 2x_{\nu}y_{\nu}\cos\alpha\cos\beta - 2x_{\nu}z_{\nu}\cos\alpha\cos\gamma - 2y_{\nu}z_{\nu}\cos\beta\cos\gamma. \tag{32}$$

Das in Gleichung (31) eingesetzt, ergibt sofort

$$\Theta = \sum_{i,j} \Theta_{ij} n_i n_j, \tag{33}$$

wieder das bekannte Trägheitsellipsoid.

Man mache sich an dieser Stelle ganz klar, daß das Trägheitsellipsoid bei gegebenem Trägheitstensor Θ_{ik} sofort gemäß Gleichung (28) hingeschrieben und gezeichnet werden kann. Zur Einübung dieser Methode zur Bestimmung von Trägheitsmomenten in beliebiger Richtung verweisen wir auf Aufgabe 12.4.

12.2 Beispiel: Der Trägheitstensor des massebelegten Quadrats in der x-y-Ebene lautete (vgl. Beispiel 12.1)

$$\widehat{\Theta} = \begin{pmatrix} \frac{1}{3}\Theta_0 & -\frac{1}{4}\Theta_0 & 0 \\ -\frac{1}{4}\Theta_0 & \frac{1}{3}\Theta_0 & 0 \\ 0 & 0 & \frac{2}{3}\Theta_0 \end{pmatrix}.$$

Die Drehung des Koordinatensystems um $\varphi = \pi/4$ um die z-Ebene muß $\widehat{\Theta}'$ auf Diagonalform bringen, weil die Winkelhalbierenden der x-y-Ebene wie gezeigt (vgl. Aufgabe 12.1) Hauptachsen sind. Die entsprechende Drehmatrix lautet

$$\widehat{A} = \begin{pmatrix} \cos\varphi & \sin\varphi & 0 \\ -\sin\varphi & \cos\varphi & 0 \\ 0 & 0 & 1 \end{pmatrix} = \begin{pmatrix} \frac{\sqrt{2}}{2} & \frac{\sqrt{2}}{2} & 0 \\ -\frac{\sqrt{2}}{2} & \frac{\sqrt{2}}{2} & 0 \\ 0 & 0 & 1 \end{pmatrix}.$$

Offensichtlich gilt

$$\widehat{A}^{-1} = \widehat{A}^T.$$

Die Ausführung der Matrizenmultiplikation ergibt in Übereinstimmung mit dem früheren Ergebnis

$$\widehat{\Theta}' = \widehat{A}\,\widehat{\Theta}\,\widehat{A}^{-1} = \begin{pmatrix} \frac{1}{12}\Theta_0 & 0 & 0 \\ 0 & \frac{7}{12}\Theta_0 & 0 \\ 0 & 0 & \frac{2}{3}\Theta_0 \end{pmatrix}.$$

12.3 Aufgabe: Man bestimme die kinetische Energie eines homogenen Kreiskegels (Dichte ϱ, Masse m, Höhe h, Öffnungswinkel 2α).

a) der auf einer Ebene rollt,

b) dessen Basiskreis auf einer Ebene rollt, während seine Längsachse parallel zur Ebene verläuft und der Scheitel in einem Punkt fixiert ist.

Lösung: Zur Berechnung des Trägheitstensors legen wir das Koordinatensystem so, daß die Längsachse mit der z-Achse zusammenfällt.

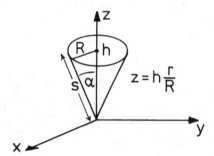

Aus der Figur ist ersichtlich: $m = \frac{1}{3}\pi h R^2 \rho$; $R = h \tan \alpha$; $s = R/\sin \alpha$.

Offensichtlich ist

$$\Theta_{xx} = \varrho \int_V (y^2 + z^2)\, dV = \varrho \iiint (r^2 \sin^2 \varphi + z^2) r\, dz\, dr\, d\varphi$$

$$= \varrho \int_0^{2\pi} d\varphi \int_0^R r\, dr \int_{h(r/R)}^h (r^2 \sin^2 \varphi + z^2)\, dt$$

$$= \varrho \frac{\pi}{20} h R^2 (R^2 + 4h^2),$$

$$\Theta_{xx} = \frac{3}{20} m h^2 (\tan^2 \alpha + 4).$$

<u>1</u>

Aus Symmetriegründen muß gelten:

$$\Theta_{yy} = \Theta_{xx}.$$

Ebenso gilt

$$\Theta_{zz} = \varrho \int_V (x^2 + y^2)\, dV = \varrho \iiint r^3\, dz\, dr\, d\varphi,$$

$$= \varrho \int_0^{2\pi} d\varphi \int_0^R r^3\, dr \int_{h(r/R)}^{h} dz = \frac{\pi}{10} \varrho h R^4,$$

$$\Theta_{zz} = \frac{3}{10} m h^2 \tan^2 \alpha. \tag{2}$$

Da die Integrale über φ von $xy = r^2 \cos\varphi \sin\varphi$, $xz = rz \cos\varphi$, $yz = rz \sin\varphi$ mit den Grenzen 0 und 2π verschwinden, folgt $\Theta_{xy} = \Theta_{xz} = \Theta_{yz} = 0$. Das gewählte System ist ein Hauptachsensystem. Wir setzen also $\Theta_1 = \Theta_{xx} = \Theta_2$, $\Theta_3 = \Theta_{zz}$.

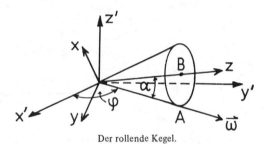

Der rollende Kegel.

Zu a) Die kinetische Energie lautet in der Hauptachsendarstellung

$$T = \frac{1}{2}\Theta_1 \omega_1^2 + \frac{1}{2}\Theta_2 \omega_2^2 + \frac{1}{2}\Theta_3 \omega_3^2. \tag{3}$$

Da wir die Hauptträgheitsachsen und -momente bereits kennen, müssen wir nur noch die Bewegung des Kegels durch die entsprechenden Winkelgeschwindigkeiten darstellen. Die momentane Drehung des Kegels findet mit der Winkelgeschwindigkeit $\vec{\omega}$ um eine Auflagelinie statt. Wir können $\vec{\omega}$ durch $\dot{\varphi}$ ausdrücken, wenn wir die Geschwindigkeit des Punktes A betrachten. Es gilt einerseits $v_A = \dot{\varphi} h \cos\alpha$ und andererseits $v_A = \omega \cdot R \cos\alpha$. Daraus ergibt sich

$$\omega = \dot{\varphi}\frac{h}{R}. \tag{4}$$

φ ist hierbei der Polarwinkel der Figurenachse (oder, was dasselbe ist, der Berührungsgeraden) in der x'-y'-Ebene; $\dot{\varphi}$ die entsprechende Winkelgeschwindigkeit. Eine Zerlegung von $\vec{\omega}$ in das Hauptachsensystem, wobei $\vec{\omega}$ in der x-y-Ebene liegt, führt auf $\omega_2 = 0$ und

$$\omega_3 = \omega \cos\alpha \quad \text{und} \quad \omega_1 = \omega \sin\alpha. \tag{5}$$

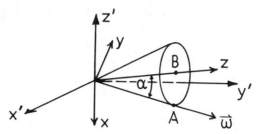

x'-y'-z' bezeichnet das Laborsystem; x-y-z das Hauptachsensystem.

Für die kinetische Energie erhalten wir somit aus $\underline{3}$:

$$
\begin{aligned}
T &= \frac{1}{2}\Theta_1\omega_1^2 + \frac{1}{2}\Theta_2\omega_2^2 + \frac{1}{2}\Theta_3\omega_3^2 \\
&= \frac{1}{2}\frac{3}{20}mh^2(\tan^2\alpha + 4)\omega_1^2 + \frac{1}{2}\frac{3}{10}mh^2\tan^2\alpha\,\omega_3^2 \\
&= \frac{3}{40}mh^2\omega^2\sin^2\alpha\,(\tan^2\alpha + 4) + \frac{3}{20}mh^2\omega^2\sin^2\alpha \\
&= \frac{3}{40}mh^2\omega^2\left(\frac{\sin^4\alpha}{\cos^2\alpha} + 6\sin^2\alpha\right).
\end{aligned}
$$

$\underline{6}$

Ersetzen wir ω durch $\underline{4}$ und verwenden $R/h = \tan\alpha = \sin\alpha/\cos\alpha$, folgt:

$$
T = \frac{3}{40}mh^2\dot{\varphi}^2\frac{h^2}{R^2}\left(\frac{R^2}{h^2}\sin^2\alpha + 6\cos^2\alpha\,\frac{R^2}{h^2}\right) = \frac{3}{40}mh^2\dot{\varphi}^2(1 + 5\cos^2\alpha).
$$

$\underline{7}$

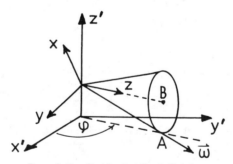

Der auf seiner Basiskante rollende Kegel.

Zu b) Die momentane Drehachse $\vec{\omega}$ ist wieder die Verbindungslinie zwischen festgehaltener Spitze und Auflagepunkt. Die Beziehung zwischen ω und $\dot{\varphi}$ erhalten wir wieder aus der Betrachtung der Geschwindigkeit des Punktes A.

Es gilt: $v_A = h \cdot \dot{\varphi} = \omega R \cos \alpha$, woraus folgt: $\omega = \dot{\varphi}/\sin \alpha$. Aus der Projektion von $\vec{\omega}$ auf die Hauptachsen ergibt sich:

$$\omega_1 = \omega \sin \alpha = \dot{\varphi},$$

$$\omega_2 = 0,$$

$$\omega_3 = \omega \cos \alpha = \dot{\varphi} \frac{h}{R}. \hspace{2cm} \underline{8}$$

Somit folgt für die kinetische Energie aus $\underline{3}$:

$$T = \frac{1}{2}\frac{3}{20}mh^2(\tan^2\alpha + 4)\omega_1^2 + \frac{1}{2}\frac{3}{10}mh^2\tan^2\alpha\,\omega_3^2$$

$$= \frac{3}{40}mh^2\dot{\varphi}^2\left(\frac{R^2}{h^2} + 4 + 2\frac{R^2}{h^2}\cdot\frac{h^2}{R^2}\right) = \frac{3}{40}mh^2\dot{\varphi}^2\left(6 + \frac{R^2}{h^2}\right). \hspace{1cm} \underline{9}$$

12.4 Aufgabe: Bestimmen Sie das Trägheitsellipsoid für die in Aufgabe 12.1 beschriebene Rotation einer quadratischen Scheibe um den Nullpunkt. Was sind die Trägheitsmomente der Scheibe bei Rotation um a) x-Achse, b) y-Achse, c) z-Achse, d) die drei Hauptachsen, e) die Achse $\vec{n} = \{\cos 45°,\ \cos 45°,\ \cos 45°\}$.

Lösung: Das Trägheitsellipsoid lautet

$$\frac{\Theta_0}{3}\varrho_x^2 - \frac{\Theta_0}{2}\varrho_x\varrho_y + \frac{\Theta_0}{3}\varrho_y^2 + \frac{2\Theta_0}{3}\varrho_z^2 = 1. \hspace{1cm} \underline{1}$$

a) Bei Rotation um die x-Achse ist $\vec{n} = \{1, 0, 0\}$, also $\vec{\varrho} = \{1/\sqrt{\Theta_x}, 0, 0\}$. In $\underline{1}$ eingesetzt ergibt das

$$\frac{\Theta_0}{3}\cdot\frac{1}{\Theta_x} = 1 \quad \Rightarrow \quad \Theta_x = \frac{\Theta_0}{3},$$

wie erwartet.

b) Hier ist $\vec{n} = \{0, 1, 0\}$ und es folgt ähnlich wie bei a)

$$\Theta_y = \frac{\Theta_0}{3}.$$

c) Hier ist $\vec{n} = \{0, 0, 1\}$ und es folgt ähnlich wie bei a)

$$\Theta_z = \frac{2}{3}\Theta_0.$$

d) Die 3. Hauptachse ist identisch mit der z-Achse und durch c) erledigt. Die ersten beiden Hauptachsen sind durch

$$\vec{n}_1 = \left\{\frac{1}{\sqrt{2}}, \frac{1}{\sqrt{2}}, 0\right\}, \qquad \text{bzw.} \quad \vec{n}_2 = \left\{-\frac{1}{\sqrt{2}}, \frac{1}{\sqrt{2}}, 0\right\}$$

gegeben. Daher sind

$$\vec{\varrho}_1 = \frac{\vec{n}_1}{\sqrt{\Theta_1}} = \left\{ \frac{1}{\sqrt{2\Theta_1}}, \frac{1}{\sqrt{2\Theta_1}}, 0 \right\}$$

bzw.

$$\vec{\varrho}_2 = \frac{\vec{n}_2}{\sqrt{\Theta_2}} = \left\{ -\frac{1}{\sqrt{2\Theta_2}}, \frac{1}{\sqrt{2\Theta_2}}, 0 \right\}.$$

Das in 1 eingesetzt ergibt

$$\frac{\Theta_0}{3} \frac{1}{2\Theta_1} - \frac{\Theta_0}{2} \frac{1}{2\Theta_1} + \frac{\Theta_0}{3} \frac{1}{2\Theta_1} + 0 = 1 \quad \Rightarrow \quad \Theta_1 = \frac{\Theta_0}{12},$$

bzw.

$$\frac{\Theta_0}{3} \frac{1}{2\Theta_2} + \frac{\Theta_0}{2} \frac{1}{2\Theta_2} + \frac{\Theta_0}{3} \frac{1}{2\Theta_2} + 0 = 1 \quad \Rightarrow \quad \Theta_2 = \frac{7}{12}\Theta_0.$$

Dies sind die Hauptträgsheitsmomente, wie zu erwarten war.

e) In diesem Fall ist $\vec{n}$ proportional zu $\{\cos 45°, \cos 45°, \cos 45°\}$. Also

$$\vec{n} = \left\{ \frac{1}{\sqrt{3}}, \frac{1}{\sqrt{3}}, \frac{1}{\sqrt{3}} \right\}$$

und daher

$$\vec{\varrho} = \frac{\vec{n}}{\sqrt{\Theta}} = \left\{ \frac{1}{\sqrt{3\Theta}}, \frac{1}{\sqrt{3\Theta}}, \frac{1}{\sqrt{3\Theta}} \right\}.$$

In 1 eingesetzt ergibt das

$$\frac{\Theta_0}{3} \frac{1}{3\Theta} - \frac{\Theta_0}{2} \frac{1}{3\Theta} + \frac{\Theta_0}{3} \frac{1}{3\Theta} + \frac{2}{3}\Theta_0 \frac{1}{3\Theta} = 1,$$

woraus

$$\Theta = \frac{10}{36}\Theta_0$$

folgt. Diese Aufgabe demonstriert die einfache Handhabung und Nützlichkeit des Trägheitsellipsoides.

12.5 Aufgabe: Symmetrieachse als Hauptachse

Man zeige, daß eine n-fache Drehsymmetrieachse zugleich Hauptträgheitsachse ist und daß im Falle $n \geq 3$ die beiden anderen Hauptachsen in der Ebene senkrecht zur ersten frei gewählt werden können.

Lösung: Besitzt ein Körper eine n-zählige Symmetrieachse, so muß der Trägheitstensor in zwei um $\varphi = 2\pi/n$ gegeneinander gedrehten Koordinatensystemen gleich sein:

$$\widehat{\Theta} = \widehat{\Theta}' = A\widehat{\Theta}A^{-1}.$$

Wählen wir die z-Achse als Drehachse, so lautet die Drehmatrix

$$A = \begin{pmatrix} \cos\varphi & \sin\varphi & 0 \\ -\sin\varphi & \cos\varphi & 0 \\ 0 & 0 & 1 \end{pmatrix}.$$

Multiplizieren wir die Matrizen aus, so folgen die Komponenten Θ'_{ij} des neuen Trägheitstensors, die mit den Θ_{ij} übereinstimmen sollen.

$$\Theta'_{11} = \Theta_{11} = \Theta_{11}\cos^2\varphi + \Theta_{22}\sin^2\varphi + 2\Theta_{12}\sin\varphi\cos\varphi,$$

$$\Theta'_{22} = \Theta_{22} = \Theta_{11}\sin^2\varphi + \Theta_{22}\cos^2\varphi - 2\Theta_{12}\sin\varphi\cos\varphi,$$

$$\Theta'_{12} = \Theta_{12} = -\Theta_{11}\cos\varphi\sin\varphi + \Theta_{22}\cos\varphi\sin\varphi + \Theta_{12}(1 - 2\sin^2\varphi),$$

$$\Theta'_{13} = \Theta_{13} = +\Theta_{13}\cos\varphi + \Theta_{23}\sin\varphi,$$

$$\Theta'_{23} = \Theta_{23} = -\Theta_{13}\sin\varphi + \Theta_{23}\cos\varphi.$$

Die Determinante des Systems der beiden letzten Gleichungen

$$\begin{vmatrix} \cos\varphi - 1 & \sin\varphi \\ -\sin\varphi & \cos\varphi - 1 \end{vmatrix} = 2(1 - \cos\varphi)$$

verschwindet nur für $\varphi = 0, 2\pi, \dots.$ Wenn also Symmetrie vorliegt ($n \geq 2$), dann muß gelten $\Theta_{13} = \Theta_{23} = 0$, d. h. die z-Achse muß eine Hauptachse sein.

Von den drei übrigen Gleichungen sind zwei identisch und es bleibt das Gleichungssystem

$$(\Theta_{22} - \Theta_{11})\sin^2\varphi + 2\Theta_{12}\sin\varphi\cos\varphi = 0,$$

$$(\Theta_{22} - \Theta_{11})\cos\varphi\sin\varphi - 2\Theta_{12}\sin^2\varphi = 0.$$

Die Koeffizientendeterminante hat den Wert

$$D = -2\sin^4\varphi - 2\sin^2\varphi\cos^2\varphi = -2\sin^2\varphi.$$

Es gilt $D = 0$ für $\varphi = 0, \pi, 2\pi, \dots.$ Also ist $\Theta_{11} = \Theta_{22}$ und $\Theta_{12} = 0$, wenn $n > 2$. Ist die Symmetrieachse mindestens 3-zählig, dann besitzt der Trägheitstensor für jedes orthogonale Achsenpaar in der x-y-Ebene Diagonalform.

12.6 Aufgabe: Ein starrer Körper besteht aus drei Massenpunkten, die durch starre, masselose Stäbe mit der z-Achse verbunden sind (siehe Abbildung).

a) Bestimmen Sie die Elemente des Trägheitstensors relativ zum x-y-z-System.
b) Berechnen Sie das Trägheitsellipsoid bzgl. des Ursprungs 0, sowie das Trägheitsmoment des Gesamtkörpers bezüglich der Achse 0a.

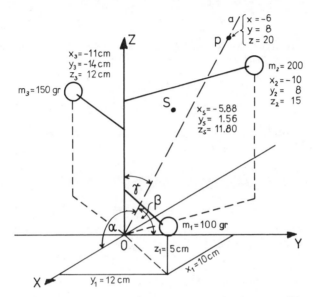

Veranschaulichung dieses aus drei Massenpunkten bestehenden starren Körpers.

Lösung: a) Die Elemente des Trägheitstensors relativ zum x-y-z-System lauten:

$$\Theta_{xx} = \sum m_i (y_i^2 + z_i^2)$$
$$= m_1 (y_1^2 + z_1^2) + m_2 (y_2^2 + z_2^2) + m_3 (y_3^2 + z_3^2),$$

und nach Einsetzen der Zahlenwerte aus der Abbildung ergibt sich:

$$\Theta_{xx} = 100(144 + 25) + 200(64 + 225) + 150(144 + 196)$$
$$= 125.7 \,[\text{kg cm}^2].$$

In gleicher Weise erhält man für

$$\Theta_{yy} = 117.25 \,[\text{kg cm}^2] \quad \text{und} \quad \Theta_{zz} = 104.75 \,[\text{kg cm}^2].$$

Für die Deviationsmomente des Trägheitstensors folgt:

$$\Theta_{xy} = \sum m_i(x_i y_i)$$

$$= 100(12 \cdot 10) - 200(10 \cdot 8) + 150(11 \cdot 14) = 19.1 \, [\text{kg cm}^2],$$

und in gleicher Weise:

$$\Theta_{xz} = -44.8 \, [\text{kg cm}^2] \quad \text{und} \quad \Theta_{yz} = 4.800 \, [\text{kg cm}^2].$$

b) Aus a) erhält man nun sofort für das Trägheitsellipsoid bezüglich des Ursprungs 0 (siehe Gleichung (27) im Text)

$$\Theta = \Theta_{xx} \cos^2 \alpha + \Theta_{yy} \cos^2 \beta + \Theta_{zz} \cos^2 \gamma$$

$$+ 2\Theta_{xy} \cos\alpha \cos\beta + 2\Theta_{xz} \cos\alpha \cos\gamma + 2\Theta_{yz} \cos\beta \cos\gamma. \qquad \underline{1}$$

Zur Berechnung des Trägheitsmoments Θ_{0a} berechnet man sich aus den in der Abbildung gegebenen Koordinaten die Richtungskosinusse

$$\cos\alpha = \frac{-6}{\sqrt{6^2 + 8^2 + 20^2}} = -0.268,$$

$$\cos\beta = \frac{8}{\sqrt{6^2 + 8^2 + 20^2}} = 0.358$$

und

$$\cos\gamma = \frac{20}{\sqrt{6^2 + 8^2 + 20^2}} = 0.895.$$

Eingesetzt in Gleichung $\underline{1}$ folgt für das Trägheitsellipsoid

$$I_{0a} = (0.268)^2 \cdot 125.7 + (0.358)^2 \cdot 117.25 + (0.895)^2 (104.75)$$

$$- 2(0.268)(0.358) \cdot 19.1 + 2(0.268)(0.895) \cdot (44.8)$$

$$- 2(0.358)(0.895) \cdot 4.800$$

$$= 128.87 \, [\text{kg cm}^2].$$

12.7 Aufgabe: Ein Auto der Masse M wird durch einen Motor angetrieben, der das Drehmoment $2D$ auf die Radachse ausübt. Der Radius der Räder ist R und ihr Trägheitsmoment $\Theta = mR^2$ (m: reduzierte Masse der Räder).

a) Bestimmen Sie die Reibungskraft $\vec{f}$ die auf jedes Rad wirkt und für die Beschleunigung des Wagens verantwortlich ist. Die Straße wird eben angenommen.

b) Berechnen Sie die Beschleunigung des Wagens, wenn das Drehmoment $2D = 10^3$ Joules, $M = 2 \cdot 10^3$ kg, $R = 0.5$ m und m $= 12.5$ kg.

Lösung: a) Nachfolgende Abbildung zeigt eines der Räder und die darauf wirkende Kraft $\vec{f}$. Da die Linearbeschleunigung des Radzentrums dieselbe ist, wie diejenige des Autoschwerpunktes $\vec{a}_s$ gilt

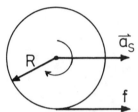

Illustration von Rad, Beschleunigung a_s und Reibungskraft $\vec{f}$.

$$M\vec{a}_s = 2\vec{f} - \vec{F} \qquad \underline{1}$$

Der Faktor 2 berücksichtigt, daß ein Auto i. a. von zwei Rädern angetrieben wird. $\vec{F}$ ist eine mögliche äußere Kraft, die die Bewegung behindert (Luftwiderstand) und $\vec{a}_s$ ist die Beschleunigung des Autos. Für das Drehmoment bezüglich der Achse erhält man

$$4\Theta\dot{\omega} = 2(D - fR) \qquad \underline{2}$$

wobei Θ das Trägheitsmoment jedes der *vier* Räder ist, D das beschleunigende Drehmoment und $-fR$ das Drehmoment, das durch die Reibungskraft auf jedes Rad ausgeübt wird. Das Trägheitsmoment ist $\Theta = mR^2$ und – falls das Auto nicht rutscht – gilt

$$\dot{\omega}R = a_s, \qquad \underline{3}$$

und mit Gleichung $\underline{2}$, sowie Gleichung $\underline{1}$, folgt sofort

$$\dot{\omega}R = a_s = \frac{1}{2}\left(\frac{DR - fR^2}{mR^2}\right) = \frac{2f - F}{M}. \qquad \underline{4}$$

Aufgelöst nach f führt schließlich für die Reibungskraft zu

$$f = \frac{1}{2}\frac{(2D/R)M + 4mF}{M + 4m} \qquad \underline{5}$$

und bei Vernachlässigung der rücktreibenden Kraft F ($F = 0$) schließlich zu

$$f = \frac{D/R}{1 + (4m/M)}. \qquad \underline{6}$$

b) Ersetzt man in Gleichung $\underline{2}$ f durch Gleichung $\underline{6}$ und löst nach a_s ($F = 0$) auf erhält man mit den Werten der Aufgabenstellung die Beschleunigung des Wagens

$$a_s = \frac{2D/R}{M + 4m} = \frac{10^3/0,5}{2 \cdot 10^3 + 4 \cdot 12,4} = \frac{10^3}{1025} \approx 1 \frac{m}{\sec^2}.$$

Die Reibungskraft f ist mit den Zahlenwerten aus b)

$$f \approx \frac{D}{R} = 1000\,\mathrm{N}.$$

13. Kreiseltheorie

Der freie Kreisel

Einen starren, rotierenden Körper bezeichnen wir als Kreisel. Ein Kreisel heißt symmetrisch, wenn zwei seiner Hauptträgheitsmomente gleich sind. Ist z. B. $\Theta_1 = \Theta_2$, so unterscheiden wir weiter:

a) $\Theta_3 > \Theta_1$ oblater Kreisel oder abgeplatteter Kreisel, z. B. eine Scheibe,
b) $\Theta_3 < \Theta_1$ prolater Kreisel oder Zigarrenkreisel, z. B. ein (länglicher) Zylinder,
c) $\Theta_3 = \Theta_1$ Kugelkreisel, z. B. ein Würfel.

Die dritte Hauptträgheitsachse, die sich auf Θ_3 bezieht, wird als *Figurenachse* bezeichnet. Sie kennzeichnet die Lage des Kreisels im Raum. Bei Rotationskörpern fällt sie mit deren Symmetrieachse zusammen; der Schwerpunkt eines Rotationskörpers liegt daher immer auf der Figurenachse.

Weiterhin müssen wir den *freien Kreisel* vom *schweren Kreisel* unterscheiden. Beim freien Kreisel macht man die Annahme, daß auf den Körper keine äußeren Kräfte einwirken, daß also das Drehmoment bezüglich des festgehaltenen Punktes verschwindet. Auf den schweren Kreisel wirken Kräfte ein, so z. B. die Schwerkraft. Es sind aber auch andere Kräfte denkbar (Zentrifugalkräfte, Reibungskräfte etc.). Zur experimentellen Verwirklichung eines freien Kreisels brauchen wir nur irgendeinen Körper im Schwerpunkt zu unterstützen. Der Körper befindet sich dann in einem indifferenten Gleichgewicht und es wirkt kein Drehmoment auf ihn ein.

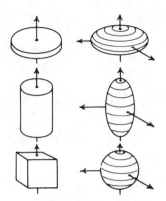

a) $\Theta_3 > \Theta_1$ oblater Kreisel oder abgeplatteter Kreisel, z.B.
eine Scheibe

b) $\Theta_3 < \Theta_1$ prolater Kreisel oder Zigarrenkreisel, z.B. ein
(länglicher) Zylinder

c) $\Theta_3 = \Theta_1$ Kugelkreisel, z.B. ein
Würfel

                 Mögl. reale Form des Kreisels   Trägheitsellipsoid

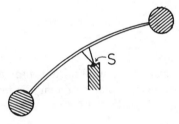

Modell eines im Schwerpunkt S unterstützten freien Kreisels. Die Konstruktion ist so, daß S gleichzeitig Stützpunkt ist.

Zur theoretischen Beschreibung des Kreisels gehen wir von den Grundgleichungen aus:

$$\vec{L} = \widehat{\Theta} \cdot \vec{\omega} = \overrightarrow{\text{const}}, \qquad \text{(Erhaltung des Drehimpulses)} \qquad (1)$$

$$T = \frac{1}{2}\vec{\omega} \cdot \vec{L} = \text{const.} \qquad \text{(Erhaltung der kinetischen Energie)} \qquad (2)$$

Geometrische Kreiseltheorie

Zunächst wollen wir die Gesetze, denen der freie Kreisel gehorcht, durch geometrische Überlegungen ableiten. Die geometrische Kreiseltheorie basiert auf dem *Poinsotschen** *Ellipsoid* (auch *Energie-Ellipsoid* genannt):

$$\Theta_{xx}\omega_x^2 + \Theta_{yy}\omega_y^2 + \Theta_{zz}\omega_z^2 + 2\Theta_{xy}\omega_x\omega_y + 2\Theta_{xz}\omega_x\omega_z + 2\Theta_{yz}\omega_y\omega_z$$
$$= 2T = \text{const.} \tag{3}$$

Dieses Ellipsoid im ω-Raum erhält man sofort aus (2). Es ist dem gewöhnlichen Trägheitsellipsoid ähnlich und hat die gleichen körperfesten Achsen. Wir werden in den folgenden Betrachtungen die Eigenschaft von (3) ausnutzen, daß der Endpunkt des Vektors $\vec{\omega}$ gerade auf der Oberfläche des Ellipsoids liegt.

Nun folgt die Poinsotsche Konstruktion der Bewegung des freien Kreisels. Der Drehimpulsvektor ist konstant und legt im Raum eine Richtung fest. Die durch $\vec{L}$ bestimme Gerade heißt deshalb die *invariable Gerade*. Weiterhin ist die kinetische Energie konstant, also $2T = \vec{\omega} \cdot \vec{L} = \text{const}$; aus der Definition des Skalarproduktes folgt sofort

$$\omega \cdot \cos(\vec{\omega}, \vec{L}) = \text{const.} \tag{4}$$

Mit anderen Worten: Die Projektion von $\vec{\omega}$ auf $\vec{L}$ ist konstant. Sieht man jetzt $\vec{\omega}$ als den Ortsvektor für Punkte im Raum an, so wird durch die Parameterdarstellung $\vec{\omega}(t)$ eine Ebene gegeben, die man als *invariable Ebene* bezeichnet. Die invariable Gerade steht dann senkrecht auf der invariablen Ebene.

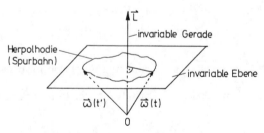

Invariable Gerade und invariable Ebene.

---

* Louis *Poinsot*, französischer Mathematiker und Physiker, geb. Paris 3.1.1777, † ebd. 5.12.1859, Professor in Paris, führte in seinen "Eléments de statique" (Paris 1804) den Begriff des Kräftepaares in die Mechanik ein, mit dem er dann die Kreiselbewegung darstellte. Unter P.-Bewegung wird die Bewegung eines kräftefreien Kreisels verstanden.

Man hat jetzt die Möglichkeit, die Bewegung des Kreisels durch das Abrollen des Poinsot-Ellipsoids auf der invariablen Ebene zu beschreiben. Dies ist zulässig, da der Endpunkt von $\vec{\omega}$, wie aus Gleichung (3) ersichtlich, auf der Oberfläche des Ellipsoids liegt und sich in der invariablen Ebene bewegt. Die invariable Ebene ist gleichzeitig Tangentialebene des Poinsot-Ellipsoids, weil es nur einen gemeinsamen Vektor $\vec{\omega}$ gibt, so daß Ellipsoid und Ebene einen Punkt gemeinsam haben. Um dies zu beweisen, zeigen wir, daß im Punkt $\vec{\omega}$ der Gradient des Ellipsoids parallel zu $\vec{L}$ gerichtet ist. Aus der Vektoranalysis ist uns bekannt, daß der Gradient einer Fläche senkrecht auf dieser Fläche steht. Die Ellipsoid-Oberfläche F wird durch (3) beschrieben.
Wegen*

$$\vec{\nabla}_\omega F = \left(\frac{\partial F}{\partial \omega_x}, \frac{\partial F}{\partial \omega_y}, \frac{\partial F}{\partial \omega_z} \right)$$

erhalten wir

$$\frac{1}{2} \vec{\nabla}_\omega F = \begin{pmatrix} \Theta_{xx}\omega_x + \Theta_{xy}\omega_y + \Theta_{xz}\omega_z \\ \Theta_{xy}\omega_x + \Theta_{yy}\omega_y + \Theta_{yz}\omega_z \\ \Theta_{xz}\omega_x + \Theta_{yz}\omega_y + \Theta_{zz}\omega_z \end{pmatrix} = \hat{\Theta}\vec{\omega} = \vec{L},$$

d. h. $\mathrm{grad}_\omega F$ ist parallel zu $\vec{L}$ oder $F \perp \vec{L}$; somit ist die Tangentenfläche von F im Punkt $\vec{\omega}$ parallel zur invariablen Ebene.

Weil der Mittelpunkt des Ellipsoids einen konstanten Abstand von der invariablen Ebene hat (siehe Gleichung (4)), kann man die Bewegung des Kreisels wie folgt beschreiben: Das körperfeste Poinsot-Ellipsoid rollt ohne zu gleiten auf der invariablen Ebene, wobei der Mittelpunkt des Ellipsoids fest ist. Die momentane Größe der Winkelgeschwindigkeit ist dabei durch den Abstand Mittelpunkt – Berührungspunkt des Ellipsoids gegeben.

Daß das Ellipsoid rollt und nicht gleitet, folgt aus der Tatsache, daß alle Punkte längs der $\vec{\omega}$-Achse momentan in Ruhe sind; also ist auch der Berührungspunkt momentan in Ruhe. Abrollen ohne Gleiten heißt, daß die vom Laborsystem und die vom körperfesten System aus gemessene Änderung des Drehvektors $\vec{\omega}$ gleich ist. In der Tat gilt

$$\left. \frac{d\vec{\omega}}{dt} \right|_L = \left. \frac{d\vec{\omega}}{dt} \right|_K + \vec{\omega} \times \vec{\omega}, \qquad \text{d. h.} \qquad \left. \frac{d\vec{\omega}}{dt} \right|_L = \left. \frac{d\vec{\omega}}{dt} \right|_K.$$

Zum Unterschied zwischen Gleiten und Rollen: Wenn ein Rad auf einer Ebene rollt, ist die Änderungsgeschwindigkeit des Berührungspunktes P

---

* Da die Fläche (3) im $\vec{\omega}$-Raum definiert ist, meinen wir mit dem Gradienten den $\vec{\omega}$-Gradienten, d. h. $\vec{\nabla}_\omega = \{ \partial/\partial\omega_x, \partial/\partial\omega_y, \partial/\partial\omega_z \}$.

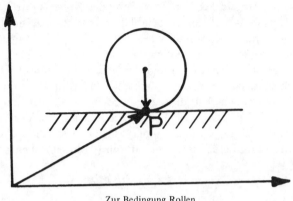

Zur Bedingung Rollen

im körperfesten und im Laborsystem gleich. Gleitet das Rad, so ist der Berührungspunkt im körperfesten System fest; im Laborsystem ändert sich seine Lage aber laufend.

Die Bahn, die $\vec{\omega}$ auf der invariablen Ebene beschreibt, wird als die *Herpolhodie* oder als *Spurbahn* bezeichnet; die entsprechende Kurve auf dem Ellipsoid als *Polhodie* oder *Polbahn*. Dazu die folgende Skizze:

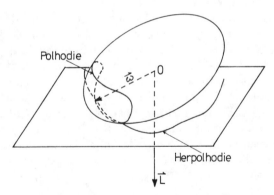

Polhodie

$|\vec{\omega}|$　0

Herpolhodie

$\vec{L}$

Das Poinsot-Ellipsoid rollt auf der invariablen Ebene.

Im allgemeinen sind die Polhodie und die Herpolhodie verwickelt, nicht geschlossene Kurven. Für den Spezialfall eines symmetrischen Kreisels wird jedoch das Poinsot-Ellipsoid ein Rotationsellipsoid, beim Abrollen des Rotationsellipsoids entstehen Kreise. Dabei nimmt $\vec{\omega}$ einen konstanten Betrag an, ändert aber ständig die Richtung, d.h. $\vec{\omega}$ rotiert auf einem Kegel um die Drehimpulsachse. Dieser Kegel wird als *Herpolhodie-* oder *Spurkegel* bezeichnet. Bei einem symmetrischen Kreisel ist es sinnvoll, die Symmetrieachse (Figurenachse) als dritte Achse zur Beschreibung der Bewegung zu benutzen. Die Figurenachse, die mit dem Ellipsoid fest verbunden ist, rotiert wie $\vec{\omega}$ um $\vec{L}$. Der dabei entstehende Kegel wird als *Nutationskegel* bezeichnet. Die Bewegung der Figurenachse des Kreisels im Raum wird *Nutation* genannt. (Die Bezeichnung "Präzision", die z. B. in der amerikanischen Literatur üblich ist, ist wenig sinnvoll, da als Präzession auch eine völlig anders entstehende Bewegung des schweren Kreisels bezeichnet wird).

Ein Beobachter, der sich im Kreiselsystem befindet und die Figurenachse als fest ansieht, wird feststellen, daß $\vec{\omega}$ und $\vec{L}$ um die Achse rotieren; für den Kegel, der durch die Rotation von $\vec{\omega}$ entsteht, führt man die Bezeichnung *Polhodie-* oder Polkegel ein. Die genaue Lage der Achsen und Kegel hängt wesentlich von der Form des Rotationsellipsoides ab. Das zeigen die beiden folgenden Skizzen für die Lage der Achsen. Dabei ist darauf zu achten, daß ein großes Hauptträgheitsmoment Θ_3 einem kleinen Radius des Poinsotellipsoids, nämlich $1/\sqrt{\Theta_3}$ entspricht. Entsprechend haben die anderen Achsen des Poinsot-Ellipsoids die Längen $1/\sqrt{\Theta_1}$ bzw. $1/\sqrt{\Theta_2}$.
Man sieht das sofort aus der Hauptachsenform von (3):

$$\frac{\omega_1^2}{1/\Theta_1} + \frac{\omega_2^2}{1/\Theta_2} + \frac{\omega_3^2}{1/\Theta_3} = 2T = \text{const.}$$

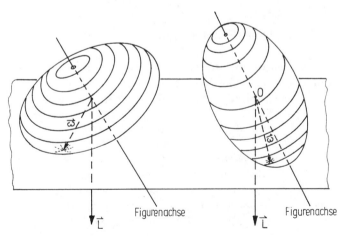

Figurenachse   Figurenachse

Fig. a) $\Theta_3 > \Theta_1$
oblater symmetrischer Kreisel

Fig b) $\Theta_3 < \Theta_1$
prolater symmetrischer Kreisel

Figur a) zeigt das Ellipsoid eines abgeplatteten (oblaten) Kreisels, in Figur b) ist ein länglicher (prolater) Kreisel dargestellt. Im ersten Fall liegen die Achsen in der Reihenfolge $\vec{\omega} - \vec{L}$–Figurenachse, im zweiten Fall $\vec{L} - \vec{\omega}$–Figurenachse.

Entsprechend liegen auch die Kegel, die wir oben eingeführt haben. Figur c) zeigt den Fall eines oblaten Kreisels und Figur d) den eines prolaten Kreisels. Beim Betrachten der Kegel fällt auf, daß die drei Achsen in einer Ebene liegen.

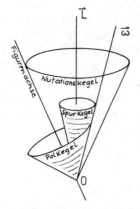
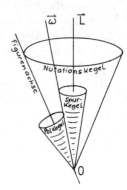

Fig. c) Oblater symmetrischer Kreisel
Der Polkegel rollt am Spurkegel innen ab.

Fig. d) Prolater symmetrischer Kreisel
Der Polkegel rollt am Spurkegel außen ab.

Analytische Theorie des freien Kreisels

Wir betrachten die Bewegung der Vektoren von Drehimpuls und Winkelgeschwindigkeit von einem Koordinatensystem aus, das im Kreisel fest verankert ist und sich mitbewegt. Für die Winkelgeschwindigkeit gilt dann:

$$\vec{\omega} = \omega_1\vec{e}_1 + \omega_2\vec{e}_2 + \omega_3\vec{e}_3,$$

wobei $\vec{e}_1$, $\vec{e}_2$ und $\vec{e}_3$ *körperfeste Hauptachsen* des Kreisels sind. Nun untersuchen wir die Bewegung des Kreisels nicht mehr im bewegten Koordinatensystem, sondern transformieren unter Verwendung unserer bereits über bewegte Koordinatensysteme erworbenen Kenntnisse ins Kreiselsystem, das ja mit $\vec{\omega}$ im Laborsystem rotiert, und erhalten

$$\dot{\vec{L}}\Big|_{\text{Lab.}} = \dot{\vec{L}}\Big|_{\text{Kreisel}} + \vec{\omega} \times \vec{L}.$$

Wegen $\dot{\vec{L}}\big|_{\text{Kr.}} = \hat{\Theta}\dot{\vec{\omega}}$ ergibt sich für die Komponente im Laborsystem:

$$\dot{\vec{L}}\big|_{\text{Lab.}} = \Theta_1\dot{\omega}_1\vec{e}_1 + \Theta_2\dot{\omega}_2\vec{e}_2 + \Theta_3\dot{\omega}\vec{e}_3 + \begin{vmatrix} \vec{e}_1 & \vec{e}_2 & \vec{e}_3 \\ \omega_1 & \omega_2 & \omega_3 \\ \Theta_1\omega_1 & \Theta_2\omega_2 & \Theta_3\omega_3 \end{vmatrix}.$$

Nach den Komponenten $\vec{e}_1$, $\vec{e}_2$ und $\vec{e}_3$ aufgelöst und zusammengefaßt, lautet das:

$$\begin{aligned} \dot{\vec{L}}\big|_{\text{Lab.}} = {}& (\Theta_1\dot{\omega}_1 + \Theta_3\omega_2\omega_3 - \Theta_2\omega_2\omega_3)\vec{e}_1 \\ & + (\Theta_2\dot{\omega}_2 + \Theta_1\omega_1\omega_3 - \Theta_3\omega_1\omega_3)\vec{e}_2 \\ & + (\Theta_3\dot{\omega}_3 + \Theta_2\omega_1\omega_2 - \Theta_1\omega_1\omega_2)\vec{e}_3. \end{aligned}$$

Da das Laborsystem ein Inertialsystem ist, gilt dort die Beziehung

$$\dot{\vec{L}} = \vec{D}.$$

Das Drehmoment wird wieder durch die körperfesten Koordinaten ausgedrückt, und wir erhalten

$$\dot{\vec{L}}\big|_{\text{Lab.}} = D_1\vec{e}_1 + D_2\vec{e}_2 + D_3\vec{e}_3.$$

Somit ergeben sich die *Eulerschen Gleichungen:*

$$\begin{aligned} D_1 &= \Theta_1\dot{\omega}_1 + (\Theta_3 - \Theta_2)\omega_2\omega_3, \\ D_2 &= \Theta_2\dot{\omega}_2 + (\Theta_1 - \Theta_3)\omega_1\omega_3, \\ D_3 &= \Theta_3\dot{\omega}_3 + (\Theta_2 - \Theta_1)\omega_1\omega_2. \end{aligned} \tag{5}$$

Diese drei gekoppelten Differentialgleichungen für $\omega_1(t)$, $\omega_2(t)$ und $\omega_3(t)$ sind nicht linear. Das läßt vermuten, daß im Allgemeinen die Lösungen $\omega_i(t)$ recht komplizierte Funktionen der Zeit sind. Lediglich im Fall der freien Bewegung ($\vec{D} = 0$) läßt sich eine einfach überschaubare Lösung erreichen, die wir jetzt besprechen.

Wir legen das körperfeste Koordinatensystem so, daß die $\vec{e}_3$-Achse der Figurenachse entspricht. Da wir uns bei der analytischen Betrachtung der Kreiseltheorie auf einen freien Kreisel beschränken wollen, der symmetrisch zur Figurenachse sein soll, gelten folgende Bedingungen:

$$\dot{\vec{L}}\big|_{\text{Lab.}} = \vec{D} = 0, \qquad \text{d.h.} \quad D_1 = D_2 = D_3 = 0, \qquad \text{und} \quad \Theta_1 = \Theta_2.$$

Wir zeigen, daß $\vec{e}_3$, $\vec{\omega}$ und $\vec{L}$ für einen symmetrischen Kreisel in einer Ebene liegen. Dazu ist das Spatprodukt der drei Vektoren zu bilden, das verschwinden muß:

$$\vec{e}_3 \cdot (\vec{\omega} \times \vec{L}) = \vec{e}_3 \cdot \begin{vmatrix} \vec{e}_1 & \vec{e}_2 & \vec{e}_3 \\ \omega_1 & \omega_2 & \omega_3 \\ \Theta_1\omega_1 & \Theta_2\omega_2 & \Theta_3\omega_3 \end{vmatrix}$$

$$= (\Theta_2 - \Theta_1)\omega_1\omega_2 = 0,$$

wegen $\Theta_1 = \Theta_2$.

Mit den Bedingungen für den freien symmetrischen Kreisel lauten die Eulerschen Gleichungen

$$\Theta_3\dot{\omega}_3 = 0 \qquad \Rightarrow \qquad \omega_3 = \text{const},$$

$$\Theta_1\dot{\omega}_1 + (\Theta_3 - \Theta_1)\omega_2\omega_3 = 0,$$

$$\Theta_1\dot{\omega}_2 + (\Theta_1 - \Theta_3)\omega_1\omega_3 = 0.$$

Die Komponente von $\vec{\omega}$ in Richtung der Figurenachse ist also konstant; um dies bei der weiteren Rechnung zu verdeutlichen, setzen wir

$$\omega_3 = u.$$

Zur Lösung der beiden Differentialgleichungen differenzieren wir die zweite Gleichung nach der Zeit:

$$\Theta_1\ddot{\omega}_1 + (\Theta_3 - \Theta_1)u\dot{\omega}_2 = 0, \quad \Theta_1\dot{\omega}_2 + (\Theta_1 - \Theta_3)u\omega_1 = 0.$$

Durch Auflösen der letzten Gleichung nach $\dot{\omega}_2$ und Einsetzen in die erste erhalten wir

$$\ddot{\omega}_1 + \frac{(\Theta_3 - \Theta_1)^2}{\Theta_1^2}u^2\omega_1 = 0.$$

Diese Form der Differentialgleichung ist uns jedoch schon bekannt, denn setzt man für

$$\frac{|\Theta_3 - \Theta_1|}{\Theta_1}u = k,$$

so ist $\ddot{\omega}_1 + k^2\omega_1 = 0$ genau die Differentialgleichung des harmonischen Oszillators, die durch

$$\omega_1 = B\sin kt + C\cos kt$$

gelöst wird. Unter Berücksichtigung der Anfangsbedingung $\omega_1(t = 0) = 0$ folgt $\omega_1 = B\sin kt$, bzw. aus der zweiten Gleichung $\omega_2 = -B\cos kt$.

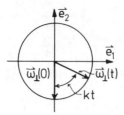

Die Bewegung von $\vec{\omega}(t)$ in der $\vec{e}_1$-$\vec{e}_2$-Ebene.

Das Ergebnis besagt, daß vom Kreiselsystem aus gesehen, ω einen Kreis um die Figurenachse beschreibt:

$$\vec{\omega} = B(\sin kt\,\vec{e}_1 - \cos kt\,\vec{e}_2\,) + u\vec{e}_3.$$

Die Drehfrequenz ist dabei durch k gegeben; für $k > 0$ erfolgt die Rotation im mathematisch positiven Drehsinn. Der bei der Rotation entstehende Kegel wird wieder *Polkegel* genannt. Der Drehimpuls, der durch $\vec{L} = \widehat{\Theta}\cdot\vec{\omega}$ gegeben ist, erfährt ebenfalls eine zeitliche Änderung.

$$\vec{L} = \Theta_1 B \sin kt\,\vec{e}_1 - \Theta_1 B \cos kt\,\vec{e}_2 + \Theta_3 u\vec{e}_3,$$

d. h. die $\vec{L}$-Achse rotiert mit der gleichen Frequenz k, aber mit anderer Amplitude um die Figurenachse (Nutation). Dies ist kein Widerspruch zur Aussage $|\vec{L}|_{\text{Lab}} = \text{const}$, da wir den Drehimpuls vom Kreiselsystem aus messen.

Schließlich lassen sich die Winkel zwischen den drei Achsen bestimmen. Wir setzen

$$\sphericalangle(\vec{e}_3,\vec{L}\,) = \alpha, \qquad \sphericalangle(\vec{e}_3,\vec{\omega}\,) = \beta,$$

und multiplizierten $\vec{e}_3$ und $\vec{L}$ skalar; dies ergibt

$$\vec{e}_3 \cdot \vec{L} = L\cos\alpha = \sqrt{(\Theta_1 B)^2 + (\Theta_3 u)^2}\,\cos\alpha,$$

bzw.

$$\vec{e}_3 \cdot \vec{L} = \vec{e}_3 \cdot (\Theta_1\omega_1\vec{e}_1 + \Theta_2\omega_2\vec{e}_2 + \Theta_3\omega_3\vec{e}_3\,) = \Theta_3\omega_3 = \Theta_3 u.$$

Durch Gleichsetzen der beiden Gleichungen folgt

$$\cos\alpha = \frac{\Theta_3 u}{\sqrt{(\Theta_1 B)^2 + (\Theta_3 u)^2}} = \frac{1}{\sqrt{(\Theta_1 B/\Theta_3 u)^2 + 1}}$$

oder

$$\cos\alpha\sqrt{\left(\frac{\Theta_1 B}{\Theta_3 u}\right)^2 + 1} = 1.$$

Nach Koeffizientenvergleich mit der trigonometrischen Formel

$$\cos x\sqrt{\tan^2 x + 1} = 1$$

finden wir, daß $\tan\alpha = \Theta_1 B/\Theta_3 u = $ const.
Führt man die gleiche Rechnung für $\vec{e}_3 \cdot \vec{\omega}$ durch, so ergibt sich β zu

$$\tan\beta = \frac{B}{u} = \text{const.}$$

Der Vergleich der letzten beiden Ergebnisse zeigt die Abhängigkeit der Lage der Achsen von Θ_1 und Θ_3: Es ist

$$\tan\alpha/\tan\beta = \Theta_1/\Theta_3,$$

woraus folgt:

1) $\Theta_1 > \Theta_3$ (prolater Kreisel)
   $\Rightarrow \alpha > \beta$ für $\alpha, \beta < \frac{\pi}{2}$,
   Reihenfolge der Achsen:
   $\vec{e}_3 - \vec{\omega} - \vec{L}$;
2) $\Theta_1 < \Theta_3$ (oblater Kreisel)
   $\Rightarrow \alpha < \beta$ für $\alpha, \beta < \frac{\pi}{2}$,
   Reihenfolge der Achsen:
   $\vec{e}_3 - \vec{L} - \vec{\omega}$;
3) $\Theta_1 = \Theta_3$ (Kugelkreisel)
   $\Rightarrow \alpha = \beta$ für $\alpha, \beta \le \pi$;
   $\vec{\omega}$ liegt auf der $\vec{L}$-Achse.
   Da die $\vec{e}_3$-Achse bei einem Kugelkreisel willkürlich gewählt werden kann, ist es keine Beschränkung der Allgemeinheit, wenn wir $\alpha = \beta = 0$ setzen.

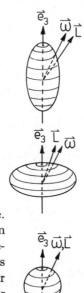
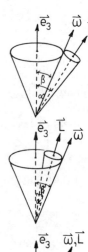
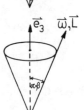

Zu 3) ist anzumerken, daß für den Kugelkreisel $k = u(\Theta_3 - \Theta_1)/\Theta_1 = 0$ gilt wegen $\Theta_1 = \Theta_3$. Im Falle des Kugelkreisels, wie oben schon ausgeführt, können wir die Figurenachse (d. h. $\vec{e}_3$-Achse) beliebig legen, z. B. in die $\vec{L}$-bzw. $\vec{\omega}$-Achse. Das Ergebnis $\alpha = \beta$ hätten wir auch aus

$$\vec{\omega} \times \vec{L} = \vec{\omega} \times \Theta\vec{\omega} = 0 \qquad \text{wegen} \qquad \widehat{\Theta} = \begin{pmatrix} \Theta_1 & 0 & 0 \\ 0 & \Theta_1 & 0 \\ 0 & 0 & \Theta_1 \end{pmatrix}$$

ableiten können.

13.1 Beispiel: Nutation der Erde

Die Erde ist kein Kugelkreisel, sondern ein abgeplattetes Rotationsellipsoid. Die Halbachsen sind

$$a = b = 6378\,\text{km (Äquator) und} \; c = 6357\,\text{km}.$$

Wenn Drehimpulsachse und Figurenachse nicht zusammenfallen, führt die Figurenachse Nutationen um die Drehimpulsachse aus. Die Winkelgeschwindigkeit der Nutationen beträgt

$$k = \frac{\Theta_3 - \Theta_1}{\Theta_1}\omega_3.$$

Die Achse 3 ist die Hauptträgheitsachse (Polachse). Betrachten wir die Erde als homogenes Ellipsoid der Masse M, so erhalten wir die beiden Trägheitsmomente:

$$\Theta_1 = \Theta_2 = \frac{M}{5}(b^2 + c^2), \qquad \Theta_3 = \frac{M}{5}(a^2 + b^2).$$

Damit ergibt sich

$$k = \frac{a^2 - c^2}{b^2 + c^2}\omega_3.$$

Da sich die Halbachsen nur wenig unterscheiden, setzen wir $a = b \approx c$, also

$$k = \frac{(a - c)(a + c)}{b^2 + c^2}\omega_3 \approx \frac{a - c}{a}\omega_3.$$

Die Rotationsgeschwindigkeit der Erde ist $\omega_3 = 2\pi/\text{Tag}$. Damit erhalten wir für die Periode der Nutation

$$T = \frac{2\pi}{k} = 304\,\text{Tage}.$$

Die Figurenachse der Erde (geometrischer Nordpol) und die Drehachse $\vec{\omega}$ der Erde (kinematischer Nordpol) drehen sich umeinander. Die gemessene Periode (sog. *Chandlersche Periode*)* ist 433 Tage. Die Abweichung ist wesentlich darin begründet, daß die Erde kein starrer Körper ist. Die Amplitude dieser Nutation liegt bei ±0.2″. Der kinematische Nordpol läuft auf einer spiralförmigen Bahn innerhalb eines Kreises von 10 m Radius im Sinne der Erddrehung.

13.2 Beispiel: Trägheitsellipsoid eines regelmäßigen Polyeders.

Das Trägheitsellipsoid jedes regelmäßigen Polyeders ist eine Kugel, was wir am Beispiel des Tetraeders zeigen wollen; die Argumentation für Oktaeder, Dodekaeder und Ikosaeder läuft analog. Angenommen, es gäbe eine Trägheitsachse, deren Moment sich von den anderen beiden unterscheidet. Bei einer Drehung von 120° um die Achse g (Lot von Punkt C auf gegenüberliegende Fläche, siehe Abbildung), muß diese Trägheitsachse in sich selbst übergehen, da ja das Tetraeder in sich selbst überführt wird. Man macht sich aber leicht klar, daß nur die Achse g selbst diese Eigenschaft hat und somit die ausgezeichnete Trägheitsachse sein muß. Da aber auch h eine Symmetrieachse ist, müßte auch eine Drehung um h die Trägheitsachse g in sich selbst überführen, was aber nicht der Fall ist. Die Annahme der Existenz einer ausgezeichneten Trägheitsachse führt also auf einen Widerspruch, das Trägheitsellipsoid eines Tetraeders muß also eine Kugel sein.

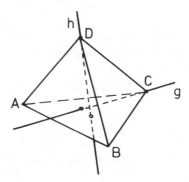

Reguläres Tetraeder; g und h sind Geraden (Achsen), die als Lot von C bzw. D auf die jeweils gegenüberliegenden Flächen erhalten werden.

---

* *Seth Carlo Chandler*, amerikanischer Liebhaber-Astronom, * Boston 17.9.1846, † Wellesley Hills (Mass.) 31.12.1913, fand die nach ihm benannte Chandlersche Periode von 14 Monaten in den Polhöhenschwankungen, beobachtete veränderliche Sterne und gab lange Zeit die Zeitschrift "Astronomical Journal" heraus.

13.3 Aufgabe: Ein homogenes dreiachsiges Ellipsoid mit den Trägheitsmomenten Θ_1, Θ_2, Θ_3 rotiert mit der Winkelgeschwindigkeit $\dot{\varphi}$ um die Hauptträgheitsachse 3. Die Achse 3 rotiert mit $\dot{\vartheta}$ um die Achse $\overline{AB}$. Die Achse $\overline{AB}$ geht durch den Schwerpunkt und steht senkrecht auf 3. Gesucht ist die kinetische Energie.

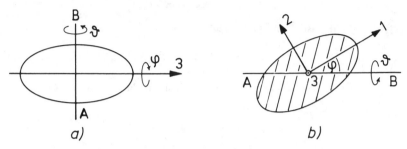

Homogenes, dreiachsiges Ellipsoid: a) Seitenansicht, b) Draufsicht.

Lösung: Wir zerlegen die Winkelgeschwindigkeit $\vec{\omega}$ in ihre Komponenten bezüglich der Hauptträgheitsachsen:

$$\vec{\omega} = (\omega_1, \omega_2, \omega_3), \quad \text{wobei} \quad \omega_1 = \dot{\vartheta}\cos\varphi, \quad \omega_2 = -\dot{\vartheta}\sin\varphi, \quad \omega_3 = \dot{\varphi}.$$

Die kinetische Energie ist dann

$$T = \frac{1}{2}\sum_i \Theta_i \omega_i^2 = \frac{1}{2}(\Theta_1\cos^2\varphi + \Theta_2\sin^2\varphi)\dot{\vartheta}^2 + \frac{1}{2}\Theta_3\dot{\varphi}^2.$$

Das Ellipsoid soll jetzt symmetrisch sein, $\Theta_1 = \Theta_2$, die Achse $\overline{AB}$ ist gegenüber der Achse 3 um den Winkel α geneigt. Für die gesamte Winkelgeschwindigkeit gilt

$$\vec{\omega} = \dot{\varphi}\vec{e}_3 + \dot{\vartheta}\vec{e}_{AB}.$$

Den Einheitsvektor $\vec{e}_{AB}$ in Richtung der Achse $\overline{AB}$ zerlegen wir nach den Hauptachsen

$$\vec{e}_{AB} = \vec{e}_3 \cdot \cos\alpha + (\cos\varphi\,\vec{e}_1 - \sin\varphi\,\vec{e}_2)\sin\alpha.$$

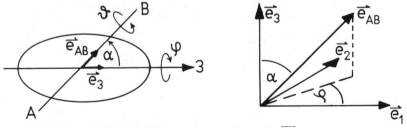

Veranschaulichung der gegenüber der 3-Achse um α geneigten Achse $\overline{AB}$.
Die Lage der Achsen perspektivisch.

Für die Komponenten von $\vec{\omega}$ nach den Hauptachsenrichtungen ergibt sich somit:

$$\omega_1 = \sin\alpha\cos\varphi\,\dot\vartheta,$$
$$\omega_2 = -\sin\alpha\sin\varphi\,\dot\vartheta,$$
$$\omega_3 = \dot\varphi + \cos\alpha\dot\vartheta.$$

Die kinetische Energie lautet demnach

$$T = \frac{1}{2}\Theta_1 \sin^2\alpha\,\dot\vartheta^2 + \frac{1}{2}\Theta_3(\dot\varphi + \dot\vartheta\cos\alpha)^2.$$

Für $\alpha = 90°$ erhalten wir den ersten Fall für ein Rotationsellipsoid.

13.4 Aufgabe: Bestimmen Sie das Drehmoment, daß nötig ist, um eine rechteckige Platte (Seiten a und b) mit konstanter Winkelgeschwindigkeit ω um eine Diagonale zu rotieren.

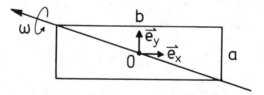

Die rechteckige Platte soll um die Diagonalachse rotieren.

Lösung: Die Hauptträgheitsmomente des Rechtecks sind bereits aus Aufgabe 11.2 bekannt:

$$I_1 = \frac{1}{12}Ma^2 \qquad I_2 = \frac{1}{12}Mb^2 \qquad I_3 = \frac{1}{12}M(a^2 + b^2). \qquad \underline{1}$$

Die Winkelgeschwindigkeit ist:

$$\vec{\omega} = (\omega\cdot\vec{e}_x)\vec{e}_x + (\vec{\omega}\cdot\vec{e}_y)\vec{e}_y,$$

d.h.

$$\vec{\omega} = -\frac{\omega b}{\sqrt{a^2+b^2}}\vec{e}_x + \frac{\omega a}{\sqrt{a^2+b^2}}\vec{e}_y$$

$$\Rightarrow \qquad \omega_1 = \frac{-\omega b}{\sqrt{a^2+b^2}}, \qquad \omega_2 = \frac{+\omega a}{\sqrt{a^2+b^2}}, \qquad \omega_3 = 0. \qquad \underline{2}$$

Einsetzen von $\underline{1}$ in $\underline{2}$ in die Eulerschen Gleichungen liefert:

$$I_3\dot{\omega}_1 + (I_3 - I_2)\omega_2\omega_3 = D_1,$$

$$I_2\dot{\omega}_2 + (I_1 - I_3)\omega_3\omega_1 = D_2,$$

$$I_3\dot{\omega}_3 + (I_2 - I_1)\omega_2\omega_1 = D_3,$$

und weiter $D_1 = 0$, $D_2 = 0$, sowie

$$D_3 = \frac{-M(b^2 - a^2)ab\omega^2}{12(a^2 + b^2)}.$$

Das Drehmoment ist demnach:

$$\vec{D} = \frac{-M(b^2 - a^2)ab\omega^2}{12(a^2 + b^2)}\vec{e}_z.$$

Für $a = b$ (Quadrat) ist $\vec{D} = 0$!

13.5 Aufgabe: Die Oberfläche eines Neutronensterns (Kugel) vibriert langsam, so daß die Hauptträgheitsmomente harmonische Funktionen der Zeit sind:

$$I_{zz} = \frac{2}{5}mr^2(1 + \varepsilon\cos\omega t),$$

$$I_{xx} = I_{yy} = \frac{2}{5}mr^2\left(1 - \varepsilon\frac{\cos\omega t}{2}\right); \quad \varepsilon \ll 1.$$

Gleichzeitig rotiert der Stern mit der Winkelgeschwindigkeit $\Omega(t)$.

a)   Zeigen Sie, daß die z-Komponente von Ω nahezu konstant bleibt!

b)   Zeigen Sie, daß $\Omega(t)$ um die z-Achse nutiert und bestimmen Sie die Nutationsfrequenz, wenn $\Omega_z \gg \omega$.

Lösung: a) Wird der gesamte Drehimpuls in einem Inertialsystem angegeben, so gilt:

$$\left(\frac{d\vec{L}}{dt}\right)_{\text{inertial}} = 0.$$

Die Hauptträgheitsmomente sind jedoch in einem körperfesten System gegeben, das selbst mit der Winkelgeschwindigkeit $\vec{\Omega}$ in Bezug auf das Inertialsystem rotiert. Es gilt

$$\left(\frac{d\vec{L}}{dt}\right)_{\text{inert.}} = \left(\frac{d\vec{L}}{dt}\right)_k + \vec{\Omega} \times \vec{L} = 0.$$

Man erhält daher im körperfesten System (Eulersche Gleichungen):

$$\frac{d}{dt}(I_{zz}\Omega_z) = 0, \qquad\qquad\qquad \underline{1}$$

$$\frac{d}{dt}(I_{xx}\Omega_x) + \frac{3}{2}I_0\Omega_y\Omega_z\varepsilon\cos\omega t = 0, \qquad \underline{2}$$

$$\frac{d}{dt}(I_{yy}\Omega_y) - \frac{3}{2}I_0\Omega_x\Omega_z\varepsilon\cos\omega t = 0, \qquad \underline{3}$$

wobei $I_0 = \frac{2}{5}mr^2$ das Trägheitsmoment der Kugel ist. $\underline{1}$ hat die Lösung

$$\Omega_z = \frac{\Omega_{0z}}{1 + \varepsilon\cos\omega t},$$

wobei Ω_{0z} aus den Anfangsbedingungen folgt; dies bedeutet, daß Ω_z nur sehr schwach zeitabhängig ist.
b) Wir nehmen an, daß $\omega \ll \Omega_z$, d.h.

$$\frac{dI_{xx}}{dt} \approx 0 \quad \text{und} \quad \frac{dI_{yy}}{dt} \approx 0.$$

Damit folgt:

$$I_{xx}\dot\Omega_x + \frac{3}{2}I_0\Omega_z\varepsilon\cos\omega t\,\Omega_y = 0, \qquad I_{yy}\dot\Omega_y - \frac{3}{2}I_0\Omega_z\varepsilon\cos\omega t\,\Omega_x = 0. \qquad \underline{4}$$

Nochmaliges Differenzieren und Einsetzen von $\underline{1}$ bis $\underline{3}$ ergibt

$$I_{xx}\ddot\Omega_x + \frac{1}{I_{yy}}\left(\frac{3}{2}I_0\Omega_z\varepsilon\cos\omega t\right)^2\Omega_x = 0,$$

$$I_{yy}\ddot\Omega_y + \frac{1}{I_{xx}}\left(\frac{3}{2}I_0\Omega_z\varepsilon\cos\omega t\right)^2\Omega_y = 0. \qquad \underline{5}$$

Wenn

$$I_{xx} = I_{yy} \approx I_0 \quad\Rightarrow$$

$$\ddot\Omega_x + \left(\frac{3}{2}\varepsilon\Omega_z\cos\omega t\right)^2\Omega_x = 0, \qquad \ddot\Omega_y + \left(\frac{3}{2}\varepsilon\Omega_z\cos\omega t\right)^2\Omega_y = 0.$$

Da $\omega \ll \Omega_z$ (wir nehmen weiterhin an, daß $\omega \ll \varepsilon\Omega_z$) $\quad\Rightarrow$

$$\omega_n = \frac{3}{2}\varepsilon\Omega_z\cos\omega t \qquad \text{(Nutationsfrequenz)}$$

d.h. Ω_x und Ω_y nutieren mit ω_n.

13.6 Aufgabe: Eine homogene Kreisscheibe (Masse M, Radius R) dreht sich mit konstanter Winkelgeschwindigkeit ω um eine durch den Mittelpunkt laufende, körperfeste Achse. Die Achse bildet mit der Flächennormalen den Winkel α und ist auf beiden Seiten des Scheibenmittelpunktes im Abstand d gelagert. Bestimmen Sie die in den Lagern auftretenden Kräfte.

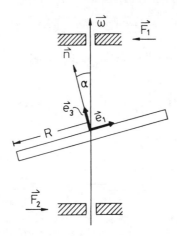

Zur Geometrie und Lagerung der rotierenden Kreisscheibe

Lösung: Die Eulerschen Gleichungen lauten

$$I_1\dot\omega_1 - \omega_2\omega_3(I_2 - I_3) = D_1, \qquad \underline{1}$$

$$I_2\dot\omega_2 - \omega_1\omega_3(I_3 - I_1) = D_2, \qquad \underline{2}$$

$$I_3\dot\omega_3 - \omega_1\omega_2(I_1 - I_2) = D_3, \qquad \underline{3}$$

wobei $\vec{D} = \{D_1, D_2, D_3\}$ das Drehmoment im körperfesten System bedeutet. Das körperfeste Koordinatensystem legen wir nun so, daß $\vec{n} = \vec{e}_3$ ist und $\vec{e}_1$ in der von $\vec{n}, \vec{\omega}$ aufgespannten Ebene liegt. Für das Hauptträgheitsmoment I_1 gilt

$$I_1 = \sigma \int\limits_0^{2\pi} y^2 r\,dr\,d\varphi = \sigma \int\limits_0^{2\pi} r^3 \sin^2\varphi\,dr\,d\varphi = \frac{1}{4}\sigma R^4 \int\limits_0^{2\pi} \sin^2\varphi\,d\varphi$$

$$= \frac{1}{4}\sigma R^4 \pi = \frac{1}{4}\left(\frac{M}{\pi R^2}\right)R^4\pi = \frac{1}{4}MR^2, \qquad \underline{4}$$

da die Flächendichte σ durch $\sigma = \dfrac{M}{F} = \dfrac{M}{\pi R^2}$ gegeben ist. Und analog für I_2 und I_3:

$$I_1 = I_2 = \frac{1}{2}I_3 = \frac{1}{4}MR^2. \qquad \underline{5}$$

Die Komponenten des Vektors der Winkelgeschwindigkeit sind durch

$$\vec{\omega} = \{\omega_1 = \omega \sin\alpha, \omega_2 = 0, \omega_3 = \omega \cos\alpha\} \qquad \underline{6}$$

gegeben. Einsetzen von $\underline{5}$, $\underline{6}$ in $\underline{1}$ bis $\underline{3}$ ergibt wegen $\dot{\vec{\omega}} = \vec{0}$:

$$D_1 = D_3 = 0 \qquad \text{und} \qquad D_2 = -\omega^2 \sin\alpha \cos\alpha \frac{1}{4} MR^2. \qquad \underline{7}$$

Wegen $\vec{D} = \vec{r} \times \vec{F}$ treten in den Lagern gleichgroße entgegengerichtete Kräfte der Stärke

$$|\vec{F}| = \frac{|\vec{D}_2|}{2d} = MR^2\omega^2 \frac{1}{4d}\left(\frac{1}{4}\sin 2\alpha\right) = MR^2\omega^2 \frac{\sin 2\alpha}{16d} \qquad \underline{8}$$

auf (siehe Skizze).

13.7 Aufgabe: Welches Drehmoment ist erforderlich, um eine elliptische Scheibe mit den Halbachsen a und b um die Drehachse $0A$ mit konstanter Winkelgeschwindigkeit ω_0 zu drehen? Die Drehachse soll mit der großen Halbachse a den Winkel α bilden.

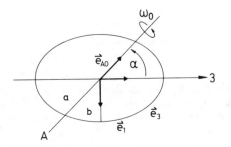

Lösung: Wir legen die $\vec{e}_1$-Achse senkrecht zur Zeichenebene, $\vec{e}_2$ in Richtung der kleinen Halbachse b und $\vec{e}_3$ in Richtung der großen Halbachsen.
Die Hauptträgheitsmomente sind dann ($M = \sigma\pi ab$, $dM = \sigma dF$):

$$I_2 = \sigma \int\limits_{-a}^{+a} \int\limits_{-\varphi(z)}^{\varphi(z)} z^2 \, dz \, dy \qquad \text{mit} \qquad \varphi(z) = b\sqrt{1 - \frac{z^2}{a^2}}$$

aus der Ellipsengleichung $\frac{z^2}{a^2} + \frac{y^2}{b^2} = 1$.

$$I_2 = \sigma \int\limits_{-a}^{+a} z^2 y \left|\begin{matrix} b\sqrt{1-z^2/a^2} \\ -b\sqrt{1-z^2/a^2} \end{matrix}\right. dz = 2\sigma b \int\limits_{-a}^{+a} z^2 \sqrt{1 - \frac{z^2}{a^2}}\, dz$$

$$= 2\sigma \frac{b}{a} \left\{ \frac{z}{8}(2z^2 - a^2)\sqrt{a^2 - z^2} + \frac{a^4}{8} \arcsin \frac{z}{|a|} \right\}\Bigg|_{-a}^{+a}$$

$$= \frac{1}{4}\sigma b a^3 \pi = \frac{1}{4}Ma^2 , \hspace{4cm} \underline{1}$$

entsprechend

$$I_3 = \sigma \int\limits_{-b}^{+b} \int\limits_{-\overline{\varphi}(y)}^{\overline{\varphi}(y)} y^2\, dy\, dz \qquad \text{mit} \quad \overline{\varphi} = a\sqrt{1 - \frac{y^2}{b^2}}$$

$$\Rightarrow \qquad I_3 = \frac{1}{4}Mb^2 . \hspace{4cm} \underline{2}$$

I_1 können wir sogleich hinschreiben (wegen $I_1 = I_2 + I_3$ für dünne Platten):

$$I_1 = \frac{1}{4}M(a^2 + b^2). \hspace{4cm} \underline{3}$$

Für $\vec{\omega}$ erhalten wir:

$$\vec{\omega} = 0 \cdot \vec{e}_1 - \omega_0 \sin\alpha \cdot \vec{e}_2 + \omega_0 \cos\alpha \cdot \vec{e}_3 .$$

Wir setzen in die Eulerschen Kreiselgleichungen ein:

$$D_1 = I_1 \dot{\omega}_1 + (I_3 - I_2)\omega_2 \omega_3$$

$$= -\frac{1}{4}M(b^2 - a^2)\sin\alpha \cos\alpha \cdot \omega_0^2$$

$$D_2 = I_2 \dot{\omega}_2 + (I_1 - I_3)\omega_1 \omega_3 = 0 \hspace{3cm} \underline{4}$$

$$D_3 = I_3 \dot{\omega}_3 + (I_2 - I_1)\omega_1 \omega_2 = 0$$

Damit erhalten wir für das benötigte Drehmoment $\vec{D}$:

$$\vec{D} = -\omega_0^2 \cdot \frac{M}{8}(b^2 - a^2)\sin 2\alpha \cdot \vec{e}_1 . \hspace{3cm} \underline{5}$$

Offensichtlich gilt:

– für $\alpha = 0, \pi/2, \pi, \ldots$ verschwindet das Drehmoment, weil Drehung um eine Hauptträgheitsachse vorliegt.

– für $b^2 = a^2$, also den Fall der Kreisscheibe, verschwindet das Drehmoment für alle Winkel α.

Wir wollen diese letzten Schlußfolgerungen noch einmal bedenken: Gegeben sei eine elliptische Scheibe mit Halbachsen a und b.
Für $\alpha = 0°$, $180°$ bzw. für $\alpha = 90°$, $270°$ fällt die Drehachse mit einer der Hauptträgheitsachsen in Richtung der Halbachsen zusammen. In diesem Fall ist die Drehimpulsrichtung identisch mit der momentanen Drehachse. Wegen $\omega_0 = $ const ist auch $\vec{L} = $ const und daher das resultierende Drehmoment Null. Das folgt auch durch Einsetzen in die Eulerschen Kreiselgleichungen: $\dot{\omega} = (0,0,0)$, $\omega = (0,0,\omega_0)$ bzw. $\omega = (0,\omega_0,0)$

$$\Rightarrow \quad D_1 = I_1\dot{\omega}_1 + (I_3 - I_2)\omega_2\omega_3 = 0,$$

$$D_2 = I_2\dot{\omega}_2 + (I_1 - I_3)\omega_1\omega_3 = 0,$$

$$D_3 = I_3\dot{\omega}_3 + (I_2 - I_1)\omega_1\omega_2 = 0. \qquad \underline{6}$$

Der schwere symmetrische Kreisel – Elementare Betrachtungen

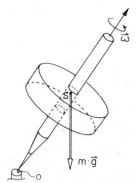

Schema eines schweren Kreisels. Der Schwerpunkt S und der Unterstützungspunkt O sind eingezeichnet.

Wir betrachten jetzt die Bewegung des Kreisels bei Einwirkung der Schwerkraft. Wenn der Unterstützungspunkt 0 des Kreisels nicht mit dem Schwerpunkt S zusammenfällt, übt die Schwerkraft ein Drehmoment aus. Zur Unterscheidung von dem sich frei bewegenden Kreisel nennt man den Kreisel dann *"schweren Kreisel"*. *Zunächst beschränken wir uns auf den symmetrischen Kreisel, der mit der Winkelgeschwindigkeit $\vec{\omega}$ um seine Figurenachse rotiert.* Das raumfeste Koordinatensystem legen wir mit dem Ursprung in den Unterstützungspunkt 0, die negative z-Achse zeigt in Richtung der Schwerkraft.

Sei der Abstand $\overrightarrow{OS} = \vec{l}$, dann übt die Schwerkraft auf den Kreisel der Masse m ein Drehmoment $\vec{D} = \vec{l} \times m\vec{g}$ aus. Der Drehimpulsvektor ist also zeitlich nicht konstant:

$$\dot{\vec{L}} = \vec{D} \qquad \text{oder} \qquad d\vec{L} = \vec{D} \cdot dt.$$

Diese differentielle Form der Bewegungsgleichungen drückt aus, daß das Drehmoment eine Veränderung $d\vec{L}$ des Drehimpulses bewirkt, die dem Drehmoment $\vec{D}$ parallel ist.
Sommerfeld[*] und Klein[**] nannten das in ihrem Buch über die "Theorie des Kreisels" – philosophierend – "*Die Tendenz zum gleichsinnigen Parallelismus*".
Die z-Komponente des Drehimpulses bleibt allerdings erhalten.

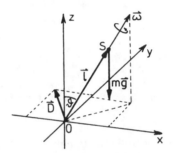

Die Lage des schweren Kreisels im Koordinatensystem.

---

[*] *Sommerfeld*, Arnold, Physiker, * Königsberg 5.12.1868, † München 26.4.1951, seit 1897 Professor in Clausthal-Zellerfeld und seit 1900 in Aachen, bemühte sich S. erfolgreich um eine mathematematische Durchdringung der Technik. 1906 wurde S. Professor für theoretische Physik in München, wo er als glänzender akademischer Lehrer Generationen von Physikern heranbildete (u. a. P. Debye, P.P. Ewald, W. Heisenberg, W. Pauli, H.A. Bethe). Er erweiterte die Bohrschen Gedanken 1915 zur "Bohr- Sommerfeldschen Atomtheorie" und entdeckte einen Großteil der Gesetze für die Zahl, Wellenlänge und Intensität der Spektrallinien. Sein Werk "Atombau und Spektrallinien" (1:1919; 2:1929) galt für Jahrzehnte als Standardwerk der Atomphysik. Weitere Werke: Vorlesungen über theoretische Physik, 6 Bde (1942–62).
[**] *Klein*, Felix, geb. 25.4.1849 Düsseldorf, gest. 22.6.1925 Göttingen. – K. studierte 1865/70 in Bonn. Während eines Studienaufenthalts 1870 in Paris wurde er mit der sich stürmisch entwickelnden Gruppentheorie bekannt. Seit 1871 war K. als Privatdozent in Göttingen tätig, 1872 als Professor in Erlangen, 1875 München, 1880 in Leipzig und 1886 in Göttingen. Er lieferte grundlegende Arbeiten zur Funktionentheorie, Geometrie und Algebra. Besonders die Gruppentheorie und ihre Anwendung fanden dabei sein Interesse. 1872 veröffentlichte er das Erlanger Programm. Im höheren Lebensalter wandte sich K. auch pädagogischen und historischen Fragen in stärkerem Maße zu.

Wegen $\vec{g} = -g\vec{e}_z$ folgt $\vec{D} = mg\vec{e}_z \times \vec{l}$, d.h. das Drehmoment hat keine Komponente in z-Richtung, also ist L_z konstant. Das Drehmoment $\vec{D}$ bewirkt daher eine Bewegung des Drehimpulsvektors $\vec{L}$ auf einem Kegel um die z-Achse; diese Bewegung des schweren Kreisels wird *Präzession* genannt. Die Präzessionsfrequenz des Kreisels ist dabei aus Symmetriegründen konstant; ebenfalls konstant ist die Lage der Drehmoment- und Drehimpulsvektoren zueinander.

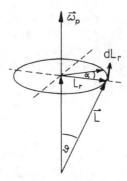

Zur Berechnung der Präzessionsfrequenz ω_p.

Wir berechnen nun die Präzessionsfrequenz. Dazu gehen wir aus von der Radialkomponente L_r des Drehimpulses:

$$L_r = L \sin \vartheta.$$

Der von L_r in der Zeit dt überstrichene Winkel ist:

$$d\alpha = \frac{dL_r}{L_r} = \frac{dL}{L_r} = \frac{D\, dt}{L \sin \vartheta}.$$

Für die Präzessionsfrequenz $\omega_p = d\alpha/dt$ folgt also

$$\omega_p = \frac{D}{L \sin \vartheta} = \frac{mgl}{L},$$

bzw. in vektorieller Schreibweise:

$$\vec{\omega}_p \times \vec{L} = \vec{D}.$$

Die Präzessionsfrequenz ist damit unabhängig von der Neigung ϑ des Kreisels, sofern $\vartheta \neq 0$ vorausgesetzt wird. Im allgemeinen Fall wird die Präzession von

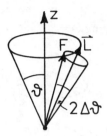

Im allgemeinen ist der Präzession eine Nutation überlagert.

Nutationsbewegungen überlagert, so daß dann die Spitze der Figurenachse F keinen Kreis mehr, sondern eine weitaus komplizierte Bahnkurve um die z-Achse beschreibt. Der Winkel ϑ bewegt sich dann zwischen zwei Extremwerten

$$\vartheta_0 - \Delta\vartheta \leq \vartheta \leq \vartheta_0 + \Delta\vartheta \qquad \text{(vgl. Figur)}.$$

Wäre $\vec{D} = 0$, so gäbe es nur die Nutation der Figurenachse F um die dann invariable Gerade $\vec{L}$. Bei $\vec{D} \neq 0$ dominiert die Präzession von $\vec{L}$ um die z-Achse. Die Nutation ist dieser Präzession überlagert.

Da in diesem hier betrachteten speziellen Fall die Vektoren von Drehimpuls und Winkelgeschwindigkeit mit der Figurenachse des Kreisels zusammenfallen, können wir für den Drehimpuls schreiben:

$$\vec{L} = \Theta_3 \vec{\omega},$$

wobei Θ_3 das Trägheitsmoment um die Figurenachse ist. Für das Drehmoment gilt dann die Beziehung:

$$\vec{D} = \Theta_3 \vec{\omega}_p \times \vec{\omega}.$$

Das umgekehrte dieses Moments $\vec{D}' = -\vec{D} = \Theta_3 \vec{\omega} \times \vec{\omega}_p$ heißt *Kreiselmoment*. Es ist jenes Drehmoment, das der Kreisel auf seine Führung ausübt, wenn er mit der Winkelgeschwindigkeit $\vec{\omega}_p$ geschwenkt wird. Dieses Kreiselmoment – manchmal auch *Devitationswiderstand* genannt – kann bei schnellaufendem Kreisel und plötzlicher Drehung seiner Drehachse sehr große Werte annehmen. Wir spüren es z. B., wenn wir die Achse eines in unserer Hand gehaltenen schnell rotierenden Schwungrades (z. B. Rad von einem Fahrrad) plötzlich drehen. Von einem mit der Winkelgeschwindigkeit $\vec{\omega}_p$ rotierenden Bezugssystem aus betrachtet ist das Kreiselmoment, wie sich beweisen läßt, identisch mit dem Moment der Corioliskräfte.

Auch die Erde beschreibt unter dem Einfluß der Gravitation von Sonne und Mond eine Präzessionsbewegung.

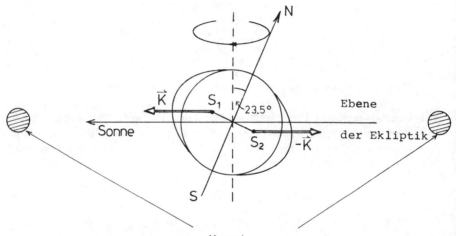

Massenring
durch die – von der Erde aus gesehen – umlaufende Sonne verursacht
(vgl. Diskussion in Bd. 1, Kapitel 28)

Die Erde ist ein Kreisel mit völlig freier Drehachse, aber sie ist nicht kräftefrei. Infolge ihrer Abplattung und der Schiefe der Ekliptik erzeugt die Anziehung durch Sonne und Mond ein Drehmoment. Wir denken uns die Erde als eine ideale Kugel mit einem darauf liegenden Wulst, der am Äquator am stärksten ist, und betrachten zunächst nur die Wirkung der Sonne. Im Erdmittelpunkt (Schwerpunkt) ist die Anziehung den vom Erdumlauf um die Sonne herrührenden Zentrifugalkräften genau entgegengesetzt gleich. Den Wulst teilen wir in seine der Sonne zu- und von ihr abgewandten Hälfte. Auf der ersteren ist die Sonnenanziehung des kleineren Abstandes wegen größer als im Erdmittelpunkt, die Zentrifugalkraft aber aus dem gleichen Grunde kleiner, und im Schwerpunkt S_1 der Wulsthälfte resultiert eine auf die Sonne gerichtete Kraft $\vec{K}$. Auf der von der Sonne abgewandten Seite ist es umgekehrt. Hier überwiegt die Zentrifugalkraft die Sonnenanziehung und es resultiert hier im Wulstschwerpunkt S_2 eine von der Sonne weg gerichtete Kraft $-\vec{K}$, die wegen der Schiefe der Ekliptik mit der ersteren ein Kräftepaar bildet, das die Erdachse und die zum Erdbahnradius senkrechte, in der Bahnebene liegende Achse zu drehen sucht. Daraus folgt die Präzessionsbewegung um die zur Erdbahn senkrechte Achse. Im gleichen Sinne wirkt der Mond, und zwar noch stärker als die Sonne infolge seines geringen Abstandes. Die Erdachse läuft in 25 800 Jahren ("Platonisches Jahr") einmal auf einem Kegelmantel um, dessen Öffnungswinkel gleich der doppelten Schiefe der Ekliptik ist, also 47° beträgt, verändert daher im Laufe der Jahrtausende ihre Richtung. Diese Präzessionsbewegung ist von den in Aufgabe 13.1 besprochenen Nutationen der Erde (Chandlersche Nutationen) zu unterscheiden. Letztere sind der Präzessionsbewegung überlagert.

Die vielleicht wichtigste praktische Anwendung des Kreisels finden wir im *Kreiselkompaß*, dessen Idee auf Foucault zurückgeht (1852). Der Kreiselkompaß besteht im Prinzip aus einem schnellrotierenden, semikardanisch aufgehängten Kreisel, dessen Drehachse durch die Aufhängung in der Horizontalebene gehalten wird.

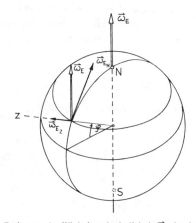 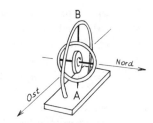

Zerlegung der Winkelgeschwindigkeit $\vec{\omega}_E$ in eine Vertikal- und eine Horizontalkomponente.

Semikardanische Aufhängung: Dieser Kreisel kann sich um die AB-Achse frei drehen.

Die Erde ist kein Inertialsystem, sondern rotiert mit der Winkelgeschwindigkeit $\vec{\omega}_E$. Da der Kreisel seine Drehimpulsrichtung beibehalten will, wird er gezwungen, mit $\vec{\omega}_E$ zu präzessieren. Es resultiert daher ein Kreiselmoment $\vec{D}'$:

$$\vec{D}' = \Theta_3 \vec{\omega}_K \times \vec{\omega}_E,$$

wobei wir

$$\vec{\omega}_E = \omega_E \sin\varphi\, \vec{e}_z + \omega_E \cos\varphi\, \vec{e}_N \equiv \vec{\omega}_{E_Z} + \vec{\omega}_{E_N}$$

mit φ als geographischer Breite setzen. $\vec{e}_N$ ist ein entlang des Meridians zeigender Einheitsvektor.

Damit erhält man also bei Aufspaltung von $\vec{\omega}_E$:

$$\vec{D}' = \Theta_3(\vec{\omega}_K \times \vec{\omega}_{E_Z} + \vec{\omega}_K \times \vec{\omega}_{E_N}).$$

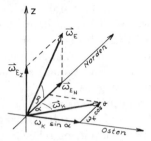

Zerlegung der Winkelgeschwindigkeit der Erde ($\vec{\omega}_E$) und des Kreisels ($\vec{\omega}_K$).

Der erste Term wird vom Lager des Kreisels kompensiert. Dieser Teil des Kreiselmoments versucht die AB-Achse (vgl. die Figur zur semikardanischen Aufhängung) zu drehen. Der zweite Term bewirkt eine Drehung des Kreisels um die z-Achse. Mit der Zerlegung von $\vec{\omega}_K$ ergibt sich das zur Wirkung kommende Drehmoment:

$$\vec{D}' = \Theta_3 \omega_K \sin\alpha\, \omega_E \cos\varphi\, \vec{e}_z.$$

Es tritt also ein Drehmoment auf, das den Kreisel immer in Richtung des Meridians ($\alpha = 0$) einzustellen versucht.

Ist die Aufhängung des Kreisels gedämpft, so stellt er sich in N-S-Richtung ein, sofern er sich nicht an einem der beiden Pole ($\varphi = \pm 90°$) befindet. Im anderen Fall führt er gedämpfte Pendelschwingungen um die N-S-Richtung aus.

Man kann daher den Kreisel als Richtungsanzeigegerät benutzen, solange man sich nicht in unmittelbarer Polnähe befindet.

Während die Foucaultschen Versuche mit einem "Gyroskop" nur zu Andeutungen des beschriebenen Effektes führten, gelang es Anschütz-Kaempfe, den ersten brauchbaren Kreiselkompaß zu konstruieren (1908). Der Kreiselkörper – ein Drehstrommotor – hängt zur Herabsetzung der Reibung an einem Schwimmer, der in einem Kessel mit Quecksilber schwimmt. Die Kreiselachse wird dadurch horizontal gehalten, daß der Schwerpunkt des Kreisels tiefer als der (dem Aufhängepunkt entsprechende) Auftriebsmittelpunkt liegt. Bei dieser Anordnung schwingt die Kreiselachse unter dem Einfluß des Momentes nicht nur in der horizontalen, sondern auch in der vertikalen Ebene um die Nord-Süd- Richtung.

Durch eine geeignete Dämpfung der letzteren dieser gekoppelten Schwingungen läßt sich auch die zur Einstellung nötige Dämpfung der Schwingungen in der Horizontalebene erreichen. Die durch Schiffsschwingungen und andere Gründe auftretenden Mißweisungen konnten bei neuerer Konstruktion (Mehrkreiselkompaß) beseitigt bzw. rechnerisch berücksichtigt werden.

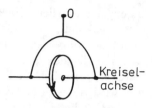

Prinzip des Gyroskops

Weitere Anwendungen des Kreisels

Zur Stabilisierung freier Bewegungen von Körpern, wie z. B. eines Diskus oder Geschosses, erteilt man ihnen eine rasche Eigendrehung (Drall). Die Diskusscheibe erhält dadurch ihre schräge Stellung annähernd unverändert bei, erhält infolgedessen ähnlich wie die Tragfläche eines Flugzeuges einen Auftrieb und erreicht eine viel größere Wurfweite, als das ohne Drehung der Fall wäre. Ein um seine Längsachse rotierendes Langgeschoß erfährt durch den Luftwiderstand ein Drehmoment, das das Geschoß um eine zur Flugrichtung senkrechte Schwerpunktachse zu drehen sucht. Das Geschoß reagiert darauf mit einer Art Präzessionsbewegung, die wegen des variablen Luftwiderstandes sehr verwickelt ist. Die Pendelungen der Geschoßspitze erfolgen in der Nähe der Bahntangente, aber – bei einem Geschoß mit "Rechtsdrall" – rechts von der Schußebene. Das Geschoß schlägt daher am Ziel mit der Spitze auf, beim Abschuß ist aber eine Rechtsabweichung in Kauf zu nehmen.

Die bei geführten Kreiseln auftretenden Kreiselmomente suchen z. B. bei einem in die Kurve gehenden Fahrzeug die Achse des Radsatzes aufzurichten, wodurch ein Zusatzdruck auf das äußere Rad und eine Entlastung des inneren entsteht. Die gleiche Kreiselwirkung führt zur Erhöhung des Mahldrucks bei den Kollermühlen und findet außerdem Anwendung beim Wendezeiger für Flugzeuge. Wenn das Flugzeug eine Kurve beschreibt, müssen die Kreiselwirkungen beim Propeller berücksichtigt werden.

Der Kreisel kann auch zur Stabilisierung von Systemen (Fahrzeugen) dienen, die an sich labil sind, wie z. B. die Einschienenbahn, oder aber zur Verringerung der Schwingungen eines an sich stabilen Systems, wofür der *Schlicksche Schiffskreisel* ein Beispiel bietet. Beim letzteren ist ein von einem Elektromotor angetriebener schwerer Kreisel mit lotrechter Achse in einen Rahmen gesetzt, der um die querschiff liegende waagerechte Achse drehbar ist. Bei Schiffsschwingungen um die Längsachse – diese "Rollschwingungen" sollen abgeschwächt werden – führt der Kreisel wegen der Präzession um die querschiff liegende Achse Schwingungen aus, so daß Schiffs- und Kreiselschwingungen Koppelschwingungen darstellen. Die Kreiselschwingungen werden mit einer Bremse geeignet gedämpft, die dabei verzehrte Energie wird infolge der Kopplung den Schiffsschwingungen entzogen, sie werden erheblich kleiner. Allgemein ist, wie man aus dem obigen Beispiel erkennt, bei der Stabilisierung durch einen Kreisel wesentlich, daß seine Drehachse nicht relativ zum Körper festgehalten wird, sondern daß alle drei Freiheitsgrade der Rotation zur Verfügung stehen. Aus diesem Grunde könnte ein Fahrrad bei festgestelltem Vorderrad im Laufe nicht stabil sein. Übrigens beruht auch das Freihändigfahren mit dem Fahrrad zum Teil auf den Kreiselgesetzen.

Eine indirekte Stabilisierung verwirklichen die Geradlaufapparate für Torpedos. Bei Ablenkung aus der Schußrichtung betätigt der Kreisel ein Relais, das für die Nachstellung des entsprechenden Steuerruders sorgt.

Ein wichtiges Problem ist es, eine horizontale Fläche so zu stabilisieren, daß sie auch auf einem bewegten Schiff oder Flugzeug stets horizontal bleibt. Diesen sogenannten künstlichen Horizont (auch Kreiselhorizont, Fliegerhorizont) könnte man nach *Schuler* durch ein Schwerependel mit der Schwingungsdauer von 84 Minuten (Pendellänge = Erdradius) verwirklichen, da ein solches Pendel auch beim bewegten Aufhängepunkt stets zum Erdmittelpunkt zeigte. Mit kardanisch aufgehängten Kreiseln ("Kreiselpendel", Schwerpunkt unter dem Drehpunkt) konnten gut brauchbare künstliche Horizonte hergestellt werden.

Zum Schluß bemerken wir, daß ein gewöhnlicher Spielkreisel, der sich mit seiner tatsächlich abgerundeten Spitze auf einer horizontalen Ebene bewegt und somit fünf Freiheitsgrade besitzt, der Kreiseldefinition nicht genügt, da bei seiner Bewegung im allgemeinen kein Punkt festbleibt bzw. Translations- und Drehbewegung dynamisch nicht voneinander zu trennen sind. Die Beobachtung, daß sich ein Spielkreisel mit anfangs schief stehender Achse bei genügend schneller Drehung aufrichtet – was auch z. B. bei einem gekochten Ei der Fall ist –, kann durch ein von der Reibung herrührendes Drehmoment erklärt werden.

13.8 Aufgabe: Ein einfacher Gyrokompass besteht aus einem Gyroskop, das um seine Achse mit der Winkelgeschwindigkeit ω rotiert. Das Trägheitsmoment um diese Achse sei C, das Trägheitsmoment um eine dazu senkrechte Achse sei A. Die Aufhängung des Gyroskops schwimmt auf Quecksilber, so daß das einzige wirkende Drehmoment die Achse des Gyroskops zwingt, in der horizontalen Ebene zu bleiben. Das Gyroskop wird an den Äquator gebracht. Die Winkelgeschwindigkeit der Erde sei Ω. Wie verhält sich das Gyroskop?

Lösung: Da die Erde mit der Winkelgeschwindigkeit $\vec{\Omega}$ rotiert, genügt der Drehimpuls im Erdsystem

$$\frac{d\vec{L}}{dt} = \vec{D} - \vec{\Omega} \times \vec{L},$$

wobei $\vec{D}$ das gesamte Drehmoment ist. Am Äquator zeigt $\vec{\Omega}$ in Richtung der y-Achse und die z-Achse steht senkrecht darauf.
Die Komponenten des Drehimpulses sind:

$$L_x = C\omega \sin\varphi,$$

$$L_y = C\omega \cos\varphi, \qquad \frac{\omega}{\Omega} \ll 1.$$

$$L_z = A\dot{\varphi}.$$

$\vec{\Omega}$ ist die Winkelgeschwindigkeit der Erde, $\vec{\omega}$ die des Gyroskops.

Nehmen wir an, daß φ klein ist, folgt

$$L_x \cong C\omega\varphi,$$

$$L_y \cong C\omega,$$

$$L_z \cong -A\dot{\varphi}.$$

Da es in der xy-Ebene keine Kräfte gibt, ist $D_z = 0$. Daher ist die Gleichung für L_z:

$$A\ddot{\varphi} = -C\omega\Omega\varphi$$

oder

$$\ddot{\varphi} + \frac{C}{A}\omega\Omega\varphi = 0; \qquad \text{d.h.} \quad \ddot{\varphi} + \omega_r^2\varphi = 0, \quad \omega_r^2 = \frac{C}{A}\omega\Omega.$$

φ oszilliert mit der Frequenz:

$$\omega_r = \left(\frac{C}{A}\omega\Omega\right)^{1/2}$$

in Nord-Süd-Richtung!

13.9 Aufgabe: Gezeitenkräfte, Mond- und Sonnenfinsternisse – Der Saros-Zyklus*

Bereits die alten chinesischen Hofastronomen waren imstande, Mond- und Sonnenfinsternisse mit großer Zuverlässigkeit vorauszusagen. Daß es solche Finsternisse überhaupt nur gelegentlich gibt, während wir sonst Voll- bzw. Neumond haben, liegt daran, daß die Bahnebene des Systems Erde-Mond gegen die Ekliptik, d. h. die Bahnebene des gemeinsamen Schwerpunkts um die Sonne, geneigt ist. Diese Neigung beträgt etwa 5.15°, liegt aber nicht fest im Raum, sondern präzediert aufgrund der durch die Sonne ausgeübten Gezeitenkräfte. Dies führt zum sogenannten Saroszyklus, der für die Vorhersage von Finsternissen von großer Bedeutung ist.

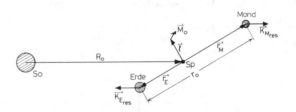

Betrachten Sie das System Erde-Mond als einen hantelförmigen Kreisel, der um seinen Schwerpunkt Sp rotiert, und dessen Schwerpunkt auf einer Kreisbahn die Sonne umläuft. Die Gravitationskraft zwischen Erde und Mond hält gerade der aus der Eigenrotation des Systems resultierenden Zentrifugalkraft die Waage und legt so die angenähert starre Hantellänge r_0 fest. Die Gravitation der Sonne und die Zentrifugalkraft des Umlaufs um die Sonne kompensieren sich jedoch nicht für jeden Körper einzeln, sondern führen zu resultierenden Gezeitenkräften. Diese Kräfte erzeugen ein Drehmoment $\vec{M}_0$ auf den Kreisel. Berechnen Sie $\vec{M}_0$ für die gezeichnete Position, wo es gerade seinen maximalen Wert hat. Machen Sie sich anschaulich klar, daß M_0 im Mittel über Monat und Jahr ein Viertel dieses Wertes hat und berechnen Sie daraus die Präzessionsperiode T_p. Können Sie Argumente finden, warum der tatsächliche Saros-Zyklus mit 18.3 Jahren merklich länger ist?

Hinweis: Die einzigen Daten, die Sie für die Rechnung benötigen, sind die Abstände r_0, die Jahreslänge und die Länge des Siderischen Monats.

Lösung: R_0 ist definiert als der Vektor, der vom Schwerpunkt der Sonne zum Schwerpunkt des Systems Erde-Mond führt. Dabei liegt der Koordinatenursprung des Systems im Schwerpunkt der Sonne.

---

* Die Namensgebung geht auf die *Chaldäer,* einen babylonischen Volksstamm, zurück. Vermutlich wurden von Thales babylonische Tabellen zur Vorhersage der Sonnenfinsternis im Jahre 585 v.Chr. benutzt. Das naturwissenschaftliche Wissen der Babylonier war sehr hoch entwickelt. Sie besaßen Tabellen für Quadratwurzeln und Potenzen, gaben die Zahl π mit 3 1/8 an und waren in der Lage, quadratische Gleichungen zu lösen. Die Einteilung des Himmelskreises in 12 Tierkreiszeichen und die 360° Teilung des Kreises sind noch heute gebräuchliche Überlieferungen babylonischer Nomenklatur.

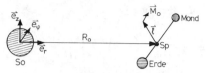

Zur Veranschaulichung der gewählten
Einheitsvektoren

Sei $\vec{R}$ in Zylinderkoordinaten gegeben

$$\vec{R} = \vec{R}_0 + \triangle\vec{R}$$
$$= \vec{R}_0 \vec{e}_r + \triangle R_r \vec{e}_r + \triangle R_\varphi \vec{e}_\varphi + \triangle R_z \vec{e}_z$$

mit

$$|\triangle\vec{R}| \ll |\vec{R}_0|,$$

so folgt daraus

$$|\vec{R}| \approx R_0 \left(1 + \frac{2\triangle R_r}{R_0}\right)^{1/2}.$$

Damit können wir für die Gravitationskraft schreiben:

$$\vec{F}_{Gr}(\vec{R}) = -\frac{\gamma m M}{|\vec{R}|^3}\vec{R}$$

$$\approx -\frac{\gamma m M}{R_0^3}\left(1 - \frac{3\triangle R_r}{R_0}\right)(R_0\vec{e}_r + \triangle R_r\vec{e}_r + \triangle R_\varphi\vec{e}_\varphi + \triangle R_z\vec{e}_z)$$

$$\approx \vec{e}_r\left(-\frac{\gamma m M}{R_0^3}(R_0 - 2\triangle R_r)\right) + \vec{e}_\varphi\left(-\frac{\gamma m M}{R_0^3}\triangle R_\varphi\right) + \vec{e}_z\left(-\frac{\gamma m M}{R_0^3}\triangle R_z\right). \quad \underline{1}$$

Dabei haben die beiden Massen m und M noch keine spezielle Bedeutung.
Betrachten wir nun die Bewegung Erde-Mond als Zweikörperproblem mit einer
von außen wirkenden Kraft:

$$\vec{R}_{Sp} := \vec{R}_0 = \frac{m_E\vec{R}_E + m_M \cdot \vec{R}_M}{m_E + m_M}, \quad \text{(Sp bedeutet Schwerpunkt).}$$

$$\vec{V}_{Sp} = \frac{m_E\vec{V}_E + m_M\vec{V}_M}{m_E + m_M},$$

$$\vec{B}_{Sp} = \frac{m_E\vec{B}_E + m_M\vec{B}_M}{m_E + m_M},$$

$$= \frac{\vec{F}_{ESo} + \vec{F}_{EM} + \vec{F}_{ME} + \vec{F}_{MSo}}{m_E + m_M}, \quad \text{(So bedeutet Sonne).}$$

Nun ist gemäß $\underline{1}$

$$\triangle\vec{R}_E = \vec{r}_E$$

$$\triangle\vec{R}_M = \vec{r}_M$$

$$m_E\vec{r}_E = -m_M\vec{r}_M;$$

weiter folgt aus Gleichung 1

$$\vec{B}_{Sp} = \frac{1}{m_E + m_M}\left(-\gamma\frac{(m_E + m_M)M_{So}}{R_0^2} \cdot \vec{e}_r \right)$$

$$= -\frac{\gamma M_{So}}{R_0^2} \cdot \vec{e}_r = -\omega_{Sp}^2 R_0 \cdot \vec{e}_r \cdot \quad \text{(Kreisbeschleunigung)} \qquad \underline{1a}$$

Das letzte Gleichheitszeichen folgt aus der Gleichgewichtsbedingung für den Schwerpunkt. So muß gelten, daß der Betrag der Gravitationsbeschleunigung gleich dem Betrag der Kreisbeschleunigung ist.

Daraus folgt, daß der Schwerpunkt Sp sich mit der Frequenz ω_{Sp} im Abstand R_0 um die Sonne dreht.

Weiterhin kennen wir folgende Werte

$$T_{Sp} = \frac{2\pi}{\omega_{Sp}} = 365\,\text{Tage}; \qquad R_0 = 149,6 \cdot 10^6\,\text{km}. \qquad \underline{2}$$

Nun interessieren wir uns aber vor allem für die Bewegung Erde-Mond. Dazu betrachten wir den Relativabstand $\vec{r}_{\text{rel}}$ zwischen Erde und Mond.

$$\vec{r}_{\text{rel}} = \vec{R}_E - \vec{R}_M, \qquad |\vec{r}_{\text{rel}}| = r_0,$$

$$\vec{P}_{\text{rel}} = \mu(\vec{V}_E - \vec{V}_M) \quad \text{mit} \quad \mu = \frac{m_E \cdot m_M}{m_E + m_M},$$

$$\frac{d\vec{P}_{\text{rel}}}{dt} = \mu(\vec{B}_E - \vec{B}_M) = \mu\left(\frac{\vec{F}_{ESo}}{m_E} + \frac{\vec{F}_{EM}}{m_E} - \frac{\vec{F}_{ME}}{m_M} - \frac{\vec{F}_{MSo}}{m_M} \right),$$

$$\vec{F}_{EM} = -\gamma\frac{m_E m_M}{r_0^3}\vec{r}_{\text{rel}} = -m\omega_M^2\vec{r}_{\text{rel}}.$$

Das letzte Gleichheitszeichen gilt, wie schon bei der Schwerpunktsbeschleunigung, wegen der Gleichgewichtsbedingung.

Der Relativabstand beschreibt also ebenfalls einen Kreis mit der siderischen Umlaufszeit des Mondes im Abstand r_0. Es ergibt sich

$$T_M = \frac{2\pi}{\omega_M} = 27\,\text{Tage} + 8\,\text{Stunden},$$

$$r_0 = r_E + r_M = 0,384 \cdot 10^6\,\text{km}. \qquad \underline{3}$$

Man erhält also insgesamt folgende überlagerte Bewegung:

$$\left.\begin{aligned} \vec{R}_E &= \vec{R}_0 + \frac{m_M}{m_M + m_E}\vec{r}_{\text{rel}} \\ \vec{R}_M &= \vec{R}_0 - \frac{m_E}{m_M + m_E}\vec{r}_{\text{rel}} \end{aligned}\right\} \quad \text{Epizyklenbewegung.} \qquad \underline{4}$$

Der Drehimpuls bezüglich des Schwerpunktes Sp ist gegeben durch:

$$\vec{L}_0 = \vec{r}_E \times m_E(\vec{V}_E - \vec{V}_{Sp}) + \vec{r}_M \times m_M(\vec{V}_M - \vec{V}_{Sp})$$

$$= m_E \frac{m_M}{m_E + m_M}\vec{r}_{\text{rel}} \times \left(\frac{m_M}{m_E + m_M}\right)\vec{v}_{\text{rel}}$$

$$+ m_M \frac{m_E}{m_E + m_M}\vec{r}_{\text{rel}} \times \left(\frac{m_E}{m_E + m_M}\right)\vec{v}_{\text{rel}}$$

$$= \frac{m_E m_M}{m_E + m_M}\vec{r}_{\text{rel}} \times \vec{v}_{\text{rel}}$$

$$= \mu \cdot \vec{r}_{\text{rel}} \times \vec{v}_{\text{rel}}$$

$$\approx \frac{m_E m_M}{m_E + m_M}\omega_M \cdot r_0^2 \cdot \vec{l}_{EM}, \qquad \qquad \underline{5}$$

wobei $\vec{l}_{EM}$ einen Normalenvektor zu der Bahnebene Erde-Mond darstellt. Beziehung $\underline{5}$ gilt nicht genau, da die Bewegung Erde-Mond nicht vollkommen kreisförmig ist, aber als solche durch einen Kreis gut approximiert werden kann.

Das Koordinatensystem im Schwerpunkt ist dabei genauso ausgerichtet wie im Ursprung. Der Gesamtdrehimpuls bezüglich der Sonne errechnet sich zu

$$\vec{L}_{Ges} = m_E \vec{R}_E \times \vec{V}_E + m_M \cdot \vec{R}_M \times \vec{V}_M$$

$$= m_E \left(\vec{R}_0 + \frac{m_M}{m_M + m_E}\vec{r}_E\right) \times \left(\vec{V}_{Sp} + \frac{m_M}{m_M + m_E}\vec{v}_{rel}\right)$$

$$+ m_M \left(\vec{R}_0 - \frac{m_E}{m_M + m_E}\vec{r}_{rel}\right) \times \left(\vec{V}_{Sp} - \frac{m_E}{m_M + m_E}\vec{v}_{rel}\right)$$

$$= (m_E + m_M)\vec{R}_0 \times \vec{V}_{Sp} + \mu \cdot \vec{r}_{rel} \times \vec{v}_{rel}$$

$$= (m_E + m_M)\omega_{Sp} \cdot R_0^2 \cdot \vec{l}_{SoSp} + \vec{L}_0$$

$$= \vec{L}_{Sp} + \vec{L}_0. \qquad \qquad \underline{6}$$

Parallel zu Gleichung $\underline{5}$ gilt auch hier, daß $\vec{l}_{SoSp}$ einen Normalvektor zu der Bahnebene Sonne-Schwerpunkt darstellt.

$$\frac{d\vec{L}_{Ges}}{dt} = \left(\vec{R}_E \times \vec{F}_{ESo} + \vec{R}_M \times \vec{F}_{MSo} + \left(\vec{R}_E - \vec{R}_M\right) \times \vec{F}_{EM}\right) = 0;$$

das heißt

$$\dot{\vec{L}}_{Sp} = -\dot{\vec{L}}_o. \qquad \qquad \underline{7}$$

Betrachten wir nun das resultierende Drehmoment $\vec{M}_0$ in Bezug auf den Schwerpunkt Sp:

$$\vec{M}_0 = \vec{r}_E \times (\vec{F}_{ESo} + \vec{F}_{EM} - m_E \vec{B}_{Sp}) + \vec{r}_M \times (\vec{F}_{MSo} + \vec{F}_{ME} - m_M \vec{B}_{Sp})$$

$$= \vec{r}_E \times \vec{F}_{ESo} + \vec{r}_M \times \vec{F}_{MSo}.$$

Die jeweils zweiten Glieder fallen weg, weil Kraft und Weg dieselbe Richtung haben. Die beiden 3. Glieder heben sich wegen

$$\vec{r}_E m_E = -\vec{r}_M m_M$$

weg. Setzt man nun $\vec{r}_{rel}$ ein, so folgt daraus:

$$\vec{M}_0 = \frac{m_M}{m_E + m_M}\vec{r}_{rel} \times \vec{F}_{ESo} - \frac{m_E}{m_E + m_M}\vec{r}_{rel} \times \vec{F}_{MSo}.$$

Benutzt man nun doch Gleichung 1 für die beiden Kraftvektoren $\vec{F}_{ESo}$ und $\vec{F}_{MSo}$, so erhält man durch Vereinfachen $\vec{M}_0$ bzgl. Zylinderkoordinaten:

$$\vec{M}_0 = \frac{3\gamma m_E M}{R_0^3}(\Delta R_{rE}(\vec{r}_{rel} \times \vec{e}_r)). \qquad \underline{8}$$

Dabei wurden $\Delta R_{\varphi E}$ und ΔR_{ZE} laut Aufgabenstellung gleich Null gesetzt. Um das Problem nicht unnötig zu komplizieren, legen wir das Koordinatensystem in den Schwerpunkt und damit auch das im Ursprung gerade so, daß der Drehimpuls im Mittel in der x-z-Ebene liegt. Diese Vorgehensweise ist dadurch gerechtfertigt, daß die zu errechnende Präzessionsfrequenz deutlich kleiner als ω_{Sp} ist. Bei einem Umlauf um die Sonne hat sich der Drehimpuls nur geringfügig geändert (um etwa $20°$), so daß die Ekliptik des Systems Erde-Mond sich nur wenig gedreht hat.

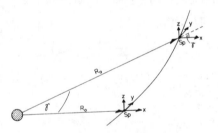

Durch den Winkel γ wird die Schwerpunktsbewegung um die Sonne parametrisiert.

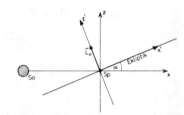

Die Ebene der Ekliptik ist zum α gegenüber der Ebene geneigt, die durch die Schwerpunktbewegung um die Sonne aufgespannt wird.

Ansatz:

$$\vec{r}'_{rel} = r_0 \begin{pmatrix} \cos\beta \\ \sin\beta \\ 0 \end{pmatrix}, \qquad \text{wobei} \quad \beta \sim \omega_M t.$$

Im ungestrichenen System hat der Vektor die Komponenten:

$$\vec{r}_{rel} = \begin{pmatrix} \cos\alpha & 0 & -\sin\alpha \\ 0 & 1 & 0 \\ \sin\alpha & 0 & \cos\alpha \end{pmatrix} \qquad \vec{r}'_{rel} = r_0 \begin{pmatrix} \cos\alpha \cos\beta \\ \sin\beta \\ \sin\alpha \cos\beta \end{pmatrix}.$$

Ansatz:

$$\vec{e}_r = \begin{pmatrix} \cos(\gamma + \varphi_0) \\ \sin(\gamma + \varphi_0) \\ 0 \end{pmatrix}, \qquad \text{wobei} \quad \gamma \sim \omega_{Sp} t.$$

Benutzt man nun noch die Beziehung

$$\Delta R_{rE} = \frac{m_M}{m_E + m_M}(\vec{r}_{rel} \cdot \vec{e}_r),$$

so erhält man unter Verwendung der beiden Ansätze folgende Neufassung der Gleichung $\underline{8}$:

$$\vec{M}_0 = \frac{3\gamma m_E M}{R_0^3} r_0^2 \frac{m_M}{m_E + m_M} \vec{v}$$

mit

$$\vec{v} = \begin{pmatrix} -\sin\alpha\cos\alpha\cos^2\beta\sin(\gamma+\varphi_0)\cos(\gamma+\varphi_0) - \sin\alpha\cos\beta\sin\beta\sin^2(\gamma+\varphi_0) \\ \sin\alpha\cos\alpha\cos^2\beta\cos^2(\gamma+\varphi_0) + \sin\alpha\cos\beta\sin\beta\sin(\gamma+\varphi_0)\cos(\gamma+\varphi_0) \\ \cos^2\alpha\cos^2\beta\sin(\gamma+\varphi_0)\cos(\gamma+\varphi_0) - \sin\beta\cos\beta\cos\alpha\cos^2(\gamma+\varphi_0) \\ +\cos\alpha\cos\beta\cdot\sin\beta\sin^2(\gamma+\varphi_0) - \sin^2\beta\sin(\gamma+\varphi_0)\cos(\gamma+\varphi_0) \end{pmatrix}.$$

Diesen langwierigen Ausdruck kann man noch wesentlich vereinfachen, und zwar wieder unter der Annahme, daß $\omega_p \gg \omega_{Sp}$. Das bedeutet, daß sich der Drehimpuls $\vec{L}_0$ bei einem Umlauf um die Sonne nur wenig ändert. Betrachten wir dazu erst β. Die Umlaufdauer des Mondes um die Erde beträgt in etwa 28 Tage. Das Moment $\vec{M}_0$ ändert mit laufenden β seine Richtung, für den "trägen" Drehimpuls ist aber nur das mittlere Moment $\langle\vec{M}_0\rangle_\beta$ von Interesse, das man durch Mitteln über eine volle Periode von β erhält. Der Momentenstoß (Analogon zum Kraftstoß) von $\vec{M}_0$ und $\langle\vec{M}_0\rangle_\beta$ ist dann wegen der Linearität $\beta = \omega_M t$ gleich groß.

$$\langle\vec{M}_0\rangle_\beta$$

$$= \frac{3\gamma M\mu}{R_0^3} r_0^2 \begin{pmatrix} -\sin\alpha\cos\alpha\frac{1}{2}\sin(\gamma+\varphi_0)\cos(\gamma+\varphi_0) \\ \sin\alpha\cos\alpha\frac{1}{2}\cos^2(\gamma+\varphi_0) \\ \cos^2\alpha\frac{1}{2}\sin(\gamma+\varphi_0)\cos(\gamma+\varphi_0) - \frac{1}{2}\sin(\gamma+\varphi_0)\cos(\gamma+\varphi_0) \end{pmatrix}$$

Dieselbe Überlegung können wir auch für den sich "drehenden" Winkel $\gamma \sim \omega_{Sp} t$ machen, da wir ja annehmen, daß $\omega_p \gg \omega_{Sp}$ ist. Wir mitteln also über $\langle\vec{M}_0\rangle_\beta$:

$$\langle\langle\vec{M}_0\rangle_\beta\rangle_\gamma = \frac{3\gamma M\mu}{R_0^3} r_0^2 \begin{pmatrix} 0 \\ \frac{1}{4}\sin\alpha\cos\alpha \\ 0 \end{pmatrix}$$

$$= \frac{3\gamma M\mu}{R_0^3} r_0^2 \cdot \frac{1}{4}\sin\alpha\cos\alpha \cdot \vec{e}_y := \langle\vec{M}_0\rangle. \qquad \underline{9}$$

Von dem langen Ausdruck ist nicht mehr viel übrig geblieben, das resultierende, einwirkende Moment $\langle\vec{M}_0\rangle$ steht genau senkrecht auf $\vec{L}_0$ (vgl. Skizze) und zeigt in y-Richtung. Ist nun der Drehimpuls (langsam) gewandert, so denken wir uns den gewanderten Drehimpuls entsprechend in ein ebenso festes Koordinatensystem eingebettet und erhalten dort gemäß $\underline{9}$ dasselbe Ergebnis. $\langle\vec{M}_0\rangle$ ist konstant und steht immer senkrecht auf $\vec{L}_0$. Es bewirkt daher eine Präzession.

Doch zuvor wollen wir uns die auf recht mathematische Weise gewonnene Gleichung 9 anschaulich verdeutlichen:

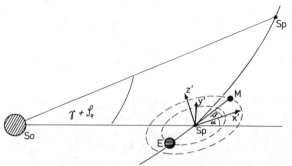

Die Bedeutung der Winkel α, β, γ auf einen Blick. β beschreibt die Drehung der Achse Mond–Erde im gestrichenen Koordinatensystem.

In dieser Situation erhalten wir ein maximales Moment. Das Moment $\vec{M}(\beta)$ weist nun für alle möglichen β in y'- Richtung. Für $\beta = 90°$ oder $\beta = 270°$ verschwindet der Vektor $\vec{M}$. Im Mittel erhalten wir also

$$\langle \vec{M}(\beta) \rangle = 2 \langle \vec{M}_0 \rangle.$$

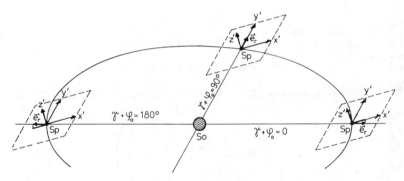

Die Lage von $\vec{e}_r$ in Abhängigkeit von $\gamma + \varphi_0$. Das gemittelte Moment $\langle \vec{M} \rangle_\beta$ zeigt immer in y'-Richtung.

Aus dieser Skizze kann man erkennen, daß es bezüglich $(\gamma + \varphi_0)$ auch zwei maximale" Lagen gibt. Dazwischen muß $\langle \vec{M}(\beta) \rangle$ sogar verschwinden. Insgesamt erhält man also

$$\langle \langle \langle \vec{M}(\beta, \gamma) \rangle \beta \rangle \gamma = \langle \vec{M}_0 \rangle.$$

Damit ist das Ergebnis 9 auch anschaulich verstanden.

Mit Gleichung $\underline{5}$ haben wir in unserem definierten Koordinatensystem:

$$\vec{L}_0 = \mu \cdot \omega_M \cdot r_0^2 \begin{pmatrix} -\sin\alpha \\ 0 \\ \cos\alpha \end{pmatrix}.$$

Der Drehimpuls $\vec{L}_0$ führt nun eine Präzession aus.

$$\omega_p = \frac{M_{So}}{L \cdot \sin\alpha} = \frac{\langle \vec{M}_0 \rangle}{L_0 \cdot \sin\alpha}$$

$$= \frac{3}{4} \cdot \frac{\gamma M_{So}\mu r_0^2 \sin\alpha\cos\alpha}{R_0^3 \mu\omega_M r_0^2 \sin\alpha} = \frac{3}{4} \frac{\gamma M_{So}}{R_0^3} \cos\alpha \cdot \frac{1}{\omega_M}. \qquad \underline{10}$$

Nun ist am Anfang (1a) gezeigt worden, daß gilt:

$$\frac{\gamma M_{So}}{R_0^2} = \omega_{Sp}^2 R_0 \quad \Rightarrow \quad \frac{\gamma M_{So}}{R_0^3} = \omega_{Sp}^2 = \left(\frac{2\pi}{T_{Sp}}\right)^2,$$

und mit

$$\omega_M = \frac{2\pi}{T_M}$$

erhält man

$$\omega_p = \frac{3}{4}\cos\alpha \left(\frac{4\pi^2}{T_{Sp}^2}\right) \cdot \frac{T_M}{2\pi} = \frac{3}{2}\cos\alpha \frac{T_M}{T_{Sp}^2}, \qquad \underline{11}$$

bzw. für T_p

$$T_p = \frac{2\pi}{\omega_p} = \frac{4}{3} \cdot \frac{1}{\cos\alpha} \cdot \frac{T_{Sp}^2}{T_M} \qquad \underline{12}$$

mit $T_{Sp} \simeq 365,25$ Tagen, $T_M \simeq 27,3$ Tagen und $\alpha \simeq 5,5°$ erhält man

$$T_p \simeq 17,9 \text{ Jahre.} \qquad \underline{13}$$

Daß der tatsächliche Saroszyklus um etwa 2 % größer ist, liegt zum einen an der Näherung beim Mitteln über γ (der Drehimpuls wandert schon etwas), eventuell aber auch an der Ellipsenbahn des Mondes um die Erde.

Auf jeden Fall ist das Ergebnis doch relativ gut hinsichtlich der gemachten Näherungen.

Aus $\underline{7}$ folgt noch

$$\dot{\vec{L}}_{Sp} = -\dot{\vec{L}}_0,$$

also der "große" Drehimpulsvektor $\vec{L}_{Sp}$ durchläuft einen entgegengesetzten Präzessionskegel.

Die Eulerschen Winkel

Die Bewegung des in einem Punkt gelagerten schweren Kreisels läßt sich dadurch beschreiben, daß man die Orientierung eines körperfesten Koordinatensystems (x', y', z') gegenüber einem raumfesten System (x, y, z) angibt. Die beiden Koordinatensysteme liegen mit ihrem gemeinsamen Ursprung im Fixpunkt des Kreisels. Um die Beziehung zwischen den beiden Koordinatensystemen herzustellen, werden üblicherweise die *Eulerschen Winkel* benutzt. Das Koordinatensystem (x', y', z') geht durch drei aufeinanderfolgende Drehungen um bestimmte Achsen aus dem System (x, y, z) hervor. Die jeweiligen Drehwinkel heißen Eulersche Winkel. Die Reihenfolge der Drehungen ist dabei wichtig, da Drehungen um endliche Winkel nicht kommutativ sind. In der folgenden Skizze sehen wir sofort, daß die Vertauschung der Reihenfolge zweier Drehungen um verschiedene Achsen zu einem unterschiedlichen Ergebnis führt.

Eine Drehung durch 90° um die x-Achse, gefolgt von einer 90°-Drehung um die y-Achse (obere Figur) führt zu einem anderen Ergebnis, wenn erst um die y-Achse und dann um die x-Achse (untere Figur) gedreht wird (Nichtkommutativität endlicher Drehungen).

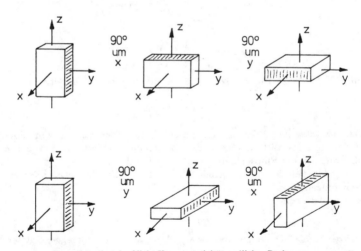

Demonstration der Nicht-Kommutativität endlicher Drehungen.

Die Eulerschen Winkel sind so definiert, daß *die erste Drehung um die z-Achse um den Winkel* α erfolgt. Die x- und die y-Achse gehen über in die X- und Y-Achse. Die Z-Achse ist mit der z-Achse identisch. Das so definierte

X-Y-Z-System ist ein *erstes Zwischensystem,* das wir lediglich benutzen, um die Rechnung klar und übersichtlich zu gestalten. Für die Einheitsvektoren gilt dann:

$$\vec{i} = (\vec{i} \cdot \vec{I})\vec{I} + (\vec{i} \cdot \vec{J})\vec{J} + (\vec{i} \cdot \vec{K})\vec{K} = \cos\alpha\vec{I} - \sin\alpha\vec{J},$$
$$\vec{j} = (\vec{j} \cdot \vec{I})\vec{I} + (\vec{j} \cdot \vec{J})\vec{J} + (\vec{j} \cdot \vec{K})\vec{K} = \sin\alpha\vec{I} + \cos\alpha\vec{J}, \qquad (6a)$$
$$\vec{k} = (\vec{k} \cdot \vec{I})\vec{I} + (\vec{k} \cdot \vec{J})\vec{J} + (\vec{k} \cdot \vec{K})\vec{K} = \vec{K}.$$

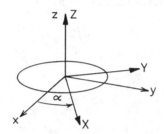

Illustration des ersten Eulerschen Winkels.

Die zweite Drehung erfolgt um die (neue) X-Achse durch den Winkel β; die Y- und Z-Achse gehen über in die Y'- und in die Z'-Achse. Die X'-Achse ist mit der X-Achse identisch. Das so festgelegte X'-Y'-Z'-System ist ein *zweites Zwischensystem.* Wie das erste Zwischensystem dient es der mathematischen Klarheit und Übersicht. Eine analoge Rechnung liefert für die Einheitsvektoren:

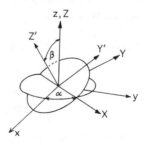

Illustration der ersten beiden Eulerschen Winkel.

$$\vec{I} = \vec{I}'$$
$$\vec{J} = \cos\beta\vec{J}' - \sin\beta\vec{K}',$$
$$\vec{K} = \sin\beta\vec{J}' + \cos\beta\vec{K}'.$$

(6b)

Die dritte Drehung erfolgt um die Z'-Achse um den Winkel γ; dann gehen die X'- und die Y'-Achse in die x'- und in die y'-Achse über. Die z'-Achse ist mit der Z'-Achse identisch. Das so konstruierte x'- y'-z'-System ist das gesuchte körperfeste Koordinatensystem. Für die Einheitsvektoren erhält man:

$$\vec{I}' = \cos\gamma\,\vec{i}' - \sin\gamma\,\vec{j}',$$
$$\vec{J}' = \sin\gamma\,\vec{i}' + \cos\gamma\,\vec{j}',$$
$$\vec{K}' = \vec{k}'.$$

(6c)

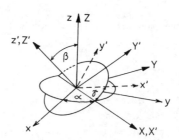

Illustration aller drei Eulerschen Winkel.

Mit den Beziehungen zwischen den Einheitsvektoren bestimmen wir nun die Einheitsvektoren $\vec{i}$, $\vec{j}$, $\vec{k}$ als Funktionen von $\vec{i}'$, $\vec{j}'$, $\vec{k}'$. Dazu setzen wir ein:

$$\vec{i} = \cos\alpha\,\vec{I} - \sin\alpha\,\vec{J}$$
$$= \cos\alpha\,\vec{I}' - \sin\alpha\cos\beta\,\vec{J}' + \sin\alpha\sin\beta\,\vec{K}'$$
$$= \cos\alpha\cos\gamma\,\vec{i}' - \cos\alpha\sin\gamma\,\vec{j}' - \sin\alpha\cos\beta\sin\gamma\,\vec{i}'$$
$$- \sin\alpha\cos\beta\cos\gamma\,\vec{j}' + \sin\alpha\sin\beta\,\vec{k}'$$
$$= (\cos\alpha\cos\gamma - \sin\alpha\cos\beta\sin\gamma)\vec{i}'$$
$$+ (-\cos\alpha\sin\gamma - \sin\alpha\cos\beta\cos\gamma)\vec{j}' + \sin\alpha\sin\beta\,\vec{k}'.$$

(6d)

Analoge Rechnung liefert:

$$\vec{j} = (\sin\alpha\cos\gamma + \cos\alpha\cos\beta\sin\gamma)\vec{i}'$$
$$+ (-\sin\alpha\sin\gamma + \cos\alpha\cos\beta\cos\gamma)\vec{j}' - \cos\alpha\sin\beta\,\vec{k}', \qquad (6e)$$
$$\vec{k} = \sin\beta\sin\gamma\,\vec{i}' + \sin\beta\cos\gamma\,\vec{j}' + \cos\beta\,\vec{k}'.$$

Die Drehungen können auch jeweils durch die entsprechenden Drehmatrizen ausgedrückt werden. Für die erste Drehung ergibt sich

$$\vec{r} = \widehat{A}\vec{R},$$

wobei

$$\widehat{A} = \begin{pmatrix} \cos\alpha & -\sin\alpha & 0 \\ \sin\alpha & \cos\alpha & 0 \\ 0 & 0 & 1 \end{pmatrix} \quad \text{und} \quad \vec{R} = \begin{pmatrix} X \\ Y \\ Z \end{pmatrix}$$

sind.
Die Matrizen für die Drehungen um die Winkel β und γ lauten entsprechend

$$\widehat{B} = \begin{pmatrix} 1 & 0 & 0 \\ 0 & \cos\beta & -\sin\beta \\ 0 & \sin\beta & \cos\beta \end{pmatrix},$$
$$\widehat{C} = \begin{pmatrix} \cos\gamma & -\sin\gamma & 0 \\ \sin\gamma & \cos\gamma & 0 \\ 0 & 0 & 1 \end{pmatrix}.$$

Die Matrix der gesamten Drehung $\widehat{D}$ ist das Produkt der drei Matrizen $\widehat{D} = \widehat{A}\widehat{B}\widehat{C}$. Damit folgt

$$\vec{r} = \widehat{D}\vec{r}' \quad \text{oder} \quad \vec{r}' = \widehat{D}^{-1}\vec{r} = \widetilde{\widehat{D}}\vec{r}.$$

Da die Drehmatrizen orthogonal sind, ist die reziproke Matrix gleich der transponierten. Es läßt sich durch Berechnen des Matrizenprodukts leicht zeigen, daß die Matrix $\widehat{D}$ mit der für die Einheitsvektoren hergeleiteten Beziehungen übereinstimmt. Das stimmt mit unseren allgemeinen Überlegungen aus Kapital 30 des 1. Bandes der Vorlesungen über Theoretische Physik überein.
Zunächst berechnen wir die Winkelgeschwindigkeit $\vec{\omega}$ des Kreisels als Funktion der Eulerschen Winkel. Geben $(\vec{i}, \vec{j}, \vec{k})$ das Laborsystem und $(\vec{i}', \vec{j}', \vec{k}')$

ein körperfestes Hauptachsensystem an, dann gilt für die Winkelgeschwindigkeit

$$\vec{\omega} = \omega_\alpha \vec{k} + \omega_\beta \vec{I} + \omega_\gamma \vec{K}' = \dot{\alpha}\vec{k} + \dot{\beta}\vec{I} + \dot{\gamma}\vec{K}',$$

wobei wir voraussetzen, daß $\vec{k}$, $\vec{I}$ und $\vec{K}'$ nicht in einer Ebene liegen. Wir verwenden die hergeleiteten Beziehungen zwischen den Einheitsvektoren und erhalten:

$$\vec{\omega} = \dot{\alpha}\sin\beta\sin\gamma\,\vec{i}' + \dot{\alpha}\sin\beta\cos\gamma\,\vec{j}' + \dot{\alpha}\cos\beta\,\vec{k}' + \dot{\beta}\cos\gamma\,\vec{i}' - \dot{\beta}\sin\gamma\,\vec{j}' + \dot{\gamma}\,\vec{k}',$$

$$= (\dot{\alpha}\sin\beta\sin\gamma + \dot{\beta}\cos\gamma)\vec{i}' + (\dot{\alpha}\sin\beta\cos\gamma - \dot{\beta}\sin\gamma)\vec{j}' + (\dot{\alpha}\cos\beta + \dot{\gamma})\vec{k}'.$$

Setzen wir $\vec{\omega} = \omega_{x'}\vec{i}' + \omega_{y'}\vec{j}' + \omega_{z'}\vec{k}'$, so folgt:

$$\omega_{x'} = \omega_1 = \dot{\alpha}\sin\beta\sin\gamma + \dot{\beta}\cos\gamma,$$

$$\omega_{y'} = \omega_2 = \dot{\alpha}\sin\beta\cos\gamma - \dot{\beta}\sin\gamma, \tag{7}$$

$$\omega_{z'} = \omega_3 = \dot{\alpha}\cos\beta + \dot{\gamma}.$$

Für die kinetische Energie T des Kreisels gilt:

$$T = \frac{1}{2}(\Theta_1\omega_1^2 + \Theta_2\omega_2^2 + \Theta_3\omega_3^2),$$

$$= \frac{1}{2}\Theta_1(\dot{\alpha}\sin\beta\sin\gamma + \dot{\beta}\cos\gamma)^2$$

$$+ \frac{1}{2}\Theta_2(\dot{\alpha}\sin\beta\cos\gamma - \dot{\beta}\sin\gamma)^2$$

$$+ \frac{1}{2}\Theta_3(\dot{\alpha}\cos\beta + \dot{\gamma})^2.$$

Ist $\Theta_1 = \Theta_2$, handelt es sich also um einen symmetrischen Kreisel, so vereinfacht sich der obige Ausdruck:

$$T = \frac{1}{2}\Theta_1(\dot{\alpha}^2\sin^2\beta + \dot{\beta}^2) + \frac{1}{2}\Theta_3(\dot{\alpha}\cos\beta + \dot{\gamma})^2.$$

Die Bewegung des schweren symmetrischen Kreisels

Für den Spezialfall des schweren symmetrischen Kreisels wollen wir, ausgehend von den Eulerschen Gleichungen, die expliziten Bewegungsgleichungen und die Konstanten der Bewegung bestimmen.

Zur Vereinfachung benutzen wir jetzt, daß für den symmetrischen Kreisel die beiden Hauptachseneinrichtungen $\vec{e}_{x'}$, $\vec{e}_{y'}$ in einer Ebene senkrecht zu $\vec{e}_{z'}$ beliebig gewählt werden können. *Wir wählen deshalb ein Koordinatensystem, in dem der Winkel γ immer verschwindet. Dieses System ist dann nicht mehr körperfest* (es rotiert nicht mit dem Kreisel um die $\vec{e}_{z'}$-Achse). Die Achsen $\vec{e}_{z'}$, $\vec{e}_z$, $\vec{e}_{y'}$ liegen dann in einer Ebene, ebenso die $\vec{e}_x$, $\vec{e}_{x'}$, $\vec{e}_y$. Dies ist anschaulich in der nachfolgenden Figur verdeutlicht. Analytisch folgt das aus der Tatsache, daß

$$\vec{e}_x' = \vec{I}' = \vec{I} = \cos\alpha\,\vec{i} + \sin\alpha\,\vec{j} = \cos\alpha\,\vec{e}_x + \sin\alpha\,\vec{e}_y\,,$$

$$\vec{e}_y' = \vec{J}' = \cos\beta\,\vec{J} + \sin\beta\,\vec{K} = \cos\beta(-\sin\alpha\,\vec{i} + \cos\alpha\,\vec{j}) + \sin\beta\,\vec{K}$$
$$= -\sin\alpha\cos\beta\,\vec{e}_x + \cos\alpha\cos\beta\,\vec{e}_y + \sin\beta\,\vec{e}_z\,, \tag{8}$$

$$\vec{e}_z' = \vec{K}' = (-\sin\beta)\vec{J} + \cos\beta\,\vec{K} = -\sin\beta(-\sin\alpha\,\vec{i} + \cos\alpha\,\vec{j}) + \cos\beta\,\vec{K}$$
$$= \sin\alpha\sin\beta\,\vec{e}_x - \cos\alpha\sin\beta\,\vec{e}_y + \cos\beta\,\vec{e}_z.$$

Wir haben dabei die Relationen (6a,b) umgekehrt. Mit Hilfe der Ausdrücke für $\vec{e}_x'$, $\vec{e}_y'$, $\vec{e}_z'$ lassen sich nun leicht die Spatprodukte $\vec{e}_z' \cdot (\vec{e}_z \times \vec{e}_y')$ und $\vec{e}_x \cdot (\vec{e}_x' \times \vec{e}_y)$ nachrechnen, z. B.

$$\vec{e}_x \cdot (\vec{e}_x' \times \vec{e}_y) = \begin{pmatrix} 1 & 0 & 0 \\ \cos\alpha & \sin\alpha & 0 \\ 0 & 1 & 0 \end{pmatrix} = 0.$$

Ähnlich zeigt man das Verschwinden des anderen Spatproduktes und bestätigt somit, daß die betreffenden Vektoren in einer Ebene liegen.
Das Koordinatensystem folgt also der Präzession (mit $\dot\alpha$) und der Nutation (mit $\dot\beta$) des Kreisels, aber nicht seiner Eigenrotation. Um einzusehen, daß β die Nutation beschreibt, bemerken wir, daß eine Nutationsbewegung der Figurenachse der Präzession überlagert ist (vgl. die Diskussion im Abschnitt "Elementare Betrachtungen über schwere Keisel"). Das äußert sich für β in einer Auf- und Abbewegung (Schwingung) um einen festen Wert β_0 (siehe Figuren auf Seite 280 f.).
Für die Winkelgeschwindigkeiten (7) des $\vec{e}_{x'}$, $\vec{e}_{y'}$, $\vec{e}_{z'}$-Systems (welches nur z. T. körperfest ist) gegenüber dem Laborsystem $\vec{e}_x$, $\vec{e}_y$, $\vec{e}_z$ ergibt sich in diesem System ($\gamma = 0$) einfach:

$$\omega_1 = \omega_{x'} = \dot\beta,$$
$$\omega_2 = \omega_{y'} = \dot\alpha\sin\beta,$$
$$\omega_3 = \omega_{z'} = \dot\alpha\cos\beta,$$

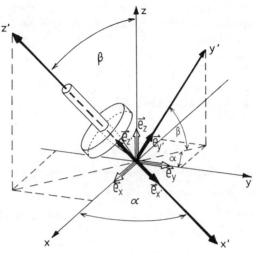

Schwerer Kreisel in verschiedenen Koordinatensystemen.

oder

$$\vec{\omega} = \dot{\beta}\vec{e}_{x'} + \dot{\alpha}\sin\beta\,\vec{e}_{y'} + \dot{\alpha}\cos\beta\,\vec{e}_{z'}.$$

Die Winkelgeschwindigkeit des Kreisels dagegen ist

$$\vec{\omega}_k = \omega_{x'}\vec{e}_{x'} + \omega_{y'}\vec{e}_{y'} + (\omega_{z'} + \omega_0)\vec{e}_{z'}$$
$$= \dot{\beta}\vec{e}_{x'} + \dot{\alpha}\sin\beta\,\vec{e}_{y'} + (\dot{\alpha}\cos\beta + \omega_0)\vec{e}_{z'}.$$

Hier ist ω_0 die zusätzliche Winkelgeschwindigkeit des Kreisels gegenüber dem $\vec{e}_{x'}$, $\vec{e}_{y'}$, $\vec{e}_{z'}$-System. Wir müssen auch bei der Berechnung des Drehimpulses aufpassen, weil in diesem besonderen $\vec{e}_{x'}$, $\vec{e}_{y'}$, $\vec{e}_{z'}$-System der starre Körper noch mit der Winkelgeschwindigkeit $\omega_0\vec{e}_{z'}$ rotiert. Diese zusätzliche Rotation können wir *"Spin"* nennen. Sie stammt von der besonderen Wahl unseres (nicht exakt körperfesten) Systems $\vec{e}_{x'}$, $\vec{e}_{y'}$, $\vec{e}_{z'}$ her.
Der Drehimpuls ist dann

$$\vec{L} = \widehat{\Theta}\vec{\omega}_k = \Theta_1\omega_1\vec{e}_{x'} + \Theta_2\omega_2\vec{e}_{y'} + \Theta_3(\omega_3 + \omega_0)\vec{e}_{z'}$$
$$= \Theta_1\dot{\beta}\,\vec{e}_{x'} + \Theta_2\dot{\alpha}\sin\beta\vec{e}_{y'} + \Theta_3(\dot{\alpha}\cos\beta + \omega_0)\vec{e}_{z'}$$
$$= \{L_{x'}, L_{y'}, L_{z'}\}$$

und die Eulerschen Gleichungen lauten:

$$\dot{\vec{L}}\bigg|_{\text{Lab}} = \dot{\vec{L}}\bigg|_{\vec{e}'} + \vec{\omega} \times \vec{L} = \vec{D}.$$

Hier ist zu beachten, daß in $\vec{L}$ die Spinrotation ω_0 vorkommt, nicht aber in $\vec{\omega}$!

Das Drehmoment um den Ursprung des raumfesten Systems ist:

$$\vec{D} = (l \cdot \vec{e}_{z'}) \times (-mg\vec{e}_z) = mgl \sin\beta \, \vec{e}_{x'},$$

weil $\vec{e}_z' \times \vec{e}_z = -\sin\beta \, \vec{e}_x'$ ist, wie man leicht aus den Gleichungen (8) sieht. Setzen wir das in die Eulerschen Gleichungen (5) ein und beachten $\Theta_1 = \Theta_2$, so ergibt sich:

$$mgl \sin\beta = \Theta_1 \ddot{\beta} + (\Theta_3 - \Theta_1)\dot{\alpha}^2 \sin\beta \cos\beta + \Theta_3\omega_0\dot{\alpha}\sin\beta,$$

$$0 = \Theta_1(\ddot{\alpha}\sin\beta + \dot{\alpha}\dot{\beta}\cos\beta) + (\Theta_1 - \Theta_3)\dot{\alpha}\dot{\beta}\cos\beta - \Theta_3\omega_0\dot{\beta}, \qquad (9)$$

$$0 = \Theta_3(\ddot{\alpha}\cos\beta - \dot{\alpha}\dot{\beta}\sin\beta + \dot{\omega}_0).$$

Aus dem obigen Gleichungssystem können $\alpha(t)$, $\beta(t)$ und $\omega_0(t)$ ermittelt werden. Aus der dritten Gleichung folgt wegen $\Theta_3 \neq 0$:

$$\ddot{\alpha}\cos\beta - \dot{\alpha}\dot{\beta}\sin\beta + \dot{\omega}_0 = \frac{d}{dt}(\dot{\alpha}\cos\beta + \omega_0) = 0$$

oder

$$\dot{\alpha}\cos\beta + \omega_0 = A = \text{const},$$

d. h. die Drehimpulskomponente $L_{z'} = \Theta_3 A$ um die Figurenachse ist konstant.

Wir setzen deshalb $\dot{\alpha}\cos\beta + \omega_0 = A$, berechnen daraus ω_0 und setzen dies in die ersten beiden Gleichungen ein. Daraus erhalten wir zwei gekoppelte Differentialgleichungen für Präzession (α) und Nutation (β):

$$mgl \sin\beta = \Theta_1 \ddot{\beta} - \Theta_1\dot{\alpha}^2 \sin\beta \cos\beta + \Theta_3 A \sin\beta \cdot \dot{\alpha}, \qquad (9a)$$

$$0 = \Theta_1(\ddot{\alpha}\sin\beta + 2\dot{\alpha}\dot{\beta}\cos\beta) - \Theta_3 A\dot{\beta}. \qquad (9b)$$

Zunächst untersuchen wir dieses System für den Fall, daß der Kreisel keine Nutation ausführt. Dann ist $\ddot{\beta} = \dot{\beta} = 0$ und $\beta > 0$. Setzen wir dies ein, so folgt

$$mgl = -\Theta_1\dot{\alpha}^2 \cos\beta + \Theta_3 A\dot{\alpha}, \qquad \ddot{\alpha} = 0.$$

Die zweite Gleichung bedeutet, daß *die Präzession stationär ist*.

Aus der ersten Gleichung bestimmen wir die Präzessionsgeschwindigkeit $\dot{\alpha}$:

$$\dot{\alpha} = \frac{\Theta_3 A}{2\Theta_1 \cos\beta}\left(1 \pm \sqrt{1 - \frac{4mgl\Theta_1 \cos\beta}{\Theta_3^2 A^2}}\right).$$

Für einen schnell um die $\vec{e}_{z'}$-Achse rotierenden Kreisel wird A sehr groß und der unter der Wurzel stehende Bruch sehr klein. Wir brechen die Entwicklung der Wurzel nach dem zweiten Glied ab und haben als Lösungen in 1. Ordnung für $\dot{\alpha}_{klein}$:

$$\dot{\alpha}_{klein} = \frac{mgl}{\Theta_3 A},$$

in 0. Ordnung für $\dot{\alpha}_{groß}$:

$$\dot{\alpha} = \frac{\Theta_3}{\Theta_1 \cos\beta} A.$$

Eine stationäre Präzession ohne Nutation (reguläre Präzession) stellt sich nur ein, wenn der schwere symmetrische Kreisel eine bestimmte Präzessionsgeschwindigkeit ($\dot{\alpha}_{klein}$ oder $\dot{\alpha}_{groß}$) durch einen Stoß erhält. Im allgemeinen Fall ist die Präzession immer mit einer Nutation verbunden. Auch wird der schwere Kreisel seine Bewegung immer mit einer Auslenkung in Richtung der Schwerkraft, also mit einer Nutation beginnen. Wir bemerken noch, daß $\dot{\alpha}_{klein}$ mit unserem im Abschnitt über "Elementare Betrachtungen zum schweren Kreisel" gewonnenen Präzessionsfrequenz $\omega_p = mgl/L = mgl/\Theta_3\omega_0 \approx mgl/\Theta_3 A$ übereinstimmt.

Bevor wir die allgemeine Bewegung des Kreisels weiter diskutieren, bestimmen wir noch zusätzliche Konstanten der Bewegung. Wir haben schon gesehen, daß aus der letzten Gleichung des Systems (9) folgt:

$$\dot{\alpha}\cos\beta + \omega_0 = A = \text{const},$$

somit ist auch der entsprechende Anteil der kinetischen Energie

$$T_3 = \frac{1}{2}\Theta_3(\dot{\alpha}\cos\beta + \omega_0)^2 = \frac{1}{2}\Theta_3 A^2 = \text{const}.$$

Multiplizieren wir die erste der Eulerschen Gleichungen (9) mit $\dot{\beta}$ und die zweite mit $\dot{\alpha}\sin\beta$, so ergibt sich nach Addition das vollständige Differential

$$mgl\sin\beta \cdot \dot{\beta} = \Theta_1\ddot{\beta}\dot{\beta} + \Theta_1(\ddot{\alpha}\dot{\alpha}\sin^2\beta + \dot{\alpha}^2\dot{\beta}\sin\beta\cos\beta),$$

oder

$$\frac{d}{dt}(-mgl\cos\beta) = \frac{d}{dt}\left(\frac{1}{2}\Theta_1\dot{\beta}^2 + \frac{1}{2}\Theta_1\dot{\alpha}^2\sin^2\beta\right).$$

Das bedeutet, daß die Energie (genauer: die Summe aus den kinetischen Anteilen $T_1 + T_2$ plus potentieller Energie)

$$E' = \frac{1}{2}\Theta_1(\dot{\beta}^2 + \dot{\alpha}^2\sin^2\beta) + mgl\cos\beta$$

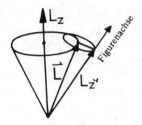

Präzession und Nutation des Drehimpulses. Die Figurenachse zeigt in Richtung von $L_{z'}$.

auch eine Konstante der Bewegung ist. Das muß natürlich so sein, weil ja die gesamte Energie des Kreisels konstant sein muß. Die Gesamtenergie des Kreisels ist dann

$$E = E' + T_3$$
$$= \frac{1}{2}\Theta_1(\dot\beta^2 + \dot\alpha^2 \sin^2 \beta) + \frac{1}{2}\Theta_3(\dot\alpha \cos\beta + \omega_0)^2 + mgl \cos\beta. \qquad (10)$$

Der letzte Term beschreibt offensichtlich die potentielle Energie des Kreisels im Schwerefeld. In der zweiten Eulerschen Gleichung (9b) setzen wir

$$L_{z'} = \Theta_3 A = \text{const}$$

ein und multiplizieren mit $\sin\beta$. Das ergibt

$$\Theta_1(\ddot\alpha \sin^2\beta + 2\dot\alpha\dot\beta \sin\beta \cos\beta) - L_{z'}\sin\beta \cdot \dot\beta = 0.$$

Da $L_{z'}$ konstant ist, ist dies ein vollständiges Differential und es folgt

$$\Theta_1 \cdot \dot\alpha \sin^2\beta + L_{z'} \cos\beta = \text{const}.$$

Diese Konstante ist die z-Komponente des Drehimpulses im raumfesten System. Wir sehen dies sofort, wenn wir den Drehimpuls

$$\vec{L} = \Theta_1(\omega_{x'}\vec{e}_{x'} + \omega_{y'}\,\vec{e}_{y'}) + L_{z'}\vec{e}_{z'}$$

mit $\vec{e}_z$ multiplizieren. Aus den Gleichungen (8) bzw. aus der Figur am Anfang dieses Abschnittes ergibt sich, daß

$$\vec{e}_{x'} \cdot \vec{e}_z = 0, \qquad \vec{e}_{y'} \cdot \vec{e}_z = \sin\beta, \qquad \vec{e}_{z'} \cdot \vec{e}_z = \cos\beta.$$

Beachten wir, daß $\omega_{y'} = \dot\alpha \sin\beta$, so folgt:

$$\vec{L} \cdot \vec{e}_z = L_z = \Theta_1 \dot\alpha \sin^2\beta + L_{z'} \cos\beta = \text{const}.$$

Die beiden Drehimpulskomponenten L_z und $L_{z'}$ sind konstant, weil das Moment der Schwerkraft nur in $\vec{e}_{x'}$-Richtung wirkt, also senkrecht sowohl zur z- als auch zur z'-Achse. Die Bedingungen $L_z = \text{const}$ und $L_{z'} = \text{const}'$ lassen sich dadurch verwirklichen, daß $\vec{L}$ um die z-Achse präzessiert und die z'-Achse um die $\vec{L}$-Achse umläuft. Letzteres ist die Nutation. Das bedeutet offensichtlich, daß der Drehimpuls $\vec{L}$ um die Laborachse $\vec{e}_z$ präzessiert und gleichzeitig die Figurenachse $\vec{e}_{z'}$ um den Drehimpuls $\vec{L}$ nutiert.

Mit den Konstanten der Bewegung wollen wir jetzt die Kreiselbewegung weiter diskutieren. Aus der Gleichung der Drehimpulskomponente L_z im Laborsystem

$$\Theta_1 \dot{\alpha} \sin^2 \beta + L_{z'} \cos \beta = L_z \tag{11}$$

bestimmen wir $\dot{\alpha}$:

$$\dot{\alpha} = \frac{L_z - L_{z'} \cos \beta}{\Theta_1 \sin^2 \beta}, \tag{12}$$

und setzen dies in den Energiesatz (10) ein:

$$\frac{1}{2} \Theta_1 \dot{\beta}^2 + \frac{(L_z - L_{z'} \cos \beta)^2}{2 \Theta_1 \sin^2 \beta} + T_3 + mgl \cos \beta = E.$$

Da L_z, $L_{z'}$, T_3 und E Konstanten der Bewegung sind, ist das eine Differentialgleichung für die Nutation $\beta(t)$. Wir substituieren nun

$$u = \cos \beta,$$

dann ist $\dot{u} = -\sin \beta \cdot \dot{\beta}$ und $\sin^2 \beta = 1 - u^2$. Damit ergibt sich:

$$\frac{1}{2} \Theta_1 \frac{\dot{u}^2}{1 - u^2} + \frac{(L_z - L_{z'} u)^2}{2 \Theta_1 (1 - u^2)} + mglu = E - T_3,$$

bzw.

$$\dot{u}^2 + \frac{(L_z - L_{z'} u)^2}{\Theta_1^2} + \frac{2mglu(1 - u^2)}{\Theta_1} = \frac{2(1 - u^2)}{\Theta_1}(E - T_3). \tag{13}$$

Diese Gleichung können wir mit den Abkürzungen

$$\varepsilon = 2\frac{E - T_3}{\Theta_1}, \qquad \xi = \frac{2mgl}{\Theta_1}, \qquad \gamma = \frac{L_z}{\Theta_1}, \qquad \delta = \frac{L_{z'}}{\Theta_1},$$

auch so schreiben:

$$\dot{u}^2 = (\varepsilon - \xi u)(1 - u^2) - (\gamma - \delta u)^2.$$

Sie ist nicht elementar lösbar. Wir geben deshalb eine graphische Darstellung des Kurvenverlaufs. Dabei setzen wir im folgenden als Abkürzung $\dot{u}^2 = f(u)$. Für große u ist u^3 der führende Term, d. h. die Kurve schmiegt sich an $f(u) = \xi u^3$ an. Für $f(1)$ bzw. $f(-1)$ ergibt sich:

$$f(1) = -(\gamma - \delta)^2 \leq 0, \qquad f(-1) = -(\gamma + \delta)^2 < 0.$$

Daraus erhalten wir die folgende graphische Darstellung:

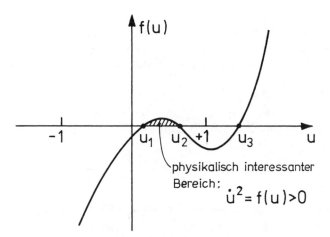

Qualitativer Verlauf der Funktion f(u).

Im allgemeinen hat die Funktion $f(u)$ drei Nullstellen. Wegen ihres asymptotischen Verhaltens für große, positive u und wegen $f(1) < 0$ gilt für die eine Nullstelle $u_3 > 1$.

Nun muß für die Bewegung des Kreisels $\dot{u}^2 \geq 0$ sein. Da $0 \leq \beta \leq \pi/2$, ergibt sich $0 \leq u \leq 1$. Damit sich der Kreisel im physikalisch relevanten Bereich $0 \leq u \leq 1$ überhaupt bewegt, muß in diesem Bereich in einem gewissen Intervall $\dot{u}^2 = f(u) > 0$ sein. Es müssen also aus physikalischen Gründen zwei physikalisch interessante Nullstellen u_1, u_2 zwischen Null und Eins existieren. Im allgemeinen Fall liegen deshalb zwei korrespondierende Winkel β_1 und β_2 mit

$$\cos \beta_1 = u_1 \qquad \text{und} \qquad \cos \beta_2 = u_2$$

vor.

In Spezialfällen kann dabei gelten: 1. $u_1 = u_2$, 2. $u_1 = u_2 = 1$. Wir betrachten zunächst diese Spezialfälle:

1. $u_1 = u_2 \neq 1$:

Die Spitze der Figurenachse läuft auf einem Kreis um (man spricht in diesem Fall von *"stationärer Präzession"*), dabei tritt keine Nutationsbewegung auf (der Winkel β hat einen festen Wert). Die Präzessionsgeschwindigkeit lautet nach (12):

$$\dot{\alpha} = \frac{\gamma - \delta u}{1 - u^2}$$

und ist konstant.

2. $u_1 = u_2 = 1$:

In diesem Fall steht die Figurenachse senkrecht nach oben, der Kreisel vollführt keine Nutations- und keine Präzessionsbewegung (*schlafender Kreisel*). Es ist offensichtlich ein Spezialfall der stationären Präzession (vgl. Beispiel 13.8).

Im allgemeinen Fall ($u_1 \neq u_2$) ist der Präzessionsbewegung eine Nutation des Kreisels zwischen den Winkeln β_1 und β_2 überlagert. Für die Präzessionsgeschwindigkeit gilt nach dem Drehimpulssatz (11,12):

$$\dot{\alpha} = \frac{L_z - L_{z'}\cos\beta}{\Theta_1 \sin^2\beta} = \frac{\gamma - \delta u}{1 - u^2}.$$

Die Nullstellen dieser Gleichung, also die Lösung von $\dot{\alpha}(u) = 0$, geben jene Winkel β an, bei welchen die Präzessionsgeschwindigkeit $\dot{\alpha}$ momentan verschwindet. Um die Kreiselbewegung zu veranschaulichen, geben wir die Kurve an, die der Durchstoßpunkt der Figurenachse auf einer Kugel um den Lagerpunkt beschreibt.

Wir erhalten daraus drei verschiedene Bewegungstypen:

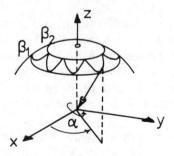

$\gamma/\delta = u_2$: Die Präzessionsgeschwindigkeit wird bei β_2 gerade Null, daher die Spitzen.

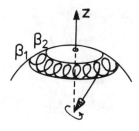

$u_1 < \gamma/\delta < u_2$: Die obigen Spitzen bei β_2 haben sich zu Schleifen erweitert. Die Präzessionsgeschwindigkeit wird zwischen β_2 und β_1 Null.

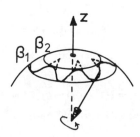

$\gamma/\delta > u_2$: Die Präzessionsgeschwindigkeit würde jenseits von β_2 (s. Andeutung in Figur) Null werden. Es kann nicht zum Ausbilden der Spitze wie im ersten Fall kommen.

13.10 Beispiel: Der "schlafende Kreisel"

Beim sogenannten "schlafenden Kreisel" steht, wie wir schon sagten, die Figurenachse senkrecht, so daß weder Nutation noch Präzession stattfindet. Für diesen Spezialfall muß gelten, daß $\beta = 0$ und $\dot{\beta} = 0$.
Aus der Energieerhaltung finden wir:

$$\frac{1}{2}\Theta_1(\dot{\beta}^2 + \dot{\alpha}^2 \sin^2 \beta) + \frac{1}{2}\Theta_3 A^2 + mgl\cos\beta = E \qquad \underline{1}$$

und wegen

$$\beta = 0, \qquad \dot{\beta} = 0$$

folgt

$$\Theta_3 A^2 = 2(E - mgl). \qquad \underline{2}$$

Die Konstanz der z-Komponente des Drehimpulses liefert

$$\Theta_1 \dot{\alpha} \sin^2 \beta + \Theta_3 A \cos\beta = \text{const} = K, \qquad \underline{3}$$

woraus folgt ($A = \omega_3 + \omega_0 = \text{const}$):

$$\Theta_3 A = K. \qquad \underline{4}$$

Die Abkürzungen ε, ξ, γ und δ aus der Differentialgleichung für die Nutationsbewegung in $u = \cos\beta$ ergeben sich zu:

$$\varepsilon = \frac{2(E - (1/2)\Theta_3 A^2)}{\Theta_1} = \frac{2mgl}{\Theta_1},$$

$$\xi = \frac{2mgl}{\Theta_1},$$

$$\gamma = \frac{K}{\Theta_1} = \frac{\Theta_3 A}{\Theta_1}, \qquad \underline{5}$$

$$\delta = \frac{\Theta_3 A}{\Theta_1}$$

$$\Rightarrow \quad \varepsilon = \xi \quad \text{und} \quad \gamma = \delta.$$

Setzen wir dies in die aus der Vorlesung bekannte Differentialgleichung (13) für u ein, so ergibt sich:

$$\dot{u}^2 = f(u) = \varepsilon(1 - u)(1 - u)(1 + u) - \gamma^2(1 - u)^2 \qquad \underline{6}$$

$$\Rightarrow \quad f(u) = (1 - u)^2[\varepsilon(1 + u) - \gamma^2]. \qquad \underline{7}$$

Gleichung $\underline{7}$ hat eine zweifache Nullstelle, die wir $u_2 = u_3 = 1$ oder $u_1 = u_2 = 1$ nennen (vgl. Figuren), die dritte Nullstelle liegt bei:

$$\bar{u} = \frac{\gamma^2}{\varepsilon} - 1 = \frac{\Theta_3^2 A^2}{\Theta_1 2mgl} - 1. \qquad \underline{8}$$

Demnach hat $f(u)$ einen der beiden Verläufe:

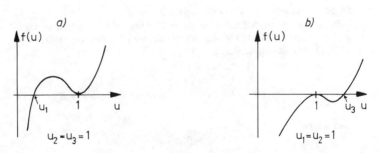

Für a) verschwindet zwar $\dot{\beta}$, da $f(u)$ eine Nullstelle hat, demnach kann $\beta = \text{const} \neq 0$ sein, also der Fall stationärer Präzession vorliegen. Da wir für den "schlafenden Kreisel" jedoch auch $\beta = 0$ fordern, bleibt nur Figur b) übrig, wo kein $\beta \neq 0$ als Lösung existiert ($u_1 \geq 1$).

Demnach erhalten wir aus $\underline{8}$ als Bedingungsgleichung für den "schlafenden Kreisel":

$$\frac{\Theta_3^2 A^2}{\Theta_1 2mgl} - 1 \geq 1 \qquad \Leftrightarrow \qquad A^2 \geq \frac{4mgl\Theta_1}{\Theta_3^2}. \qquad\qquad \underline{9}$$

Gleichung $\underline{9}$ wird nur in der Anfangsphase der Kreiselbewegung erfüllt sein. Aufgrund von Reibungswiderständen verringert sich $A^2 = (\omega_3 + \omega_0)^2$, so daß

$$A^2 < \frac{4mgl\Theta_1}{\Theta_3^2}$$

wird und somit Präzession mit überlagerter Nutation auftritt. Weiterer Energieverlust läßt den Kreisel unvermeidlicherweise umkippen.

V. Lagrange Gleichungen

14. Generalisierte Koordinaten

Die Bewegung der in der Mechanik betrachteten Körper erfolgt in vielen Fällen nicht frei, sondern ist gewissen Zwangsbedingungen unterworfen. Die Zwangsbedingungen können verschiedene Formen annehmen. So kann ein Massenpunkt auf einer Raumkurve oder einer Fläche festgehalten werden. Beim starren Körper geben die Zwangsbedingungen an, daß die Abstände zwischen den einzelnen Punkten konstant sind. Betrachten wir Gasmoleküle in einem Gefäß, so geben die Zwangsbedingungen an, daß die Moleküle nicht die Gefäßwand durchdringen können. Da die Zwangsbedingungen für die Lösung eines mechanischen Problems wichtig sind, nimmt man eine Klassifizierung mechanischer Systeme nach der Art der Zwangsbedingungen vor.

Wir bezeichnen ein System als *holonom*, wenn die Zwangsbedingungen durch Gleichungen der Form

$$f_k(\vec{r}_1, \vec{r}_2, \ldots, t) = 0, \qquad k = 1, \ldots, s \tag{1}$$

dargestellt werden können. Diese Form der Zwangsbedingungen ist von Bedeutung, weil sie benutzt werden kann, um abhängige Koordinaten zu eliminieren. Für ein Pendel der Länge l lautet die Gleichung (1) $x^2 + y^2 - l^2 = 0$, wenn wir das Koordinatensystem in den Aufhängepunkt legen. Mit dieser Gleichung kann die Koordinate x und y ausgedrückt werden. Ein weiteres einfaches Beispiel für holonome Zwangsbedingungen haben wir schon beim starren Körper kennengelernt, nämlich die Konstanz der Abstände zwischen zwei Punkten: $(\vec{r}_i - \vec{r}_j)^2 - C_{ij}^2 = 0$.

Dort dienten diese Zwangsbedingungen dazu, die $3N$ Freiheitsgrade eines Systems von N Massenpunkten auf die sechs Freiheitsgrade des starren Körpers zu reduzieren.

Alle Zwangsbedingungen, die nicht in der Form (1) dargestellt werden können, heißen *nichtholonom*. Dies sind Bedingungen, die nicht in einer geschlossenen Form oder durch Ungleichungen beschrieben werden. Ein Beispiel hierfür sind in einer Kugel vom Radius R eingeschlossene Gasmoleküle. Ihre Koordinaten müssen den Bedingungen $r_i \leq R$ genügen.

Eine weitere Unterscheidung der Zwangsbedingungen wird nach ihrer Zeitabhängigkeit vorgenommen. Ist die Zwangsbedingung eine explizite Funktion der Zeit, so heißt sie *rheonom*, tritt die Zeit nicht explizit auf, nennen wir die Zwangsbedingung *skleronom*. Eine rheonome Zwangsbedingung liegt vor, wenn sich ein Massenpunkt auf einer bewegten Raumkurve bewegt oder Gasmoleküle in einer Kugel mit zeitlich veränderlichem Radius eingeschlossen sind.

In gewissen Fällen können die Zwangsbedingungen auch in differentieller Form gegeben sein, zum Beispiel wenn eine Bedingung für Geschwindigkeiten vorliegt wie beim Abrollen eines Rades. Die Zwangsbedingungen haben dann die Form

$$\sum_k^N a_k(x_1, x_2, \ldots, x_N)\, dx_k = 0, \tag{2}$$

wenn die x_k für die verschiedenen Koordinaten stehen und die a_k Funktionen dieser Koordinaten sind. Wir müssen nun zwei Fälle unterscheiden. Wenn die Gleichung (2) das vollständige Differential einer Funktion U darstellt, können wir sie sofort integrieren und erhalten eine Gleichung von der Form der Gleichung (1). In diesem Fall sind die Zwangsbedingungen holonom. Ist Gleichung (2) kein vollständiges Differential, so kann sie erst integriert werden, wenn das vollständige Problem schon gelöst ist. Die Gleichung (2) eignet sich dann nicht, um abhängige Koordinaten zu eliminieren, sie ist nichtholonom.

Aus der Forderung, daß Gleichung (2) ein vollständiges Differential sein soll, können wir ein Kriterium für die Holonomität differentieller Zwangsbedingungen angeben. Es muß dann gelten

$$\sum_k a_k\, dx_k = dU \quad \text{mit} \quad a_k = \frac{\partial U}{\partial x_k}.$$

Daraus folgt, daß

$$\frac{\partial a_k}{\partial x_i} = \frac{\partial^2 U}{\partial x_i \partial x_k} = \frac{\partial a_i}{\partial x_k}.$$

Die Gleichung (2) stellt also eine holonome Zwangsbedingung dar, wenn zwischen den Koeffizienten die *Integrabilitätsbedingungen*

$$\frac{\partial a_k}{\partial x_i} = \frac{\partial a_i}{\partial x_k}$$

gelten. Diese bedeuten nichts weiter, als daß der "Vektor" $\vec{a} = \{a_1, a_2, \ldots, a_N\}$ rotationsfrei (wirbelfrei) sein muß. Im Band 1 der Vorlesungen, Kapitel 13 (siehe besonders Aufgabe 13.1) haben wir dies für den 3-dimensionalen Fall ausführlich besprochen. Im N-dimensionalen Raum ist es genauso.

Zur Klassifizierung eines mechanischen Systems geben wir noch zusätzlich an, ob es sich um ein konservatives System handelt oder nicht.

14.1 Beispiel:

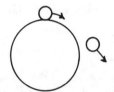

Kleine Kugel rollt auf großer Kugel.

Eine Kugel rollt im Schwerefeld reibungslos von der Spitze einer größeren Kugel. Das System ist konservativ. Da mit dem Ablösen der Kugel die Zwangsbedingungen sich völlig ändern und sich nicht in der geschlossenen Form der Gleichung (1) darstellen lassen, ist das System nichtholonom. Weil die Zeit nicht explizit auftritt, ist das System skleronom.

14.2 Beispiel:

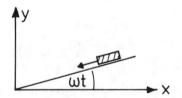

Ein Körper rutscht mit Reibung auf einer schiefen Ebene herunter. Der Neigungswinkel der Ebene ist zeitlich veränderlich. Zwischen den Koordinaten und dem Neigungswinkel besteht die Beziehung

$$\frac{y}{x} - \mathrm{tg}\,\omega t = 0.$$

Die Zeit tritt also explizit in der Zwangsbedingung auf. Das System ist holonom und rheonom. Da Reibung vorliegt, ist es außerdem nicht konservativ.

14.3 Beispiel: Als ein Beispiel für differentielle Zwangsbedingungen betrachten wir ein Rad, das (ohne zu rutschen) auf einer Ebene rollt. Das Rad kann nicht umfallen. Der Radius des Rades ist a.

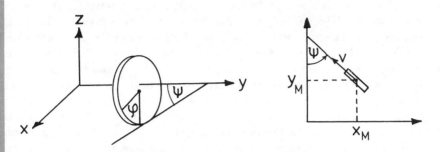

Zur Berechnung benutzen wir die Koordinaten x_M, y_M des Mittelpunktes, den Winkel φ, der die Drehung angibt und den Winkel ψ, der die Orientierung der Radebene zur y-Achse angibt.

Zwischen der Geschwindigkeit v des Radmittelpunktes und der Drehgeschwindigkeit besteht die Beziehung (Rollbedingung):

$$v = a\dot\varphi.$$

Die Komponenten der Geschwindigkeit sind

$$\dot x_M = -v\sin\psi,$$

$$\dot y_M = v\cos\psi.$$

Setzen wir v ein, so erhalten wir

$$dx_M + a\sin\psi \cdot d\varphi = 0,$$

$$dy_M - a\cos\psi\, d\varphi = 0,$$

also Zwangsbedingungen der Art von Gleichung (2).

Da der Winkel ψ erst nach Lösung des Problems bekannt ist, sind die Gleichungen nicht integrabel. Das Problem ist also nichtholonom, skleronom und konservativ.

Bewegt sich ein Körper auf einer durch Zwangsbedingungen vorgegebenen (oder eingeschränkten) Bahn, so treten Zwangskräfte auf, die ihn auf dieser Bahn halten. Derartige Zwangskräfte sind Auflagekräfte, Lagerkräfte (-momente), Fadenspannungen usw.. Falls man sich nicht speziell für die Belastung eines Fadens oder Lagers interessiert, versucht man die Aufgabe so zu formulieren, daß die Zwangsbedingung (und damit die Zwangskraft) in den zu lösenden Gleichungen nicht mehr auftritt. Bei den bisher vorgekommenen

Problemen haben wir dieses Verfahren schon unausgesprochen praktiziert. Ein einfaches Beispiel ist das ebene Pendel. Statt der Formulierung in kartesischen Koordinaten, bei der die Zwangsbedingung $x^2 + y^2 = l^2$ explizit berücksichtigt werden muß, benutzen wir Polarkoordinaten (r, φ). Die Konstanz der Pendellänge bedeutet, daß die r-Koordinate konstant bleibt und wir die Bewegung des Pendels mit der Winkelkoordinate allein vollständig beschreiben können. Dieses Vorgehen, die Transformation auf dem Problem angepaßte Koordinaten, wollen wir jetzt etwas allgemeiner fassen.

Betrachten wir ein System von n Massenpunkten, so wird es durch $3n$ Koordinaten $\vec{r}_1, \vec{r}_2, \ldots, \vec{r}_n$ beschrieben. Die Zahl der Freiheitsgrade ist ebenfalls $3n$. Liegen s *Zwangsbedingungen* vor, so wird die Zahl der Freiheitsgrade auf $3n - s$ eingeschränkt. In dem Satz von ursprünglich $3n$ unabhängigen Koordinaten sind jetzt s abhängige Koordinaten enthalten. Nun wird die Bedeutung der holonomen Zwangsbedingungen klar. Werden nämlich die Zwangsbedingungen durch Gleichungen der Form (1) ausgedrückt, so lassen sich die abhängigen Koordinaten eliminieren. Wir können auf $3n - s$ Koordinaten q_1, $q_2, \ldots, q_{3-s}$ transformieren, die die Zwangsbedingungen implizit enthalten und voneinander unabhängig sind. Die alten Koordinaten werden durch die neuen Koordinaten durch Gleichungen der Form

$$\vec{r}_1 = \vec{r}_1(q_1, q_2, \ldots, q_{3n-s}, t),$$
$$\vec{r}_2 = \vec{r}_2(q_1, q_2, \ldots, q_{3n-s}, t), \tag{3}$$
$$\vdots$$
$$\vec{r}_n = \vec{r}_n(q_1, q_2, \ldots, q_{3n-s}, t)$$

ausgedrückt. Diese Koordinaten q_i, die jetzt als frei betrachtet werden können, heißen *generalisierte* (oder verallgemeinerte) *Koordinaten.* In den meisten praktischen Fällen, die wir betrachten, wird die Wahl der generalisierten Koordindaten schon durch die Problemstellung nahegelegt, und die Transformationsgleichungen (3) müssen nicht explizit aufgestellt werden. Die Benutzung von generalisierten Koordinaten ist auch bei Problemen ohne Zwang nützlich. So läßt sich ein Zentralkraftproblem einfacher und vollständig durch die Koordinaten (r, ϑ, φ) statt durch (x, y, z) beschreiben.

Als generalisierte Koordinaten dienen in der Regel Längen und Winkel. Wie wir später sehen werden, können aber auch Impulse und Energien usw. als generalisierte Koordinaten verwendet werden.

14.4 Beispiel: für generalisierte Koordinaten

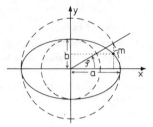

Ellipse: y = b sin φ, x = a cos φ .

Eine Ellipse sei in der xy-Ebene gegeben. Ein Teilchen, das sich auf der Ellipse bewegt, hat die Koordinaten (x, y). Die kartesischen Koordinaten lassen sich durch den Parameter φ ausdrücken:

$$y = b \sin\varphi, \qquad x = a \cos\varphi.$$

Es ist also möglich, die Bewegung des Teilchens vollständig durch den Winkel φ (die generalisierte Koordinate φ) zu beschreiben.

14.5 Beispiel:

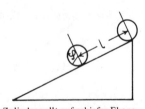

Zylinder rollt auf schiefer Ebene.

Die Position eines Zylinders auf einer schiefen Ebene ist durch den Abstand l vom Nullpunkt zum Massenpunkt und den Winkel φ der Rotation des Zylinders um seine Achse vollständig gegeben.

Rutscht der Zylinder auf der Ebene, so sind beide generalisierte Koordinaten von Bedeutung.

Wenn der Zylinder nicht rutscht, ist l über eine Rollbedingung von φ abhängig; dann ist nur eine von beiden generalisierten Koordinaten zur vollständigen Beschreibung der Bewegung des Zylinders notwendig.

14.6 Aufgabe: Klassifizieren Sie die folgenden Systeme nach den Gesichtspunkten: skleronom oder rheonom, holonom oder nicht holonom, konservativ oder nichtkonservativ:

a) eine Kugel, die auf einer festen Kugel hinunterrollt;

b) ein Zylinder, der eine rauhe, schiefe Ebene (Neigungswinkel α) herabrollt;

c) ein Teilchen, das auf der rauhen Innenfläche eines Rotationsparaboloides hinuntergleitet;

d) ein Teilchen, das sich längs eines sehr langen reibungslosen Stabes bewegt. Der Stab rotiert mit der Winkelgeschwindigkeit ω in der vertikalen Ebene um eine horizontale Achse.

Lösung: a) Skleronom, da die Zwangsbedingung keine explizite Zeitfunktion ist. Nichtholonom, da die rollende Kugel die feste Kugel verläßt. Konservativ, da die Schwerkraft aus einem Potential hergeleitet werden kann.

b) Skleronom, holonom, konservativ: Die Gleichung der Zwangsbedingung stellt entweder eine Linie oder Fläche dar.

c) Skleronom, holonom, aber nicht konservativ, da die Reibungskraft nicht aus einem Potential folgt!

d) Rheonom: Zwangsbedingung ist explizite Zeitfunktion. Holonom: Die Gleichung der Zwangsbedingung ist eine Gerade, die die Zeit explizit enthält; konservativ.

Größen der Mechanik in generalisierten Koordinaten

Die Geschwindigkeit des i-ten Massenpunktes läßt sich entsprechend der Transformationsgleichung

$$\vec{r}_i = \vec{r}_i(q_1, \ldots, q_\nu, t)$$

als

$$\dot{\vec{r}}_i = \frac{\partial \vec{r}_i}{\partial q_1} \frac{dq_1}{dt} + \cdots + \frac{\partial \vec{r}_i}{\partial q_\nu} \frac{\partial q_\nu}{dt} + \frac{\partial \vec{r}_i}{\partial t}$$

darstellen.

Im skleronomen Fall fällt der letzte Summand weg. In anderer Form können wir auch schreiben:

$$\dot{\vec{r}}_i = \sum_\alpha^f \frac{\partial \vec{r}_i}{\partial q_\alpha} \dot{q}_\alpha + \frac{\partial \vec{r}_i}{\partial t}, \qquad \text{wobei} \qquad \dot{q}_\alpha = \frac{dq_\alpha}{dt} \tag{4}$$

ist und $\dot{q}_\alpha$ als *generalisierte Geschwindigkeit* bezeichnet wird. Wir beschränken uns im folgenden auf die x-Komponente. Auch betrachten wir nur den skleronomen Fall und schreiben für die x-Komponente von Gleichung (4):

$$\dot{x}_i = \sum_\alpha \frac{\partial x_i}{\partial q_\alpha} \dot{q}_\alpha. \tag{5}$$

Differenzieren wir (5) noch einmal nach der Zeit, so erhalten wir für die kartesischen Komponenten der Beschleunigung:

$$\ddot{x}_i = \sum_\alpha \frac{d}{dt}\left(\frac{\partial x_i}{\partial q_\alpha}\right)\dot{q}_\alpha + \frac{\partial x_i}{\partial q_\alpha}\ddot{q}_\alpha.$$

Die totale Ableitung im ersten Term schreiben wir wie üblich

$$\frac{d}{dt}\left(\frac{\partial x_i}{\partial q_\alpha}\right) = \sum_\beta \frac{\partial^2 x_i}{\partial q_\beta \partial q_\alpha}\dot{q}_\beta.$$

Der griechische Index, über den jetzt zusätzlich zu summieren ist, wird hier mit dem Buchstaben β bezeichnet, um eine Verwechslung mit dem Summationsindex α zu vermeiden. Somit gilt:

$$\ddot{x}_i = \sum_{\alpha,\beta} \frac{\partial^2 x_i}{\partial q_\beta \partial q_\alpha}\dot{q}_\beta\dot{q}_\alpha + \sum_\alpha \frac{\partial x_i}{\partial q_\alpha}\ddot{q}_\alpha.$$

Der erste Term enthält eine doppelte Summation über α und β.
Ein System habe die generalisierten Koordinaten $q_1, \ldots, q_f$, die nun einen Zuwachs von $dq_1, \ldots, dq_f$ erfahren sollen. Wir wollen die dabei geleistete Arbeit bestimmen. Für eine infinitesimale Verschiebung des i-ten Teilchens gilt:

$$d\vec{r}_i = \sum_{\alpha=1}^f \frac{\partial \vec{r}_i}{\partial q_\alpha}dq_\alpha. \tag{6}$$

Daraus erhalten wir die geleistete Arbeit als

$$dW = \sum_{i=1}^n \vec{F}_i \cdot d\vec{r}_i = \sum_{i=1}^n \left(\sum_{\alpha=1}^f \vec{F}_i \cdot \frac{\partial \vec{r}_i}{\partial q_\alpha}\right)dq_\alpha = \sum_\alpha Q_\alpha dq_\alpha,$$

wobei

$$Q_\alpha = \sum_i \vec{F}_i \cdot \frac{\partial \vec{r}_i}{\partial q_\alpha} \tag{7}$$

ist.

Wir nennen Q_α die *verallgemeinerte* (generalisierte) *Kraft*. Da die generalisierte Koordinate nicht die Dimension einer Länge zu haben braucht, muß Q_α nicht die Dimension einer Kraft haben. Das Produkt $Q_\alpha\, q_\alpha$ hat allerdings immer die Dimension einer Arbeit.

In konservativen Systemen, wenn also W nicht von der Zeit abhängt, hat man

$$dW = \sum_\alpha \frac{\partial W}{\partial q_\alpha} dq_\alpha \quad \text{und} \quad dW = \sum_\alpha Q_\alpha dq_\alpha.$$

Dann muß gelten:

$$dW - dW = 0 = \sum_\alpha \left(Q_\alpha - \frac{\partial W}{\partial q_\alpha}\right) dq_\alpha = 0.$$

Da die q_α generalisierte Koordinaten sind, sind sie voneinander unabhängig und daher folgt nun, daß der Ausdruck $(Q_\alpha - \partial W/\partial q_\alpha) = 0$ sein muß, um die Gleichung

$$\sum_\alpha \left(Q_\alpha - \frac{\partial W}{\partial q_\alpha}\right) dq_\alpha = 0$$

zu erfüllen.

Dies ist aber nur der Fall, wenn

$$Q_\alpha = \frac{\partial W}{\partial q_\alpha}$$

ist. Die Komponenten der verallgemeinerten Kraft ergeben sich also als Ableitung der Arbeit nach der betreffenden verallgemeinerten Koordinate.

15. D'Alembertsches* Prinzip und Herleitung der Lagrange-Gleichungen

Virtuelle Verrückungen

Unter einer virtuellen Verrückung $\delta\vec{r}$ verstehen wir eine mit den Zwangsbedingungen vereinbare infinitesimale Auslenkung des Systems. Im Gegensatz zu einer reellen infinitesimalen Auslenkung $d\vec{r}$ sollen sich bei einer virtuellen Verrückung die Kräfte und Zwangskräfte, denen das System unterliegt, nicht ändern. Eine virtuelle Verrückung wird mit dem Symbol δ gekennzeichnet, eine reelle mit d. Mathematisch gehen wir mit dem Element δ wie mit einem Differential um, z. B. ist

$$\delta\sin x = \frac{\delta\sin x}{\delta x}\delta x = (\cos x)\delta x \qquad \text{usw.}$$

Wir betrachten ein System von Massenpunkten im Gleichgewicht. Dann verschwindet die Gesamtkraft $\vec{F}_i$ auf jeden einzelnen Massenpunkt; also $\vec{F}_i = 0$. Als *virtuelle* Arbeit bezeichnen wir das Produkt aus Kraft und virtueller Verrückung $\vec{F}_i \cdot \delta\vec{r}_i$. Da die Kraft für jeden einzelnen Massenpunkt verschwindet, ist auch die Summe über die an den einzelnen Massenpunkten geleistete virtuelle Arbeit gleich Null:

$$\sum_i \vec{F}_i \cdot \delta\vec{r}_i = 0. \qquad (1)$$

Die Kraft $\vec{F}_i$ wird jetzt aufgeteilt in die Zwangskraft $\vec{F}_i^{\,z}$ und die einwirkende (angewandte) Kraft $\vec{F}_i^{\,a}$:

$$\sum_i (\vec{F}_i^{\,a} + \vec{F}_i^{\,z}) \cdot \delta\vec{r}_i = 0. \qquad (2)$$

---

* *Alembert,* Jean le Rond d', geb. 16. oder 17.11.1717 in Paris als Sohn eines Generals, gest. 29.10.1783 Paris. – A. wurde von der Mutter ausgesetzt, bei der Kirche Jean le Rond gefunden und von der Familie eines Glasers aufgezogen. Später, durch Zuwendungen unterstützt, wurde er seinem Stande gemäß erzogen. Er studierte am Collège des Quatre Nations und wurde 1741 Mitglied der Académie des sciences. – In der Mechanik ist das d'A.sche Prinzip nach ihm benannt, außerdem arbeitete er über die Theorie der analytischen Funktionen (1746), über partielle Differentialgleichungen (1747) und über Grundlagen der Algebra. A. ist der Verfasser der mathematischen Artikel der Encyclopédie.

Wir beschränken uns jetzt auf solche Systeme, in denen die von den Zwangskräften verrichtete Arbeit verschwindet. In vielen Fällen (ausgenommen z. B.
solche mit Reibung) steht die Zwangskraft senkrecht auf der Bewegungsrich-
tung und das Produkt $\vec{F}^z \cdot \delta \vec{r}$ verschwindet. Ist ein Massenpunkt zum Beispiel
gezwungen, sich auf einer vorgegebenen Raumkurve zu bewegen, so ist seine
Bewegungsrichtung immer tangential zur Kurve, die Zwangskraft normal. Es
gibt aber auch Beispiele dafür, daß die einzelnen Zwangskräfte zwar Arbeit
verrichten, jedoch die Summe der Arbeiten aller Zwangskräfte verschwindet;
also:

$$\sum_i \vec{F}_i^z \cdot \delta \vec{r}_i = 0.$$

Die Fadenspannungen zweier über einer Rolle hängenden Massen liefern einen
solchen Fall. Wir verweisen dazu auf Beispiel 15.1. Dies ist die eigentliche,
richtige Erkenntnis, die im d'Alembertschen Prinzip steckt. Die Zwangskräfte
leisten insgesamt keine Arbeit. Es ist also immer

$$\sum_i \vec{F}_i^z \cdot \delta \vec{r}_i = 0.$$

Das ist schlechtweg *das* Charakteristikum der Zwangskräfte. Man kann zwar
diese Voraussetzung, wie wir es gerade am Beispiel der Fadenspannungen
zwischen zwei Massen gesehen haben, auf das Newtonsche Axiom "Aktion
= -Reaktion" zurückführen; sie folgt aber im allgemeinen nicht aus den
Newtonschen Axiomen allein. Die Annahme, daß die *gesamte virtuelle Arbeit
der Zwangskräfte verschwindet,* kann zunächst als neues Postulat angesehen
werden. Sie berücksichtigt Situationen nicht frei beweglicher Massenpunkte
und kann, wie wir gleich sehen werden (siehe Gleichung (5)) durch die auf das
System wirkenden eingeprägten Kräfte ausgedrückt werden. Dadurch fällt die
Zwangslage aus Gleichung (2) heraus und es gilt

$$\sum_i \vec{F}_i^a \cdot \delta \vec{r}_i = 0. \tag{3}$$

Während in Gleichung (1) jeder Summand für sich Null ist, verschwindet
jetzt nur die Summe als Ganzes. Die Aussage von Gleichung (3) wird als
Prinzip der virtuellen Arbeit bezeichnet und gibt an, daß ein System nur dann
im Gleichgewicht ist, wenn die gesamte virtuelle Arbeit der *angewandten*
(äußeren) Kräfte verschwindet.
Das Prinzip der virtuellen Arbeit läßt sich theoretisch strenger folgendermaßen begründen: Betrachten wir die i'te Zwangsbedingung in der Form

$$g_i(\vec{r}_1, \vec{r}_2, \ldots, \vec{r}_N, t) = 0,$$

dann muß die Änderung von g_i bezüglich einer Änderung des Ortsvektors $\vec{r}_j$ ein Maß für die Zwangskraft $\vec{F}_j^{\,z}$ des j'ten Teilchens auf Grund der Zwangsbedingung $g_i(\vec{r}_1, \vec{r}_2, \ldots, \vec{r}_N, t) = 0$ sein. Wir können also schreiben

$$\vec{F}_{ji}^{\,z} = \lambda_i \frac{\partial g_i(\vec{r}_1, \vec{r}_2, \ldots, \vec{r}_N, t)}{\partial \vec{r}_j} = \lambda_i \vec{\nabla}_j g_i(\vec{r}_1, \ldots, t).$$

Hierbei ist λ_i ein unbekannter Faktor, weil ja die Zwangsbedingungen g_i ($\vec{r}_1$, $\vec{r}_2$, \ldots, $\vec{r}_N$, $t) = 0$ bis auf einen nichtverschwindenden Faktor bekannt sind. Die gesamte Zwangskraft auf das j'te Teilchen ist dann die Summe über alle von den einzelnen k Zwangsbedingungen herrührenden Zwangskräfte, also

$$\vec{F}_j^{\,z} = \sum_{i=1}^k \vec{F}_{ji}^{\,z} = \sum_{i=1}^k \lambda_i \frac{\partial g_i(\vec{r}_1, \ldots, \vec{r}_N, t)}{\partial \vec{r}_j}.$$

Die von allen Zwangskräften geleistete virtuelle Arbeit ist dann

$$\delta W = \sum_{j=1}^N \vec{F}_j^{\,z} \cdot \delta \vec{r}_j = \sum_{i=1}^k \sum_{j=1}^N \lambda_i \frac{\partial g_i}{\partial \vec{r}_j}(\vec{r}_1, \ldots, \vec{r}_N, t) \cdot \delta \vec{r}_j$$

$$= \sum_{i=1}^k \lambda_i \delta g_i(\vec{r}_1, \ldots, \vec{r}_N, t),$$

wobei

$$\delta g_i(\vec{r}_1 \ldots \vec{r}_N, t) = \sum_{j=1}^N \frac{\partial g_i}{\partial \vec{r}_j} \cdot \delta \vec{r}_j$$

ist. Das ist gerade die Änderung von g_i auf Grund der virtuellen Verrückungen $\delta \vec{r}_j$. Weil nun die virtuellen Verrückungen mit den Zwangsbedingungen nach Voraussetzung verträglich sein sollen, d. h. die $\delta \vec{r}_j$ sollen die Zwangsbedingungen erfüllen, muß gerade

$$\delta g_i(\vec{r}_1 \ldots \vec{r}_{n,t}) = 0$$

sein. Daraus folgt sofort

$$\delta W = \sum_{j=1}^N \vec{F}_j^{\,z} \cdot \delta \vec{r}_j = 0.$$

Im Kapitel 16, Gln. (8) und (9), werden wir das von einem sehr allgemeinen Standpunkt aus besser verstehen.

Mit dem Prinzip der virtuellen Arbeit können zunächst nur Probleme der Statik behandelt werden. Indem D'Alembert die Trägheitskraft nach dem Newtonschen Axiom

$$\vec{F}_i = \dot{\vec{p}}_i \tag{4}$$

einführte, gelang es ihm, das Prinzip der virtuellen Arbeit auch auf Aufgabenstellungen der Dynamik anzuwenden. Wir verfahren analog zur Herleitung des Prinzips der virtuellen Arbeit. Wegen Gleichung (4) verschwindet in der Summe

$$\sum_i (\vec{F}_i - \dot{\vec{p}}_i) \cdot \delta \vec{r}_i = 0$$

jeder einzelne Summand. Wenn wir die Gesamtkraft wieder in angewandte Kraft und Zwangskraft aufteilen, so folgt mit der gleichen Beschränkung wie oben die Gleichung

$$\sum_i (\vec{F}_i^{\,a} - \dot{\vec{p}}_i) \cdot \delta \vec{r}_i = 0, \tag{5}$$

bei der die einzelnen Summanden von Null verschieden sein können. Diese Gleichung drückt das *D'Alembertsche Prinzip* aus.

15.1 Beispiel:

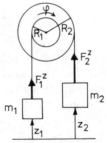

Zwei Massen an konzentrischen Rollen. Die Fadenspannungen $\vec{F}_1^{\,z}$ und $\vec{F}_2^{\,z}$ sind gleichgerichtet, haben aber verschiedenen Betrag.

An zwei konzentrisch befestigten Rollen mit den Radien R_1 und R_2 hängen zwei Massen m_1 und m_2. Die Masse der Rollen ist zu vernachlässigen. Mit dem Prinzip der virtuellen Arbeit soll die Gleichgewichtsbedingung bestimmt werden.

Für das vorliegende konservative System (in dem keine Reibung auftritt) verschwindet die von den Zwangskräften insgesamt verrichtete Arbeit, d. h.

$$\sum_i \vec{F}_i^{\,z} \cdot \delta\vec{r}_i = 0.$$

Im vorliegenden Beispiel werden die Zwangskräfte durch die Fadenspannungen F_1^z und F_2^z realisiert.

Das Verschwinden von $\sum_i \vec{F}_i^{\,z} \cdot \delta\vec{r}_i$ ergibt sich im Gleichgewichtsfall aus der *Erhaltung* des durch die Fadenspannungen F_1^z, F_2^z bezüglich der Radien R_1, R_2 ausgeübten *Drehmoments*:

$$D_1 = R_1 F_1^z = D_2 = R_2 F_2^z.$$

Mit Hilfe der Zwangsbedingung folgt nämlich

$$F_1^z \delta z_1 + F_2^z \delta z_2 = (F_1^z R_1 - F_2^z R_2)\delta\varphi = (D_1 - D_2)\delta\varphi = 0.$$

Im Falle gleicher Radien $(R_1 = R_2)$ sind die Fadenspannungen gleich.

Aus

$$\sum_i \vec{F}_i^{\,a} \cdot \delta\vec{r}_i = 0$$

folgt

$$m_1 g\,\delta z_1 + m_2 g\,\delta z_2 = 0.$$

Die Verrückungen sind über die Zwangsbedingung miteinander verknüpft; es gilt

$$\delta z_1 = R_1 \delta\varphi, \qquad \delta z_2 = -R_2 \delta\varphi.$$

Somit ergibt sich

$$(m_1 R_1 - m_2 R_2)\delta\varphi = 0$$

oder

$$m_1 R_1 = m_2 R_2$$

als Gleichgewichtsbedingung.

15.2 Beispiel:

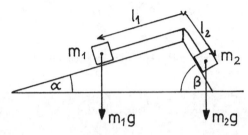

Zwei durch Seil verbundene Massen auf schiefer Ebene.

In der Anordnung, die die Skizze zeigt, bewegen sich die zwei durch ein Seil verbundenen Massen reibungslos. Mit dem D'Alembertschen Prinzip soll die Bewegungsgleichung gefunden werden. Für die zwei Massen lautet das D'Alembertsche Prinzip:

$$(\vec{F}_1 - \dot{\vec{p}}_i) \cdot \delta \vec{l}_1 + (\vec{F}_2 - \dot{\vec{p}}_2) \cdot \delta \vec{l}_2 = 0. \qquad \underline{1}$$

Die Länge des Seils ist konstant (Zwangsbedingung):

$$l_1 + l_2 = l.$$

Daraus folgt

$$\delta l_1 = -\delta l_2 \qquad \text{und} \qquad \ddot{l}_1 = -\ddot{l}_2.$$

Die Trägheitskräfte sind:

$$\dot{\vec{p}}_1 = m_1 \ddot{\vec{l}}_1 \qquad \text{und} \qquad \dot{\vec{p}}_2 = m_2 \ddot{\vec{l}}_2.$$

Setzen wir alles in Gleichung $\underline{1}$ ein und berücksichtigen, daß die Beschleunigungen parallel zu den Verrückungen sind, so folgt

$$(m_1 g \sin \alpha - m_1 \ddot{l}_1)\delta l_1 + (m_2 g \sin \beta - m_2 \ddot{l}_2)\delta l_2 = 0,$$

$$(m_1 g \sin \alpha - m_1 \ddot{l}_1 - m_2 g \sin \beta - m_2 \ddot{l}_1)\delta l_1 = 0,$$

oder

$$\ddot{l}_1 = \frac{m_1 \sin \alpha - m_2 \sin \beta}{m_1 + m_2} g.$$

15.3 Aufgabe:

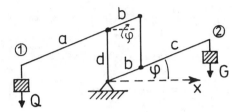

Geometrie der in der Aufgabe beschriebenen Klappbrücke.

Finden Sie mit Hilfe des d'Alembertschen Prinzips die Gleichgewichtsbedingung für

a) einen Hebel der Länge l_1 auf dem im Abstand l_2 vom Aufliegepunkt eine Masse m liegt und an dessen Ende eine Kraft F_1 senkrecht nach oben angreift;

b) die Klappbrücke der Abbildung, auf die die Kräfte G und Q wirken.

Lösung: a) Das D'Alembertsche Prinzip liefert:

Hebel mit Masse m und Kraft $\vec{F}_1$.

$$\sum_\nu \vec{F}_\nu \cdot \delta\vec{r}_\nu = 0.$$

Es sind

$$\vec{F}_1 = F_1 \vec{e}_y, \qquad \vec{F}_2 = -mg\vec{e}_y$$

und

$$\vec{r}_1 = l_1 \cos\varphi\, \vec{e}_x + l_1 \sin\varphi\, \vec{e}_y,$$
$$\vec{r}_2 = l_2 \cos\varphi\, \vec{e}_x + l_2 \sin\varphi\, \vec{e}_y = \frac{l_2}{l_1}\vec{r}_1.$$

Weiterhin gilt:

$$\delta\vec{r}_1 = (-l_1 \sin\varphi\, \vec{e}_x + l_1 \cos\varphi\, \vec{e}_y)\delta\varphi \qquad \text{und} \qquad \delta\vec{r}_2 = \frac{l_2}{l_1}\delta\vec{r}_1.$$

Damit folgt:

$$\sum_{\nu=1}^{2} \vec{F}_\nu \cdot \delta\vec{r}_\nu = (F_1 l_1 \cos\varphi - mg l_2 \cos\varphi)\delta\varphi,$$

d. h. die Gleichgewichtsbedingung lautet:

$$F_1 = \frac{l_2}{l_1} mg \quad \left(\text{für} \quad \varphi \neq \frac{\pi}{2}, \frac{3\pi}{2}, \dots \right).$$

b) Die Kräfte in den Punkten 1 und 2 sind

$$\vec{K}_2 = -G\vec{e}_y, \qquad \vec{K}_1 = -Q\vec{e}_y.$$

Es sind weiter

$$\vec{r}_1 = -a\cos\varphi\,\vec{e}_x + (d - a\sin\varphi)\vec{e}_y$$

und

$$\vec{r}_2 = (b+c)\cos\varphi\,\vec{e}_x + (b+c)\sin\varphi\,\vec{e}_y,$$

d. h.

$$\delta\vec{r}_1 = (a\sin\varphi\,\vec{e}_x - a\cos\varphi\,\vec{e}_y)\delta\varphi$$

und

$$\delta\vec{r}_2 = \left(-(b+c)\sin\varphi\,\vec{e}_x + (b+c)\cos\varphi\,\vec{e}_y \right)\delta\varphi.$$

Das D'Alembertsche Prinzip lautet:

$$\sum_{\nu=1}^{2} \vec{K}_\nu \cdot \delta\vec{r}_\nu = \left(Qa\cos\varphi - G(b+c)\cos\varphi \right)\delta\varphi = [Qa - G(b+c)]\cos\varphi\,d\varphi.$$

Die Gleichgewichtsbedingung

$$Q = G\frac{b+c}{a}$$

ist also vom Winkel φ unabhängig!

Wie auch die beiden Aufgaben 15.1 und 15.2 zeigen, liegt der Nachteil des Prinzips der virtuellen Verrückungen darin, daß immer noch über die Zwangsbedingungen abhängige Verrückungen eliminiert werden müssen, bevor eine Bewegungsgleichung gewonnen werden kann. Wir führen deshalb generalisierte Koordinaten q_i ein. Wenn wir in Gleichung (5) die $\delta\vec{r}_i$ auf δq_i transformieren, können wir die Koeffizienten der δq_i sofort Null gesetzt werden.

Ausgehend von Gleichung (5) führen wir in der ersten Summe entsprechend Gleichungen 6 und 7, Kapitel 14, die verallgemeinerten Kräfte ein:

$$\sum_{i=1}^{n} \vec{F}_i \cdot \delta \vec{r}_i = \sum_{i=1}^{n} \vec{F}_i \cdot \sum_{\alpha=1}^{f} \frac{\partial \vec{r}_i}{\partial q_\alpha} \delta q_\alpha = \sum_{\alpha=1}^{f} Q_\alpha \delta q_\alpha. \tag{6}$$

Wir wenden uns nun dem anderen Term in Gleichung (5) zu:

$$\sum_i \dot{\vec{p}}_i \cdot \delta \vec{r}_i = \sum_i m_i \ddot{\vec{r}}_i \cdot \delta \vec{r}_i.$$

Drücken wir $\delta \vec{r}_i$ entsprechend 14.6 durch die δq_i aus, so erhalten wir

$$\sum_i \dot{\vec{p}}_i \cdot \delta \vec{r}_i = \sum_{i,\nu} m_i \ddot{\vec{r}}_i \cdot \frac{\partial \vec{r}_i}{\partial q_\nu} \delta q_\nu. \tag{7}$$

Durch Addition und gleichzeitige Subtraktion desselben Termes formen wir die rechte Seite der Gleichung um:

$$\sum_i m_i \ddot{\vec{r}}_i \cdot \frac{\partial \vec{r}_i}{\partial q_\nu} = \sum_i \left(\frac{d}{dt}(m_i \dot{\vec{r}}_i) \cdot \frac{\partial \vec{r}_i}{\partial q_\nu} \right) + \sum_i \left(m_i \dot{\vec{r}}_i \cdot \frac{d}{dt}\left(\frac{\partial \vec{r}_i}{\partial q_\nu} \right) \right)$$

$$- \sum_i \left(m_i \dot{\vec{r}}_i \cdot \frac{d}{dt}\left(\frac{\partial \vec{r}_i}{\partial q_\nu} \right) \right)$$

$$= \sum_i \left(\frac{d}{dt}\left(m_i \dot{\vec{r}}_i \cdot \frac{\partial \vec{r}_i}{\partial q_\nu} \right) - m_i \dot{\vec{r}}_i \frac{d}{dt}\left(\frac{\partial \vec{r}_i}{\partial q_\nu} \right) \right). \tag{8}$$

Um den Ausdruck für die kinetische Energie herzuleiten, vertauschen wir im letzten Term von Gleichung (8) die Reihenfolge der Differentiation bezüglich t und q_ν:

$$\frac{d}{dt}\left(\frac{\partial \vec{r}_i}{\partial q_\nu} \right) = \frac{\partial}{\partial q_\nu}\left(\frac{d}{dt}\vec{r}_i \right) = \frac{\partial}{\partial q_\nu}\vec{v}_i. \tag{9}$$

Einsetzen in Gleichung (8) ergibt:

$$\sum_i \left(m_i \ddot{\vec{r}}_i \cdot \frac{\partial \vec{r}_i}{\partial q_\nu} \right) = \sum_i \left(\frac{d}{dt}\left(m_i \dot{\vec{r}}_i \cdot \frac{\partial \vec{r}_i}{\partial q_\nu} \right) - m_i \vec{v}_i \cdot \frac{\partial}{\partial q_\nu}\vec{v}_i \right). \tag{10}$$

Den Ausdruck $\partial \vec{r}_i/\partial q_\nu$ im ersten Term der rechten Seite von Gleichung (10) können wir umformen, indem wir Gleichung (14.4) partiell nach $\dot{q}_\nu$ ableiten:

$$\frac{\partial \vec{v}_i}{\partial \dot{q}_\nu} = \frac{\partial \vec{r}_i}{\partial q_\nu},$$

da $(\partial/\partial\dot{q}_\nu)(\partial\vec{r}_i/\partial t) = 0$ ist und aus der Summe nur der Faktor bei $\dot{q}_\nu$ übrig bleibt. Setzen wir diese Beziehung in (10) ein, so erhalten wir:

$$\sum_i \left(m_i\ddot{\vec{r}}_i \cdot \frac{\partial\vec{r}_i}{\partial q_\nu} \right) = \sum_i \left(\frac{d}{dt}\left(m_i\vec{v}_i \cdot \frac{\partial\vec{v}_i}{\partial\dot{q}_\nu} \right) \right) - \sum_i \left(m_i\vec{v}_i \cdot \frac{\partial\vec{v}_i}{\partial q_\nu} \right)$$

$$= \frac{d}{dt}\left(\frac{\partial}{\partial\dot{q}_\nu}\left(\sum_i \frac{1}{2}m_i\vec{v}_i^2 \right) \right) - \frac{\partial}{\partial q_\nu}\left(\sum_i \frac{1}{2}m_i\vec{v}_i^2 \right).$$

Hierbei ist $\sum_i \frac{1}{2}m_i\vec{v}_i^2$ die kinetische Energie T:

$$\sum_i \left(m_i\ddot{\vec{r}}_i \cdot \frac{\partial\vec{r}_i}{\partial q_\nu} \right) = \frac{d}{dt}\left(\frac{\partial T}{\partial\dot{q}_\nu} \right) - \frac{\partial T}{\partial q_\nu}.$$

Einsetzen in Gleichung (7) liefert:

$$\sum_i \dot{\vec{p}}_i \cdot \delta\vec{r}_i = \sum_\nu \left(\frac{d}{dt}\left(\frac{\partial T}{\partial\dot{q}_\nu} \right) - \frac{\partial T}{\partial q_\nu} \right)\delta q_\nu. \tag{11}$$

Mit den Gleichungen (6) und (11) können wir das D'Alembertsche Prinzip durch generalisierte Koordinaten ausdrücken. Einsetzen von

$$\sum_i \vec{F}_i \cdot \delta\vec{r}_i = \sum_\nu Q_\nu\,\delta q_\nu \qquad \text{(vgl. (6))}$$

in die Gleichung (5) liefert:

$$\sum_\nu \left(\frac{d}{dt}\left(\frac{\partial T}{\partial\dot{q}_\nu} \right) - \frac{\partial T}{\partial q_\nu} - Q_\nu \right)\delta q_\nu = 0. \tag{12}$$

Die q_ν sind generalisierte Koordinaten; somit sind die q_ν und die dazugehörigen δq_ν voneinander unabhängig.

Deshalb ist Gleichung (12) nur dann erfüllt, wenn die einzelnen Koeffizienten verschwinden, d. h. für jede Koordinate q_ν gilt:

$$\frac{d}{dt}\left(\frac{\partial T}{\partial\dot{q}_\nu} \right) - \frac{\partial T}{\partial q_\nu} - Q_\nu = 0, \qquad \nu = 1,\dots,f. \tag{13}$$

Als weitere Vereinfachung nehmen wir an, daß die Kraft aus einem Potential herleitbar ist (konservatives Kraftfeld):

$$\vec{F}_i = -\mathrm{grad}_i(V) = -\vec{\nabla}(V).$$

In diesem Fall können die generalisierten Kräfte Q_ν als

$$Q_\nu = \sum_i \vec{F}_i \cdot \frac{\partial \vec{r}_i}{\partial q_\nu} = -\sum_i \vec{\nabla}_i V \cdot \frac{\partial \vec{r}_i}{\partial q_\nu} = -\frac{\partial V}{\partial q_\nu}$$

geschrieben werden, da

$$\left(\frac{\partial V}{\partial x_i} \vec{e}_x + \frac{\partial V}{\partial y_i} \vec{e}_y + \frac{\partial V}{\partial z_i} \vec{e}_z \right) \cdot \left(\frac{\partial x_i}{\partial q_\nu} \vec{e}_x + \frac{\partial y_i}{\partial q_\nu} \vec{e}_y + \frac{\partial z_i}{\partial q_\nu} \vec{e}_z \right)$$

$$= \frac{\partial V}{\partial x_i} \frac{\partial x_i}{\partial q_\nu} + \frac{\partial V}{\partial y_i} \frac{\partial y_i}{\partial q_\nu} + \frac{\partial V}{\partial z_i} \frac{\partial z_i}{\partial q_\nu}$$

$$= \frac{\partial V}{\partial q_\nu}$$

ist. Setzen wir $Q_\nu = -\partial V/\partial q_\nu$ in Gleichung (13) ein, so erhalten wir:

$$\frac{d}{dt} \left(\frac{\partial T}{\partial \dot{q}_\nu} \right) - \frac{\partial T}{\partial q_\nu} + \frac{\partial V}{\partial q_\nu} = 0$$

bzw.

$$\frac{d}{dt} \left(\frac{\partial T}{\partial \dot{q}_\nu} \right) - \frac{\partial (T - V)}{\partial q_\nu} = 0.$$

V ist unabhängig von der generalisierten Geschwindigkeit, d. h. V ist nur eine Funktion den Ortes:

$$\frac{\partial V}{\partial \dot{q}_\nu} = 0.$$

Wir können daher schreiben:

$$\frac{d}{dt} \frac{\partial}{\partial \dot{q}_\nu} (T - V) - \frac{\partial}{\partial q_\nu} (T - V) = 0,$$

oder, indem wir eine neue Funktion, die *Langrangefunktion**

$$L = T - V$$

---

* *Lagrange*, Joseph Louis, geb. 25.1.1736 Turin, gest. 10.4.1813 Paris. – L. stammt aus einer französisch-italienischen Familie und wurde schon 1755 Professor in Turin. Im Jahre 1766 ging er als Direktor der mathematisch-physikal. Klasse der Akademie nach Berlin. 1786, nach dem Tode von Friedrich II., wandte er sich nach Paris, unterstützte dort die Reform des Maßsystems wesentlich und war Professor an verschiedenen Hochschulen. – Sein sehr umfangreiches Werk enthält eine neue Begründung der Variationsrechnung (1760) und ihre Anwendung auf die Dynamik, Beiträge zum Dreikörperproblem (1772), die Anwendung der Theorie der Kettenbrüche auf die Auflösung von Gleichungen (1767), zahlentheoretische Probleme und eine nicht gelungene Reduzierung der Infinitesimalrechnung auf die Algebra. Mit seiner "Mécaniquie analytique" (1788) wurde L. zum Begründer der analytischen Mechanik.

definieren:

$$\frac{d}{dt}\frac{\partial L}{\partial \dot{q}_\nu} - \frac{\partial L}{\partial q_\nu} = 0, \qquad \nu = 1, \ldots, f. \tag{14}$$

Diese Gleichungen werden als *Lagrangegleichungen* und $\partial L/\partial \dot{q}_\nu$ als *generalisierte Impulse* bezeichnet.

Aufgaben und Beispiele zum Lagrange-Formalismus

15.4 Beispiel:

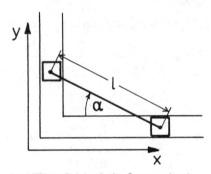

Zwei Klötze sind durch eine Stange verbunden.

Zwei Klötze gleicher Masse m, die durch eine starre Stange der Länge l verbunden sind, bewegen sich reibungsfrei entlang eines vorgegebenen Weges (vgl. Zeichnung). Die Erdanziehung wirkt in Richtung der negativen y-Achse. Die generalisierte Koordinate ist der Winkel α (entsprechend dem einen Freiheitsgrad des Systems). Für die Relativabstände x und y der beiden Klötze gilt:

$$x = l\cos\alpha, \qquad y = l\sin\alpha.$$

Es handelt sich um eine holonome, skleronome Zwangsbedingung. Wir wollen die Lagrangefunktion

$$L = T - V$$

bestimmen. Die kinetische Energie des Systems ist

$$T = \frac{1}{2}m(\dot{x}^2 + \dot{y}^2).$$

Dazu bilden wir $\dot{x}$ und $\dot{y}$:

$$\dot{x} = -l(\sin\alpha)\dot{\alpha}, \qquad \dot{y} = l(\cos\alpha)\dot{\alpha}.$$

Damit bekommen wir für T:

$$T = \frac{1}{2}m\left(l^2(\sin^2\alpha)\dot{\alpha}^2 + l^2(\cos^2\alpha)\dot{\alpha}^2\right) = \frac{1}{2}ml^2\dot{\alpha}^2.$$

Für das Potential V gilt (konservatives System):

$$V = mgy = mgl\sin\alpha.$$

Die Lagrangefunktion lautet demnach:

$$L = T - V = \frac{1}{2}ml^2\dot{\alpha}^2 - mgl\sin\alpha.$$

Wir setzen L in die Lagrangegleichung (14) ein:

$$\frac{d}{dt}\frac{\partial L}{\partial\dot{\alpha}} - \frac{\partial L}{\partial\alpha} = \frac{d}{dt}(ml^2\dot{\alpha}) + mgl\cos\alpha = 0,$$

bzw.

$$ml^2\ddot{\alpha} + mgl\cos\alpha = 0, \qquad \ddot{\alpha} + \frac{g}{l}\cos\alpha = 0.$$

Multiplizieren mit $\dot{\alpha}$ ergibt

$$\ddot{\alpha}\dot{\alpha} + \frac{g}{l}\dot{\alpha}\cos\alpha = 0.$$

Diese Gleichungen können wir direkt integrieren und erhalten

$$\frac{1}{2}\dot{\alpha}^2 + \frac{g}{l}\sin\alpha = \text{const} = c,$$

bzw.

$$\dot{\alpha} = \sqrt{2\left(c - \frac{g}{l}\sin\alpha\right)}.$$

Trennen wir die Variablen α und t, so ergibt sich die Gleichung

$$dt = \frac{d\alpha}{\sqrt{2(c - (g/l)\sin\alpha)}}, \qquad t - t_0 = \int_{\alpha_1}^{\alpha_2}\frac{d\alpha}{\sqrt{2(c - (g/l)\sin\alpha)}}.$$

Die Konstanten c und t_0 werden aus den vorgegebenen Anfangsbedingungen bestimmt.

15.5 Beispiel: An dem folgenden Beispiel zum Lagrange-Formalismus soll der Begriff der *"ignorablen" Koordinate* erläutert werden. Es sei die nachstehend gezeichnete Anordnung gegeben:

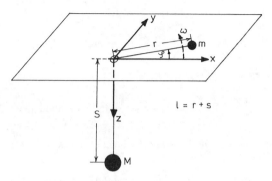

Die zwei Massen m und M hängen über einen Faden zusammen.

Zwei Massen m und M sind durch einen Faden mit der konstanten Gesamtlänge $l = r + s$ verbunden, wobei die Fadenmasse vernachlässigbar klein gegen $m + M$ ist. Die Masse m kann an dem Faden (mit der variierenden Teillänge r) auf der Ebene rotieren. Der Faden führt von m durch ein Loch in der Ebene zu M, wobei die Masse M an dem straff gespannten Faden (mit der ebenfalls veränderlichen Teillänge $s = l - r$) hängt. Diese Anordnung kann je nach den Werten, die ω bei der Rotation von m auf der Ebene annimmt, nach oben oder nach unten rutschen. Dabei soll sich die Masse M nur in Richtung der z-Achse bewegen können. Die Zwangsbedingungen, die das vorgegebene System charakterisieren, sind holonom und skleronom. Weiterhin liegen bei dieser Anordnung zwei Freiheitsgrade vor. Dem entsprechen zwei generalisierte Koordinaten φ und s, die den Bewegungszustand dieses konservativen Systems eindeutig beschreiben.
Es gilt:

$$x = r \cos \varphi = (l - s) \cos \varphi,$$

$$y = r \sin \varphi = (l - s) \sin \varphi.$$

Für die kinetische Energie T des Systems bekommen wir

$$T = \frac{1}{2} m \left(\frac{d}{dt}(l - s) \right)^2 + \frac{1}{2}(l - s)^2 m \dot{\varphi}^2 + \frac{1}{2} M \dot{s}^2$$

$$= \frac{1}{2}(m + M)\dot{s}^2 + \frac{1}{2}(l - s)^2 m \dot{\varphi}^2.$$

Das Potential V lautet:

$$V = -Mgs.$$

Als Lagrangefunktion L erhalten wir

$$L = T - V = \frac{1}{2}(m + M)\dot{s}^2 + \frac{1}{2}(l - s)^2 m\dot{\varphi}^2 + Mgs.$$

Wir bilden nun:

$$\frac{d}{dt}\frac{\partial L}{\partial \dot{s}} = (m + M)\ddot{s}, \qquad \frac{\partial L}{\partial s} = -(l - s)m\dot{\varphi}^2 + Mg,$$

$$\frac{d}{dt}\frac{\partial L}{\partial \dot{\varphi}} = \frac{d}{dt}((l - s)^2 m\dot{\varphi}), \qquad \frac{\partial L}{\partial \varphi} = 0.$$

Wegen $\partial L/\partial \varphi = 0$ bezeichnet man in der Literatur φ als *ignorable* oder *zyklische Koordinate*. Die Lagrangegleichung für φ reduziert sich damit auf:

$$\frac{d}{dt}\frac{\partial L}{\partial \dot{\varphi}} = \frac{d}{dt}((l - s)^2 m\dot{\varphi}) = 0,$$

bzw.

$$(l - s)^2 \dot{\varphi} m = L = \text{const.}$$

Dieses erste Integral der Bewegung ist der Drehimpulserhaltungssatz. Allgemein gesagt, reduziert sich die Lagrangesche Bewegungsgleichung

$$\frac{d}{dt}\frac{\partial L}{\partial \dot{q}_j} - \frac{\partial L}{\partial q_j} = 0$$

für eine ignorable (zyklische) Koordinate auf:

$$\frac{d}{dt}\frac{\partial L}{\partial \dot{q}_j} = 0 \qquad \text{oder} \qquad \frac{dp_j}{dt} = 0.$$

Hierbei ist $p_j = \partial L/\partial \dot{q}_j$ der generalisierte Impuls. Dieser, zur zyklischen Koordinate gehörige generalisierte Impuls ist also zeitlich konstant.
Demnach gilt der allgemeine Erhaltungssatz:

Der zu einer zyklischen Koordinate konjugierte generalisierte Impuls bleibt erhalten.

Die Lagrangegleichung für s lautet

$$(m + M)\ddot{s} + (l - s)m\dot{\varphi}^2 - Mg = 0,$$

bzw. nach Multiplikation mit $\dot{s}$:

$$(m + M)\ddot{s}\dot{s} + \frac{L^2 \dot{s}}{(l - s)^3 m} - Mg\dot{s} = 0, \qquad \text{mit} \quad L = (l - s)^2 m\dot{\varphi}.$$

Die letzte Gleichung können wir sofort integrieren, und wir erhalten als zweites Integral der Bewegung:

$$\frac{1}{2}(m + M)\dot{s}^2 + \frac{L^2}{2(l - s)^2 m} - Mgs = \text{const} = T + V = E;$$

d. h. es handelt sich um die Erhaltung der Gesamtenergie des Systems. Das vorliegende System befindet sich im Gleichgewichtszustand (Gravitationskraft = Zentrifugalkraft) für verschwindende Beschleunigung, $d^2 s/dt^2 = 0$:

$$0 = \ddot{s} = \frac{1}{m + M} \left[Mg - (l - s)m \left(\frac{L}{(l - s)^2 m} \right)^2 \right]$$

$$= \frac{1}{m + M} \left[Mg - \frac{L^2}{(l - s)^3 m} \right].$$

Dieses Ergebnis liefert unmittelbar die Aussage, daß s konstant sein muß. Für einen festen Abstand s_0 tritt daher Gleichgewicht für einen bestimmten Drehimpuls $L = L_0$ auf, der einer bestimmten Winkelgeschwindigkeit $\omega = \dot{\varphi}$ entspricht:

$$L_0 = \sqrt{Mmg(l - s_0)^3}.$$

Für $L > L_0$ rutscht die ganze Anordnung nach oben, für $L < L_0$ rutscht der Faden mit den beiden Massen m und M nach unten, für $L = L_0$ ist das System im Gleichgewicht. Für den Spezialfall $L = 0$ (d. h. $\dot{\varphi} = 0$, keine Rotation auf der Ebene), handelt es sich einfach um den verzögerten freien Fall der Masse M.

15.6 Beispiel: Als weiteres Beispiel zum Lagrange-Formalismus soll ein Problem mit einer holonomen, rheonomen Zwangsbedingung diskutiert werden. Eine Kugel befindet sich in einem Rohr, das in der (x,y)-Ebene mit der konstanten Winkelgeschwindigkeit ω um die z-Achse rotiert.

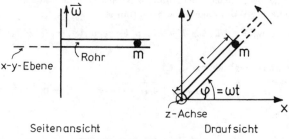

Eine Kugel im rotierenden Rohr.

Diese Anordnung besitzt einen Freiheitsgrad. Dementsprechend ist auch nur eine generalisierte Koordinate zur vollständigen Beschreibung des Bewegungszustandes des Systems erforderlich, nämlich der radiale Abstand r der Kugel vom Rotationszentrum.

Es gilt:

$$x = r \cos \omega t,$$

$$y = r \sin \omega t.$$

Dann lautet die Lagrangefunktion $L = T - V$:

$$L = \frac{1}{2} m (\dot{x}^2 + \dot{y}^2) = \frac{1}{2} m (\dot{r}^2 + \omega^2 r^2),$$

wenn wir beachten, daß bei dieser Anordnung das Potential $V = 0$ ist.

Wir bilden nun

$$\frac{d}{dt} \frac{\partial L}{\partial \dot{r}} = m\ddot{r}, \qquad \frac{\partial L}{\partial r} = m\omega^2 r.$$

Damit ergibt sich als Lagrangegleichung

$$m\ddot{r} - m\omega^2 r = 0,$$

bzw.

$$\ddot{r} - \omega^2 r = 0.$$

Diese Differentialgleichung, die bis auf das Minuszeichen der des ungedämpften harmonischen Osziallators entspricht, besitzt eine allgemeine Lösung vom Typ

$$r(t) = A e^{\omega t} + B e^{-\omega t}.$$

Für wachsende Zeit t wird auch dieser Ausdruck für $r(t)$ immer größer, d. h.

$$\lim_{t \to \infty} r(t) = \infty.$$

Physikalisch gesehen bedeutet das, daß die Kugel infolge der Zentrifugalkraft, die durch die Rotation der Anordnung entsteht, immer weiter nach außen geschleudert wird.

Die Energie der Kugel nimmt zu. Dies liegt daran, daß die Zwangskraft an der Kugel eine Arbeit verrichtet. Die Zwangskraft steht zwar senkrecht auf der Rohrwand, aber nicht senkrecht auf der Bahnkurve der Kugel, folglich verschwindet das Produkt $\vec{F}^z \cdot \delta \vec{s}$ nicht.

15.7 Aufgabe: Bestimmen Sie die Lagrangefunktion und die Bewegungsgleichung des folgenden Systems: Sei m eine Punktmasse auf einem masselosen Stab der Länge l, der seinerseits an einem Scharnier befestigt ist. Das Scharnier oszilliert in vertikaler Richtung mit $h(t) = h_0 \cos \omega t$. Der einzige Freiheitsgrad ist der Winkel ϑ, der zwischen Stab und der Vertikalen gemessen wird (aufrechtes Pendel).

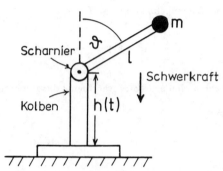

Die Masse m sitzt am Stabende; das andere Stabende ist mit oszillierendem Scharnier verbunden.

Lösung: Die Lage der Punktmasse m ist (x, y):

$$x = l \sin \vartheta, \qquad y = h(t) + l \cos \vartheta = h_0 \cos \omega t + l \cos \vartheta.$$

Die Differentiation dieser Gleichungen ergibt:

$$\dot{x} = \dot{\vartheta} l \cos \vartheta, \qquad \dot{y} = -(\omega h_0 \sin \omega t + \dot{\vartheta} l \sin \vartheta).$$

Damit wird die kinetische Energie T:

$$T = \frac{1}{2} m (\dot{x}^2 + \dot{y}^2)$$

$$= \frac{1}{2} m (\dot{\vartheta}^2 l^2 + \omega^2 h_0^2 \sin^2 \omega t + 2 \omega h_0 \dot{\vartheta} l \sin \vartheta \sin \omega t)$$

und die potentielle Energie lautet

$$V = mgy = mg(h_0 \cos \omega t + l \cos \vartheta).$$

Damit wird die Lagrangefunktion:

$$L = T - V$$

$$= \frac{m}{2} \left\{ \dot{\vartheta}^2 l^2 + \omega^2 h_0^2 \sin^2 \omega t + 2 \omega h_0 \dot{\vartheta} l \sin \vartheta \sin \omega t - 2g\{h_0 \cos \omega t + l \cos \vartheta\} \right\}.$$

Die Lagrangegleichung lautet:

$$\frac{d}{dt}\left(\frac{\partial L}{\partial \dot\vartheta}\right) - \frac{\partial L}{\partial \vartheta} = 0,$$

$$\frac{\partial L}{\partial \dot\vartheta} = ml^2\dot\vartheta + m\omega h_0 l \sin\vartheta \sin\omega t,$$

$$\frac{\partial L}{\partial \vartheta} = m\omega h_0 \dot\vartheta l \cos\vartheta \sin\omega t + mgl\sin\vartheta,$$

$$\frac{d}{dt}\frac{\partial L}{\partial \dot\vartheta} = ml^2\ddot\vartheta + m\omega h_0 l\dot\vartheta\cos\vartheta\sin\omega t + m\omega^2 h_0 l\sin\vartheta\cos\omega t,$$

$$l^2\ddot\vartheta + \omega h_0 l\dot\vartheta\cos\vartheta\sin\omega t + \omega^2 h_0 l\sin\vartheta\cos\omega t - \omega h_0 l\dot\vartheta\cos\vartheta\sin\omega t - gl\sin\vartheta = 0$$

oder

$$l\ddot\vartheta + \omega^2 h_0 \sin\vartheta\cos\omega t - g\sin\vartheta = 0.$$

Substitution $\vartheta' = \vartheta - \pi \Rightarrow \sin\vartheta = -\sin\vartheta'$; für kleine Auslenkungen ist $-\sin\vartheta' \approx -\vartheta'$, d. h.

$$l\ddot\vartheta' + (g - \omega^2 h_0 \cos\omega t)\vartheta' = 0.$$

Dies ist die gesuchte Bewegungsgleichung. Ruht der Kolben, d. h. $h(t) = h_0 = 0$, so erhalten wir

$$\ddot\vartheta' + \frac{g}{l}\vartheta' = 0.$$

Dies ist die Bewegungsgleichung des gewöhnlichen Pendels!

15.8 Aufgabe: Bestimmen Sie die Lage des stabilen Gleichgewichts des Pendels aus Aufgabe 15.7, wenn das Scharnier mit der Frequenz $\omega \gg \sqrt{g/l}$ oszilliert.

Lösung: Wir formen zuerst die Lagrangefunktion des Pendels aus Aufgabe 15.7 etwas um:

Die Terme

$$\frac{m\omega^2}{2}h_0^2\sin^2\omega t \qquad \text{und} \qquad -mgh_0\cos\omega t$$

lassen sich als totale Differentiale nach der Zeit schreiben:

$$\frac{m\omega^2}{2}h_0^2\sin^2\omega t = \frac{d}{dt}\left(-\frac{1}{4}m\omega h_0^2\sin\omega t\cos\omega t\right) + C,$$

$$-mgh_0\cos\omega t = \frac{d}{dt}\left(-\frac{mgh_0}{\omega}\sin\omega t\right).$$

Wir können diese Terme weglassen, da Lagrangefunktionen, die sich nur um eine totale Ableitung nach der Zeit unterscheiden, gemäß dem Hamiltonschen Prinzip $\delta \int_{t_1}^{t_2} L \, dt = 0$ äquivalent sind. Also:

$$L = \frac{m}{2}\left\{\dot{\vartheta}^2 l^2 + \omega^2 h_0^2 \sin^2\omega t + 2\omega h_0 \dot{\vartheta} l \sin\vartheta \sin\omega t - 2g\{h_0 \cos\omega t + l \cos\vartheta\}\right\} \qquad \underline{1}$$

$$= \frac{m}{2}\{\dot{\vartheta}^2 l^2 + 2\omega h_0 \dot{\vartheta} l \sin\vartheta \sin\omega t - 2gl\cos\vartheta\}.$$

Eine weitere Umformung liefert

$$m\omega g_0 \dot{\vartheta} l \sin\vartheta \sin\omega t = -\frac{d}{dt}(m\omega h_0 l \cos\vartheta \sin\omega t) + m\omega^2 h_0 l \cos\vartheta \cos\omega t,$$

so daß schließlich die Lagrangefunktion

$$L = \frac{m}{2}\{\dot{\vartheta}^2 l^2 + 2\omega^2 h_0 l \cos\vartheta \cos\omega t - 2gl\cos\vartheta\} \qquad \underline{2}$$

lautet. Daraus bekommt man natürlich die schon bekannte Bewegungsgleichung wie in Aufgabe 15.7.

Wir betrachten ϑ als generalisierte Koordinate mit dem dazugehörigen Massenkoeffizienten ml^2, dann lautet die Bewegungsgleichung:

$$ml^2 \ddot{\vartheta} = mgl \sin\vartheta - m\omega^2 h_0 l \sin\vartheta \cos\omega t$$

$$= -\frac{du}{dv} + f \qquad \underline{2a}$$

mit $u = mgl\cos\vartheta$ und $f = -m\omega^2 h_0 l \sin\vartheta \cos\omega t$. Die Zusatzkraft f rührt von der Bewegung des Scharniers her. Für sehr schnelle Oszillationen des Scharniers nehmen wir an, daß sich der Bewegung des Pendels im Potential u rasche Oszillationen ξ überlagern:

$$\vartheta(t) = \widetilde{\vartheta}(t) + \xi(t).$$

Der Mittelwert der Oszillationen über eine Periode $2\pi/\omega$, ist Null, während $\widetilde{\vartheta}$ sich nur langsam ändert, also

$$\widetilde{\vartheta}(t) = \frac{\omega}{2\pi}\int\limits_0^{2\pi/\omega} \vartheta(t)\,dt = \widetilde{\vartheta}(t). \qquad \underline{3}$$

Gleichung $\underline{2a}$ kann dann mit $\underline{3}$ geschrieben werden:

$$ml^2\ddot{\widetilde{\vartheta}}(t) + ml^2\ddot{\xi}(t) = -\frac{du}{d\vartheta} + (f(\vartheta)).$$

Eine Entwicklung bis zur ersten Ordnung in ξ ergibt $(f(\vartheta) = f(\widetilde{\vartheta} + \xi) = f(\widetilde{\vartheta}) + \xi df/d\vartheta)$:

$$ml^2\ddot{\widetilde{\vartheta}} + ml^2\ddot{\xi} = -\frac{dU}{d\widetilde{\vartheta}} - \xi\frac{d^2U}{d\widetilde{\vartheta}^2} + f(\widetilde{\vartheta}) + \xi\frac{df}{d\widetilde{\vartheta}}. \qquad \underline{4}$$

Die dominierenden Terme für die Oszillationen sind $ml^2\ddot{\xi}$ und $f(\widetilde{\vartheta})$:

$$ml^2\ddot{\xi} = f(\widetilde{\vartheta})$$

$$\Rightarrow \quad \ddot{\xi} = -\frac{\omega^2 h_0}{l}\sin\widetilde{\vartheta}\cos\omega t$$

und daraus

$$\xi = \frac{h_0}{l}\sin\widetilde{\vartheta}\cos\omega t = -\frac{f}{m\omega^2 l^2}. \qquad \underline{5}$$

Wir wollen jetzt ein durch die Oszillationen erzeugtes *effektives Potential* berechnen und mitteln dazu $\underline{4}$ über eine Periode $2\pi/\omega$ (die Mittelwerte über ξ und f sind Null):

$$ml^2\ddot{\widetilde{\vartheta}} = -\frac{dU}{d\widetilde{\vartheta}} + \overline{\xi\frac{df}{d\widetilde{\vartheta}}} = -\frac{dU}{d\widetilde{\vartheta}} - \frac{1}{m\omega^2 l^2}\overline{f\frac{df}{d\widetilde{\vartheta}}}.$$

Das können wir schreiben als:

$$ml^2\ddot{\widetilde{\vartheta}} = -\frac{dU_{\text{eff}}}{d\widetilde{\vartheta}} \quad \text{mit} \quad U_{\text{eff}} = U + \frac{1}{2m\omega^2 l^2}\overline{f^2}. \qquad \underline{6}$$

Wegen $\overline{\cos^2\omega t} = \frac{1}{2}$ erhalten wir

$$U_{\text{eff}} = U + \frac{m\omega^2 h_0^2}{4}\sin^2\vartheta$$

$$= mgl\cos\vartheta + \frac{m\omega^2 h_0^2}{4}\sin^2\vartheta. \qquad \underline{7}$$

Die Minima von U_{eff} ergeben die stabilen Gleichgewichtslagen:

$$\frac{dU_{\text{eff}}}{d\vartheta} = -mgl\sin\vartheta + \frac{m\omega^2 h_0^2}{2}\sin\vartheta\cos\vartheta \stackrel{!}{=} 0$$

$$\Rightarrow \quad \sin\vartheta = 0 \quad \text{oder} \quad \cos\vartheta = \frac{2gl}{\omega^2 h_0^2}. \qquad \underline{8}$$

Daraus folgt, daß für beliebiges ω die Lage senkrecht nach unten ($\vartheta = \pi$; $\vartheta = 0$ scheidet wegen $U_{\text{eff}}(\vartheta = 0) = mgl$ aus) stabil ist. Zusätzliche stabile Gleichgewichtslagen ergeben sich für $\omega^2 > 2gl/h_0^2$ mit dem oben angegebenen Winkel.

15.9 Aufgabe: Bestimmen Sie die Schwingungsfrequenzen eines linearen drei-atomigen, symmetrischen Moleküls ABA.

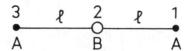

Lineares, dreiatomiges, symmetrisches Molekül.

Es wird angenommen, daß die potentielle Energie des Moleküls nur von den Abständen $A - B$ und $B - A$ und vom Winkel ABA abhängt. Man schreibe dazu die Lagrange-Funktion des Moleküls in geeigneten Koordinaten (Normalkoordinaten) auf, in denen die Lagrange-Funktion die Gestalt hat:

$$L = \sum_\alpha \frac{m_\alpha}{2} (\dot{\Theta}_\alpha^2 - \omega_\alpha^2 \Theta_\alpha^2).$$

Die ω_α's sind dann die gesuchten Schwingungsfrequenzen der Normalmoden. Findet man die Normalkoordinaten des Systems nicht, so kann man so vorgehen: Hat ein System s Freiheitsgrade und vollführt es keine Schwingungen, so lautet die Lagrange-Funktion allgemein:

$$L = \frac{1}{2} \sum_{i,k} (m_{ik} \dot{x}_i \dot{x}_k - k_{ik} x_i x_k).$$

Die Eigenfrequenzen des Systems sind dann durch die sogenannte charakteristische Gleichung

$$\det |k_{ik} - \omega^2 m_{ik}| = 0$$

bestimmt.

Lösung: Wir beschreiben die Geometrie des Moleküls in der x-y-Ebene. Die Auslenkung des Atomes α aus der Ruhelage $\vec{r}_{\alpha 0}$ heiße $\vec{x}_\alpha = (x_\alpha, y_\alpha)$, d. h. $\vec{r}_\alpha = \vec{r}_{\alpha 0} + \vec{x}_\alpha$. Die Kräfte, welche die Atome zusammenhalten, mögen in erster Näherung linear mit der Auslenkung aus der Ruhelage gehen, d. h.

$$L = \frac{m_A}{2} (\dot{x}_1^2 + \dot{x}_3^2) + \frac{m_B}{2} \dot{x}_2^2 - \frac{K_L}{2} [(x_1 - x_2)^2 + (x_3 - x_2)^2],$$

wenn wir Longitudinalschwingungen betrachten. Für diese läßt sich die Schwer-punktserhaltung so schreiben:

$$m_A(x_1 + x_3) + m_B x_2 = 0, \qquad \left[\sum_\alpha m_\alpha \vec{r}_\alpha = \sum_\alpha m_\alpha \vec{r}_{\alpha 0} \right],$$

und wir können x_2 aus L eliminieren:

$$L = \frac{m_A}{2}(\dot{x}_1^2 + \dot{x}_3^2) + \frac{m_A^2}{2m_B}(\dot{x}_1 + \dot{x}_3)^2$$

$$- \frac{K_L}{2}\left[x_1^2 + x_3^2 + 2\frac{m_A}{m_B}(x_1 + x_3)^2 + \frac{2m_A^2}{m_B^2}(x_1 + x_3)^2\right].$$

Es kann also wegen der Schwerpunktserhaltung nur zwei Normalkoordinaten für die Longitudinalbewegung geben.
Sei $\Theta_1 = x_1 + x_3, \Theta_2 = x_1 - x_3$. Dann läßt sich L schreiben als

$$L = \frac{m_A}{4}\dot{\Theta}_2^2 + \frac{m_A\mu}{4m_B}\dot{\Theta}_1^2 - \frac{K_L}{4}\Theta_2^2 - \frac{K_L\mu^2}{4m_B^2}\Theta_1^2, \qquad \mu \equiv 2m_A + m_B,$$

d. h. Θ_1 und Θ_2 sind die beiden Normalkoordinaten der Longitudinalschwingung. (μ ist die Gesamtmasse des Moleküls).
Für
a) $x_1 = x_3$ verschwindet Θ_2, d. h. Θ_1 beschreibt gerade solche antisymmetrische Longitudinalschwingungen der Form

b) $x_1 = -x_3$ verschwindet Θ_1, d. h. Θ_2 beschreibt symmetrische Longitudinalschwingungen

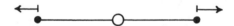

Ein Vergleich zwischen kinetischer und potentieller Energie ergibt die Normalfrequenzen:

$$\omega_a = \sqrt{\frac{K_L\mu}{m_A m_B}}, \qquad \text{antisymmetrische Schwingung,}$$

$$\omega_s = \sqrt{\frac{K_L}{m_A}}, \qquad \text{symmetrische Schwingung.}$$

Für Transveralschwingungen der Form

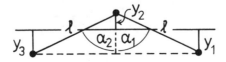

setzen wir

$$L = \frac{m_A}{2}(\dot{y}_1^2 + \dot{y}_3^2) + \frac{m_B}{2}\dot{y}_2^2 - \frac{K_T}{2}(l\delta)^2,$$

wobei δ die Abweichung des Winkels $\angle(ABA)$ von π ist. Für kleine Werte von δ können wir setzen:

$$\delta = \left(\frac{\pi}{2} - \alpha_1\right) + \left(\frac{\pi}{2} - \alpha_2\right)$$

$$= \sin\left(\frac{\pi}{2} - \alpha_1\right) + \sin\left(\frac{\pi}{2} - \alpha_2\right)$$

$$= \cos\alpha_1 + \cos\alpha_2$$

$$= \frac{y_2 - y_1}{l} + \frac{y_2 - y_3}{l}.$$

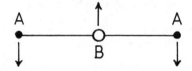

Wir benutzen die Schwerpunktserhaltung und den Drehimpulserhaltungssatz, um y_2 und y_3 aus L zu eliminieren.

$$m_A(y_1 + y_3) + m_B y_2 = 0, \qquad \text{(Schwerpunktserhaltung)}.$$

Um die Rotation des Moleküls auszuschließen, muß der Gesamtdrehimpuls verschwinden:

$$D = \sum_{\alpha} m_\alpha[\vec{r}_\alpha \times \vec{v}_\alpha] \cong \sum_{\alpha} m_\alpha[\vec{r}_{\alpha 0} \times \dot{\vec{x}}_\alpha] = \frac{d}{dt}\sum_{\alpha} m_\alpha[\vec{r}_{\alpha 0} \times \vec{x}_\alpha],$$

was wir durch

$$\sum_{\alpha} m_\alpha[\vec{r}_{\alpha 0} \times \vec{x}_\alpha] = 0$$

erreichen können. Für unseren Fall folgt also: $y_1 = y_3$. Damit erhält man:

$$(l\dot{\delta})^2 = \frac{4\mu^2\dot{y}_1^2}{m_\beta^2} \quad \text{und} \quad L = \frac{m_A m_B}{4\mu}l^2\dot{\delta}^2 - \frac{K_T l^2}{2}\delta^2,$$

woraus sich die Eigenfrequenz der Transversalschwingung zu

$$\omega_T = \sqrt{\frac{2K_T\mu}{m_A m_B}}$$

ergibt.

15.10 Aufgabe: Die Normalfrequenzen eines Moleküls ABA von dreieckiger Form sollen berechnet werden:

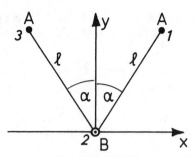

Dreieckiges Molekül.

Lösung: Die Schwerpunktserhaltung lautet hier

$$m_A(x_1 + x_3) + m_B x_2 = 0, \qquad m_A(y_1 + y_3) + m_B y_2 = 0.$$

Drehimpulserhaltung: Wir setzen uns in die Ruhelage von Atom B und wegen $m_1 = m_3 = m_A$ folgt:

$$\vec{r}_{10} \times \vec{x}_1 + \vec{r}_{30} \times \vec{x}_3 = 0.$$

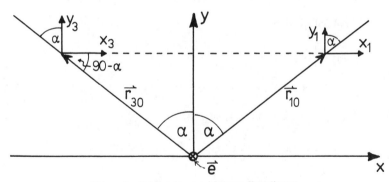

Veranschaulichung der verschiedenen Koordinaten.

Nun ist:

$$\vec{r}_{10} \times \vec{x}_1 = |\vec{r}_{10}|\{-x_1 \cos\alpha + y_1 \sin\alpha\}\vec{e},$$
$$\vec{r}_{30} \times \vec{x}_3 = |\vec{r}_{30}|\{-x_3 \cos\alpha - y_3 \sin\alpha\}\vec{e},$$

und wegen $|\vec{r}_{10}| = |\vec{r}_{30}|$ folgt der Drehimpulserhaltungssatz:

$$\sin\alpha(y_1 - y_3) = \cos\alpha(x_1 + x_3), \qquad \text{bzw.} \qquad y_1 - y_3 = \cot\alpha(x_1 + x_3).$$

Die Änderungen δl_1 und δl_2 der Abstände $A - B$ und $B - A$ ergeben sich durch Projektion der Vektoren $\vec{x}_1 - \vec{x}_2$ und $\vec{x}_3 - \vec{x}_2$ auf die Richtungen der Linien AB und BA zu

$$\delta l_1 = (x_1 - x_2)\sin\alpha + (y_1 - y_2)\cos\alpha$$
$$\delta l_2 = -(x_3 - x_2)\sin\alpha + (y_3 - y_2)\cos\alpha.$$

Die Änderung des Winkels $2\alpha = \angle(ABA)$ ergibt sich durch Projektion der Vektoren $\vec{x}_1 - \vec{x}_2$ und $\vec{x}_3 - \vec{x}_2$ auf die Richtungen, die senkrecht auf den Strecken AB und BA stehen, zu

$$\delta = \frac{1}{l}\Big[(x_1 - x_2)\cos\alpha - (y_1 - y_2)\sin\alpha\Big] + \frac{1}{l}\Big[-(x_3 - x_2)\cos\alpha - (y_3 - y_2)\sin\alpha\Big].$$

Die Lagrange-Funktion des Moleküls schreiben wir als

$$L = \frac{m_A}{2}(\dot{\vec{x}}_1^2 + \dot{\vec{x}}_3^2) + \frac{m_B}{2}\dot{\vec{x}}_2^2 - \frac{K_1}{2}\Big[(\delta l_1)^2 + (\delta l_2)^2\Big] - \frac{K_2}{2}(l\delta)^2.$$

Hierbei ist $(K_1/2)[(\delta l_1)^2 + (\delta l_2)^2]$ die potentielle Energie der Drehung und $K_2(l\delta)^2/2$ die potentielle Energie der Biegung des Moleküls. Als neue Koordinaten wählen wir

$$Q_a = x_1 + x_3, \qquad q_{s1} = x_1 - x_3, \qquad q_{s2} = y_1 + y_3,$$

und haben dann

$$x_1 = \frac{1}{2}(Q_a + q_{s1}), \qquad x_2 = -\frac{m_A}{m_B}Q_a, \qquad x_3 = \frac{1}{2}(Q_a - q_{s1}),$$

$$y_1 = \frac{1}{2}(q_{s2} + Q_a\cot\alpha), \qquad y_2 = -\frac{m_A}{m_B}q_{s2}, \qquad y_3 = \frac{1}{2}(q_{s2} - Q_a\cot\alpha).$$

Wegen $y_1 - y_3 = Q_a\cot\alpha$ folgt für L:

$$L = \frac{m_A}{4}\left(\frac{2m_A}{m_B} + \frac{1}{\sin^2\alpha}\right)\dot{Q}_a^2 + \frac{m_A}{4}\dot{q}_{s1}^2 + \frac{m_A\mu}{4m_B}\dot{q}_{s2}^2$$

$$\qquad - Q_a^2\frac{K_1}{4}\left(\frac{2m_A}{m_B} + \frac{1}{\sin^2\alpha}\right)\left(1 + \frac{2m_A}{m_B}\sin^2\alpha\right)$$

$$\qquad - \frac{q_{s1}^2}{4}(K_1\sin^2\alpha + 2K_2\cos^2\alpha) - q_{s2}^2\frac{\mu^2}{4m_B^2}(K_1\cos^2\alpha + 2K_2\sin^2\alpha)$$

$$\qquad + q_{s1}q_{s2}\frac{\mu}{2m_B}(2K_2 - K_1)\sin\alpha\cos\alpha.$$

Man sieht, daß Q_a Normalkoordinate ist, mit der Schwingungsfrequenz

$$\omega_a^2 = \frac{K_1}{m_A}\left(1 + \frac{2m_A}{m_B}\sin^2\alpha\right).$$

Reine Q_a-Schwingungen treten auf für $x_1 = x_3$, $y_1 = -y_3$, d.h. Q_a beschreibt antisymmetrische Schwingungen bezüglich der y- Achse:

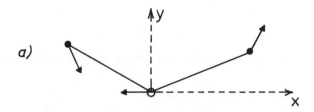

a)

Die Eigenfrequenzen ω_{s1} und ω_{s2} der Normalschwingungen für q_{s1} und q_{s2} muß man der charakteristischen Gleichung

$$\omega^4 - \omega^2\left[\frac{K_1}{m_A}\left(1 + \frac{2m_A}{m_B}\cos^2\alpha\right) + \frac{2K_2}{m_A}\left(1 + \frac{2m_A}{m_B}\sin^2\alpha\right)\right] + \frac{2\mu K_1 K_2}{m_B m_A^2} = 0$$

entnehmen. Den Koordinaten q_{s1} und q_{s2} entsprechen Schwingungen, welche symmetrisch zur y-Achse sind:

$$(x_1 = -x_3, \qquad Q_a = 0 \qquad \Rightarrow \qquad y_1 = y_3).$$

b)   c)

15.11 Aufgabe: Man berechne die Normalfrequenzen für ein lineares, nichtsymmetrisches Molekül der Form

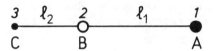

Lösung: Schwerpunktserhaltung und Drehimpulserhaltung lauten jetzt:

$$m_A x_1 + m_B x_2 + m_C x_3 = 0, \qquad \text{x-Schwerpunkt,}$$

$$m_A y_1 + m_B y_2 + m_C y_3 = 0, \qquad \text{y-Schwerpunkt,}$$

$$m_A l_1 y_1 = m_C l_2 y_3, \qquad \text{Drehimpulserhaltung.}$$

Für die potentielle Energie der Biegung schreiben wir

$$V = \frac{K_2}{2}(l\delta)^2, \qquad (2l = l_1 + l_2),$$

für diejenige der Dehnung

$$V = \frac{K_1}{2}(x_1 - x_2)^2 + \frac{K_1'}{2}(x_2 - x_3)^2.$$

Analoge Rechnung wie Aufgabe 15.9 liefert nach endlicher Rechenzeit:

$$\omega_T^2 = \frac{K_2 l^2}{l_1^2 l_1^2}\left(\frac{l_1^2}{m_C} + \frac{l_2^2}{m_A} + \frac{4l^2}{m_B}\right)$$

für die Frequenz der transversalen Schwingung und ferner die in ω^2 quadratische Gleichung

$$\omega^4 - \omega^2\left[K_1\left(\frac{1}{m_A} + \frac{1}{m_B}\right) + K_1'\left(\frac{1}{m_B} + \frac{1}{m_C}\right)\right] + \frac{\mu K_1 K_1'}{m_A m_B m_C} = 0$$

für die Frequenzen ω_{L_1}, ω_{L_2} der beiden Longitudinalschwingungen.

15.12 Aufgabe: Bestimmen Sie

a) die generalisierten Koordinaten des Doppelpendels;
b) die Lagrangefunktion des Systems;
c) die Bewegungsgleichungen;
d) für $m_1 = m_2 = m$ und $l_1 = l_2 = l$;
e) wie d) für kleine Auslenkungen;
f) für den Fall e) die Normalschwingungen und -frequenzen.

Lösung:

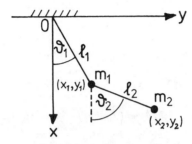

Koordinaten des Doppelpendels.

a) Die geeigneten generalisierten Koordinaten sind die beiden Winkel ϑ_1 und ϑ_2, die mit den kartesischen Koordinaten durch

$$x_1 = l_1 \cos\vartheta_1, \qquad y_1 = l_1 \sin\vartheta_1,$$
$$x_2 = l_1 \cos\vartheta_1 + l_2 \cos\vartheta_2, \qquad y_2 = l_1 \sin\vartheta_1 + l_2 \sin\vartheta_2$$

verknüpft sind.

b) Aus $\underline{1}$ folgt durch Differentiation:

$$\dot{x}_1 = -l_1\dot\vartheta_1 \sin\vartheta, \qquad \dot{y}_1 = l_1\dot\vartheta_1 \cos\vartheta_1,$$
$$\dot{x}_2 = -l_1\dot\vartheta_1 \sin\vartheta_1 - l_2\dot\vartheta_2 \sin\vartheta_2, \qquad \dot{y}_2 = l_1\dot\vartheta_1 \cos\vartheta_1 + l_2\dot\vartheta_2 \cos\vartheta_2.$$

Die kinetische Energie des Systems ist:

$$T = \frac{1}{2}m_1(\dot{x}_1^2 + \dot{y}_1^2) + \frac{1}{2}m_2(\dot{x}_2^2 + \dot{x}_2^2)$$
$$= \frac{1}{2}m_1 l_1^2 \dot\vartheta_1^2 + \frac{1}{2}m_2\left(l_1^2\dot\vartheta_1^2 + l_2^2\dot\vartheta_2^2 + 2l_1 l_2 \dot\vartheta_1\dot\vartheta_2 \cos(\vartheta_1 - \vartheta_2)\right).$$

(Additionstheorem!)
Um die potentielle Energie zu bestimmen, nehmen wir als Bezugshöhe eine Ebene im Abstand $l_1 + l_2$ unterhalb des Aufhängungspunktes:

$$V = m_1 g[l_1 + l_2 - l_1 \cos\vartheta_1] + m_2 g[l_1 + l_2 - (l_1 \cos\vartheta_1 + l_2 \cos\vartheta_2)].$$

Damit wird die Lagrangefunktion:

$$L = T - V$$

$$= \frac{1}{2}m_1 l_1^2 \dot{\vartheta}_1^2 + \frac{1}{2}m_2\left[l_1^2\dot{\vartheta}_1^2 + l_2^2\dot{\vartheta}_2^2 + 2l_1 l_2 \dot{\vartheta}_1\dot{\vartheta}_2\cos(\vartheta_1 - \vartheta_2)\right] \qquad \underline{2}$$

$$- m_1 g[l_1 + l_2 - l_1\cos\vartheta_1] - m_2 g[l_1 + l_2 - (l_1\cos\vartheta_1 + l_2\cos\vartheta_2)].$$

c) Die Lagrangegleichungen, die mit ϑ_1 und ϑ_2 verknüpft sind, lauten:

$$\frac{d}{dt}\left(\frac{\partial L}{\partial \dot{\vartheta}_1}\right) - \frac{\partial L}{\partial \vartheta_1} = 0, \qquad \frac{d}{dt}\left(\frac{\partial L}{\partial \dot{\vartheta}_2}\right) - \frac{\partial L}{\partial \vartheta_2} = 0.$$

Es sind:

$$\frac{\partial L}{\partial \vartheta_1} = -m_2 l_1 l_2 \dot{\vartheta}_1\dot{\vartheta}_2\sin(\vartheta_1 - \vartheta_2) - m_1 g l_1 \sin\vartheta_1 - m_2 g l_1 \sin\vartheta_1,$$

$$\frac{\partial L}{\partial \dot{\vartheta}_1} = m_1 l_1^2 \dot{\vartheta}_1 + m_2 l_1^2 \dot{\vartheta}_1 + m_2 l_1 l_2 \dot{\vartheta}_2\cos(\vartheta_1 - \vartheta_2),$$

$$\frac{\partial L}{\partial \vartheta_2} = m_2 l_1 l_2 \dot{\vartheta}_1\dot{\vartheta}_2\sin(\vartheta_1 - \vartheta_2) - m_2 g l_2 \sin\vartheta_2,$$

$$\frac{\partial L}{\partial \dot{\vartheta}_2} = m_2 l_2^2 \dot{\vartheta}_2 + m_2 l_1 l_2 \dot{\vartheta}_1\cos(\vartheta_1 - \vartheta_2).$$

Damit lauten die Lagrange-Gleichungen:

$$m_1 l_1^2 \ddot{\vartheta}_1 + m_2 l_1^2 \ddot{\vartheta}_1 + m_2 l_1 l_2 \ddot{\vartheta}_2\cos(\vartheta_1 - \vartheta_2) - m_2 l_1 l_2 \dot{\vartheta}_2(\dot{\vartheta}_1 - \dot{\vartheta}_2)\sin(\vartheta_1 - \vartheta_2)$$

$$= -m_2 l_1 l_2 \dot{\vartheta}_1\dot{\vartheta}_2\sin(\vartheta_1 - \vartheta_2) - m_1 g l_1 \sin\vartheta_1 - m_2 g l_1 \sin\vartheta_1$$

und

$$m_2 l_2^2 \ddot{\vartheta}_2 + m_2 l_1 l_2 \ddot{\vartheta}_1\cos(\vartheta_1 - \vartheta_2) - m_2 l_1 l_2 \dot{\vartheta}_1(\dot{\vartheta}_1 - \dot{\vartheta}_2)\sin(\vartheta_1 - \vartheta_2)$$

$$= m_2 l_1 l_2 \dot{\vartheta}_1\dot{\vartheta}_2\sin(\vartheta_1 - \vartheta_2) - m_2 g l_2 \sin\vartheta_2$$

oder:

$$(m_1 + m_2)l_1^2 \ddot{\vartheta}_1 + m_2 l_1 l_2 \ddot{\vartheta}_2\cos(\vartheta_1 - \vartheta_2) + m_2 l_1 l_2 \dot{\vartheta}_2^2\sin(\vartheta_1 - \vartheta_2)$$

$$= -(m_1 + m_2)g l_1 \sin\vartheta_1 \qquad \underline{3}$$

und:

$$m_2 l_2^2 \ddot{\vartheta}_2 + m_2 l_1 l_2 \ddot{\vartheta}_1\cos(\vartheta_1 - \vartheta_2) - m_2 l_1 l_2 \dot{\vartheta}_1^2\sin(\vartheta_1 - \vartheta_2)$$

$$= -m_2 g l_2 \sin\vartheta_2.$$

Dies sind die gesuchten Bewegungsgleichungen.
d) Für den Fall:

$$m_1 = m_2 = m \qquad \text{und} \qquad l_1 = l_2 = l$$

reduzieren sich die Gleichungen $\underline{3}$ auf:

$$2l\ddot{\vartheta}_1 + l\ddot{\vartheta}_2 \cos(\vartheta_1 - \vartheta_2) + l\dot{\vartheta}_2^2 \sin(\vartheta_1 - \vartheta_2) = -2g\sin\vartheta_1,$$
$$l\ddot{\vartheta}_1 \cos(\vartheta_1 - \vartheta_2) + l\ddot{\vartheta}_2 - l\dot{\vartheta}_1^2 \sin(\vartheta_1 - \vartheta_2) = -g\sin\vartheta_2.$$

$\underline{4}$

e) Sind zudem die Oszillationen klein, so sind $\sin\vartheta = \vartheta$, $\cos\vartheta = 1$ und Terme $\alpha\dot{\vartheta}^2$ vernachlässigbar, woraus folgt

$$2l\ddot{\vartheta}_1 + l\ddot{\vartheta}_2 = -2g\vartheta_1, \qquad l\ddot{\vartheta}_1 + l\ddot{\vartheta}_2 = -g\vartheta_2.$$

$\underline{5}$

f) Mit dem Lösungsansatz

$$\vartheta_1 = A_1 e^{i\omega t}, \qquad \vartheta_2 = A_2 e^{i\omega t}$$

gilt dann

$$2(g - l\omega^2)A_1 - l\omega^2 A_2 = 0, \qquad -l\omega^2 A_1 + (g - l\omega^2)A_2 = 0.$$

$\underline{6}$

Damit $A_1 \neq 0$ und $A_2 \neq 0$ muß die Koeffizientendeterminante verschwinden:

$$\begin{vmatrix} 2(g - l\omega^2) & -l\omega^2 \\ -l\omega^2 & g - l\omega^2 \end{vmatrix} = 0$$

und damit

$$l^2\omega^4 - 4lg\omega^2 + 2g^2 = 0$$

mit den Lösungen:

$$\omega^2 = \frac{4lg \pm \sqrt{16l^2g^2 - 8l^2g^2}}{2l^2} = (2 \pm \sqrt{2})\frac{g}{l},$$

d. h.

$$\omega_1^2 = (2 + \sqrt{2})\frac{g}{l}, \qquad \omega_2^2 = (2 - \sqrt{2})\frac{g}{l}$$

$\underline{7}$

Setzt man $\underline{7}$ in $\underline{6}$ ein, so folgt für

$$\omega_1^2 : A_2 = -\sqrt{2}A_1, \qquad \text{d. h. die Pendel schwingen entgegengesetzt,}$$
$$\omega_2^2 : A_2 = \sqrt{2}A_1, \qquad \text{d. h. die Pendel schwingen in gleicher Richtung.}$$

15.13 Aufgabe: Ein Massenpunkt gleitet reibungsfrei auf einer Zykloide, die durch $x = a(\vartheta - \sin\vartheta)$ und $y = a(1 + \cos\vartheta)$ (mit $0 \leq \vartheta \leq 2\pi$) gegeben ist. Bestimmen Sie

a)   die Lagrangefunktion,
b)   die Bewegungsgleichung.
c)   Lösen Sie die Bewegungsgleichung.

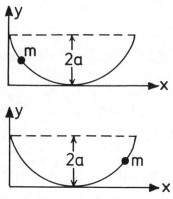

Massenpunkt gleitet auf Zykloide.

Lösung: Die Darstellung der Zykloide lautet:

$$x = a(\vartheta - \sin\vartheta), \qquad y = a(1 + \cos\vartheta),$$

wobei $0 \leq \vartheta \leq 2\pi$. Die kinetische Energie ist

$$T = \frac{1}{2}m(\dot{x}^2 + \dot{y}^2) = \frac{1}{2}ma^2\{[(1 - \cos\vartheta)\dot\vartheta]^2 + [-\sin\vartheta\,\dot\vartheta]^2\}$$

und die potentielle Energie ist:

$$V = mgy = mga(1 + \cos\vartheta).$$

Die Lagrangefunktion lautet:

$$L = T - V = ma^2(1 - \cos\vartheta)\dot\vartheta^2 - mga(1 + \cos\vartheta).$$

Die Bewegungsgleichung heißt dann

$$\frac{d}{dt}\left(\frac{\partial L}{\partial \dot\vartheta}\right) - \frac{\partial L}{\partial \vartheta} = 0,$$

d. h.

$$\frac{d}{dt}[2ma^2(1 - \cos\vartheta)\dot\vartheta] - [ma^2 \sin\vartheta\,\dot\vartheta^2 + mga \sin\vartheta] = 0$$

oder

$$\frac{d}{dt}[(1 - \cos\vartheta)\dot\vartheta] - \frac{1}{2}\sin\vartheta\,\dot\vartheta^2 - \frac{g}{2a}\sin\vartheta = 0,$$

d. h.

$$(1 - \cos\vartheta)\ddot\vartheta + \frac{1}{2}\sin\vartheta\dot\vartheta^2 - \frac{g}{2a}\sin\vartheta = 0. \qquad \underline{1}$$

Setzen wir $u = \cos(\vartheta/2)$, so gilt

$$\frac{du}{dt} = -\frac{1}{2}\sin\left(\frac{\vartheta}{2}\right)\dot\vartheta$$

und

$$\frac{d^2u}{dt^2} = -\frac{1}{2}\sin\left(\frac{\vartheta}{2}\right)\ddot\vartheta - \frac{1}{4}\cos\left(\frac{\vartheta}{2}\right)\dot\vartheta^2.$$

Da $\cot(\vartheta/2) = \sin\vartheta/(1 - \cos\vartheta)$ können wir $\underline{1}$ schreiben als

$$\ddot\vartheta + \frac{1}{2}\cot\left(\frac{\vartheta}{2}\right)\dot\vartheta^2 - \frac{g}{2a}\cot\left(\frac{\vartheta}{2}\right) = 0$$

und damit

$$\frac{d^2u}{dt^2} + \frac{g}{4a}u = 0. \qquad \underline{2}$$

Die Lösung dieser Differentialgleichung ist

$$u = \cos\left(\frac{\vartheta}{2}\right) = C_1 \cos\sqrt{\frac{4a}{g}}\,t + C_2 \sin\sqrt{\frac{4a}{g}}\,t.$$

Die Bewegung verläuft so, wie die Schwingung eines gewöhnlichen Pendels mit der Länge $l = 4a$. Man spricht daher vom "Zykloidenpendel".

16. Die Lagrange-Gleichung für nichtholonome Zwangsbedingungen

Bei Systemen mit holonomen Zwangsbedingungen können die abhängigen Koordinaten durch Einführung von generalisierten Koordinaten eliminiert werden. Wenn die Zwangsbedingungen nichtholonom sind, so gelingt dies nicht. Es gibt nun kein allgemeines Verfahren, nichtholonome Probleme zu behandeln. Lediglich bei jenen speziellen, nichtholonomen Zwangsbedingungen, die in differentieller Form angegeben werden können, ist es möglich, die abhängigen Gleichungen nach der Methode der Lagrange-Multiplikatoren zu eliminieren. Wir betrachten also ein System, bei dem die Zwangsbedingungen in der Form

$$\sum_{\nu=1}^{n} a_{l\nu}\, dq_{\nu} + a_{lt}\, dt = 0 \tag{1}$$

($\nu = 1, 2, \ldots, n$ = Zahl der Koordinaten; $n > s$; $l = 1, 2, \ldots, s$ = Zahl der Zwangsbedingungen) vorliegen.

Die weiteren Betrachtungen sind nun unabhängig davon, ob die Gleichungen (1) integrabel sind oder nicht, d. h. sie gelten sowohl für holonome als auch für nichtholonome Zwangsbedingungen.

Demnach kann die im folgenden hergeleitete *Methode der Lagrange-Multiplikatoren* auch für holonome Zwangsbedingungen verwendet werden, wenn es unbequem ist, alle q_{ν} auf unabhängige Koordinaten zu reduzieren oder wenn man die Zwangskräfte zu erhalten wünscht. Gleichung (1) ist nicht der allgemeinste Typ einer nichtholonomen Zwangsbedingung, z. B. werden Zwangsbedingungen in der Form von Ungleichungen nicht erfaßt.

Bei unseren Betrachtungen gehen wir wieder – wie schon bei der Herleitung der Lagrange-Gleichung – von dem D'Alembertschen Prinzip aus. Es lautet in generalisierten Koordinaten:

$$\sum_{\nu=1}^{n} \left(\frac{d}{dt} \frac{\partial T}{\partial \dot{q}_{\nu}} - \frac{\partial T}{\partial q_{\nu}} - Q_{\nu} \right) \delta q_{\nu} = 0. \tag{2}$$

Diese Gleichung gilt für Zwangsbedingungen jeder Art.

Die q_{ν} sollen jetzt voneinander abhängig sein. Daher sind die virtuellen Verrückungen δq_{ν} nicht wie früher (vgl. 15.12) frei wählbar. Um die Zahl der virtuellen Verrückungen auf die der unabhängigen Verrückungen zu reduzieren, führen wir die zunächst frei wählbaren *Lagrange-Multiplikatoren* λ_{l} ein. Die Lagrange-Multiplikatoren λ_{l} mit $l = 1, 2, \ldots, s$ sind im allgemeinen Fall Funktionen der Zeit und der q_{ν} und der $\dot{q}_{\nu}$. Virtuelle Verrückungen δq_{ν} werden zur festen Zeit, d. h. mit $\delta t = 0$ durchgeführt. Damit geht (1) in

$$\sum_{\nu=1}^{n} a_{l\nu} \delta q_{\nu} = 0$$

über. Man nennt dies auch die instantanen (zu einer festen Zeit gehörigen) Nebenbedingungen. Daraus wiederum ergibt sich

$$\sum_{l=1}^{s} \lambda_{l} \sum_{\nu=1}^{n} a_{l\nu} \delta q_{\nu} = 0,$$

bzw.

$$\sum_{\nu=1}^{n} \left(\sum_{l=1}^{s} \lambda_l a_{l\nu} \right) \delta q_\nu = 0. \tag{3}$$

Gleichung (3) wird von (2) subtrahiert:

$$\sum_{\nu=1}^{n} \left(\frac{d}{dt} \frac{\partial T}{\partial \dot{q}_\nu} - \frac{\partial T}{\partial q_\nu} - Q_\nu - \sum_{l=1}^{s} \lambda_l a_{l\nu} \right) \delta q_\nu = 0, \qquad \text{für} \quad \nu = 1, \ldots, s, \ldots n. \tag{4}$$

In diesen Gleichungen kommen insgesamt n der Variablen q_ν vor; davon sind s abhängige q_ν, die über die Zwangsbedingungen mit den unabhängigen verbunden sind, und $n - s$ unabhängige q_ν. Wir setzen fest: Für die abhängigen q_ν soll der Index ν von $\nu = 1$ bis $\nu = s$ laufen, für die unabhängigen q_ν von $\nu = s + 1$ bis $\nu = n$. Die Koeffizienten der δq_ν in Gleichung (4) sind über die s Lagrange-Multiplikatoren λ_l ($l = 1, \ldots, s$) soweit zu unserer Verfügung, wie es die s Gleichungen für die Zwangsbedingungen zulassen. Da die λ_l frei wählbar waren, können wir sie so bestimmen, daß

$$\sum_{l=1}^{s} \lambda_l a_{l\nu} = \frac{d}{dt} \frac{\partial T}{\partial \dot{q}_\nu} - \frac{\partial T}{\partial q_\nu} - Q_\nu, \qquad (\nu = 1, \ldots, s),$$

wird, d. h. die ersten s Koeffizienten in (4), die den abhängigen q_ν entsprechen, werden Null gesetzt:

$$\frac{d}{dt} \frac{\partial T}{\partial \dot{q}_\nu} - \frac{\partial T}{\partial q_\nu} - Q_\nu - \sum_l \lambda_l a_{l\nu} = 0, \qquad \text{für} \quad \nu = 1, \ldots, s.$$

Von den Gleichungen (4) verbleibt dann:

$$\sum_{\nu=s+1}^{n} \left(\frac{d}{dt} \frac{\partial T}{\partial \dot{q}_\nu} - \frac{\partial T}{\partial q_\nu} - Q_\nu - \sum_l \lambda_l a_{l\nu} \right) \delta q_\nu = 0.$$

Diese δq_ν (für $\nu = s + 1, \ldots, n$) sind keinen Zwangsbedingungen mehr unterworfen; das bedeutet, daß diese δq_ν voneinander unabhängig sind. Dann muß man, wie schon bei der Herleitung der Lagrangegleichung für holonome Systeme, die Koeffizienten der δq_ν ($\nu = s + 1, \ldots, n$) gleich Null setzen. Zusammen mit den s Gleichungen für die abhängigen q_ν führt dies zu insgesamt n Gleichungen:

$$\frac{d}{dt} \frac{\partial T}{\partial \dot{q}_\nu} - \frac{\partial T}{\partial q_\nu} - Q_\nu - \sum_{l=1}^{s} \lambda_l a_{l\nu} = 0, \qquad \text{für} \quad \nu = 1, \ldots, s, s+1, \ldots, n. \tag{5}$$

Für konservative Systeme sind die Q_ν aus einem Potential V herleitbar:

$$Q_\nu = -\frac{\partial V}{\partial q_\nu}.$$

Analog zu der Herleitung der Lagrangegleichung bei holonomen Systemen können wir mit der Lagrangefunktion $L = T - V$ die Gleichung (5) wie folgt umformulieren:

$$\frac{d}{dt}\frac{\partial L}{\partial \dot{q}_\nu} - \frac{\partial L}{\partial q_\nu} - \sum_{l=1}^{s}\lambda_l a_{l\nu} = 0, \qquad \nu = 1,\ldots,n. \tag{6}$$

Diese n Gleichungen enthalten $n+s$ Unbekannte, nämlich die n Koordinaten q_ν und die s Lagrange-Multiplikatoren λ_l. Die zusätzlich benötigten Gleichungen sind gerade die s Zwangsbedingungen (Gleichung (1)), die die q_ν verknüpfen; allerdings sind sie jetzt als Differentialgleichungen aufzufassen:

$$\sum_\nu a_{l\nu}\dot{q}_\nu + a_{lt} = 0. \qquad l = 1,2,\ldots,s.$$

Damit haben wir zusammen $n+s$ Gleichungen für $n+s$ Unbekannte. Dabei erhalten wir nicht nur die q_ν, die wir finden wollten, sondern auch die s Größen λ_l.

Um die physikalische Bedeutung der λ_l zu erkennen, nehmen wir an, daß die Zwangsbedingungen des Systems beseitigt werden, daß aber an ihrer Stelle äußere Kräfte Q_ν^* so angewendet werden, daß die Bewegung des Systems nicht verändert wird. Die Bewegungsgleichungen würden dann ebenfalls die gleichen bleiben. Diese zusätzlich angewendeten Kräfte müssen gleich den Zwangskräften sein, denn sie sind Kräfte, die so auf das System wirken, daß die Zwangsbedingungen erfüllt werden. Mit Rücksicht auf diese Kräfte Q_ν^* lauten die Bewegungsgleichungen:

$$\frac{d}{dt}\frac{\partial L}{\partial \dot{q}_\nu} - \frac{\partial L}{\partial q_\nu} = Q_\nu^*, \tag{7}$$

wobei die Q_ν^* zusätzlich zu den Q_ν auftreten. Gleichungen (6) und (7) müssen identisch sein. Daraus folgt:

$$Q_\nu^* = \sum_l \lambda_l a_{l\nu}; \tag{8}$$

d. h. die Lagrange-Multiplikatoren λ_l bestimmen die *generalisierten Zwangskräfte* Q_ν^*; sie werden nicht eliminiert, sondern sie sind Teile der Lösung des Problems*.
Die Beziehung (3) geht damit in

$$\sum_\nu Q_\nu^* \delta q_\nu = 0 \tag{9}$$

über und impliziert, daß die insgesamt von allen Zwangskräften Q_ν^* geleistete virtuelle Arbeit verschwindet. Wir können dies als den allgemeinen Beweis für die im Kapitel 15, Gl. (3) eingeführte These, daß Zwangskräfte keine Arbeit leisten, ansehen.

16.1 Beispiel: Als ein Beispiel für die Methode der Lagrange- Multiplikatoren betrachten wir einen Vollzylinder, der ohne Schlupf eine schiefe Ebene mit der Höhe h und dem Neigungswinkel α hinabrollt. Zwar ist diese Rollbedingung eine holonome Zwangsbedingung, doch ist dies für die Demonstration der Methode unwesentlich.

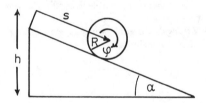

Zylinder rollt ohne Schlupf auf schiefer Ebene.

Die beiden generalisierten Koordinaten sind s, φ und die Zwangsbedingung lautet:

$$R\dot\varphi = \dot s \qquad \text{oder} \qquad R\,d\varphi - ds = 0.$$

Das Integral dieser Zwangsbedingung ist $f = R\varphi - s$, folglich ist sie holonom. Die Koeffizienten, die in der Zwangsbedingung auftreten, lauten:

$$a_s = -1, \qquad a_\varphi = R,$$

wie wir durch Koeffizientenvergleich mit Gleichung (1) sehen:

$$\sum_\nu a_{l\nu}\,\delta q_\nu = 0,$$

---

* Vergleichen Sie auch mit dem in Kapitel 17 zu diesem Thema Gesagten.

mit $l = 1$ als Zahl der Zwangsbedingungen und $\delta t = 0$. Die kinetische Energie T kann dargestellt werden als Summe der kinetischen Energie der Bewegung des Massenzentrums und der kinetischen Energie der Bewegung um das Massenzentrum:

$$T = \frac{1}{2}m\dot{s}^2 + \frac{1}{2}\Theta\dot{\varphi}^2 = \frac{m}{2}\left(\dot{s}^2 + \frac{R^2}{2}\dot{\varphi}^2\right),$$

mit dem Massenträgheitsmoment des Vollzylinders

$$\Theta_{\text{Vollzyl.}} = \frac{1}{2}mR^2.$$

Die potentielle Energie V ist:

$$V = mgh - mgs\sin\alpha.$$

Die Lagrangefunktion lautet:

$$L = T - V = \frac{m}{2}\left(\dot{s}^2 + \frac{R^2}{2}\dot{\varphi}^2\right) - mg(h - s\sin\alpha).$$

Zu beachten ist, daß diese Lagrange-Funktion jetzt nicht direkt entsprechend Gleichung (15.14) zur Herleitung der Bewegungsgleichung benutzt werden kann. Dies liegt daran, daß die beiden Koordinaten s und φ nicht unabhängig voneinander sind. So ist auch φ *keine* ignorable Koordinate, obwohl es nicht explizit in der Lagrange-Funktion auftritt.

Da nur eine Zwangsbedingung vorliegt, wird nur ein Lagrange-Multiplikator λ benötigt. Mit den Koeffizienten

$$a_s = -1, \qquad a_\varphi = R$$

bekommen wir für die Lagrangegleichungen:

$$m\ddot{s} - mg\sin\alpha + \lambda = 0, \qquad \underline{1}$$

$$\frac{m}{2}R^2\ddot{\varphi} - \lambda R = 0, \qquad \underline{2}$$

die zusammen mit der Zwangsbedingung

$$R\dot{\varphi} = \dot{s} \qquad \underline{3}$$

drei Gleichungen für drei Unbekannte φ, s, λ bilden. Differenzieren wir $\underline{3}$ nach der Zeit, so haben wir

$$R\ddot{\varphi} = \ddot{s}.$$

Daraus folgt in Verbindung mit $\underline{2}$:

$$m\ddot{s} = 2\lambda.$$

Damit geht Gleichung $\underline{1}$ über in

$$mg\sin\alpha = 3\lambda.$$

Aus dieser Gleichung bekommen wir für den Lagrange-Multiplikator:

$$\lambda = \frac{1}{3} mg \sin \alpha.$$

Die Zwangskräfte lauten:

$$a_s \lambda = -\frac{1}{3} mg \sin \alpha, \qquad a_\varphi \lambda = \frac{1}{3} Rmg \sin \alpha.$$

Dabei ist $a_s \lambda$ die von der Reibung hervorgerufene Zwangskraft; $a_\varphi \lambda$ ist das von dieser Kraft bewirkte Drehmoment, das den Zylinder zum Rollen bringt. Man mache sich klar, daß die Nebenbedingung *"Rollen"* eine besondere Zwangskraft (Reibungskraft) erfordert. Wir haben diese hier ausgerechnet. Weiterhin ist zu bemerken, daß die Schwerkraft genau um den Betrag der Zwangskraft $a_s \lambda$ verringert wird.

Setzen wir den Lagrange-Multiplikator λ in Gleichung $\underline{1}$ ein, so erhalten wir die Differentialgleichung für s:

$$\ddot{s} = \frac{2}{3} g \sin \alpha.$$

Die Differentialgleichung für φ ergibt sich daraus, indem wir

$$R\ddot{\varphi} = \ddot{s}$$

einsetzen.

$$\ddot{\varphi} = \frac{2}{3} \frac{g}{R} \sin \alpha.$$

An diesem Beispiel haben wir gesehen, daß sich bei Verwendung der Lagrange-Multiplikator-Methode nicht nur die gesuchten Bewegungsgleichungen ergeben, sondern auch die ansonsten im Lagrangeformalismus nicht auftretenden Zwangskräfte.

16.2 Aufgabe: Ein Teilchen der Masse m bewegt sich reibungsfrei unter dem Einfluß der Schwerkraft auf der Innenfläche eines Paraboloides, das durch

$$x^2 + y^2 = az$$

gegeben ist.

a) Bestimmen Sie die Lagrangefunktion und die Bewegungsgleichung.
b) Zeigen Sie, daß sich das Teilchen auf einem horizontalen Kreis in der Ebene $z = h$ bewegt, vorausgesetzt, ihm wird eine Anfangswinkelgeschwindigkeit verliehen. Bestimmen Sie diese Winkelgeschwindigkeit.
c) Zeigen Sie, daß das Teilchen um die Kreisbahn oszilliert, wenn es nur schwach ausgelenkt wird. Bestimmen Sie die Oszillationsfrequenz.

Lösung: a) Die geeigneten Koordinaten sind die Zylinderkoordinaten r, φ, z. Die kinetische Energie in Zylinderkoordinaten lautet

$$T = \frac{1}{2} m (\dot{r}^2 + r^2 \dot{\varphi}^2 + \dot{z}^2).$$

Damit ist die Lagrangefunktion:

$$L = \frac{1}{2} m (\dot{r}^2 + r^2 \dot{\varphi}^2 + \dot{z}^2) - mgz. \qquad \underline{1}$$

Die Zwangsbedingung ist $x^2 + y^2 = az$. Da $x^2 + y^2 = r^2 \Rightarrow r^2 - az = 0$ oder in differentieller Form: $2r\,\delta r - a\,\delta z = 0$.
Nennen wir $r = q_1$, $\varphi = q_2$, $z = q_3$, so folgt aus

$$\sum_\alpha A_\alpha \, \delta q_\alpha = 0,$$

daß $A_1 = 2r$, $A_2 = 0$, $A_3 = -a$ sind.
Die Lagrangegleichungen lauten:

$$\frac{d}{dt} \left(\frac{\partial L}{\partial \dot{q}_\alpha} \right) - \frac{\partial L}{\partial q_\alpha} = \lambda_1 A_\alpha, \qquad \alpha = 1, 2, 3,$$

d. h.

$$\frac{d}{dt} \left(\frac{\partial L}{\partial \dot{r}} \right) - \frac{\partial L}{\partial r} = 2\lambda_1 r,$$

$$\frac{d}{dt} \left(\frac{\partial L}{\partial \dot{\varphi}} \right) - \frac{\partial L}{\partial \varphi} = 0$$

und

$$\frac{d}{dt} \left(\frac{\partial L}{\partial \dot{z}} \right) - \frac{\partial L}{\partial z} = -\lambda_1 a. \qquad \underline{2}$$

Mit $\underline{1}$ folgt

$$m(\ddot{r} - r\dot{\varphi}^2) = 2\lambda_1 r, \qquad m\frac{d}{dt}(r^2\dot{\varphi}) = 0, \qquad m\ddot{z} = -mg - \lambda_1 a, \qquad \underline{3}$$

sowie die Zwangsbedingung $2r\dot{r} - a\dot{z} = 0$. Aus diesem System lassen sich r, φ, z, λ_1 bestimmen.

b) Der Radius des Kreises, der durch Schnitt der Ebene $z = h$ mit dem Paraboloid entsteht, ist $r^2 = az$,

$$r_0 = \sqrt{ah}.$$

Aus $m\ddot{z} = -mg - \lambda_1 a$ folgt mit $z = h$,

$$\lambda_1 = -\frac{mg}{a}.$$

Aus $m(\ddot{r} - r\dot{\varphi}^2) = 2\lambda_1 r$ folgt mit $\dot{\varphi} = \omega$, $r = r_0$

$$m(-r_0\omega^2) = 2\left(-\frac{mg}{a}\right)r_0 \quad \text{oder} \quad \omega^2 = \frac{2g}{a},$$

d. h.

$$\omega = \sqrt{\frac{2g}{a}}$$

ist die gesuchte Anfangswinkelgeschwindigkeit.

c) Aus $m\frac{d}{dt}(r^2\dot{\varphi}) = 0$ folgt $r^2\dot{\varphi} = \text{const} = A$.

Wir nehmen an, daß das Teilchen die Anfangswinkelgeschwindigkeit ω hat, d. h.

$$A = ah\omega \quad \text{und damit} \quad \dot{\varphi} = \frac{ah\omega}{r^2}.$$

Da das Teilchen nur wenig um $z = h$ oszilliert, verwenden wir $\lambda_1 = -mg/a$, was für $z = h$ gültig ist, und erhalten:

$$m(\ddot{r} - r\dot{\varphi}^2) = -\frac{2mg}{a}r \quad \Rightarrow \quad \ddot{r} - a^2h^2\frac{\omega^2}{r^3} = -\frac{2gr}{a}.$$

Da die Oszillation klein ist, folgt $r = r_0 + u$, d. h.

$$\ddot{u} - \frac{a^2h^2\omega^2}{(r_0 + u)^3} = -\frac{2g}{a}(r_0 + u). \qquad \underline{4}$$

Es ist

$$\frac{1}{(r_0 + u)^3} = \frac{1}{r_0^3(1 + u/r_0)^3} = \frac{1}{r_0^3}\left(1 + \frac{u}{r_0}\right)^{-3} \cong \left(1 - \frac{3u}{r_0}\right)\frac{1}{r_0^3},$$

da $u/r_0 \ll 1$ (Potenzreihenentwicklung)!

Damit ergibt sich aus $\underline{4}$ mit $r_0 = \sqrt{ah}$, $\omega = \sqrt{2g/a}$ die Differentialgleichung

$$\ddot{u} + \frac{8g}{a}u = 0 \qquad \underline{5}$$

mit der Lösung

$$u = \varepsilon_1 \cos\sqrt{\frac{8g}{a}}\,t + \varepsilon_2 \sin\sqrt{\frac{8g}{a}}\,t$$

und somit

$$r = r_0 + u = \sqrt{ah} + \varepsilon_1 \cos\sqrt{\frac{8g}{a}}\, t + \varepsilon_2 \sin\sqrt{\frac{8g}{a}}\, t,$$

d. h. r oszilliert mit $\omega^2 = 8g/a$ um den Gleichgewichtswert $r_0 = \sqrt{ah}$. Die Oszillationsdauer ist:

$$T_0 = \pi\sqrt{\frac{a}{2g}},$$

während die Umlaufsdauer

$$T_u = 2\pi\sqrt{\frac{a}{2g}} = 2T_0$$

ist.

17. Spezielle Probleme (Zur Vertiefung)

Geschwindigkeitsabhängige Potentiale

Bisher haben wir konservative Kräfte $\vec{F}$ dadurch definiert, daß sie aus einem Potential $V(\vec{r})$ durch Gradientenbildung ableitbar sind, d. h.

$$\vec{F}(\vec{r}, t) = -\vec{\nabla} V(\vec{r}, t). \tag{1}$$

Dabei ist das Potential $V(\vec{r}, t)$ eine Funktion des Ortes und im allgemeinen auch der Zeit. Das ist so lange möglich, wie die Kräfte nicht geschwindigkeits- oder beschleunigungsabhängig sind. Es gibt jedoch solche Fälle: So ist z. B. ist die *Lorentz-Kraft,* die auf ein geladenes Teilchen im elektromagnetischen Feld wirkt, geschwindigkeitsabhängig:

$$\vec{F}^{(a)} = e\left(\vec{E} + \frac{\vec{v}}{c} \times \vec{B}\right). \tag{2}$$

Hier ist e die Ladung des Teilchens und $\vec{E}$ und $\vec{B}$ sind die elektrische bzw. magnetische Feldstärke. $\vec{F}^{(a)}$ soll andeuten, daß dies eine äußere Kraft sein soll.

Wenn äußere Kräfte von der Geschwindigkeit oder Beschleunigung abhängen, werden wir sie auch dann *konservativ* nennen, falls sie sich durch ein Potential

V, das von den verallgemeinerten Koordinaten q_j, den verallgemeinerten Geschwindigkeiten $\dot{q}_j$ und der Zeit t abhängt, ausdrücken lassen gemäß

$$Q_j = -\frac{\partial V}{\partial q_j} + \frac{d}{dt}\frac{\partial V}{\partial \dot{q}_j} \qquad (3)$$

mit $V = V(q_j, \dot{q}_j, t)$.

In manchen Fällen kann eine solche Darstellung auch für die gewöhnlichen Koordinaten $\vec{r}_i$ und die Geschwindigkeit $\vec{v}_i$ möglich sein. Dann lautet die zu (3) analoge Relation für $V = V(\vec{r}_i, \vec{v}_i, t)$

$$\vec{F}_i = -\vec{\nabla}_i V + \frac{d}{dt}\vec{\nabla}_{v_i} V = -\frac{\partial V}{\partial \vec{r}_i} + \frac{d}{dt}\frac{\partial V}{\partial \vec{v}_i}.$$

Hier bedeutet

$$\vec{\nabla}_{v_i} = \left\{ \frac{\partial}{\partial v_{ix}}, \frac{\partial}{\partial v_{iy}}, \frac{\partial}{\partial v_{iz}} \right\}$$

den Gradientenvektor in Bezug auf die Komponenten der Geschwindigkeit des i-ten Teilchens.

Das *geschwindigkeitsabhängige Potential*

$$V = V(q_j, \dot{q}_j, t) \qquad (4)$$

heißt manchmal auch *verallgemeinertes Potential*. Wir wissen aus (15.13), daß zwischen der kinetischen Energie T und den verallgemeinerten Kräften Q_j die Relationen

$$\frac{d}{dt}\frac{\partial T}{\partial \dot{q}_j} - \frac{\partial T}{\partial q_j} = Q_j \qquad (5)$$

bestehen. Verwenden wir nun Gleichung (3), so erhalten wir

$$\frac{d}{dt}\frac{\partial T}{\partial \dot{q}_j} - \frac{\partial T}{\partial q_j} = -\frac{\partial V}{\partial q_j} + \frac{d}{dt}\frac{\partial V}{\partial \dot{q}_j}$$

oder

$$\frac{d}{dt}\frac{\partial L}{\partial \dot{q}_j} - \frac{\partial L}{\partial q_j} = 0,$$

wenn wir die *verallgemeinerte Lagrange-Funktion* L durch

$$L = T - V$$

mit dem *verallgemeinerten Potential* $V(q_j, \dot{q}_j, t)$ definieren.

Manchmal ist es wünschenswert, statt eines Satzes verallgemeinerter Koordinaten q_j einen anderen Satz $\widetilde{q}_j$ zu verwenden. Wir wollen nun zeigen, daß dieses Potential auch in neuen Koordinaten $\widetilde{q}_j$ und den zugehörigen Geschwindigkeiten $\dot{\widetilde{q}}_j$ auch ein verallgemeinertes Potential darstellt; diese Eigenschaft ist somit unabhängig von den gewählten spezifischen Koordinaten.

Analog zu Gleichung (14.7) besteht zwischen den zu $\widetilde{q}_j$, $\dot{\widetilde{q}}_j$ gehörenden verallgemeinerten Kräften $\widetilde{Q}_j$ und den Q_j aus (3) die Beziehung

$$\widetilde{Q}_j = \sum_{\nu=1}^{3N} Q_\nu \, \frac{\partial q_\nu}{\partial \widetilde{q}_j}. \tag{6}$$

Zu zeigen ist, daß

$$\widetilde{Q}_j = -\frac{\partial V}{\partial \widetilde{q}_j} + \frac{d}{dt}\left(\frac{\partial V}{\partial \dot{\widetilde{q}}_j}\right). \tag{7}$$

Zum Beweis benötigen wir die Beziehung

$$\frac{\partial \dot{q}_k}{\partial \dot{\widetilde{q}}_j} = \frac{\partial q_k}{\partial \widetilde{q}_j}, \tag{8}$$

die sich unmittelbar aus

$$\dot{q}_k = \frac{d}{dt}(q_k) = \sum_{j=1}^{3N} \frac{\partial q_k}{\partial \widetilde{q}_j} \dot{\widetilde{q}}_j + \frac{\partial q_k}{\partial t}$$

ergibt.

Es ist

$$\frac{\partial V}{\partial \widetilde{q}_j} = \sum_{\nu=1}^{3N} \frac{\partial V}{\partial q_\nu} \frac{\partial q_\nu}{\partial \widetilde{q}_j} + \sum_{\nu=1}^{3N} \frac{\partial V}{\partial \dot{q}_\nu} \frac{\partial \dot{q}_\nu}{\partial \widetilde{q}_j} + \frac{\partial V}{\partial t} \underbrace{\frac{\partial t}{\partial \widetilde{q}_j}}_{=0}$$

$$= \sum_{\nu=1}^{3N} \frac{\partial V}{\partial q_\nu} \frac{\partial q_\nu}{\partial \widetilde{q}_j} + \sum_{\nu=1}^{3N} \frac{\partial V}{\partial \dot{q}_\nu} \left(\frac{\partial}{\partial \widetilde{q}_j} \left(\sum_{\alpha=1}^{3N} \frac{\partial q_\nu}{\partial \widetilde{q}_\alpha} \dot{\widetilde{q}}_\alpha + \frac{\partial}{\partial t} q_\nu \right) \right). \tag{9}$$

Aufgrund von

$$Q_\nu = -\frac{\partial V}{\partial q_\nu} + \frac{d}{dt}\left(\frac{\partial V}{\partial \dot{q}_\nu}\right)$$

schreiben wir die verallgemeinerte Kraft $\widetilde{Q}_j$ (6) zu

$$
\begin{aligned}
\widetilde{Q}_j &= -\sum_{\nu=1}^{3N} \frac{\partial V}{\partial q_\nu} \frac{\partial q_\nu}{\partial \widetilde{q}_j} + \sum_{\nu=1}^{3N} \frac{d}{dt}\left(\frac{\partial V}{\partial \dot{q}_\nu}\right) \frac{\partial q_\nu}{\partial \widetilde{q}_j} \\
&= -\sum_{\nu=1}^{3N} \frac{\partial V}{\partial q_\nu} \frac{\partial q_\nu}{\partial \widetilde{q}_j} + \sum_{\nu=1}^{3N} \frac{d}{dt}\left(\frac{\partial V}{\partial \dot{q}_\nu} \cdot \frac{\partial q_\nu}{\partial \widetilde{q}_j}\right) - \sum_{\nu=1}^{3N} \frac{\partial V}{\partial \dot{q}_\nu} \frac{d}{dt}\left(\frac{\partial q_\nu}{\partial \widetilde{q}_j}\right).
\end{aligned}
$$

Setzen wir in diesem Ausdruck Gleichung (9) ein, so erhalten wir

$$
\begin{aligned}
\widetilde{Q}_j &= -\frac{\partial V}{\partial \widetilde{q}_j} + \sum_{\nu=1}^{3N} \frac{\partial V}{\partial \dot{q}_\nu}\left(\frac{\partial}{\partial \widetilde{q}_j}\left(\sum_{\alpha=1}^{3N} \frac{\partial q_\nu}{\partial \widetilde{q}_\alpha}\dot{\widetilde{q}}_\alpha + \frac{\partial}{\partial t}q_\nu\right)\right) \\
&\quad + \sum_{\nu=1}^{3N} \frac{d}{dt}\left(\frac{\partial V}{\partial \dot{q}_\nu} \frac{\partial q_\nu}{\partial \widetilde{q}_j}\right) - \sum_{\nu=1}^{3N} \frac{\partial V}{\partial \dot{q}_\nu} \frac{d}{dt}\left(\frac{\partial q_\nu}{\partial \widetilde{q}_j}\right).
\end{aligned}
$$

Der dritte Term resultiert mit (8) in

$$
\sum_{\nu=1}^{3N} \frac{d}{dt}\left(\frac{\partial V}{\partial \dot{q}_\nu} \cdot \frac{\partial \dot{q}_\nu}{\partial \dot{\widetilde{q}}_j}\right) = \frac{d}{dt}\left(\frac{\partial V}{\partial \dot{\widetilde{q}}_j}\right).
$$

Damit wird $\widetilde{Q}_j$ zu

$$
\begin{aligned}
\widetilde{Q}_j &= -\frac{\partial V}{\partial \widetilde{q}_j} + \frac{d}{dt}\left(\frac{\partial V}{\partial \dot{\widetilde{q}}_j}\right) \\
&\quad + \sum_{\nu=1}^{3N} \frac{\partial V}{\partial \dot{q}_\nu}\left(\frac{\partial}{\partial \widetilde{q}_j}\left(\sum_{\alpha=1}^{3N} \frac{\partial q_\nu}{\partial \widetilde{q}_\alpha}\dot{\widetilde{q}}_\alpha + \frac{\partial}{\partial t}q_\nu\right)\right) \\
&\quad - \sum_{\nu=1}^{3N} \frac{\partial V}{\partial \dot{q}_\nu}\left(\sum_{\alpha=1}^{3N} \frac{\partial}{\partial \widetilde{q}_\alpha}\left(\frac{\partial q_\nu}{\partial \widetilde{q}_j}\right)\dot{\widetilde{q}}_\alpha + \frac{\partial}{\partial t}\frac{\partial q_\nu}{\partial \widetilde{q}_j}\right).
\end{aligned}
$$

Da $\dot{\widetilde{q}}_\alpha$ nicht von $\widetilde{q}_j$ abhängt, heben sich die zwei letzten Terme gegeneinander auf und wir erhalten die Gültigkeit von (7). Somit ist gezeigt, daß $V = V(q_j, \dot{q}_j, t) = V(q_j(\widetilde{q}_j, t), \dot{q}_j(\dot{\widetilde{q}}_j, t), t) \cong V(\widetilde{q}_j, \dot{\widetilde{q}}_j, t)$ auch ein verallgemeinertes Potential in den neuen Koordinaten $\widetilde{q}_j$ darstellt.

17.1 Beispiel: Geladenes Teilchen im elektromagnetischen Feld

In der Elektrodynamik werden wir zeigen, daß wir die elektrische Feldstärke $\vec{E}$ und die magnetische Feldstärke $\vec{B}$ aus dem *skalaren Potential* $\Phi(\vec{r}, t)$ und dem *Vektorpotential* $\vec{A}(\vec{r}, t)$ ableiten können, nämlich

$$\vec{E} = -\vec{\nabla}\Phi - \frac{1}{c}\frac{\partial \vec{A}}{\partial t}, \qquad \vec{B} = \vec{\nabla} \times \vec{A}. \qquad \underline{1}$$

Mit anderen Worten: An Stelle von $\vec{E}$, $\vec{B}$ kann man die elektromagnetischen Erscheinungen durch Φ, $\vec{A}$ beschreiben. Wir zeigen jetzt, daß die Lorentzkraft (2) durch das geschwindigkeitsabhängige Potential

$$V = e\Phi - \frac{e}{c}\vec{A} \cdot \vec{v} \qquad \underline{2}$$

im Rahmen des Lagrange-Formalismus beschrieben werden kann. Die Lagrange-Funktion ist dann

$$L = T - V = \frac{1}{2}m\vec{v}^2 - e\Phi + \frac{e}{c}\vec{A} \cdot \vec{v}. \qquad \underline{3}$$

Wir beschränken uns auf die Lagrange-Gleichung für die x-Komponente

$$\frac{d}{dt}\frac{\partial L}{\partial v_x} - \frac{\partial L}{\partial x} = 0. \qquad \underline{4}$$

Die anderen Komponenten folgen entsprechend. Wir berechnen

$$\frac{\partial L}{\partial x} = -e\frac{\partial \Phi}{\partial x} + \frac{e}{c}\frac{\partial \vec{A}}{\partial x} \cdot \vec{v}, \qquad \frac{\partial L}{\partial v_x} = mv_x + \frac{e}{c}A_x,$$

und weiter gemäß $\underline{4}$

$$\frac{d}{dt}mv_x = -e\frac{\partial \Phi}{\partial x} + \frac{e}{c}\frac{\partial \vec{A}}{\partial x} \cdot \vec{v} - \frac{e}{c}\frac{dA_x}{dt}. \qquad \underline{5}$$

Für den letzten Term erhalten wir

$$\frac{dA_x}{dt} = \frac{\partial A_x}{\partial t} + \frac{\partial A_x}{\partial x}\frac{dx}{dt} + \frac{\partial A_x}{\partial y}\frac{dy}{dt} + \frac{\partial A_x}{\partial z}\frac{dz}{dt}$$

$$= \frac{\partial A_x}{\partial t} + \frac{\partial A_x}{\partial x}v_x + \frac{\partial A_x}{\partial y}v_y + \frac{\partial A_x}{\partial z}v_z \qquad \underline{6}$$

und für den mittleren Term

$$\frac{\partial \vec{A}}{\partial x} \cdot \vec{v} = \frac{\partial A_x}{\partial x}v_x + \frac{\partial A_y}{\partial x}v_y + \frac{\partial A_z}{\partial x}v_z. \qquad \underline{7}$$

6 und 7 werden nun in 5 eingesetzt und ergeben

$$\frac{dmv_x}{dt} = e\left(-\frac{\partial\Phi}{\partial x} - \frac{1}{c}\frac{\partial A_x}{\partial t}\right) + \frac{e}{c}\left(\frac{\partial A_y}{\partial x} - \frac{\partial A_x}{\partial y}\right)v_y - \frac{e}{c}\left(\frac{\partial A_x}{\partial z} - \frac{\partial A_z}{\partial x}\right)v_z$$

$$= eE_x + \frac{e}{c}(B_z v_y - B_y v_z)$$

$$= e\left(\vec{E} + \frac{1}{c}\vec{v}\times\vec{B}\right)_x .$$

Entsprechendes erhalten wir für die y- und z-Komponenten, so daß wir insgesamt

$$\frac{d}{dt}(m\vec{v}) = e\left(\vec{E} + \frac{1}{c}\vec{v}\times\vec{B}\right), \qquad\qquad \underline{8}$$

d. h. die Newtonsche Bewegungsgleichung mit der Lorentzkraft erhalten.

Nichtkonservative Kräfte und Dissipationsfunktion (Reibungsfunktion)

Unsere Diskussion hat sich bisher auf konservative Kräfte beschränkt. Wir betrachten jetzt Systeme mit konservativen und nichtkonservativen Kräften. Solche Systeme sind vor allem solche mit Reibung. Sie spielen sowohl in der klassischen Physik als auch in letzter Zeit in der Schwerionenphysik eine große Rolle. Wenn zwei Atomkerne miteinander kollidieren, werden viele innere Freiheitsgrade angeregt; man kann sagen: Die Kerne werden aufgeheizt. Es geht Energie aus der Relativbewegung verloren. Das ist ein Zeichen für Reibungskräfte, die pauschal für den Energieverlust verantwortlich gemacht werden.

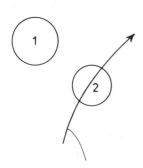

Bahn des Kerns 2 im
Coulombfeld des Kerns 1

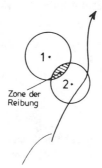

Bahn des Kerns 2 im
Coulomb-plus Kernfeld
des Kerns 1

Wir beginnen unsere Diskussion nichtkonservativer (z. B. Reibungs-) Kräfte mit den Lagrange-Gleichungen in der Form

$$\frac{d}{dt}\frac{\partial T}{\partial \dot{q}_j} - \frac{\partial T}{\partial q_j} = Q_j, \qquad j = 1, 2, \dots, n \tag{10}$$

und spalten die verallgemeinerten Kräfte Q_j in einen konservativen $Q_j^{(k)}$ und einen nichtkonservativen $Q_j^{(r)}$ (r für Reibung) Anteil auf

$$Q_j = Q_j^{(k)} + Q_j^{(r)}. \tag{11}$$

Da $Q_j^{(k)}$ definitionsgemäß aus einem Potential V gemäß (3) ableitbar ist, können wir $L = T - V$ einführen und (10) in die Form

$$\frac{d}{dt}\frac{\partial L}{\partial \dot{q}_j} - \frac{\partial L}{\partial q_j} = Q_j^{(r)}, \qquad j = 1, 2, \dots, n \tag{12}$$

bringen. Falls die nichtkonservativen Kräfte Reibungskräfte sind, erscheinen hier rechts nur noch diese Reibungskräfte $Q_j^{(r)}$. Wir machen für sie den Ansatz

$$Q_j^{(r)} = -\sum_{k=1}^{n} f_{jk}\dot{q}_k, \tag{13}$$

wobei die f_{jk} die *Reibungskoeffizienten* sind. Falls der *Reibungstensor* f_{jk} symmetrisch ist, d. h. $f_{jk} = f_{kj}$, dann können die Reibungskräfte $Q_j^{(r)}$ durch partielle Ableitung nach den verallgemeinerten Geschwindigkeiten $\dot{q}_j$ aus der Funktion

$$D = \frac{1}{2}\sum_{k,l=1}^{n} f_{kl}\dot{q}_k\dot{q}_l \tag{14}$$

gemäß

$$Q_j^{(r)} = -\frac{\partial D}{\partial \dot{q}_i}$$

erhalten werden. D heißt *Dissipationsfunktion* (Reibungsfunktion). Die Lagrange-Gleichungen (20) können nun geschrieben werden:

$$\frac{d}{dt}\frac{\partial L}{\partial \dot{q}_j} + \frac{\partial D}{\partial \dot{q}_j} - \frac{\partial L}{\partial q_j} = 0. \tag{15}$$

Um uns den physikalischen Sinn der Dissipationsfunktion zu verdeutlichen, berechnen wir die von der Reibungskraft $Q_j^{(r)}$ pro Zeiteinheit geleistete Arbeit

$$\frac{dW^{(r)}}{dt} = \sum_j Q_j^{(r)} \dot{q}_j = -\sum_{j,k} f_{jk}\dot{q}_j\dot{q}_k = -2D, \tag{16}$$

d. h. die Energie, die von der Reibungskraft in der Zeiteinheit verbraucht wird, ist gleich der doppelten Dissipationsfunktion:

$$\frac{dE}{dt} = \frac{d}{dt}(T + V) = -2D. \tag{17}$$

Dies kann man auch direkt aus den Lagrange-Gleichungen ableiten:

$$\frac{d}{dt}(T + V) = \sum_i \frac{\partial T}{\partial q_i}\dot{q}_i + \sum_i \frac{\partial T}{\partial \dot{q}_i}\ddot{q}_i + \frac{d}{dt}V. \tag{18}$$

Mit (15) findet man

$$\sum_i \frac{\partial T}{\partial \dot{q}_i}\ddot{q}_i = \frac{d}{dt}\left(\sum_i \frac{\partial T}{\partial \dot{q}_i}\dot{q}_i\right) - \sum_i \dot{q}_i \frac{d}{dt}\left(\frac{\partial T}{\partial \dot{q}_i}\right)$$

$$= \frac{d}{dt}(2T) + \sum_i \dot{q}_i \frac{\partial D}{\partial \dot{q}_i} - \sum_i \frac{\partial T}{\partial \dot{q}_i}\dot{q}_i + \sum_i \frac{\partial V}{\partial q_i}\dot{q}_i$$

$$= \frac{d}{dt}(2T) + 2D - \sum_i \frac{\partial T}{\partial q_i}\dot{q}_i + \frac{d}{dt}V. \tag{19}$$

Setzt man das in (18) ein, so erhalten wir

$$\frac{d(T + V)}{dt} = \frac{d(2T + 2V)}{dt} + 2D$$

oder

$$\frac{dE}{dt} = -2D,$$

d. h. das Resultat (17).

17.2 Beispiel: Bewegung eines Projektils in der Luft. Auf das Teilchen sollen die konservative Gravitationskraft mit dem Potential

$$V = mgz$$

und der nichtkonservative Reibungswiderstand der Luft wirken. Der Luftwiderstand hängt von der Projektilgeschwindigkeit ab. Wir nehmen an, daß die Reibungskraft der Geschwindigkeit proportional sei. Sie ist dann aus der *Dissipationsfunktion*

$$D = \frac{1}{2}\alpha(\dot{x}^2 + \dot{y}^2 + \dot{z}^2)$$

ableitbar und die Lagrange-Gleichungen folgen mit $L = \frac{1}{2}m(\dot{x}^2 + \dot{y}^2 + \dot{z}^2) - mgz$ gemäß (15) als

$$m\ddot{x} + \alpha\dot{x} = 0 \qquad m\ddot{y} + \alpha\dot{y} = 0 \qquad m\ddot{z} + \alpha\dot{z} + mg = 0.$$

Diese Bewegungsgleichungen sind uns aus Mechanik I (Kapitel 20) bekannt.

Nicht-holonome Systeme und Lagrange'sche Multiplikatoren

Wir haben früher schon holonome und nichtholonome Systeme besprochen. Eine kurze Wiederholung erscheint angemessen: Für *holonome* Systeme können die Nebenbedingungen in der geschlossenen Form

$$g_i(\vec{r}_\nu, t) = 0, \qquad i = 1, 2, \ldots, s, \qquad \nu = 1, 2, \ldots, N \qquad (20)$$

ausgedrückt werden. N = Anzahl der Teilchen. Man kann daher s Koordinaten eliminieren und die $\vec{r}_\nu$ als Funktionen von $n = 3N - s$ unabhängigen verallgemeinerten Koordinaten q_i ausdrücken. Für *nicht-holonome Systeme* ist das nicht möglich, weil die Nebenbedingungen in differentieller Form

$$\sum_{l=1}^{N} \vec{g}_{il}(\vec{r}_\nu, t) \cdot d\vec{r}_l + g_{it}(\vec{r}_\nu, t)\, dt = 0, \qquad i = 1, 2, \ldots, s \qquad (21)$$

vorliegen. Da diese Gleichungen nicht integrierbar sein sollen, können aus ihnen in der Form (21) keine s abhängigen Koordinaten eliminiert werden. Deshalb drückt man einfach die $\vec{r}_i$ als Funktionen von $3N$ verallgemeinerten Koordinaten q_i aus. Die q_i sind natürlich nicht alle unabhängig und Nebenbedingungen unterworfen, die sich aus (21) durch Umschreiben auf die q_i ergeben:

$$\sum_{l=1}^{3N} a_{il}(q, t)\, dq_l + q_{it}(q, t)\, dt = 0, \qquad i = 1, 2, \ldots, s. \qquad (22)$$

Bei virtuellen Verrückungen δq_l, d. h. $\delta t = 0$ wird aus diesen Nebenbedingungen

$$\sum_{l=1}^{3N} a_{il}(q, t)\, \delta q_l = 0, \qquad i = 1, 2, \ldots, s. \tag{23}$$

In dieser Form können die Nebenbedingungen mit den Lagrange-Gleichungen in derselben Form, nämlich

$$\sum_{j=1}^{3N} \left(Q_j^{(r)} + \frac{\partial L}{\partial q_j} - \frac{d}{dt}\frac{\partial L}{\partial \dot{q}_j} \right) \delta q_j = 0 \tag{24}$$

kombiniert werden. Die konservativen Kräfte wurden in der Lagrange-Funktion L berücksichtigt. In (24) sind wegen der Bedingungen (23) nicht alle δq_i unabhängig. Um das zu berücksichtigen, wird (23) mit den – im Augenblick noch unbekannten – Faktoren λ_i multipliziert und über i summiert

$$\sum_{i=1}^{s} \sum_{l=1}^{3N} \lambda_i a_{il}(q, t)\, \delta q_l = 0. \tag{25}$$

Die Addition von (24) und (25) ergibt dann

$$\sum_{j=1}^{3N} \left[Q_j^{(r)} + \frac{\partial L}{\partial q_j} - \frac{d}{dt}\frac{\partial L}{\partial \dot{q}_j} + \sum_{i=1}^{s} \lambda_i a_{ij}(q, t) \right] \delta q_j = 0. \tag{26}$$

Die Faktoren λ_i heißen *Lagrange'sche Multiplikatoren*. Sie können in (26) willkürlich gewählt werden. Von den $3N$ Größen δq_i können jedoch nur $3N - s$ willkürlich gewählt werden, weil die s Nebenbedingungen (23) noch erfüllt werden müssen. Wir numerieren die δq_j so, daß die ersten s von ihnen gerade die nicht frei wählbaren sind; die letzten $(3N - s)$ der δq_j sind dann frei wählbar.

Nun nützen wir die freie Wahl der s Lagrange-Parameter λ_i aus, die wir so bestimmen, daß die Koeffizienten der ersten s Variationen δq_j in (26) verschwinden. Das führt offensichtlich auf die s Gleichungen

$$Q_j^{(r)} + \frac{\partial L}{\partial q_j} - \frac{d}{dt}\frac{\partial L}{\partial \dot{q}_j} + \sum_{i=1}^{s} \lambda_i a_{ij}(q, t) = 0, \qquad j = 1, 2, \ldots, s \tag{27}$$

und die Gleichung (26) reduziert sich auf

$$\sum_{j=s+1}^{3N} \left[Q_j^{(r)} + \frac{\partial L}{\partial q_j} - \frac{d}{dt}\frac{\partial L}{\partial \dot{q}_j} + \sum_{i=1}^{s} \lambda_i a_{ij}(q, t) \right] \delta q_j = 0. \tag{28}$$

In dieser Gleichung (28) sind nun aber die δq_j alle willkürlich wählbar. Deshalb muß der Ausdruck in der runden Klammer für jedes einzelne j verschwinden, d. h. es folgt

$$Q_j^{(r)} + \frac{\partial L}{\partial q_j} - \frac{d}{dt}\frac{\partial L}{\partial \dot{q}_j} + \sum_{i=1}^{s} \lambda_i a_{ij}(q,t) = 0, \qquad j = s+1, s+2, \ldots, 3N. \quad (29)$$

Nun sehen wir, daß die beiden Sätze von Gleichung (27) und (29) in der Form gleich sind und einfach zusammengefaßt werden können zu

$$\frac{\partial L}{\partial q_j} - \frac{d}{dt}\frac{\partial L}{\partial \dot{q}_j} + Q_j^{(r)} + \sum_{i=1}^{s} \lambda_i a_{ij}(q,t), \qquad j = 1, 2, \ldots, 3N. \quad (30)$$

Das sind $3N$ Gleichungen, die zusammen mit den s Nebenbedingungen in der Form

$$\sum_{l=1}^{3N} a_{il}(q,t)\dot{q}_l + a_{it}(q,t) = 0, \qquad i = 1, 2, \ldots, s, \quad (31)$$

die $3N + s$ Unbekannten, nämlich $3N$ Koordinaten q_j und s Lagrange-Multiplikatoren λ_i, bestimmen. Die Gesamtzahl der zu bestimmenden Größen (q_j, λ_l) ist also $3N + s$. Das ist auch die Zahl der Gleichungen (30) und (31), die diese Größen bestimmen.

Wir können die Bedeutung der Lagrange-Multiplikatoren noch etwas genauer verstehen, wenn wir den letzten Term in (30) als zusätzliche Kraft $Q_j^{(z)}$ deuten, nämlich

$$Q_j^{(z)} = \sum_{i=1}^{s} \lambda_i a_{ij}(q,t). \quad (32)$$

Diese Kräfte $Q_j^{(z)}$ sind *Zwangskräfte,* die dadurch auftreten, daß die Bewegung des Systems durch Nebenbedingungen eingeschränkt ist. In der Tat, wenn die Nebenbedingungen verschwinden ($a_{ij} = 0$), sind auch die Zwangskräfte $Q_j^{(z)} = 0$. Die frühere Gleichung (25) kann jetzt so geschrieben

$$\sum_{i=1}^{3N} Q_i^{(z)} \delta q_i = 0 \quad (33)$$

und als das *Verschwinden der virtuellen Arbeit der Zwangskräfte* gedeutet werden.

Es ist klar, daß die hier für nicht-holonome Systeme entwickelte Methode der Lagrange-Multiplikatoren auch für holonome Systeme angewandt werden kann. Die holonomen Zwangsbedingungen (20)

$$g_i(\vec{r}_\nu, t) = 0, \qquad i = 1, 2, \ldots, s, \qquad \nu = 1, 2, \ldots, N,$$

können nämlich sofort in differentieller Form notiert werden:

$$\sum_{l=1}^{N} \frac{\partial g_i}{\partial \vec{r}_l} \cdot d\vec{r}_l + \frac{\partial g_i}{\partial t} \, dt = 0, \qquad i = 1, 2, \ldots, s. \tag{34}$$

Das ist genau die Form (21) für nichtholonome Systeme. Von hier ab kann nun das Verfahren mit den Lagrange-Multiplikatoren wie erläutert ablaufen. Wir erhalten dann $(3N + s)$ gekoppelte Gleichungen, während die frühere Lösungsmethode für holonome Systeme (die auf der Elimination von s Koordinaten aus (20) beruht) nur auf $(3N - s)$ gekoppelte Gleichungen führt. Durch die zusätzlichen $2s$ Gleichungen ist das Verfahren jetzt viel komplizierter geworden. Jedoch hat auch diese Komplikation einen großen Vorteil: Wir können jetzt nämlich (durch Lösung der $3N + s$ Gleichungen) ohne Schwierigkeiten die Zwangskräfte $Q_j^{(z)}$ gemäß (32) bestimmen.

17.3 Aufgabe: Bestimmen Sie die Bewegungsgleichungen und Zwangskräfte einer Kreisscheibe der Masse M und des Radius R, die *ohne zu schlüpfen* auf der x-y-Ebene rollt (vgl. Figur). Die Scheibe soll immer senkrecht auf der x-y-Ebene stehen.

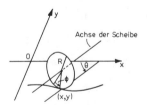

Kreisscheibe rollt auf x-y-Ebene

Lösung: Zur Lösung überlegen wir zunächst, wie wir die Nebenbedingungen "ohne zu schlüpfen" zusammen mit "immer senkrecht auf x-y-Ebene stehen" mathematisch fassen. Das bedeutet nämlich, daß der Mittelpunkt der Scheibe genau über dem Berührungspunkt (x,y) liegt (senkrecht-Stehen der Scheibe) und die Bogengeschwindigkeit $R\dot{\Phi}$ (Φ ist der Rotationswinkel der Scheibe um ihre Achse) des Scheibenrandes gleich der Geschwindigkeit des Berührungspunktes in der x-y-Ebene ist. Das Letztere bedeutet genau, daß es keinen Schlupf gibt. Führen wir nun den Winkel θ zwischen Scheiben-Achse und x-Achse ein (vgl. Figur), so lautet die "Ohne-Schlupf-Bedingung" mathematisch:

$$\dot{x} = R\dot{\Phi}\sin\Theta, \qquad \dot{y} = -R\dot{\Phi}\cos\Theta. \qquad \underline{1}$$

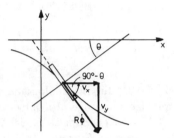

Projektion auf die x-y-Ebene

Anders geschrieben lauten diese differentiellen Nebenbedingungen

$$dx - R\sin\Theta\, d\Phi = 0,$$

$$dy + R\cos\Theta\, d\Phi = 0. \qquad \underline{2}$$

In der Form (22) lauten diese also

$$a_{11}\, dx + a_{12}\, dy + a_{13}\, d\Phi + a_{14}\, d\Theta = 0,$$

$$a_{21}\, dx + a_{22}\, dy + a_{23}\, d\Phi + a_{24}\, d\Theta = 0,$$

wobei

$$a_{11} = 1, \qquad a_{12} = 0, \qquad a_{13} = -R\sin\Theta, \qquad a_{14} = 0,$$

$$a_{21} = 0, \qquad a_{22} = 1, \qquad a_{23} = R\cos\Theta, \qquad a_{24} = 0$$

ist. Damit sind die Zwangskräfte gemäß Gleichung (32):

$$Q_x^{(z)} = \lambda_1,$$

$$Q_y^{(z)} = \lambda_2,$$

$$Q_\Phi^{(z)} = -\lambda_1 R\sin\Phi + \lambda_2 R\cos\Theta, \qquad \underline{3}$$

$$Q_\Theta^{(z)} = 0.$$

Die kinetische Energie der Scheibe ist

$$T = \frac{1}{2}I_1\dot{\Phi}^2 + \frac{1}{2}I_2\dot{\Theta}^2 + \frac{1}{2}M\dot{x}^2 + \frac{1}{2}M\dot{y}^2, \qquad \underline{4}$$

wobei I_1 das Trägheitsmoment der Scheibe um die Achse senkrecht zur Scheibe durch den Mittelpunkt und I_2 dasjenige um die Achse durch den Mittelpunkt und den Berührungspunkt (x, y) ist.

Die Lagrange-Gleichungen (30) lauten jetzt explizit

$$M\ddot{x} = Q_x + \lambda_1$$
$$M\ddot{y} = Q_y + \lambda_2,$$
$$I_1\ddot{\Phi} = Q_\Phi - \lambda_1 R \sin\Theta + \lambda_2 R \cos\Theta, \qquad \underline{5}$$
$$I_2\ddot{\Theta} = Q_\Theta.$$

$Q_x, Q_y, Q_\Phi, Q_\Theta$ sind eventuell vorhandene äußere Kräfte. Wir studieren den Fall ohne solche und setzen diese daher $= 0$. Das führt Gleichungen $\underline{5}$ über in

$$M\ddot{x} = \lambda_1,$$
$$M\ddot{y} = \lambda_2, \qquad \underline{6}$$
$$I_1\ddot{\Phi} = -\lambda_1 R \sin\Theta + \lambda_2 R \cos\Theta,$$
$$I_2\ddot{\Theta} = 0,$$

die durch die Gleichungen $\underline{1}$ gemäß (31) ergänzt werden müssen:

$$\dot{x} = R\dot{\Phi}\sin\Theta,$$
$$\dot{y} = -R\dot{\Phi}\cos\Theta. \qquad \underline{7}$$

Die letzte Gleichung $\underline{6}$ kann sofort integriert werden und führt auf

$$\Theta = \omega t.$$

Setzt man dies in $\underline{7}$ ein, so kann man $\ddot{x}$ und $\ddot{y}$ berechnen, was über die ersten beiden Gleichungen $\underline{6}$ λ_1 und λ_2 bestimmt:

$$\lambda_1 = M\ddot{x} = M(R\ddot{\Phi}\sin\omega t + \omega R\dot{\Phi}\cos\omega t),$$
$$\lambda_2 = M\ddot{y} = -M(R\ddot{\Phi}\cos\omega t - \omega R\dot{\Phi}\sin\omega t). \qquad \underline{8}$$

Das wiederum wird jetzt in die dritte Gleichung $\underline{6}$ eingesetzt, die dann lautet

$$I_1\ddot{\Phi} = -MR(R\ddot{\Phi}\sin\omega t + \omega R\dot{\Phi}\cos\omega t)\sin\omega t$$
$$\qquad - MR(R\ddot{\Phi}\cos\omega t - \omega R\dot{\Phi}\sin\omega t)\cos\omega t$$
$$\qquad = -MR^2\ddot{\Phi},$$

d. h.

$$(I_1 + MR^2)\ddot{\Phi} = 0.$$

– 348 –

Daraus folgt $\ddot{\Phi} = 0$ und daher $\dot{\Phi} = $ const. Damit können wir nun die Zwangskräfte $\underline{3}$ explizit notieren:

$$Q_x^{(z)} = M\omega R\dot{\Phi}\cos\omega t,$$
$$Q_y^{(z)} = M\omega R\dot{\Phi}\sin\omega t, \qquad\qquad \underline{9}$$
$$Q_\Phi^{(z)} = 0,$$
$$Q_\Theta^{(z)} = 0.$$

Diese Zwangskräfte müssen wirken, damit die Scheibe senkrecht auf der x-y-Ebene bleibt. Wenn die Scheibe geradeaus rollt ($\omega = 0$), verschwinden die Zwangskräfte. Das ist anschaulich klar.

17.4 Aufgabe: Der Fliehkraftregler.

Überlegen Sie die Freiheitsgrade und bestimmen Sie über die Lagrange-Funktion die Bewegungsgleichungen des in der Figur abgebildeten Fliehkraftreglers.

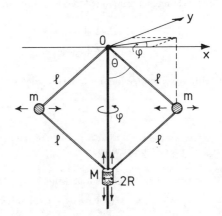

Lösung: Das Prinzip des Fiehkraftreglers findet z. B. Anwendung in Kraftfahrzeugen. Die Verteiler-Antriebswelle ist fest mit der Trägerplatte eines Fliehkraftreglers verbunden, welche sich unter der Unterbrecherplatte befindet. Bei höheren Drehzahlen drücken die Fliehgewichte auf ihrer Trägerplatte gegen einen "Mitnehmer", wodurch die in die Antriebswelle eingesteckte Verteilerwelle über einen Nocken zusätzlich in ihre Drehrichtung bewegt wird. Dieser Mechanismus bewirkt eine bei höheren Geschwindigkeiten erforderliche Frühzündung. Bei neueren Modellen mit "Transistorzündung" entfällt dieser Mechanismus. – Das System besitzt

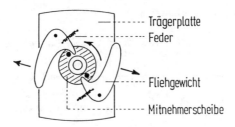

Fliehkraftregler bei Kraftfahrzeugen

zwei Freiheitsgrade, welche durch die Winkel θ und φ beschrieben werden können. Die Bewegung von m, M sind über die Zwangsbedingungen eingeschränkt, die hier durch die vier starren Stäbe und die Drehachse repräsentiert werden. θ und φ bieten sich daher als generalisierte Koordinaten an.

Wir bestimmen zunächst die kinetische Energie. Das Trägheitsmoment des Zylinders ist

$$\theta_{ZZ} = \frac{1}{2} M R^2$$

und damit

$$T_{\text{rot}} = \frac{1}{2} \left(\frac{1}{2} M R^2 + 2 m l^2 \sin^2 \theta \right) \dot{\varphi}^2. \qquad \underline{1}$$

Die kinetische Energie aufgrund der Bewegung in der x-z-Ebene ergibt sich zu

$$T_{\text{Ebene}} = 2 \cdot \frac{m}{2} v_m^2 + \frac{1}{2} M v_M^2 \qquad \underline{2}$$

$$v_m = l\dot{\theta}, \qquad v_M = \frac{d}{dt}(-2l \cos \theta) = \dot{\theta} 2 l \sin \vartheta. \qquad \underline{3}$$

Es folgt damit

$$T_{\text{Ebene}} = (m + 2M \sin^2 \theta) l^2 \dot{\theta}^2. \qquad \underline{4}$$

Mit der potentiellen Energie $V = -2gl(m + M) \cos \theta$ können wir die Lagrange-Funktion aufschreiben:

$$L = T_{\text{rot}} + T_{\text{Ebene}} - V$$

$$= \frac{1}{2}(\theta_{ZZ} + 2ml^2 \sin^2 \theta)\dot{\varphi}^2 + (m + 2M \sin^2 \theta)l^2 \dot{\theta}^2 + 2gl(m + M) \cos \theta. \qquad \underline{5}$$

Die Lagrange-Gleichungen $\frac{d}{dt}\frac{\partial L}{\partial \dot{q}_\nu} - \frac{\partial L}{\partial q_\nu} = 0$ liefern uns sofort die Bewegungsgleichungen:

$$\frac{\partial L}{\partial \varphi} = 0,$$

$$\frac{\partial L}{\partial \dot{\varphi}} = (\theta_{ZZ} + 2ml^2 \sin^2 \theta)\dot{\varphi} \qquad \underline{6}$$

$$\frac{\partial L}{\partial \theta} = 2ml^2 \sin \theta \cos \theta \, \dot{\varphi}^2 + 4M \sin \theta \cos \theta \, l^2 \dot{\theta}^2 - 2gl(m + M) \sin \theta$$

$$\frac{\partial L}{\partial \dot{\theta}} = 2(m + 2M \sin^2 \theta)l^2 \dot{\theta}. \qquad \underline{7}$$

Aus Gleichung $\underline{6}$ erhalten wir:

$$\frac{d}{dt}\left(\frac{\partial L}{\partial \dot\varphi}\right) = \frac{d}{dt}[(\theta_{ZZ} + 2ml^2 \sin^2\theta)\dot\varphi] = 0. \qquad \underline{8}$$

Für die Lagrange-Gleichung in θ benötigen wir:

$$\frac{d}{dt}\left(\frac{\partial L}{\partial \dot\theta}\right) = (2m + 4M\sin^2\theta)l^2\ddot\theta + 8M\sin\theta\cos\theta\, l^2\dot\theta^2.$$

Es folgt:

$$(2m + 4M\sin^2\theta)l^2\ddot\theta + 4Ml^2\dot\theta^2\sin\theta\cos\theta$$
$$- 2ml^2\dot\varphi^2\sin\theta\cos\theta + 2gl(m+M)\sin\theta = 0, \qquad \underline{9}$$

so daß wir folgende Bewegungsgleichungen erhalten:

$$(2m + 4M\sin^2\theta)l^2\ddot\theta + 2l^2(2M\dot\theta^2 - m\dot\varphi^2)\sin\theta\cos\theta + 2gl(m+M)\sin\theta = 0,$$

$$\frac{d}{dt}\left[\left(\frac{1}{2}MR^2 + 2ml^2\sin^2\theta\right)\dot\varphi\right] = 0$$
$$\Leftrightarrow \quad \dot\varphi = \frac{C}{(1/2)MR^2 + 2ml^2\sin^2\theta}. \qquad \underline{10}$$

An diesen Bewegungsgleichungen wird der Vorteil des Lagrange-Formalismus deutlich, denn die Berücksichtigung der komplizierten Zwangskräfte in der Newtonschen Formulierung hätte deutlich mehr Mühe bereitet.

VI. Die Hamiltonsche Theorie

18. Die Hamiltonschen Gleichungen

Die Variablen der Lagrange-Funktion sind die *generalisierten Koordinaten* q_α und die zugehörigen *generalisierten Geschwindigkeiten* $\dot{q}_\alpha$.
In der Hamiltonschen Theorie werden als unabhängige Variablen die generalisierten Koordinaten und die zugehörigen Impulse verwendet. Die Ortskoordinaten und die "Impulskoordinaten" spielen in dieser Theorie eine völlig gleichberechtigte Rolle. Die Hamiltonsche Theorie bringt wesentliche Einsichten in die formale Struktur der Mechanik und ist von grundlegender Bedeutung für den Übergang von der klassischen Mechanik zur Quantenmechanik.
Wir suchen jetzt einen Übergang von der Lagrange-Funktion $L(q_i, \dot{q}_i, t)$ zur Hamilton-Funktion $H(q_i, p_i, t)$. Wir erinnern uns, daß die *generalisierten Impulse* durch

$$p_i = \frac{\partial L}{\partial \dot{q}_i}$$

gegeben sind und suchen nun eine Transformation

$$L(q_i, \dot{q}_i, t) \quad \Longrightarrow \quad H\left(q_i, \frac{\partial L}{\partial \dot{q}_i}, t\right) = H(q_i, p_i, t). \tag{1}$$

Die Frage ist jetzt: Wie soll H konstruiert werden? Das Rezept ist einfach und wird in der nachfolgenden Gleichung (2) formuliert.
Der mathematische Hintergrund einer solchen Transformation (*Legendre**-*Transformation*) läßt sich leicht an einem zweidimensionalen Beispiel zeigen.
Man geht von der Funktion $f(x, y)$ zur Funktion $g(x, u) = g(x, \partial f/\partial y)$ über:

$$f(x, y) \quad \Longrightarrow \quad g(x, u) \quad \text{mit } u = \frac{\partial f}{\partial y},$$

---

* *Legendre*, Adrien Marie, geb. 18.9.1752 und gest. 10.1.1833 Paris. – L. hat einen großen Anteil an der Begründung und Entwicklung der Zahlentheorie und der Geodäsie. Wesentliche Ergebnisse fand er auch zu elliptischen Integralen, über Grundlagen und Methoden der euklidischen Geometrie, über Variationsrechnung und theoretische Astronomie; z.B. wendete er als erster die Methode der kleinsten Quadrate an und berechnete umfangreiche Tafelwerke. L. befaßte sich mit vielen Problemen, die auch Gauss interessierten, erreichte jedoch nie dessen Vollkommenheit. Seit 1775 war L. als Professor an verschiedenen Pariser Hochschulen tätig und veröffentlichte ausgezeichnete Lehrbücher, die einen lang anhaltenden Einfluß ausübten.

wobei $g(x, u)$ durch

$$g(x, u) = uy - f(x, y)$$

definiert wird.
Wenn wir das totale Differential bilden, sehen wir, daß die so gebildete Funktion g nicht mehr y als unabhängige Variable enthält:

$$dg = y\,du + u\,dy - df$$
$$= y\,du + u\,dy - \frac{\partial f}{\partial x}\,dx - \frac{\partial f}{\partial y}\,dy$$
$$= y\,du - \frac{\partial f}{\partial x}\,dx,$$

wobei jetzt $y = \partial g/\partial u$ und $\partial g/\partial x = -\partial f/\partial x$.
Entsprechend diesem kurzen Einschub erfolgt jetzt die Konstruktion der Hamilton-Funktion aus der Lagrange-Funktion. Wir schreiben für die *Hamilton-Funktion*

$$H(q_i, p_i, t) = \sum_i p_i \dot{q}_i - L(q_i, \dot{q}_i, t). \tag{2}$$

Gesucht werden jene Bewegungsgleichungen, die den auf der Lagrange-Funktion L basierenden Lagrange-Gleichungen äquivalent sind, aber auf der Hamilton-Funktion H basieren. Dazu bilden wir das totale Differential:

$$dH = \sum p_i \, d\dot{q}_i + \sum \dot{q}_i \, dp_i - dL. \tag{3}$$

Das totale Differential der Lagrange-Funktion lautet

$$dL = \sum \frac{\partial L}{\partial q_i} \, dq_i + \sum \frac{\partial L}{\partial \dot{q}_i} \, d\dot{q}_i + \frac{\partial L}{\partial t} \, dt. \tag{4}$$

Jetzt benutzen wir die Definition des generalisierten Impulses, $p_i = \partial L/\partial \dot{q}_i$, und die Lagrange-Gleichung in der Form

$$\frac{d}{dt} p_i - \frac{\partial L}{\partial q_i} = 0.$$

Beides in Gleichung (4) eingesetzt, ergibt:

$$dL = \sum \dot{p}_i \, dq_i + \sum p_i \, d\dot{q}_i + \frac{\partial L}{\partial t} \, dt.$$

Setzen wir dL in Gleichung (3) ein, so folgt:

$$dH = \sum p_i \, d\dot{q}_i + \sum \dot{q}_i \, dp_i - \sum \dot{p}_i \, dq_i - \sum p_i \, d\dot{q}_i - \frac{\partial L}{\partial t} \, dt.$$

Da sich der erste und der vierte Term gegenseitig wegheben, verbleibt:

$$dH = \sum \frac{\partial H}{\partial q_i} \, dq_i + \sum \frac{\partial H}{\partial p_i} \, dp_i + \frac{\partial H}{\partial t} \, dt = \sum \dot{q}_i \, dp_i - \sum \dot{p}_i \, dq_i - \frac{\partial L}{\partial t} \, dt.$$

Daraus folgen sofort die *Hamiltonschen Gleichungen**:

$$\dot{q}_i = \frac{\partial H}{\partial p_i}, \qquad \dot{p}_i = -\frac{\partial H}{\partial q_i}, \qquad \frac{\partial H}{\partial t} = -\frac{\partial L}{\partial t}. \qquad (5)$$

Sie sind jetzt die grundlegenden Bewegungsgleichungen in dieser Formulierung der Mechanik. Die Hamilton-Funktion H spielt hier die zentrale Rolle, ähnlich wie es in der Lagrangeschen Formulierung der Mechanik die Lagrange-Funktion L gewesen war. Diese Hamilton-Funktion H wird gemäß Gleichung (2) konstruiert; allerdings mit der Maßgabe, daß alle Geschwindigkeiten $\dot{q}_i$ durch die generalisierten Impulse p_i und die generalisierten Koordinaten q_i mittels der Gleichung (1) ausgedrückt werden. Mit anderen Worten: Die Gleichungen (1) für die Definition der verallgemeinerten Impulse

$$p_i = \frac{\partial L(q_i, \dot{q}_i, t)}{\partial \dot{q}_i}$$

werden nach den verallgemeinerten Geschwindigkeiten $\dot{q}_i$ aufgelöst, so daß

$$\dot{q}_i = \dot{q}_i(q_i, p_i)$$

wird. Diese so erhaltenen $\dot{q}_i$ werden in die Definition von H (siehe Gleichung (2)) eingesetzt, so daß die Hamilton-Funktion H schließlich nur von q_i, p_i und der Zeit t abhängt, also $H = H(q_i, p_i, t)$. Von da ab werden dann die Hamiltonschen Gleichungen (5) aufgestellt und gelöst.

---

* *Hamilton*, Sir William Rowan, geb. 4.8.1805 Dublin, gest. 2.9.1865 Dunsik. – H. studierte seit 1824 in Dublin und wurde 1827, noch vor Abschluß seiner Studien, Professor der Astronomie und königlicher Astronom von Irland. – H. lieferte wichtige Arbeiten zur Algebra und ist der Entdecker des Quaternionenkalküls. Außerordentlich bedeutend sind seine Beiträge zur geometrischen Optik und zur klassischen Mechanik, z.B. die kanonischen Gleichungen und das H.-Prinzip.

Die Lagrange-Gleichungen liefern für die Ortskoordinaten einen Satz von n Differentialgleichungen zweiter Ordnung in der Zeit. Aus dem Hamiltonschen Formalismus folgen für Impuls- und Ortskoordinaten $2n$ gekoppelte Differentialgleichungen erster Ordnung. In jedem Fall ergeben sich beim Lösen $2n$ Integrationskonstanten.

Aus den Gleichungen (5) sehen wir, daß bei einer Koordinate, von der die Hamilton-Funktion nicht abhängt, die zugehörige zeitliche Änderung des Impulses verschwindet:

$$\frac{\partial H}{\partial q_i} = 0 \quad \Longrightarrow \quad p_i = \text{const.}$$

Falls die Hamilton-Funktion (die Lagrange-Funktion) nicht explizit zeitabhängig ist, ist H eine Konstante der Bewegung:

$$\frac{dH}{dt} = \sum \frac{\partial H}{\partial q_i} \dot{q}_i + \sum \frac{\partial H}{\partial p_i} \dot{p}_i + \frac{\partial H}{\partial t}.$$

Mit den Gleichungen (5) folgt daraus:

$$\frac{dH}{dt} = \frac{\partial H}{\partial t}$$

und mit $\partial H/\partial t = 0$ (weil H nicht explizit zeitabhängig sein soll) dann $dH/dt = 0$, also $H = \text{const.}$

Was bedeutet nun die Hamilton-Funktion eigentlich; wie kann man sie physikalisch deuten? Um das zu sehen betrachten wir einen Spezialfall:

Für ein System mit holonomen, skleronomen Zwangsbedingungen und konservativen inneren Kräften stellt die Hamilton-Funktion H die Energie des Systems dar.

Wir machen uns das jetzt klar. Betrachten wir zunächst die kinetische Energie:

$$T = \frac{1}{2} \sum_\nu m_\nu \dot{\vec{r}}_\nu^{\,2}, \qquad \nu = 1, 2, \ldots, N \qquad (N: \text{Zahl der Teilchen}).$$

Wenn die Zwangsbedingungen holonom und nicht zeitabhängig sind, existieren Transformationsgleichungen $\vec{r}_\nu = \vec{r}_\nu(q_i)$ und damit

$$\dot{\vec{r}}_\nu = \sum_i \frac{\partial \vec{r}_\nu}{\partial q_i} \dot{q}_i.$$

Eingesetzt in die kinetische Energie ergibt das:

$$T = \frac{1}{2} \sum_{\nu} m_{\nu} \sum_{i,k} \left(\frac{\partial \vec{r}_{\nu}}{\partial q_i} \dot{q}_i \right) \cdot \left(\frac{\partial \vec{r}_{\nu}}{\partial q_k} \dot{q}_k \right)$$

$$= \sum_{i,k} \left(\frac{1}{2} \sum_{\nu} m_{\nu} \frac{\partial \vec{r}_{\nu}}{\partial q_i} \cdot \frac{\partial \vec{r}_{\nu}}{\partial q_k} \right) \dot{q}_i \dot{q}_k$$

$$= \sum_{i,k} a_{ik} \dot{q}_i \dot{q}_k \ .$$

Die kinetische Energie T ist also eine *homogene quadratische Funktion* der generalisierten Geschwindigkeiten. Die darin auftretenden Massenkoeffizienten

$$a_{ik} = \frac{1}{2} \sum_{\nu} m_{\nu} \frac{\partial \vec{r}_{\nu}}{\partial q_i} \cdot \frac{\partial \vec{r}_{\nu}}{\partial q_k}$$

sind symmetrisch, d.h. $a_{ik} = a_{ki}$.
Nun läßt sich der Satz von Euler über homogene Funktionen anwenden. Ist f eine homogene Funktion vom Grade n, falls also gilt:

$$f(\lambda x_1, \lambda x_2, \ldots, \lambda x_k) = \lambda^n f(x_1, \ldots, x_k),$$

dann gilt ebenso

$$\sum_{i=1}^{k} x_i \frac{\partial f}{\partial x_i} = nf \ .$$

Dies läßt sich zeigen, indem wir die Ableitung der oberen Gleichung nach λ bilden, also

$$\frac{\partial f}{\partial (\lambda x_1)} x_1 + \cdots + \frac{\partial f}{\partial (\lambda x_k)} x_k = n\lambda^{n-1} f.$$

Setzen wir $\lambda = 1$, so folgt die Behauptung. Angewandt auf die kinetische Energie ($n = 2$) besagt der Satz von Euler:

$$\sum \frac{\partial T}{\partial \dot{q}_i} \cdot \dot{q}_i = 2T. \tag{6}$$

Da konservative Kräfte vorausgesetzt werden, existiert ein geschwindigkeitsunabhängiges Potential $V(q_i)$, so daß gilt:

$$\frac{\partial L}{\partial \dot{q}_i} = \frac{\partial T}{\partial \dot{q}_i} = p_i$$

und damit

$$H = \sum p_i \dot{q}_i - L = \sum \frac{\partial T}{\partial \dot{q}_i} \dot{q}_i - L \,.$$

Verwenden wir die Beziehung (6) und die Definition der Lagrange-Funktion, so folgt:

$$H = 2T - (T - V) = T + V = E \,.$$

Die Hamilton-Funktion stellt also unter den gegebenen Bedingungen die Gesamtenergie dar; die durch die Lagrange-Funktion repräsentierte Energie $T - V$ wird manchmal als die *"freie Energie"* bezeichnet.

Es ist zu beachten, daß H die etwaige Arbeit der Zwangskräfte nicht berücksichtigt.

Die Hamiltonsche Formulierung der Mechanik geht über die Lagrangesche aus den Newtonschen Gleichungen hervor. Das haben wir ja gerade bei der Ableitung der Gleichungen (5) gesehen, wobei wir die Lagrange-Gleichungen explizit benutzten. Die letzteren sind jedoch der Newtonschen Formulierung der Mechanik äquivalent (vgl. d'Alembertsches Prinzip ff.). Umgekehrt lassen sich aus den Hamilton-Gleichungen leicht die Newtonschen Gleichungen ableiten und so die Äquivalenz beider Formulierungen zeigen. Es genügt, ein einzelnes Teilchen in einem konservativen Kraftfeld zu betrachten und die kartesischen als generalisierte Koordinaten zu verwenden. Dann gilt:

$$p_i = m\dot{x}_i \,, \quad H = \frac{1}{2}m \sum_i \dot{x}_i^2 + V(x_i), \quad (i = 1, 2, 3),$$

oder

$$H = \frac{1}{2} \sum_i \frac{p_i^2}{m} + V(q_i).$$

Daraus folgen die Hamilton-Gleichungen ($q_i = x_i$):

$$\dot{q}_i = \frac{\partial H}{\partial p_i} = \frac{p_i}{m} \quad \text{und} \quad \dot{p}_i = -\frac{\partial H}{\partial q_i} = -\frac{\partial V}{\partial x_i},$$

oder vektoriell:

$$\dot{\vec{p}} = -\operatorname{grad} V \,.$$

Das sind die Newtonschen Bewegungsgleichungen.

18.1 Beispiel: Zentralbewegung Ein Teilchen vollführe eine ebene Bewegung unter dem Einfluß eines Potentials, welches nur vom Abstand vom Koordinatenursprung abhängig ist. Es ist naheliegend, ebene Polarkoordinaten (r, φ) als generalisierte Koordinaten zu verwenden.

$$L = T - V = \frac{1}{2}mv^2 - V = \frac{1}{2}m(\dot{r}^2 + r^2\dot{\varphi}^2) - V(r).$$

Mit $p_\alpha = \partial L/\partial \dot{q}_\alpha$ erhält man die Impulse

$$p_r = \frac{\partial L}{\partial \dot{r}} = m\dot{r} \qquad \text{oder} \qquad \dot{r} = \frac{p_r}{m},$$

$$p_\varphi = \frac{\partial L}{\partial \dot{\varphi}} = mr^2\dot{\varphi} \qquad \text{oder} \qquad \dot{\varphi} = \frac{p_\varphi}{mr^2}.$$

Damit heißt die Hamilton-Funktion:

$$H = p_r\dot{r} + p_\varphi\dot{\varphi} - L = \frac{p_r^2}{2m} + \frac{p_\varphi^2}{2mr^2} + V(r).$$

Die Hamilton-Gleichungen liefern dann:

$$\dot{r} = \frac{\partial H}{\partial p_r} = \frac{p_r}{m}, \qquad \dot{\varphi} = \frac{\partial H}{\partial p_\varphi} = \frac{p_\varphi}{mr^2}$$

und

$$\dot{p}_r = -\frac{\partial H}{\partial r} = \frac{p_\varphi^2}{mr^3} - \frac{\partial V}{\partial r}, \qquad \dot{p}_\varphi = -\frac{\partial H}{\partial \varphi} = 0.$$

φ ist eine zyklische Koordinate, daraus folgt die Erhaltung des Drehimpulses im Zentralpotential.

18.2 Beispiel: Das Pendel in der Newtonschen, Lagrangeschen und Hamiltonschen Theorie.
Die Bewegungsgleichung des Pendels soll im Rahmen der Newtonschen, Lagrangeschen und Hamiltonschen Theorie abgeleitet werden.

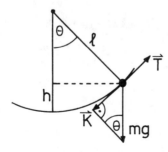

Zur Pendelbewegung.

Newtonsche Theorie: Wir gehen aus vom Newtonschen Axiom

$$\dot{\vec{p}} = \vec{K}\,.$$

Die Bogenlänge der Auslenkung bezeichnen wir mit s, den Tangentialeinheitsvektor mit $\vec{T}$. Dann gilt (s. Figur)

$$\vec{K} = -mg \sin \Theta \vec{T}$$

und somit

$$m\ddot{s}\vec{T} = -mg \sin \Theta \vec{T}\,.$$

Mit $s = l\Theta$ folgt $\ddot{s} = l\ddot{\Theta}$. Als Bewegungsgleichung bekommen wir daher

$$\ddot{\Theta} + \frac{g}{l} \sin \Theta = 0.$$

Für kleine Auslenkungen ($\sin \Theta \sim \Theta + \cdots$) ergibt sich

$$\ddot{\Theta} + \frac{g}{l}\Theta = 0.$$

Diese Differentialgleichung hat als allgemeine Lösung

$$\Theta = A \cos \sqrt{\frac{g}{l}}\, t + B \sin \sqrt{\frac{g}{l}}\, t\,,$$

wobei die Konstanten A und B aus den Anfangsbedingungen bestimmt werden.

Lagrangesche Theorie:

$$T = \frac{1}{2}mv^2 = \frac{1}{2}m(l\dot{\Theta})^2 = \frac{1}{2}ml^2\dot{\Theta}^2$$

$$V = mgh = mg(l - l\cos\Theta) = mgl(1 - \cos\Theta).$$

Somit lautet die Lagrange-Funktion für dieses konservative System

$$L = T - V = \frac{1}{2}ml^2\dot{\Theta}^2 - mgl(1 - \cos\Theta).$$

Nun verwenden wir die Lagrange-Gleichung

$$\frac{d}{dt}\left(\frac{\partial L}{\partial \dot{\Theta}}\right) - \frac{\partial L}{\partial \Theta} = 0.$$

Mit

$$\frac{\partial L}{\partial \Theta} = -mgl \sin \Theta \qquad \text{und} \qquad \frac{\partial L}{\partial \dot{\Theta}} = ml^2\dot{\Theta}$$

folgt somit

$$ml^2\ddot{\Theta} + mgl\sin\Theta = 0 \qquad \text{oder} \qquad \ddot{\Theta} + \frac{g}{l}\sin\Theta = 0.$$

Hamiltonsche Theorie: Unter Verwendung des generalisierten Impulses

$$p_\Theta = \frac{\partial L}{\partial \dot\Theta} = ml^2\dot\Theta$$

läßt sich die kinetische Energie schreiben als

$$T = \frac{1}{2}\frac{p_\Theta^2}{ml^2}\,.$$

Da die Gesamtenergie des Systems konstant ist, lautet die Hamilton-Funktion

$$H = T + V = \frac{1}{2}\frac{p_\Theta^2}{ml^2} + mgl(1 - \cos\Theta).$$

Die Hamiltonschen Gleichungen liefern

$$\dot p_\Theta = -\frac{\partial H}{\partial \Theta} = -mgl\sin\Theta \quad \text{und} \quad \dot\Theta = \frac{\partial H}{\partial p_\Theta} = \frac{p_\Theta}{ml^2}\,.$$

Aus der letzten Gleichung folgt

$$p_\Theta = ml^2\dot\Theta.$$

Differentiation ergibt

$$\dot p_\Theta = ml^2\ddot\Theta.$$

Vergleichen wir dies mit dem obigen Ausdruck für $\dot p_\Theta$, so erhalten wir abschließend wieder

$$\ddot\Theta + \frac{g}{l}\sin\Theta = 0.$$

18.3 Aufgabe: Ein Massepunkt m bewege sich in einem zylindersymmetrischen Potential $V(\varrho, z)$. Man bestimme die Hamilton-Funktion und die kanonischen Bewegungsgleichungen bezüglich eines Koordinatensystems, das mit konstanter Winkelgeschwindigkeit ω um die Symmetrieachse rotiert,

a) in kartesischen Koordinaten,

b) in Zylinderkoordinaten.

Lösung:

a) Zwischen den Koordinaten des Inertialsystems (x, y, z) und denen des rotierenden Bezugssystems (x', y', z') gilt der Zusammenhang:

$$x = \cos(\omega t)\, x' - \sin(\omega t)\, y'\,,$$
$$y = \sin(\omega t)\, x' + \cos(\omega t)\, y'\,,$$
$$z = z'\,. \tag{1}$$

Die Ableitung der Koordinaten ergibt:

$$\dot{x} = \cos(\omega t)\, \dot{x}' - \sin(\omega t)\, \dot{y}' - \omega(\sin(\omega t)\, x' + \cos(\omega t)\, y')\,,$$
$$\dot{y} = \sin(\omega t)\, \dot{x}' + \cos(\omega t)\, \dot{y}' + \omega(\cos(\omega t)\, x' - \sin(\omega t)\, y')\,,$$
$$\dot{z} = \dot{z}'\,. \tag{2}$$

Die Lagrange-Funktion hat im gestrichenen Koordinatensystem die Form

$$L = \frac{1}{2} m\{\dot{x}'^2 + \dot{y}'^2 + \dot{z}'^2 + \omega^2 (x'^2 + y'^2) + 2\omega(\dot{y}'x' - \dot{x}'y')\} - V(x', y', z')\,. \tag{3}$$

Aus $\underline{3}$ berechnen wir die generalisierten Impulse zu:

$$p_x' = \frac{\partial L}{\partial \dot{x}'} = m(\dot{x}' - \omega y')\,, \quad p_y' = \frac{\partial L}{\partial \dot{y}'} = m(\dot{y}' + \omega x')\,, \quad p_z' = \frac{\partial L}{\partial \dot{z}} = m\dot{z}'\,. \tag{4}$$

Nun lösen wir $\underline{4}$ nach den Geschwindigkeitskomponenten $\dot{x}'$, $\dot{y}'$, $\dot{z}'$ auf:

$$\dot{x}' = \frac{p_x'}{m} + \omega y'\,, \quad \dot{y}' = \frac{p_y'}{m} - \omega x'\,, \quad \dot{z}' = \frac{p_z'}{m} \tag{5}$$

und berechnen die Hamilton-Funktion gemäß

$$H = \sum_i \dot{q}_i p_i - L\,. \tag{6}$$

Das ergibt:

$$H = m(\dot{x}'^2 - \omega \dot{x}'y') + m(\dot{y}'^2 + \omega \dot{y}'x') + m\dot{z}'^2 - L$$

$$= \frac{1}{2} m \left[2\dot{x}'^2 - 2\omega \dot{x}'y' + 2\dot{y}'^2 + 2\omega \dot{y}'x' + 2\dot{z}'^2 \right.$$

$$\left. - \left(\dot{x}'^2 + \dot{y}'^2 + \dot{z}'^2 + \omega^2(x'^2 + y'^2) + 2\omega(\dot{y}'x' - \dot{x}'y') \right) \right] + V$$

$$= \frac{1}{2} m \left[\dot{x}'^2 + \dot{y}'^2 + \dot{z}'^2 - \omega^2(x'^2 + y'^2) \right] + V \tag{7}$$

$$= \frac{1}{2} m \left[\frac{p_x'^2}{m^2} + 2\frac{\omega}{m} y'p_x' + \omega^2 y'^2 + \frac{p_y'^2}{m^2} - 2\frac{\omega}{m} x'p_y' + \omega^2 x'^2 \right.$$

$$\left. + \frac{p_z'^2}{m^2} - \omega^2 x'^2 - \omega^2 y'^2 \right] + V$$

$$= \frac{1}{2m} [p_x'^2 + p_y'^2 + p_z'^2] - \omega[x'p_y' - y'p_x'] + V\left(\sqrt{x'^2 + y'^2}\,, z' \right)\,.$$

H ist explizit zeitunabhängig und damit eine Konstante der Bewegung. Die kanonischen Bewegungsgleichungen lauten:

$$\dot{x}' = \frac{\partial H}{\partial p'_x} = \frac{1}{m}p'_x + \omega y' \,,$$

$$\dot{y}' = \frac{1}{m}p'_y - \omega x' \,, \qquad\qquad \underline{8}$$

$$\dot{z}' = \frac{1}{m}p'_z \,,$$

$$\dot{p}'_x = -\frac{\partial H}{\partial x'} = \omega p'_y - \frac{\partial V}{\partial x'} \,,$$

$$\dot{p}'_y = -\omega p'_x - \frac{\partial V}{\partial y'} \,, \qquad\qquad \underline{9}$$

$$\dot{p}'_z = -\frac{\partial V}{\partial z'} \,.$$

b) Für den Übergang nach Zylinderkoordinaten differenzieren wir die Transformationsgleichungen

$$x' = \varrho' \cos\varphi' \,, \qquad y' = \varrho' \sin\varphi' \qquad\qquad \underline{10}$$

nach der Zeit:

$$\dot{x}' = \dot{\varrho}' \cos\varphi' - \varrho'\dot{\varphi}' \sin\varphi' \,,$$

$$\dot{y}' = \dot{\varrho}' \sin\varphi' + \varrho'\dot{\varphi}' \cos\varphi' \,. \qquad\qquad \underline{11}$$

Aus $\underline{3}$ und $\underline{11}$ berechnen wir die generalisierten Impulse:

$$p'_\varrho = \frac{\partial L}{\partial \dot{\varrho}'} = \frac{\partial L}{\partial \dot{x}'}\frac{\partial \dot{x}'}{\partial \dot{\varrho}'} + \frac{\partial L}{\partial \dot{y}'}\frac{\partial \dot{y}'}{\partial \dot{\varrho}'}$$

$$= p'_x \cos\varphi' + p'_y \sin\varphi' \,, \qquad\qquad \underline{12}$$

$$p'_\varphi = \frac{\partial L}{\partial \dot{\varphi}'} = \frac{\partial L}{\partial \dot{x}'}\frac{\partial \dot{x}'}{\partial \dot{\varphi}'} + \frac{\partial L}{\partial \dot{y}'}\frac{\partial \dot{y}'}{\partial \dot{\varphi}'}$$

$$= -p'_x \varrho' \sin\varphi' + p'_y \varrho' \cos\varphi' \,. \qquad\qquad \underline{13}$$

Nun lösen wir nach p'_x und p'_y auf. Aus $\underline{12}$ folgt:

$$p'_x = \frac{p'_\varrho - p'_y \sin\varphi'}{\cos\varphi'} \qquad\qquad \underline{14}$$

und aus $\underline{13}$ (mit $\underline{14}$):

$$p'_y = \frac{p'_\varphi \cos\varphi' + (p'_\varrho - p'_y \sin\varphi')\varrho' \sin\varphi'}{\varrho' \cos^2\varphi'}$$

$$\Longrightarrow \quad \frac{p'_y(\varrho' \cos^2\varphi' + \varrho' \sin^2\varphi')}{\varrho' \cos^2\varphi'} = \frac{p'_\varphi \cos\varphi' + p_\varrho \varrho \sin\varphi'}{\varrho' \cos^2\varphi'}$$

$$\Longrightarrow \quad p'_y = \frac{1}{\varrho'}p'_\varphi \cos\varphi' + p'_\varrho \sin\varphi' \,. \qquad\qquad \underline{15}$$

Analog erhalten wir:

$$p'_x = p'_\varrho \cos\varphi' - \frac{1}{\varrho'} p'_\varphi \sin\varphi'. \qquad\qquad \underline{16}$$

Nun setzen wir $\underline{15}$ und $\underline{16}$ in $\underline{7}$ ein und erhalten:

$$
\begin{aligned}
H &= \Bigg[p'^2_\varrho \cos^2\varphi' - \frac{2}{\varrho'} p'_\varrho \cos\varphi' p'_\varphi \sin\varphi' + \frac{1}{\varrho'^2}\sin^2\varphi' p'^2_\varphi \\
&\qquad + p'^2_\varrho \sin^2\varphi' + \frac{2}{\varrho} p'_\varrho \sin\varphi' p'_\varphi \cos\varphi' + \frac{1}{\varrho'^2} p'^2_\varphi \cos^2\varphi' \Bigg] \cdot \frac{1}{2m} \\
&\quad - \omega[x'p'_y - y'p'_x] + V(\varrho', z') \\
&= \frac{1}{2m}\left[p'^2_\varrho + \frac{1}{\varrho'^2} p'^2_\varphi + p'^2_z \right] - \omega\Bigg[\varrho'\cos\varphi' p'_\varrho \sin\varphi' + \varrho'\cos\varphi'\frac{1}{\varrho'}p'_\varphi \cos\varphi' \\
&\qquad - \varrho'\sin\varphi' p'_\varrho \cos\varphi' + \varrho'\sin\varphi'\frac{1}{\varrho'}p'_\varphi \sin\varphi' \Bigg] + V(\varrho', z') \\
&= \frac{1}{2m}\left[p'^2_\varrho + \frac{1}{\varrho'^2} p'^2_\varphi + p'^2_z \right] - \omega p'_\varphi + V(\varrho', z'). \qquad \underline{17}
\end{aligned}
$$

Ein Vergleich von $\underline{7}$ und $\underline{17}$ zeigt, daß die Hamilton-Funktion besonders einfach wird, wenn man sie in den Koordinaten darstellt, die der Symmetrie des Problems angepaßt sind. Gl. $\underline{17}$ entnimmt man, daß H unabhängig vom Winkel φ' ist (φ' ist zyklische Koordinate), so daß der Drehimpuls p'_φ eine Konstante der Bewegung ist.

Die kanonischen Bewegungsgleichungen lauten

$$
\begin{aligned}
\dot\varrho' &= \frac{1}{m}p'_\varrho, & \dot\varphi' &= \frac{1}{m\varrho'^2}p'_\varphi - \omega, & \dot z' &= \frac{1}{m}p'_z, \\
\dot p'_\varrho &= \frac{1}{m\varrho'^3}p'^2_\varphi - \frac{\partial V}{\partial\varrho'}, & \dot p'_\varphi &= 0, & \dot p'_z &= -\frac{\partial V}{\partial z'}.
\end{aligned}
\qquad \underline{18}
$$

Das Hamiltonsche Prinzip

Die Gesetze der Mechanik lassen sich auf zwei Arten durch Variationsprinzipien, die vom Koordinatensystem unabhängig sind, ausdrücken. Dies sind einmal die *Differentialprinzipien*. Hier wird ein beliebig gewählter momentaner Zustand des Systems mit (virtuellen) infinitesimalen Nachbarzuständen verglichen. Ein Beispiel dafür ist das D'Alembertsche Prinzip. Eine andere Möglichkeit besteht in der Variation eines endlichen Bahnelementes des Systems. Derartige Prinzipien nennen wir *Integralprinzipien*. Unter "Bahn" wird hierbei nicht die Bahn eines Systempunktes im dreidimensionalen Ortsraum verstanden, sondern die Bahn in einem vieldimensionalen Raum, in dem die Bewegung des gesamten Systems vollständig festgelegt ist. Bei f Freiheitsgraden des Systems ist dieser Raum f-dimensional. In allen Integralprinzipien hat die zu variierende Größe die Dimension einer Wirkung ($=$ Energie · Zeit); deshalb werden sie auch als *Prinzip der kleinsten Wirkung* bezeichnet. Als ein Beispiel wollen wir hier das *Hamiltonsche Prinzip* betrachten. Das Hamiltonsche Prinzip fordert, daß sich ein System so bewegt, daß das zeitliche Integral über die Lagrange-Funktion einen Extremalwert annimmt:

$$I = \int\limits_{t_1}^{t_2} L\, dt$$

soll ein Extremum haben, was wir auch so ausdrücken können:

$$\delta \int\limits_{t_1}^{t_2} L\, dt = 0. \tag{7}$$

Aus der Anwendung dieses Prinzips läßt sich die Bahngleichung des Systems ermitteln.

Bevor wir nun Gleichung (7) weiter betrachten, wollen wir kurz allgemein auf das Variationsproblem eingehen.

18.4 Beispiel einer Variationsaufgabe

Als Beispiel, wie eine mittels Koordinaten gegebene Beschreibung ersetzt werden kann durch eine von Koordinaten unabhängige, kann die Festlegung einer Geraden in der Ebene betrachtet werden. Die Gerade ist eindeutig bestimmt, wenn zwei ihrer Punkte vorgegeben sind, und sie kann beschrieben werden durch eine lineare Gleichung zwischen den Koordinaten x und y. Sie kann auch beschrieben werden durch die Differentialgleichung

$$\frac{d^2 y}{dx^2} = 0 \qquad \underline{1}$$

mit der weiteren Vorschrift, daß die Werte der gesuchten Funktion $y(x)$ für $x = x_1$ und $x = x_2$ gegebene Zahlen sind. Das sind Beschreibungen unter Benutzung von rechtwinkligen Koordinaten. Die Gerade kann aber auch als kürzeste Verbindung zweier Punkte beschrieben werden, also durch

$$\int ds = \text{Minimum.} \qquad \underline{2}$$

Die beiden gegebenen Punkte denke man sich durch alle möglichen Kurven verbunden und unter diesen Kurven diejenige ausgesucht, für die das angegebene Integral den kleinsten Wert hat. Diese Beschreibung der Geraden ist von der Wahl besonderer Koordinaten unabhängig.

Als Vorbereitung für das folgende zeigen wir, wie das Aufsuchen der kürzesten Verbindung zweier Punkte der Ebene auf die Gleichung $\underline{1}$ mathematisch zurückgeführt werden kann. Nach Einführung rechtwinkliger Koordinaten x und y ist die Aufgabe die, eine Funktion $y(x)$ zu suchen, für die $y(x_1)$ und $y(x_2)$ gegebene Werte haben und für die das Integral

$$I = \int\limits_{x_1}^{x_2} \sqrt{1 + y'(x)^2} \, dx \qquad \underline{3}$$

einen kleinsten Wert annimmt. Nicht jede sprachlich so ähnlich klingende Aufgabe braucht eine Lösung zu haben. So könnte man jemand die Aufgabe $\underline{2}$ oder $\underline{3}$ stellen und dabei nicht nur Anfangs- und Endpunkt der Kurve vorgeben, sondern auch die Richtung, mit der die Kurve in den Anfangs- und Endpunkt hineingeht. Man sieht leicht, daß es unter diesen Bedingungen keine kürzeste Verbindung gibt, wenn die beiden vorgegebenen Richtungen nicht zufällig in die gerade Verbindung fallen.

Die Aufgabe $\underline{3}$ hat eine gewisse Ähnlichkeit mit dem Aufsuchen des Minimums einer gegebenen Funktion $f(x)$. Da betrachtet man eine kleine Änderung von x und bildet

$$df(x) = f'(x) \, dx.$$

Wenn $f'(x) \neq 0$ ist, so kann $f(x)$ zu- und abnehmen bei kleinen Veränderungen von x, bei x liegt also kein Minimum. Notwendige Bedingung für ein Minimum ist demnach $f'(x) = 0$. Die Bedingung ist nicht hinreichend, sie tritt ebenso bei einem Maximum auf.

Bei der Aufgabe $\underline{3}$ haben wir nun nicht eine Veränderliche abzuändern, sondern eine Funktion $y(x)$. Wir ersetzen $y(x)$ durch eine "benachbarte" Funktion $y(x) + \varepsilon \eta(x)$, wo wir die Zahl ε nachher beliebig klein (dem Betrag nach) annehmen wollen. Es muß $\eta(x_1) = \eta(x_2) = 0$ sein. y' wird dann ersetzt durch $y' + \varepsilon \eta'$, und für den Integranden $\sqrt{1 + y'^2}$ erhalten wir die Taylorsche Reihenentwicklung nach Potenzen von ε:

$$\sqrt{1 + y'^2} + \varepsilon \frac{y'}{\sqrt{1 + y'^2}} \eta' + \varepsilon^2 (\dots),$$

wo das durch $\varepsilon^2 (\dots)$ angedeutete Glied für hinreichend kleines $|\varepsilon|$ vernachlässigt werden kann. Das Integral $\underline{3}$ lautet also jetzt

$$\int_{x_1}^{x_2} \sqrt{1 + y'^2} \, dx + \varepsilon \int_{x_1}^{x_2} \frac{y'}{\sqrt{1 + y'^2}} \eta' \, dx = \text{Min}$$

und soll für $\varepsilon = 0$ ein Minimum werden. Wenn das Integral im zweiten Glied nicht verschwindet, so kann durch Abänderung der Funktion $y(x)$ das Integral

$$\int_{x_1}^{x_2} \sqrt{1 + y'^2} \, dx$$

zu- und abnehmen, je nach dem Vorzeichen von ε. $y(x)$ schafft also nicht ein Minimum dieses Integrals. Für dieses besteht vielmehr die notwendige Bedingung

$$\int_{x_1}^{x_2} \frac{y'}{\sqrt{1 + y'^2}} \eta' \, dx = 0 \qquad\qquad \underline{4}$$

für jede Funktion $\eta(x)$, die bei x_1 und x_2 verschwindet. Um die weitgehende Willkür der Funktion $\eta(x)$ ausnützen zu können, formen wir $\underline{4}$ durch Teilintegration um:

$$\left[\frac{y'}{\sqrt{1 + y'^2}} \eta \right]_{x_1}^{x_2} - \int_{x_1}^{x_2} \eta \frac{d}{dx} \frac{y'}{\sqrt{1 + y'^2}} \, dx = 0.$$

Wegen $\eta(x_1) = \eta(x_2) = 0$ fällt das erste Glied weg. Das zweite Glied

$$\int_{x_1}^{x_2} \eta \cdot \frac{d}{dx} \frac{y'}{\sqrt{1 + y'^2}} \, dx \qquad\qquad \underline{5}$$

wird dann und nur dann für alle zugelassenen Funktionen $\eta(x)$ gleich null, wenn überall zwischen x_1 und x_2

$$\frac{d}{dx} \frac{y'}{\sqrt{1 + y'^2}} = 0 \qquad\qquad \underline{6}$$

ist. Wäre diese Gleichung nicht überall erfüllt, so könnten wir $\eta(x)$ immer da positiv wählen, wo $\frac{d}{dx}\ \frac{y'}{\sqrt{1+y'^2}}$ positiv ist, und negativ, wo dieser Ausdruck negativ ist, und so einen Widerspruch herstellen. Wir können auch so schließen: Wäre $\underline{6}$ irgendwo nicht erfüllt, so wähle man $\eta(x)$ überall null bis auf eine gewisse Nachbarschaft dieser Stelle; dies führt aber dazu, daß das Integral $\underline{5}$ nicht null wird. Die Größe η' in $\underline{4}$ könnten wir nicht so wählen; also für $\underline{4}$ den entsprechenden Schluß nicht ziehen.

Aus $\underline{6}$ folgt nun $y' = $ const oder $y'' = 0$, also die frühere Beschreibung $\underline{1}$. Unsere Rechnung hat also die Forderung, daß ein bestimmtes Integral durch eine Funktion zum Minimum gemacht wird, durch eine Differentialgleichung für diese Funktion ersetzt.

Die Gleichung $\underline{6}$ läßt noch eine andere Deutung zu. Es ist

$$\frac{d}{dx}\ \frac{y'}{\sqrt{1+y'^2}} = \frac{y''}{\sqrt{1+y'^2}^{\,3}}\ .$$

Wie in der Theorie der Kurven gezeigt wird, ist dies der Ausdruck für die Krümmung einer Kurve. Gleichung $\underline{6}$ besagt also, daß die gesuchte Kurve überall die Krümmung 0 hat.

Was wir eben behandelt haben, war eine einfache Aufgabe der "Variationsrechnung". Aufgaben vom Typ $\underline{2}$ oder $\underline{3}$ heißen Variationsaufgaben. In 18.5 und 18.6 werden wir weitere, weniger triviale Variationsaufgaben kennen lernen.

Allgemeines über das Variationsproblem

Gegeben sei die integrierbare Funktion $F = F(y(x), y'(x))$; wir suchen eine Funktion $y = y(x)$, so daß das Integral

$$I = \int\limits_{x_1}^{x_2} F(y(x), y'(x))\, dx$$

einen Extremwert annimmt.

Dieses Problem wird in eine elementare Extremwertaufgabe übergeführt, indem wir die Gesamtheit aller physikalisch sinnvollen Wege durch eine Parameterdarstellung erfassen:

$$y(x, \varepsilon) = y(x) + \varepsilon \eta(x),$$

wobei ε einen für jede Bahn konstanten Parameter bedeuten soll, $\eta(x)$ ist eine beliebige differenzierbare Funktion, die an den Endpunkten verschwindet:

$$\eta(x_1) = \eta(x_2) = 0.$$

Die gesuchte Kurve wird durch $y(x) = y(x,0)$ gegeben.

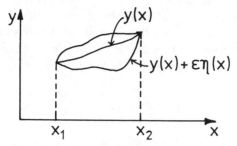

Mögliche Bahnen von x_1, y_1 nach x_2, y_2.

Dann ist die Bedingung für einen Extremwert des Integrals I:

$$\frac{dI}{d\varepsilon}\bigg|_{\varepsilon=0} = 0.$$

Die Differentiation unter dem Integralzeichen (zulässig, wenn F stetig differenzierbar in ε) ergibt:

$$\frac{dI}{d\varepsilon} = \int_{x_1}^{x_2} \left(\frac{\partial F}{\partial y} \frac{\partial y}{\partial \varepsilon} + \frac{\partial F}{\partial y'} \frac{\partial y'}{\partial \varepsilon} \right) dx = \int_{x_1}^{x_2} \left(\frac{\partial F}{\partial y} \eta + \frac{\partial F}{\partial y'} \eta' \right) dx.$$

Der zweite Integrand läßt sich partiell integrieren:

$$\int_{x_1}^{x_2} \frac{\partial F}{\partial y'} \frac{\partial \eta}{\partial x} \, dx = \left[\frac{\partial F}{\partial y'} \eta \right]_{x_1}^{x_2} - \int_{x_1}^{x_2} \left(\frac{d}{dx} \frac{\partial F}{\partial y'} \right) \eta \, dx.$$

Da die Endpunkte fest sein sollen, verschwindet der ausintegrierte Term und die Extremalbedingung lautet:

$$\int_{x_1}^{x_2} \left(\frac{\partial F}{\partial y} - \frac{d}{dx} \frac{\partial F}{\partial y'} \right) \eta \, dx = 0.$$

Da $\eta(x)$ eine beliebige Funktion sein kann, ist diese Gleichung allgemein nur dann erfüllt, wenn

$$\frac{d}{dx} \frac{\partial F(y(x), y'(x))}{\partial y'} - \frac{\partial F(y(x), y'(x))}{\partial y} = 0 \qquad (8)$$

gilt.

Diese Beziehung (8) heißt *Euler-Lagrange-Gleichung*, welche also eine notwendige Bedingung für einen Extremwert des Integrals I darstellt.
Die Lösung der Euler-Lagrange-Gleichung, einer Differentialgleichung 2.ter Ordnung, ergibt zusammen mit den Randbedingungen den gesuchten Weg.
Um die Schreibweise zu vereinfachen, definieren wir die *Variation einer Funktion* $y(x,\varepsilon)$ als Differenz zwischen $y(x,\varepsilon)$ und $y(x,0)$

$$\delta y = y(x,\varepsilon) - y(x,0) = \left.\frac{\partial y}{\partial \varepsilon}\right|_{\varepsilon=0} \cdot \varepsilon$$

für sehr kleine ε. Damit läßt sich eine Variationsaufgabe formulieren als

$$\delta \int\limits_{x_1}^{x_2} F(y(x), y'(x))\, dx = 0.$$

Dabei können in F auch Zwangsbedingungen mittels Lagrange-Multiplikatoren einbezogen werden (vgl. Kapitel 16).

18.5 Aufgabe: Kettenlinie. Dies ist ein Beispiel, bei dem eine Zwangsbedingung vorliegt. Eine Kette von konstanter Dichte σ (Masse pro Längeneinheit: $\sigma = dm/ds$) und der Länge l hängt im Schwerefeld zwischen zwei Punkten $P_1(x_1, y_1)$ und $P_2(x_2, y_2)$. Gesucht ist die Form der Kurve unter der Annahme, daß die potentielle Energie der Kette minimal wird.

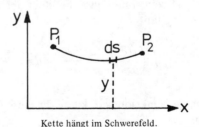

Kette hängt im Schwerefeld.

Lösung: Die potentielle Energie eines Kettenelementes ist

$$dV = g\sigma y\, ds.$$

Die gesamte potentielle Energie ist dann

$$V = g\sigma \int_{x_1}^{x_2} y \, ds \, ,$$

wobei das Linienelement gegeben ist durch

$$ds = \sqrt{1 + y'^2} \, dx, \qquad y' = \frac{dy}{dx} \, .$$

Die Zwangsbedingung der vorgegebenen Länge l stellt sich dar als

$$0 = \int_{x_1}^{x_2} ds - l = \int_{x_1}^{x_2} \sqrt{1 + y'^2} \, dx - l.$$

Mit dem Lagrange-Multiplikator λ lautet die Variationsaufgabe

$$g\sigma \delta \int_{x_1}^{x_2} y\sqrt{1 + y'^2} \, dx - \lambda \delta \left(\int_{x_1}^{x_2} \sqrt{1 + y'^2} \, dx - l \right) = 0.$$

Da $\delta l = 0$ ist, können wir mit der Funktion

$$F(y, y') = (y - \mu)\sqrt{1 + y'^2}$$

in die Eulersche Gleichung (8) eingehen, wobei $\mu = \lambda/g\sigma$ gewählt wurde. Aus

$$\frac{\partial F}{\partial y} - \frac{d}{dx} \frac{\partial F}{\partial y'} = 0$$

folgt

$$(y - \mu)y'' - y'^2 - 1 = 0.$$

Die letzte Gleichung schreiben wir um. Mit

$$y'' = \frac{dy'}{dx} = \frac{dy'}{dy} \frac{dy}{dx} = y' \frac{dy'}{dy}$$

erhalten wir:

$$(y - \mu)y' \frac{dy'}{dy} = y'^2 + 1, \qquad \frac{dy}{y - \mu} = \frac{y' \, dy'}{1 + y'^2} \, .$$

Die Integration liefert

$$\ln(y - \mu) + \ln C_1 = \frac{1}{2} \ln(1 + y'^2),$$

oder

$$C_1(y - \mu) = \sqrt{1 + y'^2}.$$

Daraus folgt

$$\int \frac{dy}{\sqrt{C_1^2(y - \mu)^2 - 1}} = \int dx.$$

Zur Integration der linken Seite substituieren wir $\cosh \nu = C_1(y - \mu)$, da $\cosh^2 \nu - 1 = \sinh^2 \nu$ ist. Es gilt dann

$$dy = \frac{1}{C_1} \sinh \nu \, d\nu$$

und somit folgt

$$\frac{1}{C_1} \int d\nu = \int dx.$$

Die Integration ergibt

$$\nu = C_1(x + C_2)$$

oder

$$y = \frac{1}{C_1} \cosh(C_1(x + C_2)) + \mu.$$

Die Lösung ist also die Kettenlinie. Die Konstanten geben die Koordinaten des tiefsten Punktes $(x_0, y_0) = (-C_2, (1/C_1) + \mu)$ an. Sie werden durch die gegebene Länge l der Kette und die Aufhängepunkte P_1 und P_2 bestimmt.

18.6 Aufgabe: Brachystochrone. An Bord eines Flugzeugs ist nach der Landung ein Feuer ausgebrochen. Die Passagiere müssen über eine Notrutsche aussteigen, auf der sie reibungsfrei herabgleiten. Bestimmen Sie mit Hilfe der Variationsrechnung, welche Form die Rutsche haben muß, um das Flugzeug möglichst schnell zu evakuieren (Höhe der Luke y_0; Abstand zum Fußpunkt x_0). Wie groß ist die Zeit des Gleitens im Vergleich zum unsanften freien Fall, wenn man annimmt $x_0 = \frac{\pi}{2} y_0$?

Hinweis: Verwenden Sie die Substitution $y' = \dfrac{dy}{dx} = -\operatorname{ctg} \dfrac{\Theta}{2}$!

Bemerkung: Diese Problemstellung ist unter dem Namen "Brachystochrone" bekannt.

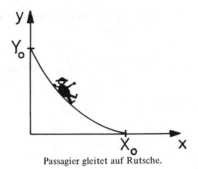

Passagier gleitet auf Rutsche.

Lösung: Das Problem geht zurück auf die Gebr. Bernoulli (Brachystochrone, 1696).

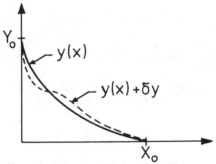

Veranschaulichung verschiedener Rutschbahnen.

Energieerhaltung liefert:

$$mgy_0 = \frac{1}{2}mv^2 + mgy,$$

$$g(y_0 - y) = \frac{1}{2}\left[\left(\frac{dx}{dt}\right)^2 + \left(\frac{dy}{dt}\right)^2\right],$$

$$(dt)^2 = \frac{(dx)^2 + (dy)^2}{2g(y_0 - y)}.$$

Die Gesamtzeit T ist dann:

$$T = \int_0^T dt = \int_0^{x_0} \sqrt{\frac{1 + (dy/dx)^2}{2g(y_0 - y)}}\, dx.$$

<u>1</u>

Um die minimale Zeit zu erhalten, muß ein Variationsproblem der Gestalt

$$\delta \int_{x_1}^{x_2} F(x, y, y')\, dx = 0, \qquad \begin{aligned} y(x_1) &= y_0, \\ y(x_2) &= 0, \end{aligned}$$

gelöst werden. Wegen

$$0 = \int_{x_1}^{x_2} \left(\frac{\partial F}{\partial y} \delta y + \frac{\partial F}{\partial y'} \delta y' \right) dx = \int_{x_1}^{x_2} \left(\frac{\partial F}{\partial y} - \frac{d}{dx} \frac{\partial F}{\partial y'} \right) \delta y\, dx$$

lautet die Euler-Lagrange-Gleichung

$$\frac{d}{dx} \frac{\partial F}{\partial y'} - \frac{\partial F}{\partial y} = 0 \qquad \underline{2}$$

oder

$$y'' \frac{\partial^2}{\partial y'^2} F + y' \frac{\partial^2}{\partial y \partial y'} F + \frac{\partial^2}{\partial x \partial y'} F - \frac{\partial F}{\partial y} = 0. \qquad \underline{2'}$$

Wenn das Funktional F von x unabhängig ist, läßt sich $\underline{2'}$ direkt integrieren. Man findet nämlich

$$\begin{aligned}
\frac{d}{dx} \left(y' \frac{\partial F}{\partial y'} - F \right) &= y' \frac{d}{dx} \frac{\partial F}{\partial y'} + y'' \frac{\partial F}{\partial y'} - \frac{dF}{dx} \\
&= y' \frac{d}{dx} \frac{\partial F}{\partial y'} + \left(y'' \frac{\partial F}{\partial y'} - y'' \frac{\partial F}{\partial y'} \right) - y' \frac{\partial F}{\partial y} - \underbrace{\frac{\partial F}{\partial x}}_{= 0} \\
&= y' \left(\frac{d}{dx} \frac{\partial F}{\partial y'} - \frac{\partial F}{\partial y} \right) = 0,
\end{aligned}$$

also

$$y' \frac{\partial F}{\partial y'} - F = \text{const} \equiv \frac{1}{c}. \qquad \underline{3}$$

In unserem Fall $\underline{1}$ ist

$$F = \sqrt{\frac{1 + y'^2}{2g(y_0 - y)}}.$$

Dann lautet $\underline{3}$:

$$y' \frac{1}{\sqrt{2g(y_0 - y)}} \cdot \frac{y'}{\sqrt{1 + y'^2}} - \frac{\sqrt{1 + y'^2}}{\sqrt{2g(y_0 - y)}} = \frac{1}{c},$$

$$\frac{1}{2g(y_0 - y)(1 + y'^2)} = \frac{1}{c^2}. \qquad \underline{3'}$$

Die Transformation $y' = -\text{ctg}(\Theta/2)$ liefert

$$\frac{c^2}{2g(y_0 - y)} = 1 + y'^2 = 1 + \text{ctg}^2\frac{\Theta}{2} = \frac{1}{\sin^2\Theta/2},$$

also

$$y = y_0 - \frac{c^2}{4g}(1 - \cos\Theta).$$

Eine Gleichung für $x(\Theta)$ findet man durch Integration, nämlich

$$-\text{ctg}\frac{\Theta}{2} = \frac{dy}{dx} = -\frac{c^2}{2g}\sin\frac{\Theta}{2}\cos\frac{\Theta}{2}\frac{d\Theta}{dx}$$

$$\implies \quad x = \int_0^x dx' = \frac{c^2}{2g}\int_0^\Theta \sin^2\frac{\Theta'}{2}\,d\Theta' = \frac{c^2}{2g}\left(\frac{1}{2}\Theta' - \frac{1}{2}\sin\Theta'\right)\Big|_0^\Theta$$

$$x = \frac{c^2}{4g}(\Theta - \sin\Theta), \qquad y = y_0 - \frac{c^2}{4g}(1 - \cos\Theta). \qquad \underline{4}$$

Das ist gerade die Parameterdarstellung einer *Zykloide*.

Der maximale Wert von Θ wird durch x_0 und y_0 bestimmt, nämlich

$$\frac{x_0}{y_0} = \frac{\Theta_0 - \sin\Theta_0}{1 - \cos\Theta_0}. \qquad \underline{5}$$

Die transzendente Gleichung $\underline{5}$ kann im allgemeinen nur numerisch gelöst werden. Spezialfälle:

$\Theta_0 = 0$	π	2π
$x_0/y_0 = 0$	$\pi/2$	∞

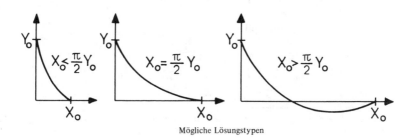

Mögliche Lösungstypen

Berechnung der Gleitzeit nach $\underline{1}$ und $\underline{3'}$:

$$T = \int\limits_0^{x_0} \sqrt{\frac{1 + y'^2}{2g(y_0 - y)}}\, dx = \int\limits_0^{y_0} \sqrt{\frac{(dx/dy)^2 + 1}{2g(y_0 - y)}}\, dy$$

$$= \int\limits_0^{y_0} \sqrt{\frac{c^2}{2g(y_0 - y)(c^2 - 2g(y_0 - y))}}\, dy$$

$$= \frac{c}{2g} 2\arctan \sqrt{\frac{c^2 - 2g(y_0 - y)}{2g(y_0 - y)}}\,\Bigg|_0^{y_0}$$

$$= \frac{c}{g}\left(\frac{\pi}{2} - \arctan\sqrt{\frac{c^2 - 2gy_0}{2gy_0}}\right),$$

$$T = \frac{c}{g}\operatorname{arcctg}\sqrt{\frac{c^2 - 2gy_0}{2gy_0}}.$$

Das Integral findet man in Tabellen, z.B. in Bronstein[*], Nr. 146.

$$x_0 = \frac{\pi}{2}y_0 \quad\Longrightarrow\quad \Theta_0 = \pi \quad\Longrightarrow\quad c = \sqrt{2gy_0} \quad\Longrightarrow\quad T = \sqrt{\frac{2y_0}{g}}\,\frac{\pi}{2}.$$

Im Vergleich dazu ist die Zeit des freien Falls

$$T' = \sqrt{\frac{2y_0}{g}}.$$

Wie wir schon an Gleichung (7) sehen, wird beim Hamilton-Prinzip die Zeit nicht variiert. Das System durchläuft einen Bahnpunkt und den dazugehörigen variierten Bahnpunkt zur gleichen Zeit. Es gilt also

$$\delta t = 0.$$

Ausgehend von dem Integral

$$\delta I = \delta \int\limits_{t_1}^{t_2} L(q_\alpha(t), \dot{q}_\alpha(t), t)\, dt = 0, \qquad \alpha = 1, 2, \ldots, f, \tag{9}$$

---

[*] *Bronstein / Semendjajew*: Taschenbuch der Mathematik Neubearbeitung in 2 Bänden, 1982, 20. Aufl. Verlag Harri Deutsch, Thun und Frankfurt/M.

wobei f die Anzahl der Freiheitsgrade ist, führen wir die Variation entsprechend dem oben beschriebenen Verfahren durch und zeigen, daß aus dem Hamiltonschen Prinzip die Lagrange-Gleichungen hergeleitet werden können. Die Variation einer Bahnkurve $q_\alpha(t)$ beschreiben wir durch

$$q_\alpha(t) \rightarrow q_\alpha(t) + \delta q_\alpha(t),$$

wobei die δq_α an den Endpunkten verschwinden,

$$\delta q_\alpha(t_1) = \delta q_\alpha(t_2) = 0.$$

Da die Zeit nicht variiert wird, folgt

$$\delta \int_{t_2}^{t_2} L \, dt = \int_{t_1}^{t_2} \delta L \, dt = \int_{t_1}^{t_2} \left(\sum_\alpha \frac{\partial L}{\partial q_\alpha} \delta q_\alpha + \sum_\alpha \frac{\partial L}{\partial \dot{q}_\alpha} \delta \dot{q}_\alpha \right) dt. \qquad (9a)$$

Wegen

$$\frac{d}{dt} \delta q_\alpha = \frac{d}{dt}(q_\alpha(t, \varepsilon) - q_\alpha(t, 0))$$

$$= \frac{d}{dt}(q_\alpha(t, \varepsilon)) - \frac{d}{dt}(q_\alpha(t, 0))$$

$$= \delta \frac{d}{dt} q_\alpha(t) = \delta \dot{q}_\alpha(t) \qquad (10)$$

liefert die partielle Integration des zweiten Summanden

$$\int_{t_1}^{t_2} \frac{\partial L}{\partial \dot{q}_\alpha} \delta \dot{q}_\alpha \, dt = \int_{t_1}^{t_2} \frac{\partial L}{\partial \dot{q}_\alpha} \frac{d}{dt} \delta q_\alpha \, dt$$

$$= \left[\frac{\partial L}{\partial \dot{q}_\alpha} \delta q_\alpha \right]_{t_1}^{t_2} - \int_{t_1}^{t_2} \left(\frac{d}{dt} \frac{\partial L}{\partial \dot{q}_\alpha} \right) \delta q_\alpha \, dt. \qquad (11)$$

Da δq_α an den Endpunkten (Integralgrenzen) verschwindet, erhalten wir für die Variation des Integrals

$$\delta I = \int_{t_1}^{t_2} \left(\sum_\alpha \left(\frac{\partial L}{\partial q_\alpha} - \frac{d}{dt} \frac{\partial L}{\partial \dot{q}_\alpha} \right) \delta q_\alpha \right) dt = 0. \qquad (12)$$

Bei holonomen Zwangsbedingungen denken wir uns die abhängigen Freiheitsgrade eliminiert. Die unabhängigen Koordinaten seien die q_α. Daher sind die
δq_α voneinander unabhängig, und das Integral verschwindet nur dann, wenn
der Koeffizient eines jeden δq_α verschwindet. Das bedeutet, daß die Lagrange-
Gleichungen

$$\frac{d}{dt}\frac{\partial L}{\partial \dot{q}_\alpha} - \frac{\partial L}{\partial q_\alpha} = 0 \tag{13}$$

gelten.

Ganz entsprechend lassen sich die Hamilton-Gleichungen gewinnen, indem
L durch $\sum\limits_\alpha p_\alpha \dot{q}_\alpha - H$ ersetzt wird und die Variationen δp_α und δq_α als
unabhängig betrachtet werden. Das wird in Aufgabe 18.7 nachgerechnet.

Um die Äquivalenz des Hamilton-Prinzips mit den bisher untersuchten
Darstellungen der Mechanik zu zeigen, soll noch seine Ableitung aus den
Newtonschen Gleichungen vorgeführt werden.

Betrachtet wird ein Teilchen in kartesischen Koordinaten. Zwischen den
Lagen $\vec{r}(t_1)$ und $\vec{r}(t_2)$ beschreibt es eine gewisse Bahn $\vec{r} = \vec{r}(t)$. Nun wird die
Bahn durch eine mit der Zwangsbedingung verträgliche virtuelle Verrückung
$\delta\vec{r}$ variiert:

$$\vec{r}(t) \rightarrow \vec{r}(t) + \delta\vec{r}(t), \qquad \delta\vec{r}(t_1) = \delta\vec{r}(t_2) = 0.$$

Eine Variation der Zeit erfolgt nicht. Die für die virtuelle Verrückung
erforderliche Arbeit beträgt

$$\delta A = \vec{F} \cdot \delta\vec{r} = \vec{F}^a \cdot \delta\vec{r},$$

wenn $\vec{F}^a$ die äußere Kraft ist und die Zwangskraft keine Arbeit leistet. Ist
$\vec{F}^a$ konservativ, dann gilt

$$\vec{F}^a \cdot \delta\vec{r} = -\delta V$$

und nach Newton

$$-\delta V = m\ddot{\vec{r}} \cdot \delta\vec{r}.$$

Die rechte Seite läßt sich umformen (der Operator $\frac{d}{dt}\delta\vec{r} = \delta\dot{\vec{r}}$ wird entsprechend (10) behandelt):

$$\frac{d}{dt}(\dot{\vec{r}} \cdot \delta\vec{r}) = \dot{\vec{r}} \cdot \frac{d}{dt}\delta\vec{r} + \ddot{\vec{r}} \cdot \delta\vec{r} = \dot{\vec{r}} \cdot \delta\dot{\vec{r}} + \ddot{\vec{r}} \cdot \delta\vec{r} = \delta\left(\frac{1}{2}\dot{\vec{r}}^2\right) + \ddot{\vec{r}} \cdot \delta\vec{r}.$$

Multiplikation mit der Masse m ergibt

$$m\,\ddot{\vec{r}}\cdot\delta\vec{r} = m\frac{d}{dt}(\dot{\vec{r}}\cdot\delta\vec{r}) - \delta\left(\frac{1}{2}m\,\dot{\vec{r}}^2\right)$$

und damit

$$\delta(T - V) = \delta L = m\frac{d}{dt}(\dot{\vec{r}}\cdot\delta\vec{r}).$$

Integrieren wir nach der Zeit, so folgt:

$$\delta\int_{t_1}^{t_2} L\,dt = m\left[\dot{\vec{r}}\cdot\delta\vec{r}\right]_{t_1}^{t_2} = 0.$$

Damit ist das Hamilton-Prinzip für ein einzelnes Teilchen aus den Newtonschen Gleichungen hergeleitet. Dieses Ergebnis läßt sich ohne weiteres auf Teilchensysteme erweitern. Letzteres können wir auch folgendermaßen ganz generell einsehen: Wenn für ein Teilchensystem die Lagrange-Gleichungen (13) (die äquivalent der Newtonschen Mechanik sind) gelten, dann folgt (12) und wegen (11) daraus wiederum (9a) bzw. (9): Vorausgesetzt, daß $\delta q_\alpha(t_1) = \delta q_\alpha(t_2) = 0$. Also sind die Lagrange-Gleichungen äquivalent dem Hamiltonschen Prinzip.

18.7 Aufgabe: Leiten Sie aus dem Hamiltonschen Prinzip die Hamiltonschen Gleichungen ab.

Lösung: Das Hamiltonsche Prinzip lautet

$$\delta\int_{t_1}^{t_2} L\,dt = 0, \tag{1}$$

wobei die Lagrange-Funktion L jetzt durch die Hamilton-Funktion H ausgedrückt wird, also

$$L = \sum_\alpha p_\alpha \dot{q}_\alpha - H(p_\alpha, q_\alpha, t). \tag{2}$$

Damit wird aus 1:

$$\int_{t_1}^{t_2}\delta L\,dt = \int_{t_1}^{t_2}\sum_\alpha\left[\delta p_\alpha \dot{q}_\alpha + p_\alpha \delta\dot{q}_\alpha - \frac{\partial H}{\partial p_\alpha}\delta p_\alpha - \frac{\partial H}{\partial q_\alpha}\delta q_\alpha\right]dt. \tag{3}$$

Der zweite Term rechts kann durch partielle Integration umgeformt werden,

$$
\int\limits_{t_1}^{t_2} p_\alpha \delta \dot{q}_\alpha \, dt = \int\limits_{t_1}^{t_2} p_\alpha \frac{d}{dt} \delta q_\alpha \, dt = p_\alpha \delta q_\alpha \Big|_{t_1}^{t_2} - \int\limits_{t_1}^{t_2} \dot{p}_\alpha \delta q_\alpha \, dt.
\qquad \underline{4}
$$

Der erste Term verschwindet, weil die Variationen an den Endpunkten $\delta q_\alpha(t_1) = \delta q_\alpha(t_2) = 0$ verschwinden. Also wird aus $\underline{3}$:

$$
0 = \int\limits_{t_1}^{t_2} \delta L \, dt = \int\limits_{t_1}^{t_2} \sum_\alpha \left\{ \left[\dot{q}_\alpha - \frac{\partial H}{\partial p_\alpha} \right] \delta p_\alpha + \left[-\dot{p}_\alpha - \frac{\partial H}{\partial q_\alpha} \right] \delta q_\alpha \right\} dt.
\qquad \underline{5}
$$

Die Variationen δp_α und δq_α sind unabhängig voneinander, weil entlang einer Bahn im Phasenraum Nachbarbahnen verschiedene Koordinaten oder (und) verschiedene Impulse haben können. Also folgt aus $\underline{5}$

$$
\dot{q}_\alpha = \frac{\partial H}{\partial p_\alpha},
$$
$$
\dot{p}_\alpha = -\frac{\partial H}{\partial q_\alpha},
\qquad \underline{6}
$$

was zu zeigen war.

Phasenraum und Liouvillescher Satz

Im Hamiltonschen Formalismus wird der Bewegungszustand eines mechanischen Systems mit f Freiheitsgraden zu einem bestimmten Zeitpunkt t durch Angabe der f generalisierten Koordinaten und f Impulse $q_1, \ldots, q_f$; $p_1, \ldots, p_f$ vollständig charakterisiert.

Diese q_i und p_i lassen sich als Koordinaten eines $2f$-dimensionalen kartesischen Raumes auffassen, des *Phasenraumes*. Der f-dimensionale Unterraum der Koordinaten q_i ist der *Konfigurationsraum*; der f-dimensionale Unterraum der Impulse p_i heißt *Impulsraum*. Mit dem Ablauf der Bewegung des Systems beschreibt der repräsentative Punkt eine Linie, die *Phasenbahn*. Wenn die Hamilton-Funktion bekannt ist, dann läßt sich aus den Koordinaten eines Punktes die gesamte Phasenbahn eindeutig vorausberechnen. Darum gehört zu jedem Punkt nur eine Bahn und zwei verschiedene Bahnen können sich nicht schneiden. Eine Bahn im Phasenraum ist in Parameterdarstellung durch

$q_k(t)$, $p_k(t)$ $(k = 1, \ldots, f)$ gegeben. Wegen der Eindeutigkeit der Lösungen der Hamilton-Gleichungen entwickelt sich das System aus verschiedenen Randbedingungen auf verschiedenen Bahnen. Bei konservativen Systemen ist der Punkt durch die Bedingung $H(q,p) = E = \text{const}$ an eine $2f - 1$ dimensionale Hyperfläche des Phasenraumes gebunden.

18.8 Beispiel: Phasendiagramm eines ebenen Pendels. Für das ebene Pendel (Masse m, Länge l) gilt, wenn der Winkel φ als generalisierte Koordinate gewählt wird:

$$p_\varphi = ml^2 \dot\varphi,$$

die Hamilton-Funktion, die die Gesamtenergie darstellt, lautet

$$H = \frac{1}{2} m (l\dot\varphi)^2 - mgl \cos\varphi = \frac{p_\varphi^2}{2ml^2} - mgl \cos\varphi = E.$$

Der Nullpunkt des Potentials wurde in den Aufhängepunkt des Pendels gelegt. Daraus folgt die Gleichung für die Phasenbahn $p_\varphi = p_\varphi(\varphi)$

$$p_\varphi = \pm\sqrt{2ml^2(E + mgl \cos\varphi)}.$$

Es ergibt sich also eine Kurvenschar, deren Parameter die Energie E ist.

Bei Energien $E < mgl$ ergeben sich geschlossene (ellipsenähnliche) Kurven als Phasenbahnen, das Pendel schwingt hin und her (Vibration). Sobald die Gesamtenergie E den Wert mgl übersteigt, besitzt das Pendel im obersten Punkt $\varphi = \pm\pi$ noch kinetische Energie und schwingt ohne Richtungsumkehr weiter (Rotation).

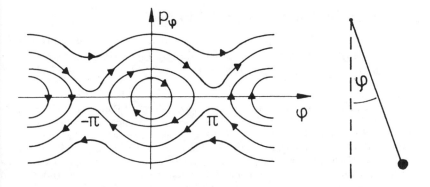

Phasenraum und Phasendiagramm des eindimensionalen Pendels.

Nun betrachten wir eine große Anzahl N von unabhängigen Punkten, die abgesehen von den Anfangsbedingungen mechanisch identisch sind, die also die gleiche Hamilton-Funktion besitzen. Konkret können wir uns Teilchen im Strahl eines Beschleunigers als Beispiel vorstellen. Wenn alle Punkte zur Zeit t_1 in einem $2f$-dimensionalen Gebiet G_1 des Phasenraumes mit dem Volumen

$$\Delta V = \Delta q_1 \cdots \Delta q_f \cdot \Delta p_1 \cdots \cdot \Delta p_f$$

verteilt sind, kann man die Dichte

$$\varrho = \frac{\Delta N}{\Delta V}$$

definieren.

Mit dem Ablauf der Bewegung transformiert sich G_1 entsprechend den Hamilton-Gleichungen in das Gebiet G_2.

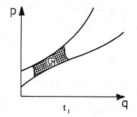 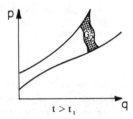

Entwicklung eines Gebietes im Phasenraum (schematisch)

Die Aussage des *Satzes von Liouville** ist nun:

Das Volumen irgend eines beliebigen Gebietes des Phasenraumes bleibt erhalten, wenn sich die Punkte seiner Begrenzung entsprechend den kanonischen Gleichungen bewegen.

---

* *Liouville*, Joseph, geb. 24.3.1809 St. Omer, gest. 8.9.1882 Paris. – L. war Professor der Mathematik und Mechanik in Paris, an der Ecole Polytechnique, am Collège de France und an der Sorbonne. Er war Mitglied des Längenbüros und vieler gelehrter Gesellschaften und galt von 1840 bis 1870 als der führende Mathematiker Frankreichs. – Er arbeitete über statistische Mechanik, Randwertprobleme, Differentialgeometrie und spezielle Funktionen. Große Bedeutung hatte sein konstruktiver Beweis für die Existenz transzendenter Zahlen und 1844 der Beweis, daß e und e^2 nicht Wurzeln einer quadratischen Gleichung mit rationalen Koeffizienten sein können.

Oder anders ausgedrückt, wenn ein Grenzübergang durchgeführt wird:

Die Dichte der Punkte im Phasenraum in der Umgebung eines mitbewegten Punktes ist konstant.

Zum Beweis betrachten wir die Bewegung von Systempunkten durch ein Volumenelement des Phasenraumes. Es werden zunächst die Komponenten des Teilchenflusses in q_k- und p_k-Richtung betrachtet.

Die Projektion des $2f$-dimensionalen Volumenelementes dV auf die q_k-p_k-Ebene ist die Fläche $ABCD$. Die Anzahl der Punkte, die pro Zeiteinheit durch die "Seitenfläche" eintreten, deren Projektion auf die q_k-p_k-Ebene AD ist, beträgt

$$\varrho \dot{q}_k \, dp_k \cdot dV_k \, ,$$

wobei

$$dV_k = \prod_{\substack{\alpha=1 \\ \alpha \neq k}}^{f} dq_\alpha \, dp_\alpha$$

das $(2f - 2)$-dimensionale Restvolumenelement ist. Hierin ist $dp_k \cdot dV_k$ die Größe der Seitenfläche mit der Projektion AD in der p_k-q_k-Ebene.

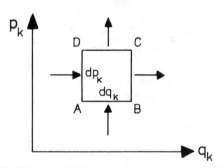

Veranschaulichung der Projektion des Volumenelements in die p_k-q_k-Ebene.

Für die bei BC austretenden Punkte ergibt die Taylor-Entwicklung in der ersten Richtung

$$\left(\varrho \dot{q}_k + \frac{\partial}{\partial q_k}(\varrho \dot{q}_k) dq_k \right) dp_k \cdot dV_k \, . \tag{14}$$

Ganz analog gilt für den Fluß in p_k-Richtung:

$$\text{Eintritt durch} \quad AB \qquad \varrho \dot{p}_k \, dq_k \cdot dV_k \, ,$$

$$\text{Austritt durch} \quad CD \qquad \left(\varrho \dot{p}_k + \frac{\partial}{\partial p_k}(\varrho \dot{p}_k) dp_k \right) dq_k \, dV_k \, . \tag{15}$$

Von den Fluß-Komponenten in p_k- und q_k-Richtung bleibt damit pro Zeiteinheit die Anzahl von Systempunkten

$$-\left(\frac{\partial}{\partial q_k}(\varrho \dot{q}_k) + \frac{\partial}{\partial p_k}(\varrho \dot{p}_k)\right) dV. \tag{16}$$

in dem Volumenelement stecken.

Durch Summation über alle $k = 1, \ldots, f$ erhält man die Anzahl aller Punkte, die insgesamt steckenbleiben. Diese Größe entspricht gerade der zeitlichen Ableitung der Dichte multipliziert mit dV, also können wir schließen:

$$\frac{\partial \varrho}{\partial t} = -\sum_{k=1}^{f} \left(\frac{\partial}{\partial q_k}(\varrho \dot{q}_k) + \frac{\partial}{\partial p_k}(\varrho \dot{p}_k)\right). \tag{17}$$

Es handelt sich hier um eine *Kontinuitätsgleichung* von der Form

$$\mathrm{div}(\varrho \dot{\vec{r}}) + \frac{\partial \varrho}{\partial t} = 0.$$

Dabei ist die Divergenz im $2f$-dimensionalen Phasenraum gemeint:

$$\vec{\nabla} = \sum_{k=1}^{f} \frac{\partial}{\partial q_k} + \sum_{k=1}^{f} \frac{\partial}{\partial p_k}.$$

Solche Kontinuitätsgleichungen treten in der Strömungsphysik (Hydrodynamik, Elektrodynamik, Quantenmechanik) häufig auf. Sie drücken immer einen Erhaltungssatz aus.

Die Anwendung der Produktregel in (17) ergibt

$$\sum_{k=1}^{f} \left(\frac{\partial \varrho}{\partial q_k}\dot{q}_k + \varrho \frac{\partial \dot{q}_k}{\partial q_k} + \frac{\partial \varrho}{\partial p_k}\dot{p}_k + \varrho \frac{\partial \dot{p}_k}{\partial p_k}\right) + \frac{\partial \varrho}{\partial t} = 0. \tag{18}$$

Aus den Hamilton-Gleichungen folgt:

$$\frac{\partial \dot{q}_k}{\partial q_k} = \frac{\partial^2 H}{\partial q_k \partial p_k} \quad \text{und} \quad \frac{\partial \dot{p}_k}{\partial p_k} = -\frac{\partial^2 H}{\partial q_k \partial p_k}.$$

Wenn die zweiten partiellen Ableitungen von H stetig sind, gilt deshalb

$$\frac{\partial \dot{q}_k}{\partial q_k} + \frac{\partial \dot{p}_k}{\partial p_k} = 0,$$

und damit ergibt sich

$$\sum_{k=1}^{f} \left(\frac{\partial \varrho}{\partial q_k} \dot{q}_k + \frac{\partial \varrho}{\partial p_k} \dot{p}_k \right) + \frac{\partial \varrho}{\partial t} = 0. \tag{19}$$

Das ist aber gleich der totalen Ableitung der Dichte nach der Zeit,

$$\frac{d}{dt} \varrho = 0, \tag{20}$$

also ist $\varrho = \text{const.}$

18.9 Beispiel: Phasenraumdichte für Teilchen im Gravitationsfeld

Das System besteht aus Teilchen der Masse m im konstanten Gravitationsfeld. Für die Energie gilt

$$H = E = \frac{p^2}{2m} - mgq.$$

Die Gesamtenergie eines Teilchens bleibt konstant.
Die Phasenbahnen $p(q)$ sind dann die Parabeln

$$p = \sqrt{2m(E + mgq)}$$

mit der Energie als Parameter. Wir betrachten eine Anzahl von Teilchen, deren Impulse zur Zeit $t = 0$ in den Grenzen $p_1 \leq p \leq p_2$ und deren Energien zwischen $E_1 \leq E \leq E_2$ liegen. Sie überdecken die Fläche F im Phasenraum. Zu einem späteren Zeitpunkt t nehmen die Punkte die Fläche F' ein. Sie besitzt dann den Impuls

$$p' = p + mgt,$$

so daß F' die durch $p_1 + mgt \leq p' \leq p_2 + mgt$ begrenzte Fläche zwischen den Parabeln ist. Mit

$$q = \frac{(p^2/2m) - E}{mg}$$

errechnet sich die Größe der Flächen zu

$$F = \int_{p_1}^{p_2} dp \int_{(1/mg)((p^2/2m)-E_2)}^{(1/mg)((p^2/2m)-E_1)} dq = \frac{E_2 - E_1}{mg} \int_{p_1}^{p_2} dp = \frac{E_2 - E_1}{mg} (p_2 - p_1)$$

und analog

$$F' = \frac{E_2 - E_1}{mg}(p_2' - p_1')$$
$$= \frac{E_2 - E_1}{mg}(p_2 - p_1).$$

Dies ist gerade die Aussage des Liouvilleschen Satzes: $F = F'$ bedeutet, daß die Dichte der Systempunkte im Phasenraum konstant bleibt.

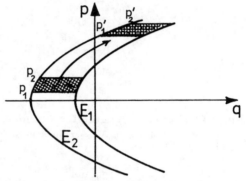

Zum Liouville'schen Satz: Veranschaulichung des Phasenraumes für Teilchen im Schwerefeld.

Die große Bedeutung des Satzes von Liouville liegt auf dem Gebiet der statistischen Mechanik, wo mangels genauer Kenntnis des mechanischen Systems Gesamtheiten betrachtet werden.

Eine spezielle Anwendung ist die Fokussierung von Teilchenströmen in Beschleunigern, wo eine große Anzahl von Teilchen den gleichen Bedingungen unterworfen wird. Hier muß eine Verringerung des Strahlquerschnitts zu einer unerwünschten Verbreiterung der Impulsverteilung führen.

Das Prinzip der stochastischen Kühlung[†]

Eine wesentliche Aussage des Liouvilleschen Satzes besteht darin, daß sich der von einem Ensemble von Teilchen eingenommene Phasenraum bei Abwesenheit von Reibung wie eine inkompressible Flüssigkeit verhält. Wir werden im folgenden zeigen, daß das Prinzip der stochastischen Kühlung zu einem (scheinbaren) Widerspruch mit dem Liouvilleschen Satz führt. Dazu ist es erforderlich auf das von van der Meer[*] entwickelte Verfahren der stochastischen Kühlung von Antiprotonen näher einzugehen, dessen erfolgreiche Anwendung erst den Nachweis der aus der Theorie der Schwachen Wechselwirkung vorhergesagten *intermediären Vektorbosonen* (IVB) W^+ und Z^- ermöglichte.

Diese Teilchen sollten nach Aussagen der Theorie, wie folgt zerfallen können

$$IVB \longrightarrow lepton + antilepton \tag{21}$$

$$IVB \longrightarrow quark + antiquark \tag{22}$$

Zum experimentellen Nachweis der IVB machte man sich die inverse Reaktion (22) zu nutze, indem man im Proton Synchroton (PS) des CERN hochenergetische Strahlen von Antiprotonen auf Protonen schoß. Da die Protonen nur aus drei Quarks (q) und die Antiprotonen aus drei Antiquarks ($\bar{q}$) aufgebaut

---

[†] Die Anregung zu diesem Kapitel kam aus einem Vortrag von Herrn Prof. Herminghaus (Mainz), den er anläßlich des 60. Geburtstags von Herrn Prof. P. Junior 1988 in Frankfurt hielt. Ich danke Herrn Kollegen Herminghaus für die Überlassung seines Manuskriptes, das mir bei der Abfassung dieses Abschnittes sehr nützlich war.
[*] *Simon van der Meer*: Geboren am 24. November 1925 in Den Haag/Nl. Nobelpreis für Physik 1984. Er studierte an der Technischen Hochschule Delft Maschinenbau und Elektrotechnik, legte als Ingenieur das Diplomexamen ab und arbeitete zunächst im Phillips-Zentrallaboratorium in Eindhoven. 1956 erhielt er beim Europäischen Kernforschungszentrum CERN in Genf eine Stelle als Entwicklungsingenieur. Hier sollte er schon bald durch fachliche Kompetenz, Einfallsreichtum und auch mit seiner theoretischen Begabung hervortreten. Er wurde zum "Senior Engineer" in leitender Position ernannt. Inzwischen hatte der italienische Physiker Carlo Rubbia als wissenschaftlicher Mitarbeiter am CERN die Idee entwickelt, mit dem soeben fertiggestellten Super-Hochenergiebeschleuniger "SPS"450 GeV-Protonen auf ihre künstlich erzeugten "Antiteilchen" – Antiprotonen – zu schießen. Das Projekt wurde in Form eines Kollider-Systems verwirklicht; es gelang damit erstmals, die bis dahin nur hypothetischen intermediären W- und Z-Bosonen zu erzeugen und nachzuweisen. Van der Meer lieferte dazu als "echter Tüftler" eine geniale Erfindung, die stochastische Kühlung des Teilchenstroms, die es ermöglichte, Antiprotonen in genügender Zahl zu sammeln und für die Experimente zu speichern. Bereits ein Jahr nach ihrem großen Erfolg, der die Voraussagen der Theorie in glänzender Weise bestätigte, wurde van der Meer gemeinsam mit Rubbia "für entscheidende Verdienste um die Entdeckung der Feldquanten der schwachen Wechselwirkung" mit dem Nobelpreis der Physik ausgezeichnet.

sind, treten bei den heftigen Kollisionen viele Quark-Antiquarkpaare auf, deren Reaktionen zur Erzeugung der intermediären Vektorbosonen führen können (siehe Abbildung 1). Um eine hohe Ereignisrate zu erzielen, die sich gemäß

$$\text{Ereignisrate} = \text{Wirkungsquerschnitt} \cdot \text{Luminosität} \qquad (23)$$

berechnet, ist neben einem großen Wirkungsquerschnitt auch eine große Luminosität des Strahls erforderlich. Nun ist

$$\text{Luminosität} \sim \frac{N_p \cdot N_{\bar{p}}}{q} \qquad (24)$$

Darin bezeichnet N_p bzw. $N_{\bar{p}}$ die Anzahl der in dem Strahl enthaltenen Protonen (p) bzw. Antiprotonen ($\bar{p}$) und q den Strahlquerschnitt. Je größer also die Anzahl der Teilchen und je kleiner der Strahlquerschnitt, desto größer ist die Ereignisrate zur Erzeugung eines intermediären Vektorbosons. Siehe dazu auch Abbildung 2.

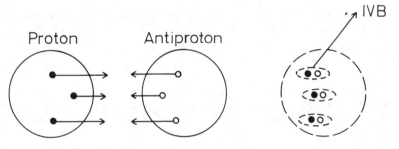

Abbildung 1: Schematische Darstellung einer Protonen-Antiprotonen Kollision. Es entstehen dabei Quark-Antiquarkpaare, deren Reaktionen zur Erzeugung intermediärer Vektorbosonen führen können. ($\bullet$ = Quark, o = Antiquark).

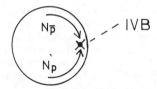

Abbildung 2: Erst durch die Kollision hochenergetischer und intensiver Protonen und Antiprotonenstrahlen konnten im CERN erstmals intermediäre Vektorbosonen nachgewiesen werden. ($N_{\bar{p}}$ = Anzahl der Antiprotonen im Strahl, N_p = Anzahl der Protonen).

Ein wirksamer *Kühlungsmechanismus* der Antiprotonenstrahlen ist daher erforderlich. Jedes Teilchen des Strahls bewegt sich durch die Einwirkung von
Magnetfeldern in horizontalen und vertikalen *Schwingungen um eine geschlossene Sollbahn.* Man spricht in diesem Zusammenhang von *Kühlung,*
wenn die Schwingungsamplituden der Teilchen und damit der Strahlquerschnitt verringert wird, bzw. die Impulsverteilung der Teilchen um ihren
Mittelwert reduziert wird. Dies ist in Abbildung 3 verdeutlicht. Bereits be-
währte Kühlungsverfahren sind die Elektronenkühlung, die Kühlung durch
Synchrotonstrahlung und die stochastische Kühlung, auf die wir nun näher
eingehen.

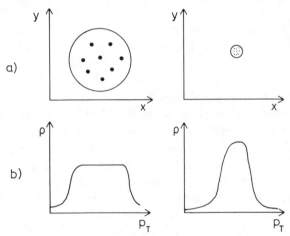

Abbildung 3: Ein Strahl vor und nach der Kühlung. a) im Ortsraum b) im Impulsraum.
Aufgetragen ist in b) im wesentlichen die Teilchendichte als Funktion des transversalen
Impulses.

Die Bewegung jedes Teilchens im Strahl wird durch einen Punkt in einem
sechsdimensionalen Phasenraum beschrieben, dessen Koordinaten die drei
Orts- und Impulskoordinaten sind. Dieser Phasenraumpunkt ist von leerem
Raum umgeben. Durch geeignete Deformation des Phasenraumelements kann
das Teilchen in Richtung des Schwerpunktes verschoben werden. Das ist das
Prinzip der stochastischen Kühlung.
Der experimentelle Aufbau zur Kühlung von Antiprotonenstrahlen ist in
Abbildung 4 skizziert. Eine Sonde (Pick up) mißt im Idealfall die Lage
oder den Impuls eines Teilchens. Dieses winzige Signal wird verstärkt und

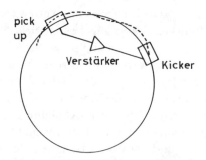

Abbildung 4: Das Kühlsystem bestehend aus "Pick up", Verstärker und "Kicker".

auf den "Kicker" gegeben, der den transversalen oder longitudinalen Impuls korrigiert und somit kühlt. Die Kühlung kann man somit als einen Einteilcheneffekt interpretieren, da sich jedes Teilchen durch Aussenden eines Signals kühlt, das es selbst erzeugt hat (kohärenter Effekt). Wesentliche Voraussetzung ist dabei, daß Teilchen und Signal zur gleichen Zeit am Kicker ankommen. Aufgrund des begrenzten Auflösungsvermögens der Sonde gelangen im Realfall neben dem erwünschten Signal auch störende Signale anderer Teilchen zum Kicker. Dieses Rauschen führt zu einer Aufheizung der Teilchen (inkohärenter Effekt) und wirkt dem Kühleffekt entgegen. Dieses Wechselspiel zwischen Kühl- und Aufheizmechanismus ist in Abbildung 5 veranschaulicht. Der Kühleffekt ist der Verstärkung direkt proportional, während die Aufheizung dem Quadrat der Verstärkung proportional ist. Nur in dem schraffierten Bereich wird das Teilchen gekühlt. Es wird deutlich, daß es eine optimale Verstärkung gibt, bei der der Kühleffekt maximal wird. Je größer also die Intensität der Strahlen, desto größer das Rauschen und der Aufheizeffekt und desto geringer wird der Faktor der optimalen Verstärkung. Die Erzeugung eines intensiven Strahls aus Antiprotonen wird daher am CERN in Etappen durchgeführt und kann mehrere Stunden dauern. Das Prinzip ist in Abbildung 6 illustriert. Zunächst wird ein Antiprotonenpuls niedriger Intensität am linken Rand der Vakuumkammer eingeschossen (1). Die zugehörige Dichteverteilung im Impuls ist jeweils der rechten Skizze zu entnehmen. Durch Kühlen wird der Strahl (2) und dessen Impulsbreite komprimiert. Durch Anlegen einer Hochfrequenzspannung wird der Puls auf die rechte Seite der Kammer geschoben und Platz für einen weiteren Antiprotonenpuls geschaffen (3), der in (4) in die Kammer geschossen wird. Nach Kühlung wird auch dieser auf den bereits "deponierten" Puls geschoben (5). Dieser Vorgang wird alle 2 – 3 Sekunden über einige Stunden wiederholt. Da-

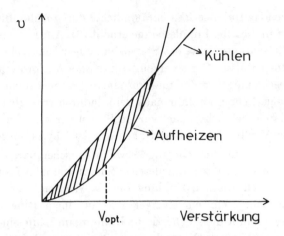

Abbildung 5: Die Kühlgeschwindigkeit eines Einzelteilchens bzw. die Aufheizgeschwindigkeit durch die anderen Teilchen als Funktion der Verstärkung. V_{opt} kennzeichnet den optimalen Verstärkungsfaktor.

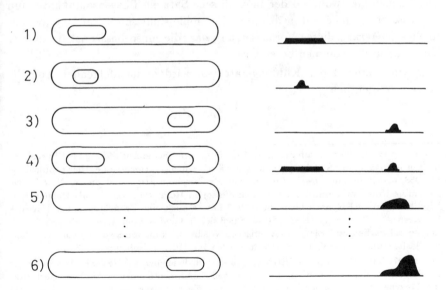

Abbildung 6: Querschnitt durch die Vakuumkammer mit Strahlen in den verschiedenen Stadien des Anhäufungsvorganges. Die zugehörige Dichteverteilung über den Impuls ist rechts gezeigt.

durch wird die longitudinale Phasenraumdichte durch Anhäufung von immer mehr Teilchen in dieselbe Impulsspanne erhöht (6). Am Ende ist die sechsdimensionale Phasenraumdichte des Stapels um einen Faktor $3 \cdot 10^8$ höher, als die des einzelnen Pulses. Der so erzeugte intensive Antiprotonenstrahl kann nun weiter beschleunigt werden und mit einem Protonenstrahl zur Kollision gebracht werden. Schon ein Jahr nach dem dadurch ermöglichten Nachweis der intermediären Vektorbosonen wurden S. van der Meer und C. Rubbia* aufgrund ihrer Verdienste mit dem Nobelpreis der Physik ausgezeichnet.

Nun kommen wir auf den eingangs erwähnten scheinbaren Widerspruch zwischen den Aussagen des Liouvilleschen Satzes und dem funktionierenden Verfahren der stochastischen Kühlung zurück. Während bei Gültigkeit des Liouvilleschen Satzes nur ein einziger Puls in einem Ring untergebracht werden könnte, erlaubt die stochastische Kühlung im Laufe eines Tages etwa 36 000 Pulse anzuhäufen. Die endgültige Phasenraumdichte ist um einen Faktor $3 \cdot 10^8$ höher als die eines einzelnen Pulses.

Stochastische Kühlung und Liouvillescher Satz handeln nun aber von verschiedenen Dingen. Erstere geht von einem Ensemble endlich vieler *diskreter* Teilchen aus, während der Liouvillesche Satz ein Phasenraumkontinuum voraussetzt (s. div $\vec{v}$!). Ein diskretes Ensemble stellt somit nur eine modellmäßige *Näherung* dieser Voraussetzung dar, die umso besser ist, je dichter das Phasenraumvolumen besetzt ist.

Dies wird anhand der Kühlungsrate (sie wird in nachfolgender Aufgabe berechnet) deutlich:

$$\frac{1}{\tau} = \frac{W}{N}(2g - g^2). \tag{25}$$

* *Carlo Rubbia*: Geboren am 31. März 1934 in Gorizia. Seine Ausbildung als Physiker erhielt er in Pisa an der Scuola Normale, einer altehrwürdigen Hochschule. Hier promovierte er 1958, arbeitete dann jeweils für ein Jahr als Forschungsstipendiat an der New Yorker Columbia-Universität und als Assistenzprofessor in Rom, 1960 kam er als Hochenergie-Physiker zum CERN nach Genf. Seit 1972 hat er auch eine Professur an der Harvard-Universität in Cambridge (USA). Rubbia ließ sich in Genf von der Theorie der vereinheitlichten Schwachen und Elektromagnetischen Wechselwirkung anregen, die von A. Salam, S. Glashow und S. Weinberg entwickelt worden war (Physik-Nobelpreis 1979).

Schon 1976 hatte Rubbia dem CERN vorgeschlagen, den neuen 450 GeV-SPS Beschleuniger für den Zweck der Protonen-Antiprotonen Stoß-Experimente umzubauen. Damit erhielten die Forscher Kollisionsenergien von 540 GeV, die zur Erzeugung der (bis dahin nur vermuteten) W- und Z-Bosonen ausreichten. Maßgebend für den Erfolg des Projekts war nicht nur Rubbia, sondern auch S. van der Meer, der entscheidend zur Gewinnung scharf gebündelter Antiprotonen-Pulsströme beitrug. Beide erhielten 1984 den Nobelpreis der Physik.

Darin bezeichnet N die Anzahl der Teilchen im Strahl, W die Bandbreite des Systems und g einen Gewinnfaktor, der in Aufgabe 18.10 definiert wird. Wesentlich ist jedoch die Abhängigkeit der Kühlrate von der inversen Teilchenzahl, $\frac{1}{N}$, des Strahls. Im Grenzfall

$$\lim_{N \to \infty} \frac{1}{\tau} = 0$$

ist keine Kühlung mehr möglich, wie wir es erwarten würden. Es sei noch bemerkt, daß die gleiche Einschränkung in der Anwendung des Liouvilleschen Satzes auch grundsätzlich in der Thermodynamik gilt (siehe Band 9 dieser Vorlesungsreihe), allerdings ist die Näherung um 11 Größenordnungen ($10^{12} \longrightarrow 10^{24}$) besser erfüllt! Viel wichtiger ist jedoch, daß der Liouvillesche Satz unter der Voraussetzung gilt, daß die Teilchen den Hamiltonschen Gleichungen, mit einer gegebenen Hamilton-Funktion H, genügen. In diesem Sinne muß das System von Teilchen abgeschlossen sein. Genau das wird aber durch das Ablesen der Teilchenposition (Ort, Impuls-Pick up) und die entsprechende Korrektur (Kicker, siehe Abb. 4) verletzt. Das ist ein gezielter Eingriff von außen, der nicht durch eine Hamilton-Funktion beschreibbar ist. Daher braucht der Liouvillesche Satz nicht zu gelten; ja er darf gar nicht gelten!

18.10 Aufgabe:
a) Berechnen Sie für einen Strahl aus N Teilchen die Kühlrate pro Sekunde.
b) Wann tritt maximale Kühlung ein?
c) Berechnen Sie die Kühlzeit für einen Strahl aus $N = 10^{12}$ Teilchen. Die Bandbreite des Systems sei $W = 500$ MHz und $g = 1$.

Lösung: a) Zunächst betrachten wir den Fall, daß Pick up und Kicker so schnell sind, daß sie jedes Teilchen einzeln erfassen (siehe Abbildung 7). Die Auslenkung dieses Teilchens von der Strahlachse sei x. Nach dem Durchlaufen von $\lambda/4$ (λ ist die Wellenlänge der x-Schwingung) wird der Abstand im Kicker elektromagnetisch korrigiert. Die Korrektur sei

$$\Delta x = +a \cdot x . \qquad \underline{1}$$

Der korrigierte Abstand x_k des Teilchens von der Strahlachse ist somit durch

$$x_k = x - \Delta x \qquad \underline{2}$$

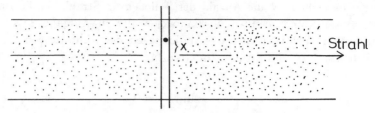

Abbildung 7: Im Idealfall wird von dem Pick up ein Teilchen erfaßt.

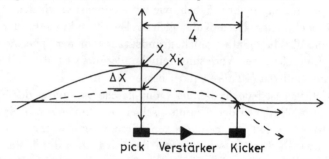

Abbildung 8: Ein Einzelteilchen wird vom "Pick up" erfaßt und dessenj Impuls nach einer $\lambda/4$ Wellenlänge am "Kicker" korrigiert.

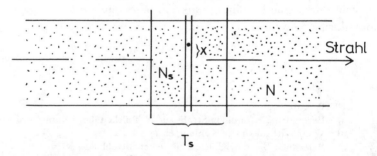

Abbildung 9: Im Realfall werden vom Pick up mehrere Teilchen (N_s) erfaßt, die zu einem Rauschen führen.

gegeben (Abbildung 8). Mit $a = 1$ wäre die ideale Kühlung erreicht. Im Realfall tritt im Pick up allerdings ein Rauschen auf, daß von weiteren $N_s - 1$ Teilchen im Intervall T_s herrührt (vgl. Abbildung 9). Die Korrektur in Gleichung $\underline{1}$ modifiziert sich demzufolge zu

$$\triangle x = a\left(x + \sum_{i \in s'} x_i\right) = aN_s\frac{\sum\limits_{i \in s} x_i}{N_s}.$$

Dabei ist N_s die Anzahl aller Teilchen im Intervall T_s und s' bezeichnet die Summation über alle Teilchen in diesem Intervall mit Ausnahme des Teilchens am Orte x. Da die Teilchen alle die gleiche Masse haben, kann man für den gemeinsamen Schwerpunkt der Probe schreiben

$$\langle x \rangle = \frac{\sum\limits_{i \in s} x_i}{N_s}. \qquad \underline{4}$$

Mit der Abkürzung

$$g = aN_s \qquad \underline{5}$$

für den "Gewinnfaktor" g modifiziert sich Gleichung $\underline{2}$ zu

$$x_k = x - \Delta x = x - \frac{g}{N_s} \sum\limits_{i \in s} x_i \qquad \underline{6}$$

Nun betrachten wir einen Strahl aus N Teilchen mit den Orten x, wobei $E(x) = 0$ sei, $E(x)$ bedeutet den Erwartungswert von x. Er repräsentiert eine Mittelung über alle Teilchen im Strahl. Um präzise zu sein, definieren wir folgende Mittelungen:

$$E(\cdots) = \frac{1}{N} \sum\limits_{n=1}^{N} \cdots, \qquad \underline{7}$$

$$\langle \cdots \rangle = \frac{1}{N_s} \sum\limits_{i=1}^{N_s} \cdots, \qquad \underline{8}$$

wobei $E(\cdots)$ Mittelung über die Teilchen im Strahl und $\langle \cdots \rangle$ Mittelung der Teilchen über das Intervall T_s bedeutet. Für eine beliebige Größe f gilt dann

$$E(\langle f \rangle) = \frac{1}{N} \sum\limits_{n=1}^{N} \left(\frac{1}{N_s} \sum\limits_{i=1}^{N_s} f_i^{(n)} \right) \qquad \underline{9}$$

Da jedes Teilchen von $N_s - 1$ anderen Teilchen umgeben ist, kann man für die beiden Summen schreiben:

$$\sum\limits_{n-1}^{N} \sum\limits_{i=1}^{N_s} f_i^{(n)} = (N_s - 1) \sum\limits_{n=1}^{N} f_n. \qquad \underline{10}$$

Daraus folgt

$$E(\langle f \rangle) = \frac{N_s - 1}{N_s} \frac{1}{N} \sum\limits_{n=1}^{N} f_n = \frac{N_s - 1}{N_s} E(f) \simeq E(f). \qquad \underline{11}$$

Für eine spätere Verwendung können wir damit sofort die Erwartungswerte

$$E(\langle x \rangle) = E(x) = 0, \qquad \underline{12}$$

$$E(\langle x^2 \rangle) = E(x^2) =: x_{\text{rms}}^2 \qquad \underline{13}$$

für die Schwerpunktlage in T_s <u>12</u> und für die Varianz des Schwerpunktes bilden <u>13</u>. Die Größe x_{rms} bezeichnet das mittlere x^2; die Indices stehen im Englischen für "<u>r</u>oot <u>m</u>ean <u>s</u>quare". Der Erwartungswert für das Quadrat des Mittelwerts der Schwerpunktlage berechnet sich mit den Definitionen <u>7</u> und <u>8</u> zu

$$E(\langle x \rangle^2) = \frac{1}{N} \sum_{n=1}^{N} \left(\frac{1}{N_s} \sum_{j=1}^{N_s} x_j^{(n)} \right)^2 \qquad\qquad \underline{14}$$

$$= \frac{1}{N} \sum_{n=1}^{N} \left(\frac{1}{N_s^2} \sum_{i,j} x_i^{(n)} x_j^{(n)} \right) \qquad\qquad \underline{15}$$

$$= \frac{N_s - 1}{N_s} \frac{1}{N N_s} \sum_{n=1}^{N} \sum_{j} x_n x_j^{(n)}, \qquad\qquad \underline{16}$$

weil

$$\sum_i x_i^{(n)} = (N_s - 1) x_n.$$

Nun setzen wir voraus, daß die Teilchen unkorreliert sind, d.h. es gilt

$$\langle x_i x_j \rangle = 0, \qquad i \neq j. \qquad\qquad \underline{17}$$

Ferner ist $\dfrac{N_s - 1}{N_s} \simeq 1$ sicherlich erfüllt. Damit folgt für $E(\langle x \rangle^2)$

$$E(\langle x \rangle^2) = \frac{1}{N_s} \left(\frac{1}{N} \sum_n x_n^2 \right) = \frac{1}{N_s} E(x^2) = \frac{x_{rms}^2}{N_s}. \qquad\qquad \underline{18}$$

Aus Gleichung <u>6</u> folgt nun

$$x_k^2 - x^2 = -2x \frac{g}{N_s} \sum_{i \in s} x_i + g^2 \left(\frac{\sum_{i \in s} x_i}{N_s} \right)^2. \qquad\qquad \underline{19}$$

Mit der Abkürzung $\triangle(x^2) = x_k^2 - x^2$ und einer Umformung des ersten Summanden in Gleichung <u>19</u> folgt

$$\triangle(x^2) = -2g \left[\frac{x^2}{N_s} + \frac{x}{N_s} \sum_{i \in s'} x_i \right] + g^2 (\langle x \rangle^2). \qquad\qquad \underline{20}$$

Nun bilden wir unter Verwendung der in <u>12</u>, <u>13</u> und <u>18</u> abgeleiteten Beziehungen den Erwartungswert aus dieser Gleichung:

$$E(\triangle(x^2)) = -2g \left[\frac{x^2}{N_s} + 0 \right] + g^2 \frac{x_{rms}^2}{N_s} \qquad\qquad \underline{21}$$

und identifizieren

$$E(\Delta(x^2)) \longrightarrow \Delta(x^2), \qquad\qquad 22$$

$$x^2 \longrightarrow x_{\text{rms}}^2 . \qquad\qquad 23$$

Die erste Identifikation gilt im Mittel über viele Umläufe. Pro Umlauf dn gilt dann

$$\Delta(x_{\text{rms}}^2) = \left(-2g \frac{x_{\text{rms}}^2}{N_s} + g^2 \frac{x_{\text{rms}}^2}{N_s} \right) \cdot dn . \qquad\qquad 24$$

Damit folgt

$$\frac{d}{dn}(x_{\text{rms}}^2) + \frac{2g - g^2}{N_s} x_{\text{rms}}^2 = 0. \qquad\qquad 25$$

Als Lösung erhalten wir eine Exponentialfunktion

$$x_{\text{rms}}^2 \sim e^{-n \frac{2g-g^2}{N_s}} . \qquad\qquad 26$$

Das Ziehen der Wurzel liefert schließlich

$$x_{\text{rms}} \sim e^{-n \frac{2g-g^2}{2N_s}} , \qquad\qquad 27$$

wobei n die Anzahl der Umläufe darstellt. Die Kühlungsrate pro Umlauf ist dann durch

$$\frac{1}{n_0} = \frac{2g - g^2}{2N_s} \qquad\qquad 28$$

gegeben. Dabei ist n_0 die Zahl der Umläufe bis x_{rms} auf den e-ten Teil abgesunken ist. Mit

$$n_0 = \frac{\text{Zeitkonstante } \tau}{\text{Umlaufzeit } T} \qquad\qquad 29$$

folgt für die *Kühlrate* pro Sekunde

$$\frac{1}{\tau} = \frac{2g - g^2}{2TN_s} . \qquad\qquad 30$$

Gleichung 30 kann noch weiter umgeformt werden. Mit

$$N_s = N \frac{T_s}{T} , \qquad\qquad 31$$

und der Bandbreite $W = \frac{1}{2T_s}$ oder

$$T_s = \frac{1}{2W} \qquad\qquad 32$$

folgt schließlich

$$\frac{1}{\tau} = \frac{W}{N}(2g - g^2) . \qquad\qquad 33$$

Dabei ist T die Umlaufzeit des Strahls, N_s die Anzahl der Teilchen in der Probe, T_s die Zeit, die die Probe benötigt, um einen Meßpunkt zu durchlaufen. Sie ist aufgrund des Nyquist-Theorems gemäß 32 mit der Bandbreite W des Systems verknüpft (siehe dazu z.B. W. Martienssen, Einführung in die Physik 4).

b)   Aus der Diskussion von Gleichung 25 wird sofort deutlich, daß die Kühlrate für $g = 1$ optimal wird. Für $g > 2$ werden die Teilchen aufgeheizt.

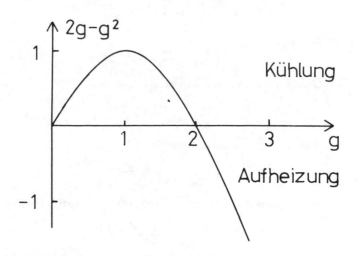

c)   Mit den in der Aufgabe angegebenen Zahlenwerten folgt für die Kühlrate pro Sekunde

$$\frac{1}{\tau} = \frac{500\,\mathrm{MHz}}{10^{12}} \cdot 1 = 5 \cdot 10^{-4}\frac{1}{\mathrm{sec}}, \qquad \underline{34}$$

und damit

$$\tau = 2 \cdot 10^3 \ \mathrm{sec} \ \sim \frac{1}{2}\,\mathrm{h}. \qquad \underline{35}$$

19. Kanonische Transformationen

Ist eine Hamilton-Funktion $H = H(q_i, p_i, t)$ gegeben, so erhalten wir die Bewegung des Systems durch Integration der Hamilton-Gleichungen:

$$\dot{p}_i = -\frac{\partial H}{\partial q_i} \quad \text{und} \quad \dot{q}_i = \frac{\partial H}{\partial p_i}\,.$$

Für den Fall einer zyklischen Koordinate gilt, wie wir wissen,

$$\frac{\partial H}{\partial q_i} = 0, \quad \text{d.h.} \quad \dot{p}_i = 0.$$

Der entsprechende Impuls ist also konstant: $p_i = \beta_i = \text{const.}$

Es hängt im allgemeinen von den gewählten Koordinaten ab, in denen wir ein Problem beschreiben, ob zyklische Koordinaten in H enthalten sind. Dies sehen wir sofort an folgendem Beispiel: Wird die Kreisbewegung in einem Zentralkraftfeld in kartesischen Koordinaten beschrieben, dann ist keine Koordinate zyklisch. Benutzen wir jedoch Polarkoordinaten (ϱ, φ), so ist die Winkelkoordinate zyklisch (Drehimpulserhaltung).

Ein mechanisches Problem würde sich also sehr vereinfachen, wenn wir eine Koordinatentransformation von dem Satz p_i, q_i auf einen neuen Satz von Koordinaten P_i, Q_i mit

$$Q_i = Q_i(p_i, q_i, t), \qquad P_i = P_i(p_i, q_i, t) \tag{1}$$

finden könnten, bei dem sämtliche Koordinaten Q_i für das Problem zyklisch wären. Dann sind alle Impulse konstant, $P_i = \beta_i$, und die neue Hamilton-Funktion $\mathcal{H}$ ist nur noch eine Funktion der konstanten Impulse P_i, also $\mathcal{H} = \mathcal{H}(P_i)$. Es gilt dann

$$\dot{Q}_i = \frac{\partial \mathcal{H}(P_i)}{\partial P_i} = \omega_i = \text{const}, \qquad \dot{P}_i = -\frac{\partial \mathcal{H}(P_i)}{\partial Q_i} = 0,$$

woraus durch Integration nach der Zeit folgt:

$$Q_i = \omega_i t + \omega_0, \qquad P_i = \beta_i = \text{const.}$$

Wir haben hierbei vorausgesetzt, daß für die neuen Koordinaten (P_i, Q_i) wieder die Hamiltonschen (kanonischen) Gleichungen gelten mit einer neuen Hamilton-Funktion $\mathcal{H}(P_i, Q_i, t)$. Das ist eine essentielle Forderung an eine Koordinatentransformation der Form (1), damit diese *kanonisch* wird.

So wie p_i der kanonische Impuls zu q_i ($p_i = \partial L/\partial \dot{q}_i$) ist, soll P_i der kanonische Impuls zu Q_i sein. Ein Paar (q_i, p_i) heißt *kanonisch konjugiert* wenn die Hamiltonschen Gleichungen für q_i und p_i gelten. Die Transformation von einem Paar kanonisch konjugierter Koordinaten auf ein anderes heißt *kanonische Transformation* (Punkttransformation). Es gilt dann

$$\dot{Q}_i = \frac{\partial \mathcal{H}}{\partial P_i}, \qquad \dot{P}_i = \frac{-\partial \mathcal{H}}{\partial Q_i}.$$

Daß wir darauf hinaus sind, alle Q_i zyklisch zu machen, sei vorläufig noch nicht verlangt. Diesen Fall betrachten wir später (Kapitel 20).
In den neuen Koordinaten muß natürlich auch das Hamilton-Prinzip erfüllt sein. Es gilt also sowohl

$$\delta \int L(q_i, \dot{q}_i, t)\, dt = 0$$

als auch

$$\delta \int \mathcal{L}(Q_i, \dot{Q}_i, t)\, dt = 0.$$

Somit verschwindet auch die Differenz

$$\delta \int (L - \mathcal{L})\, dt = 0.$$

Umgekehrt folgt aus dieser Gleichung

$$\delta \int \mathcal{L}\, dt = \delta \int L\, dt = 0,$$

wobei nach Voraussetzung $\delta \int L\, dt = 0$ ist.
Wir schließen nun weiter: Die Gleichung $\delta \int (L - \mathcal{L})\, dt = 0$ wird dann erfüllt, wenn sich die alte und die neue Lagrange-Funktion nur um ein totales Differential unterscheiden:

$$L - \mathcal{L} = \frac{dF}{dt}, \qquad \text{wegen} \qquad \delta \int_1^2 \frac{dF}{dt}\, dt = \delta(F(2) - F(1)) = 0,$$

denn die Variation einer Konstanten ist Null. Hierbei vermittelt – wie wir sehen werden – die Funktion F die Transformation (p_i, q_i) nach (P_i, Q_i). F wird deshalb auch *Erzeugende* genannt.

Im allgemeinen Fall wird F eine Funktion der alten sowie der neuen Koordinaten sein; mit der Zeit t enthält sie $4n + 1$ Koordinaten:

$$F = F(p_i, q_i, P_i, Q_i, t).$$

Da aber gleichzeitig $2n$ Transformationsgleichungen

$$Q_i = Q_i(p_i, q_i, t), \qquad P_i = P_i(p_i, q_i, t) \tag{1}$$

bestehen, *enthält F also nur $2n + 1$ unabhängige Variable.* In F muß sowohl eine Koordinate aus dem alten Koordinatensatz p_i (oder q_i) und eine der neuen P_i (oder Q_i) enthalten sein, um eine Beziehung zwischen den Systemen herstellen zu können. Es gibt also *vier Möglichkeiten einer Erzeugenden*:

$$F_1 = F(q_i, Q_i, t), \qquad F_2 = F(q_i, P_i, t),$$
$$F_3 = F(p_i, Q_i, t), \qquad F_4 = F(p_i, P_i, t).$$

Jede dieser Funktionen hat $2n + 1$ unabhängige Variablen. Man wird die Abhängigkeit je nach Problem zweckmäßig auszuwählen haben. Zunächst ist noch nicht klar ersichtlich, wie diese erzeugenden Funktionen F_i Transformationen der Form (1) implizieren. Wir wollen dies hier erläutern und als Beispiel F_1 betrachten:
Wegen

$$L = \mathcal{L} + \frac{dF}{dt} \qquad \text{und} \qquad L = \sum p_i \dot{q}_i - H$$

gilt:

$$\sum p_i \dot{q}_i - H = \sum P_i \dot{Q}_i - \mathcal{H} + \frac{dF}{dt}. \tag{2a}$$

Benutzen wir $F_1 = F(q_i, Q_i, t)$, so folgt daraus für die totale Ableitung von F_1

$$\frac{dF_1}{dt} = \sum \frac{\partial F_1}{\partial q_i} \dot{q}_i + \sum \frac{\partial F_1}{\partial Q_i} \dot{Q}_i + \frac{\partial F_1}{\partial t}. \tag{2b}$$

Wir setzen das Ergebnis in Gleichung (2a) ein und erhalten

$$\sum p_i \dot{q}_i - \sum P_i \dot{Q}_i - H + \mathcal{H} = \sum \frac{\partial F_1}{\partial q_i} \dot{q}_i + \sum \frac{\partial F_1}{\partial Q_i} \dot{Q}_i + \frac{\partial F_1}{\partial t}.$$

Durch Koeffizientenvergleich erhalten wir

$$p_i = \frac{\partial F_1}{\partial q_i}(q_i, Q_i, t),$$

$$P_i = \frac{-\partial F_1}{\partial Q_i}(q_i, Q_i, t),$$

$$\mathcal{H} = H + \frac{\partial F_1}{\partial t}(q_i, Q_i, t). \tag{3}$$

Da es für das nächste Kapitel wichtig sein wird, leiten wir gleich die Transformationsgleichungen für eine Erzeugende vom Typ F_2 ab, die wir mit S bezeichnen:

$$F_2 \equiv S = S(q_i, P_i, t).$$

Zur Herleitung wollen wir einen Koeffizientenvergleich wie bei F_1 verwenden, deshalb fordern wir, S setze sich folgendermaßen zusammen:

$$S(q_i, P_i, t) = \sum_i P_i Q_i + F_1(q_i, Q_i, t),$$

womit wir das Problem analog zu F_1 betrachten können. Das ist zunächst nicht ohne weiteres offensichtlich, wird aber im folgenden klar werden. Die Q_i denken wir uns über die zweite der Gleichungen (3), also über

$$P_i = -\frac{\partial F_1(q_j, Q_j, t)}{\partial Q_i}$$

durch P_i und q_i ausgedrückt. Es gilt nach Gleichung (2a):

$$\sum_i p_i \dot{q}_i - H = \sum_i P_i \dot{Q}_i - \mathcal{H} + \frac{d}{dt} F_1$$

$$= \sum_i P_i \dot{Q}_i - \mathcal{H} + \frac{d}{dt}\left(S(q_i, P_i, t) - \sum_i P_i Q_i \right).$$

Daraus folgt:

$$\sum_i p_i \dot{q}_i - \sum_i P_i \dot{Q}_i - H + \mathcal{H} = \frac{d}{dt}\left(S(q_i, P_i, t) - \sum_i P_i Q_i \right)$$

$$= \sum_i \frac{\partial S}{\partial q_i} \dot{q}_i + \sum_i \frac{\partial S}{\partial P_i} \dot{P}_i + \frac{\partial S}{\partial t}$$

$$- \sum_i \dot{P}_i Q_i - \sum_i P_i \dot{Q}_i,$$

$$\sum_i p_i \dot{q}_i + \sum_i \dot{P}_i Q_i - H + \mathcal{H} = \sum_i \frac{\partial S}{\partial q_i} \dot{q}_i + \sum_i \frac{\partial S}{\partial P_i} \dot{P}_i + \frac{\partial S}{\partial t}.$$

Der Koeffizientenvergleich ergibt nun die Gleichungen:

$$p_i = \frac{\partial S(q_i, P_i, t)}{\partial q_i}, \qquad Q_i = \frac{\partial S(q_i, P_i, t)}{\partial P_i},$$

$$\mathcal{H}(P_i, Q_i, t) = H(p_i, q_i, t) + \frac{\partial S(q_i, P_i, t)}{\partial t}. \tag{4}$$

Die ersten beiden Beziehungen erlauben die Bestimmung der Transformationsgleichungen $Q_i = Q_i(p_i, q_i, t)$, $P_i = P_i(p_i, q_i, t)$, die, in die Gleichung (4) rechts eingesetzt, die neue Hamilton-Funktion $\mathcal{H} = \mathcal{H}(P_i, Q_i, t)$ liefern. Die Transformationsgleichungen für die anderen Typen der Erzeugenden ergeben sich analog durch Wahl einer geeigneten Summe, mit deren Hilfe man auf die beiden ersten Probleme zurückgreift.

Aus den Gleichungen (3) bzw. (4) erhalten wir nun die Abhängigkeit der neuen Koordinaten (P_i, Q_i) von den alten (p_i, q_i) und umgekehrt. Für den Fall F_1 folgen nämlich aus

$$p_i = \frac{\partial F_1(q_i, Q_i, t)}{\partial q_i}$$

die Gleichungen $p_i = p_i(q_i, Q_i)$, die nach den Q_i aufgelöst werden können:

$$Q_i = Q_i(p_i, q_i).$$

Das Einsetzen in die Gleichungen

$$P_i = -\frac{\partial F_1}{\partial Q_i}(q_i, Q_i, t)$$

gibt dann die Möglichkeit, die

$$P_i = P_i(p_i, q_i)$$

zu berechnen. Wir verstehen jetzt den Namen *"Erzeugende Funktion"* für F: Über Gleichungen vom Typ (3) oder (4) bestimmt die Funktion F die kanonische Transformation

$$Q_i = Q_i(p_i, q_i, t), \qquad P_i = P_i(p_i, q_i, t).$$

19.1 Beispiel: Die Erzeugende sei gegeben durch:

$$F_1 = F_1(q_i, Q_i) = \sum q_i Q_i \, .$$

Dann folgt nach den Gleichungen für F_1: $p_i = Q_i$; $P_i = -q_i$.
Das Beispiel zeigt, daß beim Hamilton-Formalismus Impuls und Ortskoordinate völlige gleichwertige Rollen spielen.

19.2 Beispiel: Der harmonische Oszillator Es gilt in den Koordinaten q, p für die kinetische und die potentielle Energie:

$$T = \frac{1}{2m}p^2\,, \qquad V = \frac{1}{2}kq^2 = \frac{1}{2}m\omega^2 q^2\,, \qquad \omega^2 = \frac{k}{m}\,.$$

Daraus folgen Lagrange- und Hamilton-Funktionen

$$L = \frac{1}{2m}p^2 - \frac{1}{2}m\omega^2 q^2\,, \qquad H = \frac{1}{2m}p^2 + \frac{1}{2}m\omega^2 q^2\,.$$

Eine Erzeugende für die Transformation lautet:

$$F_1(q,Q) = \frac{m}{2}\omega q^2 \cot Q\,.$$

F ist also vom Typ F_1 und daraus folgt mit den Gleichungen (3):

$$p = \frac{\partial F_1}{\partial q} = m\omega q \cot Q\,, \qquad P = -\frac{\partial F_1}{\partial Q} = \frac{m}{2}\frac{\omega q^2}{\sin^2 Q}\,.$$

Die Auflösung nach den Koordinaten (p, q) ergibt

$$q = \sqrt{\frac{2}{m\omega}P}\,\sin Q\,, \qquad p = \sqrt{2m\omega P}\,\cos Q\,.$$

in H eingesetzt erhalten wir:

$$H = P\omega(\cos^2 Q + \sin^2 Q)\,, \qquad \text{also} \qquad H = \omega P\,.$$

Das bedeutet, daß Q eine zyklische Koordinate ist.
Da die Hamilton-Funktion nicht explizit von der Zeit abhängt, stellt H die Gesamtenergie des Systems dar, es folgt also:

$$E = \omega P = \text{const.}$$

Wegen $\dot{Q} = \dfrac{\partial H}{\partial P} = \omega$ folgt weiter:

$$Q = \omega t + \varphi\,.$$

Durch Einsetzen folgt dann die bekannte Abhängigkeit des Ortes q von der Zeit:

$$q = \sqrt{\frac{2E}{m\omega^2}}\,\sin(\omega t + \varphi)\,.$$

20. Hamilton-Jacobi-Theorie

Im vorigen Kapitel versuchten wir, eine Transformation auf Koordinaten-paare $(q_i, p_i = \beta_i)$ durchzuführen, bei denen die kanonischen Impulse kon-stant waren. Wir gehen jetzt einen Schritt weiter und suchen eine kanonische Transformation auf Koordinaten $P_i = p_{i0}$ und $Q_i = q_{i0}$, die alle konstant sind und durch die Anfangsbedingungen gegeben werden. Haben wir solche Koordinaten gefunden, so sind die Transformationsgleichungen die Lösungen des Systems in den normalen Ortskoordinaten:

$$q_i = q_i(q_{i0}, p_{i0}, t), \qquad p_i = p_i(q_{i0}, p_{i0}, t).$$

Für die Koordinaten (P_i, Q_i) gelten die Hamiltonschen Gleichungen mit der Hamilton-Funktion $\mathcal{H}(Q_i, P_i, t)$. Da die Zeitableitungen nach Definition verschwinden, gilt:

$$\dot{P}_i = 0 = -\frac{\partial \mathcal{H}}{\partial Q_i}; \qquad \dot{Q}_i = 0 = \frac{\partial \mathcal{H}}{\partial P_i}. \tag{1}$$

Diese Bedingungen würden sicherlich von der Funktion $\mathcal{H} \equiv 0$ erfüllt werden. Um die Koordinatentransformation durchführen zu können, benötigen wir eine erzeugende Funktion. Aus historischen Gründen – Jacobi wählte den-selben Weg – nehmen wir von den vier möglichen Typen den Typ $F_2 = S(q_i, P_i, t)$, der im vorangehenden Kapitel 19 bereits behandelt worden ist. Er ist allgemein unter dem Namen *Hamiltonsche Wirkungsfunktion* bekannt. Es gelten dann die Gleichungen (19.4).
Wir fordern nun, daß die neue Hamilton-Funktion identisch verschwinden soll, dann gilt:

$$\frac{\partial S}{\partial t} + H\left(q_1, \ldots, q_n; \ P_1 = \frac{\partial S}{\partial q_1}, \ldots, P_n = \frac{\partial S}{\partial q_n}; \ t\right) = 0. \tag{2}$$

Schreiben wir diese Gleichung mit den Argumenten auf, so erhalten wir:

$$\frac{\partial S(q_i, P_i = \beta_i, t)}{\partial t} + H\left(q_1, \ldots, q_n; \ \frac{\partial S}{\partial q_1}, \ldots, \frac{\partial S}{\partial q_n}; \ t\right) = 0. \tag{3}$$

Dies ist die *Hamilton-Jacobische-Differentialgleichung.** In ihr bedeuten die

---

* *Jacobi*, Carl Gustav Jakob, geb. 10.12.1804 Potsdam als Sohn eines Bankiers, gest. 18.2.1851 Berlin. – J. wurde nach dem Studium 1824 Privatdozent in Berlin und war 1827/42 als Professor in Königsberg (Kaliningrad) tätig. Nach einer ausgedehnten Italien-reise, die seine angegriffene Gesundheit wieder herstellen sollte, lebte J. als Akademiker in Berlin. – J. ist bekannt geworden durch sein Werk "Fundamenta nova theoriae functiorum ellipticarum" (1829). Im Jahre 1832 fand J., daß hyperelliptischen Funktionen durch Funk-tionen mehrerer Veränderlicher umgekehrt werden können. Grundlegende Beiträge lieferte J. auch zur Algebra, zur Eliminationstheorie und zur Theorie partieller Differentialglei-chungen, z.B. in seinen "Vorlesungen über Dynamik" (1842/43), die 1866 veröffentlicht wurden.

P_i Konstanten, die, wie oben bereits gesagt, durch die Anfangsbedingungen p_{i0} festgelegt sind. Mit Hilfe dieser Differentialgleichung kann S bestimmt werden. Wir stellen fest, daß es sich bei dieser Differentialgleichung um eine nichtlineare partielle Differentialgleichung erster Ordnung mit $n + 1$ Variablen q_i, t handelt. Sie ist nichtlinear, weil H von den Impulsen, die als Ableitungen der Wirkungsfunktion nach den Ortskoordinaten eingehen, quadratisch abhängt. Es treten nur erste Ableitungen nach den q_i und der Zeit auf.

Um die Wirkungsfunktion S zu erhalten, müssen wir die Differentialgleichung $n + 1$ mal integrieren (jede Ableitung $\partial S/\partial q_i$, $\partial S/\partial t$ erfordert eine Integration) und erhalten somit $n + 1$ Integrationskonstanten. Da aber S in der Differentialgleichung nur als Ableitung vorkommt, ist S nur bis auf eine Konstante a, d.h. $S = S' + a$, bestimmt. Das heißt, daß eine der $n + 1$ Integrationskonstanten eine zu S additive Konstante sein muß. Sie ist aber für die Transformation nicht wichtig. Wir erhalten also als Lösungsfunktion

$$S = S(q_1, \ldots, q_n; \beta_1, \ldots, \beta_n; t),$$

wobei die β_i Integrationskonstanten sind. Ein Vergleich mit Gleichung (19.4) führt zu den Forderungen:

$$P_i = \beta_i; \qquad Q_i = \frac{\partial S}{\partial P_i} = \frac{\partial S(q_1, \ldots, q_n; \beta_1, \ldots, \beta_n, t)}{\partial \beta_i} = \alpha_i. \qquad (4)$$

Die β_i, α_i sind dabei aus den Anfangsbedingungen zu finden.

Die ursprünglichen Koordinaten ergeben sich folgendermaßen aus den Transformationsgleichungen (19.4): Aus

$$\alpha_i = \frac{\partial S(q_i, \beta_i, t)}{\partial \beta_i}$$

folgen die Ortskoordinaten

$$q_i = q_i(\alpha_i, \beta_i, t).$$

Einsetzen in

$$p_i = \frac{\partial S(q_i, P_i, t)}{\partial q_i} = p_i(q_i, \beta_i, t)$$

gibt uns auch

$$p_i = p_i(\alpha_i, \beta_i, t).$$

Wir können die Zeitabhängigkeit in S abspalten. Wenn H keine explizite Funktion der Zeit ist, stellt H die Gesamtenergie des Systems dar:

$$-\frac{\partial S}{\partial t} = H = E. \tag{5}$$

Daraus folgt, daß S darstellbar ist als

$$S(q_i, P_i, t) = S_0(q_i, P_i) - Et.$$

Um die Bedeutung von S zu erklären, leiten wir S total nach der Zeit ab:

$$\frac{dS}{dt} = \sum \frac{\partial S}{\partial q_i}\dot{q}_i + \sum \frac{\partial S}{\partial P_i}\dot{P}_i + \frac{\partial S}{\partial t}.$$

Da aber $\dot{P}_i = 0$ gilt, folgt

$$\frac{dS(q_i, P_i = \beta_i, t)}{dt} = \sum \frac{\partial S}{\partial q_i}\dot{q}_i + \frac{\partial S}{\partial t}.$$

Wegen

$$\frac{\partial S(q_i, P_i = \beta_i, t)}{\partial q_i} = p_i \quad \text{und} \quad \frac{\partial S}{\partial t} = -H$$

folgt dann weiter:

$$\frac{dS(q_i, P_i(p_\alpha, q_\alpha), t)}{dt} = \sum p_i\dot{q}_i - H(q_i, p_i, t) = L(q_i, p_i, t). \tag{6}$$

Hierbei unterliegen H und L keinen Beschränkungen; sie können insbesondere zeitabhängig sein. Dies bedeutet, daß S durch das Zeitintegral über die Lagrange-Funktion gegeben ist:

$$S = \int L\,dt + \text{const.} \tag{7}$$

Da dieses Integral physikalisch eine Wirkung (Energie · Zeit) darstellt, ist die Bezeichnung *Wirkungsfunktion für* S naheliegend. Die Wirkungsfunktion unterscheidet sich von dem Zeitintegral über die Lagrange-Funktion höchstens um eine additive Konstante. Diese letzte Beziehung kann allerdings für eine praktische Rechnung nicht verwendet werden, denn wenn man das Problem noch nicht gelöst hat, kennt man L als Funktion der Zeit noch nicht. Außerdem hängt $L(q_i, p_i, t)$ in Gl. (6) von den ursprünglichen Koordinaten

q_i, p_i ab, während die S-Funktion in den Koordinaten q_i, $P_i(q_\alpha, p_\alpha)$ benötigt wird.
Gleichung (7) ist uns nicht unbekannt: Die Wirkungsfunktion S tauchte bei der Formulierung des Hamiltonschen Prinzips (18.7) bereits auf. Über dieses Prinzip hat sie allgemeine Bedeutung erlangt.
Bevor wir unsere allgemeinen Betrachtungen noch weiter fortführen, wollen wir zunächst an einem Beispiel die Hamilton-Jacobi-Methode erläutern.

20.1 Beispiel zur Hamilton-Jacobi-Differentialgleichung:

Wir gehen wieder vom harmonischen Oszillator aus, für den die Hamilton-Funktion gilt:

$$H = \frac{p^2}{2m} + \frac{k}{2} q^2 .$$

Die Hamiltonsche Wirkungsfunktion hat dann die Form (vgl. Gl. (19.4) und Gl.(3))

$$S = S(q, P, t) \quad \text{und} \quad p = \frac{\partial S}{\partial q} .$$

Daraus erhalten wir die Hamilton-Jacobi-Differentialgleichung:

$$\frac{\partial S}{\partial t} + \frac{1}{2m} \left(\frac{\partial S}{\partial q} \right)^2 + \frac{k}{2} q^2 = 0 .$$

Zur Lösung machen wir einen Separationsansatz in eine Orts- und eine Zeitvariable. Ein Produktansatz würde hier nicht zum Ziel führen, weil die Differentialgleichung nicht linear ist. Daher setzen wir eine Summe an:

$$S = S_1(t) + S_2(q) .$$

Für die partiellen Ableitungen gilt dann

$$\frac{\partial S}{\partial q} = \frac{dS_2(q)}{dq} ; \qquad \frac{\partial S}{\partial t} = \frac{dS_1(t)}{dt} .$$

Daraus folgt

$$-\dot{S}_1(t) = \frac{1}{2m} \left(\frac{dS_2(q)}{dq} \right)^2 + \frac{k}{2} q^2 = \beta ,$$

wobei β die Separationskonstante ist. (Die linke Seite hängt nur von der Zeit t, die rechte nur von der Koordinate q ab: Also können beide Seiten nur dann gleich sein, wenn sie gleich einer gemeinsamen Konstanten β sind). Dann gilt für die zeitabhängige Funktion:

$$\dot{S}_1(t) = -\beta ,$$

woraus folgt:

$$S_1(t) = -\beta t .$$

Für den ortsabhängigen Teil bleibt die folgende Gleichung übrig:

$$\frac{1}{2m}\left(\frac{dS_2(q)}{dq}\right)^2 + \frac{k}{2}q^2 = \beta, \qquad \frac{dS_2}{dq} = \sqrt{2m\beta - mkq^2} \ .$$

Als Summe der beiden Anteile erhalten wir dann für S:

$$S(q,\beta,t) = \sqrt{mk} \int \sqrt{\frac{2\beta}{k} - q^2} \ dq - \beta t.$$

Es gilt dann für die Konstante Q:

$$Q = \frac{\partial S}{\partial \beta} = \frac{\sqrt{mk}}{k} \int \left(\frac{2\beta}{k} - q^2\right)^{-\frac{1}{2}} dq - t.$$

Das Integral läßt sich leicht ausführen und es folgt

$$Q + t = \sqrt{\frac{m}{k}} \arcsin\sqrt{\frac{k}{2\beta}} \ q.$$

Mit der üblichen Abkürzung $\omega^2 = k/m$ ergibt sich die Gleichung

$$q = \sqrt{\frac{2\beta}{k}} \sin\omega(t + Q).$$

Ein Vergleich mit der bekannten Bewegungsgleichung des harmonischen Oszillators zeigt, daß β der Gesamtenergie E entspricht und Q einer Anfangszeit t_0. Energie und Zeit sind folglich *kanonisch konjugierte Variablen*. Sowohl die Energie als auch die Zeit t_0 (die einer Anfangsphase entspricht) werden durch die Anfangsbedingungen gegeben.

Die Separation der Hamilton-Jacobi-Differentialgleichung stellt einen allgemeinen (oft den einzig praktikablen) Weg zur Lösung dar. Ist die Hamilton-Funktion nicht explizit zeitabhängig, so gilt

$$\frac{\partial S}{\partial t} + H\left(q_1, \dots, q_n, \frac{\partial S}{\partial q_1}, \dots, \frac{\partial S}{\partial q_n}\right) = 0, \qquad (8)$$

und wir können sofort die Zeit abseparieren. Wir setzen für S eine Lösung der Form

$$S = S_0(q_i, P_i) - \beta_1 t$$

an. Die Konstante β_1 ist dann gleich H und stellt normalerweise die Energie dar. Nach dieser Separation bleibt die Gleichung

$$H\left(q_1,\ldots,q_n,\frac{\partial S_0}{\partial q_1},\ldots,\frac{\partial S_0}{\partial q_n}\right) = E \tag{9}$$

zurück. Um eine Separation der Ortsvariablen zu erreichen, machen wir den Ansatz

$$S_0(q_1,\ldots,q_n,\ P_1,\ldots,P_n) = \sum_i S_i(q_i,P_i) = S_1(q_1,P_1) + \cdots + S_n(q_n,P_n). \tag{10}$$

Dies bedeutet, daß die Hamiltonsche Wirkungsfunktion in eine Summe von Teilfunktionen S_i zerfällt, die jeweils nur von *einem* Paar Variablen abhängen. Die Hamilton-Funktion wird dann

$$H\left(q_1,\ldots,q_n,\frac{dS_1}{dq_1},\ldots,\frac{dS_n}{d\dot{q}_n}\right) = E. \tag{11}$$

Damit diese Differentialgleichung auch in n Differentialgleichungen für die $S_i(q_i,P_i)$ separiert, muß H bestimmte Bedingungen erfüllen. Ist z.B. H von der Form

$$H(q_1,\ldots,q_n,p_1,\ldots,p_n) = H_1(q_1,p_1) + \cdots + H_n(q_n,p_n), \tag{12}$$

so ist die Separation gewiß möglich. Gleichung (11) lautet dann

$$H_1\left(q_1,\frac{\partial S_1}{\partial q_1}\right) + \cdots + H_n\left(q_n,\frac{\partial S_n}{\partial q_n}\right) = E. \tag{13}$$

Diese Gleichung kann befriedigt werden, indem man jedes Glied H_i für sich einer Konstanten β_i gleichsetzt, also

$$H_1\left(q_1,\frac{\partial S_1}{\partial q_1}\right) = \beta_1,\ldots,H_n\left(q_n,\frac{\partial S_n}{\partial q_n}\right) = \beta_n\,, \tag{14}$$

wobei

$$\beta_1 + \beta_2 + \ldots \beta_n = E \tag{15}$$

ist. Es gibt also insgesamt n Integrationskonstanten β_i.
Da in der Hamilton-Funktion im Anteil der kinetischen Energie der Impuls $p_i = dS_i/dq_i$ quadratisch vorkommt, sind diese Differentialgleichungen von

erster Ordnung und zweiten Grades. Als Lösungen erhalten wir dann die n Wirkungsfunktionen

$$S_i = S_i(q_i, \beta_i), \qquad (16)$$

die außer von der Separationskonstanten β_i nur von der Koordinate q_i abhängen. Daraus folgt sofort der zu q_i kanonische Impuls $p_i = dS_i/dq_i$. Wesentlich ist hierbei (siehe (12)), daß das Koordinatenpaar (q_i, p_i) nicht mit anderen Koordinaten $(q_k, p_k, i \neq k)$ gekoppelt ist, sondern daß die Bewegung in diesen Koordinaten völlig unabhängig von den anderen betrachtet werden kann.

Wir beschränken uns jetzt auf periodische Bewegungen und definieren das *Phasenintegral*

$$J_i = \oint p_i \, dq_i, \qquad (17)$$

das jeweils über einen vollen Umlauf einer Rotation oder Schwingung zu nehmen ist. Das Phasenintegral hat die Dimension einer Wirkung (oder eines Drehimpulses). Es wird deshalb auch als *Wirkungsvariable* bezeichnet. Ersetzen wir den Impuls durch die Wirkungsfunktion

$$J_i = \oint \frac{dS_i}{dq_i} dq_i, \qquad (18)$$

so sehen wir aus Gleichung (16), daß J_i nur von den Konstanten β_k abhängt, weil q_i ja nur Integrationsvariable ist. Wir können deshalb von den Konstanten β_i auf die ebenfalls konstanten J_i übergehen und diese als neue kanonische Impulse verwenden. Es wird also die Transformation $J_i = J_i(\beta_k) \to \beta_i = \beta_i(J_k)$ durchgeführt. Auch die Gesamtenergie E, die ja der Hamilton-Funktion entspricht, kann gemäß (15) auf die J_k umgerechnet werden:

$$H = E = \sum_{i=1}^{n} \beta_i(J_k). \qquad (19)$$

Die Hamilton-Funktion ist somit nur eine Funktion der Wirkungsvariablen, die die Rolle der Impulse spielen. Die dazugehörigen konjugierten Koordinaten sind alle zyklisch. Die zu den J_i gehörigen konjugierten Koordinaten werden *Winkelvariable* genannt und mit φ_i bezeichnet. Die erzeugende Funktion $S(q_i, \beta_k)$ geht mit $\beta_k(J_i)$ in $S(q_i, J_i)$ über. Die J_i sind die neuen Impulse. Daher ist (19.4) anwendbar und es folgt für die zugehörigen neuen Koordinaten

$$\varphi_j = \frac{\partial S(q_i, J_i)}{\partial J_j}.$$

Durch die Transformation auf die Wirkungsvariablen und Winkelvariablen haben wir also eine kanonische Transformation, vermittelt durch die erzeugende Funktion

$$S_i(q_j, \beta_k) \rightarrow S_i(\varphi_j, J_k), \qquad (20)$$

durchgeführt. Diese Transformation von einem Satz konstanter Impulse auf einen anderen bringt im Grunde keine neuen Einsichten. Die Bedeutung für periodische Vorgänge liegt in der Winkelvariablen φ_i. Da wir nur kanonische Transformationen durchgeführt haben, gilt

$$\dot{\varphi}_i = \frac{\partial H}{\partial J_i} = \nu_i(J_k) = \text{const.} \qquad (21)$$

Es läßt sich zeigen, daß ν_i die Frequenz der periodischen Bewegung in der Koordinate i ist. Diese Beziehung bietet somit den Vorteil, daß die Frequenzen, die oft von hauptsächlichem Interesse sind, bestimmt werden können, ohne daß das gesamte Problem gelöst werden muß. Wir zeigen dies kurz am folgenden Beispiel.

20.2 Beispiel: Winkelvariable Wir betrachten wieder den harmonischen Oszillator. Der Ausdruck für die Gesamtenergie

$$E = \frac{p^2}{2m} + \frac{kq^2}{2}$$

wird umgeformt, so daß wir die Darstellung einer Ellipse im Phasenraum erhalten:

$$\frac{p^2}{2mE} + \frac{q^2}{2E/k} = 1.$$

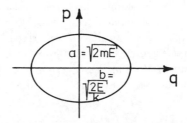

Veranschaulichung der Ellipsen im Phasenraum.

Das Phasenintegral ist nun die Fläche, die von der Ellipse im Phasenraum eingeschlossen wird:

$$J = \oint p\,dq = \pi ab.$$

Die beiden Halbachsen der Ellipse sind

$$a = \sqrt{2mE} \quad \text{und} \quad b = \sqrt{\frac{2E}{k}}\ .$$

Wir erhalten somit

$$J = 2\pi E \sqrt{\frac{m}{k}}\ , \quad \text{oder} \quad E = H = \frac{J}{2\pi}\sqrt{\frac{k}{m}}\ .$$

Die Frequenz ergibt sich daraus zu:

$$\nu = \frac{dH}{dJ} = \frac{1}{2\pi}\sqrt{\frac{k}{m}}\ .$$

20.3 Aufgabe: Verwenden Sie die Hamilton-Jacobi-Methode zur Lösung des Kepler-Problems in einem Zentralkraftfeld der Form:

$$V(r) = -\frac{K}{r}$$

Lösung: Als generalisierte Koordinaten verwenden wir ebene Polarkoordinaten (r, Θ). Die Hamilton-Funktion lautet:

$$H = \frac{1}{2m}\left(p_r^2 + \frac{p_\Theta^2}{r^2}\right) - \frac{K}{r}\ . \qquad \underline{1}$$

H ist zyklisch in Θ und somit $p_\Theta = \text{const} = l$. Die p_i lassen sich durch die Hamiltonsche Wirkungsfunktion S ausdrücken:

$$p_i = \frac{\partial S}{\partial q_i} \quad \Longrightarrow \quad p_r = \frac{\partial S}{\partial r}\ , \qquad p_\Theta = \frac{\partial S}{\partial \Theta} = \text{const} = \beta_2\ .$$

Damit erhalten wir die Hamilton-Jacobi-Differentialgleichung

$$\frac{\partial S}{\partial t} + \frac{1}{2m}\left\{\left(\frac{\partial S}{\partial r}\right)^2 + \frac{1}{r^2}\left(\frac{\partial S}{\partial \Theta}\right)^2\right\} - \frac{K}{r} = 0. \qquad \underline{2}$$

Für die Wirkungsfunktion machen wir einen Separationsansatz

$$S = S_1(r) + S_2(\Theta) + S_3(t)\,,\qquad\qquad \underline{3}$$

den wir in $\underline{2}$ einsetzen:

$$\frac{1}{2m}\left\{\left(\frac{\partial S_1(r)}{\partial r}\right)^2 + \frac{1}{r^2}\left(\frac{\partial S_2(\Theta)}{\partial \Theta}\right)^2\right\} - \frac{K}{r} = -\frac{\partial S_3(t)}{\partial t}\,.\qquad\qquad \underline{4}$$

Gleichung $\underline{4}$ kann nur erfüllt sein, wenn beide Seiten konstant sind. Die Konstante ist die Gesamtenergie des Systems, da

$$-\frac{\partial S}{\partial t} = H = E \quad\Longrightarrow\quad -\frac{\partial S_3}{\partial t} = \text{const} = \beta_3 = E\,.\qquad\qquad \underline{5}$$

Zur Erinnerung:

$$P_i = \beta_i\,,\qquad Q_i = \frac{\partial S}{\partial P_i} = \frac{\partial S}{\partial \beta_i} = \alpha_i\,,$$

wobei α_i, β_i Konstanten sind, die aus den Anfangsbedingungen folgen. Wir setzen $\underline{5}$ in Gleichung $\underline{4}$ ein und lösen nach $\partial S_2/\partial \Theta$ auf:

$$\left(\frac{\partial S_2}{\partial \Theta}\right)^2 = r^2\left\{2m\beta_3 + \frac{2mK}{r} - \left(\frac{\partial S_1}{\partial r}\right)^2\right\}.\qquad\qquad \underline{6}$$

Das gleiche Argument, das uns auf Gleichung $\underline{5}$ führte, liefert nun

$$\frac{\partial S_2}{\partial \Theta} = \frac{dS_2(\Theta)}{d\Theta} = \text{const} = \beta_2\qquad\qquad \underline{7}$$

und damit

$$\frac{\partial S_1}{\partial r} = \frac{dS_1(r)}{dr} = \sqrt{2m\beta_3 + \frac{2mK}{r} - \frac{\beta_2^2}{r^2}}\,.\qquad\qquad \underline{8}$$

Die Hamiltonsche Wirkungsfunktion läßt sich nun hinschreiben:

$$S = \int \sqrt{2m\beta_3 + \frac{2mK}{r} - \frac{\beta_2^2}{r^2}}\; dr + \beta_2\Theta - \beta_3 t\,.\qquad\qquad \underline{9}$$

Wir setzen nun β_2 und β_3 als neue Impulse P_Θ und P_r an. Die zu den P_i konjugierten Q_i sind ebenfalls konstant.

$$Q_r = \frac{\partial S}{\partial \beta_3} = \frac{\partial}{\partial \beta_3}\int \sqrt{2m\beta_3 + \frac{2mK}{r} - \frac{\beta_2^2}{r^2}}\; dr - t = \alpha_3\,,\qquad\qquad \underline{10}$$

$$Q_\Theta = \frac{\partial S}{\partial \beta_2} = \frac{\partial}{\partial \beta_2}\int \sqrt{2m\beta_3 + \frac{2mK}{r} - \frac{\beta_2^2}{r^2}}\; dr + \Theta = \alpha_2\,.\qquad\qquad \underline{11}$$

Identifizieren wir α_2 mit Θ', das aus den Anfangsbedingungen folgt, so erhalten wir:

$$\int \frac{\beta_2\, dr}{r^2 \sqrt{2m\beta_3 + 2mK/r - \beta_2^2/r^2}} = \Theta - \Theta'. \qquad \underline{12}$$

Einsetzen der Konstanten und Substitution $u \equiv 1/r$ führt auf

$$-\int \frac{du}{\sqrt{(2mE/l^2) + (2mKu/l^2) - u^2}} = \Theta - \Theta'. \qquad \underline{13}$$

Dieses Integral der Form

$$\int \frac{dx}{\sqrt{ax^2 + bx + c}} = \cdots$$

läßt sich nach Bronstein # 241* geschlossen angeben mit

$$\Delta = 4ac - b^2 = -4\frac{2mE}{l^2} - \frac{4m^2K^2}{l^4} < 0 :$$

$$\Theta = \Theta' + \arcsin\left(\frac{-2u + (2mK/l^2)}{\sqrt{(4m/l^2)(2E + (mK^2/l^2))}}\right)$$

$$= \Theta' - \arcsin\left(\frac{(l^2 u/mk) - 1}{\sqrt{1 + (2El^2/mK^2)}}\right) \qquad \underline{14}$$

$$\Longleftrightarrow \quad r = \frac{l^2}{mK} \frac{1}{(1 + \sqrt{1 + (2El^2/mK^2)}\,\cos(\Theta - \Theta' + \pi/2))}. \qquad \underline{15}$$

Dies ist die aus der Mechanik I bekannte Lösung des Kepler-Problems. Die Bahntypen ergaben sich aus der Diskussion der Kegelschnitte in der Darstellung $r = K/(1 + \varepsilon\cos\Theta)$:

$$\varepsilon = 1 \,\widehat{=}\, E = 0 : \quad \text{Parabeln;}$$

$$\varepsilon < 1 \,\widehat{=}\, E < 0 : \quad \text{Ellipsen;}$$

$$\varepsilon > 1 \,\widehat{=}\, E > 0 : \quad \text{Hyperbeln.}$$

Vergleichen Sie dazu Mechanik I, Kapitel 26.

20.4 Aufgabe: Ein Teilchen mit der Masse m bewege sich in einem Kraftfeld, das in sphärischen Koordinaten die Form $V = -K\cos\Theta/r^2$ hat. Schreiben Sie die Hamilton-Jacobi-Differentialgleichung für die Bewegung des Teilchens auf!

---

* I.N. Bronstein und K.A. Semendjyjew, Taschenbuch der Mathematik, Verlag Harri Deutsch

Lösung: Wir benötigen zunächst den Hamilton-Operator als Funktion der konjugierten Impulse in sphärischen Koordinaten. Dazu notieren wir zunächst die kinetische Energie T in sphärischen Koordinaten:

$$\dot{\vec{r}} = \dot{r}\,\vec{e}_r + r\dot{\Theta}\vec{e}_\vartheta + r\sin\Theta\,\dot{\varphi}\vec{e}_\varphi \qquad \underline{1}$$

$$\Longrightarrow \quad T = \frac{1}{2}m\,\dot{\vec{r}}\cdot\dot{\vec{r}} = \frac{1}{2}m(\dot{r}^2 + r^2\dot{\Theta}^2 + r^2\sin^2\Theta\dot{\varphi}^2). \qquad \underline{2}$$

Die Lagrange-Funktion lautet dann

$$L = T - V = \frac{1}{2}m(\dot{r}^2 + r^2\dot{\Theta}^2 + r^2\sin^2\Theta\dot{\varphi}^2) - V(r,\Theta,\varphi). \qquad \underline{3}$$

Wir nehmen nun an, daß $V(r,\Theta,\varphi)$ geschwindigkeitsunabhängig ist (was ja in der Tat der Fall ist) und bilden die kanonisch konjugierten Impulse:

$$p_r = \frac{\partial L}{\partial \dot{r}} = m\dot{r}, \qquad p_\Theta = \frac{\partial L}{\partial \dot{\Theta}} = mr^2\dot{\Theta}, \qquad p_\varphi = \frac{\partial L}{\partial \dot{\varphi}} = mr^2\sin^2\Theta\dot{\varphi}. \qquad \underline{4}$$

Daraus ergeben sich:

$$\dot{r} = \frac{p_r}{m}, \qquad \dot{\Theta} = \frac{p_\Theta}{mr^2}, \qquad \dot{\varphi} = \frac{p_\varphi}{mr^2\sin^2\Theta}.$$

Damit läßt sich H in der gewünschten Form angeben:

$$H = \sum_\alpha p_\alpha \dot{q}_\alpha - L$$

$$= p_r\dot{r} + p_\Theta\dot{\Theta} + p_\varphi\dot{\varphi} - \frac{1}{2}m\left(\frac{p_r^2}{m^2} + \frac{p_\Theta^2}{r^2m^2} + \frac{p_\varphi^2}{m^2r^2\sin^2\Theta}\right) + V(r,\vartheta,\varphi)$$

$$= \frac{p_r^2}{2m} + \frac{p_\Theta^2}{2mr^2} + \frac{p_\varphi^2}{2mr^2\sin^2\Theta} + V(r,\Theta,\varphi), \qquad \underline{5}$$

bzw., für das hier konkret vorliegende Potential (siehe Aufgabenstellung):

$$H = \frac{p_r^2}{2m} + \frac{p_\Theta^2}{2mr^2} + \frac{p_\varphi^2}{2mr^2\sin^2\Theta} - \frac{K\cos\Theta}{r^2}. \qquad \underline{6}$$

Die p_i als Funktion der Hamiltonschen Wirkungsvariablen lauten:

$$p_r = \frac{\partial S}{\partial r}, \qquad p_\Theta = \frac{\partial S}{\partial \Theta}, \qquad p_\varphi = \frac{\partial S}{\partial \varphi}. \qquad \underline{7}$$

Daher hat die Hamilton-Jacobi-Gleichung die Form:

$$\frac{\partial S}{\partial t} + \frac{1}{2m}\left\{\left(\frac{\partial S}{\partial r}\right)^2 + \frac{1}{r^2}\left(\frac{\partial S}{\partial \Theta}\right)^2 + \frac{1}{r^2\sin^2\Theta}\left(\frac{\partial S}{\partial \varphi}\right)^2\right\} - \frac{K\cos\Theta}{r^2} = 0. \qquad \underline{8}$$

20.5 Aufgabe:
a) Finden Sie die vollständige Lösung der Hamilton-Jacobi-Differentialgleichung aus der vorherigen Aufgabe 20.4 und
b) skizzieren Sie wie die Bewegung des Teilchens bestimmt werden kann.

Lösung:
a) Das Vorgehen ist ganz analog wie in Aufgabe 20.3. Als Separationsansatz für S wählen wir:

$$S = S_1(r) + S_2(\Theta) + S_3(\varphi) - Et \qquad \underline{1}$$

und setzen dies in Gleichung $\underline{8}$ aus Aufgabe 20.4 ein:

$$\frac{1}{2m}\left(\frac{\partial S_1}{\partial r}\right)^2 + \frac{1}{2mr^2}\left(\frac{\partial S_2}{\partial \Theta}\right)^2 + \frac{1}{2mr^2 \sin^2 \Theta}\left(\frac{\partial S_3}{\partial \varphi}\right)^2 - \frac{K\cos\Theta}{r^2} = E \qquad \underline{2a}$$

$$\Longleftrightarrow$$

$$r^2\left(\frac{\partial S_1(r)}{\partial r}\right)^2 - 2mEr^2 = -\left(\frac{\partial S_2(\Theta)}{\partial \Theta}\right)^2 - \frac{1}{\sin^2 \Theta}\left(\frac{\partial S_3(\varphi)}{\partial \varphi}\right)^2 + 2mK\cos\Theta. \qquad \underline{2b}$$

Gleichung $\underline{2a}$ kann nur erfüllt sein, wenn beide Seiten konstant sind:

$$r^2\left(\frac{\partial S_1(r)}{\partial r}\right)^2 - 2mEr^2 = \text{const} = \beta_1, \qquad \underline{3}$$

$$-\left(\frac{\partial S_2(\Theta)}{\partial \Theta}\right)^2 - \frac{1}{\sin^2 \Theta}\left(\frac{\partial S_3(\varphi)}{\partial \varphi}\right)^2 + 2mK\cos\Theta = \beta_1. \qquad \underline{4}$$

Um Θ von φ zu separieren, multiplizieren wir $\underline{4}$ mit $\sin^2 \Theta$:

$$\left(\frac{\partial S_3(\varphi)}{\partial \varphi}\right)^2 = 2mK\cos\Theta \sin^2 \Theta - \beta_1 \sin^2 \Theta - \left(\frac{\partial S_2(\Theta)}{\partial \Theta}\right)^2 \sin^2 \Theta. \qquad \underline{5}$$

Die Separationskonstante nennen wir β_3, denn

$$\frac{\partial S}{\partial \varphi} = p_\varphi \qquad \text{und somit} \qquad \left(\frac{\partial S_3}{\partial \varphi}\right)^2 = \beta_3 = p_\varphi^2. \qquad \underline{6}$$

Damit folgt:

$$2mK\cos\Theta \sin^2 \Theta - \beta_1 \sin^2 \Theta - \sin^2 \Theta\left(\frac{\partial S_2}{\partial \Theta}\right)^2 = p_\varphi^2. \qquad \underline{7}$$

Die Integration der Gleichungen $\underline{3}$, $\underline{6}$ und $\underline{7}$ liefert:

$$S_1 = \int \sqrt{2mE + \frac{\beta_1}{r^2}}\; dr + c_1,$$

$$S_2 = \int \sqrt{2mk\cos\Theta - \beta_1 - \frac{p_\varphi^2}{\sin^2 \Theta}}\; d\Theta + c_2, \qquad \underline{8}$$

$$S_3 = \varphi p_\varphi + c_3.$$

Die vollständige Lösung der Hamilton-Jacobi-Differentialgleichung ergibt sich aus 8 und dem Ansatz 1 für S:

$$S = \int \sqrt{2mE + \frac{\beta_1}{r^2}}\, dr + \int \sqrt{2mk\cos\Theta - \beta_1 - \frac{p_\varphi^2}{\sin^2\Theta}}\, d\Theta + \varphi p_\varphi - Et + C\,. \qquad \underline{9}$$

b) Die expliziten Gleichungen für die Bewegung des Teilchens ergeben sich aus der Forderung

$$Q_i = \frac{\partial S}{\partial P_i} \quad \Longleftrightarrow \quad \alpha_i = \frac{\partial S}{\partial \beta_i}\,,$$

da Q_i, P_i Konstanten sind, die mit α_i, β_i bezeichnet werden und somit

$$\frac{\partial S}{\partial \beta_1} = \alpha_1\,, \qquad \frac{\partial S}{\partial E} = \alpha_2\,, \qquad \frac{\partial S}{\partial p_\varphi} = \alpha_3\,. \qquad \underline{10}$$

Die α_i folgen aus den Anfangsbedingungen; so ist z.B.

$$\frac{\partial S}{\partial E} = \int \frac{m}{\sqrt{2mE + \beta_1/r^2}}\, dr - t = \alpha_2\,, \qquad \underline{11}$$

$$\int \frac{m}{\sqrt{2mE + \beta_1/r^2}}\, dr = \sqrt{\frac{m}{2E}} \int \frac{r}{\sqrt{r^2 + \beta_1/2mE}}\, dr$$

$$= \sqrt{\frac{mr^2}{2E} + \frac{\beta_1}{4E^2}} + c$$

$$\Longrightarrow \quad \alpha_2 + t = \sqrt{\frac{mr^2}{2E} + \frac{\beta_1}{4E^2}} + c, \qquad \underline{12}$$

$$r(t = 0) = r_0 \quad \Longrightarrow \quad \alpha_2 - c = \sqrt{\frac{mr_0^2}{2E} + \frac{\beta_1}{4E^2}}$$

und als Lösung für t:

$$t = \sqrt{\frac{mr^2}{2E} + \frac{\beta_1}{4E^2}} - \sqrt{\frac{mr_0^2}{2E} + \frac{\beta_1}{4E^2}}\,. \qquad \underline{13}$$

Analog geht man für $\partial S/\partial \beta_1$ und $\partial S/\partial p_\varphi$ vor, wobei die Ausführung der elliptischen Integrale allerdings numerische Methoden erfordert.

Kommen wir noch einmal zurück auf unsere Diskussion im Anschluß an Gleichungen (8) und (9). Wenn die Hamiltonsche Funktion nicht explizit von der Zeit abhängt, wie dies bei konservativen skleronomen Systemen der Fall ist, so läßt sich die Hamilton-Jacobi-Differentialgleichung in eine einfachere Gestalt bringen, da S nur linear von t abhängen darf. Wir transformieren daher auf

$$S = S_0 - Et,$$

wobei $S_0 = S_0(q_1, \ldots, q_n, \beta_1, \ldots, \beta_n)$. Man erhält damit die sogenannte *verkürzte* Hamilton-Jacobi-Gleichung:

$$H\left(q_1, \ldots, q_n, \frac{\partial S_0}{\partial q_1}, \ldots, \frac{\partial S_0}{\partial q_n}\right) = E.$$

Die Lösung dieser Differentialgleichung liefert beliebige Konstanten, wovon eine – z.B. β_1 – additiv ist ($S_0 + c$ löst ebenfalls die obige Hamilton-Jacobi-Gleichung) und weggelassen werden kann. Allerdings kommt in der verkürzten Hamilton-Jacobi-Gleichung nun die Gesamtenergie vor, so daß S_0 auch von E abhängen wird und deshalb in

$$S_0 = S_0(q_1, \ldots, q_n, E, \beta_2, \ldots, \beta_n)$$

β_1 durch E ersetzt wird. Wir drücken dies auch so aus: Wie die ursprüngliche Hamilton-Jacobi-Gleichung hat auch die verkürzte Form n Integrationskonstanten, wovon eine die Gesamtenergie E ist.

20.6 Aufgabe: Verwenden Sie zur Aufstellung der Bewegungsgleichungen für den schrägen Wurf die verkürzte Hamilton-Jacobi-Differentialgleichung.

Lösung: Die Koordinaten der Wurfebene seien x (Abszisse) und y (Ordinate), die wir auch als generalisierte Koordinaten verwenden

$$H = T + V = \frac{m}{2}(\dot{x}^2 + \dot{y}^2) + mgy \qquad \underline{1}$$

$$p_x = \frac{\partial H}{\partial \dot{x}} = m\dot{x}, \qquad p_y = \frac{\partial H}{\partial \dot{y}} = m\dot{y} \qquad \underline{2}$$

Der zur zyklischen Koordinate x ($\partial H/\partial x = 0$) konjugierte Impuls $p_x = m\dot{x}$ ist eine Erhaltungsgröße. Wir rechnen $\underline{1}$ um in

$$H(x, y, p_x, p_y) = \frac{1}{2m}(p_x^2 + p_y^2) + mgy. \qquad \underline{3}$$

Da H nicht explizit von der Zeit abhängt und das System konservativ ist, läßt sich die verkürzte Hamilton-Jacobi-Differentialgleichung anwenden

$$\frac{1}{2m}\left[\left(\frac{\partial S_0}{\partial x}\right)^2 + \left(\frac{\partial S_0}{\partial y}\right)^2\right] + mgy = E \qquad \underline{4}$$

Mit dem Separationsansatz $S_0 = S_1(x) + S_2(y)$ gehen wir in Gleichung $\underline{4}$ ein und erhalten

$$\frac{1}{2m}\left[\left(\frac{\partial S_1(x)}{\partial x}\right)^2 + \left(\frac{\partial S_2(y)}{\partial y}\right)^2\right] + mgy = E \qquad \underline{5}$$

oder

$$\left(\frac{\partial S_1(x)}{\partial x}\right)^2 = 2mE - 2m^2gy - \left(\frac{\partial S_2(y)}{\partial y}\right)^2. \qquad \underline{6}$$

Dies ist nur dann erfüllt, wenn beide Seiten der Gleichung konstant sind, weil ja x und y unabhängige Koordinaten sind.

$$\left(\frac{\partial S_1(x)}{\partial x}\right)^2 = \beta_2, \qquad \left(\frac{\partial S_2(y)}{\partial y}\right)^2 = (2mE - \beta_2) - 2m^2 gy. \qquad \underline{7}$$

Die Integration liefert die Lösungen

$$S_1(x) = \sqrt{\beta_2}\, x + c_1, \qquad \underline{8}$$

$$S_2(y) = -\frac{1}{3m^2 g}[(2mE - \beta_2) - 2m^2 gy]^{3/2} + c_2. \qquad \underline{9}$$

Die vollständige Lösung der verkürzten Hamilton-Jacobi-Differentialgleichung hat die Form:

$$S_0(x, y, E, \beta_2) = \sqrt{\beta_2}\, x - \frac{1}{3m^2 g}[(2mE - \beta_2) - 2m^2 gy]^{3/2} + c, \qquad \underline{10}$$

$$\frac{\partial S_0}{\partial E} = t + \alpha_1, \qquad \frac{\partial S_0}{\partial \beta_2} = \alpha_2,$$

wobei die erste Relation wegen

$$\alpha_1 = \frac{\partial S}{\partial E} = \frac{\partial S_0}{\partial E} - t$$

gilt. Aus ihr erhalten wir $g(t)$ als

$$-\frac{1}{mg}[(2mE - \beta_2) - 2m^2 gy]^{1/2} = t + \alpha_1 \qquad \underline{11}$$

$$\Longleftrightarrow \quad 2mE - \beta_2 - 2m^2 gy = m^2 g^2 (t + \alpha_1)^2$$

$$\Longleftrightarrow \quad y = -\frac{1}{2}g(t + \alpha_1)^2 + \frac{2mE - \beta_2}{2m^2 g}$$

$$\Longleftrightarrow \quad y = -\frac{1}{2}gt^2 + c_1 t + c_2. \qquad \underline{12}$$

Hierbei haben wir im letzten Schritt die Konstanten umbenannt. Analoges Vorgehen mit $\partial S/\partial \beta_2 = \alpha_2$ liefert

$$y = -c_1 x^2 + c_2 x + c_3, \qquad \underline{13}$$

also die bekannte Wurfparabel. Für den Fall des schrägen Wurfs mag die Hamilton-Jacobi-Gleichung zur Aufstellung der Bewegungsgleichungen etwas schwerfällig erscheinen. Ein gewisser Vorteil der Methode zeigt sich in komplizierteren Problemen, wie z.B. dem Kepler-Problem in Aufgabe 20.3.

Zur anschaulichen Deutung der Wirkungsfunktion S.

In den vorangegangenen Aufgaben hat sich die Hamilton-Jacobi- Differential-gleichung zur Aufstellung der Bewegungsgleichungen insbesondere bei komplizierteren mechanischen Problemen bewährt. Es bleibt die Frage: Welche anschauliche Bedeutung hat die Wirkungsfunktion S? Wir betrachten hierzu die Bewegung eines einzelnen Massepunkts in einem zeitunabhängigen Potential und schreiben

$$S = S_0(q_i, p_i) - Et,$$

wobei, wie schon angedeutet, $S_0(q_i, p_i)$ ein räumliches Feld beschreibt, das zeitunabhängig ist. Für die Impulskomponenten gilt

$$p_x = \frac{\partial S}{\partial x} = \frac{\partial S_0}{\partial x}, \qquad p_y = \frac{\partial S}{\partial y} = \frac{\partial S_0}{\partial y}, \qquad p_z = \frac{\partial S}{\partial z} = \frac{\partial S_0}{\partial z}.$$

Als Vektorgleichung geschrieben:

$$\vec{p} = \operatorname{grad} S = \vec{\nabla} S_0.$$

Da grad S stets senkrecht auf den Äquipotentialflächen von S steht, erkennen wir, daß bei einer Darstellung des S-Feldes durch $S = $ const die Bahnkurven durch orthogonale Trajektorien durch diese Flächenschar repräsentiert werden. Demnach gehören zu einem gegebenen Feld S alle Bewegungen, deren Bahnkurven senkrecht auf den Äquipotentialflächen von S ($S = $ const) stehen und ferner entlang jeder Bahnkurve alle Bewegungen, die zu einem beliebigen Zeitpunkt beginnen (vgl. Figur).

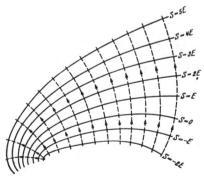

Flächen S = const. Bahnkurven punktiert.

Das zeitliche Verhalten des S-Feldes erkennt man aus der Darstellung $S = S_0 - Et$. Für $t = 0$ sind die Flächen identisch. Für $t = 1$ fällt die Fläche $S = 0$ auf die Fläche $S_0 = E$, $S = E$ auf $S_0 = 2E$ usw. Dies bedeutet anschaulich, daß Flächen konstanter S-Werte über Flächen konstanter S_0-Werte hinwegwandern, also Flächen von konstantem S durch den Raum wandern. Die formale Bedeutung von S ergibt sich aus dem Wirkungs-Integral. Es ist nämlich

$$\int L\,dt = \{p_x\,dx + p_y\,dy + p_z\,dz - H\,dt\}$$

$$\int_{t_1}^{t_2} L\,dt = \int_{t_1}^{t_2} \left(\frac{\partial S}{\partial x}dx + \frac{\partial S}{\partial y}dy + \frac{\partial S}{\partial z}dz + \frac{\partial S}{\partial t}dt\right) = S_2 - S_1.$$

Daher stellt S eine Wirkung (Energie mal Zeit) dar. Sie ist das zeitliche Integral über die Lagrange-Funktion. Das Hamilton'sche Prinzip $\delta \int L\,dt = 0$ sagt daher aus, daß eine Bewegung unter der Randbedingung minimaler Wirkung abläuft.

20.7 Beispiel: Zur Veranschaulichung der Wirkungswellen betrachten wir die Wurf- oder Fallbewegung im Gravitationsfeld der Erde, deren Bewegungsgleichung uns vertraut ist. In Analogie zur Aufgabe 20.6 ergibt sich folgende Hamilton-Jacobi-Differentialgleichung:

$$\frac{1}{2m}\left\{\left(\frac{\partial S}{\partial x}\right)^2 + \left(\frac{\partial S}{\partial y}\right)^2 + \left(\frac{\partial S}{\partial z}\right)^2\right\} + mgz + \frac{\partial S}{\partial t} = 0. \qquad \underline{1}$$

Mit dem Separationsansatz $S = S_x(x) + S_y(y) + S_z(z) - Et$ erhalten wir

$$S_x = xp_x, \qquad S_y = yp_y$$

bis auf additive Konstanten, sowie

$$\frac{1}{2m}\left(\frac{\partial S_z}{\partial z}\right)^2 + mgz = E - \frac{p_x^2 + p_y^2}{2m} = \beta_z. \qquad \underline{2}$$

Die Größen p_x und p_y sind natürlich auch Konstante. Integration über z liefert bis auf eine Konstante

$$S_z = -\frac{2}{3g}\sqrt{\frac{2}{m}}(\beta_z - mgz)^{3/2}. \qquad \underline{3}$$

Die Konstante β_z schreiben wir als $\beta_z = mgz_0$ und können damit die Gesamtenergie als

$$E = \frac{p_x^2 + p_y^2}{2m} + mgz_0 \qquad \underline{4}$$

ausdrücken. Durch Einsetzen erhält man die Wirkungsfunktion

$$S = xp_x + yp_y - \frac{2m\sqrt{2g}}{3}(z_0 - z)^{3/2} - \left(\frac{p_x^2 + p_y^2}{2m} + mgz_0\right)t \qquad \underline{5}$$

und nach bekanntem Schema die Bewegungsgleichungen:

$$\alpha_x = \frac{\partial S}{\partial p_x} = x - \frac{p_x}{m}t,$$

$$\alpha_y = \frac{\partial S}{\partial p_y} = y - \frac{p_y}{2m}t,$$

$$\alpha_z = \frac{\partial S}{\partial z_0} = -m\sqrt{2g}(z_0 - z)^{1/2} - mgt. \qquad \underline{6}$$

Unter den möglichen Bewegungen, die ein Körper im Gravitationsfeld ausführen kann, greifen wir das Bündel mit $p_x = 0$, $p_y = 0$, $z_0 = 0$ heraus. Aus Gleichung $\underline{5}$ erhalten wir für die Flächen mit $S_0 = $ const:

$$\text{const} = -\frac{2m\sqrt{2g}}{3}(-z)^{3/2}.$$

Dies sind Ebenen parallel zur x-y-Ebene.

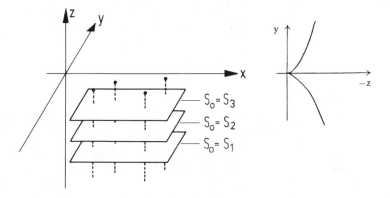

Die möglichen Bahnkurven sind als vertikale Geraden im obigen Bild gestrichelt. Da die Wirkungsfunktion nur für $z \leq 0$ reell ist, sind nur Wurfbewegungen möglich, die bis zur Ebene $z = 0$ aufsteigen und dann wieder umkehren. In diesem Beispiel sind die Wirkungsquellen Ebenen parallel zur xy-Ebene, welche in z-Richtung fortschreiten. Dies erkennt man leicht aus Gleichung $\underline{5}$ für $z_0 = $ const $\neq 0$. Jeder senkrechte Wurf bis zur Höhe z_0 gehört damit zu ein und demselben S-Feld bzw. zur gleichen Wirkungsquelle. Hierbei spielt es keine Rolle, an welchem Raumpunkt die Wurfbewegung beginnt.

Als weiteres Bewegungsbündel betrachten wir

$$p_x = 0, \qquad z_0 = 0, \qquad p_y = \frac{2m\sqrt{2g}}{3} \qquad\qquad \underline{7}$$

so daß sich aus Gleichung $\underline{5}$ ergibt:

$$S_0 = \frac{2m\sqrt{2g}}{3}\{y - (-z)^{3/2}\} \qquad\qquad \underline{8}$$

$$\Leftrightarrow \qquad y = \frac{3}{2m\sqrt{2g}}S_0 + (-z)^{3/2}. \qquad\qquad \underline{9}$$

Gleichung $\underline{9}$ ist die Darstellung einer Neil'schen oder auch semikubischen Parabel ($y = az^{3/2}$) in der yz-Ebene. Die Flächen mit $S_0 = $ const sind daher Flächen parallel zur x-Achse: $F(y, z) = 0$, d.h. Zylinderflächen, welche die yz-Ebene in einer Schar Neil'scher Parabeln schneiden, deren Spitzen auf der y-Achse liegen.

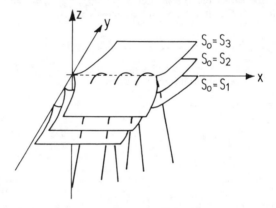

Mit zunehmendem S_0 wandern die Spitzen der Neil'schen Parabeln in y-Richtung. Die zugehörigen Bahnkurven sind Wurfparabeln in der yz-Ebene, die keine Geschwindigkeitskomponente in x-Richtung haben und bei $z = 0$ ihren höchsten Punkt erreichen (gestrichelte Kurven in obiger Abbildung). Die Geschwindigkeitskomponente in y-Richtung ist bei allen Würfen die gleiche:

$$v_y = \frac{2}{3}\sqrt{2g}.$$

Die Wirkungsquellen bestehen in diesem Fall aus Zylinderflächen parallel zur x-Achse, die mit wachsender Zeit in z-Richtung fortschreiten.
Auch hier ist der Startpunkt der Bewegung in der xy-Ebene beliebig; die Umkehrpunkte der Bahnen liegen bei $z = 0$. Alle Wurfparabeln parallel zur x-Achse gehören zu ein und derselben Wirkungsquelle, d.h. jeder durch Gleichung $\underline{8}$ beschriebene Wurf läßt sich durch eine Schar in z-Richtung fortschreitender und zur x-Achse parallel verlaufender Wirkungsquellen darstellen.

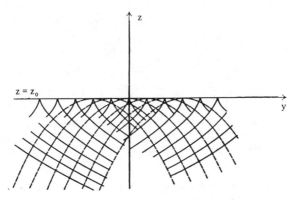

Schnitt durch die yz-Ebene der vorherigen Figur.

Wir sehen an diesem Beispiel, daß der einfache Wurf im Gravitationsfeld zwar einwandfrei im Hamilton-Jacobi-Formalismus dargestellt werden kann, aber doch unangemessen kompliziert ist. Dies bestätigt unsere These, daß die Hamilton-Jacobi'sche Methode zwar schöne formale Gedanken enthält, aber wenig praktikabel ist; für Physiker zu unhandlich und auch unanschaulich.

20.8 Beispiel zur Vertiefung:
Periodische und mehrfach periodische Bewegungen

In diesem Beispiel sollen die Besonderheiten periodischer Bewegungen noch einmal zusammengestellt und auf mehrfach periodische Bewegungen erweitert werden[*].

1. Periodische Bewegungen

Hier unterscheidet man zwei Arten, nämlich die *echt periodische Bewegung* oder *Libration*, bei welcher

$$q_i(t + \tau) = q_i(t),$$
$$p_i(t + \tau) = p_i(t),$$
$$\underline{1}$$

also sowohl Koordinaten als auch Impulse *dieselbe Periode* τ besitzen. Man nennt diese Bewegung auch *Libration*. Zweidimensionale Beispiele hierfür sind der (ungedämpfte) harmonische Oszillator oder auch das (ungedämpfte) hin- und herschwingende Pendel. Das Phasenraumdiagramm (die *Phasenbahn*) ist eine geschlossene Kurve (siehe Abbildung).

---

[*] Wir lassen uns hierbei von A. Budo, Theoretische Mechanik, Deutscher Verlag der Wissenschaften, Berlin (1956) leiten.

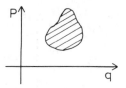

Zweidimensionales Phasendiagramm einer echt periodischen Bewegung. Eine geschlossene Phasenbahn liegt z.b. bei einem ungedämpft hin- und herschwingenden Pendel vor.

Der andere Typ von periodischer Bewegung ist die *Rotation*. Hierbei gilt (z.B. im zweidimensionalen Fall)

$$p(q + q_0) = p(q),$$
2

d.h. der Impuls nimmt für $q + q_0$ denselben Wert an wie für q. Die Koordinate q ist dabei meistens eine Winkelvariable und $q_0 = 2\pi$. Man denke beispielsweise an ein umlaufendes Pendel; q ist in diesem Fall der Pendelwinkel. Die Phasenraumbahn ist dann nicht geschlossen, aber periodisch mit der Periode q_0 (siehe Figur).

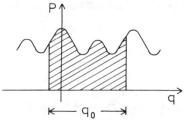

Phasendiagramm der Rotation als periodische Bewegung. Die Bahn ist offen, besitzt jedoch die Periode q_0. Mit anderen Worten: Der Impuls p ist eine periodische Funktion der Koordinate q mit der Periode q_0.

Im Grenzfall zwischen Rotation und Libration spricht man von einer *Limitations-bewegung*. Das gerade nicht umlaufende Pendel ist hierfür ein Beispiel. Die Koordinatenperiode q_0 ist dann nach wie vor $q_0 = 2\pi$, die Zeitperiode jedoch $\tau = \infty$. (Das Pendel steht dann in vertikaler Position (instabiler Punkt) still).
Falls das System konservativ ist und durch die Hamiltonfunktion $H(q,p)$ beschrieben wird, gelten die Gleichungen

$$H(q,p) = E,$$
$$H\left(q, \frac{\partial S}{\partial q}\right) = E.$$
3

Die erste Gleichung liefert $p = p(q,E)$, also bei gegebener Energie E die Phasenbahn. Die zweite Gleichung $\underline{3}$ ist die (verkürzte) Hamilton-Jacobische Gleichung, aus welcher die Wirkungsfunktion (erzeugende Funktion) $F_2(q, P)$ $S(q, E)$ berechnet werden kann. Nehmen wir an, das sei geschehen, dann läßt sich das *Phasenraumintegral*

$$J = \oint p\, dq = \oint \frac{\partial S}{\partial q}\, dq \qquad \underline{4}$$

berechnen. Dabei bedeutet $\oint$ die Integration über eine geschlossene Bahn im Fall der Libration bzw. über eine volle Periode $q_1 \leq q \leq q_1 + q_0$ im Fall der Rotation. Das Phasenintegral J entspricht also genau den schraffierten Flächen in den obigen Figuren.

Das Phasenintegral $J = J(E)$ hängt nur von E ab und ist zeitlich konstant, weil die Gesamtenergie E zeitlich konstant ist. Aus Gleichung $\underline{4}$ folgen also die Beziehungen

$$J = J(E), \qquad \text{bzw.} \qquad E = E(J). \qquad \underline{5}$$

Infolge dessen geht die Funktion $S(q, E)$ über in

$$S(q, E) \quad \Rightarrow \quad S(q, E(J)) \equiv S'(q, J). \qquad \underline{6}$$

Die Funktion $S'(q, J)$ kann als Erzeugende einer kanonischen Transformation dienen. Der neue Impuls P wird jetzt mit J identifiziert, d.h.

$$P = J. \qquad \underline{7}$$

Die zu $P = J$ gehörige kanonisch konjugierte Variable nennen wir $Q = \varphi$. Sie wird auch Winkelvariable genannt und berechnet sich gemäß Gl.(4) als

$$\varphi = \frac{\partial S'(q, J)}{\partial J}. \qquad \underline{8}$$

Die Hamiltonfunktion schreibt sich nach Gl. $\underline{3}$

$$\mathcal{H}(\varphi, J) = E(J). \qquad \underline{9}$$

Die Hamiltonschen Gleichungen in den neuen Koordinaten lauten dann

$$\dot{Q} = \frac{\partial \mathcal{H}}{\partial P} \qquad \text{oder} \qquad \dot{\varphi} = \frac{\partial E(J)}{\partial J} = \text{const,}$$

$$\dot{P} = -\frac{\partial \mathcal{H}}{\partial Q} \qquad \text{oder} \qquad \dot{J} = 0. \qquad \underline{10}$$

$\partial E(J)/\partial J$ hängt nur von J ab, welches zeitlich konstant ist. Also ist auch $\dot{\varphi}$ zeitlich konstant und es folgt

$$\varphi = \left(\frac{\partial E}{\partial J}\right) t + \delta. \qquad \underline{11}$$

Hier tritt die Phasenkonstante δ auf. Hätten wir als erzeugende Funktion nicht $S'(q, J)$, sondern die vollständige, zeitabhängige Wirkungsfunktion

$$W(q, J) = S'(q, J) - E(J)t \qquad \underline{12}$$

gewählt, so wäre die zu J konjugierte Koordinate gemäß $\underline{8}$

$$\frac{\partial W(q,J)}{\partial J} = \frac{\partial S'(q,J)}{\partial J} - \frac{\partial E(J)}{\partial J}t$$

$$= \varphi - \frac{\partial E(J)}{\partial J}t = \delta, \qquad \underline{13}$$

also gerade die Phasenkonstante aus $\underline{11}$. Gleichung $\underline{11}$ sagt aus, daß die Winkelvariable φ linear mit der Zeit anwächst. Sie ist eine zyklische Koordinate, wie aus $\underline{9}$ ersichtlich ist. Die Hamiltonfunktion $\mathcal{H}(\varphi,J) = E(J)$ hängt nämlich nicht von φ ab. Die Änderung von φ während einer Periode τ ergibt sich aus $\underline{11}$ zu

$$\Delta\varphi = \left(\frac{\partial E}{\partial J}\right)\tau, \qquad \underline{14}$$

die man mit Hilfe von $\underline{8}$ noch genauer spezifizieren kann. Es ist nämlich

$$\Delta\varphi = \oint \frac{\partial \varphi}{\partial q}\,dq = \oint \frac{\partial^2 S'(q,J)}{\partial q \partial J}\,dq$$

$$= \frac{\partial}{\partial J}\oint \frac{\partial S'(q,J)}{\partial q}\,dq = \frac{\partial J}{\partial J} = 1. \qquad \underline{15}$$

Demnach wächst die Winkelkoordinate während einer Periode, in welcher das System in seine Anfangskonfiguration übergeht, genau um 1. Wir können daher sagen: Die Bewegung des Systems ist periodisch in φ mit der Periode 1. Die Kombination von $\underline{14}$ und $\underline{15}$ ergibt

$$\tau\frac{\partial E}{\partial J} = 1 \quad \Leftrightarrow \quad \frac{\partial E}{\partial J} = \frac{1}{\tau} = \nu. \qquad \underline{16}$$

Hier ist ν die *Frequenz* der periodischen Bewegung. Offensichtlich braucht man zur Berechnung von ν nicht die vollständige Lösung der Bewegungsgleichungen zu kennen. Es genügt E als funktion von J auszudrücken und nach J zu differenzieren. Das ist der Vorteil der Einführung der Wirkungs (J)- und Winkelvariablen (φ). In Aufgabe 20.2 ist dieses Verfahren für den harmonischen Oszillator illustriert.

2. Separierbare mehrfach periodische Systeme

Gegeben sei ein konservatives System mit f Freiheitsgraden, beschrieben durch die f Koordinaten $q_1,\ldots,q_f$, und es sei separierbar. Das bedeutet, daß die Lösung der verkürzten Hamilton-Jacobi- Gleichung

$$H\left(q_1,\ldots,q_f; \frac{\partial S}{\partial q_1},\ldots,\frac{\partial S}{\partial q_f}\right) = E \qquad \underline{17}$$

in der Form

$$S(q_1,\ldots,q_f; E,\alpha_2,\ldots,\alpha_f)$$
$$= S_1(q_1; E,\alpha_2,\ldots,\alpha_f) + \cdots + S_f(q_f; E,\alpha_2,\ldots,\alpha_f) \qquad \underline{18}$$

geschrieben werden kann. Die f Integrationskonstanten

$$E, \alpha_2, \alpha_3, \dots, \alpha_f \qquad \underline{19}$$

charakterisieren die konstanten Impulse $P_1, \dots, P_f$. Im Fall, daß die Hamilton-funktion in eine Summe von Termen $H(q_i, p_i)$ zerfällt, tritt in den Funktionen $S_k(q_k; E, \alpha_2, \dots, \alpha_f)$ in $\underline{18}$ nur eine Konstante auf; die Funktionen haben dann also die Gestalt $S_k(q_k, \alpha_k)$ – siehe (10). Wann sprechen wir von einer periodischen Bewegung? Die Antwort ist denkbar einfach: Wenn immer *jedes* Paar zueinander konjugierter Variablen (q_i, p_i) sich so verhält wie im 1. Teil dieses Beispiels be-sprochen. Präziser (gelehrt) ausgedrückt heißt das: Die Projektion der Phasenbahn auf *jede* (q_i, p_i)-Ebene des Phasenraums muß entweder eine Libration oder eine Rotation sein, damit die gesamte Bewegung des Systems periodisch ist.

Alles läuft analog zu dem im 1. Abschnitt ausgeführten. Zunächst werden die Wirkungsvariablen

$$J_i = \oint p_i \, dq_i = \oint \frac{\partial S_i(q_i, E, \alpha_2, \dots, \alpha_f)}{\partial q_i} \, dq_i$$

$$= J_i(E, \alpha_2, \dots, \alpha_f), \qquad i = 1, \dots, f \qquad \underline{20}$$

definiert. Sie sind zeitlich konstant, weil es $E, \alpha_2, \dots, \alpha_f$ sind. Die f Gleichungen $\underline{20}$ lassen sich nach $E, \alpha_2, \dots, \alpha_f$ auflösen und ergeben

$$E = E(J_1, \dots, J_f),$$

$$\alpha_2 = \alpha_2(J_1, \dots, J_f), \qquad \underline{21}$$

$$\vdots$$

$$\alpha_f = \alpha_f(J_1, \dots, J_f).$$

Wird $\underline{21}$ in $\underline{18}$ eingesetzt, so ergibt sich

$$S_i(q_i, E(J_k), \alpha_2(J_k), \dots, \alpha_f(J_k)) = S'_i(q_i, J_1, \dots, J_f). \qquad \underline{22}$$

Das ist eine erzeugende Funktion mit den konstanten Impulsen

$$P_i = J_i. \qquad \underline{23}$$

Die Relation $\underline{22}$ ist vollkommen analog zur Beziehung $\underline{6}$ und $\underline{23}$ entspricht $\underline{7}$. Die kanonisch konjugierten Winkelvariablen ergeben sich – ähnlich wie $\underline{8}$ – aus

$$\varphi_i = \frac{\partial S'}{\partial J_i} = \sum_{k=1}^{f} \frac{\partial S'_k(q_k, J_1, \dots, J_f)}{\partial J_i}, \qquad i = 1, \dots, f. \qquad \underline{24}$$

Zu den kanonischen Variablen $(Q_i, P_i) = (\varphi_i, J_i)$ gehört die Hamiltonfunktion

$$\mathcal{H}(\varphi_i, J_i) = E(J_i), \qquad \underline{25}$$

weil die Hamiltonfunktion zeitunabhängig ist (siehe Gl. <u>3</u>). Daraus folgen die Hamiltonschen Gleichungen

$$\dot{\varphi}_i = \frac{\partial \mathcal{H}}{\partial P_i} = \frac{\partial E(J_k)}{\partial J_i} = \text{const} \equiv \nu_i,$$

$$\dot{J}_i = -\frac{\partial \mathcal{H}}{\partial \varphi_i} = 0, \qquad\qquad 26$$

also

$$\varphi_i = \nu_i t + \delta_i,$$

$$J_i = \text{const.} \qquad\qquad 27$$

Nun interessiert die Änderung der Winkelvariablen φ_i während einer Periode (voller Umlauf bzw. Hin- und Hergang einer Koordinate q_k bei festgehaltenen übrigen Koordinaten). Sie ist

$$\triangle_k \varphi_i = \oint \frac{\partial \varphi_i}{\partial q_k} dq_k = \oint \frac{\partial^2 S'}{\partial J_i \partial q_k} dq_k$$

$$= \frac{\partial}{\partial J_i} \oint \frac{\partial S'}{\partial q_k} dq_k = \frac{\partial J_k}{\partial J_i} = \delta_{ki}. \qquad\qquad 28$$

Gemäß <u>27</u> ist

$$\triangle_k \varphi_k = \nu_k \tau_k, \qquad\qquad 29$$

wenn τ_k die "Schwingungszeit" (zeitliches Intervall der Periode) von q_k ist. Der Vergleich von <u>29</u> mit <u>28</u> liefert

$$\nu_k \tau_k = 1. \qquad\qquad 30$$

Also sind

$$\nu_k = \frac{1}{\tau_k} \qquad\qquad 31$$

offensichtlich die Frequenzen der q_k-Bewegung. Mit anderen Worten: Gemäß <u>26</u> ergibt sich die zur Koordinate q_k gehörige (Grund-) Frequenz ν_k als $\nu_k = \partial E(J_1, \dots, J_f)/\partial J_k$.

Die Gleichungen <u>24</u> können auch umgekehrt werden. Das liefert dann die ursprünglichen Koordinaten q_n mit

$$q_k = q_k(\varphi_1, \dots, \varphi_f), \qquad k = 1, \dots, f \qquad\qquad 32$$

als Funktion der neuen Winkelvariablen φ_i. Bei Vergrößerung von φ_i um $\triangle \varphi_i = 1$ (unter Beibehaltung der Werte aller anderen φ_k mit $k \neq i$) muß q_i (und nur dieses!) durch eine Periode laufen. Dies folgt aus Gl. <u>28</u>: Würde nämlich auch q_k (mit $k \neq i$) bei der Änderung von φ_i nach $\varphi_i + \triangle \varphi_i = \varphi_i + 1$ eine Periode durchlaufen, so müßte gemäß <u>28</u> auch φ_k um $\Delta\varphi_k = 1$ wachsen. Das soll aber nach Voraussetzung nicht so sein. Daher gilt: Wächst φ_i nach $\varphi_i + 1$, so ändert sich q_i und zwar:

$$\varphi_i \quad \rightarrow \quad \varphi_i + 1,$$

$$q_i \quad \rightarrow \quad q_i \qquad \text{im Fall der Libration,}$$

$$q_i \quad \rightarrow \quad q_i + q_{i0} \qquad \text{im Fall der Rotation.} \qquad \underline{33}$$

Bei der Libration ist also q_i periodisch; bei der Rotation ist

$$q_i - \varphi_i q_{i0} \qquad \underline{34}$$

eine periodische Funktion von φ_i. In der Tat ändert sich

$$\varphi_i \quad \rightarrow \quad \varphi_i + 1$$

$$q_i - \varphi_i q_{i0} \quad \rightarrow \quad q_i + q_{i0} - (\varphi_i + 1)q_{i0} = q_i - \varphi_i q_{i0}. \qquad \underline{35}$$

Daher können wir die Separationskoordinaten q_i (bei Libration) bzw. $q_i - \varphi_i q_{i0}$ (bei Rotationen) in eine Fourierreihe entwickeln, und schreiben

$$\left.\begin{array}{l} q_i(\varphi_1(t),\dots,\varphi_f(t)) \\[1mm] q_i - \varphi_i q_{i0}(\varphi_1(t),\dots,\varphi_f(t)) \end{array}\right\} = \sum_{n=-\infty}^{+\infty} a_n^{(i)} e^{i2\pi\varphi_i n}$$

$$= \sum_{n=-\infty}^{+\infty} a_n^{(i)} e^{i2\pi n(\nu_i t + \delta_i)}, \qquad \underline{36}$$

wobei

$$a_n^{(i)}(\varphi_1,\dots,\varphi_{i-1},\varphi_{i+1},\dots,\varphi_f) = \int_0^1 q_i(\varphi_1,\dots,\varphi_f)e^{-i2\pi n\varphi_i}\,d\varphi_i. \qquad \underline{37}$$

Die Fourier-Koeffizienten $a_n^{(i)}(\varphi_1,\dots,\varphi_{i-1},\varphi_{i+1},\dots,\varphi_f)$ hängen im allgemeinen noch von allen Winkelvariablen außer φ_i ab.
Denken wir uns jetzt andere Variable x_l, die das System beschreiben und bei gewissen Aufgaben nützlich sind. Sie sollen eindeutig von den $q_i(t)$ abhängen und sind daher auch Funktionen der Zeit. Dann können wir schreiben

$$x_l(q_1(t),\dots,q_f(t))$$

$$= \sum_{n_1=-\infty}^{+\infty} \cdots \sum_{n_f=-\infty}^{+\infty} A_{n_1,\dots,n_f}^{(l)} e^{i2\pi(n_1\varphi_1 + \cdots + n_f\varphi_f)}$$

$$= \sum_{n_1,\dots,n_f=-\infty}^{\infty} A_{n_1,\dots,n_f}^{(l)} e^{i2\pi[(n_1\nu_1 + \cdots + n_f\nu_f)t + (\delta n_1 + \cdots + \delta n_f)]},$$

$$l = 1,\dots,f. \qquad \underline{38}$$

Im zweiten Schritt haben wir $\varphi_i = \nu_i t + \delta_i$ benutzt. Die Koordinaten x_l sind nur durch eine mehrfache Fourierreihe darstellbar. Gl. 38 macht nun verständlich, daß die Bewegung der $x_l(t)$ in der Zeit *im allgemeinen nicht periodisch* ist. Wenn nämlich t um z. B. $\Delta t = 1/\nu_1$ wächst, so ändert sich zwar der erste Exponentialfaktor in 38 wegen $e^{i2\pi n_1 \nu_1 \Delta t} = e^{i2\pi n_1 \nu_1 (1/\nu_1)} = e^{i2\pi n_1} = 1$ nicht, die anderen Exponentialfaktoren in 38 aber ändern sich. In den Koordinaten x_l des Systems heißt daher das System *mehrfach periodisch*. Damit es *einfach periodisch* ist, müssen zwischen den Frequenzen $\nu_1, \ldots, \nu_f$ $(f-1)$ Beziehungen der Art

$$C_{i1}\nu_1 + C_{i2}\nu_2 + \cdots + C_{if}\nu_f = 0, \qquad (i = 1, \ldots, f-1), \qquad \underline{39}$$

gelten. Das sind $(f-1)$ Gleichungen für die f Unbekannten $\nu_1, \ldots, \nu_f$. Es ist klar, daß mit ν_i auch $\nu\nu_i$ (ν beliebiger Faktor) eine Lösung von 39 ist. Sei nun $\nu_i = n_i/m_i$; die ν_i seien also darstellbar durch den Bruch n_i/m_i. Dann sind

$$\nu_i' = (m_1 m_2 \ldots m_f)\nu_i = (m_1 \ldots m_f)\frac{n_i}{m_i} \qquad \underline{40}$$

auch Lösungen von 39. Die ν_i' sind demnach ganze Zahlen. Da die Lösungen von 39 nur bis auf einen gemeinsamen Faktor ν bestimmbar sind, lautet die allgemeine Lösung

$$\nu_i = a_i \nu, \qquad \underline{41}$$

wobei die $a_i = (m_1 \ldots m_f)n_i/m_i$ ganze Zahlen und ν ein gemeinsamer Faktor ist. Das System ist demnach dann und nur dann einfach periodisch, wenn alle Frequenzen kommensurabel sind. Die Grundfrequenz ν_0 ist dann der größte gemeinsame Teiler aller Frequenzen $\nu_1, \ldots, \nu_f$. Falls es nur s (mit $s \le f-1$) Beziehungen der Form 39 gibt, können s Frequenzen rational durch die übrigen ausgedrückt werden. Das System (die Bewegung) heißt dann *s-fach entartet oder* $(f-s)$-*fach periodisch*. Spezialfälle davon sind

$s = 0$: die Bewegung ist f-fach periodisch oder auch nicht entartet,

$s = f-1$: die Bewegung ist einfach periodisch oder auch völlig entartet.

Übergang zur Quantenmechanik

In den letzten Kapiteln haben wir die formalen Aspekte der Mechanik hervorgehoben. Obwohl zur Lösung praktischer Probleme manchmal keine Vorteile erreicht wurden, so haben doch die Einsichten in die Struktur der Mechanik, die der Hamiltonsche Formalismus liefert, wesentlich zur Weiterentwicklung der klassischen Mechanik beigetragen. So ist beispielsweise der Begriff des Phasenintegrals von grundlegender Bedeutung für den Übergang zur Quantenmechanik gewesen. Die erste klare Formulierung der *Quantenhypothese* bestand in der Forderung, daß das *Phasenintegral nur diskrete Werte annehmen* kann, also

$$J = \oint p\,dq = nh, \qquad n = 1, 2, 3, \ldots, \tag{26}$$

wobei h das Plancksche Wirkungsquantum ist, dessen Wert $h = 6.6 \cdot 10^{-27}$ erg $\cdot$ s beträgt.

Betrachten wir wiederum den Fall des harmonischen Oszillators. In Aufgabe 20.2 haben wir das Phasenintegral berechnet:

$$J = 2\pi E \sqrt{\frac{m}{k}}. \tag{27}$$

Dabei war $\nu = 1/2\pi \sqrt{k/m}$ die Frequenz. Mit der Quantenhypothese erhalten wir dann

$$E_n = nh\nu. \tag{28}$$

Die Quantenhypothese führt somit zu dem Schluß, daß der schwingende Massenpunkt nur diskrete Energiewerte E_n annehmen kann. Für die Bewegung bedeutet das, daß im Phasenraum nur bestimmte Bahnen erlaubt sind. Wir erhalten also (vgl. Aufgabe 20.2) für die Phasenraumbahnen Ellipsen, deren Flächen (das Phasenintegral) sich jeweils um den Betrag h unterscheiden. Der Phasenraum erhält auf diese Art eine Gitterstruktur, die durch die erlaubten Bahnen gegeben wird.

Jeder Bahn entspricht einer Energie E_n. Beim Übergang des Massenpunktes zwischen zwei Bahnen nimmt er die Energie $E_n - E_m = (n - m)h\nu$ auf (oder gibt sie ab). Die kleinste übertragbare Energiemenge ist durch $h\nu$ gegeben.

Da das Wirkungsquantum h so klein ist, ist die diskrete Struktur des Phasenraumes nur für atomare Prozesse von Bedeutung. Für markoskopische Vorgänge liegen die Bahnen im Phasenraum so dicht, daß wir den Phasenraum als Kontinuum ansehen können. Die Energiequanten $h\nu$ sind so klein, daß sie bei makroskopischen Prozessen keine Rolle spielen. Zum Beispiel beträgt die

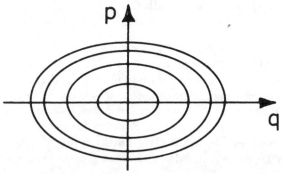

In der Quantenmechanik sind die Phasenraumbahnen des harmonischen Oszillators Ellipsen, die sich um jeweils h unterscheiden.

bei einem Übergang im Wasserstoffatom emittierte Energie $h\nu = 13,6$ eV (Elektronenvolt). Ausgedrückt in der (makroskopischen) Einheit von Wattsekunden ist $h\nu = 2 \cdot 10^{-18}$ Ws. Ihre Bestätigung fand die Quantenhypothese in der Erklärung der Spektren strahlender Atome.

20.9 Aufgabe: Das Bohr-Sommerfeldsche Wasserstoffatom

Zu Beginn der Entwicklung der modernen Quantenmechanik wurde von N. Bohr und A. Sommerfeld eine "Quantisierungsvorschrift" für periodische Bewegungen angegeben. Danach sind nur solche Bahnen im Phasenraum zugelassen, für welche das Phasenintegral

$$\oint p_\alpha \, dq_\alpha = n_\alpha h, \qquad n_\alpha = 1, 2, \ldots \qquad \underline{1}$$

ein Vielfaches des Planck'schen Wirkungsquantums $h = 6.626 \cdot 10^{-27}$ ergsec annimmt. Das Integral erstreckt sich über eine Periode der Bewegung. q_α und p_α sind die generalisierten Koordinaten und die kanonisch konjugierten Impulse.

a)   Geben Sie für ein Teilchen im Potential $V(r) = -e^2/r$ die Lagrangefunktion, Hamiltonfunktion, Hamiltongleichungen und die Konstanten der Bewegung an.

b)   Berechnen Sie aus der Bedingung $\underline{1}$ die gebundenen Energiezustände des Wasserstoffatoms.

Lösung: a) Die Lagrangefunktion ist $L = T - V = \frac{1}{2}mv^2 + \frac{e^2}{r}$. Die Hamiltonfunktion folgt dann zu

$$H = \sum_\alpha \dot{x}_\alpha \frac{\partial L}{\partial \dot{x}_\alpha} - L = \frac{1}{2}mv^2 - \frac{e^2}{r} = \frac{1}{2}m\dot{r}^2 + \frac{1}{2}mr^2\dot{\varphi}^2 - \frac{e^2}{r}$$

in Polarkoordinaten. Die kanonischen Impulse sind

$$p_\varphi = \frac{\partial L}{\partial \dot\varphi} = mr^2\dot\varphi \quad \text{und} \quad p_r = \frac{\partial L}{\partial \dot r} = m\dot r.$$

Dann ist

$$H(q,p) = \frac{p_r^2}{2m} + \frac{p_\varphi^2}{2mr^2} - \frac{e^2}{r}.$$

Konstanten der Bewegung sind:

i) $H = E$, da $H(q,p)$ nicht explizit von der Zeit abhängt, und
ii) $p_\varphi = L$, da φ eine zyklische Variable ist.

L bedeutet den konstanten Drehimpuls. Die Hamiltonschen Gleichungen lauten:

$$\dot p_\varphi = -\frac{\partial H}{\partial \varphi} = 0, \qquad\qquad \dot\varphi = \frac{\partial H}{\partial p_\varphi} = \frac{p_\varphi}{2mr^2}$$

$$\dot p_r = -\frac{\partial H}{\partial r} = -\frac{e^2}{r^2} + \frac{p_\varphi^2}{mr^3}, \qquad \dot r = \frac{\partial H}{\partial p_r} = \frac{p_r}{m}.$$

b) Die Quantisierungsbedingungen für die *Winkelbewegung*

$$lh = \oint p_\varphi\, d_\varphi = \int\limits_0^{2\pi} L\, d_\varphi = 2\pi L$$

$$\Rightarrow \qquad L = l\hbar, \qquad \hbar = \frac{h}{2\pi}, \qquad 1 = 0,1,2,\ldots,$$

d. h. der Bahndrehimpuls kann nur ganzzahligen Vielfache von $\hbar$ annehmen. Für die *Radialbewegung* ist das Phasenintegral gleich

$$kh = \oint p_r\, dr = 2\int\limits_{r_{\min}}^{r_{\max}} \sqrt{2m\left(E + \frac{e^2}{r}\right) - \frac{L^2}{r^2}}\, dr, \qquad k = 0,1,2,\ldots.$$

Die Integralgrenzen bestimmen sich aus der Bedingung

$$p_r = 0,$$

also

$$r_m^2 + \frac{e^2}{E}r_m - \frac{L^2}{2mE} = 0,$$

$$r_m = -\frac{e^2}{2E} \mp \frac{\sqrt{-\Delta}}{4mE} \qquad \text{mit} \qquad \Delta = -4m(2EL^2 + me^4).$$

Für das Integral findet man (mit $E < 0$):

$$\int \frac{\sqrt{2mEr^2 + 2me^2 r - L^2}}{r} \, dr$$

$$= \sqrt{2mEr^2 + 2me^2 r - L^2}$$

$$- \frac{me^2}{\sqrt{-2mE}} \arcsin \frac{4mEr + 2me^2}{\sqrt{-\Delta}} - L \arcsin \frac{2me^2 r - 2L^2}{r\sqrt{-\Delta}}.$$

Einsetzen der Integrationsgrenzen liefert

$$\sqrt{\frac{2\pi^2 me^4}{-E}} - 2\pi L = kh.$$

Definiert man die "Hauptquantenzahl" $n = l + k = 0, 1, 2, \ldots$, so lautet die Formel für die Bindungsenergie

$$E_n = -\frac{me^4}{2\hbar^2 n^2}.$$

Diese Formel für die diskreten Energieniveaus im Wasserstoffatom stimmt mit dem quantenmechanischen Ergebnis genau überein. Lediglich der Wert $n = 0$, der nach dieser Betrachtung erlaubt wäre, ist in der quantenmechanischen Behandlung ausgeschlossen. Das zugrundeliegende klassische Bild (Elektron bewegt sich auf Ellipsenbahn mit der Exzentrizität $\varepsilon = \sqrt{1 - (l/n)^2}$) führt jedoch zu Widersprüchen und muß in der Quantenmechanik abgewandelt werden.

20.10 Aufgabe: Über die Poisson-Klammern

Wenn die Funktionen F und G von der Koordinaten q_α, den Impulsen p_α und der Zeit t abhängen, ist die *Poisson-Klammer* von F und G wie folgt definiert:

$$[F, G] \equiv \sum_\alpha \left(\frac{\partial F}{\partial q_\alpha} \frac{\partial G}{\partial p_\alpha} - \frac{\partial F}{\partial p_\alpha} \frac{\partial G}{\partial q_\alpha} \right).$$

Zeigen Sie die nachstehenden Eigenschaften dieser Poisson Klammer:

a) $$[F, G] = -[G, F],$$

b) $$[F_1 + F_2, G] = [F_1, G] + [F_2 + G],$$

c) $$[F, q_r] = -\frac{\partial F}{\partial p_r},$$

d) $$[F, p_r] = \frac{\partial F}{\partial q_r}.$$

Lösung: a)

$$[F,G] = \sum_\alpha \left(\frac{\partial F}{\partial q_\alpha} \frac{\partial G}{\partial p_\alpha} - \frac{\partial F}{\partial p_\alpha} \frac{\partial G}{\partial q_\alpha} \right) = -\sum_\alpha \left(\frac{\partial G}{\partial q_\alpha} \frac{\partial F}{\partial p_\alpha} - \frac{\partial G}{\partial p_\alpha} \frac{\partial F}{\partial q_\alpha} \right)$$

$$= -[G,F].$$

Wir sehen daran, daß die *Poisson-Klammer nicht kommutativ ist.*

b)

$$[F_1 + F_2, G] = \sum_\alpha \left\{ \frac{\partial (F_1 + F_2)}{\partial q_\alpha} \frac{\partial G}{\partial p_\alpha} - \frac{\partial (F_1 + F_2)}{\partial p_\alpha} \frac{\partial G}{\partial q_\alpha} \right\}$$

$$= \sum_\alpha \left(\frac{\partial F_1}{\partial q_\alpha} \frac{\partial G}{\partial p_\alpha} - \frac{\partial F_1}{\partial p_\alpha} \frac{\partial G}{\partial q_\alpha} \right) + \sum_\alpha \left(\frac{\partial F_2}{\partial q_\alpha} \frac{\partial G}{\partial p_\alpha} - \frac{\partial F_2}{\partial p_\alpha} \frac{\partial G}{\partial q_\alpha} \right)$$

$$= [F_1, G] + [F_2, G].$$

Damit gilt *Distributivität für die Poisson-Klammer.*

c)

$$[F, q_r] = \sum_\alpha \left(\frac{\partial F}{\partial q_\alpha} \frac{\partial q_r}{\partial p_\alpha} - \frac{\partial F}{\partial p_\alpha} \frac{\partial q_r}{\partial q_\alpha} \right)$$

$$\frac{\partial q_r}{\partial p_\alpha} = 0 \quad \Rightarrow \quad [F, q_r] = \sum_\alpha \left(-\frac{\partial F}{\partial p_\alpha} \delta_{r\alpha} \right) = -\frac{\partial F}{\partial p_r}.$$

Hierbei ist $\delta_{r\alpha}$ das Kronecker-Symbol:

$$\delta_{r\alpha} = 1 \quad \text{für} \quad r = \alpha,$$

$$\delta_{r\alpha} = 0 \quad \text{für} \quad r \neq \alpha.$$

d) Ganz analog finden wir

$$[F, p_r] = \sum_\alpha \left(\frac{\partial F}{\partial q_\alpha} \frac{\partial p_r}{\partial p_\alpha} - \frac{\partial F}{\partial p_\alpha} \frac{\partial p_r}{\partial q_\alpha} \right) = \sum_\alpha \left(\frac{\partial F}{\partial q_\alpha} \delta_{r\alpha} \right) = \frac{\partial F}{\partial q_r},$$

da $\partial p_r / \partial q_\alpha = 0$.

Der Gebrauch der Regeln über Poisson-Klammern wird uns wieder in der Quantenmechanik begegnen, denn der Übergang zur Quantenmechanik (die sogenannte Kanonische Quantisierung) erfolgt durch den Übergang zu Operatoren und das Ersetzen der Poisson- Klammer [,] durch den Kommutator $\frac{i}{i\hbar}\{,\}$, wobei

$$\{A,B\}_- = AB - BA$$

bedeutet. Bilden wir z. B. $[q_i, p_j]$, so finden wir

$$[q_i, p_j] = \sum_\alpha \left(\frac{\partial q_i}{\partial q_\alpha} \frac{\partial p_j}{\partial p_\alpha} - \frac{\partial q_i}{\partial p_\alpha} \frac{\partial p_j}{\partial q_\alpha} \right) = \delta_{ij}.$$

Bei der kanonischen Quantisierung geht man von den klassischen Impulsen p_j zu Operator-Impulsen $\widehat{p}_j$ über und von der klassischen Poisson-Klammer $[,]$ zur quantenmechanischen Poisson-Klammer $\frac{i}{i\hbar}\{,\}_-$. Man ersetzt also bei der kanonischen Quantisierung die Beziehung 1 durch

$$\{q_i, \widehat{p}_j\}_- = i\hbar\delta_{ij}. \qquad \underline{2}$$

Gleichung 2 ist erfüllt, wenn $p_j = -i\hbar\partial/\partial q_j$ ist:

$$\{q_i, \widehat{p}_j\}_- = -i\hbar\left\{q_i, \frac{\partial}{\partial q_j}\right\}_-,$$

wobei der Kommutator auf eine Funktion $f(q_1 \ldots q_\alpha)$ wirkt. So ist zum Beispiel

$$-i\hbar\left\{\frac{\partial}{\partial q_j}, q_i\right\}_- f(q_1 \ldots q_\alpha) = -i\hbar\left\{\frac{\partial}{\partial q_j}(q_i f(q_1 \ldots a_\alpha)) - q_i \frac{\partial}{\partial q_j} f(q_1 \ldots q_\alpha)\right\}$$

$$= -i\hbar\delta_{ij} \cdot f(q_1 \ldots q_\alpha),$$

wobei die Produktregel benutzt wurde und somit Gleichung 2 verifiziert ist. Die Regeln für die quantenmechanischen Kommutatoren sind identisch mit denen für die Poisson-Klammern. Man könnte sagen, die Quantenmechanik ist eine andere, algebraische Realisierung der Poisson-Klammern. Wie sich in der Quantenmechanik zeigen wird, ist dieser Schluß zu voreilig und in dieser Form nicht richtig.

20.11 Aufgabe: Bezeichne H den Hamiltonoperator. Zeigen Sie, daß für eine beliebige von q_i, p_i und t abhängende Funktion gilt.

$$\frac{df}{dt} = \frac{\partial f}{\partial t} + [f, H].$$

Lösung: Das totale Differential der Funktion $f(p_i, q_i, t)$ lautet:

$$df = \frac{\partial f}{\partial t}dt + \sum_\alpha \left(\frac{\partial f}{\partial q_\alpha}dq_\alpha + \frac{\partial f}{\partial p_\alpha}dp_\alpha\right) \qquad \underline{1}$$

$$\Rightarrow \quad \frac{df}{dt} = \frac{\partial f}{\partial t} + \sum_\alpha \left(\frac{\partial f}{\partial q_\alpha}\dot{q}_\alpha + \frac{\partial f}{\partial p_\alpha}\dot{p}_\alpha\right). \qquad \underline{2}$$

Mit Hilfe der Hamiltonschen Gleichungen

$$\frac{\partial H}{\partial p_\alpha} = \dot{q}_\alpha, \qquad \frac{\partial H}{\partial q_\alpha} = -\dot{p}_\alpha$$

können wir Gleichung $\underline{2}$ umschreiben in

$$\frac{df}{dt} = \frac{\partial f}{\partial t} + \sum_\alpha \left(\frac{\partial f}{\partial q_\alpha} \frac{\partial H}{\partial p_\alpha} - \frac{\partial f}{\partial p_\alpha} \frac{\partial H}{\partial q_\alpha} \right) = \frac{\partial f}{\partial t} + [f, H]. \qquad \underline{3}$$

Es treten also hier automatisch die Poisson-Klammern auf. Gleichung $\underline{3}$ erinnert in noch stärkerem Maße als die Analogien der letzten Aufgabe an die Ergebnisse der Quantenmechanik. Dort werden wir nämlich für die zeitliche Ableitung eines Operators $\widehat{F}$ folgenden Ausdruck finden:

$$\frac{d\widehat{F}}{dt} = \frac{\partial \widehat{F}}{\partial t} + \frac{1}{i\hbar} \{\widehat{F}, \widehat{H}\}_-, \qquad \underline{4}$$

wobei $\widehat{H}$ den Hamilton-Operator des quantenmechanischen Problems darstellt. Er ist z. B. von der Form

$$\widehat{H} = \widehat{H}(x, \widehat{p}) \qquad \text{mit} \qquad \widehat{p} = -i\hbar \frac{\partial}{\partial x}$$

und hängt im Allgemeinen von den Koordinaten, Impulsoperatoren und möglicherweise noch anderen Größen wie z. B. Spin etc. ab.

VII. Aus der Geschichte der Mechanik*

Die Physik beschreibt die Natur durch theoretisch-physikalische, mathematische Theorien. Sie benutzt dabei allgemeine, aber scharfe Begriffe, baut auf gewissen Gesetzen ("Axiomen") auf und macht mathematisch-folgerichtig präzise Aussagen über Naturerscheinungen. Eine wesentliche Rolle spielt dabei die Idealisierung der Wirklichkeit, d. h. die Annäherung der Wirklichkeit durch Idealfälle. Nur über diese Idealfälle können scharfe Aussagen gemacht werden. Dabei bedient sich die Physik des systematisch ausgedachten Experiments zur immer wiederkehrenden Prüfung (Reproduzierkarbeit) ihrer Aussagen. Die Anwendung der physikalischen Gesetze führte zu einer weitgehenden Beherrschung der Natur, die beständig zu wachsen scheint.

Die Physik ist in der abendländischen Kultur entstanden. Mehr noch: Sie charakterisiert als moderne Naturwissenschaft heute diesen Kulturkreis seit ungefähr 300 Jahren, also etwa seit dem 17. Jahrhundert. Man beachte hierbei, daß die Naturbetrachtung im griechischen Altertum sich wesentlich von der heutigen Naturwissenschaft in unserem Kulturkreis unterscheidet. Im alten Griechenland, etwa bei *Platon*[1] und *Aristoteles*[2], gab es nur wenig systematische Naturerkenntnis. Da, wo es sie gab, erscheint sie aus heutiger Sicht primitiv und wenig präzise. Ansätze zu letzter Verschärfung der physikalischen Gedanken waren kaum vorhanden, obwohl die klare Gedankenführung in der damals schon hoch entwickelten Mathematik durchaus hätte Vorbild sein können. Zum Beispiel war *Eudoxus*[3] (400 bis 347 v. Chr.) einer der bedeutendsten Mathematiker jener Zeit, der Platon nahestand. Der Philosoph *Platon* wiederum verehrte die innere Folgerichtigkeit in der Mathematik. Erst später sind Teildisziplinen der Physik, wie Astronomie, Statik,

---

* Wir folgen hier Friedrich Hund, Einführung in die Theoretische Physik Bd. 1, Mechanik, Bibliographisches Institut VEB Leipzig 1951 und auch I. Szabo, Einführung in die Technische Mechanik, Springer Verlag, Berlin, Göttingen, Heidelberg 1956. Zur Vertiefung des hier Gesagten, insbesondere zur Geschichte der Statik verweisen wir auf die Werke von P. Duhem:

Les origines de la statique, Paris 1905–06
Etudes sur Lionard de Vinci, Paris 1906
Le systéme du monde, Paris 1913–17
und auf P. Sternagel:

Die artes mechanical im Mittelalter (1966)
sowie auf F. Krafft:

Dynamische und statische Beobachtungsweise in der antiken Mechanik (1970).

Musiklehre, mathematisiert worden. Jedoch ist keine Mechanik im eigentlichen Sinne entstanden. Die Analyse der Bewegungsvorgänge und die präzise Fassung der Kraftvorstellung blieben dem Altertum versagt, obwohl die Mathematik (z. B. bei *Archimedes*[4], 287 bis 212 v. Chr.) durchaus schon so weit entwickelt war wie später im 17. Jahrhundert, als die Bewegungslehre entstand. Es scheint eine Eigentümlichkeit der antiken Kultur zu sein, daß eine Mechanik im vollen Sinne und damit der Anfang einer umfassenden Physik im Altertum nicht entstehen konnte. Es ist auch bemerkenswert, daß die Naturwissenschaftler der Antike kaum das allgemeine Bewußtsein jener Zeit beeinflußten. Die Fachwissenschaften waren keine öffentliche Macht. Die Wissenschaftler in Alexandria, Pergamon oder Rhodos blieben im wesentlichen unter sich.

Die Kulturen in Ostasien und Indien, heute noch existierend, haben große Leistungen in anderen Disziplinen und bestimmten Techniken (Keramik, Färben), aber keine Physik hervorgebracht. Das begrifflich-mathematische Denken über die Natur und das Befragen der Natur durch zielstrebige Experimente sind hier nicht entwickelt bzw. weiterentwickelt worden.

Die physikalische Wissenschaft entwickelte sich zum einen aus dem philosophischen Nachdenken über die Natur und zum anderen aus technischen Fragestellungen (z. B. Kriegswesen, Verkehr, Bauwesen, Bergbau) heraus. Vor allem die zuerst entstandene Mechanik, die zunächst nur Statik war, geht auf diese beiden Ursprünge zurück. Eine Vereinigung dieser beiden Einstellungen zur Natur kam aber im Altertum nicht so recht zustande. Archimedes (287 bis 212 v. Chr.) verkörperte den Höhepunkt der antiken Statik: Das Hebelprinzip, der Begriff des Schwerpunktes eines Körpers und der nach ihm benannte bekannte hydrostatische Satz waren ihm in voller Klarheit bekannt. Doch Archimedes geriet in Vergessenheit. Die Gründe hierfür sind nicht bekannt. Vielleicht war es einfach zu schwer verständlich. Wie auch immer, dem Mittelalter waren an antiker Physik im wesentlichen nur die Werke des Aristoteles bekannt und diese bestimmte die Weiterentwicklung der Mechanik.

Im 14. Jahrhundert gab es in der Statik eine Blütezeit; vor allem getragen von bedeutenden Männern der Artistenfakultät der Universität in Paris. Die Methoden zur Zerlegung und Zusammensetzung von Kräften wurden dort entwickelt und bei der Lösung statischer Aufgaben benutzt. Auch der Begriff "Arbeit einer Kraft" wurde eingeführt und die "virtuelle Arbeit" bei virtuellen Verrückungen in einfachen Fällen richtig benutzt. *Leonardo da Vinci*[5] (1452 bis 1519) war ein in der Mechanik seiner Zeit führender Forscher. Die Zerlegung von Kräften bei der Betrachtung von Momenten (Hebelgesetz) wird von ihm im wesentlichen durchgeführt. In einzelnen Beispielen führt er den Satz vom Parallelogramm der Kräfte auf den Hebelsatz zurück. Diese

Zusammenhänge werden aber erst im 17. Jahrhundert klar und präzise durch Varignon (1654 bis 1722) und *Newton*[6] (1643 bis 1727) formuliert. Die Dynamik der Massenpunkte wurde im 17. Jahrhundert geschaffen. Weil dies ein so bedeutender Abschnitt in der Geschichte der Mechanik war, wollen wir ihn ausführlicher besprechen. Wir merken nur noch an, daß die formale Vollendung und mathematische Verarbeitung der Mechanik in das 18. Jahrhundert fiel und in der Mechanik von *Lagrange*[7] (1736 bis 1813) gipfelte.

Die Entstehung der abendländischen Physik im 17. Jahrhundert

Das 17. Jahrhundert war wohl der entscheidenste Zeitabschnitt in der Geschichte der Physik; wahrscheinlich die Geburt der Physik als strenge Wissenschaft überhaupt. In dieser Zeit wurde die Mechanik geschaffen und in ihren Grundzügen vollendet; monumental in ihrer wissenschaftlichen Klarheit und Schönheit und überzeugend in ihrer Vorhersagekraft und mathematischen Formulierung. Die Bewegungsvorgänge am Himmel und auf der Erde konnten einheitlich beschrieben werden. Vom Methodischen her gelang es in der Mechanik zum ersten Male, Erfahrungen (Experimente) begrifflich scharf zu erfassen. Dies wurde vor allem durch Benutzung der mathematischen Sprache zusammen mit der Einführung äußerst fruchtbarer Abstraktionen und idealer Fälle erreicht, über die präzise und unanfechtbare Aussagen gemacht werden konnten. Die Tragweite der neuen physikalischen Erkenntnisse wurde vom Zeitbewußtsein rasch erfaßt, wie es z. B. die Wissenschaftsmethodiken von *Bacon*[8] (1561 bis 1626), *Jungius*[9] (1587 bis 1657) und *Descartes*[10] (1596 bis 1650) aufzeigen.

Der neue wissenschaftliche Geist betraf nicht nur die Mechanik. In der Tat, das erste Physikbuch im Sinne der neuen Wissenschaften stammt von dem englischen Arzt *Gilbert*[11] (1540 bis 1603) über den Magneten. Er geht darin von wohl überlegten Experimenten aus, verallgemeinert sie und kommt so zu allgemeinen Aussagen über den Magnetismus und Erdmagnetismus. Dieses Buch hat die geistig-wissenschaftliche Entwicklung jener Zeit stark beeinflußt. Die großen Wissenschaftler jener Epoche kannten es (*Kepler*[12] rühmte, *Galilei*[13] benutzte es). Es war aber nicht der Magnetismus, in dem die neue Physik zum großen Durchbruch kam, sondern die Dynamik. Dabei waren folgende Etappen wichtig:

Kepler faßte die Vorgänge am Himmel als physikalische Phänomene auf;
Galilei gelang die richtige begriffliche Fassung einfacher Bewegungsvorgänge. Er führte die Abstraktion des "Idealfalles" ein;
Huygens[14] und Newton klärten und vollendeten die neuen Begriffe.

Wir stellen in der folgenden Tabelle die bedeutendsten Forscher und Denker jener Epoche zusammen:

1473 – 1543   Kopernikus
1530 – 1590   Benedetti
1540 – 1603   Gilbert (1600 De magnete)
1548 – 1620   Stevin
1561 – 1626   Bacon of Verulam
1562 – 1642   Galilei (1638 Unterredungen über die Fallgesetze)
1571 – 1630   Kepler (1609 astronomia nova)
1587 – 1657   Jungius
1592 – 1655   Gassendi
1596 – 1650   Descartes (1644 principia philosophieae)
1608 – 1680   Borelli
1629 – 1695   Huygens (1673 Pendeluhr)
1635 – 1703   Hooke
1643 – 1727   Newton (1686 principia).

Nach der im Altertum herrschenden – wohl auf Aristoteles zurückgehenden – Auffassung waren Himmel und Erde weit voneinander getrennt. Der Himmel verkörperte das Vollkommene, Unveränderliche, Göttliche. Das Irdische dagegen war veränderlich und chaotisch. Diese Auffassung sah man durch die kreisförmigen Bahnen der Himmelkörper und den im Idealfall geradlinigen irdischen Bewegungen bestätigt. Die Gestirne wurden als wesentlich verschieden von der Erde aufgefaßt, weshalb wohl das im Altertum schon aufgestellte heliozentrische Weltsystem sich nicht durchsetzen konnte. Erst *Kopernikus*[15] (1473 bis 1543) gelang dieser Durchbruch. Als Beweis seiner Lehre, wonach die Sonne im Mittelpunkt der Welt steht, hatte er nur die Einfachheit und Schönheit anzuführen. Eine "Physik des Himmels" war das noch nicht, vielmehr eine Art geometrische Ordnung der Welt.

Erst Kepler sah wohl die Verbindung der Himmelsbewegungen mit der Physik. Er stellt die Frage nach den Kräften, wenn er die nach außen abnehmende Umlaufgeschwindigkeit der Planeten ursächlich mit einer von der Sonne ausgehenden und mit der Entfernung von ihr abnehmenden Kraft in Zusammenhang brachte (1596). Er begründete die Gültigkeit des heliozentrischen Systems mit der Sonne als Sitz der Kraft, die die Planetenbewegungen hervorruft. In seiner "astronomia nova seu physica coelestis" zeigt er (1609) auch die ersten Planetengesetze auf. Jedoch ist seine Schlußfolgerung auf eine $1/r$-Abhängigkeit der Gravitationskraft falsch. Er schließt nämlich aus dem Flächensatz

$$r^2 \dot{\varphi} = \text{const,}$$

daß die Geschwindigkeit $\dot{\varphi}$ senkrecht zum Fahrstrahl Sonne-Planet umgekehrt proportional dem Radius ist

$$r\dot{\varphi} = \frac{\text{const}}{r}$$

und daher auch die Kraft eine solche Abhängigkeit zeigen müssen, was – wie schon gesagt – falsch ist. Er bringt das noch mit der Ausbreitung der Kraft in der Planetenebene in Verbindung. Demnach erkannte Kepler die durch die Planetenbewegung gestellte Aufgabe recht klar, jedoch hatte er noch nicht die begrifflichen und mathematischen Mittel zur Beschreibung der krummlinigen Bewegung.

Kepler war einerseits der nüchterne Astronom und Physiker, der die Bewegungsgesetze der Planeten und die Ursache dafür erforschte, andererseits aber auch ein Ästhet, der die Welt als geordnetes Ganzes betrachtete. In den "harmonices mundi" schreibt er (1619) den fünf regulären Körpern im Aufbau der Welt eine besondere Rolle zu. Er benutzt sie als mathematische "Urbilder". Die Verwendung der Mathematik zur Beschreibung von Zusammenhängen, wie sie bald üblich wurde, blieb jedoch Kepler versagt.

Galilei kommt in der physikalischen Auffassung der Planetenbewegung nicht an Kepler heran. Ihm erscheint die Kreisbahn natürlich; die allgemeine Bedeutung der Trägheitsgesetze erkannte er noch nicht. Dagegen beschreibt *Borelli*[16] (1608 bis 1680) qualitativ die Bewegungen der Himmelskörper als Zusammenspiel von Anziehung durch die Sonne und Fliehkraft. Er erkennt die Planetenbewegung als ein Problem der theoretischen Mechanik. Doch zur Bewältigung dieser Aufgabe mußte noch Wesentliches entwickelt werden; vor allem der freie Fall und der Wurf mußten zunächst verstanden werden.

Die Erkenntnis von der Trägheit der Körper; ihre Beharrung im Zustand der gleichförmigen Bewegung bei Abwesenheit von Kräften war schwer verständlich. Die Abstraktion gelang nur mühevoll. Dagegen war es einfacher, natürlicher nach der Ursache der Ortsveränderung zu fragen und Beziehungen zwischen Kraft und Geschwindigkeit zu suchen, wie es schon Aristoteles in verschwommener Form getan hat. Er vertrat die Auffassung, daß der geworfene Körper ein gewisses unstoffliches Vermögen besäße, das aber allmählich abnimmt (vis impressa natura – liter deficiens). Im 14. Jahrhundert nennt man dieses Vermögen "impetus" (Buridan, 1295–1366?). Der Impetus bleibt normalerweise konstant, jedoch können ihn Schwere und Luftwiderstand verändern. Ein fallender Körper wird deshalb beschleunigt, weil durch die Schwere immer neuer Impetus hinzukommt (*Benedetti*[17], 1530–1590). Auch Galilei ist dieser Auffassung, er versucht aber zunächst diese Einsicht mit der Lehre der Aristoteliker, daß Kraft und Geschwindigkeit einander proportional seien, in komplizierter, undurchsichtiger Weise zu vereinigen.

Erst im dritten Tag der "Unterredungen über Fallgesetze" wird Klarheit über den Ablauf der Fallbewegungen erzielt. Die Idealfälle der gleichförmigen Bewegung und der gleichförmig beschleunigten Bewegung werden dargestellt und mathematisch erfaßt. Die gleichförmig beschleunigte Bewegung wird mit den Erfahrungen beim freien Fall und dem Fall auf der schiefen Ebene verglichen. Schließlich wird am vierten Tag der Unterredungen der schiefe Wurf analysiert: Er wird richtig als Zusammensetzung einer (idealen) fortschreitenden Bewegung und einer (idealen) Fallbewegung erkannt.

Obwohl Galilei das Trägheitsgesetz (Beharrung der Körper in gleichförmiger Bewegung, falls keine Kräfte auf sie einwirken) und die Proportionalität zwischen Kraft und Beschleunigung beschreibt, hat er das allgemeine Bewegungsgesetz nicht ausgesprochen. Auch wendet er seine Erkenntnisse aus den Fallgesetzen nicht auf die Planetenbewegungen an. Man erkennt aus seinem ganzen Schaffen, wie schwer er sich tat, die alten Vorstellungen allmählich abzulegen.

Doch die neuen Gedanken setzten sich durch. Im Jahre 1644 machte Descartes den ersten Versuch einer Formulierung allgemeiner Bewegungsgesetze. Er sprach von der Beharrung der Körper im Zustand der Ruhe oder der Bewegung, von der gradlinigen Bewegung als natürlichste Bewegung (gemeint ist kräftefreie Bewegung) und von der "Erhaltung der Bewegung" im Stoß von Körpern. Das letztere ist offensichtlich schon die Erhaltung des Impulses (Bewegung genannt) $\sum_i m_i \vec{v}_i$. Doch den Vektorcharakter des Impulses (der "Bewegung") erkennt Descartes noch nicht; wohl aber deshalb sind seine Anwendungen dieses Satzes falsch.

Die begriffliche Vollendung der Mechanik gelang Huygens bei der Behandlung krummliniger Bewegungen. Er studierte die Bewegung eines Körpers auf gegebener Bahn im Schwerfeld der Erde (Tautochronenproblem) und läßt insbesondere bei der Behandlung der Penduluhr (1673) klares Verständnis der Fliehkraft und Zentripetalkraft erkennen. Durch infinitesimale Betrachtungen erklärt er diese als gleichförmig beschleunigte Abweichung von der geradlinigen Bewegung. Er erkennt die Proportionalität zwischen Fliehkraft und (Zentrifugal-)Beschleunigung, wobei die Beschleunigung schon infinitesimal definiert wird. Huygens erkennt den Impuls als vektorielle Größe und begreift damit auch den Impulssatz richtig, was seine Anwendungen dieses Satzes auf Stöße zeigen.

Dann kam Newton mit seinem großartigen Werk "philosophiae naturalis principia mathematica" (1686/87) und zeigte systematisch die Verknüpfung zwischen Masse, Geschwindigkeit, Impuls und Kraft. Am Beispiel des Gravitationsgesetzes zeigt er, wie eine Kraft (die durch die Änderung des Impulses gemessen wird) durch die Konstellation der beteiligten Körper bestimmt ist.

Schließlich wandte er die Gesetze der Mechanik bei der Behandlung der Planetenbewegung an und zeigte, wie induktiv aus den Keplerschen Gestzen das Gravitationsgesetz und deduktiv aus dem Gravitationsgesetz die Keplerschen Gesetze folgen. Das war der endgültige Durchbruch und die Bewährung der neuen Mechanik; gewissermaßen die Vollendung des Keplerschen Anliegens. Nach den vorangehenden Betrachtungen dürfte sich jedem die Frage aufdrängen, woran es lag, daß Kepler die Entdeckung des Beschleunigungsgesetzes – und damit der allgemeinen Schwere – versagt blieb, wo es doch scheinbar "so leicht" aus seinen eigenen Gesetzen folgt. Es steht uns aber nicht an, Kepler aus diesem Grunde einen Mangel an Genialität und Phantasie vorzuwerfen; daß er beides – das Genie im empirischen Forschen und die Phantasie in weitschweifenden, manchmal in Imaginationen* übergehende Spekulationen – besaß, besteht außer Zweifel. Die Erklärung liegt im folgenden: Kepler war ein Zeitgenosse Galileis, der ihn um zwölf Jahre überlebte, so daß die Galileische Mechanik, insbesondere der zentrale Begriff der Beschleunigung das Trägheits- und Wurfgesetz, wenn auch durch Korrespondenz und Hörensagen bekannt, von ihm doch nicht zu einem tragenden Bau verarbeitet werden konnte. (Hierbei ist zu bemerken, daß Kepler 1630 starb, während Galileis "Discorsi", in dem seine Mechanik niedergelegt ist, erst 1638 erschien). Noch entscheidender ist aber die Tatsache, daß die Theorie der krummlinigen Bewegung – von Huygens für den Kreis begonnen, von Newton für allgemeine Bahnen vollendet – Kepler nicht zur Verfügung stand, und ohne den Beschleunigungsbegriff für krummlinige Bewegungen ist es unmöglich, aus den Keplerschen Gesetzen durch einfache mathematische Operationen zur Form der Radialbeschleunigung zu gelangen.

Die aus dem dynamischen Grundgesetz und dem Gegenwirkungsprinzip hervorgehende – Newtonsche – Gravitationsmechanik ist dem Wesen nach eine Weiterentwicklung der von Galilei entdeckten Wurfbewegung. Hierüber schreibt Newton selbst: "Daß durch die Zentralkräfte die Planeten in ihren Bahnen gehalten werden können, ersieht man aus der Bewegung der Wurfgeschosse. Ein (horizontal) geworfener Stein wird, da auf ihn die Schwere wirkt, vom geraden Weg abgelenkt und fällt, indem er eine krumme Linie beschreibt, zuletzt zur Erde. Wird er mit größerer Geschwindigkeit geworfen, so fliegt er weiter fort, und so könnte es geschehen, daß er zuletzt über die Grenzen der Erde hinausflöge und nicht mehr zurückfiele. So würden die von einer Bergspitze mit steigender Geschwindigkeit fortgeworfenen Steine immer weitere Parabelbögen beschreiben und zum Schluß – bei einer bestimmten Geschwin-

---

* So z. B. in seinen Gedanken die mögliche Anzahl der Planeten betreffend, da er – wie die Pythagoreer – überzeugt war, daß Gott die Wahl in Anzahl und Proportionen nach einem bestimmten Zahlengesetz geschaffen habe.

digkeit** – zur Bergspitze zurückkehren und auf diese Weise sich um die Erde bewegen." Eine durch Anschauung und zwingende Logik überwältigende Begründung!

Auch der englische Physiker *Hooke*[18] (1635–1703), den wir als Begründer der Elastizitätstheorie kennen, war dem Gravitationsgesetz nahe. Dies zeigen folgende Ausführungen von ihm***: "Ich werde ein Weltsystem entwickeln, das in jeder Beziehung mit den bekannten Regeln der Mechanik übereinstimmt. Dieses System beruht auf drei Annahmen: 1). Alle Himmelskörper besitzen eine gegen ihren Mittelpunkt gerichtete Anziehung (Schwerkraft); 2). alle Körper, die in eine geradlinige und gleichförmige Bewegung versetzt werden, bewegen sich so lange in gerader Linie, bis sie durch irgendeine Kraft abgelenkt und in eine krummlinige Bahn gezwungen werden; 3). die anziehenden Kräfte sind um so stärker, je näher ihnen der Körper ist, auf den sie wirken. Welches die verschiedenen Grade der Anziehung sind, habe ich durch Versuche noch nicht feststellen können. Aber es ist ein Gedanke, der die Astronomen instand setzen muß, alle Bewegungen der Himmelskörper nach einem Gesetz zu bestimmen."

Aus diesen Bemerkungen ist zu ersehen, daß Newton nicht etwa aus dem Nichts das Monument seiner "Prinzipia" schuf, aber es bedurfte einer gewaltigen geistigen Größe und kühner Gedanken, um all das, was Galilei, Kepler,

---

** Deren Betrag gibt Newton aus $mv^2/R = mg$ beim horizontalen Abwurf richtig zu $v = \sqrt{gR} = 7900$ m sek^{-1} an; für den senkrechten Abschuß in den Weltraum ergibt sich die notwendige Geschwindigkeit aus dem Energieansatz

$$\frac{1}{2}mv^2 = \gamma \int\limits_{R}^{\infty} \frac{mM}{r^2}\, dr = \gamma \frac{mM}{R}$$

mit $g = \gamma M/R^2$ zu

$$v = \sqrt{2gR} = 11\,200\,\mathrm{m\,sek}^{-1}.$$

Beide Resultate verstehen sich ohne die Berücksichtigung der Reibungsverluste in der Luft.
*** Für die vielseitige tätige Genialität Hookes noch zwei Hinweise: Im Jahre 1665 schreibt er die prophetischen Worte: "Ich habe oft daran gedacht, daß es möglich sein müßte, eine künstliche, leimartige Masse" zu finden, die jener Ausscheidung gleich oder gar überlegen ist, aus der die Seidenraupen ihren Kokon fertigen und die sich durch Düsen zu Fäden verspinnen läßt." Das ist der Grundgedanke der Chemiefasern, die – allerdings zweiundeinhalb Jahrhunderte später – die Textilindustrie so umwälzend beeinflußt haben! Im selben Jahr schreibt er, die mechanische Theorie der Wärme (also auch kinetische Gastheorie) vorwegnehmend: "Daß die Teilchen aller Körper, so fest sie auch sein mögen, doch vibrieren, dazu braucht es meines Erachtens keinen anderen Beweis als den, daß alle Körper einen gewissen Grad Wärme in sich haben und daß noch niemals ein absolut kalter Körper gefunden worden ist."

Huygens und Hooke auf physikalischem, astronomischem und mathematischem Gebiet geschaffen hatten, in einem Brennpunkt zusammenzuziehen
und insbesondere zu verkünden, daß die Kraft, die die Planeten in ihren
Bahnen um die Sonne kreisen läßt, identisch ist mit der, die die Körper auf
der Erde zum Boden treibt.

Zu dieser Erkenntnis benötigte die Menschheit anderthalb Jahrtausende,
wenn man in Betracht zieht, daß in der "Moralia" (De facie quae in orbe
lunae apparet) von *Plutarch*[19] (46 – 120) festgestellt wird, daß der Mond
durch den Schwung seiner Drehung genau so daran gehindert wird, auf die
Erde zu fallen, wie ein Körper, der in einer Schleuder "herumgewirbelt" wird;
es bedurfte des Genies von Newton, um zu erkennen, was die "Schleuder" bei
den Planeten ist!

Die neue Mechanik hatte einen ungeheuren Einfluß auf den Geist jener Zeit.
Es gab nun neben der Mathematik eine zweite unanfechtbare Wissenschaft.
Mehr noch: Die exakten Naturwissenschaften waren geboren: Die Mechanik
wurde zu ihrem Vorbild.

Fassen wir die wichtigsten Stationen bei der Entstehung der Mechanik noch
einmal aus heutiger Sicht zusammen: Der wesentliche Teil der Mechanik und
ihrer Grundbegriffe wird im dynamischen Grundgesetz

$$\frac{d\vec{p}}{dt} = \frac{d}{dt}(m\vec{v}) = F$$

ausgesprochen. Hierin taucht grundlegend die Beschleunigung als Kennzei-
chen einer wirkenden Kraft $\vec{F}$ auf; auch das Beharrungsgesetz, d. h. die Erhaltung des Impulses

$$\vec{p} = m\vec{v}$$

und damit der Geschwindigkeit $\vec{v} = \dot{\vec{r}}$, wenn keine äußeren Kräfte wirken, ist
darin enthalten. Dieses Beharrungsgesetz wurde schon in der spätantiken und
scholastischen Mechanik (Philoponos, Buridan) in den Erfahrungen gesehen.
Die gleichförmige Bewegung als Idealfall einer Bewegung beschrieb Galilei;
Descartes sprach das Beharrungsgesetz klar aus und richtig verwendet wurde
es von Huygens. In der dynamischen Grundgleichung taucht, wie gesagt, die
Beschleunigung als Differentialquotient der Geschwindigkeit auf. Dies hat
Huygens klar erkannt; wie er auch die Beschleunigung als Maß für die Kraft
und die Rolle der Masse im Impuls richtig bemerkte. Newton faßte alles
souverän zusammen und wandte das Grundgesetz auf die Himmelsmechanik
an. In diesem Sinne ist Newton der Endpunkt des Weges zur Mechanik,
an dem neben ihm auch Galilei und Huygens wesentlich mitbauten; das
allgemeine Konzept aber stammt wesentlich mit von Kepler.

Für die Geschichte der Mechanik sei im übrigen auf die Darstellungen der Geschichte der Physik verwiesen. Für die hier behandelten Abschnitte vgl. besonders auch:

E.J. Dijksterhuis, Val en worp. Groningen 1924.

E. Wohlwill, Galilei, Hamburg und Leipzig 1909 und 1926.

Die wichtigeren Originalabhandlungen sind in der Sammlung: Oswalds Klassiker der exakten Wissenschaften übersetzt. Die Hauptwerke Keplers und Newtons sind zugänglich als:

J. Kepler, Neue Astronomie oder Physik des Himmels (1609). Deutsche Übersetzung. München 1929.

I. Newton, Mathematische Principien der Naturlehre (1686/87). Deutsche Übersetzung. Leipzig 1872.

E. Mach, Die Mechanik in ihrer Entwicklung historisch-kritisch dargestellt (1933).

R. Dugas, A history of mechanics (Neuenburg/Schweiz) 1955.

P. Sternagel, Die artes mechanical im Mittelalter (1966).

F. Krafft, Dynamische und statische Betrachtungsweise in der antiken Mechanik (1970).

Anmerkungen

1 *Platon,* griechischer Philosoph, * Athen 427 v. Chr. † das. 347, war der Sohn des Ariston und der Periktione, aus einem der vornehmsten Geschlechter Athens. In seinen jüngeren Jahren soll er Tragödien geschrieben haben. Für seine Wendung zur Philosophie wurde die Begegnung mit Sokrates entscheidend, dessen Schüler er 8 Jahre lang war. Nach Sokrates' Tod (399) begab er sich zunächst mit andern sokratischen Schülern nach Megara zu Euklides, suchte dann auf großen Reisen (zunächst nach Kyrene und Ägypten) seinen Gesichtskreis zu erweitern, kehrte aber bald heim und eröffnete mit seinen ersten Werken den Kampf gegen das Erziehungsideal der Sophisten. Bald gewann er begeisterte Anhänger, mit denen er, zurückgezogen vom öffentlichen Leben, den Wissenschaften oblag. Wissenschaftliche. Absichten führten ihn wohl auch um 390 nach Italien, wo er die Pythagoreische Lehre und Schulorganisation kennenlernte. Er wurde am Hof des Tyrannen Dionys von Syrakus eingeführt; dieser nahm anfänglich viel Interesse an ihm, soll ihn später aber dem spartananischen Gesandten als Gefangenen ausgeliefert haben, der ihn als Sklaven verkaufen ließ. Losgekauft und nach Athen zurückgekehrt, gründete P. 387 die Akademie. Seine Hoffnung auf eine umfassendere Wirksamkeit setzte er jedoch trotz seiner schlimmen Erfahrungen auf Syrakus. 368 folgte er einer Einladung Dions, Oheim des jüngeren Dionys, der hofft den jungen Herrscher für P.s politische Grundsätze gewinnen zu können. Dionys zeigte sich aber nur für kurze Zeit P.s Gedanken geneigt. Auch eine dritte Reise (361–360) blieb erfolglos, da das leicht erregbare Mißtrauen des Dionys sich auch gegen ihn wandte. Die letzten Lebensjahre verbrachte P. in Athen in ununterbrochener wissenschaftlicher Tätigkeit in einem Kreis z. T. hochbedeutender Schüler; er starb der Sage nach bei einem Hochzeitsmahl.

P.s Werke sind alle erhalten, mit Ausnahme der Altersvorlesung "Über das Gute", die nur in groben und unsicheren Zügen rekonstruierbar ist. Jedoch ist nicht alles unter P.s Namen Überlieferte echt. Umstritten ist die Echtheit des 7. Briefes und der Gesetze.

Die wichtigsten und sicher echten Schriften aus der Frühzeit sind: Apologie, Protagoras, Staat I, Gorgias, Menon, Kratylos; aus der mittleren Schaffensperiode: Phaidon, Gastmahl, Staat II–X; aus den letzten Jahren: Phaidros, Parmenides, Theaithetos, Sophistes, Timaios, Philebos.

Fast alle Schriften sind Dialoge, die in Sprache und Aufbau von großer künstlerischer Schönheit sind; in den meisten tritt als der Hauptgeschäftsführer Sokrates auf.

Die Philosophie P.s verwandelt die Dialektik, die bei seinem Lehrer Sokrates nur die negative Aufgabe hatte das Scheinwissen über das Gute und die Tugend zu zerstören, in einen Weg der Erkenntnis des Guten und der Tugend, den Weg zu den "Ideen". P. unterscheidet vom immer Werdenden, sich niemals gleich Bleibenden, daß wir mit den Sinnen erfassen, das sich niemals Ändernde, sich immer gleich bleibende Seiende, das wir im Denken erfassen, die Ideen. Zwischen diesen Bereichen klafft ein Abgrund (choritmós), der aber dadurch überbrückt ist, daß das Sinnliche zu den Ideen im Verhältnis der Teilhabe (méthexis) steht. Auch die Ideen selbst stehen, nach P.s Spätlehre, im Teilhabeverhältnis zueinander. Die Ideenlehre ist eine Auslegung des Satzes (logos), der im Nennwert (ónoma) einen Gegenstand nennt und von ihm im Sagewort (rhema) aussagt, was er ist, d. h. ihn unter einen Begriff subsumiert. P. entdeckte, daß dieses Subsumptionsverhältnis (Teilhabe) nicht das der Identität, sondern ganz eigener Art ist. Die Ideenlehre ist das Fundament der Logik, diese aber ist nicht etwas Subjektives, sondern die Strukturen des Seienden selbst als des Denkbaren. Die Ideen sind nicht Vorstellungsakte, sondern das in ihnen Vorgestellte, das unabhängige von uns an sich selbst ist. Durch diese Unterscheidung des Sinnlichen, das 'bei uns' ist, vom Übersinnlichen (dem späteren 'Tanszendenten'), wurde P. zum Begleiter der erst später so genannten Methapysik.

Da das innerste Wesen der Liebe der Wille zur Verewigung ist, kommt sie nur als Liebe zu den ewigen Ideen zu ihrer Erfüllung. Alle andere Liebe ist Vorstufe dazu. Dem vergänglichen Sinnlichen abzusterben und sich den unvergänglichen Ideen zuzuwenden, ist das Streben des wahrhaft philosophischen Mannes. Der Weg dahin ist die Dialektik. Auch das Wesen dieser Methode der Ideenerkenntnis ist Logik.

Die Bedeutung der Idee schwankt bei P. zwischen Allgemeinvorstellung und Vorstellung a priori. Sofern sie letzteres ist, kommt sie nicht von außen in den Menschen hinein, sondern er erinnert sich an sie als an etwas, was er schon besitzt, aber vergessen hat. Die Erkenntnis der Idee ist Wiedererinnerung (anámnesis). Das Verfahren des sich Wieder-Erinnerns ist das der Hypothesis. P. versteht darunter den Beweis in der Form des satzlogischen Schlusses: Wenn das 1., so das 2., nun aber das 1., also das 2. Oder: Nun aber nicht das 2., also nicht das 1.: z. B. im Meno: Wenn Tugend Wissen ist, ist sie lehrbar; nun aber ist sie Wissen, also ist sie lehrbar. Nun aber ist sie nicht lehrbar, denn es gibt facto keine Tugendlehrer, also ist sie nicht Wissen, sondern nur richtige, von den Göttern inspirierte Meinung, die aber in sich rechtfertigen könnendes Wissen zu verwandeln, nach P. die eigentliche Aufgabe der Philosophie ist.

Auch die spätere Gestalt der Dialektik, das Einteilungsverfahren (diairesis) der Gattung in Arten ist der Entwurf eines logischen Beweisverfahrens. Aristoteles deutete es mit Recht als ein Vorspiel des von ihm entdeckten klassenlogischen Schlusses. Alles Beweisen ist Beweisen aus Voraussetzungen. Diese können selbst bewiesen werden. Im Staat entwirft P. die Idee einer Vollendung dieses Beweisens bis zum Wegfall aller Voraussetzungen (anypódeton), d. h. die Idee eines Beweises durch das und aus dem rein Logischen. Das Unbedingte bestimmt er hier als das Gute. In seiner letzten Zeit deutet P. die Ideen als Zahlen, d. h. als Einheiten, die eine Vielheit in sich schließen und sieht ihr unbedingtes Prinzip in dem Einen und dem 'Großundkleinen' (Deutung umstritten).

P. bleibt sich den Schranken alles menschlichen Beweisens bewußt. Wo die Dialektik ihre Grenzen hat, bleibt die vermutungsweise Rede, die sich der Sprache des Mythos bedient. Alles Wissen des Sinnlichen, der Natur, kommt über wohlbegründetes Vermuten nicht hinaus, daher ist alle naturwissenschaftliche Rede notwendigerweise Mythos. P. entwickelt diesen in seinem bes. im MA, äußerst einflußreichen Dialog Timaios.

Die Frage, was für den Menschen das Gute und die Tugend als der Weg dahin sei, beantwortet P. mit Hilfe seiner Ideendialektik zunächst im Staat durch seine Lehre von den vier Kardianltugenden: Weisheit, Tapferkeit, Besonnenheit und Gerechtigkeit. Der Entwurf eines Idealstaates dient nur dem Beweis dieser Lehre und stellt keinen Plan auf, der verwirklicht werden soll. In der Folge wurde aber dieser 'Idealstaat' mit seiner Gliederung in die drei Stände Lehrstand, Wehrstand und Nährstand, mit seiner Lehre von Güter- und Weibergemeinschaft und von der Notwendigkeit, daß die Könige Philosophen oder die Philosophen Könige werden müßten, als politisches Programm gedeutet und wirksam. Im späten Philebos sieht P. das Gute des menschlichen Lebens darin, daß es ein aus Wissen (epistéme) und Freude (hedoné) gemischtes sei, wobei alles Wissen zugelassen ist, von den Freuden aber nur die mit Schmerz ungemischten, die das Wissen nicht zu beeinträchtigen vermögen. Im Sinne eines solchen Lebendsideals müssen die Menschen erzogen werden, wenn ein wahrhafter und dauerhafter Staat möglich sein soll. Dieses Erneuerungsprogramm fordert eine radikale Einschränkung des Einflusses, den die traditionelle Dichtung auf den Einzelnen und die Gemeinschaft hatte. Auch P.s Philosophie und Kritik der Kunst ist zu außerordentlicher geschichtlicher Wirkung gekommen.

P.s Lehre, der Platonismus, wurde zunächst in der Schule P.s, der Akademie, weiterentwickelt. Man unterscheidet die ältere, mittlere und jüngere Akademie. In der älteren, deren erste und bedeutendste Leiter Speusippos und Xenokrates waren, verstärkten sich die pythagoreischen Neigungen der Altersphilosophie P.s; das Verhältnis von Ideen und Zahlen stand im Mittelpunkt des Interesses; bald verbanden sich damit mythologische Elemente. Demgegenüber wollten die führenden Männer der mittleren Akademie, Arkesilaos (315 – 241 v. Chr.) und Karneades (214 bis 129), die kritisch-wissenschaftliche Haltung P.s wieder zur Geltung bringen, gelangten aber so zu einem, wenn auch gemäßigten Skeptizismus, der nur wahrscheinliche Erkenntnis für möglich hält. Die jüngere Akademie schätzt die Kraft der Vernunft wieder positiver ein und verbindet in elektrischer Weise Gedanken verschiedener Systeme, namentlich platonische und stoische Gedanken. Der jüngeren Akademie gehören an Philo von Larissa (160 – 79) und Antiochos von Askalon († 68 v. Chr.), den Cicero in Athen hörte. Den Platonismus der drei Akademien faßt man als älteren Platonismus zusammen. Den Übergang von diesem zum Neuplatonismus bildet der 'mittlere' Platonismus, dessen Hauptvertreter Plutarch (50 – 125 n. Chr.) einen religiösen Platonismus mit starker Betonung der absoluten Transzendenz Gottes und Annahme einer Stufenreihe von Mittelwesen zwischen Gott und der Welt lehrte.

Im MA. kannte man von P. bis zum 12. Jahrhundert nur den 'Timäus', dessen Naturphilosophie von großem Einfluß war; im 12. Jahrhundert übersetzte Henricus Aristippus 'Menon' und 'Phaidon', im 13. Jahrhundert W. von Moerbeke des 'Parmenides'. Stärker als der echte P. wirkte jedoch der Neuplatonismus, dessen Gedanken von denen P.s kaum unterschieden wurden. Die geschichtliche Entwicklung der Philosophie des MA. wurde weithin durch die Auseinandersetzung zwischen Platonismus und Aristotelismus bestimmt. In der Frühscholastik hatte P. vor allem durch Augustinus die Führung; insbesondere war die Schule von Chartres platonisch gerichtet. In der Hochscholastik bildete der Platonismus auch in den Lehrgebäuden der Aristoteliker (Albert, Thomas) eine starke Unterströmung; als selbständige Bewegung trat er bei den mathematisch-naturwissenschaftlich ausgerichteten Denkern (Robert Grosseteste, Roger Bacon, Witelo, Dietrich von Freiberg) und den dt. Mystikern hervor. Letztere stellen die Verbindung mit dem Platonismus der Frührenaissance (Nikolaus von Kues) her.

Der Beginn des modernen Platonismus fällt in die italienische Renaissance. Aurispa brachte 1428 den vollständigen griechischen Text der Werke P.s aus Konstantinopel nach Venedig. Bald entstanden lateinische Übersetzungen; die bedeutendste stammt vom Marsiglio Ficino, der sie 1453 – 83 vollendete. Platoniker sind ferner Lionardo Bruni und der ältere Pico Della Mirandola sowie nach Italien geflohene Byzantiner, u. a. die beiden Chrysoloras, Gemistos Plethon und Bessarion. Mittelpunkt war die 1459 von Cosimo von Medici gegründete und von Ficino geleitete Platonische Akademie in Florenz. Von ihr aus verbreitete sich der Platonismus über ganz Europa. Eine eigentlich platononische Schule entstand freilich nur in England (Cambridger Schule). Doch auch in den rationalistischen Systemen 'Descartes', 'Spinozas und Leibnitz' wirkten Gedanken P.s nach. Malbranche wurde geradezu der 'christliche P.' genannt. Eine Neubelegung der platonischen Denkrichtung brachte im 19. Jahrhundert der deutsche Idealismus. Hegel griff allerdings nicht nur auf P., sondern mehr noch auf Plotin und den Neuplatonismus zurück. In der jüngeren Vergangenheit zeigte sich ein tiefgreifender Einfluß P.s in der Phänomenologie Husserls und in der Weltphilosophie. A.N. Whitehead bekannte sich ausdrücklich zum Platonismus; wenn sein Wort, die ganze europäische Philosophie bestehe nur aus Fußnoten zu P., auch überspitzt ist, so weist es doch mit Recht auf die gewaltige, alle Jahrhunderte der abendländlichen Philosophie durchdringende Fortwirkung des Geistes P.s hin. Noch beherrschender ist der Einfluß P.s in der Philosophie und Theologie des christlichen Ostens, in denen die platon. Tradition des Origenes und der griechischen Kirchenväter weiterlebt; so sind W. Solowjew und N. Berdjajew christliche Platoniker. [BR].

2 *Aristoteles,* griechischer Philosoph, geb. in Stagira in Makedonien 384 v. Chr., gest. Chalkis auf Euböa 322, kam mit 18 Jahren nach Athen und wurde Schüler Platons, in dessen Akademie er fast zwei Jahrzehnte verblieb, zuerst als Lernender, dann als Lehrender, zuletzt mit eigener Philosophie Platon entgegentretend. Nach dem Tode Platons (347) weilte er drei Jahre in Kleinasien bei Hermias, beim Fürsten von Atarneus. 343 rief ihn Philipp von Makedonien als Erzieher seines Sohnes Alexander an seinen Hof. Als Alexander den Thron bestieg, ging A. in seine Vaterstadt, siedelte aber 334 nach Athen über, um dort dauernd zu bleiben. Hier gründete er die Peripataetische Schule, so genannt nach den Wandelgängen (peripatoi), die den Schauplatz seines Wirkens, das Lyzeum (lykeion), umgaben. Zwölf Jahre lang lehrte er dort in ständig wachsendem Schülerkreis, bis nach dem Tode Alexanders die Erhebung Athens ihm, dem Freunde des Königshauses, gefährlich wurde. Er ging auf sein Landgut bei Chalkis auf Euböa, wo er bald darauf starb. [BR].

3 *Eudoxus* von Cnidus (400–347 v. Chr.) griech. Wissenschaftler, war gleichermaßen tätig als Mathematiker, Astronom und Geograph. Seine Biographie ist sehr genau überliefert, aber es gilt als gesichert, daß er Mitglied der Platonischen Schule war. Später leitete er eine eigene Schule in Cyzicus. E. gab eine neue Definition für Proportion. Er entwickelte die Exhaustionsmethode und wandte sie auf viele geometrische und stereometrische Probleme und Theoreme an, die er zum ersten Mal genau beweisen konnte. Möglicherweise ist der größte Teil von Euclid's XII. Buch die Arbeit Eudoxus'. E. erstellte ferner eine Sternenkarte, die für Jahrhunderte führend blieb. Er teilte den Himmel in Längen- und Breitengrade auf, gab einen besseren Wert für die Länge des Sonnenjahres an und verbesserte den Kalender. Er schätzte den Erdumfang zu 400.000 Stadien ab, gab eine neue Karte der bekannten Erdteile heraus und verfasste eine Geographie in 7 Bänden.

4 *Archimedes,* überragender Mathematiker und Mechaniker der alexandrinischen Epoche, * Syrakus um 285, bei der Eroberung von Syrakus von einem römischen Soldaten getötet. A. stand in naher Beziehung zum syrakusanischen Herrscherhause. Er schrieb bedeutende Abhandlungen zur Mathematik und mathematischen Physik, von denen 14 erhalten sind. Er berechnete Kreisfläche und Kreisumfang, Flächeninhalte und Rauminhalte des Parabelsegments, der Ellipse, Spirale, des Rotationsparaboloids, des einschaligen Hyperboloids

u. a. und nahm Schwerpunktsbestimmungen dafür vor. Für π gab er einen Wert zwischen 3 1/7 und 3 10/71 an, entwickelte in seiner "Sandrechnung" ein Verfahren zur Exponentialschreibweise" beliebig großer Zahlen und im "Ephodos" eine Art Integrationsverfahren. Bedeutender noch als seine Behandlung der Gleichgewichtsbedingungen des Hebels ist die Abhandlung über schwimmende Körper, in der das Archimedische Prinzip enthalten ist. Das Verhältnis der Rauminhalte des geraden Kreiskegels der Halbkugel und des geraden Kreiszylinders von gleicher Grundfläche und Höhe bestimmte A. als 1:2:3. Unsicher sind die Erfindung der nach ihm benannten Wasserschraube und des zusammengesetzten Flaschenzuges, legendär die Verbrennung der römischen Flotte durch Brennspiegel. [BR].

5 *Leonardo da Vinci,* italienischer Maler, Bildhauer, Architekt, Naturforscher, Techniker, * Vinci bei Empoli 15.4.1452, † Schloß Cloux bei Amboise 2.5.1519, unehelicher Sohn des Ser Piero, Notar in Florenz und eines Bauernmädchens, wurde im Vaterhaus aufgezogen und kam mit 15 Jahren nach Florenz in die Lehre von A. Verrocchio, bei dem er nicht nur in der Malerei und Plastik, sondern auch in den technischen Künsten eine vielseitige Ausbildung erhielt. 1472 wurde er in die Florentiner Malgilde aufgenommen, blieb aber noch etwa 4 Jahre in der Werkstatt Verrocchios. In dieser Zeit der Gemeinschaftsarbeit entstanden die frühesten von ihm erhaltenen Werke: ein Engel und die Landschaft auf Verrocchios Gemälde der Taufe Christi (Florenz, Uffizien), zwei Verkündigungen (Uffizien und Louvre) sowie die Madonna mit der Vase (München, Pinakothek). – Um 1478 machte er sich selbständig und wirkte noch etwa 5 Jahre in Florenz. Aus dieser Epoche besitzen wir das Bildnis der Ginevra Benci (Vaduz, Galerie Liechtenstein), das unfertige Bild des Hl. Hieronymus (Vatikan) und die gleichfalls unvollendete große Tafel der Anbetung der Könige (Uffizien), die L. für den Hochaltar einer Klosterkirche in Auftrag erhalten hatte, aber halbfertig aufgabe, als er Ende 1481 Florenz verließ, um in die Dienste des Herzogs Lodovico von Mailand zu treten.

Das Ende der Sforza-Herrschaft vertrieb L. aus Mailand (1499). Über Mantua, wo er ein Bildnis der Markgräfin Isabella d'Este zeichnete (Louvre), und Venedig, wo er einen Verteidigungsplan gegen den drohenden Einfall der Türken entwarf, kehrte er April 1500 nach Florenz zurück, wo er das Gemälde der Hl. Anna Selbdritt begann (Louvre). Im Mai 1502 trat L. als Erster Festungsbauinspizient in die Dienste Cesare Borgias, dessen Operationsgebiet als päpstlicher Heerführer er 10 Monate bereiste; die Romagna, Umbrien und Teile der Toskana. Aus dieser Tätigkeit entstand ein Großteil seiner Landkarten und Stadtpläne, die, Meisterwerke der Vermessung und Darstellung, zu den frühesten Zeugnissen der modernen Kartographie gehören. Auch von Florenz wurde er als Kriegsingenieur zu Rate gezogen; er arbeitete einen Plan aus, den Arno umzuleiten, um Pisa, mit dem Florenz im Kriege lag, seiner Hauptzufahrtstraße zu berauben und entwarf das Projekt zu einem Kanal, der den Arno vom Meer bis Florenz schiffbar machen sollte. Beide Pläne sind nicht zur Ausführung gekommen, so auch der zur selben Zeit vom Sultan Bajasid II. eingereichte Entwurf, eine Brücke von 300 m Länge über den Bosporus zu schlagen. 1503 erhielt L. den Auftrag, für den großen Ratssaal des Palazzo della Signoria in Florenz ein monumentales Wandgemälde zu schaffen; es entstanden die Entwürfe für die Schlacht von Anghiari, die in vielen Kopien u. a. von Rubens für das Reiterkampfbild der Renaissance und des Barocks, ja bis zu Delacroix zum klassischen Vorbild wurden. Um dieselbe Zeit malte L. die Mona Lisa, wohl das berühmteste Bildnis der Welt, und die stehende Leda (nur in Kopien erhalten). In dieser Lebensphase stand L. im Zenit seines künstlerischen Ruhms, von den aufkommenden Genies der jungen Generation neidlos bewundert (Raffael) oder eifersüchtig widerstrebend anerkannt (Michelangelo). Doch griff er nur noch zögernd zum Pinsel und wandte sich immer mehr wissenschaftlichen Aufgaben zu. Neben mathematischer Untersuchungen war es zunächst die Anatomie, die er erneut und umfassend betrieb; er sezierte Leichen und begann einen groß angelegten Traktat über den Bau des menschlichen Körpers, in dem er die anatom. Zeichnung zu einem dem Text gleichwertig zur Seite stehenden Lehrmittel ausbildete. Ebenso vertiefte er seine biologischen und physikalischen Studien; die schon in Mailand begonnenen Experimente über den Flug des Menschen führten ihn zu Untersuchungen über den Vogelflug, die er gleichfalls traktartig zusammenfaßte. Wie die Strömungsgesetze der Luft suchte er auch die des Wassers zu erforschen; auch diese Studien, die Ansätze zu einer theoretischen und praktischen Hydrologie enthalten, schrieb er als Materialien zu einem Traktat über das Wasser nieder. Seine Aufzeichnungen suchte er in diesen Jahren nach den Hauptthemen seiner geplanten 'Bücher' zu ordnen, die zusammengefaßt eine Lehre von den mechanischen Urkräften in der Natur, also eine ganze Kosmologie, enthalten.

1506 brach L., den die Florentiner Signoria auf die Bitte des französ. Königs unter dem Druck der politischen Verhältnisse freigegeben hatte, die Arbeit an der Anghiari-Schlacht ab und ging nach Mailand zurück. Dort wirkte er bis 1513 vornehmlich als Berater des französischen Stadthalters Charles d'Amboise, für den er einen großen Wohnpalast und die Pläne für eine Kapelle (S. Maria alla Fontana) entwarf. Aus dieser Zeit stammen auch die Zeichnungen für das Grabmal des Feldherrn Giangiacomo Trivulzio, das wie das Sforza-Monument als Reiterstandbild geplant, aber nicht ausgeführt wurde. Von 'zwei fast fertigen Madonnenbildern für den allerchristlichen König' fehlt jede Spur. – Auch in Mailand widmete sich L. vor allem wissenschaftliche Studien. Er führte seine große 'Anatomie' in Zusammenhang mit dem Anatomen Marc Antonio Della Torre aus Pavia dort und erweiterte in Praxis und Theorie seine hydrologischen und geophysikalischen Untersuchungen, wie sein Prospekt zu einem Adda- Kanal zwischen Mailand und dem Comer See sowie seine erstaunlichen geologischen Beobachtungen über die Entstehung der Fossilien bezeugen. Seine botanischen Studien griff er ebenfalls wieder auf und bildete auch bei diesen, wie auf allen Gebieten seiner Naturforschung, nach genau bestimmten Prinzipien der graphischen Darstellung die exakte Demonstrationszeichnung aus; er wurde damit zum Begründer der wissenschaftlichen Illustration.

Als Ende 1513 Leo X. den Papstthron bestiegen hatte, begab sich der jetzt Sechzigjährige nach Rom, wo er durch seinen Gönner, Kardinal Giuliano de Medici, Aufträge erhoffen mochte. Doch wurde ihm keiner der großen Aufträge zuteil, wie sie Raffael, Bramante und Michelangelo erhielten. Auch seine römischen Jahre waren ausgefüllt mit Forschungen, besonders zur Mechanik und Anatomie. Nur ein Bild, sein letztes, der rätselhafte Täufer Johannes (Paris, Louvre) mag in jenen Jahren entstanden sein.

Im Januar 1517 verließ L. Rom, um die Einladung Franz' I. zu folgen. Er erhielt als Wohnung das Landschlößchen Cloux bei Amboise zugewiesen und den Titel 'Premier peintre, architecte et mechanicien du Roi'. Doch malte er, da eine Lähmung der Hand ihn hinderte, nicht mehr, sondern arbeitete vor allem an der Ordnung seiner wissenschaftlichen Materialien, besonders am Abschluß seiner Anatomie. Von den wenigen Kunstschöpfungen dieser letzten Jahre ist zunächst das Projekt einer großen Schloß- und Parkanlage für die

Residenz der Königinmutter in Romorantin bezeugt. Der Bau konnte nicht ausgeführt werden, seine Plan-Ideen wirken jedoch in dem großartigen Schloßbau nach, den Franz I. noch zu Lebzeiten Leonardos beginnen ließ, im Bau von Chambord. Das ergreifendste Dokument seines letzten Schaffens sind seine Zeichnungen vom Untergang der Welt (Windsor), in denen er die Erfahrungen eines Lebens, das der Forschung der Natur gewidmet war, in einer einzigartigen Synthese von wissenschaftlicher und künstlerischer Vorstellungskraft zur Anschauung brachte; sie sind die Versinnbildlichung der die Welt durchwirkenden Urkräfte, die sie einst gestalten und endlich auch zerstören, jedoch auch in ihrer Selbstauflösung noch den Gesetzen der Harmonie unterstehen.

Bestattet wurde L. in Amboise, in der Kirche St. Florentin, die während der Französischen Revolution zerstört wurde. Erbe seines riesigen schriftlichen Nachlasses, der fast durchgehend in der ihm als Linkshänder geläufigen Spiegelschrift geschrieben ist, wurde sein Schüler und Freund Francesco Melzi.

Die Größe L.s und seine Bedeutung in der Geschichte der abendländischen Kultur beruhen darauf, daß er wie kein anderer Kunst und Wissenschaft als eine Einheit menschlichen Erkenntniswillens und -vermögens auffaßte. Als Maler ist er der erste Vollender des klassischen Stils; seine wenigen Kunstschöpfungen sind für alle nachfolgenden Zeiten und Stile Lehrbeispiele des Vollkommenen geblieben. Als Naturforscher und Philosoph steht er an der Grenze zwischen mittelalterlichen und neuzeitlichen Denken. Durch und durch Empiriker, suchte er ein enzyklopädischen Wissen mit den Mitteln der Erfahrung und des Experiments zu gewinnen. Durchaus an sein anschauendes Urteil gebunden und eines abstrahierenden, logischen Denkens weniger fähig, darf L. nicht, wie dies oft versucht wurde, als der Begründer der modernen Naturwissenschaft schlechthin bezeichnet werden. Seine Leistungen auf dem Gebiet der Physik und reiner Mechanik sind gering, ja oft fragwürdig. Aber indem er seine allumfassenden Beobachtungen über die Phänomene der Natur mit letzter Objektivität anstelle und kraft seiner künstlerischen Begabung zeichnerisch darzustellen vermochte, wurde er zum Bahnbrecher einer systematisch beschreibenden Methode in den Naturwissenschaften. Ebenso kann er auf dem Gebiet der angewandten Mechanik als der Vorläufer einer elementaren Maschinenkunde gelten, für die er die graphischen Demonstrationsprinzipien entwickelt hat. [BR].

6 Isaak *Newton,* geb. 4.1.1643 Woolsthorpe (Lincolnshire), gest. 31.3.1727 London. – N. studierte seit 1660 am Trinity-College in Cambridge, besonders bei dem bedeutenden Mathematiker und Theologen I. Barrow. Nach Erwerb verschiedener akadem. Grade und einer Reihe wesentlicher Entdeckungen wurde N. 1669 Nachfolger seines Lehrers in Cambridge, war seit 1672 Mitglied der Royal Society und seit 1703 ihr Präsident. 1688/1705 war er auch Parlamentsmitglied, seit 1696 Aufseher und seit 1701 Münzmeister der königlichen Münze. – N.s Lebenswerk umfaßt neben theologischer, alchemistischer und chronologisch-historischer Schriften vor allem Arbeiten zur Optik und zur reinen und angewandten Mathematik. In seinen optischen Untersuchungen stellt er das Licht als Strom von Korpuskeln dar und deutet damit das Spektrum und die Zusammensetzung des Lichtes sowie die N.schen Farbenringe, Beugungserscheinungen und die Doppelbrechung. Sein Hauptwerk "Philosophiae naturalis principia mathematica" (Druck 1687) ist grundlegend für die Entwicklung der exakten Wissenschaften. Es enthält z.B. die Definition der wichtigsten Grundbegriffe der Physik, die drei Axiome der Mechanik makroskopischer Körper, z.B.

das Prinzip der "actio et reactio", das Gravitationsgesetz, die Ableitung der Keplerschen Gesetze und die erste Veröffentlichung über Fluxionsrechnung. Auch Überlegungen zur Potentialtheorie und über die Gleichgewichtsfiguren rotierender Flüssigkeiten stellte N. an. Die Ideen für das große Werk stammten vorwiegend aus den Jahren 1655/66, als N. vor der Pest aus Cambridge geflohen war.

In der Mathematik befaßte sich N. mit der Reihenlehre, z.B. 1669 mit der binomischen Reihe, mit der Interpolationstheorie, mit Näherungsverfahren und mit der Klassifizierung kubischer Kurven und der Kegelschnitte. Logische Schwierigkeiten konnte N. allerdings auch mit seiner 1704 ausführlich dargestellten Fluxionsrechnung nicht überwinden. – Sein Einfluß auf die Weiterentwicklung der mathematischen Wissenschaften ist schwer zu beurteilen, da N. außerordentlich ungern publizierte. Als N. z.B. seine Fluxionsrechnung allgemein bekannt machte, war seine Art der Behandlung von Problemen der Analysis gegenüber dem Kalkül von Leibnitz bereits veraltet. Bis ins 20. Jh. zog sich der Streit hin, ob ihm oder Leibnitz die Priorität für die Entwicklung der Infinitesimalrechnung gebührt. Detailuntersuchungen haben gezeigt, daß jeder auf diesem Gebiet unabhängig vom anderen zu seinen Ergebnissen kam.

7   *Lagrange* Joseph Louis, Mathematiker, * Turin 25.1.1736, † Paris 10.4. 1812, mit 19 Jahren Professor der Mathematik in Turin. 1766 folgte er dem Ruf Friedrich des Großen an die Berliner Akademie der Wissenschaften. Nach dessen Tod übersiedelte er nach Paris als Professor an der Ecole Normale. Ihm verdankte die Variationsrechnung das nach ihm benannte Prinzip. Wichtig für die Funktionstheorie ist seine "Théorie des fonctions analytiques, contenant les principes du calcul différentiel" (1789) und für Algebra und Zahlentheorie sein "Traite de la résolution des équations numériques de tous degrés" (1798). In der "Mécanique analytique" (1788) faßte er verallgemeinernd die Prinzipien der Mechanik zu den nach ihm benannten Gleichungssystemen zusammen. [BR].

8   *Bacon*, Francis, engl. Philosoph und Staatsmann, * London 22.1.1561, † London 9.4.1626, Sohn von Nicholas B., Neffe von Lord Burleigh; Advokat und Abgeordneter. B. erreichte in dem berüchtigten Prozeß gegen seinen Gönner Essex dessen Verurteilung wegen Hochverrats, wurde 1607 Solicitorgeneral, 1613 Attorney-general, 1617 Großsiegelbewahrer und 1618 Lordkanzler. Als Baron Verulam und Viscount of St. Albans geadelt, wurde B. 1621 vom Parlament wegen passiver Bestechung gestürzt und zu einer hohen Geld- und Gefängnisstrafe verurteilt, die ihm allerdings auf Betreiben des Königs erlassen wurde. Ein merkwürdig zwiespältiger Charakter: hervorragend begabt, unheimlich belesen, unmännlich eitel, maßlos ergeizig, von einer erschreckenden Gefühlskälte. Die Gründe für seinen Sturz liegen nicht nur in den nachgewiesenen und eingestandenen Verfehlungen, sondern ebensosehr in dem Unwillen des Parlaments über die eigensüchtige und eigenmächtige Politik des Königs, dessen gefügiges Werkzeug B. war.

B. hinterließ eine große Zahl von philosophischen literarischen und juristischen Schriften. Sein philosophisches Lebenswerk, die Instauratio Magna (d. i. Große Erneuerung der Philosophie), ist Bruchstück geblieben; ein mit unzureichenden Mitteln unternommener Versuch eines umfassenden Neubaus der Wissenschaften auf dem Grund, unverfälschter Erfahrung'. Das Hauptstück (Novum Organum; der Titel deutet den Gegensatz zu Aristoteles an, dessen logische Schriften seit alters unter dem Namen Organon zusammengefaßt waren) ist eine bis ins kleinste ausgeklügelte Methode der wissenschaftlichen Forschung, die dazu dienen soll, der Natur ihre Geheimnisse zu entreißen und sie zu beherrschen (Wissen ist für B. Mittel zum Zweck, 'Wissen ist Macht'). Ausgangspunkt für jede Erkenntnis ist die Erfahrung. Zwischen dieser und dem Verstand muß statt der bisherigen Trennung ein festes Bündnis, eine 'legitime Ehe', geschlossen werden. Auf dem Weg von der Erfahrung zur Erkenntnis gilt es mannigfache Trugbilder zu meiden. B. unterscheidet vier Arten solcher Trugbilder (Idole): die des Theaters, des Marktes, der Höhle und des Stammes. Darauf baut B. ein kompliziertes System der wissenschaftl. Induktion auf; die Bedeutung der Mathematik verkannte er. – Diesem Hauptstück voraus geht eine Bestandsaufnahme aller Wissenschaften (De dignitate et augmentis), wobei nach den drei Seelenvermögen Gedächtnis, Einbildungskraft und Verstand drei Hauptwissenschaften unterschieden werden: Geschichte, Poesie und Philosophie. In diesem Zusammenhang verzeichnet B., was jede Wissenschaft geleistet hat und was ihr noch zu leisten übrigbleibt.

Von B.s literarischen Werken sind die von Montaigne angeregten Essays unvergänglich: 10 in der ersten (1597), 58 in der letzten Ausgabe (1625). B. gibt in diesen 'hingeworfenen Betrachtungen' (dispersed meditations) eine Darstellung praktischer Lebensweisheit auf den verschiedensten Gebieten, allgemeine Leitsätze der Lebensführung, jenseits von Gut und Böse, in einem antithetischen Stil von epigrammatischer Kürze, nüchtern und trocken. Nova Atlantis ist die vollendete Schilderung eines philosphischen Idealstaats.

Die juristischen Schriften zeugen von überlegener Beherrschung der Materie. Den Plan, das englische Recht seiner Zeit zu kodifizieren, konnte B. nicht verwirklichen.

In der 2. Hälfte des 19. Jahrh. galt B. auch als Verfasser der Dramen Shakespeares (Bacon-Theorie).

9 *Jungius* Joachim, Philosoph und Naturwissenschaftler, * Lübeck 22.10. 1587, † Hamburg 17.9.1657, wurde 1609 Professor in Gießen. 1622 gründete er in Rostock die erste wissenschaftliche Gesellschaft Deutschlands zur Pflege der Mathematik und Naturwissenschaften. 1624 wurde er Prof. in Rostock, 1625 in Helmstedt, 1628 Rektor des Johanneums und des Akademischen Gymnasiums in Hamburg. Er vertrat den Grundsatz: "Die Verbesserung der Philosophie hat von der Physik (= Naturwissenschaften) ihren Ursprung zu nehmen". J. trug entscheidend zum Durchbruch der wissenschaftlischen Chemie und der Erneuerung der Atomlehre bei. Auch als Botaniker war er bedeutend. [BR].

10 René *Descartes,* geb. 31.3.1596 La Haye, gest. 11.2.1650 Stockholm. D. war Sohn eines Rates beim Parlament der Bretagne und wurde in einem Jesuitenkolleg erzogen. Er begann anschließend ein Jurastudium und nahm seit 1618 an verschiedenen Feldzügen teil. Seit 1622 unternahm D. Reisen in viele Länder Europas, ließ sich 1628 in den Niederlanden nieder und lebte seit 1649 als Lehrer der Philosophie in Schweden. Das mathematische Hauptverdienst von D. ist die Begründung der analytischen Geometrie in seiner "Géometrie"(1637), die auch die Weiterentwicklung der Infinitesimalrechnung wesentlich beeinflußt hat. [BR].

11 William *Gilbert,* engl. Naturforscher und Arzt, geb. Colchester 24.5.1544, gest. London 30.11.1603, war von 1573 an praktischer Arzt in London, seit 1601 Leibarzt Elisabeth I. und nach ihrem Tode König Jacobs I. von England. In seinem grundlegenden Werk

"De magnete, magneticisque corporibus et de magno magnets Tellure physiologia nova" (London 1600, Faksimileausgabe Berlin 1892, engl. Übersetzung und Kommentar von S.P. Thompson, in: The collectors series in science, 1958) faßte G. Erkenntnisse älterer Autoren zu einer eindrucksvollen Lehre vom Magnetismus und Erdmagnetismus zusammen und fügte eine Reihe neuer Beobachtungen und Erkenntnisse hinzu. Das Werk, in dessen 2. Buch sich auch ein besonderes Kapitel über "corpora electrica" befindet, über Stoffe die ähnlich wie Bernstein (electrum) – nach dem Reiben leichte Körper anzuziehen vermögen, beeeindruckte einige seiner Zeitgenossen, u. a. Kepler und Galilei. Posthum erschien seine Abhandlung "De monde nostro sublunari philosophia nova"(Amsterdam 1561). [BR].

12 *Kepler,* Johannes, geb. 27.12.1571 Weil der Stadt, gest. 15.11.1630 Regensburg. – K. war Sohn eines Handelsmannes, der oft auch in Kriegsdienste trat, besuchte erst die Schule in Leonberg und später die Klosterschulen in Adelberg und Maulbronn. Seit 1589 studierte K. in Tübingen, um Theologe zu werden, nahm aber 1599 die ihm angebotene Stellung eines Mathematikprofessors in Graz an. 1600 mußte K. im Zuge der Gegenreformation Graz verlassen und ging nach Prag. Nach dem Tode von Tycho Brahe am 24.10.1601 wurde K. als sein Nachfolger kaiserlicher Mathematiker. Nachdem K's Gönner, Kaiser Rudolf II., gestorben war, verließ K. Prag und wandte sich 1613 nach Linz als Landvermesser. Seit 1628 lebte K. in den Diensten des mächtigen Wallenstein vorwiegend in Sagan. Bei einem Besuch des Kurfürstentages in Regensburg verstarb K. völlig unerwartet.
K's Hauptarbeitsgebiete waren Astronomie und Optik. Er fand nach außerordentlich langwierigen Berechnungen die Grundgesetze der Planetenbewegung: das 1. und 2. K.sche Gesetz veröffentlichte er 1609 in "Astronomia Nova", das 3. K.sche Gesetz 1619 in "Harmonices Mundi". 1611 erfand er das astronomische Fernrohr. Seine Rudolphinischen Tafeln (1627) sind bis in die Neuzeit eines der wichtigsten Hilfsmittel der Astronomie gewesen. Auf mathematischem Gebiet entwickelte er heuristisch infinitesimale Betrachtungen. Seine bekannteste mathematischem Schrift ist die "Stereometria Doliorum" (1615), in der sich z. B. die K.sche Faßregel befindet.

13 *Galilei,* Galileo, italienischer Mathematiker, * Pisa 15.2.1564, † Arcetri bei Florenz 8.1.1642, studierte in Pisa, wurde an der Florentiner Accademia del Dissegno mit den Schriften des Archimedes bekannt und erhielt auf Empfehlung seines Gönners Guidobaldo del Monte 1589 die Professur der Mathematik in Pisa. Ob er dort am Schiefen Turm Fallversuche anstellte, ist nicht einwandfrei erwiesen; falls es zutrifft, sollten sie zur Bestätigung einer von ihm aufgestellten falschen Theorie dienen. Nicht infolge von Mißhelligkeiten mit seinen Kollegen, sondern der besseren Bezahlung halber trat G. 1592 die Professur der Mathematik in Padua an. Er erfand einen Proportionalzirkel, richtete sich in seinem Haus eine feinmechanische Werkstatt ein, fand die Gesetze für das Fadenpendel und leitete hypothetisch die Fallgesetze 1604 aus falschen, 1609 aus richtigen Annahmen ab. G. baute das ein Jahr früher in Holland erfundene Fernrohr nach, benutzte es zu astronomischen Beobachtungen und veröffentlichte deren erste Ergebnisse 1610 in seinem 'Nuncius Sidereus', der 'Sternenbotschaft'. G. entdeckte die bergige Natur des Mondes, den Sternenreichtum der Milchstraße, die Phasen der Venus, die Jupitermonde (7.1.1610) und 1611 die Sonnenflecken, doch war ihm darin Johannes Fabricius zuvorgekommen.
Erst seit 1610 trat G., der als Hofmathematiker und Hofphilosoph des Großherzogs nach Florenz zurückgekehrt war, öffentlich für das kopernikanische System ein, führte durch

seinen Übereifer in den folgenden Jahren aber 1614 das Verbot dieser Lehre durch den Papst herbei. Er wurde vermahnt, sie künftig nicht mehr in Wort oder Schrift zu vertreten. Im Rahmen eines Streites über das Wesen der Kometen von 1618, bei dem G. nicht in allen Punkten im Recht war, verfaßte er als eine seiner geistvollsten Abhandlungen den "Saggiatore' (Prüfer mit der Goldwaage, 1623), eine Schrift, die Papst Urban VIII. gewidmet war. Da der einstige Kardinal Maffeo Barberini ihm wohlgeneigt gewesen war, glaubte G. ihn jetzt als Papst für die Anerkennung der kopernikanischen Lehre gewinnen zu können. Er verfaßte seinen 'Dialogo', das 'Gespräch über die beiden Hauptweltsysteme, das ptolemäische und das kopernikanische, legte die Handschrift in Rom zur Prüfung vor und ließ sie 1632 in Florenz erscheinen. Da er offenbar die verabredeten Änderungen des Textes nicht gründlich genug vorgenommen und seine Parteinahme für Kopernikus zu deutlich gezeigt hatte, kam es zu einem Prozeß gegen G., der mit seiner Abschwörung und Verurteilung am 22.6.1633 endete. G. befand sich im Gebäude der Inquisition wenige Tage in Haft. Legende ist der Ausspruch: 'Und sie (die Erde) bewegt sich doch' (Eppur si mouve). G. wurde zu unbefristeter Haft verurteilt, die er mit kurzer Unterbrechung in seinem Landhaus zu Arceti bei Florenz verbrachte. Dort verfaßte er auch sein für die weitere Entwicklung der Physik wichtigstes Werk, die 'Discorsi e Dimonstrazioni mathematiche', die 'Unterhaltungen und Beweisführungen über zwei neue Wissenszweige, die Mechanik (d. h. die Festigkeitslehre) und die Lehre von den örtlichen Bewegungen (die Lehre von Fall und Wurf) betreffende Wissenszweige' (Leiden 1638).

In älteren Darstellungen G.s Leben finden sich manche Übertreibungen und Irrtümer. G. ist weder der Schöpfer der experimentellen Methode, von der er nicht mehr Gebrauch machte, als mancher andere seiner Zeitgenossen, gelegentlich allerdings kritischer als der tüchtige Athanasius Kircher. G. war nicht im eigentlichen Sinne Astronom, aber ein guter Beobachter, und hat als glänzender Redner und Schriftsteller einer sich anbahnenden neuen Naturwissenschaft und ihre Methoden unter den Gebildeten seiner Zeit Freunde und Gönner geworben und zu weiteren Forschungen angeregt. Riccioli und Grimaldi in Bologna bestätigten durch direkte Fallversuche G.s Fallgesetze, seine Schüler Torricelli und Viviani entwickelten aus einem seiner Versuche zur Widerlegung des horror vacui 1643 den barometrischen Versuch, und Chr. Huygens entwickelte auf G.scher Grundlage seine Pendeluhr und gestaltete G.s Kinematik zu einer wirklichen Dynamik um.

G. war einer der ersten Italiener, die sich für die Darstellung naturwissenschaftlicher Probleme in ihren Werken auch der Muttersprache bedienten. Diesen Standpunkt hat er in seinem Briefwechsel verteidigt. Seine Prosa nimmt im Rahmen der italienischen Literatur eine Sonderstellung ein, da sie sich durch ihre meisterhafte Klarheit und Schlichtheit von dem herrschenden barocken Schwulst abhebt, den G. auch in seinen literarkritischen Aufsätzen über Taso u. a. getadelt hatte. In seinen Werken 'Il Dialogo sopra i due massimi sistemi' (Florenz 1632) und 'I Dialoghi delle nouve scienze' (Leiden 1638) bediente er sich der von den italienischen Humanisten überkommenen Form des Dialogs, um gemeinverständlich zu sein. [BR].

14   Christian *Huygens,* niederländischer Physiker und Mathematiker, geb. Den Haag 14.4.1629, gest. ebd. 8.7.1695, wandte sich nach anfänglichem Studium der Rechtswissenschaft mathematischen Forschungen zu und veröffentliche u. a. 1657 eine Abhandlung über Wahrscheinlichkeitsrechnung. Zur selben Zeit erfand er die Pendeluhr. Im März 1655

entdeckte er den ersten Saturnmond, 1656 den Orionnebel und die Gestalt des Saturnringes. Auch mit den Gesetzen des Stoßes und mit denen der Zentralbewegung war er bereits damals vertraut, machte sie – ohne Beweis – aber erst 1669 bekannt. 1663 wurde H. zum Mitglied der Royal Society gewählt, 1665 siedelte er als Mitglied der neugegründeten Französischen Akademie der Wissenschaften nach Paris über, von wo er 1681 nach Holland zurückkehrte. Nachdem er bereits 1657 die kleine Abhandlung "Horologium" und 1659 sein "Systema Saturnium, sive de causis mirandorum Saturni phaenomenon" veröffentlicht hatte, erschien 1673 sein Hauptwerk: "Horologium oscillatorium" (Die Pendeluhr), das neben der Beschreibung einer verbesserten Uhrenkonstruktion eine Theorie des physikalischen Pendels enthält. Ferner finden sich darin Abhandlungen über die Zykloide als Isochrone und wichtige Sätze über die Zentralbewegung und Zentrifugalkraft. Aus dem Jahre 1675 datiert H.' Erfindung der Federuhr mit Unruh, aus dem Jahre 1690 stammt der "Tractatus de lumine", die Abhandlung über das Licht, worin eine erste Art Wellentheorie (Stoßtheorie) des Lichtes und mit ihrer Hilfe die Theorie der Doppelbrechung des isländischen Kalkspates entwickelt wird; darin wird die kugelförmige Ausbreitung der Wirkung rings um die Lichtquelle mittels des Huygensschen Prinzips erklärt. [BR].

15 *Kopernikus*, Coppernicus, deutsch Koppernigk, polnisch Kopernik, Nikolaus, Astronom und Begründer des heliozentrischen, nach ihm kopernikanisch genannten Weltbildes, * Thorn 19.2.1473, † Frauenburg (Ostpreußen) 24.5.1543, trieb seit 1491 an der Univ. Krakau humanistische, mathematische und astronomische Studien und studierte 1496–1500 in Bologna weltliches und geistliches Recht. Auf Betreiben seines Onkels, des Bischofs Lukas Watzelrode, wurde er 1497 in das ermländ. Domkapitel zu Frauenburg aufgenommen, empfing aber nur die niederen Weihen. In Bologna setzte er mit dem Astronomieprofessor Dominico Maria Novarra seine astronomischen Arbeiten fort, hielt sich kurze Zeit in Rom auf und kehrte vorübergehend 1501 nach Ermland zurück. Vom Herbst 1501 an studierte er in Padua und Ferrara, wurde dort am 31.5.1503 zum Doktor des Kirchenrechts promoviert und studierte anschließend Medizin. Nach seiner Heimkehr 1506 lebte er als Sekretär seines Onkels von 1506 bis zu dessen Tod 1512 in Heilsberg, nahm an der Verwaltung des Bistums Ermland teil und begleitete seinen Onkel zu den preußischen Landtagen und den polnischen Reichstagen. Als Kanzler des Domkapitels hielt sich K. von 1512 an meist in Frauenburg auf, residierte als Stadthalter des Kapitels von 1512–21 in Mehlsack und Allenstein und war 1523 Bistumsverweser von Ermland. Als Deputierter vertrat er das Ordenskapitel 1522–29 auf den preußischen Landtagen und setzte sich dort besonders auch für eine Münzreform ein.

Gegenüber polnischen Ansprüchen auf K. ist seine deutsche Herkunft erwiesen (die väterliche Familie stammt aus dem Neißer Bistumsland in Schlesien). Gegenüber der Krone Polen vertrat er, ähnlich wie sein älterer Bruder Andreas, die ermländischen Belange; schriftlich und mündlich bediente er sich nur der deutschen und lateinische Sprache. Neben seiner Verwaltungstätigkeit übte er auch die ärztliche Praxis aus. Gegen Ende seines Lebens hatte K. Mißhelligkeiten mit Johannes Dantiscus, dem 1537 gewählten neuen Bischof von Ermland.

Als Astronom vollendete K. das, was Regiomontan vorgeschwebt hatte, eine Revision der Lehre von der Planetenbewegung unter Anlehnung an eine Reihe kritisch gesichteter Beobachtungen. Erst auf solcher Grundlage konnte dann an eine Kalenderreform gedacht werden, deren Dringlichkeit zu Beginn des 16. Jahrhundert allgemein erkannt wurde. Auch bei K. dürften solche Erwägungen eine Rolle gespielt haben. Im Laufe seiner Arbeit entschied er sich dann, angeregt durch antike Überlieferung, zur Annahme eines heliozentrischen Weltsystems. Einen kurzen vorläufigen Bericht darüber bildet der wohl vor 1514 verfaßte Commentariolus. Bereits hier werden die entscheidenen Annahmen ausgesprochen, daß die Sonne den Mittelpunkt der – noch als kreisförmig betrachteten – Planetenbahn bildet und daß auch die Erde um sie kreist, die sich täglich um ihre Achse dreht und ihrerseits vom Mond umkreist wird. Die weitere Öffentlichkeit erhielt von der kopernikanischen Lehre erst Kunde durch die Narratio prima des Georg Joachim Rheticus (1. Bericht über die 6 Bücher des K. von den Kreisbewegungen der Himmelsbahnen, 1540, dt. von K. Zeller 1943).

Das Hauptwerk des K., die 'Sechs Bücher über die Umläufe der Himmelskörper (Die revolutionibus orbium coelestium libri VI, 1543, dt. 1879, Neudr. 1939), erschien dort im Todesjahr des Verfassers. Es war Papst Paul III. gewidmet, wurde aber statt durch das originale Vorwort des K. durch eine, den Sinn des Ganzen verkehrende Vorrede des protestantischen Theologen Andreas Oslanden eingeleitet. Die Lehren des K. blieben bis zum Erlaß der Indexkongregation vom Jahre 1616 kirchlicherseits unbeanstandet. Die Unvollkommenheiten, die die kopernikanische Planetentheorie noch aufwies, wurden durch Johannes Kepler beseitigt. [BR].

16 Giovanni Alfonso *Borelli*, geb. 1608 in Neapel, gest. 31.12.1679 in Rom, Physiker und Physiologe. B. wurde 1649 zum Professor der Mathematik in Messina berufen und zog 1656 nach Pisa. Im Jahre 1667 kehrte er nach Messina zurück. 1674 zog er sich gezwungenermaßen nach Rom zurück, wo er bis zu seinem Tode unter der Schirmherrschaft Christinas, Königin von Schweden, lebte. Sein bekanntestes Werk "De motu animalium" behandelt die Bewegungen des Tierkörpers, die er auf mechanische Prinzipien zurückführte. In einem Brief, der 1665 unter dem Pseudonym Pier Maria Mutoli veröffentlicht wurde, sprach B. als erster die Idee einer parabelförmigen Kometenbahn aus. Unter seinen zahlreichen astronomischen Arbeiten befand sich auch "Theoretica mediceorum planetarum ex causis physicis deducta"(Florenz 1666), die den Einfluß der Anziehungskraft der Jupitermonde auf die Bahnbewegung Jupiters behandelt.

17 Giovanni Battista *Benedetti*, geb. 14.8.1530, gest. 20. Januar 1590 in Turin, erkennt als erster die Auftriebswirkung des umgebenden Mediums beim freien Fall. Die Ideen Archimedes aufgreifend schreibt er in seinem Werk "De resolutione omnium Euclidis problematum" (1553, Venedig), die Fallgeschwindigkeit soll von der Differenz der spezifischen Gewichte des fallenden Körpers und des Mediums bestimmt werden.

18 *Hooke*, Robert, englischer Naturforscher, * Freshwater (Insel Wight) 18.7. 1635, † London 3.3.1703, war zunächst Assistent bei R. Boyle, seit 1665 Professor der Geometrie am Gresham College in London, von 1677 – 82 Sekretär der Royal Society. H. verbesserte bereits bekannte Verfahren und Geräte, z. B. die Luftpumpe und das zusammengesetzte Mikroskop (beschrieben in seiner "Mikrographia"1664). H. war vielfach in Prioritätsstreitigkeiten verwickelt, z. B. mit Huygens, Hevelius und Newton, schlug u. a. den Eisschmelzpunkt als Nullpunkt der Thermometerskala vor (1664), erkannte die Konstanz des Schmelz-

und Siedepunktes der Stoffe (1668) und beobachtete erstmals die schwarzen Flecken an Seifenblasen. Er gab eine begriffliche gute Definition der Elastizität und stellte 1679 das Hookesche Gesetz auf. [BR]

19 *Plutarch,* – griechisch – Plutarchos, griechischer Philosoph und Historiker, * Chäronea um 50 n. Chr. aus altangesehener Bürgerfamilie, † um 125, wurde um 66 in Athen bei dem Akademiker Ammonios zum Anhänger der Philosophie Plotons erzogen. Auf Reisen besuchte er u. a. Alexandria und Rom, wo er Beziehungen zu vornehmen Römern hatte, lebte aber ständig in seiner kleinen Vaterstadt. Dort nahm er an der kommunalen Politik teil; in Delphi wurde er etwa 95 Priester. Von den Kaisern Trajan und Hadrian empfing P. Ehrungen. Sein Lebenszentrum aber blieb der Umkreis seiner Heimat, wo er den Umgang und geistigen Austausch mit Familie und Freundeskreis innig pflegte. Aus dieser Umwelt nährt sich auch das erzieherische Ethos und das vaterländisches Pathos seiner zahlreichen Schriften. Bei allem Reichtum der Themen und aller Fülle des Stoffes sind sie doch alle zu einer inneren Einheit verbunden durch die liebenswerte Lauterkeit einer philosophisch und religiös geformten Persönlichkeit.

Die Schriften P.s bestehen aus zwei Gruppen: die Biographien (Vitae parallelae), 46 vergleichende Lebensbeschreibungen berühmter Griechen und Römer (z. B. Pyrrhos-Marius, Agesilaos-Pompeius, Alexander-Cäsar). Hier wurden den Griechen große Römer vorgeführt, in Parallele und Gegensatz zu den Helden ihrer eigenen Geschichte; damit wurde ein wichtiger Schritt auf dem Wege zum inneren Ausgleich der Doppelkultur der griechischrömischen Kaiserzeit getan. Literarisch beruht der Reiz der Biographien hauptsächlich auf der lebendigen Darstellung und der durch einprägsame, anekdotenhafte Züge unterstützten Charakterzeichnung.

Die zweite Gruppe, Moralia, enthält populäre, ethisch-erzieherische Schriften, aber auch streng philosophische, methaphysische, religionsphilosophische Untersuchungen, gelehrte antiquarische Studien, politische Abhandlungen u. a. Getragen ist diese Schriftstellerei von der Tradition der platonische Schule, ohne schulmäßige Enge, mit lebhaften religiösen Akzenten.

Während P. im byzantinischen Reiche stets gelesen wurde, war er im Mittelalter dem Westen unbekannt. Seit dem frühen 15. Jahrh. (Guarino und seine Schüler, dann Pier Decembrio, L. Bruni) wurden P.s Schriften ins Lateinische, 1559–72 von J. Amyot in klassischer Form ins Französische (Befruchtung der dramatischen Kunst Frankreichs am 17. Jahrh.) von North 1579 ins Englische übersetzt (Einfluß auf Shakespeare). In Deutschland war die Wertschätzung P.s lange auf die Gelehrtenkreise beschränkt. Erst gegen Ende des 18. Jahrh. wandte man sich ihm wieder zu (Schiller, Goethe, Jean Paul, Beethoven, Nietzsche). [BR]

Literaturhinweise zur Theoretischen Mechanik

Die an dieser Stelle von uns aufgeführten, teilweise bereits als Klassiker zu bezeichnenden Lehrwerke zur Theoretischen Mechanik stellen nur einen Ausschnitt aus der Fülle ausgezeichneter Literatur zu diesem Thema dar.

H. Goldstein: Klassische Mechanik, Akademische Verlagsgesellschaft, Wiesbaden.

A. Sommerfeld: Vorlesungen über Theoretische Physik, Bd I: Mechanik. Bd II: Mechanik der deformierbaren Medien, Verlag Harri Deutsch. Thun- Frankfurt/Main

A. Budó: Theoretische Mechanik, VEB Deutscher Verlag der Wissenschaften, Berlin

L.D. Landau, E.M. Lifschitz: Theoretische Physik, Bd I: Klassische Mechanik, Akademie Verlag, Berlin

G. Joos: Lehrbuch der theoretischen Physik, Aula-Verlag, Wiesbaden

E. Schmutzer: Grundlagen der theoretischen Physik Teil I, II, BI Wissenschaftsverlag, Mannheim-Wien-Zürich.

Besonders als Ergänzung geeignet halten wir das Werk von H. Goldstein. Ausgehend von den elementaren Prinzipien gelingt ihm in didaktisch brillanter Weise die Entwicklung der formalen Hamilton-Jakobi Theorie. Dabei werden alle typischen Anwendungen (Zentralkraftproblem, Starrer Körper, Schwingungen usw.) diskutiert und in Übungen sowie durch spezielle Literaturhinweise vertieft.

Die Vorlesungen von A. Sommerfeld, in ähnlicher Weise konzipiert, stellen darüberhinaus aufgrund der Abhandlung einer Vielzahl von speziellen Problemen und des dabei bewiesenen Einfallsreichtums bei deren mathematischen Lösung eine Fundgrube dar.

Eine Würdigung der formalen Ästhetik des Bandes Klassische Mechanik aus dem Lehrwerk von Landau und Lifschitz, bzw. desgleichen bei Budó mag den zahlreichen Lesern überlassen bleiben.

Für besonders gelungen halten wir das erst seit kurzem vorliegende, zweibändige Lehrbuch der Theoretischen Physik von E. Schmutzer. Hier mag ebenso wie bei dem klassischen Lehrwerk von Joos wohl als Leitanspruch gedient haben: So klar und deutlich als möglich und so ausführlich als nötig. Beginnend mit einer Darstellung des wichtigsten mathematischen Rüstzeugs des theoretischen Physikers wird in Bd I die Theoretische Mechanik entwickelt. Unserer Meinung nach empfiehlt sich dieses Werk als ein guter Begleiter durchs Grund- und Hauptstudium.

Sachverzeichnis

Prof. Dr. rer. nat. Walter Greiner,
geb. Oktober 1935, Promotion 1961 in Freiburg/Brsg., 1962—1964 Ass. Prof. University of Maryland, seit 1964/65 o. Prof. für Theoretische Physik der Universität Frankfurt am Main und Direktor des Instituts für Theoretische Physik. Gastprofessor u. a. an der Florida State University, University of Virginia, Los Alamos Scientific Laboratory, University of California, Berkeley, Oak Ridge National Laboratory, University of Melbourne, Yale University, Vanderbilt University. Hauptarbeitsgebiete: Theoretische Kernphysik, Theoretische Schwerionenphysik, Feldtheorie (Quantenelektrodynamik, Theorie der Gravitation), Atomphysik. 1974 Empfänger des Max-Born-Preises und der Max-Born-Medaille (Institute of Physics und Deutsche Physikalische Gesellschaft), 1982 des Otto-Hahn-Preises der Stadt Frankfurt am Main und der Ehrendoktorwürde der University of Witwatersrand, Johannesburg. Seit 1987 Fellow of the Royal Society (London).

U. Schröder
Spezielle Relativitäts-theorie
1986, 2., verbesserte und erweiterte Auflage, 221 Seiten, kart., DM 19,80
ISBN 3 87144 949 0

Neben den zahlreichen Monographien, die es zu diesem Thema gibt, soll diese Darstellung als erste Einführung dienen. Die vieldiskutierten Paradoxa werden anhand von Beispielen ausführlich behandelt. Ein Anhang mit Aufgaben soll zum weiteren Nachdenken anregen.
Eine Zusammenstellung neuerer Experimente zur Prüfung der speziellen Relativitätstheorie schließt das Buch ab.

D.I. Blochinzew
Grundlagen der Quantenmechanik
Übersetzt aus dem Russischen
1985, 8. Auflage (unv. Nachdruck),
639 Seiten, 89 Abbildungen, kart., DM 38,—
ISBN 3 87144 113 9

J.M. Ziman
Prinzipien der Festkörpertheorie
Übersetzt aus dem Englischen
1975, 442 Seiten,
213 Abbildungen,
Leinen, DM 58,—
ISBN 3 87144 148 1

Preisänderungen vorbehalten

R. Sube, G. Eisenreich
Wörterbuch Physik
Dictionary of Physics
Studentenausgabe
Englisch-Deutsch-
1987, 2., berichtigte Auflage,
1008 Seiten, über 75000 Fachbegriffe, kart., DM 98,—
ISBN 3 87144 940 7

Verlag Harri Deutsch
Gräfstraße 47
D-6000 Frankfurt am Main 90

Fachlexikon ABC Physik

Ein alphabetisches Nachschlagewerk 2 Bände, 2. verb. Auflage 1983, 1046 Seiten, 11 000 Stichworte, 1600 Abbildungen im Text, zahlreiche Tabellen, Schemata, graphische Darstellungen und Literaturanhang, Lexikon-Format, geb., zusammen DM 128,—
ISBN 38 171 1047 2

„Die Reichhaltigkeit des behandelten Stoffes läßt dieses Nachschlagewerk dem in Forschung und Lehre tätigen Physiker ebenso nützlich erscheinen wie dem Physikstudenten, zumal der Preis angesichts des großen Umfangs und der guten Ausstattung als ausgesprochen günstig bezeichnet werden kann." (Physikalische Blätter)

Fachlexikon ABC Mathematik

Ein alphabetisches Nachschlagewerk 1978, 624 Seiten, etwa 700 Abbildungen, etwa 6000 Stichworte, Lexikon-Format, Leinen mit Schutzumschlag, DM 48,—
ISBN 3 87144 336 0

Ein alphabetisches Nachlagewerk mit etwa 6000 Stichworten aus allen Bereichen der Mathematik. Der kompakte Band hilft bei vergessenen Lehrsätzen und Definitionen, gibt längere Einführungsartikel in die verschiedenen Gebiete der Mathematik und enthält eine reichhaltige Sammlung von Biographien berühmter Mathematiker.

Weitere Bände unserer Fachlexika-Reihe:

Fachlexikon ABC Biologie

1986, 6., überarb. und erw. Auflage, 1013 Seiten, etwa 7000 Stichworte, 1571 Abbildungen, 48 Bildtafeln, zahlr. Tabellen, Schemata, graphische Darstellungen und Literaturanhang, Lexikon-Format, Leinen mit Schutzmschlag, DM 68,—
ISBN 3 87144 883 4

Fachlexikon ABC Chemie

2 Bände, 1987, 3. überarb. und erw. Auflage, 1252 Seiten, etwa 1200 Stichworte, etwa 1600 Abbildungen, Lexikon-Format, Leinen mit Schutzumschlag, zus. DM 128,—
ISBN 3 87144 899 0

Fachlexikon ABC Meßtechnik

1875, 530 Seiten, 1000 Abbildungen, Lexikon-Format, Leinen mit Schutzumschlag, DM 58,—
ISBN 3 87144 846 X

Fachlexikon ABC Technik

1983, 640 Seiten, etwa 9000 Stichworte, 500 Abbildungen, 16 farbige Tafeln, Lexikon-Format, Leinen mit Schutzumschlag, DM 29,80
ISBN 3 87144 694 7

Verlag Harri Deutsch

Gräfstraße 47
D-6000 Frankfurt am Main 90